Hans O. Engel · Stellgeräte für die Prozeßautomatisierung

T0074205

# Stellgeräte für die Prozeßautomatisierung

Berechnung – Spezifikation – Auswahl

Hans O. Engel

SPRINGER-VERLAG BERLIN HEIDELBERG GMBH

Die Deutsche Bibliothek – CIP-Einheitsaufnahme

**Engel, Hans O.:**
Stellgeräte für die Prozessautomatisierung : Berechnung –
Spezifikation – Auswahl / Hans O. Engel. –

ISBN 978-3-540-62321-2          ISBN 978-3-642-52072-3 (eBook)
DOI 10.1007/978-3-642-52072-3

ISBN 978-3-540-62321-2

# Geleitwort

Wenn sich heute Studenten oder interessierte Kreise über den Stand der Technik bei den sogenannten "Stellgeräten" informieren wollen, so wird deutlich, daß die verfügbare Literatur entweder veraltet ist oder dieses Thema in modernen Standardausgaben der Meß- und Regelungs- bzw. Automatisierungstechnik nur noch am Rande behandelt wird.

In der Tat ist die gegenwärtige Situation dadurch gekennzeichnet, daß die heute noch vorwiegend mechanisch orientierten Stellgeräte einen gewissen Entwicklungsrückstand aufweisen. Bedingt durch die unvermeidliche Kopplung mit großen, z. T. weit ausladenden Rohrleitungssystemen und die Forderung nach hohen Drücken und Betriebstemperaturen geben den Stellgeräten in der Regel ein schweres und klobiges Aussehen, das nur geringe Attraktion erzeugt und scheinbar kein weiteres Innovationspotential besitzt. Ganz im Gegensatz zu modernen "High-Tech" Produkten der Mikromechanik, Sensorik oder Bionik, die in der letzten Dekade das Hauptinteresse auf sich gezogen haben. Außerdem hat der heutige Verfahrensingenieur mehr Wissen und Erfahrung in der Elektrotechnik als auf den Gebieten der Strömungstechnik, Werkstoffkunde, Korrosion und Akustik, die für die richtige Auslegung eines Stellgerätes doch so wichtig sind.

Um so begrüßenswerter ist daher das Bemühen, die wesentlichen Grundlagen der Stellgerätetechnik "up-to-date " zu bringen und zumindestens die künftigen Möglichkeiten auf diesem Gebiet aufzuzeigen. Es ist nur eine Frage der Zeit, bis "intelligente" Stellgeräte mit z. T. völlig neuen Eigenschaften auf dem Markt angeboten werden. In langjähriger fachlicher Verbundenheit mit dem Autor bei der internationalen Normung, der übrigens auf dem Gebiet der Stellgeräte einen ausgezeichneten Ruf genießt, würde ich mir wünschen, das dieses praxisoriente Buch für einen weiten Leserkreis von Nutzen sein möge.

Porthmouth, New Hampshire, USA
im Mai 1994                              Dr. Hans D. Baumann P. E.

# Vorwort

Die europäischen Prozeßindustrien, wie. z. B. Chemie, Petrochemie und Raffinerien, sind gehalten, durch ständige Verbesserungen ihrer Produkte die führende Position zu behaupten und ihre Konkurrenzfähigkeit gegenüber dem
wachsenden Druck aus den USA, den ostasiatischen Märkten und den zahlreichen Ländern außerhalb des gemeinsamen Marktes abzusichern. Dieses Ziel ist
nur durch den Einsatz modernster Technologie der Automatisierungstechnik zu
erreichen, wobei naturgemäß die Prozeßleittechnik im Mittelpunkt der Überlegungen steht.

Was wäre aber die Prozeßleittechnik ohne präzise und äußerst zuverlässige
Sensor- und Aktuatorsysteme, die zum Messen bzw. Stellen benötigt werden
und damit eine manuelle Regelung des Prozesses überflüssig machen. Während
bei den zahlreichen Sensorsystemen durch die Nutzung moderner Digitaltechnik in den letzten Jahren ein enormer Fortschritt zu verzeichnen ist, treten die
Aktuatorsysteme - zu denen auch die Stellgeräte gezählt werden - seit langem
auf der Stelle. Dies hat vielfältige Gründe, wobei vor allem die Normung und
die Sicherheitsvorschriften genannt werden müssen. Ein gesteigertes Sicherheitsbedürfnis und das Festhalten an lang bewährten Einbaumaßen, Konstruktionsprinzipien, Werkstoffen usw. gibt einer Innovation nur geringen Spielraum.

Das Bewährte optimal zu nutzen, ohne das vorhandene Innovationspotential bei
Stellgeräten aus den Augen zu verlieren, ist der eigentliche Anlaß zu diesem
Werk. Es basiert auf jahrzehntelangen praktischen Erfahrungen des Autors auf
diesem Gebiet und versucht, die gewonnenen Erkenntnisse zu konservieren.
Die Entstehung wurde beflügelt durch einige Seminare des VDI-Bildungswer-
kes mit dem Titel "Stellgeräte für die Prozeßregelung" in den letzten Jahren.
Dabei wurde die Notwendigkeit einer zeitgemäßen Überarbeitung bestehender
Literatur zu diesem Thema deutlich, so daß letztlich der Entschluß reifte, mit
dieser Aufgabe zu beginnen.

Sinn und Zweck dieses Buches, die Lernziele sowie die wichtigsten Zielgrup-
pen werden in der "Einleitung" erläutert. Die ersten Kapitel sollen vor allem die
theoretischen Grundlagen vermitteln, während der Hauptteil im wesentlichen
auf die verschiedenen Bauformen und Ausführungsvarianten sowie die Anwendung der Stellgeräte bei der Prozeßautomatisierung eingeht.

Da heute die sogenannten "Hilfsgeräte", wie z. B. Stellungsregler oder pneumatische Verstärker, längst zu unverzichtbaren Komponenten geworden sind,
geht das Buch auch auf diese Geräte ein und erläutert kurz deren Funktion und
Wirkungsweise.

Zum Schluß wird noch besonders die künftige Bedeutung der Digitaltechnik herausgestellt und die mögliche Anbindung des Stellgerätes an einen international genormten Feldbus behandelt.

Die ursprüngliche Planung sah vor, daß eine Reihe kompetenter und bewährter Fachleute, die auch seit Jahren aktiv im VDI-Bildungswerk tätig sind, als Ko-Autoren ihren Beitrag zu diesem Buch leisten sollten. Leider mußte auf deren Mitarbeit letztlich verzichtet werden, weil die Fülle von Aufgaben, die diese Herren täglich zu bewältigen haben, eine weitere Belastung nicht zuläßt.

Was ist ein Buch ohne die Lektoren, die nicht nur Ihre langjährige Erfahrung auf diesem Gebiet, sondern auch Ideen und wertvolle Hinweise mit einbringen? In diesem Zusammenhang bin ich besonders Herrn Dipl.-Ing. Hans Bender für die fachliche Unterstützung und Frau Susanne Engel für ihre Hilfe bei der Korrektur zu besonderem Dank verpflichtet. Mein Dank gilt auch dem VDI-Verlag, insbesondere Frau Dipl.-Ing Z. Glaser für ihre hervorragende Betreuung und den beteiligten Herstellern, die mir Bildmaterial zur Verfügung gestellt haben.

Hanau, im Frühjahr 1994.

### Wichtiger Hinweis:

Die Berechnung und Auslegung eines Stellgerätes ist normalerweise sehr zeitintensiv. Der erforderliche Aufwand kann aber durch ein spezielles Computerprogramm, ganz entscheidend reduziert werden kann. Die Software "VALCAL", die auf allen voll kompatiblen Rechnern (Industriestandard) läuft, stellt darum eine wesentliche Ergänzung zu diesem Buch dar. VALCAL gestattet selbst einem Laien die wichtigsten Berechnungen in Sekundenschnelle durchzuführen, die Ausführungsvarianten zu spezifizieren und die Ergebnisse in Form des genormten DIN/IEC-Spezifikationsblattes auszudrucken (siehe auch Seite 95). Dieses Programm kann gegen eine Schutzgebühr von DM 30,- vom Autor bezogen werden. Ferner sind auf der 3 1/2" HD-Diskette jeweils die Antworten/Lösungen zu den zahlreichen "Übungen zur Selbstkontrolle" enthalten.

Geben Sie bitte Ihre Bestellung unter Beifügung eines Schecks direkt unter der folgenden Adresse auf:

Dipl.-Ing. Hans O. Engel
Höhenstr. 25
63454 Hanau 6
Tel. / Fax: 06181/72141

# Inhaltsverzeichnis

# 1 Einleitung

Regelventile bzw. Stellgeräte sind unverzichtbare Komponenten der meisten Regelkreise in der Prozeßautomatisierung. Mit ihrer Hilfe werden Stoffströme und Wärmemengen geregelt, Prozeßdrücke auf ein vertretbares Maß reduziert oder sicherheitsrelevante Aufgabenstellungen - wie z. B. in einem Chemiebetrieb oder Kernkraftwerk - gelöst. Die Bedeutung der Stellgeräte ist leider in den letzten Jahren durch die Faszination neuer Technologien, wie z. B. moderne Prozeßleitsysteme oder intelligente Feldgeräte, etwas in den Hintergrund gedrängt worden. Dabei wird häufig die Bedeutung der Stellgeräte in bezug auf die erreichbare Produktqualität, Anlagensicherheit und nicht zuletzt den immer wichtiger werdenden Umweltschutz unterschätzt.

Die gegenwärtige Situation ist dadurch gekennzeichnet, daß die wesentlichen Investitionen in der Prozeßautomatisierung der Prozeßleittechnik in Verbindung mit modernen Sensorsystemen zugute kommen, während die Stellgeräte, die immer noch einen erheblichen Entwicklungsrückstand aufweisen, seit Jahren nahezu unverändert ihren Dienst verrichten müssen. Diese Situation spiegelt sich ebenfalls in der Aus- bzw. Weiterbildung der Mitarbeiter wieder. Ein ständig größer werdender Anteil ist daher bei gleichbleibender Ausbildungszeit der Mikroelektronik gewidmet, während die Mechanik und begleitende Fachrichtungen, wie beispielsweise die Werkstoffkunde oder Strömungslehre, beinahe ein Schattendasein führen. Es ist daher ein besonderes Anliegen des Autors, den angehenden Meß-, Regel- und Automatisierungstechnikern / Ingenieuren (und natürlich auch die weiblichen Mitgliedern dieses Fachbereichs) mit dieser oft ungeliebten Thematik vertraut zu machen und ihnen ein zeitgemäßes Fachwissen zu vermitteln, das für ihre tägliche Berufsarbeit unerläßlich ist.

Das vorliegende Buch beinhaltet im Gegensatz zu konventionellen Werken sogenannte "Lern-Module". Es ist daher besonders für ein Selbststudium geeignet. Es richtet sich in erster Linie an Auszubildende und Studenten, aber auch an praktizierende Techniker und Ingenieure. Um auf andere oder begleitende Lernquellen verzichten zu können, werden alle wichtigen Grundlagen und Basisinformationen zu Beginn aufgeführt. Der nachfolgende Teil hat als Schwerpunkt die Anwendung der Stellgeräte, was auch die Auslegung und Spezifikation mit einschließt. Die richtige Auswahl hat naturgemäß großen Einfluß auf das spätere Betriebsverhalten. Ein unzureichend bemessener Stellantrieb, ein ungeeigneter Werkstoff oder eine unbefriedigende Regelbarkeit haben nicht nur eine verminderte Produktqualität zur Folge, sondern können sogar die Gesamtfunktion einer Anlage in Frage stellen.

Obwohl das Buch den Stand der Technik repräsentiert und die neuesten internationalen Normen berücksichtigt, werden keine besonderen Kenntnisse verlangt, die über das Niveau der allgemeinen Algebra hinausgehen. Auf die Ableitung von komplizierten Gleichungen wird daher bewußt verzichtet. Auf Limitationen und Unsicherheiten bei der Berechnung sowie häufige Fehler bei der Auslegung wird ebenfalls kurz hingewiesen.

## 1.1 Abgrenzung der Themen und des Inhaltes

Der Begriff "Stellgeräte" ist in der Normung sehr weit gefaßt. Genau genommen gehören auch andere Einrichtungen, wie beispielsweise drehzahlgeregelte Pumpen oder elektrische Stelleinrichtungen (z. B. Thyristoren) in diese Gruppe; bewirken sie doch letztlich eine Verstellung eines Volumenstroms oder eine Veränderung des statischen Druckes.

Zur Abgrenzung des Themas sollen aber in diesem Fall unter "Stellgeräte" nur stetig verstellbare Ventile mit pneumatischen oder elektrischen Antrieben verstanden werden. Der bei weitem gebräuchlichste Begriff "Regelventil" definiert also die Komponente des Regelkreises, die hier behandelt werden soll. Der Begriff "Aktuatorsystem" als "stellende" Komponente eines Regelkreises hat sich - im Gegensatz zum "Sensorsystem" - bis heute noch nicht eingebürgert. Darum wird in diesem Buch der Begriff "Stellventil" bzw. "Stellgerät" beibehalten, der natürlich auch die bei Regelventilen üblichen Hilfeinrichtungen, wie z. B. Stellungsregler oder Druckminderer, mit einschließt.

Da Stellgeräte meistens Teil eines Regelkreises sind, um Durchflüsse oder Drücke zu regeln, gelten für sie naturgemäß auch die mathematischen Grundlagen der Regelungstechnik, um beispielsweise deren Verhalten bei Änderungen des Sollwertes oder beim Auftreten von Störgrößen zu beschreiben. Da es einerseits genügend Literatur gibt, die die mathematischen Zusammenhänge im Detail erläutert, und um andererseits den Umfang dieses Buches nicht ausufern zu lassen, wird auf die regelungstechnischen Begriffe und Gleichungen nur soweit eingegangen, wie es zum Verständnis der Betrachtungen bei einem Stellgerät notwendig ist.

## 1.2 Praktische Hinweise für die Handhabung

Wie schon eingangs erwähnt, wendet sich dieses Fachbuch an alle Berufstätigen, die in irgendeiner Weise mit Stellgeräten in Berührung kommen und bei denen zumindest Grundkenntnisse vorausgesetzt werden.

Da die behandelte Materie vor allem auch für ein Selbststudium geeignet sein soll, wurde eine strukturierte Darstellung der einzelnen Themen gewählt. Dies ermöglicht dem Lernenden eine besonders effiziente Aufnahme des Stoffes. Der Lernerfolg hängt dabei im wesentlichen von drei Faktoren ab:

- Den *Eingangsvoraussetzungen* des Lernenden. Da die komplexe Thematik viele Bereiche der Ingenieurwissenschaften umfaßt, wird es einem Techniker oder Ingenieur sicherlich leichter fallen, zwischen Werkstoffeigenschaften zu differenzieren oder die Theorie der Lärmentstehung aufzunehmen als einem Berufstätigen mit kaufmännischer Vorbildung.

- Die geschilderten *Methoden* und *Verfahren*, die zur Lösung eines Problems führen. Würde man beispielsweise die aufwendige und komplizierte Methode der Berechnung des Durchflußkoeffizienten in alter Weise "von Hand" durchführen, käme sicherlich bald ein gewaltiger Frust auf. Durch Benutzung eines Personalcomputers und spezifischer Software wird die Berechnung dagegen zu einer Routineangelegenheit.

- Die *Motivation* des Lernenden ist ein weiterer wichtiger Faktor, ohne den meistens alle Mühen vergeblich sind. Deshalb kann dieses Lehrbuch weder mangelnde Motivation ersetzen, noch fehlende Eingangsvoraussetzungen nachholen.

Die gewählte Lernmethode, die sich besonders in den USA bestens bewährt hat, kann aber dem interessierten Leser helfen, den Stoff und das erreichte Verständnis des jeweiligen Kapitels noch einmal zu überprüfen und eventuell vorhandene Lücken aufzudecken. Durch systematisches Lernen ist eine rasche und dauerhafte Aufnahme des Stoffes möglich, wie langjährige Untersuchungen und Erfahrungen gezeigt haben. Das empfohlene Lernschema ist in Bild 1.1 dargestellt.

## 1.3 Aufbau und Reihenfolge

Die Hauptabschnitte des Buches bzw. die verschiedenen Kapitel können einzeln und in beliebiger Reihenfolge durchgearbeitet werden. Jeder Hauptabschnitt befaßt sich mit einem bestimmten Thema, das allerdings eng mit den anderen verbunden ist und jeweils mit einer Wiederholung des Wesentlichen und einer Reihe von Übungen zur Selbstkontrolle abschließt. Folgende Vorgehensweise hat sich dabei als besonders effizient erwiesen:

*Für den eiligen Leser:*

- Inhaltsverzeichnis durchlesen.
- Hauptabschnitte "überfliegend" studieren.
- Einzelkapitel auswählen.
- Interessantes genau lesen und eventuell Notizen machen.

*Für den Leser, der an einem speziellen Problem arbeitet:*

- Inhaltsverzeichnis durchlesen.
- Hauptabschnitte "überfliegend" studieren.
- Einzelkapitel auswählen.
- Problem heraussuchen und den Informationsinhalt entsprechend verarbeiten.

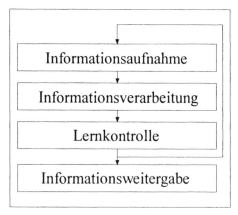

Bild 1-1: Empfohlenes Lernschema

## 1.4 Zeichnungen und Bildmaterial

Der Autor und der Verlag möchten sich besonders bei den Herstellern von Stellgeräten für die Bereitstellung des umfangreichen Bildmaterials bedanken. Alle Zeichnungen wurden bewußt so einfach wie nur möglich gehalten, um auch dem Laien eine rasche Einarbeitung in dieses Thema zu ermöglichen. Auf Details, die nur die Lesbarkeit einer Zeichnung erschweren würden, wurde bewußt verzichtet.

# 2 Definition der Begriffe

Die meisten der hier aufgeführten Begriffe sind weitgehend identisch mit den Begriffen der Norm DIN/IEC 534-1. Um das Verständnis bei Stellgeräten zu fördern, wurden aber zahlreiche neue Begriffe oder zusätzliche Erläuterungen mit aufgenommen. Zunächst erfolgt eine grobe Übersicht der Stellgeräte, zu denen auch drehzahlgeregelte Pumpen und Kompressoren sowie Regler ohne Hilfsenergie gehören, auf die aber in diesem Buch nicht näher eingegangen wird.

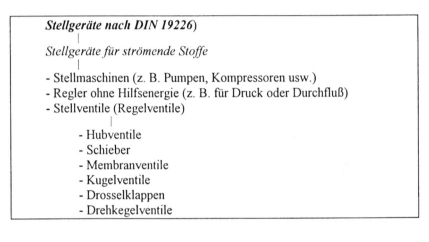

*Stellgeräte nach DIN 19226)*
|
*Stellgeräte für strömende Stoffe*
|
- Stellmaschinen (z. B. Pumpen, Kompressoren usw.)
- Regler ohne Hilfsenergie (z. B. für Druck oder Durchfluß)
- Stellventile (Regelventile)
   |
   - Hubventile
   - Schieber
   - Membranventile
   - Kugelventile
   - Drosselklappen
   - Drehkegelventile

*Hauptbauteile eines Stellventils*

*Stellventil*                          *Antrieb*

- Ventilgehäuse                 - Antriebskrafteinheit
- Ventiloberteil                   - Antriebsjoch
- Ventilgarnitur                   - Antriebsspindel

## 2.1 Begriffe für Armaturen und Bauteile

*Antrieb*

Eine Vorrichtung, die mit der Armatur verbunden ist und ein pneumatisches oder elektrisches Signal in eine Bewegung des Drosselkörpers umformt, so daß sich der Massenstrom ändert.

*Antriebsfeder*

Bauteil eines pneumatischen oder elektrischen Antriebs, das eine Kraft erzeugt, die der Bewegung der Antriebskrafteinheit entgegengesetzt ist und eine Rückstellung der Armatur beim Ausfall der Hilfsenergie besorgt. Die "Sicher-heits-stellung" der Armatur ist entweder *AUF* oder *ZU*.

*Antriebsjoch*

Teil des Antriebs, das eine feste Verbindung mit der Armatur ermöglicht. Das Joch ist entweder eine gegossene Einheit, das zentral mit dem Ventiloberteil verbunden ist oder besteht aus zwei oder mehreren Antriebssäulen, die einerseits mit dem Antrieb und andererseits mit einer Traverse verschraubt werden, die wiederum mit dem Ventiloberteil verbunden ist.

*Antriebskrafteinheit*

Teil des Antriebs, das die elektrische, thermische oder mechanische Energie, die dem Antrieb zugeführt wird, in eine Bewegung der Antriebsspindel umformt, um eine lineare Schubbewegung oder eine Rotations- bzw. Schwenkbewegung (meistens 60° oder 90°) zu erzeugen.

*Antriebsspindel*

Teil des Antriebs, das die Bewegung der Antriebskrafteinheit auf die Armatur (Ventilstange bzw. Armaturenschaft) überträgt.

*Armatur*

Eine Komponente des Stellventils mit druckfestem Gehäuse zum Anschluß an eine Rohrleitung oder einen Druckbehälter. Die Armatur enthält ferner Teile, die eine Änderung des Durchflußquerschnittes gestatten, so daß hierdurch eine Änderung des Massenstroms ermöglicht wird.

*Armaturenanschluß*

Teil der Armatur, das eine dichte Verbindung mit der Rohrleitung oder einem Druckbehälter ermöglicht.

Die in der Industrie am häufigsten verwendeten Armaturenanschlußarten sind: geflanschte, flanschlose, geschraubte und geschweißte Anschlüsse, die jeweils durch spezielle Normen genau beschrieben sind, um eine problemlose Austauschbarkeit der Armatur zu ermöglichen.

## Drehkegelventil

Armaturenbauart mit einem schwenkbaren Drosselkörper (Drehkegel), der zylindrisch, konisch oder ein kugelförmiges Segment sein kann. Die letztgenannte Ausführung mit exzentrischer Lagerung des Drehkegels und einer Schwenkbewegung (50° bis 72°) wird für kontinuierliche Regelungen bevorzugt.

## Drosselkörper

Das bewegliche Teil der Ventilgarnitur mit spezieller Formgebung, das in Verbindung mit dem Sitzring oder dem Armaturengehäuse eine Veränderung des Drosselquerschnitts und damit eine Verstellung des Massenstroms ermöglicht. Der Drosselkörper kann ein parabolförmiger Kegel, eine durchbohrte Kugel, ein Kugelsegment, eine Platte, eine Scheibe oder eine flexible Membrane sein.

## Flansch

Teil einer Armatur zur Verbindung mit der Rohrleitung oder anderen drucktragenden Komponenten eines Systems.

## Führungsbuchse/Lagerbuchse

Teil einer Armatur, das zur Führung des beweglichen Drosselkörpers dient, wobei die Bewegung entweder linear oder rotierend (max. 90°) sein kann. Die Führung ist dem Durchflußmedium ausgesetzt und muß den Betriebsbedingungen im Hinblick auf Temperatur, Korrosion, Erosion usw. standhalten.

## Hubventil

Die in der Industrie gebräuchlichste Armaturenbauart mit einem meist kugelförmigen Gehäuse (globe valve), bei der die Ventilspindel eine lineare Hubbewegung senkrecht zur Sitzebene ausführt und dabei den Durchflußquerschnitt mittels eines stetig verstellbaren Drosselkörpers verändert.

## Klappe (Drosselklappe)

Armaturenbauart mit einem ringförmigen Gehäuse und einem schwenkbaren Drosselkörper in Form einer Scheibe, der mit der Armaturenspindel verbunden ist. Der Schwenkbereich umfaßt gewöhnlich 60°, bei AUF-ZU-Betrieb 90°.

*Kugelhahn (Kugelventil)*

Armaturenbauart mit einem Drosselkörper in Gestalt einer "schwimmenden" oder "gelagerten" Kugel mit zentraler Bohrung, meistens in gleicher Größe wie die Ventilnennweite. Durch eine Schwenkbewegung von 90° kann der freie Durchflußquerschnitt entsprechend verändert werden.

*Membranventil*

Armaturenbauart, bei der eine Veränderung des Durchflußquerschnittes durch eine flexible, druckfeste Membran erfolgt, die mittels einer speziell angepaßten Antriebsstange gegen einen Steg im Armaturengehäuse gepreßt wird und damit einen dichten Abschluß sowohl gegenüber der Atmosphäre als auch gegenüber der Austrittsseite der Armatur erlaubt.

*Packung*

Teil der Armatur zur Abdichtung des drucktragenden Gehäuses und der nach außen geführten, beweglichen Ventilspindel.

*Schieber*

Armaturenbauart, dessen Drosselkörper eine flache oder keilförmige Platte ist, die durch eine lineare Hubbewegung den Durchflußquerschnitt verändert.

*Sitzring*

Auswechelbares Teil der Ventilgarnitur mit kreisförmigem Querschnitt, das in Verbindung mit dem Drosselkörper eine Verstellung des Massenstroms sowie bei entsprechender Formgebung einen dichten Abschluß erlaubt.

*Stellventil*

Eine mit Hilfsenergie arbeitende Vorrichtung, die den Durchfluß im System verändert, bestehend aus einer Armatur und einem Antrieb, der in der Lage ist, die Stellung des Drosselkörpers stetig zu verändern.

*Stopfbuchse*

Teil der Spindelabdichtung, bestehend aus der Stopfbuchsenpackung, dem Druckstück, das die Packungsringe zusammenpreßt und der Stopfbuchsenbrille, die mittels Stehbolzen und Muttern ein Nachstellen der Packung gestattet.

*Ventil*

Siehe Armatur

*Ventilgehäuse*

Drucktragende Hülle einer Armatur zur Aufnahme des Mediums mit Anschluß-
enden zur Verbindung mit der Rohrleitung oder anderer Druckbehälter.

*Ventilgarnitur (Trim)*

Die Innenteile einer Armatur, die über eine Veränderung des freien Querschnittes eine stetige Verstellung des Massenstroms ermöglichen. Typische Garniturteile sind: Drosselkörper, Sitzring und Ventilspindel. Je nach Armaturenbauart
werden auch andere Innenteile (z. B. Käfig) als Teil der Garnitur betrachtet.

*Ventiloberteil*

Drucktragendes Teil einer Armatur, das zur Aufnahme der Spindelabdichtung
dient und Zugang zu den Innenteilen (Garnitur) erlaubt. Die Oberteilformen
sind vielfältig. Neben dem möglichst kurzen Standardoberteil werden verlängerte Oberteile bei sehr hohen oder tiefen Temperaturen (Isolieroberteil) verwendet. Oberteile mit einem Metallfaltenbalg sorgen für eine gasdichte Abdichtung bei gefährlichen Betriebsstoffen.

*Verbindungsteil/Kupplung*

Lösbares (einstellbares) Teil, das üblicherweise die Ventilstange bzw. Ventilspindel mit dem Antrieb verbindet.

## 2.2 Andere Begriffe und Funktionsbezeichnungen

*Akustischer Umwandlungsgrad*

Ein Faktor, der das Verhältnis von mechanischer Drosselleistung zur inneren
Schalleistung ausdrückt. Der Höchstwert des akustischen Umwandlungsgrades
beträgt etwa 0,01.

*Bewerteter Schalldruckpegel*

Gemessener Schallpegel, der durch ein elektrisches Filter frequenzabhängig
gesiebt wird. Üblich sind die Bewertungskurven A, B und C, wobei der A-bewertete Schallpegel - bei relevanten Lautstärken - etwa dem Lautstärkeempfin-
den des menschlichen Gehörs nahe kommt.

*Dämmung / Dämpfung*

Bei der *Dämmung* wird die Ausbreitung des Schalles durch Reflexion (z. B. an den Wänden der Rohrleitung) verändert. Bei der *Dämpfung* erfolgt dagegen eine Absorption der Schallenergie.

*Durchflußkoeffizient*

Ein Koeffizient, der die Durchflußkapazität eines Stellventils bei festgelegten Prüfbedingungen angibt (Medium: Wasser 5-40°C, Differenzdruck 1.0 bar). Gängige Durchflußkoeffizienten sind: Kv und Cv. Seltener wird der Koeffizient Av benutzt. Obwohl die Einheiten der oben genannten Koeffizienten verschieden sind, ist eine einfache Konvertierung der Zahlenwerte möglich:

$$Kv = \frac{Av \cdot 10^6}{24} \qquad Cv = \frac{Av \cdot 10^6}{28} \qquad Cv = Kv \cdot 1.16$$

*Hub*

Der Stellweg des Drosselkörpers, gemessen ab der "Geschlossen"-Stellung des Ventils.

*Nennhub*

Der vorgegebene Weg des Drosselkörpers, gemessen ab der "Geschlossen"-Stellung des Ventils bis zur "Auf"-Stellung.

*Relativer Hub*

Das Verhältnis des jeweiligen Hubes zum Nennhub des Ventils.

*Nenndurchflußkoeffizient ($Kv_{100}$)*

Der Wert des Durchflußkoeffizienten bei Nennhub

*Relativer Durchflußkoeffizient*

Das Verhältnis eines Durchflußkoeffizienten bei einem relativen Hub $h$ zum Nenndurchflußkoeffizienten bei Nennhub.

*Durchflußkennlinie*

Die Darstellung des relativen Durchflußkoeffizienten $\Phi$ als Funktion des relativen Hubes $h$.

*Inhärente Durchflußkennlinie*

Die Beziehung zwischen dem relativen Durchflußkoeffizienten $\Phi$ und dem dazugehörigen relativen Hub $h$. Die inhärente Durchflußkennlinie wird bei konstantem Differenzdruck aufgenommen und ist nur selten mit der späteren Betriebskennlinie identisch. Am häufigsten werden eine *inhärent lineare* oder *inhärent gleichprozentige* Durchflußkennlinie angewendet.

*Inhärent lineare Durchflußkennlinie*

Bei einem Stellventil mit dieser Kennlinienform ergeben gleiche relative Hubänderungen $h$ gleiche Änderungen des relativen Durchflußkoeffizienten $\Phi$. Ausgehend von einem theoretischen Anfangswert der Kennlinie $\Phi_0$ und der Steigung der Geraden $m$ ändert sich der relative Durchflußkoeffizient wie folgt:

$$\Phi = \Phi_0 + m \cdot h$$

*Inhärent gleichprozentige Durchflußkennlinie*

Bei einem Stellventil mit dieser Kennlinienform ergeben gleiche relative Hubänderungen $h$ gleiche prozentuale Änderungen des relativen Durchflußkoeffizienten $\Phi$. Ausgehend von einem theoretischen Anfangswert der Kennlinie $\Phi_0$ und der Neigung der inhärenten gleichprozentigen Kennlinie, wenn die Werte von $\ln\Phi$ über der relativen Hubänderung $h$ aufgetragen werden, ergibt sich mathematisch:

$$\Phi = \Phi_0 \cdot e^{n \cdot h}$$

Bei beiden häufig angewendeten Kennlinienformen wird der Anfangswert $\Phi_0$ durch das theoretische Stellverhältnis $Kv_{max}/Kv_{min}$ bestimmt.

*Inhärentes Stellverhältnis*

Das Verhältnis des größten zum kleinsten Durchflußkoeffizienten unter Beachtung festgelegter zulässiger Abweichungen von der vorgegebenen inhärenten Kennlinie.

*Durchflußbegrenzung (Choked Flow)*

Ein begrenzter Durchfluß durch ein Stellventil, der sowohl bei inkompressiblen als auch kompresiblen Medien auftreten kann. Die Durchflußbegrenzung ist erreicht, wenn bei konstanten Bedingungen am Einlaß des Ventils trotz weiterer Absenkung des Ausgangsdruckes keine weitere Zunahme des Durchflusses mehr erfolgt.

*Hydraulischer Durchmesser*

Der hydraulische Durchmesser $d_H$ einer Ventilgarnitur ergibt sich aus dem Verhältnis der freien Durchtrittsfläche zum benetzten Umfang.

*Kritisches Druckverhältnis*

Das Verhältnis des maximal wirksamen Differenzdruckes zum absoluten Eingangsdruck, das in den Bemessungsgleichungen für inkompressibe oder kompressible Medien eingesetzt wird. Beim Überschreiten des kritischen Druckverhältnisses erfolgt keine Zunahme des Durchfluuses mehr, wenn die Bedingungen am Eingang des Stellventils konstant gehalten werden.

*Machzahl*

Die Machzahl *Ma* stellt das Verhältnis der Strömungsgeschwindigkeit zur Schallgeschwindigkeit dar. Ma = 2 bedeutet also 2-fache Schallgeschwindigkeit, die allerdings bei Stellventilen nur in Ausnahmefällen erreicht wird.

*Meßfläche*

Das Meßobjekt einhüllende Fläche (z. B. Zylinder mit Radius r = 1,0 m) auf der die Meßpunkte liegen. Die Meßfläche wird zur Berechnung des sogenannten Meßflächenmaßes benötigt, das die betrachtete Länge bei der Schallmessung (z. B. in einer Meßkabine) berücksichtigt.

*Oktav-Mittenfrequenz*

Gemessener Schalldruckpegel im Frequenzbereich einer Oktave.

*Ringdehnfrequenz*

Die Ringdehnfrequenz einer Rohrleitung ist die Frequenz, bei der die Dämmwirkung des zylinderförmgen Rohres ein Minimum erreicht

*Schallgeschwindigkeit*

Ausbreitungsgeschwindigkeit von Schallwellen in einem festen, flüssigen oder gasförmigen Medium. Die Schallgeschwindigkeit hängt vorwiegend von den elastischen Eigenschaften des Mediums ab und ändert sich seiner Dichte.

*Schallspektrum*

Graphische oder tabellarische Darstellung des gemessenen Schallpegels bei verschiedenen Frequenzen. Je nach Art der Filterung wird zwischen Oktav-, Terz-, oder Schmalbandspektren unterschieden.

*Spitzenfrequenz*

Die Spitzen- oder Peakfrequenz ist die Frequenz mit der größten inneren Schalleistung und wird durch Innenmessung bestimmt. Bei bekannten Abmessungen des Drosselquerschnittes ist eine näherungsweise Berechnung möglich.

*Ventilformfaktor*

Der Ventilformfaktor *Fd* ergibt sich aus dem Verhältnis von hydraulischem Durchmesser $d_H$ und dem äquivalenten Durchmesser $d_0$ des Drosselquerschnittes. Der Faktor *Fd* ist stets kleiner als 1,0.

## 2.3 Verwendete Formelzeichen und Einheiten

| Formel-zeichen | Bedeutung | Einheit |
|---|---|---|
| A | Querschnittsfläche | $m^2$ |
| $A_ä$ | Äquivalente Absorptionsfläche | $m^2$ |
| $A_M$ | Erforderliche wirksame Membranfläche | $cm^2$ |
| $A_n$ | Fläche der letzten Stufe bei mehrstufigen Garnituren | $m^2$ |
| $A_S$ | Sitzringquerschnittsfläche | $cm^2$ |
| $A_{St}$ | Querschnittsfläche der Ventilspindel | $cm^2$ |
| $c_F$ | Schallgeschwindigkeit des Fluids | m/s |
| cp | Spezifische Wärme bei konstantem Druck | J/kg K |
| $c_R$ | Schallgeschwindigkeit in der Rohrleitung | m/s |
| cv | Spezifische Wärme bei konstantem Volumen | J/kg K |
| C | Durchflußkoeffizient (Av, Cv. Kv) | versch. |
| $C_{min}$ | Minimale Federkonstante eines Membranantriebs | N/mm |
| $C_R$ | Hilfsgröße bei nicht-turbulenter Strömung | - |
| d | Durchmesser = Nennweite des Ventils DN | mm |
| $d_H$ | Hydraulischer Durchmesser | - |
| di | Rohrinnendurchmesser hinter dem Ventil | m |
| $d_0$ | Bezugsdurchmesser = 1 | m |
| $d_{0'}$ | Äquivalenter Durchmesser des Drosselquerschitts | m |
| D | Nennweite der Rohrleitung | - |
| Di | Rohrinnendurchmesser | m |
| Dj | Strahldurchmesser | m |
| $D_S$ | Sitzringdurchmesser | mm |
| E | Energiepotential | m |
| f | Frequenz | Hz |
| $f_m$ | Oktav-Mittenfrequenz | Hz |
| fp | Spitzenfrequenz (Peakfrequenz) | Hz |
| fr | Ringdehnfrequenz der Rohrleitung | Hz |
| F | Kraft (allgemein) | N |
| $F_A$ | Erforderliche Antriebskraft | N |
| $F_d$ | Ventilformfaktor | - |
| $F_F$ | Faktor für krit. Druckverhältnis | - |
| $F_k$ | Normierungsfaktor für Isentropenexponenten = $\kappa/1,4$ | - |
| $F_L$ | Faktor für den Druckrückgewinn | - |

| | | |
|---|---|---|
| $F_{LP}$ | Kombinierter Korrekturfaktor | - |
| $F_P$ | Rohrgeometrie-Faktor | - |
| $F_{Pa}$ | Reibungskraft der Stopfbuchsenpackung | N |
| $F_r$ | Reibungskraft in der Führung bei Druckausgleich | N |
| $F_R$ | Reynoldszahl-Faktor | - |
| $F_S$ | Schließkraft eines Ventils | N |
| $F_v$ | Verschlußkraft eines Ventils | N |
| $F_Y$ | Korrekturwert bei Verdampfung | - |
| g | Erdbeschleunigung | $m/s^2$ |
| G | Durchfluß als Gewichtseinheit | kg |
| $G_1$ | Niveauexponent beim Umwandlungsgrad | - |
| $G_2$ | Neigungsexponent beim Umwandlungsgrad | - |
| $G_k$ | Gewichtskraft | kg |
| h | Geodätische Höhe | m |
| hv | Verlusthöhe | m |
| $h_x$ | Druckhöhe | m |
| I | Impuls | kgm/s |
| Jg | Drucklinengefälle | - |
| K | Faktor für die Berechnung der Schließkraft | - |
| $K_{dp}$ | Verhältnis der Differenzdrücke bei $Q_{min}$ und $Q_{max}$ | - |
| $K_F$ | Faktor für die Überprüfung der dynamischen Stabilität | - |
| $K_K$ | Reibungsbeiwert bei Ventilen mit Druckausgleich | - |
| $K_r$ | Faktor für die Berechnung der Packungsreibung | - |
| Kv | Durchflußkoeffizient | $m^3/h$ |
| $Kv_F$ | Durchflußkoeffizient bei Flüssigkeiten | $m^3/h$ |
| $Kv_G$ | Durchflußkoeffizient bei Gasen | $m^3/h$ |
| $Kv_{max}$ | Berechneter maximaler Durchflußkoeffizient | $m^3/h$ |
| $Kv_{min}$ | Berechneter minimaler Durchflußkoeffizient | $m^3/h$ |
| $Kv_n$ | Durchflußkoeffizient der letzten Stufe | $m^3/h$ |
| $Kv_{ZG}$ | Durchflußkoeffizient bei Zweiphasengemischen | $m^3/h$ |
| l | Betrachtete Rohrlänge bei Berechnung der Schalleistung | m |
| lq | Querabmessung der Rohrleitung | m |
| lg | Dekadischer Logarithmus | - |
| $l_0$ | Bezugslänge bei der Berechnung des Meßflächenmaßes = 1 m | |
| L | Geleistete Arbeit einer Maschine | J |
| Lp | Unbewerteter Schalldruckpegel | dB |
| Lp(A) | Äußerer A-bewerteter Schalldruckpegel | dB |
| Lpa | Äußerer unbewerteter Schalldruckpegel | dB |
| $Lpa_G$ | Äußerer Gesamtschalldruckpegel (bei mehreren Quellen) | dB(A) |
| Lpa' | Äußerer korrigierter Schalldruckpegel | dB(A) |
| $Lpa_r$ | Schalldruckpegel im Abstand r von der Schallquelle | dB(A) |
| Lw | Unbewertete Schalleistung | dB |
| Lw(A) | Äußere A-bewertete Schalleistung | dB |
| Lwa | Äußere unbewertete Schalleistung | dB |
| Lwi | Innere unbewertete Schalleistung | dB |
| m | Masse | kg |
| $\dot{m}$ | Masse pro Zeiteinheit | kg/s |
| M | Relative Molekülmasse | - |
| Ma | Machzahl des Mediums in der "vena contracta" | - |
| Mj | Machzahl des Strahls bei Regimen II bis IV | - |
| No | Anzahl der Durchflußöffnungen | - |
| pa | Aktueller atmosphärischer Luftdruck | Pa |
| pc | Therm. dyn. kritischer Druck | bar |
| $p_n$ | Restdruck beim Eintritt in die letzte Stufe | Pa |
| ps | Normluftdruck der Atmosphäre (1013,25 mbar) | Pa |
| $p_{vc}$ | Absoluter Druck in der "vena contracta" | bar |

| Symbol | Beschreibung | Einheit |
|---|---|---|
| $p_0$ | Absoluter Bezugsdruck für Berechnung des Schallpegels | bar |
| $p1$ | Absoluter Eingangsdruck am Ventil | bar |
| $p2$ | Absoluter Ausgangsdruck hinter dem Ventil | bar |
| $p2_B$ | Absolutdruck hinter dem Ventil am Abrißpunkt | Pa |
| $p2_C$ | Absolutdruck hinter dem Ventil bei krit. Druckverhältnis | Pa |
| $p2_E$ | Absolutdruck bei konst. akustischem Umwandlungsgrad | Pa |
| $pv$ | Absoluter Dampfdruck des Mediums | bar |
| $pw$ | Benetzter Umfang eines Durchflußkanals | m |
| $p_x$ | Statischer Druck | $N/m^2$ |
| $pz$ | Mindestluftdruck für pneumatische Antriebe | bar |
| $P$ | Leistung | W |
| $Q$ | Volumendurchfluß | $m^3/h$ |
| $Q_0$ | Volumendurchfluß (Normvolumen) | $m^3/h$ |
| $R$ | Spezielle Gaskonstante | J/kg K |
| $Re$ | Reynolds-Zahl | - |
| $Re_V$ | Ventil-Reynolds-Zahl | - |
| $R_R$ | Rohrschalldämmung | dB |
| $R_{St}$ | Aktuelles Stellverhältnis = $Kv_{max}/Kv_{min}$ | - |
| $s$ | Rohrwanddicke | m |
| $S_0$ | Signalbereichsanfang des pneum. Antriebs | bar |
| $S_{100}$ | Signalbereichsende des pneum. Antriebs | bar |
| $S_{max}$ | Maximaler Versorgungsdruck des pneum. Antriebs | bar |
| $t$ | Stellzeit eines pneumatischen Antriebs | s |
| $T$ | Absolute Temperatur des Mediums | K |
| $T_0$ | Bezugstemperatur (273 K) | K |
| $TL$ | Schalldämmaß (nach ISA-S75.17-19989) | dB |
| $T_{vc}$ | Temperatur in der "vena contracta" | K |
| $t_N$ | Nachhallzeit | s |
| $U_{vc}$ | Geschwindigkeit in der "vena contracta" | m/s |
| $v$ | Spezifisches Volumen | $m^3/kg$ |
| $v_{Fl}$ | Spezifisches Volumen einer Flüssigkeit | $m^3/kg$ |
| $v_G$ | Spezifisches Volumen eines Gases | $m^3/kg$ |
| $V$ | Volumen (allgemein) | $m^3$ |
| $V_0$ | Volumen bei Normalbedingungen (0°C, 1,013 bar) | $m^3$ |
| $w$ | Strömungsgeschwindigkeit des Mediums | m/s |
| $w_{th}$ | Theoretische mittlere Strömungsgeschwindigkeit | m/s |
| $ws$ | Schallgeschwindigkeit | m/s |
| $W$ | Massendurchfluß | kg/h |
| $Wa$ | Schalleistung | W |
| $Wm$ | Strahlleistung des Massendurchflusses | W |
| $X$ | Druckverhältnis kompressibler Medien = (p1-p2)/p1 | - |
| $Xcr$ | Kritisches Differenzdruckverhältnis bei 75% Auslastung | - |
| $Xf$ | Druckverhältnis inkompressibler Medien = (p1-p2)/(p1-pv) | - |
| $Xfz$ | Druckverhältnis bei Kavitationsbeginn | - |
| $X_{Fl}$ | Verhältnis Flüssigkeitsmasse/Gesamtmasse | - |
| $X_G$ | Verhältnis Gasmasse/Gesamtmasse | - |
| $X_T$ | Differenzdruckverhältnis bei Durchflußbegrenzung | - |
| $X_{TP}$ | Kombinierter Korrekturfaktor | - |
| $y$ | Auslastung des Ventils = Kv/kvs | - |
| $Y$ | Expansionszahl bei Gasen und Dämpfen | - |
| $z = Xfz$ | Druckverhältnis bei Kavitationsbeginn | - |
| $Z$ | Realgasfaktor | - |
| $\alpha$ | Korrekturwert des Durchflusses (Einschnürung) | - |
| $\alpha'$ | Korrekturwert (externes/internes Druckverhältnis) | - |
| $\alpha_A$ | Absorptionsgrad | - |
| $\beta$ | Korrekturfaktor des Durchflusses | - |

| | | |
|---|---|---|
| $\Delta p$ | Differenzdruck | bar |
| $\Delta p_{max}$ | Maximaler Differenzdruck | bar |
| $\Delta p_{min}$ | Minimaler Differenzdruck | bar |
| $\epsilon$ | Faktor für den spezifischen Durchfluß $Kv/DN^2$ | - |
| $\zeta$ | Verlustziffer | - |
| $\nu$ | Kinematische Viskosität | $10^{-6}$ m2/s |
| $\eta$ | Dynamische Viskosität | Pa s |
| $\eta_G$ | Akustischer Umwandlungsgrad kompressibler Medien | - |
| $\eta_F$ | Akustischer Umwandlungsgrad inkompressibler Medien | - |
| $\kappa$ | Verhältnis der spezifischen Wärmen = cp/cv | - |
| $\lambda$ | Widerstandsziffer (Rohrreibungszahl) | - |
| $\rho$ | Dichte des Mediums (allgemein) | $kg/m^3$ |
| $\rho_\ddot{a}$ | äquivalente Dichte eines Stoffes bei Zwei-Phasengemischen | $kg/m^3$ |
| $\rho_F$ | Dichte des Mediums bei Berechnung der Rohrdämmung | $kg/m^3$ |
| $\rho_N$ | Dichte bei Standardbedingungen | kg/m3 |
| $\rho_R$ | Dichte des Rohrleitungsmaterials | kg/m3 |
| $\tau$ | Schubspannung | N/m2 |
| $\varphi$ | Korrekturfaktor | - |

**Wichtige Anmerkung:**

Die Einheiten der in diesem Buch aufgeführten Gleichungen entsprechen - wenn nicht ausdrücklich anders vermerkt - den Angaben in diesem Kapitel. Aus theoretischen oder praktischen Gründen werden jedoch manchmal andere Einheiten verwendet, um entweder physikalisch korrekte Gleichungen zu erhalten, oder um die Berechnung zu vereinfachen.

Grundsätzlich bestehen folgende Ausnahmen von der Regel:

•   Alle Drücke der aerodynamischen und akustischen Gleichungen sind in Pascal (Pa) einzusetzen.

•   Bei Prozeßdrücken, wie vom Anwender spezifiziert, handelt es sich stets um Absolutdrücke in bar.

•   Signalbereiche pneumatischer Antriebe (z. B. 0,2 - 1,0 bar) oder Versorgungsluftdrücke werden - wie allgemein üblich - grundsätzlich in bar als Überdruck angegeben!

# 3 Hydrodynamik

## 3.1 Allgemeine Betrachtungen

Unter Mechanik versteht man allgemein die Lehre von den Kräften und ihre Wirkungen auf Körper, die diesen Kräften ausgesetzt sind. Die Mechanik ist Teil der Naturwissenschaft und baut auf Gesetze und Erfahrungen auf, die man durch planmäßige Beobachtungen von Naturvorgängen gewinnt. Die Körper, die bei der Betrachtung der Mechanik eine Rolle spielen (z. B. die Wirkungen auf ein Kraftfahrzeug bei einem Crashtest), weisen in diesem Fall feste Strukturen auf.

Die *Hydromechanik* dagegen betrachtet die Wirkungen und Gesetze von fließfähigen flüssigen Körpern bzw. Medien. Der Name *Hydro*-Mechanik leitet sich aus der griechichen Sprache ab und bedeutet - genau genommen - die Lehre von der Mechanik des Wassers. Da Wasser nicht nur in der Technik eine überragende Bedeutung hat und viele Versuchsergebnisse auf Messungen mit Wasser beruhen, verdient die Hydromechanik diesen Namen zurecht.

Die *Hydromechanik* umfaßt zwei Hauptgebiete: Die *Hydrostatik* und die *Hydrodynamik*. Während sich die *Hydrostatik* hauptsächlich mit den statischen Kräften einer Flüssigkeit beschäftigt, die diese auf einen Behälter oder die Wandungen eines Schwimmbeckens hervorruft, liefert die Lehre der *Hydrodynamik* die theoretischen Grundlagen und Gleichungen, um die Kräfte in einem fließenden Körper bzw. Medium berechnen zu können.

Hierzu gehören vor allem die Flüssigkeitsströmungen in *Rohrleitungen, Fittings* und *Stellventilen*. Aber auch die Strömungen in offenen Gerinnen, Schleusen oder Flüssen lassen sich mit Hilfe der Hydrodynamik beschreiben und berechnen. Dieser Beitrag konzentriert sich im wesentlichen auf lineare oder eindimensionale Strömungsvorgänge, wie sie im Idealfall in einer Rohrleitung mit konstantem Querschnitt auftreten. In der Technik gibt es aber auch bedeutsame Vorgänge, bei denen zweidimensionale oder räumliche Strömungen auftreten. Man denke nur an die Strömungsverhältnisse in einem Rührwerk, wo eine dreidimensionale Strömung Voraussetzung für eine gute Durchmischung ist.

## 3.2 Grundbegriffe

Die Gesetze der Flüssigkeitsbewegungen in technischen Systemen, wie beispielsweise Rohrleitungen, Wärmetauscheranlagen, Pumpen und Ventilen,
werden auch unter dem Begriff *Hydraulik* zusammengefaßt. Hierbei geht es in
erster Linie um die Wechselwirkungen von Durchflußmenge, Druck und Geschwindigkeit, die es zu bestimmen gilt. Dabei bereitet die Erfassung der Flüs-
sigkeitsreibung innerhalb der technischen Systeme stets die größten Schwierigkeiten. Die Druckenergie - erzeugt durch eine Pumpe oder einen hochgestellten
Behälter - wird nämlich durch die Reibung der Flüssigkeit an den
Begrenzungswänden einer Rohrleitung oder eines Ventils entsprechend der
Durchflußmenge vermindert. Dieses Verhalten ist vergleichbar mit einem
anderen Naturgesetz, das von dem deutschen Physiker *Simon Ohm* formuliert
und nach ihm benannt wurde: das Ohm'sche Gesetz:

$$I = \frac{U}{R}$$

Es besagt, daß der Strom $I$ von der Spannung $U$ und dem Widerstand $R$ abhängt. Ein bestimmter Strom - vergleichbar mit der Durchflußmenge einer
Flüssigkeit - kann also entweder durch eine höhere Spannung, oder einen geringeren Widerstand erreicht werden. Die elektrische Spannung entspricht in einem Hydrauliksystem dem Druck der Pumpe; der hydraulische Widerstand ist
dem reziproken Wert der freien Querschnittsfläche einer Rohrleitung oder eines
Ventils proportional. Es ist daher einleuchtend, daß ein großer freier Querschnitt in einem Ventil dem fließenden Medium weniger Widerstand entgegen-
setzt, als eine willkürliche Restriktion auf einen Bruchteil der Querschnittsfläche der entsprechenden Ventilnennweite. Erschwerend kommt hinzu, daß das
fließende Medium im Ventilgehäuse normalerweise zu mehrfachen Richtungsänderungen gezwungen wird, was mit zusätzlichen Reibungsverlusten und einem erhöhten Widerstand verbunden ist.

Um die hydrodynamischen Vorgänge verständlicher zu machen, ist es üblich,
die Flüssigkeitsströmung zunächst an einem *idealen* Modell zu betrachten, das
keine Reibung verursacht. Anschließend erfolgt dann eine Anpassung des Modells an realistische Verhältnisse unter Einführung hydraulischer Beiwerte. Es
gibt zwei grundlegende Beziehungen, auf denen alle Berechnungen von Widerständen in hydraulischen Systemen aufbauen: Die Durchfluß- oder *Kontinuitätsgleichung* und die *Bernoullische Gleichung*, benannt nach dem Schweizer
Physiker *Daniel Bernoulli*.

## 3.3 Kontinuitätsgleichung

Die Kontinuitätsgleichung besagt, daß das Produkt aus Querschnittsfläche und Geschwindigkeit in einem von einer Flüssigkeit durchströmten Rohr mit beliebigem Querschnitt konstant bleibt. Dieser Sachverhalt soll etwas näher erläutert werden (Bild 3-1).

Bild 3-1: Strömung in einer Rohrleitung mit gleichbleiben-dem Querschnitt

Der Durchfluß $Q$ der sich bei konstanter Strömungsgeschwindigkeit $w$ ergibt, kann nach Gleichung 3-1 ermittelt werden.

$$Q = A \cdot w \tag{3-1}$$

Werden als Einheiten für den Querschnitt m² und für die Geschwindigkeit m/s benutzt, denn ergibt sich für den Durchfluß die Volumeneinheit m³/s.

Wird nun der Rohrleitungsquerschnitt an beliebiger Stelle verändert, so muß sich die Fließgeschwindigkeit der Flüssigkeit zwangsläufig ändern, da das Medium inkompressibel ist. Bei konstantem Durchfluß kann die mittlere Geschwindigkeit der Flüssigkeit an jeder Stelle berechnet werden, wenn die zugehörigen Querschnitte bekannt sind (Bild 3-2).

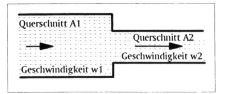

Bild 3-2: Strömung in einer Rohrleitung mit ungleichem Querschnitt

Bei der in Bild 3-2 schematisch dargestellten Verengung des freien Querschnittes muß die Geschwindigkeit des strömenden Mediums zwangsläufig größer werden, da das Durchflußvolumen an jeder Stelle der Rohrleitung bei flüssigen Stoffen gleich bleibt. Damit lautet die Kontinuitätsgleichung:

$$A1 \cdot w1 = A2 \cdot w2 = \text{konstant} \tag{3-2}$$

Analog zum Ohm'schen Gesetz bedeutet dies, daß in jedem Querschnitt eines geschlossenen Rohrleitungssystems der gleiche Durchfluß auftritt.

## 3.4 Energiegleichung (Bernoulli'sche Gleichung)

Die gesamte mechanische Energie eines Körpers bleibt konstant, sofern ihm nicht von außen Energie zugeführt oder entzogen wird. Diese fundamentale Erkenntnis vom Erhalt der Energie wurde erstmals von dem deutschen Arzt *Robert Mayer* formuliert. Es ist der Verdienst von Daniel Bernoulli, diese Zusammenhänge auch bei bewegten Flüssigkeiten aufgezeigt zu haben. Man spricht deshalb auch von der *Bernoulli'schen Gleichung*, wenn es um die Darstellung des Energiegehaltes von Flüssigkeitsströmungen geht. In Bild 3-3 werden die Zusammenhänge schematisch dargestellt.

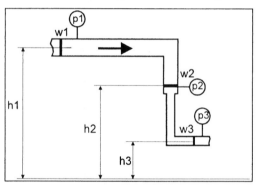

Bild 3-3: Erläuterung der Bernoulli'schen Gleichung

Eine Flüssigkeit mit der Dichte $\rho$ füllt die Rohrleitung vollständig aus und strömt von oben nach unten. Betrachtet man z. B. die Energie eines Flüssigkeitsteilchens in der Position 1, so kann man zwischen drei verschiedenen Energieformen unterscheiden:

- Druckenergie (p1), die der Flüssigkeit innewohnt und mit dem Manometer in der jeweiligen Position meßbar gemacht werden kann,

- Geschwindigkeitsenergie (w1), die von der Masse des Teilchens und der Fließgeschwindigkeit der Flüssigkeit abhängt,

- Potentielle Energie (h1), die aus der geodätischen Höhe h1 resultiert, wobei die Bezugslinie, von der die jeweilige Höhe gemessen wird, in diesem Beispiel willkürlich festgelegt wurde. In der Regel bezieht man die Energie der Lage auf eine Ebene, wie z. B. den Boden einer Halle.

Unter der Annahme einer verlustfreien (reibungsfreien) Strömung bleibt dieser Energiegehalt auch in den Positionen 2 und 3 unverändert. So hat beispielsweise die Energie der Höhe im Punkt 3 um den Betrag (h1-h3) abgenommen. Dagegen hat sich die Geschwindigkeitsenergie an der gleichen Stelle erheblich erhöht, so daß der Energieinhalt trotzdem gleich geblieben ist.

Drückt man die verschiedenen Energieinhalte durch Gleichungen aus, so ergibt sich folgender Zusammenhang:

*(1) Druckenergie $p_x$*

Man kann den Druck in einem Rohrleitungssystem, der z. B. durch eine Pumpe erzeugt wird, auch durch das Gewicht einer Flüssigkeitssäule ersetzen, die auf das System einwirkt. Ist diese Flüssigkeit Wasser mit einer Dichte $\rho$ von 1000 kg/m³, dann ergibt sich bei einer Flüssigkeitssäule von 10 m Höhe bekanntermaßen ein Druck von etwa 1.0 bar bzw. 100.000 N pro Quadratmeter, was der Einheit *Pascal* (Pa) entspricht. Damit wird $p_x$ gemäß Gleichung 3-3:

$$p_x = h_x \cdot \rho \cdot g \qquad (3\text{-}3)$$

Hierbei wird die Druckhöhe $h_x$ in m und die Dichte der Flüssigkeit in kg/m³ eingesetzt:

$$p_x = 10 \text{ m} \cdot 1000 \text{ kg/m}^3 \cdot 9.81 \text{ m/s}^2 \sim 100.000 \text{ Pa}$$

Die Druckeinheit *Pascal* (Pa) wird bei allen theoretischen Betrachtungen benutzt. Bei aktuellen Prozeßwerten und praktischen Beispielen wird dagegen die Einheit *bar* gewählt: 1.0 bar = 100.000 Pa

Noch einfacher für die folgenden Betrachtungen ist es ferner, grundsätzlich Wasser als Medium anzunehmen und alle Energiegehalte einfach auf *Höhen* zu reduzieren. Durch Umstellung der Gleichung 3-3 erhält man die äquivalente Druckhöhe $h_x$, die dem statischen Druck $p_x$ entspricht:

$$h_x = \frac{p_x}{\rho \cdot g} \qquad (3\text{-}4)$$

*(2) Potentielle Energie (Energie der Lage oder Höhe)*

Die Gleichung 3-3 ist naturgemäß auch auf die Ermittlung der potentiellen Energie anwendbar. Da aber die verschiedenen Energien nur als Höhen (in Meter) ausgedrückt werden sollen, kann die Energie der Lage h1 direkt als Druckhöhe mit in die Gesamtgleichung einfließen.

*(3) Kinetische Energie oder Geschwindigkeitsenergie*

Hier kommt eine allgemeine physikalische Gleichung der Mechanik zur Anwendung, die für alle bewegten Körper (z. B. ein fahrendes Kraftfahrzeug) gilt. Die kinetische Energie $E$ eines fließenden Mediums ist:

$$E = \frac{1}{2} m \cdot w^2 \qquad (3\text{-}5)$$

Geht man auch hier wieder von der Gewichtseinheit der Flüssigkeit aus, und betrachtet man den kinetischen Energieinhalt von 1.0 kg des fließenden Mediums, so wird die kinetische Energie:

$$\frac{w^2}{2 \cdot g} \qquad (3\text{-}6)$$

Nach dem Einsetzen der üblichen Einheit für die Fließgeschwindigkeit (m/s) wird auch die kinetische Energie zu einer Druckhöhe. Damit ergibt sich für den gesamten Energieinhalt eines Flüssigkeitsteilchens an jeder Stelle des Rohrleitungssystems:

$$E = \frac{p_x}{\rho \cdot g} + h_x + \frac{w^2}{2 \cdot g} = konst. \qquad (3\text{-}7)$$

Leider sind die Verhältnisse in der Praxis nicht ideal, d. h. der Energieinhalt bleibt in Wirklichkeit nicht konstant, sondern vermindert sich jeweils um den Betrag, der durch Reibungsverluste verloren geht. Das bedeutet, daß der gesamte Energiegehalt der Flüssigkeit an der Position 2 des Bildes 3-3 geringer als in der Position 1 ist und das Medium an der Position 3 wiederum einen geringere Energie als in der Position 2 aufweist. Die Gleichung 3-7 muß deshalb unter Berücksichtigung der unvermeidlichen Reibungsverluste $hv$ korrigiert werden. Damit ergibt sich:

$$E = \frac{p_x}{\rho \cdot g} + h_x + \frac{w^2}{2 \cdot g} + hv = konst. \qquad (3\text{-}8)$$

Versucht man die Erkenntnisse, die uns die allgemeine Energiegleichung liefert zusammenzufassen, so kann man folgende Aussage treffen:

- Die verschiedenen Energieformen sind gleichwertig und können allesamt in Druckhöhen ausgedrückt werden.

- Druckenergie kann einfach in Geschwindigkeitsenergie umgewandelt werden. Dazu bedarf es lediglich einer Verengung des Leitungssystems. Gemäß der Kontinuitätsgleichung steigt an dieser Stelle die Fließgeschwindigkeit entsprechend an, was zwangsläufig mit einer Absenkung des Druckes verbunden ist, da von außen keine Energie zugeführt wird.

- Umgekehrt kann Geschwindigkeitsenergie wieder in Druckenergie umgewandelt werden, wenn die Geschwindigkeit langsam wieder durch eine allmähliche Vergrößerung des Querschnittes - wie es bei einem Diffusor der Fall ist - reduziert wird.
- Alle Vorgänge der Energieumwandlung sind stets mit Verlusten verbunden. Wird also zunächst die Fließgeschwindigkeit auf Kosten des statischen Druckes durch eine entsprechende Querschnittsverengung erhöht und anschließend wieder durch eine Querschnittserweiterung vermindert, dann tritt ein bleibender Druckverlust auf. Genau diesen Effekt machen sich alle Stellventile zunutze, um eine Reduzierung des statischen Druckes oder eine Regulierung des Durchflusses zu erreichen. Die Energiedifferenz vor und hinter dem Stellventil entsteht durch innere Reibung (Verwirbelung) des Mediums und ist bei hohen Verlustleistungen stets mit einer Geräuschentwicklung verbunden, deren Schalleistung der in Wärme umgewandelten mechanischen Verlustleistung proportional ist.

## 3.5 Ausfluß aus einem offenen Gefäß

Die Kontinuitätsgleichung (3-1) besagt, daß der Durchfluß durch eine Leitung oder Drosselstelle berechnet werden kann, wenn die Querschnittsfläche $A$ an der engsten Stelle und die Fließgeschwindigkeit $w$ bekannt sind. Während die Ermittlung des Querschnittes eine relativ einfache Angelegenheit ist (sofern die geometrischen Abmessungen der Austrittsöffnung vorliegen), bereitet die Berechnung der Geschwindigkeit zunächst Probleme. Als eine praktische Anwendung der Kontinuitätsgleichung soll der Ausfluß aus einem offenen Gefäß betrachtet werden:

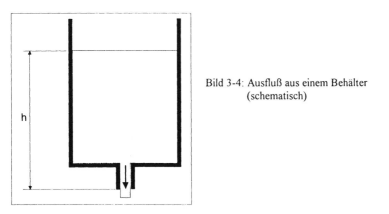

Bild 3-4: Ausfluß aus einem Behälter (schematisch)

Ein oben offener Behälter mit einer Füllhöhe *h* - gemessen von der Oberfläche der Flüssigkeit bis zum Auslaufstutzen - wird entleert. Welcher momentane Durchfluß stellt sich ein, wenn der Innendurchmesser des Auslaufstutzens 100 mm und die Füllhöhe *h* 2,0 m beträgt?

Die Ermittlung des Querschnitts *A* ergibt sich aus:

$$A = \frac{D^2 \cdot \pi}{4} = \frac{0,1 \cdot 0,1 \cdot 3,14}{4} = 0,079 \, m^2$$

Die Fließgeschwindigkeit am Behälteraustritt kann auf ebenso einfache Art und Weise ermittelt werden, wenn man sich vor Augen hält, daß die Schwerkraft auf alle Körper gleichermaßen einwirkt. Läßt man einen Stein von der Höhe *h* herabfallen, dann ist seine Geschwindigkeit *w* beim freien Fall:

$$w = \sqrt{2 \cdot g \cdot h} \qquad\qquad\qquad\qquad (3\text{-}9)$$

Dieselbe Gleichung für "den freien Fall" läßt sich also auch für den Ausfluß aus einem offenen Gefäß anwenden. Damit ergibt sich für die Geschwindigkeit folgender Wert:

$$w = \sqrt{2 \cdot 9,81 \cdot 2} = 6,26 \, m/s$$

Ohne bestimmte Korrekturen der Durchflußgleichung - die später erläutert noch werden - beträgt der momentane Durchfluß *Q*:

$$Q = A \cdot w = 0.079 \ m^2 \cdot 6,26 \ m/s \sim 0,5 \ m^3/s$$

In der Praxis ist es üblich, den Durchfluß in einer anderen Einheit - nämlich Kubikmeter pro Stunde ($m^3/h$) - auszudrücken. Unter Berücksichtigung des Umrechnungsfaktors ergibt dies einen Wert von ca. 1800 $m^3/h$.

## 3.6 Ausströmumg aus einer Düse

Die grundlegenden Erkenntnisse aus dem vorhergehenden Beispiel können auch auf geschlossene Behälter oder Systeme angewendet werden. Als Beispiel sei ein Gärtner angeführt, der mit einem Gartenschlauch seine Pflanzen bewässern will, die sich außerhalb der normalen Reichweite des Wasserstrahles befinden. Selbst der Laie weiß, wie er in einem solchen Fall die Spritzweite des Wasser erhöhen kann: Er verringert den Querschnitt des vorderen Schlauchendes, erhöht dadurch die Geschwindigkeit des Wassers und erreicht dabei eine höhere Spritzweite.

Beide Effekte zusammen ergeben damit eine höhere Geschwindigkeit und eine größere Spritzweite. In Wirklichkeit sind aber die Zusammenhänge komplizierter, als es den Anschein hat. Bei einer großen Schlauchlänge und voll aufgedrehtem Wasserhahn tritt bereits ein beträchtlicher Druckabfall bis zum vorderen Ende des Schlauches auf, so daß die Geschwindigkeit reduziert wird. Durch das Verengen (Zukneifen) des Schlauches nimmt also nicht nur der Querschnitt ab, sondern auch der Druckabfall - wie später im Detail erläutert wird.

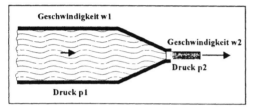

Bild 3-5: Ausströmung aus einer Düse (schematisch)

Ein Zahlenbeispiel soll die Zusammenhänge verdeutlichen. Gegeben sind eine Schlauchleitung mit 30 mm lichtem Durchmesser mit angeschlossener Düse, die sich auf 5 mm verengt. Der Innendruck beträgt 3,5 bar, wobei Schlauchanfang und Schlauchende auf gleicher geodätischer Höhe liegen, so daß die potentielle Energie zu Null wird. Der Druck p2 außerhalb der Mündung entspricht dem Atmosphärendruck = 1,0 bar $_{abs}$. Die Austrittsgeschwindigkeit in der Düse, die Strömungsgeschwindigkeit im Schlauch und der Durchfluß in Liter pro Minute (l/min) sind zu bestimmen.

Auch in diesem Beispiel sollen die Druckenergie und die Geschwindigkeitsenergie zunächst in Höhen umgerechnet werden. Bei Wasser mit einer Dichte von 1000 kg/m³ wird die Druckhöhe $h_x$, resultierend aus dem statischen Druck von 3,5 bar gemäß Gleichung 3-3:

$$h_x = \frac{p_x}{\rho \cdot g} = \frac{350.000}{1000 \cdot 9,81} \cong 35m$$

Die Geschwindigkeitsenergie im Schlauch kann noch nicht berechnet werden, da der Durchfluß unbekannt ist. Ausgehend von Gl. 3-7 kann man aber unter Vernachlässigung der Reibungsverluste für die Druckhöhe annehmen:

$$\frac{w2^2}{2 \cdot g} = h_x + \frac{w1^2}{2 \cdot g}$$

Die Druckhöhe am Düsenaustritt muß also gleich der Summe der Energien sein, die im Schlauch stecken. Da das Verhältnis der Querschnitte A1/A2 sehr groß ist ($30^2/5^2=36$), wird der Term w1²/2g vernachlässigt, da er nur eine sehr geringe Druckhöhe repräsentiert. Damit ergibt sich für w2:

$$w2 = \sqrt{2 \cdot 9{,}81 \cdot 35} = 26{,}2 \ m/s$$

Zieht man die Kontinuitätsgleichung (3-2) mit in Betracht so ergibt sich für die Geschwindigkeit im Schlauch:

$$w1 = w2\frac{A2}{A1} = w2 \cdot \left(\frac{D2}{D1}\right)^2$$

$$w1 = w2 \cdot \left(\frac{5}{30}\right)^2 = 26{,}2 \cdot 0{,}028 = 0.73 \ m/s$$

Der Durchfluß ergibt sich schließlich aus Gleichung 3-1:

$$Q = A \cdot w = \frac{0{,}005^2 \cdot \pi \cdot 26{,}2}{4} = 0{,}00051 m^3/s = 30{,}9 \ l/\text{min}$$

## 3.7 Impulssatz

Der Impulssatz beschreibt die Kraftwirkungen und Reaktionskräfte einer strömenden Flüssigkeit. Maßgebend sind die Masse und die Geschwindigkeit.

$$\text{I} = \text{m} \cdot \text{w} \tag{3-10}$$

Die Kraftwirkungen sollen an zwei Beispielen erläutert werden.

*Reaktionskräfte beim Ausfluß aus einem Behälter*

Unter der Annahme einer stationären Strömung wirkt der Impuls als Rückstoßkraft $R$ entgegengesetzt der Fließrichtung $w$ (Bild 3-6). Typisch für diesen Fall sind die Reaktionskräfte beim Halten eines Feuerwehrschlauches, die ein festes Zupacken erfordern.

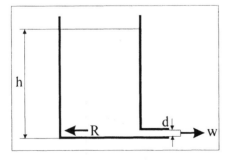

Bild 3-6: Ausfluß aus einem Behälter

Die Masse ist das Produkt aus Volumen und Dichte, wobei das in der Zeiteinheit ausströmende Volumen gleich der Querschnittsfläche im Auslaß mal Austrittsgeschwindigkeit ist:

$$\dot{m} = \frac{d^2 \cdot \pi}{4} \cdot w_a \cdot \rho$$

Die Austrittsgeschwindigkeit wird nach der bekannten Gl. 3-9 berechnet:

$$w_a = \sqrt{2 \cdot g \cdot h}$$

Faßt man die beiden Gleichungen zusammen so ergibt sich für den Rückstoß:

$$F_I = \frac{d^2 \cdot \pi}{4} \cdot \rho \cdot w_a \cdot \sqrt{2 \cdot g \cdot h} = \frac{d^2 \cdot \pi}{4} \cdot \rho \cdot w_a^2 \qquad (3\text{-}11)$$

*Senkrechter Stoß auf eine Wand*

Unter der Annahme, daß sich die Geschwindigkeit nur in der Richtung (Umlenkung um 90°) aber nicht im Betrag ändert, ergibt sich unter Beibehaltung der Behälterhöhe und der Abmessungen der Austrittsdüse das gleiche Ergebnis wie im vorhergehenden Beispiel (Bild 3-7).

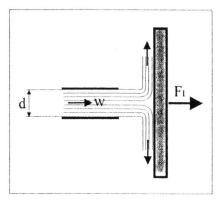

Bild 3-7: Senkrechter Stoß auf eine Wand

Die Stoßkraft auf die Wand ergibt sich aus folgender Gleichung:

$$F_I = \frac{d^2 \cdot \pi}{4} \cdot \rho \cdot w_a^2 \qquad (3\text{-}12)$$

Da stets ein Kräftegleichgewicht vorhanden sein muß, ergibt sich:

*Stoßkraft und Reaktionskraft sind gleich groß!*

## 3.8 Zähigkeit des Fluids

Flüssigkeiten weisen z. T. erhebliche Unterschiede in bezug auf ihre Zähigkeit oder Viskosität auf. Öl, Honig oder flüssiger Teer sind beispielsweise bedeutend zäher als Wasser und weisen deshalb auch ein unterschiedliches Fließverhalten auf. Die Viskosität des Mediums entsteht durch innere Reibung der Flüssigkeitsteilchen, die beim Fließvorgang überwunden werden muß. Die Zähigkeitskraft $F$ wird meßbar, indem man eine ebene Platte mit der Fläche $A$ bei konstanter Geschwindigkeit $w$ auf der Oberfläche des Fluids mit der Schichtdicke $y$ entlang zieht (Bild 3-3). Dabei wirkt auf das Medium eine Scher- oder Schubspannung $\tau$.

In unmittelbarer Nähe der bewegten Platte erreicht die Geschwindigkeit ein Maximum, d. h. das Medium wird mit Plattengeschwindigkeit mitgenommen. Andererseits wird die Geschwindigkeit des Mediums in unmittelbarer Nähe der festen Begrenzung zu Null. Dazwischen ergibt sich in der Regel eine proportionale Aufteilung der Geschwindigkeit, wie es durch das eingezeichnete Dreieck angedeutet wird. Die benötigte Kraft zum Verschieben der Platte kann berechnet werden, wenn die Fläche $A$, die Viskosität $\eta$ und der Quotient $dw/dy$ bekannt sind. Dabei ist $dy$ ein Schichtdickenelement der Flüssigkeit.

$$F = A \cdot \tau \qquad\qquad (3\text{-}13)$$

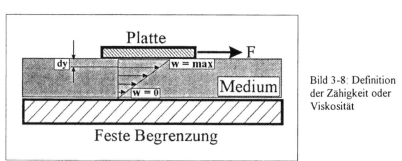

Bild 3-8: Definition der Zähigkeit oder Viskosität

Die auf die Fläche A bezogene Reibungskraft ist die Schubspannung $\tau$.

$$\tau = \eta * \frac{dw}{dy} \qquad\qquad (3\text{-}14)$$

Der Ausdruck $dw/dy$ ist dabei der jeweilige Differenzenquotient aus Geschwindigkeit $w$ und Abstand $y$. Der Faktor $\eta$ wird als *dynamische Viskosität* bezeichnet. Die empfohlene Einheit ist Ns/m². Gebräuchlicher sind allerdings *Poise* ($P$) oder *Centipoise* ($cP$): 1 cP = 0,001 Ns/m²

Häufig wird die Zähigkeit des Fluids auf seine Dichte bezogen. Der Ausdruck

$$v = \frac{\eta}{\rho} \qquad (3\text{-}15)$$

wird als *kinematische Viskosität* bezeichnet. Die SI-Einheit der kinematischen Viskosität ist (m²/s). Häufig werden jedoch die alten Einheiten *Stokes* (*St*) und *Centistokes* (*cSt*) verwendet: $1 \; cSt = 10^{-6} \; m^2/s$.

Bestimmt wird die Zähigkeit einer Flüssigkeit mit speziellen Meßgeräten, wobei die Auslaufzeit aus einem genormten Gefäß gestoppt und mit der Auslaufzeit von Wasser verglichen wird.

*Englergrad E* ist ein Maß für die kinematische Viskosität und bezeichnet das Verhältnis der Auslaufzeit des jeweiligen Mediums mit der Auslaufzeit von destilliertem Wasser. Der Gefäßinhalt beträgt in diesem Fall 200 cm³, die Temperatur beider Flüssigkeiten jeweils 20°C. Eine Umrechnung in die empfohlene SI-Einheit geschieht folgendermaßen:

$$v = (7,37 \cdot E) - \frac{6,31}{E} \cdot 10^{-6} \; m^2 / s \qquad (3\text{-}16)$$

Andere gebräuchliche Viskositätseinheiten sind z. B. *Saybold-Universal* und *Redwood-Viskosität*. Die *Saybold-Universal* Viskosität ist eine Zähigkeitseinheit, die vorwiegend in den USA benutzt wird. Auch in diesem Fall wird die Ausflußzeit *t* einer bestimmten Flüssigkeitsmenge aus einem genormten Viskosimeter bestimmt. Die Umrechnung geschieht wie folgt:

$$v = \left( 0,266 \cdot t - \frac{185}{t} \right) \cdot 10^{-6} \; m^2 / s \qquad (3\text{-}17)$$

Allerdings gibt es hier eine Einschränkung der Gültigkeit. Die Ausflußzeit muß zwischen 32 und 100 Sekunden liegen. Bei Ausflußzeiten über 100 Sekunden gilt folgende Umrechnungsformel:

$$v = \left( 0,22 \cdot t - \frac{135}{t} \right) \cdot 10^{-6} \; m^2 / s \qquad (3\text{-}18)$$

In anglo-amerikanischen Ländern wird auch häufig die *Redwood-Viskosität* verwendet. Auch hier wird die Ausflußzeit aus einem speziellen Viskosimeter unter Standardbedingungen gemessen. Ähnlich wie bei der Saybold-Universal Viskosität wird zwischen zwei Bereichen der Auslaufzeit differenziert, was zu zwei verschiedenen Umrechnungsgleichungen führt.

$$v = \left( 0,26 \cdot t - \frac{179}{t} \right) \cdot 10^{-6} \ m^2 \ / \ s \qquad\qquad (3\text{-}19)$$

Bedingung ist: 34 s < t < 100 s
Bei Ausflußzeiten über 100 s gilt:

$$v = \left( 0,247 \cdot t - \frac{50}{t} \right) \cdot 10^{-6} \ m^2 \ / \ s \qquad\qquad (3\text{-}20)$$

Folgende Erläuterungen sollen helfen, die Zähigkeit bzw. Viskosität einer Flüssigkeit oder eines Gases richtig zu bewerten:

• Die Zähigkeit ist in der Regel kein konstanter Wert. Sie hängt vielmehr von der Temperatur und häufig auch vom Druck ab.

• Das Temperaturverhalten, das einen größeren Einfluß auf die Viskosität hat als der statische Druck, ist bei Flüssigkeiten und Gasen verschieden. Bei Flüssigkeiten nimmt die Viskosität bei steigender Temperatur ab, wie z. B. bei Ölen. Bei Gasen und Dämpfen hingegen, nimmt die Viskosität bei steigender Temperatur zu!

• Das normalerweise vorhersehbare Verhalten der Viskosität verliert bei bestimmten Medien seine Gültigkeit. Flüssigkeiten, die der Gl. (3-14) genügen, werden als *Newton'sche Flüssigkeiten* bezeichnet. Bei diesen Medien bleibt die Schubspannung konstant. Zu ihnen gehören die meisten in der Prozeßautomation vorkommenden Stoffe wie Wasser, Luft, Erdgas usw. Zu den Nicht-Newton'schen Medien zählen feststoffbeladene Flüssigkeiten (Slurries), Schlämme, Suspensionen, aber auch hochviskose Stoffe, wie beispielsweise Teer, Spezialöle oder Lacke.

• Kennzeichnendes Merkmal von Nicht-Newton'schen Medien ist entweder die veränderliche Zähigkeit, d. h. das Fließverhalten hängt nicht mehr ausschließlich von der Druckhöhe und dem Öffnungsquerschnitt ab, oder ein Verhalten, das in keiner Weise der Gleichung 3-13 entspricht. Ein typisches Beispiel für eine veränderliche Zähigkeit ist ein sogenannter "thixotroper" Lack, dessen Viskosität von der Geschwindigkeit beim Streichen abhängt. Diese Effekt ist beabsichtigt, um "Tränen" oder "Nasen" zu vermeiden. Bei normalem Streichtempo ergibt sich eine ausreichend niedrige Viskosität. Das bei konventionellen Lacken auftretende Fließen bei senkrechten Flächen, verbunden mit häßlich aussehenden Verdickungen der Lackschicht wird jedoch vermieden. Die Schwerkraft in Verbindung mit der hohen Grundviskosität der Lackes reicht in diesem Fall nicht aus, um ein Herabfließen zu bewirken. Auch Spezialmotoröle, wie sie heute in Kraftfahrzeugen verwendet werden fallen in diese Kategorie.

Durch Zugabe bestimmter Komponenten (Additive) wird dadurch eine fast gleichbleibender Viskosität - unabhängig von der Temperatur - erreicht. Flüssigkeit-Feststoffgemische sind ein anderes Beispiel für eine Nicht-Newton'sche Flüssigkeit. Bedingt durch den künstlich aufrecht erhaltenen Schwebezustand der Suspension, verhält sich ein derartiges Gemisch natürlich anders als eine reine Flüssigkeit.

## 3.9 Ähnlichkeitsgesetz von Reynolds

Dem englischen Physiker *Reynolds* verdanken wir grundlegende Erkenntnisse in bezug auf häufig angewendete Modellverfahren. Soll beispielsweise bei einem großen Schiff der Wasserwiderstand minimiert werden, dann wird man nicht einen Ozeanriesen in Originalgröße bauen, sondern ein im bestimmten Maßstab verkleinertes Modell und an diesem die entsprechenden Versuche durchführen. Strömungsverlauf, Antriebskraft und Wasserwiderstand können auf diese Weise beobachtet und gemessen werden. Hierbei erhebt sich allerdings die Frage, inwieweit die Meßwerte am Modell auf das Original übertragbar sind. Reynolds fand heraus, daß für eine *geometrische Ähnlichkeit* eine Reihe von Bedingungen erfüllt sein müssen:

• Modell und Original müssen sich in allen äußeren dem Medium (Wasser) ausgesetzten Abmessungen proportional verhalten.

• Auch die Beschaffung der dem Medium ausgesetzten Oberflächen, d. h. die Rauhigkeit müssen dem Original geometrisch ähnlich sein.

• Schließlich muß auch das Strömungsverhalten beim Modellversuch den wirklichen Verhältnissen entsprechen. Dies gilt insbesondere für die mechanischen Größen Kraft, Geschwindigkeit und Beschleunigung.

Größtes Problem beim Modellversuch ist es, die geometrische Ähnlichkeit auch in Bezug auf die Oberflächen zu erreichen, da das Original (z. B. Schiff) schon eine relativ glatte Außenhaut besitzt. Eine maßstäbliche Verkleinerung der Rauhigkeit ist deshalb nicht immer möglich. Die absolute Rauhigkeit $k$ einer Oberfläche ist als "mittlere Rauhtiefe" definiert. Um einen Vergleich mit einem geometrisch ähnlichen Modell zu ermöglichen, bedient man sich der relativen Rauhigkeit, die sich aus dem Verhältnis der absoluten Rauhigkeit $k$ und einer charakteristischen Längenabmessung $L$ ergibt. Daraus folgt:

*Zwei Oberflächen sind geometrisch ähnlich, wenn sie die gleiche relative Rauhigkeit $k/L$ aufweisen.*

Untersucht man das Strömungsverhalten einer Flüssigkeit im Detail, so muß man zwischen Druckkräften, Trägheitskräften und Reibungskräften unterscheiden. Durch Gleichsetzen und Kürzen der einzelnen Komponenten ergibt sich ein dimensionsloser Ausdruck, der als *Reynolds-Zahl Re* bezeichnet wird. Für ein kreisrundes Rohr mit gleichbleibendem Querschnitt gilt hierbei folgende Beziehung:

$$\mathrm{Re} = \frac{w \cdot lq}{v} \qquad (3\text{-}21)$$

Hierbei ist $w$ die Geschwindigkeit der Strömung in (m/s), $lq$ die Länge der Querabmessung (Rohrleitungsdurchmesser) in (m) und $v$ die kinematische Viskosität in (m²/s). Im Zusammenhang mit Stellventilen interessiert natürlich besonders das Verhalten der Strömung in Rohrleitungen und Armaturen. Hier lautet die allgemeine Regel:

*Zwei hydrodynamische Strömungen verlaufen ähnlich, wenn die von der Flüssigkeit umströmten Konturen und Begrenzungswände geometrisch ähnlich sind und deren Reynolds-Zahlen übereinstimmen.*

## 3.10 Strömungsformen

In Rohrleitungen und Armaturen treten - je nach Anwendung - unterschiedliche Strömungsformen mit eigenen Gesetzmäßigkeiten auf. Die Extreme sind: *laminare* Strömung und *turbulente* Strömung. Maßgebend für die jeweilige Strömungsform sind gemäß Gl. (3-21): Abmessungen, Strömungsgeschwindigkeit und Viskosität des Mediums. Bei einer *laminaren* Strömung bewegen sich die Flüssigkeitsteilchen in geordneten Schichten. Die Stromfäden können im klassischen Versuch von Reynolds sichtbar gemacht werden, indem man in ein transparentes Rohr einen dünnen Farbstrahl (z. B. rote Tinte) einleitet. Die Strömungsrichtung ist hier eindeutig. Querbewegungen und Turbulenzen treten nicht auf (Bild 3-9).

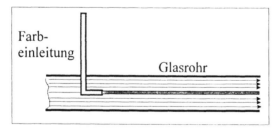

Bild 3-9: Laminare Strömung in einem Glasrohr (schematisch)

Wird die Strömungsgeschwindigkeit stetig erhöht, so kommt es irgendwann infolge erhöhter Wandreibung zu plötzlichen Ablösungen, d. h. Wirbelbildung, des Mediums.

Querbewegungen überlagern jetzt die Hauptströmungsrichtung, wie es in Bild 3-10 schematisch dargestellt ist. Oft genügt schon eine geringe Störung, um einen plötzlichen Umschlag der Strömung hervorzurufen.

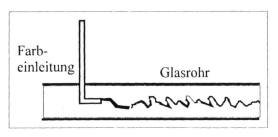

Bild 3-10: Turbulente Strömung (schematisch)

Die turbulente Strömung überwiegt in der Mehrzahl industrieller Anwendungen, um Rohrleitungen und Armaturen optimal ausnutzen zu können. Laminare Strömungsverhältnisse ergeben sich eigentlich nur bei sehr zähen Medien und Stellventilen mit sehr geringen Öffnungsquerschnitten. Bei Rohrleitungen mit kreisrundem Querschnitt wird die Strömungsform durch Einführung der *kritischen Reynolds-Zahl* $Re_{krit}$ = 2320 berechenbar. Unterhalb $Re_{krit}$ ist eine Strömung stets laminar. Auch oberhalb dieser Zahl kann eine Strömung noch laminar verlaufen, wenn keine wirbelauslösenden Erschütterungen auftreten. Bei Stellventilen tritt häufig ein *transitionaler Bereich* auf, der durch eine Überlagerung von Laminarströmung und Turbulenz gekennzeichnet ist.

## 3.11 Durchfluß in Rohrleitungen

Um den Durchfluß eines flüssigen Mediums in einer Rohrleitung zu bewirken, ist - wie im elektrischen Analogon - eine treibende Kraft erforderlich, um den Reibungswiderstand der Flüssigkeitsteilchen zu überwinden. Die dazu notwendige Energie wird meistens von einer angetriebenen Pumpe oder einem Hochbehälter geliefert. Die erweiterte *Bernoulli'sche Gleichung* (3-8) wird damit um die sogenannte Verlusthöhe $hv$ ergänzt. Dieser permanente Aufwand an mechanischer Arbeit wird in Wärmeenergie umgesetzt und kann nicht zurückgewonnen werden. Das Druckgefälle - vergleichbar mit dem elektrischen Spannungsabfall an einem Widerstand - kann berechnet werden, wenn die beeinflussenden Parameter: Strömungsform, Fließgeschwindigkeit und Rohrabmessungen bekannt sind. Bei geraden Rohrleitungen wird die *Verlusthöhe hv* auf die Längeneinheit bezogen. Dieser dimensionslose Quotient wird als sogenanntes *Druckliniengefälle Jg* bezeichnet, das sich aus dem Quotienten der Verlusthöhe $hv$ und der betrachteten Rohrlänge $l$ ergibt:

$$Jg = \frac{hv}{l} \qquad (3\text{-}22)$$

Wie bereits das Schema in Bild 3-8 vermuten läßt, ist die Geschwindigkeit in einem Rohr keineswegs gleichförmig. In unmittelbarer Wandnähe ist die Geschwindigkeit nahezu Null, d. h. hier steht praktisch die Flüssigkeit, während sie in der Rohrmitte ein Maximum erreicht. Das Profil der Strömung hängt außerdem von der Reynolds-Zahl ab. Bei sehr geringen Geschwindigkeiten herrscht bekanntlich die Laminarströmung vor, deren Strömungsprofil eine Parabel ist (Bild 3-11). Die größte Fließgeschwindigkeit herrscht in der Mitte der Rohrleitung, während sie nach außen hin stetig abnimmt. Die mittlere Geschwindigkeit der Strömung beträgt bei einem parabelförmigen Geschwindigkeitsprofil 50% des Maximalwertes.

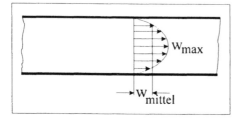

Bild 3-11: Geschwindigkeitsprofil bei Laminarströmung

Bei turbulenter Strömung hingegen ist die Geschwindigkeitsverteilung über dem Querschnitt gleichmäßiger, wie es in Bild 3-12 zum Ausdruck kommt.

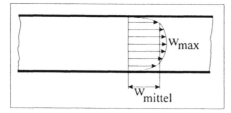

Bild 3-12: Geschwindigkeitsprofil bei turbulenter Strömung

Auch hier ist die Geschwindigkeit in der Rohrmitte am größten. Mit Ausnahme einer sehr dünnen fest haftenden Grenzschicht erreicht aber die Geschwindigkeit selbst in Wandnähe wesentlich höhere Werte als bei einer Laminarströmung, so daß die mittlere Geschwindigkeit hier immerhin etwa 80 bis 87 % der maximalen Geschwindigkeit in der Rohrmitte erreicht. In der Grenzschicht ist die Strömung laminar. Die Reibungsverluste in der Grenzschicht können mit Hilfe der Gl. (3-25) berechnet werden. Die Reibungsverluste außerhalb der Grenzschicht sind anderer Natur und entstehen in erster Linie durch Stoßverluste des turbulent fließenden Mediums.

## 3.12 Reibungsverluste bei laminarer Strömung

Bei bekanntem Geschwindigkeitsprofil lassen sich nicht nur die mittlere Geschwindigkeit sondern auch das *Druckliniengefälle Jg* und die *Verlusthöhe hv* berechnen. Bei laminarer Strömung mit parabelförmigen Profil gilt gemäß Gl. (3-24) für die mittlere Geschwindigkeit:

$$w_{mittel} = \frac{1}{2} \cdot w_{max} \qquad (3\text{-}23)$$

Ohne auf die Ableitung der folgenden Gleichung näher einzugehen, wird das Druckliniengefälle Jg in einem solchen Fall:

$$Jg = \frac{32 \cdot v \cdot w}{g \cdot d^2} \qquad (3\text{-}24)$$

Das notwendige Druckliniengefälle *Jg* bei Laminarströmung ist also proportional der kinematischen Zähigkeit $v$ und der mittleren Geschwindigkeit $w$ sowie umgekehrt proportional dem Quadrat des Rohrdurchmessers. Die Verlusthöhe $hv = Jg \cdot l$ in einer Rohrleitung beträgt demnach:

$$hv = \frac{32 \cdot v \cdot w}{g \cdot d^2} \cdot l \qquad (3\text{-}25)$$

Durch Einbeziehung der Reynolds-Zahl kann man die Verlusthöhe auch anders ausdrücken:

$$hv = \frac{64}{Re} \cdot \frac{l}{d} \cdot \frac{w^2}{2 \cdot g} \qquad (3\text{-}26)$$

Der Ausdruck *64/Re* wird auch als *Rohrreibungszahl* $\lambda$ bezeichnet.

Wie bereits erwähnt, hat die Laminarströmung in der Technik keine allzu große Bedeutung, weil sie nur sehr selten auftritt. Beispiele für laminare Strömungen sind: Hochviskose Medien, Transport in Leitungen mit sehr engem Querschnitt, Suspensionen usw. Bedingt durch die dicke Grenzschicht bei Laminarströmung werden Erhebungen oder Vertiefungen der Rohrwände verdeckt, so daß die Rohrrauhigkeit praktisch keinen Einfluß auf die sich einstellende Verlusthöhe hat. Ganz im Gegensatz zu turbulenter Strömung, bei der nur eine sehr dünne Grenzschicht existiert und bei der in Wandnähe schon beträchtliche Geschwindigkeiten auftreten.

## 3.13 Reibungsverluste bei turbulenter Strömung

Bei Turbulenz wird die Hauptströmungsrichtung von unregelmäßigen Quer- und Schubbewegungen überlagert. Dabei kommt es fortwährend zu Zusammenstößen von Flüssigkeitsteilchen ungleicher Geschwindigkeit. Dies hat beträchtliche Stoßverluste zur Folge, die als Verlusthöhe $hv$ in Erscheinung treten. Bei allen turbulenten Strömungsvorgängen in Rohrleitungen, Armaturen oder anderen durchströmten Komponenten, nimmt die Verlusthöhe mit dem Quadrat der Fließgeschwindigkeit zu. Unter Einbeziehung der dimensionslosen *Widerstandsziffer* $\lambda$ wird die Verlusthöhe:

$$hv = \lambda \cdot \frac{l}{d} \cdot \frac{w^2}{2 \cdot g} \qquad (3\text{-}27)$$

Die Widerstandsziffer $\lambda$ ist allerdings keine Konstante, sondern hängt zum einen von der Reynolds-Zahl $Re$ und zum anderen von der relativen Rauhigkeit $k/d$ des Rohres ab. Bei sehr glatten Rohren bei denen die praktisch noch vorhandene Rauhigkeit vernachlässigt werden kann, muß zwischen beiden Strömungsformen unterschieden werden. Bei Laminarströmung gilt:

$$\lambda = \frac{64}{Re} \qquad (3\text{-}28)$$

Im turbulenten Bereich gelten zwei verschiedene Gleichungen, je nach der maßgeblichen Reynolds-Zahl. Wenn $Re_{krit} \le Re \le 10^5$ gilt:

$$\lambda = \frac{0{,}316}{\sqrt[4]{Re}} \qquad (3\text{-}29)$$

Bei noch höheren Reynolds-Zahlen $10^5 \le Re \le 10^8$ gilt folgende Gleichung:

$$\lambda = 0{,}0032 + \frac{0{,}221}{Re^{0{,}237}} \qquad (3\text{-}30)$$

Von Sonderfällen abgesehen, gelten handelsübliche Rohre als rauh, was bei turbulenter Strömung eine Berücksichtigung der relativen Rauhigkeit verlangt. Wie bereits erwähnt, spielt die Rohrrauhigkeit bei laminarer Strömung keine Rolle, so daß hier auch die Gl. (3-28) zur Anwendung gelangt. Ein rauhes Rohr ist so definiert, daß die Rauhigkeitserhebungen die dünne Grenzschicht bei Turbulenz überragen, so daß hier die Verlusthöhe ausschließlich aus Verwirbelungen resultiert. In diesem Bereich wird $\lambda$ eine Konstante, und der Druckverlust nimmt quadratisch mit der Geschwindigkeit zu. Zur Bestimmung von $\lambda$ wird folgende Gleichung verwendet:

lust nimmt quadratisch mit der Geschwindigkeit zu. Zur Bestimmung von $\lambda$ wird folgende Gleichung verwendet:

$$\lambda = \frac{1}{\left(2 \cdot \lg\dfrac{d}{k} + 1{,}138\right)^2} \qquad (3\text{-}31)$$

Allerdings gibt es bei rauhen Rohren einen weiten Bereich möglicher Zustände. Bei sehr niedrigen Reynolds-Zahlen ist die Grenzschicht größer als die Wanderhebungen. Das Strömungsverhalten gleicht einem glatten Rohr, und der $\lambda$-Wert ist relativ einfach zu bestimmen. Das andere Extrem ist das vollkommen rauhe Rohr, bei dem der $\lambda$-Wert zu einer Konstanten von ca. 0,02 wird. Die Zwischenwerte des gesamten Bereichs sind nur unter großem Aufwand zu berechnen. Sie liegen zwischen 0,04 und 0,02 und werden meistens geschätzt.

## 3.14 Besondere Widerstände in Rohrleitungen

Ein Rohrleitungssystem besteht in der Regel aus geraden Rohrstücken mit unterschiedlichen Querschnitten, Rohrbögen, T-Stücken, Diffusoren usw., die alle einen Widerstand für das fließende Medium darstellen. Der Prozeß erfordert natürlich auch regelbare Widerstände, wie z. B. Ventile, Klappen, Schieber, Hähne usw. Alle diese Komponenten rufen einen Druckverlust hervor, der bei der Auslegung einer Anlage zu bestimmen ist. Maßgebend sind der Durchfluß pro Zeiteinheit, der Querschnitt der Komponenten, die daraus resultierende Fließgeschwindigkeit und die charakteristische Verlustziffer $\zeta$ (zeta) des Widerstandes. Die gesamte Verlusthöhe eines Rohrleitungssystems ergibt sich aus der Summe der Verlusthöhen der einzelnen Komponenten:

$$hv_{ges.} = hv_1 + hv_2 + hv_3 + \ldots hv_n \qquad (3\text{-}32)$$

Für eine genaue Bestimmung der Gesamtverlusthöhe bedarf es also einer Summierung aller Einzelwiderstände. Für gerade Rohrleitungen kann man die Verlusthöhe entsprechend der in Kapitel 3.13 aufgeführten Gleichungen berechnen. Für besondere Widerstände greift man meistens auf Tabellen zurück, in denen die empirisch ermittelten Verlustziffern für Normteile wie z. B. Absperrventile, Rohrbögen oder T-Stücke aufgelistet sind. Allgemein wird die Verlusthöhe bei bekannter Verlustziffer nach Gleichung (3-33) berechnet:

$$hv = \zeta \cdot \frac{w^2}{2 * g} \qquad (3\text{-}33)$$

Ein besonderes Problem bei der Ermittlung bleibender Druckverluste stellen die häufig erforderlichen Anpassungsstücke am Ein- und Ausgang des Stellgerätes dar, um die Rohrleitung der Ventilnennweite anzupassen. Hierbei ist zwischen Eintritts- und Austrittsverlusten zu unterscheiden. Die jeweiligen Verlustziffern $\zeta 1$ und $\zeta 2$ müssen durch Versuche ermittelt werden. Die Gesamtverluste ergeben sich aus der algebraischen Summe aller Widerstandskoeffizienten der Fittings (Anpassungsstücke) im Ein- und Auslauf der Armatur:

$$\Sigma\zeta = \zeta 1 + \zeta 2 + \zeta_{B1} - \zeta_{B2} \tag{3-34}$$

Wenn der Rohrleitungsdurchmesser am Eingang und Ausgang der Armatur gleich ist, dann sind auch die Bernoullidruckziffern $\zeta_{B1}$ und $\zeta_{B2}$ gleich groß und fallen aus der Gleichung (3-34) heraus. Bei handelsüblichen Reduzierstücken können die Verlustziffern $\zeta 1$ und $\zeta 2$ mit Hilfe der folgenden Gleichungen berechnet werden.

(a) Reduzierung der Nennweite nur am Eingang der Armatur:

$$\zeta_1 = 0,5 \cdot \left[1 - \left(\frac{DN}{D}\right)^2\right]^2 \tag{3-35}$$

(b) Erweiterung der Nennweite nur am Ausgang der Armatur:

$$\zeta 2 = 1,0 \cdot \left[1 - \left(\frac{DN}{D}\right)^2\right]^2 \tag{3-36}$$

(c) Eingangsreduzierung und Ausgangserweiterung bei gleicher Nennweite der Rohrleitung:

$$\zeta 1 + \zeta 2 = 1,5 \cdot \left[1 - \left(\frac{DN}{D}\right)^2\right]^2 \tag{3-37}$$

Wenn die Nennweiten der Rohrleitungen vor und hinter der Armatur verschieden sind, dann müssen die Bernoullidruckziffern getrennt berechnet und in die Gleichung (3-34) eingefügt werden:

$$\zeta_B = 1 - \left(\frac{DN}{D}\right)^4 \tag{3-38}$$

Plötzliche Erweiterungen oder Verengungen der Rohrleitung, wie sie in den Bildern 3-13 und 3-14 schematisch dargestellt sind, müssen im Interesse geringer Druckverluste natürlich vermieden werden.

Gebräuchlich sind konische Anpassungsstücke mit einem möglichst flachen Erweiterungs- bzw. Verengungswinkel.

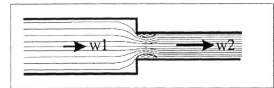

Bild 3-13: Plötzliche Rohrverengung (schematisch)

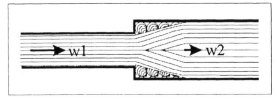

Bild 3-14: Plötzliche Rohrerweiterung (schematisch)

Die Verlusthöhe bei Verengungen bzw. Erweiterungen der Rohrleitungen hängt außer von der Form der Fittings noch vom Verhältnis der Rohrquerschnitte (Ventilnennweite/Rohrnennweite) ab, das auch für die jeweilige Verlustziffer der Fittings maßgebend ist. Eine genaue Berechnung der Verlusthöhe setzt deshalb die Kenntnis der typischen Verlustziffern voraus, die entsprechenden Tabellen entnommen werden können. Als Beispiel werden die Verlustziffern bei einer plötzlichen Rohrverengung vom Querschnitt A1 auf den Querschnitt A2 aufgeführt (Tabelle 3-1).

Tabelle 3-1: Verlustziffern bei einer plötzlicher Rohrverengung

| Verhältnis A1 / A2 | 0,1 | 0,2 | 0,3 | 0,4 | 0,6 | 0,8 | 1,0 |
|---|---|---|---|---|---|---|---|
| $\zeta$ | 0,46 | 0,42 | 0,37 | 0,33 | 0,23 | 0,13 | 0,0 |

## 3.15 Ventile und Schieber als besondere Rohrwiderstände

Allgemeine Rohrleitungsysteme und Prozeßanlagen enthalten meistens eine Reihe von Absperrarmaturen, um im Notfall einen Leitungsstrang abzusperren oder den Aus- und Wiedereinbau eines Stellgerätes zu ermöglichen, ohne die gesamte Anlage abschalten zu müssen. Bedingt durch die unvermeidlichen Querschnitts- und Richtungsänderungen dieser Elemente ergeben sich z. T. beträchtliche Druckverluste. Ventile und Schieber werden im Grunde genau so behandelt wie andere Komponenten, die in Rohrleitungen eingebaut werden. Auch hier kommt die Basisgleichung (3-33) zur Anwendung, wobei lediglich

die entsprechende Verlustziffer ζ einzusetzen ist. Die Tabelle 3-2 gibt einige
Anhaltspunkte für häufig zur Anwendung kommende Armaturen und listet die
in Frage kommenden ζ-Werte auf. Dabei wird deutlich, daß die Verlustziffer
um so höher wird, je stärker die Umlenkungen im Absperrorgan sind.
Kugelhähne mit geradem Durchgang verhalten sich hier naturgemäß am
günstigsten.

Tabelle 3-2: Verlustziffern von Absperrarmaturen

| Name | Beschreibung | ζ-Wert |
|------|-------------|--------|
| Normales DIN-Ventil | Symmetrisches Ventilgehäuse mit Totraum auf der Einlaufseite | 4,1 |
| Strömungs-günstiges Ventil | Totraumfreies Ventilgehäuse mit angepaßtem Strömungsprofil | 2,7 |
| Schrägsitz-Ventil | Schrägsitzausführung ermöglicht geringe Richtungsänderungen im Inneren des Ventils | 2,5 |
| Freifluß-Ventil | Ventil mit geradem Durchgang und schrägem Sitz | 0,6 |
| Kugelhahn | Kugelhahn mit vollem Durchgang, d. h. Bohrung = Ventilnennweite | 0,13 |

Neuerdings wird auch bei Absperrarmaturen der Kv-Wert anstelle der Verlustziffer ζ verwendet. Der Zusammenhang zwischen diesen Größen wird später
erläutert.

## 3.16 Drosselung inkompressibler Medien

Die Prozeßautomatisierung verlangt die genaue Regelung von Temperaturen,
Durchflüssen, Drücken oder Behälterständen. Diese Aufgabe übernehmen
meistens Stellventile. Dabei wird absichtlich ein Druckverlust hervorgerufen,
um die Prozeßregelgröße dem Sollwert anzugleichen. Soll ein Druck von einem
höheren auf ein niedrigeres Niveau heruntergeregelt werden, spricht man von
Drosselung. Dabei wird die vorhandene Druckenergie zum größten Teil in
Wärme umgewandelt. Um den Drosselvorgang besser zu verstehen, wird noch
einmal die erweiterte Bernoulli'sche Gleichung in Erinnerung gerufen:

$$E = \frac{p_x}{\rho} + h_x + \frac{w^2}{2 \cdot g} + hv = konst.$$

Diese Gleichung sagt aus, daß die Gesamtenergie aus Druckhöhe + Energie der
Lage + Geschwindigkeitsenergie + der durch innere Reibung verursachten
Verlusthöhe stets konstant bleibt. Da die potentielle Energie oder Energie der

durch eine absichtliche Querschnittsverengung zunächst in Geschwindigkeitsenergie umgewandelt, die an der engsten Stelle (vena contracta) ein Maximum
erreicht. Die stark beschleunigte Strömung trifft aber hinter der Drosselstelle
auf wesentlich langsamere Flüssigkeitsteilchen oder im Extremfall auf die inneren Wandungen des Ventilgehäuses. Dabei treten Verluste mit heftiger Verwirbelung und ein Austausch von Energie auf. Die Flüssigkeit erwärmt sich. Diese
Tatsache ist in einem Pumpenkreislauf mit Regelventil - wie zur Bestimmung
des Durchflußkoeffizienten erforderlich - leicht nachzuweisen. Je nach Konstruktion des Stellventils wird ein Teil der Geschwindigkeitsenergie wieder in
Druckenergie zurückverwandelt. Dies ist meistens nicht erwünscht, wie später
noch erläutert werden wird. Die Vorgänge bei der Drosselung einer Flüssigkeit
sind in Bild 3-15 schematisch dargestellt. Die Flüssigkeit tritt mit einem Druck
p1 in das Ventil ein. Durch die Umlenkung des Mediums tritt im Einlauf bereits
ein geringer Druckabfall auf. In der Drosselstelle des nur wenig geöffneten
Ventils wird das Medium stark beschleunigt, was eine Absenkung des Druckes
zur Folge hat. Hinter der Drosselstelle findet entsprechend der Geschwindig-
keitsabnahme ein Druckrückgewinn statt. Im Auslauf des Ventils entsteht durch
eine abermalige Umlenkung ein Auslaufverlust. Der gemessene Differenzdruck
ist der bleibende Druckverlust zwischen Einlauf und Auslauf des Ventils.

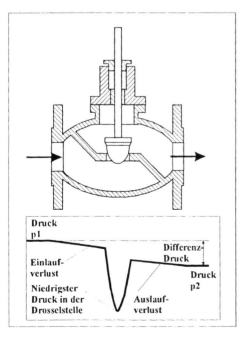

Bild 3-15: Druckverlauf im Inneren
eines Ventils (schematisch)

## 3.17 Energetische Betrachtung bei der Drosselung

Einerseits verlangt der Prozeß eine möglichst genaue Regelung, um z. B. den Druck auf der Ausgangsseite unabhängig von auftretenden Störgrößen konstant zu halten. Dies erfordert einen bestimmten Differenzdruck am Stellventil und ist mit einem Verlust an nicht wiedergewinnbarer Energie verbunden. Andererseits sollte dieser Energieverlust aus ökologischen und ökonomischen Gründen auf ein Minimum begrenzt werden. Um beiden Forderungen gerecht zu werden ist eine fachmännische Auslegung des Stellgerätes notwendig. Die im wesentlichen in Wärme umgesetzte Leistung in Kilowatt bei der Drosselung wird berechenbar, wenn der Massendurchfluß $W$, die Drücke $p1$, $p2$ und die Dichte $\rho$ des Mediums bekannt sind. Unter der Annahme einer vollständigen Umwandlung von Druck- in Geschwindigkeitsenergie und umgekehrt wird mit $W$ in (kg/h), $p1$ und $p2$ in (Pa) und Dichte in (kg/m$^3$) die in Wärme umgesetzte Leistung $P$ in Watt bei flüssigen (inkompressiblen) Medien:

$$P \cong \frac{W \cdot (p1 - p2)}{3600 \cdot \rho} \qquad (3\text{-}39)$$

Ein praktisches Beispiel soll eine Vorstellung von der konvertierten Leistung in einem Stellglied vermitteln. Betrachtet wird ein Regelventil für Speisewasser-Regelung beim Anfahren eines Kessels. Gegeben sind folgende Prozeßdaten:

| | | |
|---|---|---|
| Durchfluß | : | 120000 kg/h |
| Eingangsdruck p1 | : | 80 bar |
| Ausgangsdruck p2 | : | 2 bar |
| Ventilnennweite | : | DN 100 |
| Dichte | : | 1000 kg/m$^3$ |
| Umgesetzte Leistung | : | ca. 260 kW |

Wie aus dem Beispiel ersichtlich ist, wird hier nahezu die gesamte Pumpenleistung beim Anfahren des Kessels vom Ventil aufgezehrt. Bemerkenswert ist auch die extrem hohe Energiedichte, die auf ein relativ kleines Stellglied einwirkt und besonderer Maßnahmen bedarf, um den Verschleiß durch Kavitation gering zu halten.

## Übungen zur Selbstkontrolle

3-1 Welche Parameter sind für den Durchfluß durch ein Rohrleitungssystem maßgebend?

3-2 Was sagt die Kontinuitätsgleichung aus?

3-3 Welchen Zusammenhang beschreibt die Energiegleichung von Bernoulli?

3-4 Wie wird die Fließgeschwindigkeit bei einem Auslauf aus einem offenen Behälter ermittelt? Welche Größe ist maßgebend?

3-5 Wie wird die Viskosität (Zähigkeit) einer Flüssigkeit ausgedrückt?

3-6 Was sagt die Reynolds-Zahl aus?

3-7 Warum herrscht in der Industrie die turbulente Strömungsform vor?

3-8 Wie berechnet man den Druckverlust in einer Rohrleitung bei turbulenter Strömungsform? Welche Parameter sind maßgebend?

3-9 Warum sind plötzliche Querschnittssprünge bei Rohrleitungen ungünstig?

3-10 Wie erklärt sich der Druckverlust in einem Regelventil?

# 4 Gasdynamik

## 4.1 Eigenarten kompressibler Medien

Die Gasdynamik beschreibt das strömungstechnische Verhalten von Gasen und Dämpfen. Der wesentliche Unterschied im Vergleich zu Flüssigkeiten ist ihre Kompressibilität. Während Flüssigkeiten bei normalen industriellen Anwendungen als inkompressibel gelten, weisen Gase und Dämpfe ein völlig anderes Verhalten auf. Druck, Volumen und Temperatur sind voneinander abhängig. Das Volumen kann z. B. durch Kompression bei gleichzeitigem Ansteigen des Druckes vermindert werden. Die Zusammenhänge wurden zuerst von den Physikern *Boyle* und *Mariotte* beschrieben. Das Gesetz zur Bestimmung des Durchflusses, wie es in der Kontinuitätsgleichung zum Ausdruck kommt, hat bei Gasen und Dämpfen nur eine begrenzte Gültigkeit, nämlich nur so lange, wie sich die Dichte des kompressiblen Fluids nicht wesentlich ändert.

Änderungen des Druckes rufen nicht nur Änderungen der Dichte, sondern auch z. T. erhebliche Temperaturänderungen hervor. Die Energie der Lage kann bei Gasen wegen des geringen spezifischen Gewichtes vernachlässigt werden. Ein typisches Merkmal aller kompressiblen Medien ist die begrenzte Strömungsgeschwindigkeit, die durch die Ausbreitung des Schalles bestimmt wird. Die hohe Geschwindigkeit beim Ausströmen aus einer Drosselstelle bzw. der hohe Turbulenzgrad bei der Drosselung von Gasen und Dämpfen ist meistens mit erheblichen Strömungsgeräuschen verbunden, die oft besondere Maßnahmen zur Geräuschminderung erfordern.

## 4.2 Ideale Gase

Bei einem idealen Gas besteht Proportionalität zwischen Druck und Volumen. Das Verhältnis der Volumina V1/V2 ist gleich dem Verhältnis der Drücke p2/p1. Daraus folgt, daß das Produkt aus Volumen und Druck konstant ist.

$$V1 \cdot p1 = V2 \cdot p2 \qquad (4\text{-}1)$$

Dieser Zusammenhang wird schematisch in Bild 4-1 dargestellt, in dem das Anfangsvolumen V1 durch den beweglichen Kolben auf das Endvolumen V2 reduziert wird (*Isotherme*). Bei einem anderen Versuch wird bei blockierter Kolbenstange das Volumen des Gases konstant gehalten. Bei Zufuhr von Wärme steigen naturgemäß Temperatur und Druck an.

Unter diesen Bedingungen gilt das Gesetz der *Isochore*.

$$\frac{p1}{p2} = \frac{T1}{T2} \qquad (4\text{-}2)$$

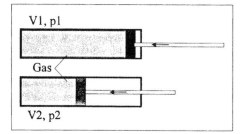

V1, p1

Gas

V2, p2

Bild 4-1: Kompression von Gas in einem Zylinder (schematisch)

Bei einem dritten Versuch wirkt auf die Kolbenstange (Bild 4-1) eine konstante Kraft, die im Zylinder einen gleichbleibenden Druck erzeugt. Untersucht man die Gesetzmäßigkeit der Änderungen von Volumen und Temperatur, so erhält man die Gleichung für die *Isobare*. Dabei verhalten sich die Volumina V1 und V2 wie die zugehörigen absoluten Temperaturen T1 und T2:

$$\frac{V1}{V2} = \frac{T1}{T2} \qquad (4\text{-}3)$$

Die Gesetze von *Boyle-Mariotte* (Temperatur konstant) und *Gay-Lussac* (Druck konstant) können zu einem allgemein gültigen Gesetz vereinigt werden. Dabei müssen die Parameter Druck, Volumen und Temperatur gegeben sein. Geht man von einem Volumen von 1,0 kg eines idealen Gases aus, so wird:

$$\frac{p \cdot V}{T} = konst. = R \qquad (4\text{-}4)$$

Der in Gl. (4-4) dargelegte Zusammenhang ergibt für ein ideales Gas stets einen konstanten Wert, der auch als *spezielle Gaskonstante R* bezeichnet wird. Unter Berücksichtigung eines beliebigen *Gewichtes G* wird die allgemeine Zustandsgleichung eines idealen Gases:

$$p \cdot V = G \cdot R \cdot T \qquad (4\text{-}5)$$

Alle gasförmige Medien, die den zuvor genannten Gleichungen genügen, werden *ideale Gase* genannt. Gase oder Gasgemische bei Drücken und Temperaturen weit ab von ihrem Verflüssigungspunkt können fast als ideale Gase betrachtet werden.

Dies gilt beispielsweise für Luft, Sauerstoff, Stickstoff usw. bei Raumtemperatur und Prozeßdrücken < 40 bar. Gase und vor allem Dämpfe nahe dem Verflüssigungspunkt weichen vom Verhalten eines idealen Gases z. T. erheblich ab. Sie werden deshalb *reale Gase* genannt. Das nicht-proportionale Verhalten von Volumen und Druck wird durch den Realgasfaktor Z berücksichtigt. Der Realgasfaktor hängt außer von den speziellen Eigenschaften des Mediums von dessen Temperatur und Druck ab.

$$p1 \cdot V1 \cdot Z1 = p2 \cdot V2 \cdot Z2 \qquad (4\text{-}6)$$

## 4.3 Wärmemengen

Zum besseren Verständnis des Drosselprozesses bei Gasen ist es unerläßlich, kurz auf die innere Energie des Mediums einzugehen. Erwärmt man einen Körper mit unveränderlichem Volumen, so erhöht sich dessen innere Energie. Beträgt das Gewicht des Körpers 1,0 kg und nimmt die Temperatur um 1,0 C° zu, dann entspricht die spezifische Wärme $cv$ des jeweiligen Stoffes der zugeführten Wärmemenge. Gase zeigen bei der Erwärmung allerdings eine Volumenzunahme, so daß hier streng unterschieden werden muß zwischen:

- spezifische Wärme bei konstantem Druck $cp$ und
- spezifische Wärme bei konstantem Volumen $cv$.

Generell gilt, daß $cp$ immer größer als $cv$ ist, und die Werte bei idealen Gasen konstant sind. Das Verhältnis $cp/cv$ wird als *Isentropenexponent* $\kappa$ bezeichnet, das auch bei der Berechnung des Durchflußkoeffizienten eine wichtige Rolle spielt. Der Isentropenexponent liegt in der Regel zwischen 1,2 und 1,6. Für die meisten zweiatomigen Gase beträgt der Wert für $\kappa = 1,4$. Vergleicht man die cp- und cv-Werte und bildet die Differenz, so ergibt sich das Wärmemaß der *speziellen Gaskonstanten R* des betreffenden Mediums.

Die *Dichte* des Gases $\rho$ ergibt sich aus dem Verhältnis von *Masse G* und *Volumen V*:

$$\rho = \frac{G}{V} \qquad (4\text{-}7)$$

Wegen der starken Abhängigkeit des Volumens von Druck und Temperatur wird zweckmäßigerweise die Dichte unter Normbedingungen angegeben. Gas im Normzustand hat eine Temperatur von 273,15 K (0°C) und einem Druck von 1013,25 mbar oder 760 Torr. In diesem Fall spricht man auch von Normdichte $\rho_0$. In anglo-amerikanischen Ländern wird die Normdichte auf den gleichen Druck, aber auf eine Temperatur von 288,5 K bezogen.

Bei Wasserdampf wird häufig der reziproke Wert der Dichte, das sogenannte *spezifische Volumen v'*, angegeben.

$$v' = \frac{1}{\rho} \qquad (4\text{-}8)$$

## 4.4 Zustandsdiagramme von idealen Gasen

Die Unterschiede der verschiedenen Zustandsgleichungen werden deutlich, wenn man die Zustände 1 und 2 - verbunden durch eine Linie - in einem p-V Diagramm darstellt. Bei einer *Isochore* bleibt das Volumen des Gases bei Wärmezufuhr von außen und steigendem Druck konstant. Im p-V-Diagramm ergibt sich daher eine senkrechte Linie (Bild 4-2). Die Drücke verhalten sich dabei wie die zugehörigen Temperaturen (Gl. 4-2).

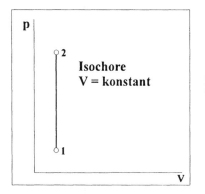

Bild 4-2: Zustandsänderung bei konstantem Volumen V

Die Zustandsänderung bei konstantem Druck stellt sich im p-V-Diagramm als waagerechte Gerade dar. Durch eine Wärmezufuhr von außen dehnt sich das Gasvolumen bei einer konstanten Gegenkraft des Kolbens aus (Bild 4-3). Hier verhalten sich die jeweiligen Volumina wie die zugehörigen Temperaturen: *V1/V2 = T1/T2*.

Bei einem *isothermen* Vorgang wird weder Wärme zugeführt noch Wärme abgeführt. Der Übergang vom Zustand 1 (großes Volumen, geringer Druck) zum Zustand 2 (kleines Volumen, hoher Druck) ergibt den Ast einer Hyperbel (Bild 4-4). Das bedeutet, daß das Produkt aus Druck und Volumen konstant bleibt:

$$p1 \cdot V1 = p2 \cdot V2 = R \cdot T$$

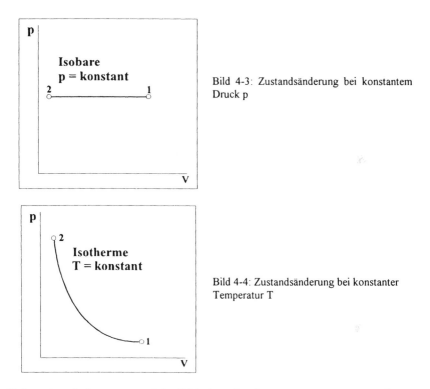

Bild 4-3: Zustandsänderung bei konstantem Druck p

Bild 4-4: Zustandsänderung bei konstanter Temperatur T

Neben den drei genannten Möglichkeiten (Isotherme, Isochore und Isobare) gibt es aber noch weitere Zustandsänderungen, die durch die Art und Weise des Wärmeaustausches gekennzeichnet sind. Zustandsänderungen verlaufen dann *adiabatisch*, wenn durch eine perfekte Isolation des Zylinders der Austausch von Wärme mit der Umgebung unterbunden wird. Annähernd adiabatische Zustände liegen auch bei der Entspannung von Gasen durch Stellventile vor, deren Gesamtbilanz allerdings einer Isotherme recht nahe kommt. Der Verlauf einer adiabatischen Zustandsänderung ist schematisch in Bild 4-6 dargestellt.

Hier gilt die Beziehung: $p \cdot V^{\kappa} = konstant\ bzw.\ p1 \cdot V1^{\kappa} = p2 \cdot V2^{\kappa}$

Zwischen den Extremen *Isotherme* (vollständiger Wärmeaustausch mit der Umgebung) bei konstanter Gastemperatur und *Adiabate* (es findet kein Wärmeaustausch statt), gibt es noch einen Mittelweg, der als *Polytrope* bezeichnet wird. Isotherme und Adiabate gelten für ideale Bedingungen, die aber in der Praxis nur selten erreicht werden. Die meisten Zustandsänderungen liegen daher zwischen den Extremen. Bei polytropischen Zustandsänderungen werden beliebige Wärmemengen zu- oder abgeführt.

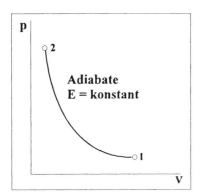

Bild 4-6: Zustandsänderung bei konstanter Wärme E

Bei einer Polytrope gleicht der Verlauf der Zustandsänderung einer Adiabate, mit dem Unterschied, daß der Exponent $n$ größer als 1,0 aber kleiner als das Verhältnis der spezifischen Wärme $\kappa$ ist. Die Gleichung der Polytrope lautet daher:

$$p1 \cdot V1^n = p2 \cdot V2^n \qquad (4\text{-}9)$$

## 4.5 Arbeit und Enthalpie

Zum besseren Verständnis dieser Begriffe stellt man sich eine Maschine vor, in der entweder technische Arbeit verrichtet (z. B. Dampfmaschine) oder aber verbraucht wird (Reduzierventil). Die Enthalpie ist die Summe aus innerer Energie E und Arbeit, d. h. das Produkt aus Kraft mal Weg bzw. Druck mal Volumen. Die innere Energie ist gleich der im Gas enthaltenen Wärme. Das Produkt ($p \cdot V$) ist gleich der geleisteten Verdrängungsarbeit, die aufgewendet wurde, um das Volumen des Gases zu expandieren. Der Vorgang ist schematisch in Bild 4-7 als Arbeitsmaschine dargestellt.

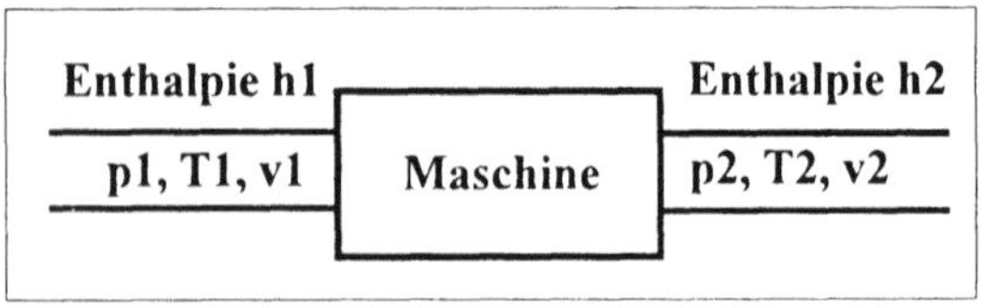

| Enthalpie h1 | | Enthalpie h2 |
|---|---|---|
| p1, T1, v1 | Maschine | p2, T2, v2 |

Bild 4-7: Schema der technischen Arbeit und Enthalpie

Ein Gas mit dem Zustand p1, T1 und v1 tritt in die Maschine ein, wo eine technische Arbeit verrichtet wird. Nach einer nahezu adiabatischen Expansion auf das Volumen v2, wird der Kolben bei konstantem Druck p2 herausgeschoben und dabei Arbeit geleistet. Die Temperatur sinkt dabei auf den Wert T2.

Hatte das Gas im Zustand 1 die innere Energie u1, so ist die Wärmeenergie hinter der Maschine (Zustand 2) auf den Wert u2 abgesunken. Nach dem 1. Hauptsatz der Wärmelehre muß die Energiedifferenz $\Delta u$ zwischen Eingang und Ausgang der Maschine gleich der Summe aller abgeführten (bzw. zugeführten) Arbeitsbeträge bzw. Wärmewerte sein. Damit ergibt sich für die Leistung L der Maschine:

$$L = \left[ (u1 + p1 \cdot v1) - (u2 + p2 \cdot v2) \right] \qquad (4\text{-}10)$$

Faßt man die Summe aus Raumänderungsarbeit und innerer Energie zusammen, so erhält man die neue Zustandsgröße $h$, die als *Enthalpie* bezeichnet wird. Der Wärmewert der technischen Arbeit ist bei adiabatischer Entspannung somit gleich dem Unterschied der Enthalpien vor und hinter der Maschine.

$$L = (h1\text{-}h2) \qquad (4\text{-}11)$$

Stellt man die Zustandsänderung wie üblich in einem p-V-Diagramm dar, so ergibt sich Bild 4-8. Die von der Maschine geleistete Arbeit L entspricht dabei der hervorgehobenen Fläche des Diagramms oder der Differenz der Enthalpien *(h1-h2)*. Ferner gilt die Beziehung: *(h1-h2) = cp·(T1-T2)*. Die geleistete Arbeit einer Maschine ist um so höher, je größer der Temperaturunterschied am Ein- und Ausgang der Maschine ist. Die adiabatischen Zustandsänderungen eines Gases gelten sinngemäß auch für die Entspannung in einem Stellventil.

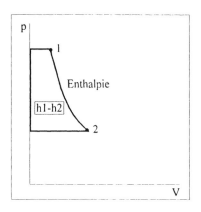

Bild 4-8: Technische Arbeit und innere Energie

## 4.6 Reale Gase und Dämpfe

Bei idealen Gasen besteht zwischen Druck und Volumen bei gleichbleibender Temperatur der von *Boyle* und *Mariotte* gefundene Zusammenhang. Bei realen Gasen und Dämpfen beschreibt diese Gleichung nur noch annähernd das Verhalten. Die Kompressibilität weicht um so mehr von der eines idealen Gases ab, je höher der Druck und je niedriger die Temperatur wird. Ein weiteres Merkmal realer Gase und Dämpfe ist die veränderliche spezifische Wärme der Medien. Können diese Angaben für ideale Gase noch einfach den üblichen Tabellen entnommen werden, so sind bei realen Gasen und Dämpfen spezielle Diagramme notwendig, um die Abhängigkeit der spezifischen Wärme von Druck und Temperatur darzustellen.

Das konstante Verhältnis der spezifischen Wärmen $\kappa$ = cp/cv ist bei einem idealen einatomigen Gas 1,67, bei einem zweiatomigen Gas 1,40 sowie bei einem dreiatomigen Gas 1,33. Bei realen Gasen und Dämpfen ist der Isentropenexponent $\kappa$ nicht mehr konstant, sondern in erster Linie temperaturabhängig. Mit steigender Temperatur und Atomzahl fällt der Wert von $\kappa$.

Der unterschiedlichen Kompressibilität trägt der *Realgasfaktor Z* Rechnung. Bei idealen Gasen ist Z = 1,0. Für reale Gase variiert Z - je nach Druck und Temperatur - zwischen 0,2 und 1,8. Genaue Angaben für eine Reihe üblicher Gase und Gasgemische macht die VDI/VDE-Richtlinie 2040.

## 4.7 Strömung durch Düsen

Wenn ein Gas bei konstantem Druck und Temperatur durch eine Düse strömt, gelten im Prinzip die gleichen Gesetze wie in Kapitel 4.5 beschrieben. Die Differenz der Enthalpien h1-h2 wird dabei in kinetische Energie umgesetzt. Sie wird von der austretenden *Masse m* und dem Quadrat der mittleren *theoretischen Austrittsgeschwindigkeit $w_{th}$* bestimmt:

$$L = m \cdot (h1 - h2) = m \cdot \frac{w_{th}^2}{2} \qquad (4\text{-}12)$$

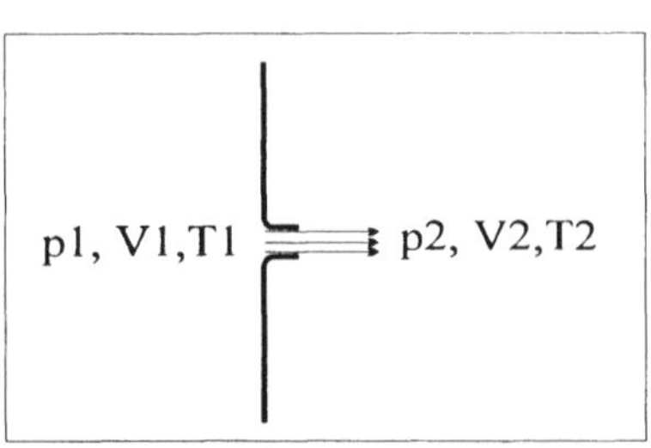

p1, V1,T1          p2, V2,T2

Bild 4-9: Strömung durch eine Düse (schematisch)

Bei einer reibungsfreien Entspannung mit Wärmeaustausch gilt die polytropische Zustandsänderung:

$$\frac{T2}{T1} = \left(\frac{p2}{p1}\right)^{\frac{\kappa-1}{\kappa}} \qquad (4\text{-}13)$$

Durch Umformen dieser Gleichung kann die Austrittsgeschwindigkeit sowie die spezifische, auf 1,0 kg/s bezogene Leistung bei der Entspannung berechnet werden:

$$\frac{w_{th}^2}{2} = \frac{\kappa}{\kappa-1} \cdot p1 \cdot v1 \left[1 - \left(\frac{p2}{p1}\right)^{\frac{\kappa-1}{\kappa}}\right] \qquad (4\text{-}14)$$

Gleichung (4-14) verlangt allerdings noch kleine Korrekturen, um die pro Zeiteinheit austretende Masse berechnen zu können. Zum einen treten in der Düse Reibungsverluste auf, so daß die wirkliche Austrittsgeschwindigkeit etwas geringer als die theoretische ist. $\varphi$ ist hier ein Korrekturfaktor:

$$w = \varphi \cdot w_{th} \qquad (4\text{-}15)$$

Zum anderen findet beim Eintritt des Gases in die Düse - abhängig von der Form der Düse - eine mehr oder weniger starke Kontraktion des Strahles statt, so daß der volle Düsenquerschnitt nicht ausgenutzt werden kann. Dieser Effekt wird durch die *Kontraktionszahl* $\mu$ berücksichtigt.

Zur Berechnung des Massendurchflusses kann man die beiden Faktoren $\varphi$ und $\mu$ zu einem einzigen *Korrekturfaktor* $\alpha$ zusammenfassen. Damit wird der *Durchfluß W*:

$$W = \alpha \cdot w_{th} \cdot \rho \cdot A \qquad (4\text{-}16)$$

Unter der Annahme einer idealen, verlustfreien Strömung ($\alpha = 1,0$) wird der Massendurchfluß durch Einsetzen der maßgeblichen Parameter wie folgt berechnet:

$$W = \frac{A}{v2} \cdot \sqrt{2 \cdot \frac{\kappa}{\kappa-1} \cdot p1 \cdot v1 \cdot \left[1 - \left(\frac{p2}{p1}\right)^{\frac{\kappa-1}{\kappa}}\right]} \qquad (4\text{-}17)$$

Eine wichtige Größe bei der Bestimmung des Massendurchflusses ist das Druckverhältnis p2/p1.

Wenn man den Druck p2 mit Hilfe eines Ventils hinter der Düse regulieren und den Durchfluß in Abhängigkeit von p2/p1 messen kann, dann wird man folgende Erfahrung machen: Ausgehend von einem Druckverhältnis p2/p1 = 1,0 steigt der Durchfluß mit abnehmendem p2/p1 an und erreicht bei dem sogenannten *kritischen Druckverhältnis* $p_{krit}$ ein Maximum. Eine weitere Absenkung des Druckes p2 führt dann nicht mehr zu einer weiteren Erhöhung des Durchflusses. Das kritische Druckverhältnis hängt vom *Isentropenexponent* $\kappa$ ab und wird wie folgt berechnet:

$$\frac{p_{krit}}{p1} = \left(\frac{2}{\kappa+1}\right)^{\frac{\kappa}{\kappa-1}} \qquad (4\text{-}18)$$

Für zweiatomige Gase mit $\kappa$ = 1,4 wird das kritische Druckverhältnis etwa 0,53. Dies bedeutet, daß der Druck in einer sich in Richtung der Strömung verengenden Düse nicht unter den kritischen Druck $\sim$ p1 · 0,53 absinken kann, auch wenn der Druck hinter der Düse geringer ist. Dieses Phänomen des begrenzten Durchflusses wird dadurch erklärbar, daß im engsten Querschnitt der Düse Schallgeschindigkeit auftritt, die unter normalen Umständen nicht überschritten werden kann. Eine weitere Begleiterscheinung ist das Absinken der Temperatur bei der Entspannung, die manchmal mit einer Vereisung der Düse bzw. des Ventils verbunden ist. Bei einer angenähert adiabatischen Entspannung wird:

$$\frac{T2}{T1} = \frac{2}{\kappa+1} \qquad (4\text{-}19)$$

Damit wird die Temperatur unmittelbar hinter der Düse bei einem zweiatomigen Gas wie beispielsweise Luft: T2 $\sim$ 0.83 · T1. Hat die Luft z. B. am Eingang der Düse eine Temperatur von 20°C = 293 K, dann sinkt die Temperatur beim kritischen Druckverhältnis auf einen Wert von 0,83 · 293 = 244 K oder minus 29°C ab. Dies erklärt die manchmal beobachtete Vereisung bei der Drosselung. Allerdings wird hinter dem Ventil ein Teil der kinetischen Energie durch Turbulenz wieder in Wärme umgewandelt, wodurch die Temperatur auf der Ausgangsseite wieder um einen bestimmten Betrag angehoben wird.

## 4.8 Schallgeschwindigkeit

Ohne auf die Ursachen des Schalles an dieser Stelle näher einzugehen, wird der Schall in einem kompressiblen Medium als rasche Druckänderung verstanden, die sich nach allen Seiten ausbreitet. Dies geschieht auch bei der Entspannung in einem Stellventil. Der Fortpflanzung dieser Druckwellen sind natürliche

Grenzen gesetzt, die sowohl vom Zustand des Mediums als auch von der Bauart des Ventils abhängen. In der Praxis bedeutet dies, daß die Strömungsgeschwindigkeit von Gasen und Dämpfen unter normalen Bedingungen nicht größer als die Schallgeschwindigkeit des betreffenden Fluids werden kann. Diese Grenzgeschwindigkeit kann berechnet werden, wenn einige charakteristische Werte des Medium bekannt sind. Wenn man den Druck des Gases im engsten Querschnitt in Pascal (Pa) einsetzt wird die Schallgeschwindigkeit:

$$c = \sqrt{\frac{p \cdot \kappa}{\rho}} = \sqrt{\kappa \cdot R \cdot T} \qquad (4\text{-}20)$$

Aus Gl. (4-20) ist ersichtlich, daß die Schallgeschwindigkeit eines Gases vom Isentropenexponenten $\kappa$ und der Dichte $\rho$ abhängt. Da die Temperatur stets einen Einfluß auf die Betriebsdichte des Mediums ausübt, gibt es eine weitere Abhängigkeit von der Temperatur.

## 4.9 Drosselung durch Widerstände

Stellgeräte sind variable Widerstände, mit deren Hilfe Stoffströme geregelt werden können. Die Drosselung stellt einen Umwandlungsprozeß dar, bei dem ein kontrollierter Druckabfall am Stellgerät hervorgerufen wird. Da der Durchfluß vom Druckabfall an der Armatur abhängt, können praktisch die wichtigsten Regelgrößen der Prozeßindustrien mit Hilfe eines Stellgerätes geregelt werden. Der Vorgang der Drosselung soll zunächst an einer *idealen Drossel* betrachtet werden.

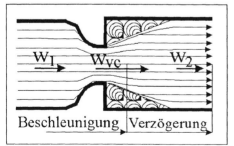

Bild 4-10: Ideale Drosselstrecke (schematisch)

Das gasförmige Medium fließt in einer Rohrleitung mit der mittleren Geschwindigkeit $w_1$ und wird bis zum engsten Querschnitt (vena contracta) beschleunigt. Dabei wird eine Geschwindigkeit $w_{vc}$ erreicht. Unter der Annahme einer reibungsfreien Strömung (adiabatischen Zustandsänderung), kühlt das Gas bei diesem Vorgang ab.

In der erweiterten Verzögerungsstrecke wird die gesamte kinetische Energie durch intensive Verwirbelung wieder in Wärme verwandelt, d. h. die Temperatur des Gases steigt nahezu auf den ursprünglichen Wert an. Daraus folgt, daß der gesamte Drosselprozeß einer isothermen Zustandsänderung gleicht. Um die Leistung der Drosselung berechnen zu können, wird deshalb künftig die isotherme Leistung zugrunde gelegt. Die folgende Tabelle zeigt eine Gegenüberstellung der verschiedenen Gleichungen für die beim Drosselprozeß umgesetzte Leistung in Abhängigkeit von der jeweiligen Zustandsänderung.

Tabelle 4-1: Gegenüberstellung verschiedener Gleichungen

| kinematische Leistung | adiabate Leistung | isotherme Leistung |
|---|---|---|
| $\dfrac{w_{vc}^{2}}{2} \cdot \dot{m}$ | $p1 \cdot V1 \cdot \dfrac{\kappa}{\kappa-1} \cdot \left[ 1 - \left( \dfrac{p_{vc}}{p1} \right)^{\frac{\kappa-1}{\kappa}} \right]$ | $p1 \cdot V1 \cdot \ln \dfrac{p1}{p2}$ |

Stellt man den Drosselvorgang in einem p-V-Diagramm dar, so wird deutlich, daß der Unterschied zwischen adiabater und isothermer Leistung - gekennzeichnet durch die jeweiligen Flächen - nur gering ist (Bild 4-11). Bei der Adiabate ist die Fläche gegeben durch die vier Punkte p1, 1, vc und $p_{vc}$. Der Index vc weist auf den Zustand an der engsten Stelle der "vena contracta" hin. Bei der Isotherme ist die Fläche durch die Punkte p1, 1, 2 und p2 definiert.

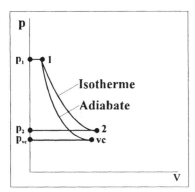

Bild 4-11: Gegenüberstellung von Adiabate und Isotherme

Bei einer *realen Drossel* können die Ergebnisse vom theoretischen Modell erheblich abweichen. Dies ist in erster Linie auf eine ungleichförmige Strömung und einen komplexen Energieaustausch zurückzuführen. Eine Abnahme des Durchflusses bzw. "choked flow" (Durchflußbegrenzung) wird, wie Meßergebnisse zeigen, oftmals schon bei einem kleineren Druckverhältnis beobachtet als dem theoretischen Wert zukommt. Das bedeutet, daß im Strahlkern oder in bestimmten Randzonen bereits kritische Verhältnisse (Schallgeschwindigkeit) erreicht werden. Auch tritt - wie bei Flüssigkeiten - stets ein Druckrückgewinn auf, der durch weniger wirbelintensive Zonen hinter der Drosselstelle bedingt ist. Andererseits zeigen Messungen, daß das kritische Druckverhältnis manchmal erst bei einem höheren Differenzdruck als dem kritischen auftritt. Die Ursachen sind vielschichtig und können hier nicht erläutert werden.

## 4.10 Besonderheiten und Kennwerte bei der Drosselung

Eine Besonderheit bei der Drosselung kompressibler Medien ist die Tatsache, daß unter gewissen Voraussetzungen die Schallgeschwindigkeit überschritten werden kann, nämlich dann, wenn sich die Düse hinter dem engsten Querschnitt allmählich erweitert, wie es in Bild 4-12 schematisch dargestellt ist. Ideal sind Öffnungswinkel < 8 Grad, um eine Ablösung der Strömung von der Wand des Diffusors zu vermeiden. Das Gas kann in diesem Falle in der sogenannten *Laval-Düse* weiter expandieren, wodurch sich die Geschwindigkeit - über die Schallgeschwindigkeit hinaus - weiter erhöht.

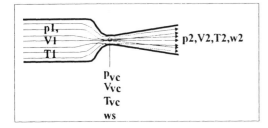

Bild 4-12: Prinzip einer Laval-Düse

An der engsten Stelle der Düse wird ein kritisches Druckverhältnis vorausgesetzt, d. h. Schallgeschwindigkeit erreicht. Hinter der "vena contracta" kann das Gas weiter expandieren und wird auf die Geschwindigkeit w2 beschleunigt. Das Verhältnis der Geschwindigkeit w2 im Diffusor zur Schallgeschwindigkeit *ws* in der "vena contracta" wird als *Mach-Zahl* bezeichnet.

$$\frac{w2}{ws} = \sqrt{\frac{\kappa+1}{\kappa-1}\left[1-\left(\frac{p2}{p1}\right)^{\frac{\kappa-1}{\kappa}}\right]} \qquad (4\text{-}21)$$

Aus Gleichung (4-21) ist ersichtlich, daß das Verhältnis $w2/ws$ einem Maximum zustrebt. Wenn der Druck p2 gegen Null geht, wird das Glied in den eckigen Klammern 1,0, so daß man schreiben kann:

$$\frac{w2}{ws} = \sqrt{\frac{\kappa+1}{\kappa-1}} \qquad (4\text{-}22)$$

Das entspricht bei einem zweiatomigen Gas, wie z. B. Luft, der sechsfachen Schallgeschwindigkeit. In der Praxis werden jedoch die theoretischen Werte niemals erreicht, weil Reibung und Wärmeaustausch die Strömung im Diffusor negativ beeinflussen, so daß die Geschwindigkeit in Wirklichkeit geringer ist. Für das Erreichen der Überschallgeschwindigkeit hinter der Drosselstelle müssen einige Voraussetzungen erfüllt sein. Zum einen muß die Erweiterung des Querschnittes im Diffusor dem vorgegebenen Druckverhältnis $p_{vc}/p2$ entsprechen. Andererseits muß der Druck im Diffusor entsprechend der Expansion absinken können. Wenn sich also hinter der Drosselstelle ein Gegendruck aufbauen kann, der die Expansion des Strahles behindert, dann treten Verdichtungsstöße auf, wobei die Geschwindigkeit im Diffusor auf Werte unterhalb der Schallgeschwindigkeit absinkt.

Die Möglichkeit mit Hilfe einer *Laval-Düse* Überschallgeschwindigkeit zu erreichen, ist bei Stellventilen tunlichst zu vermeiden, da die theoretische Schallleistung etwa mit der 5. Potenz der Geschwindigkeit ansteigt. Es gibt jedoch Anwendungen, wo es darauf ankommt, bei moderaten Eingangsdrücken ein möglichst hohes Druckverhältnis zu erreichen. Ein praktisches Beispiel ist die gewollte Abkühlung eines Gases zu Kühlzwecken. Theoretisch gilt hier folgende Beziehung:

$$\frac{T2}{T1} = \left(\frac{p2}{p1}\right)^{\frac{\kappa-1}{\kappa}} \qquad (4\text{-}23)$$

Stellt man die Gleichung nach der Austrittstemperatur T2 um, so kann diese wie folgt berechnet werden:

$$T2 = T1 \cdot \left(\frac{p2}{p1}\right)^{\frac{\kappa-1}{\kappa}} \qquad (4\text{-}24)$$

Luft ($\kappa = 1,4$) bei einer Eintrittstemperatur von 293 K, einem Eingangsdruck p1 von 5,0 bar und einem Ausgangsdruck p3 = 0,1 bar würde sich theoretisch auf einen Wert von 96 K oder -177°C abkühlen. Durch die bereits erwähnten Reibungsverluste und die damit verbundene Erwärmung des Gases wird die tatsächliche Temperatur hinter dem Diffusor natürlich höher liegen.

Bei der Berechnung des *Durchflusses* oder der *Strahlleistung* einer realen Drossel muß zwischen verschiedenen Betriebsbedingungen unterschieden werden. Kennzeichnendes Merkmal ist das *Druckverhältnis X*:

$$X = \frac{(p1 - p2)}{p1} = \frac{\Delta p}{p1} \qquad (4\text{-}25)$$

Das Drosselvermögen einer Drossel oder eines Stellventils ist durch den *Koeffizienten $X_T$* gekennzeichnet, der durch Messungen bestimmt werden muß. Der Faktor $X_T$ definiert das kritische Druckverhältnis eines Stellventils, bei dem Durchflußbegrenzung auftritt. Wie bereits erwähnt, kann es aber schon vor dem Erreichen des kritischen Druckverhältnisses $X_T$ zu einer teilweisen Durchflußbegrenzung durch partiell kritische Strömungsverhältnisse kommen. Dies wird durch den *Korrekturfaktor $X_{cr}$* berücksichtigt:

$$X_{cr} \cong 1 - \left(\frac{2}{\kappa + 1}\right)^{\frac{\kappa}{\kappa - 1}} \cdot \frac{0,442 \cdot XT \cdot \kappa / 1,4}{(0,31 + 0,122 \cdot \kappa)^2} \qquad (4\text{-}26)$$

Je nach Anwendungsfall gibt es also drei verschiedene Zustände:

(1) $\dfrac{\Delta p}{p1} < X_{cr}$     Druckverhältnis ist garantiert unterkritisch.

(2) $\dfrac{\Delta p}{p1} = X_{cr}$     Kritische Verhältnisse werden gerade erreicht.

(3) $\dfrac{\Delta p}{p1} \geq X_T$     Es herrscht Durchflußbegrenzung vor.

## 4.11 Energetische Betrachtung bei der Drosselung

Eine hohe Drosselleistung bedeutet eine irreversible Umwandlung von Druck- oder Geschwindigkeitsenergie in Wärme. Die Wärmemenge, die dem Gas wieder zugeführt wird, ergibt eine Zunahme der *Entropie s*. Die Entropie eines abgeschlossenen Systems kann nur größer werden, aber nicht abnehmen. Energie kann zwar nicht vernichtet werden, geht aber bei vielen in der Praxis vorkommenden Prozessen dem Anwender verloren, da sie nicht rückgewinnbar ist. Dies wird durch den Begriff der *Entropie* verdeutlicht. Die stetige Erwärmung der Erde ist eine Frage der Entropie, die - wie schon *Clausius* vor mehr als 100 Jahren formuliert hat - einem Höchstwert zustrebt, da Wärme niemals von einem Körper niedriger Temperatur zu einem Körper höherer Temperatur übergeht, sondern nur umgekehrt.

Bei der Energieumwandlung von Gasen und Dämpfen durch Drosselung tritt
darüber hinaus eine unangenehme Begleiterscheinung auf: Ein Bruchteil dieser
Energie wird nämlich statt in Wärme in Schall umgewandelt, was aus Gründen
des Umweltschutzes und der Gefahr von Gehörschäden möglichst vermieden
werden sollte. Der Höchstwert des *Umwandlungsgrades* η beträgt ca. 0,01.
Trotz dieses relativ niedrigen Umwandlungsgrades kann die Schalleistung bei
großen Durchflüssen und Druckverhältnissen beträchtlich sein. Mit der *Masse*
$\dot{m}$ in kg/s wird die Strahlleistung in einer Drossel bzw. in einem Ventil in *Watt*
wie folgt berechnet:

$$P = \dot{m} \cdot \frac{w_{vc}^2}{2} = \dot{m} \cdot p1 \cdot v1 \cdot \frac{\kappa}{\kappa+1} \cdot \frac{\lg(1-X)}{\lg(1-X_{cr})} \qquad (4\text{-}27)$$

**Übungen zur Selbstkontrolle**

4-1    Was ist der Unterschied zwischen einem *idealen* und *realen* Gas?

4-2    Was sagt das Diagramm der Zustandsänderung eines idealen Gases aus?

4-3    Wie ist der Begriff der Enthalpie definiert?

4-4    Wodurch wir die Strömung durch eine einfache Düse begrenzt?

4-5    Welche Parameter bestimmen die Schallgeschwindigkeit eines Gases?

4-6    Wie kann man Überschallgeschwindigkeit erreichen?

4-7    Warum ist Überschallgeschwindigkeit bei Ventilen zu vermeiden ?

4-8    Welches Druckverhältnis (p2/p1) ist notwendig, um eine theoretische
       Abkühlung des Gases von 100°C zu erreichen?

4-9    Welche Bedeutung haben die Koeffizienten $X_T$ und $X_{cr}$?

4-10   Wie groß ist die maximal mögliche Schalleistung eines Ventils, wenn die
       zuvor berechnete Strahlleistung 1500 Watt beträgt?

# 5 Bemessungsgleichungen von Stellgeräten

## 5.1 Allgemeines

Das Wissen um die Strömungsvorgänge in einem Stellventil wurde seit den siebziger Jahren systematisch erweitert und findet heute seinen Niederschlag in zahlreichen Normen und Richtlinien. Die gewonnenen Erfahrungen bei der Anwendung, die Vielzahl der zur Verfügung stehenden Werkstoffe und Stellgerätetypen sowie die Verfeinerung der statischen und dynamischen Berechnungsverfahren erlauben dem Fachmann heute die Auslegung und Auswahl eines Stellgerätes selbst bei schwierigen Anwendungsfällen.

Mit der Einführung der ISA-Standards S 39.1 bis S 39.4 wurden die bis dahin gebräuchlichen Bemessungsgleichungen nach VDI/VDE 2173 zur Bestimmung der erforderlichen Ventilgröße infrage gestellt. Die neuen Berechnungsmethoden stützen sich dabei im wesentlichen auf empirisch gewonnene Erkenntnisse amerikanischer Ventilhersteller. Diese Grundlagen wurden später in die Normen DIN/IEC 534, Teil 2 und Teil 3 eingebracht, die sich mittlerweile weltweiter Verbreitung erfreuen. Wie bereits im Kapitel 3 erwähnt, ist der Anwendungsbereich der DIN/IEC Bemessungsgleichungen auf Newton'sche Medien beschränkt. Sie gelten also nicht bei Feststoffgemischen, Suspensionen, Schlämmen oder Flüssigkeiten mit variabler Zähigkeit.

Die Besonderheiten bei Kavitation, Verdampfung (Flashing), kritischem Druckgefälle, Zweiphasenströmung, Medien mit Feststoffen (Slurries) und anderer nicht-Newton'scher Fluide werden kurz behandelt. Die Unterschiede im Vergleich zu den früher üblichen einfachen Bemessungsgleichungen werden kurz erläutert.

## 5.2 Durchflußmessungen unter genormten Bedingungen

Im Gegensatz zu geometrisch einfachen Formen, wie z. B. eine Düse mit Kreisquerschnitt, kann die Durchflußkapazität eines Stellventils mit einem speziell geformten Drosselkörper nicht einfach rechnerisch bestimmt werden. Vielmehr sind Messungen unter standardisierten Bedingungen notwendig, um die Durchflußkapazität anzugeben und vergleichbar zu machen. Zu diesem Zweck wurde eine besondere Norm geschaffen (DIN/IEC 534, Teil 2-3), welche die notwendigen Prüfverfahren beinhaltet. Das Prinzip der Meßanordnung ist in Bild 5-1 dargestellt.

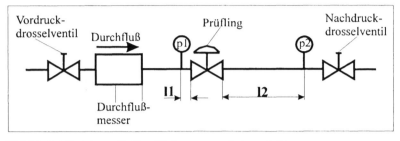

Bild 5-1: Prüfeinrichtung für Durchflußmessungen (schematisch)

Dabei wird das zu prüfende Stellventil in eine gerade Meßstrecke eingebaut. Die ungestörte Einlauflänge zwischen Durchflußmesser und Prüfling sollte mindestens 20 mal Nennweite und die gerade Auslaufstrecke zwischen Prüfling und Nachdruckdrosselventil mindestens 7 mal Nennweite betragen. Ventil- und Rohrleitungsnennweite müssen gleich sein; Fittings innerhalb der Meßstrecke (z. B. Rohrerweiterungen) sind unzulässig. Von besonderer Wichtigkeit ist die Lage der Druckentnahmestutzen. Die Länge $l_1$ vor dem Prüfling muß 2 mal DN, die Länge $l_2$ hinter dem Stellventil 6 mal DN betragen. Vorzugsweise ist Wasser (5-40°C) als Prüfmedium zu benutzen. Die Drosselventile vor und hinter dem Prüfling dienen der Regelung des Differenzdruckes am Prüfling. Die Messung der Drücke p1 und p2 sollte so genau wie möglich sein, da Meßfehler das Ergebnis der Durchflußkapazität beeinflussen. Ist das Prüfmedium Wasser und beträgt der Differenzdruck bei kavitationsfreier Strömung am Prüfling genau 1,0 bar, dann entspricht der gemessene Durchfluß in Kubikmeter pro Stunde dem Durchflußkoeffizienten Kv. Für eine möglichst genaue Messung des Durchflusses und der anschließenden Berechnung des Kv-Wertes bei 10 verschiedenen Hubstellungen des Stellventils müssen die Rohrleitungen genau fluchten. Auch dürfen die Druckentnahmestutzen nicht in die Rohrleitung hineinragen. Unter bestimmten Voraussetzungen ist die gleiche Prüfanordung auch zur Bestimmung der Faktoren $F_L$ (Druckrückgewinn) und $F_p$ (Rohrleitungsgeometrie-Faktor) zu nutzen. Wird ein kompressibles Prüfmedium (z. B. Luft) verwendet, können mit dieser Meßeinrichtung selbstverständlich auch die relevanten ventilspezifischen Faktoren kompressibler Medien ($X_T$, $X_{cr}$) gemessen werden. Auch eignet sich ein solcher Prüfstand prinzipiell für Schallmessungen. Allerdings wird dann eine Schallmeßkabine empfohlen, die den Prüfling umschließt.

## 5.3 Notwendige technische Daten für die Bemessung

Jedem Anwendungsfall liegen bestimmte technische Daten und Auswahlkriterien zugrunde. Diese müssen zunächst gesammelt und in einer "Spezifikation" zusammengefaßt werden. Eine solche Aufgabe kann sehr zeitaufwendig sein und verlangt zudem ausgiebiges Fachwissen. Die Auswahl eines geeigneten Stellgliedes für einen speziellen Anwendungsfall ist weiterhin ein komplexer Vorgang und erfolgt am besten anhand einer "Checkliste". Als solche ist das international genormte Spezifikationsblatt für Stellgeräte gemäß DIN/IEC 534, Teil 7 gut geeignet, das zur Aufnahme aller erforderlichen technischen Daten und Auswahlkriterien dient. Der Zweck dieses genormten Datenblattes ist eine konsistente Darstellung von Informationen in bezug auf Inhalt und Form. Die generelle Anwendung dieses einheitlichen Formulars durch alle in Frage kommenden Benutzergruppen, wie z. B. Anlagenbauer, Ingenieurbüros, Hersteller und Anwender von Stellgeräten, ist deshalb dringend zu empfehlen.

Obwohl nicht alle der vom Anwender zu liefernden technischen Daten für die eigentliche Bemessung des Stellventils benötigt werden, sind sie für die Fachleute, die mit der Auslegung betraut werden, doch meistens sehr nützlich, da sie zumindest bei der Auswahl des bestgeeigneten Stellgerätetyps eine nicht unwesentliche Rolle spielen.

Es ist sinnvoll, die verschiedenen Parameter und Einflußgrößen nach Prioritäten zu ordnen und die Aufgabe der Berechnung evtl. in mehrere Einzelschritte zu unterteilen. Zu unterscheiden ist auf jeden Fall zwischen Angaben, die für eine Bemessung unverzichtbar sind, und solchen, die zwar wünschenswert sind, aber auf das Ergebnis der Berechnung meist nur geringen Einfluß haben.

- *Prozeßdaten, die für eine korrekte Auslegung unerläßlich sind:*
  - Zustand des Mediums (flüssig, gasförmig, gemischt)
  - Durchfluß (maximal, normal, minimal)
  - Eingangsdruck (maximal, normal, minimal)
  - Ausgangsdruck (maximal, normal, minimal)
  - Temperatur (minimal, maximal)
  - Dichte (Molekülmasse)
  - Viskosität

- *Prozeßdaten des Mediums mit geringerer Priorität bei der Bemessung:*
  - Bezeichnung (chemische Formel)
  - Dampfdruck
  - Thermodynamischer kritischer Druck
  - Verhältnis der spezifischen Wärmen
  - Realgasfaktor

- *Einfluß des Systems und der Installation:*
  - Erweiterungen vor und hinter dem Ventil ?
  - Krümmer oder T-Stücke in unmittelbarer Nähe ?
  - Systemwiderstandskennlinie
  - Ventilcharakteristik (linear, gleichprozentig, andere)
  - Zeitkonstante der Strecke (Stellgeschwindigkeit)
  - Minimaler Druckabfall am Ventil bei Maximaldurchfluß
  - Systemspezifische Anforderungen und Besonderheiten

- *Spezielle Anforderungen an das Stellglied*
  - Bauart (Durchgang-/Eck-/Dreiwegeventil)
  - Sicherheitsfaktor für Durchflußkoeffizient
  - Erforderliches Stellverhältnis (Regelbarkeit)
  - Lebensdaueranforderungen (Korrosion, Kavitation, Erosion)
  - Dichtheit (innen und nach außen)
  - Besondere klimatische Anforderungen
  - Elektrische Sicherheitsanforderungen (z. B. Explosionsschutz)
  - Schutzart elektrischer Hilfsgeräte (z. B. IP 65)
  - Zulässiger Schalldruckpegel

- *Anwendungstechnische Erfahrungen*
  - Spezielle Werkstoffe oder Konstruktion erforderlich ?
  - Widerstandsfähigkeit (Lebensdauer) gewährleistet ?
  - Anlagensicherheit ausreichend ?
  - Vergleichbares Stellglied mit Erfolg angewendet ?
  - Wartungsintervalle ?

Die oben aufgeführten Parameter erheben keinen Anspruch auf Vollständigkeit, sind aber in der Regel ausreichend für die Bemessung und Auswahl des Stellgliedes. Bei speziellen Medien (z. B. Chlor oder Sauerstoff), besonderen Sicherheitsanforderungen (z. B. Ex-Schutz) und anlagenspezifischen Vorschriften (z. B. Druckbehälterverordnung) ist ein besonderer Hinweis notwendig.

## 5.4 Berechnungsverfahren bei inkompressiblen Medien

### 5.4.1 Traditionelle Berechnungsverfahren

Ausgehend von den theoretischen Grundlagen der Strömungslehre kann der *Durchfluß Q* einer Flüssigkeit durch eine Öffnung mit dem *Querschnitt A* berechnet werden, wenn die *Strömungsgeschwindigkeit w*, die sich aus der *Druckhöhe $h_x$* bzw. dem Differenzdruck $\Delta p$ ableitet, bekannt ist.

$$Q = A \cdot w = A \cdot \sqrt{2 \cdot g \cdot h_x} = A \cdot \sqrt{\frac{2 \cdot p_x}{\rho}} \qquad (5\text{-}1)$$

In der Praxis ist der gemessene Durchfluß stets kleiner als der theoretische Wert gemäß Gleichung (5-1). Dieser Tatsache wird durch das Korrekturglied $\alpha$ Rechnung getragen ($\alpha < 1.0$). Damit ergibt sich mit A in (m²), $p_x$ in (Pa) und $\rho$ in (kg/m³) der Durchfluß Q (m³/s):

$$Q = \alpha \cdot A \cdot \sqrt{\frac{2 \cdot p_x}{\rho}} \qquad (5\text{-}2)$$

Die Durchflußzahl $\alpha$ berücksichtigt hierbei folgende Einflüsse:

- die Formgestaltung der Drosselstelle
- das Öffnungsverhältnis
- die Reynoldszahl
- die Höhe des Druckrückgewinns

Um Regelventile miteinander vergleichen und auf die Angabe des anstehenden Differenzdruckes verzichten zu können, hat man den *Durchflußkoeffizienten C* eingeführt. Dieser Wert wird unter genormten Bedingungen ermittelt und kann verschiedene Dimensionen haben. Der auf metrische Einheiten bezogene *Kv-Wert* ist die heute am häufigsten benutzte Größe und gibt als Zahlenwert die Anzahl der Kubikmeter Wasser pro Stunde an (5-40°C), die bei einem Differenzdruck von 1,0 bar durch das zu prüfende Ventil fließen. In den anglo-amerikanischen Ländern wird auch heute noch vorwiegend der sogenannte *Cv-Wert* benutzt. Der Cv-Wert basiert ebenfalls auf Messungen mit Wasser unter genormten Bedingungen und gibt als Zahlenwert die Anzahl von US-Gallonen pro Minute bei einem Differenzdruck von 1,0 psi (pounds per square inch) an. Der Av-Wert (siehe Kapitel 2) wird nur sehr selten angewendet. Wenn man für den Differenzdruck $\Delta p$ die Einheit (bar) einsetzt, wird der Durchfluß Q in (m3/h) im einfachsten Fall für Wasser gemäß G. (5-3a):

$$Q = Kv\sqrt{\Delta p} \quad (5\text{-}3a) \qquad Q = Kv\sqrt{\frac{\Delta p}{\rho / \rho_0}} \quad (5\text{-}3b) \qquad (5\text{-}3)$$

Bei Betriebsstoffen mit einer anderen Dichte als Wasser muß Gl. (5-3a) noch durch den Term $\rho/\rho_0$ ergänzt werden, der das Dichteverhältnis des betreffenden Mediums zu Wasser ausdrückt (Gl. (5-3b)).

Für eine überschlägliche Berechnung des Durchflusses bzw. des Kv-Wertes können bei inkompressiblen Medien - unter Vernachlässigung aller in den DIN/IEC-Normen aufgeführten Korrekturfaktoren - die Gleichungen der Tabelle 1 verwendet werden.

Tabelle 5-1: Gebrauchsformeln für inkompressible Medien

| Formel für Berechnung von: | Durchfluß in m³/h | Durchfluß in kg/h |
|---|---|---|
| Durchfluß | $Q = 31,6 \cdot Kv \cdot \sqrt{\dfrac{\Delta p}{\rho}}$ | $W = 31,6 \cdot Kv \cdot \sqrt{\Delta p \cdot \rho}$ |
| Kv-Wert | $Kv = \dfrac{Q}{31,6 \cdot \sqrt{\dfrac{\Delta p}{\rho}}}$ | $Kv = \dfrac{W}{31,6 \cdot \sqrt{\Delta p \cdot \rho}}$ |

## 5.4.2 Berechnungsverfahren gemäß DIN/IEC 534, Teil 2-1

Die Auswahl eines Stellgliedes setzt genau genommen eine Fülle technischer Angaben voraus. Dies gilt in besonderer Weise für die Berechnung des Durchflußkoeffizienten bzw. die Bestimmung der Ventilgröße. Leider verfügt der Anlagenplaner aber nur in den seltensten Fällen über alle notwendigen Daten, so daß ohnehin gewisse Annahmen getroffen werden müssen. Auch ist der Praktiker natürlich bemüht, den Berechnungsaufwand in Grenzen zu halten, wenn ihm kein Computer zur Verfügung steht. Unsicherheiten bei der Berechnung werden daher meistens toleriert und durch Sicherheitszuschläge kompensiert. Die in Tabelle 5-1 aufgeführten Formeln liefern in der Mehrzahl der Fälle brauchbare Ergebnisse. Vorteilhaft ist vor allem die einfache Handhabung, die nur simple Hilfsmittel (z. B. Taschenrechner) erfordert. Nachteilig ist jedoch, daß in Grenzfällen erhebliche Abweichungen auftreten können, die die gewünschte Funktion des Stellventils infrage stellen können. Aus diesem Grunde wurden die bisher üblichen Berechnungsmethoden überarbeitet und als DIN/IEC Standard 534, Teil 2-1 genormt. Mit der Einführung sogenannter Korrekturfaktoren können nunmehr folgende Einflüsse berücksichtigt werden:

- Rohrleitungsdimensionierung vor und hinter dem Stellventil (Fp)
- Durchflußbegrenzung (choked flow) bei hohem Druckgefälle (Fy)
- Viskosität des Fluids (F$_R$)

Die Bedeutung dieser Korrekturglieder wird nachfolgend beschrieben.

### 5.4.3 Einfluß von Rohrreduzierstücken bzw. Fittings (Faktor F$_p$)

Bei der normalen Messung des Durchflußkoeffizienten ist eine genormte Prüfstandsanordnung vorgeschrieben, bei der die Ein- und Auslaufnennweiten dem Prüfling anzupassen sind. In der Praxis wird aber die Rohrleitung aus verschiedenen Gründen häufig größer als die Nennweite des Stellgliedes ausgeführt. Reduzierstücke auf beiden Seiten der Armatur bewerkstelligen den Übergang.

Dies hat jedoch einen zusätzlichen Druckverlust zur Folge, der berechenbar ist und bei der Auslegung des Stellgliedes zu berücksichtigen ist. Die Druckverluste werden naturgemäß um so größer je höher der spezifische Durchfluß und je größer die Querschnittsänderungen sind.

Der spezifische Durchfluß $\varepsilon$ wird durch das Verhältnis $Kv/DN^2$ ausgedrückt. Typische Werte für $\varepsilon$ gehen aus Tabelle 5-2 hervor.

Tabelle 5-2: Typische $\varepsilon$-Werte für einige Ventilbauarten

| Ventilbauart | Standard-ventil | Käfig-ventil | Drehkegel-ventil | Drossel-klappe 60° | Kugel-ventil |
|---|---|---|---|---|---|
| $\varepsilon = Kv/DN^2$ | 0,016 | 0,020 | 0,025 | 0,025 | 0,10 |

Die Korrekturwerte Fp können in Abhängigkeit von $\varepsilon$ - mit dem Verhältnis von Ventilnennweite zu Rohrleitungsnennweite DN/D als Parameter - dem Bild 5-2 entnommen werden. Geht man davon aus, daß in der Praxis die Einschnürung DN/D möglichst nicht kleiner als 0.5 sein soll, so kann bei konventionellen Stellgeräten (Standardventil) der Einfluß der Installationsart und des Rohrleitungsgeometrie-Faktors praktisch vernachlässigt werden. Bei Stellventilen mit besonders hoher spezifischer Durchflußleistung $\varepsilon$ ist allerdings eine Korrektur des zu berechnenden Durchflußkoeffizienten unerläßlich, weil sonst das Stellventil unterdimensioniert wird! (Fehler bis zu 50%)

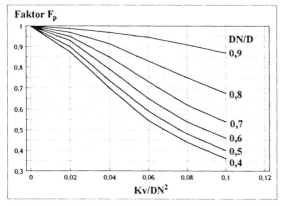

Bild 5-2: Diagramm zur Ermittlung des Korrektur-faktors Fp

Der Korrekturfaktor Fp beträgt beispielsweise bei einer Einschnürung von DN/D = 0,5 und einem Kugelventil mit $\varepsilon$ = 0,1 ca. 0,4. Das bedeutet, daß der erforderliche Kv-Wert um den Faktor 1/0,4 also 2,5 mal größer werden muß! Bei Verwendung eines Computers für die Bemessung von Stellgeräten wird der Fp-Wert natürlich mit Hilfe der Gl. (5-4) berechnet, ohne jedesmal das Diagramm gemäß Bild 5-2 benutzen zu müssen.

Unter der Annahme, daß die Rohrleitungserweiterung auf beiden Seiten des Stellventils symmetrisch erfolgt, - was übrigens auch für Bild 5-2 gilt - wird der Korrekturfaktor *Fp* wie folgt ermittelt:

$$Fp = \frac{1}{\sqrt{1 + \frac{\Sigma\varsigma}{0,0016}\left(\frac{Kv}{DN^2}\right)}} \qquad (5\text{-}4)$$

Wenn Eingangsreduzierung und Ausgangserweiterung bei einem Ventil gleich sind, d. h. wenn z. B. Ein- und Ausgangsnennweite DN 100 und die Nennweite des Ventils DN 50 ist, dann kann die Summe der Widerstandsbeiwerte $\Sigma\varsigma$ entsprechend Gl. (3-37) berechnet werden.

## 5.4.4 Einfluß der Verdampfung (choked flow)

Beim Durchströmen einer Drosselstelle erhöht sich zwangsläufig die Geschwindigkeit der Flüssigkeit bei gleichzeitiger Absenkung des statischen Druk-kes. Dabei wird häufig der Dampfdruck unterschritten, wie es in Bild 5-3 schematisch dargestellt ist. Es treten dabei Effekte auf, die - je nach Lage des Dampfdruckes der Flüssigkeit - mit *Kavitation* (Dampfdrucklinie 2) oder *Verdampfung bzw. Flashing* (Dampfdrucklinie 3) bezeichnet werden. Im engsten Drosselquerschnitt stellt sich also unter den geschilderten Voraussetzungen ein Flüssigkeits-/Dampfgemisch ein, dessen mittlere Dichte von der Dichte der Flüssigkeit abweicht. Die unausbleibliche Folge ist eine Abweichung des Massendurchflusses vom theoretischen Verlauf.

Im ersten Fall ist der Dampfdruck der Flüssigkeit sehr niedrig ($pv_1$), d. h. er liegt noch unterhalb des niedrigsten Druckes im Stellventil. Es treten hier weder Kavitation noch Verdampfung auf. Eine Korrektur des Durchflusses ist nicht erforderlich.

Im zweiten Fall ist der Dampfdruck der Flüssigkeit (z. B. durch Erwärmung) erhöht ($pv_2$). Das Gebiet des tiefsten Druckes (schraffierter Bereich) liegt jetzt unterhalb der Dampfdrucklinie. Es kommt zu Verdampfung mit anschließender Rückverflüssigung, weil der Druck hinter der Drosselstelle wieder steil ansteigt. Dieser Zustand wird als Kavitation bezeichnet. Bedingt durch die partielle Verdampfung der Flüssigkeit nimmt der Durchfluß bereits leicht ab. Dies wird durch den Korrekturfaktor Fy berücksichtigt.

Im dritten Fall ist der Dampfdruck so hoch, daß er nur noch wenig unterhalb des Eintrittsdruckes p1, aber bereits oberhalb des Ausgangsdruckes p2 liegt. Unter diesen Umständen kommt es zur vollständigen Verdampfung der Flüssigkeit in der Drosselstelle und zu teilweiser Verdampfung hinter dem Ventil.

Die nur teilweise Verdampfung hinter dem Stellventil hängt damit zusammen, daß der Flüssigkeit beim Verdampfen Wärme entzogen wird, wodurch sich ein neues Gleichgewicht zwischen Austrittstemperatur und Dampfdruck bildet. Eine Vorhersage des verdampfenden Anteils ist nur unter Einbeziehung der Wärmebilanz möglich.

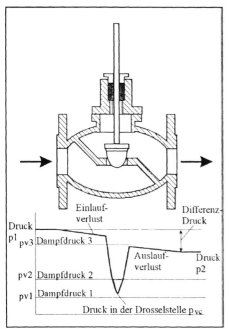

Bild 5-3: Druckprofil in einem Ventil bei verschiedenen Dampfdrücken

Der Durchfluß nimmt ab einem bestimmten Punkt ($\Delta$pc) nicht mehr proportional mit der Wurzel des Differenzdruckes zu, sondern weicht allmählich von der Ideallinie ab um schließlich Beharrung zu erreichen (Bild 5-4). Die Ursache ist eine teilweise Verdampfung der Flüssigkeit im Ventil beim Unterschreiten der Dampfdrucklinie, wie es anhand des Bildes 5-3 erläutert wurde. Aus diesen Gründen bedarf es eines Korrekturfaktors Fy. Eine erste meßbare Abweichung vom Idealdurchfluß erfolgt beim kritischen Differenzdruck $\Delta$pc. Da das Druckverhältnis, bei dem eine Beharrung des Durchflusses eintritt nur schwer zu bestimmen ist, hat man sich darauf geeinigt, den Schnittpunkt der beiden Tangenten ($\Delta$pm) als Kennwert anzunehmen (Bild 5-4). Fälschlicherweise wird das Druckverhältnis in diesem Punkt (Km) in der anglo-amerikanischen Literatur oft als Kavitationsindex (Beginn der Kavitation) bezeichnet.

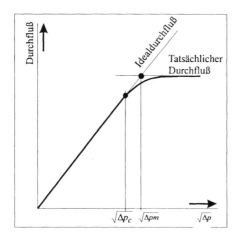

Bild 5-4: Verlauf des Durchflusses als
Funktion des Differenzdruckes

Hervorzuheben ist vielmehr ein anderer Ventilkoeffizient, der bei der Berechnung des Durchflusses bzw. Durchflußkoeffizienten eine wichtige Rolle spielt:
der $F_L$-Wert. Dieser Faktor drückt den Druckrückgewinn in einem Stellglied aus
und kann nur durch Messungen bestimmt werden. Unter Bezugnahme auf Bild
5-3 ergibt sich der $F_L$-Wert aus:

$$F_L = \sqrt{\frac{p1 - p2}{p1 - p_{vc}}} \tag{5-5}$$

Dabei ist der Druck $p_{vc}$ der tiefste Druck in der "vena contracta", also die
negative Druckspitze im Bild 5-3. Würde kein Druckrückgewinn im Stellventil
auftreten, dann ergäbe sich ein $F_L$-Wert von 1,0. Eine andere Möglichkeit, zur
Bestimmung von $F_L$ ist die Durchflußmessung (Schnittpunkt der Tangenten).
Mit Hilfe der Kennwerte ($\Delta pm$) und ($K_m$) kann der $F_L$-Wert berechnet werden.

$$K_m = \frac{\Delta pm}{p1 - pv} \tag{5-6}$$

Wenn $K_m$ und der Dampfdruck pv der Flüssigkeit bekannt sind, ergibt sich der
Faktor $F_L$ aus:

$$F_L \approx \sqrt{K_m} \tag{5-7}$$

Der Korrekturwert Fy kann schließlich unter Verwendung der Hilfsgröße $F_F$
nach folgender Gleichung berechnet werden:

$$F_F = 0,96 - 0,28 \cdot \sqrt{\frac{pv}{pc}} \tag{5-8}$$

$$Fy = F_L \cdot \sqrt{\frac{p1 - F_F \cdot pv}{p1 - p2}} < 1,0 \qquad (5\text{-}9)$$

Wenn die Berechnung von $Fy$ Werte $> 1,0$ ergibt, dann liegt keine Verdampfung bzw. Durchflußbegrenzung vor. In einem solchen Fall wird $Fy$ auf den Wert von 1,0 gesetzt.

Eine andere Möglichkeit eine beginnende Verdampfung im Ventil bei der Berechnung des Durchflußkoeffizienten zu berücksichtigen, ist die Einsetzung des maximal zulässigen Differenzdruckes in die Berechnungsgleichung.

$$\Delta p_{max} = F_L^{\,2} \cdot (p1 - F_F \cdot pv) \qquad (5\text{-}10)$$

Dieser Ansatz - den auch die gültige DIN/IEC-Richtlinie vorsieht - ist allerdings umständlich, da der Anwender in diesem Fall zunächst einmal feststellen muß, ob der aktuelle Differenzdruck kleiner oder größer als der maximal zulässige ist. Im letzteren Fall muß dann der Wert des aktuellen Differenzdruckes auf das Maß des zulässigen ($\Delta p_{max}$) begrenzt werden. Mit der Einführung von Fy wird diese Maßnahme überflüssig, weil die Gesamtgleichung zur Berechnung des Durchflusses bzw. des Durchflußkoeffizienten mit Fy automatisch korrigiert wird, was insbesondere unter Verwendung eines Computers vorteilhaft ist.

## 5.4.5 Einfluß der Viskosität

Technische Strömungsvorgänge in Rohrleitungen, Fittings, Stellventilen usw. sind vorwiegend turbulent. Besonderheiten sind die *laminare* und *transitionale* Strömungsform, deren Berurteilungsmaßstab die *Reynolds-Zahl* ist. Die laminare Strömungsform ist bekanntlich dadurch gekennzeichnet, daß die Strömung geordnet verläuft, d. h. die Stromfäden folgen exakt der Richtung des Durchflusses, während bei turbulenter Strömung Schub-, Roll- und Querbewegungen auftreten, die zu einer starken Unordnung (Wirbel) führen, wie der klassische Versuch von *Reynolds* zeigt. Die *transitionale Strömung* ist ein Zustand, der zwischen einer laminaren und turbulenten Strömung liegt, d. h. die Strömung kann z. B. im Wandbereich des Ventils noch laminar verlaufen, während im Sitz - der Stelle höchster Geschwindigkeit - bereits Turbulenz auftritt. Turbulenz ist um so wahrscheinlicher, je größer die Geschwindigkeit und Fläche der Drosselstelle und je kleiner die Viskosität des Mediums ist. Dieser Zusammenhang gilt letztlich auch für Fittings, Rohrleitungen und andere Widerstände.

Der Einfluß einer nicht-turbulenten Strömung wird durch den Korrekturfaktor $F_R$ berücksichtigt. Dieser Faktor drückt das Verhältnis der Durchflüsse bei nicht-turbulenter und turbulenter Strömung aus.

Würde man also zunächst den Durchfluß einer zähen Flüssigkeit bei laminarer bzw. transitionaler Strömung messen und den Versuch bei sonst gleichen Bedingungen mit Wasser wiederholen, dann entspräche das Verhältnis der beiden Durchflüsse dem Wert von $F_R$, der stets kleiner als 1,0 sein muß. Die theoretische Ermittlung des Korrekturfaktors $F_R$ setzt die Kenntnis der sogenannten *Ventil-Reynolds-Zahl* $Re_V$ voraus, die nach Gleichung (5-11) überschläglich berechnet werden kann:

$$Re_V = \frac{70700 \cdot Fd \cdot Q}{v \cdot \sqrt{Fp \cdot F_L} \cdot Kv} \qquad (5\text{-}11)$$

- Ventil-Reynolds-Zahlen $\leq 100$ bedeuten laminare Strömungsverhältnisse. Hier verlieren die traditionellen Gleichungen ihre Gültigkeit, da in diesem Bereich der Durchfluß annähernd proportional mit dem Differenzdruck zunimmt, während er im turbulenten Bereich proportional zur Wurzel des Differenzdruckes ansteigt. Eine Vernachlässigung von $F_R$ würde daher einen zu geringen Kv-Wert des Stellventils ergeben.

- Ventil-Reynolds-Zahlen $\geq 33000$ bedeuten in jedem Fall eine voll ausgebildete turbulente Strömung, wie sie üblicherweise auch bei der Messung des Durchflußkoeffizienten auf dem Ventilprüfstand vorherrscht. Eine Korrektur des Durchflußkoeffizienten kann aus diesem Grunde entfallen, da $F_R = 1,0$.

- Ventil-Reynolds-Zahlen $100 \leq Re_V < 33000$ stellen einen Übergangszustand dar, der zwischen Laminarströmung und Turbulenz liegt. Auch in diesem Bereich kommt der Korrekturfaktor $F_R$ zur Anwendung.

Ein besonderes Problem bei Anwendung der Gleichung (5-11) ergibt sich daraus, daß die zur Ermittlung des erforderlichen Durchflußkoeffizienten Kv benötigte *Ventil-Reynolds-Zahl* eben die gesuchte Größe (Kv) bereits in der Gleichung enthält. Eine Lösung ist also nur mittels *Iteration* möglich, bei der man den Kv-Wert zunächst nach traditionellen Methoden berechnet und dann so lange korrigiert, bis sich die Reynolds-Zahl nicht mehr verändert. Diese Aufgabe ist mühsam, wenn die Berechnung nicht mit Hilfe eines Computers, sondern "von Hand" durchgeführt werden muß. Unter Benutzung eines entsprechenden Programms (z. B. VALCAL) erledigt der Computer diese lästige Aufgabe in Bruchteilen einer Sekunde, was dafür spricht, Berechnungen des Durchflußkoeffizienten grundsätzlich mit Hilfe zeitgemäßer "Werkzeuge" durchzuführen. Sollte das nicht möglich sein, so kann der Korrekturfaktor $F_R$ nach vorausgegangener Berechnung der *Ventil-Reynolds-Zahl* $Re_V$ schließlich anhand des Diagramms in Bild 5-5 bestimmt und in die Gleichungen (5-20) bzw. (5-21) eingesetzt werden.

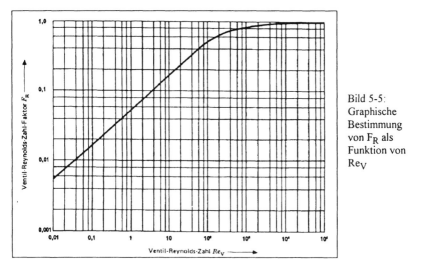

Bild 5-5:
Graphische
Bestimmung
von $F_R$ als
Funktion von
$Re_V$

## 5.4.6 Gültige DIN/IEC Bemessungsgleichungen für Flüssigkeiten

Die gültige Norm führt für eine einphasige Newton'sche Flüssigkeit, die durch ein Stellventil fließt, eine Reihe verschiedener Bemessungsgleichungen auf, wo bei zwischen drei verschiedenen Bedingungen unterschieden wird:

- Durchfluß *ohne* Begrenzung und *ohne* Fittings
- Durchfluß *mit* Begrenzung und *ohne* Fittings
- Durchfluß *mit* Begrenzung *und* Fittings.

Unter Fittings werden hier die üblichen Erweiterungen der Rohrleitung vor und hinter dem Ventil verstanden, deren Einfluß bekanntlich durch den Faktor *Fp* berücksichtigt wird. Wie bereits erwähnt, ist die Benutzung von drei verschiedenen Gleichungen nicht besonders praktisch. Aus diesem Grunde sollte die Anwendung der Universalgleichungen (5-20) bzw. (5-21) bevorzugt werden.

*Durchfluß ohne Begrenzung (ohne Fittings)*

$$Q = F_R \cdot Kv \cdot \sqrt{\Delta p \cdot \frac{\rho_0}{\rho}} \qquad (5\text{-}12)$$

$$Kv = \frac{Q}{F_R} \cdot \sqrt{\frac{\rho}{\rho_0 \cdot \Delta p}} \qquad (5\text{-}13)$$

Da in diesem Falle weder Fittings vorhanden sind noch Durchflußbegrenzung auftritt, bleiben die Faktoren $F_L$, p1, $F_F$ und pv unberücksichtigt.

*Durchfluß mit Begrenzung (ohne Fittings)*

$$Q_{max} = F_L \cdot F_R \cdot Kv \cdot \sqrt{\frac{\rho_0}{\rho} \cdot p1 - F_F \cdot pv} \qquad (5\text{-}14)$$

$$Kv = \frac{Q_{max}}{F_L \cdot F_R} \cdot \sqrt{\frac{\rho}{\rho_0 \cdot (p1 - F_F \cdot pv)}} \qquad (5\text{-}15)$$

$$\Delta p_{max} = F_L^2 \cdot (p1 - F_F \cdot pv) \qquad (5\text{-}16)$$

*Durchfluß mit Begrenzung und Fittings*

$$Q_{max} = F_{LP} \cdot F_R \cdot Kv \cdot \sqrt{\frac{\rho_0}{\rho} \cdot p1 - F_F \cdot pv} \qquad (5\text{-}17)$$

$$Kv = \frac{Q_{max}}{F_{LP} \cdot F_R} \cdot \sqrt{\frac{\rho}{\rho_0 \cdot (p1 - F_F \cdot pv)}} \qquad (5\text{-}18)$$

$$\Delta p_{max} = \left[\frac{F_{LP}}{F_P}\right]^2 \cdot (p1 - F_F \cdot pv) \qquad (5\text{-}19)$$

Diese Flut verschiedener Gleichungen ist nicht nur völlig verwirrend für den Anwender, sondern darüber hinaus auch unpraktisch aus folgenden Gründen:

- Der Anwender weiß zunächst überhaupt nicht, ob Durchflußbegrenzung auftritt oder nicht, da er noch keine Ventilauswahl vorgenommen hat.

- Er müßte also zuerst die Berechnung des maximal realisierbaren Differenzdruckes unter Berücksichtigung eines ventilspezifischen $F_L$-Wertes durchführen, in der Hoffnung, daß dieser Wert später Bestand haben wird.

- Wie aus Bild 5-4 hervorgeht, tritt Durchflußbegrenzung auch nicht plötzlich, sondern erst allmählich auf, was die Entscheidung für die eine oder andere Gleichung zusätzlich erschwert.

- Die Verwendung der relativen Dichte $\rho/\rho_0$ ist in der täglichen Anwendung ebenfalls unpraktisch, da hier zunächst das Dichteverhältnis im Vergleich zu Wasser berechnet werden muß.

• Die Zusammenfassung von $F_L$ und Fp zu einem einzigen Korrekturfaktor $F_{LP}$ bei einer erweiterten Rohrleitung, der nur durch Versuche ermittelt werden kann, ist ebenso unpraktisch. Weitaus vernünftiger ist eine getrennte Berechnung mit $F_L$ und Fp, wobei - wenn man einmal von Ventilen mit extrem hoher Durchflußkapazität absieht - in der Regel eine ausreichende Genauigkeit erzielt wird.

Die Empfehlung geht deshalb dahin, für die Bemessung von Stellventilen nur noch die folgenden Universalgleichungen zu verwenden:

$$Kv = \frac{Q}{31,6 \cdot F_P \cdot F_Y \cdot F_R \cdot \sqrt{\dfrac{\Delta p}{\rho}}} \qquad (5\text{-}20)$$

Wird der Durchfluß nicht in Kubikmeter pro Stunde sondern als Masseneinheit (kg/h) angegeben, dann kann de Durchflußkoeffizient Kv wie folgt berechnet werden:

$$Kv = \frac{W}{31,6 \cdot F_P \cdot F_Y \cdot F_R \cdot \sqrt{\Delta p \cdot \rho}} \qquad (5\text{-}21)$$

### 5.4.7 Auslegung bei nicht-turbulenter Strömung

In der Vergangenheit wurde der Korrekturfaktor $F_R$ ausschließlich für die Bemessung eines Stellventils bei der Regelung zäher Medien angewendet. Das Durchflußverhalten bei laminaren oder transitionalen Strömungsverhältnissen, wie sie beispielsweise bei sehr kleinen Geschwindigkeiten (Differenzdrücken) oder bei engen Querschnittsabmessungen in sogenannten Kleinflußventilen auftreten, blieb in der Norm unberücksichtigt und wurde letztlich auf empirische Art und Weise ermittelt. Um diesen Zustand zu vermeiden, wurden die bisher gültigen DIN/IEC-Normen überarbeitet und die Berechnung neuerdings auch auf nicht-turbulente Strömungsverhältnisse ausgedehnt. Das Ergebnis findet seinen Niederschlag in den folgenden Gleichungen. Bild 5-6 ermöglicht die Ermittlung des Korrekturfaktors $F_R$ als Funktion der Ventil-Reynolds-Zahl mit dem Verhältnis $C_R/DN^2$ als Parameter bei sehr kleinen Kv-Werten. Erwähnt werden muß die Tatsache, daß der Einfluß von Fittings bisher nicht näher untersucht worden ist, und die folgenden Gleichungen aus diesem Grunde auf Ventile ohne Fittings beschränkt bleiben müssen.

Die Änderung der Berechnung des Durchflusses bzw. des Kv-Wertes bei laminaren oder transitionalen Strömungsverhältnissen gegenüber der bisherigen Bemessung bei turbulenter Strömung betrifft lediglich den Faktor $F_R$.

Auch hier wurde einer schnellen und unproblematischen Berechnung mittels
Computer Rechnung getragen, um auf das Ablesen von Diagrammen völlig
verzichten zu können. Folgender Ablauf der Berechnung ist empfehlenswert:

- Vorläufige Berechnung des Durchflußkoeffizienten. Hier genügt die Anwendung einer traditionellen Gleichung gemäß Tabelle 5-1.

- Berechnung des $C_R$-Wertes:

$$C_R = 1{,}3 \cdot Kv \tag{5-22}$$

- Berechnung der Ventil-Reynolds-Zahl:

$$Re_V = \frac{70700 \cdot Fd \cdot Q}{v \cdot \sqrt{F_L \cdot C_R}} \tag{5-23}$$

Der Unterschied zu Gl. (5-11) ist hier lediglich die Elimination von Fp und das
Einfügen von $C_R$ anstelle von Kv.

- Vorläufige Bestimmung von $F_R$ nach folgenden Gleichungen:

$$F_R = \sqrt[n]{\frac{Re_V}{10000}} \tag{5-24}$$

- In Gl. (5-24) wird der *Wurzelexponent n* wie folgt berechnet:

$$n = 1 + \frac{0{,}0016}{\left[ \dfrac{C_R}{DN^2} \right]^2} + \log Re_V \tag{5-25}$$

Gleichung (5-25) ist hierbei beschränkt auf Ventil-Reynolds-Zahlen $\geq 10$.
Bei völlig laminarer Strömung wird $F_R$ nach folgender Gleichung ermittelt:

$$F_R = \frac{0{,}00105 \cdot \sqrt{Re_V}}{\left( C_R / DN^2 \right)} \leq 1{,}0 \tag{5-26}$$

- Da der Strömungszustand zunächst unbekannt ist, muß der Korrekturfaktor
  $F_R$ sowohl nach Gl. (5-24) als auch nach Gl. (5-26) berechnet werden.
  Danach ist der kleinere der beiden $F_R$-Werte zu ermitteln und zu prüfen ob
  folgende Bedingung erfüllt ist:

$$\frac{Kv}{F_R} < C_R \tag{5-27}$$

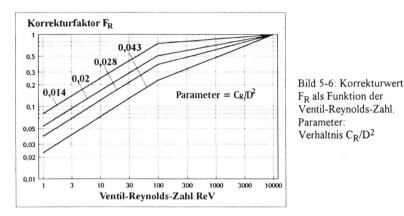

Bild 5-6: Korrekturwert $F_R$ als Funktion der Ventil-Reynolds-Zahl. Parameter: Verhältnis $C_R/D^2$

• Ist die Bedingung erfüllt, dann ist der gewählte $C_R$-Wert ausreichend und kann als der neue Kv-Wert angenommen werden. Ist die Bedingung dagegen nicht erfüllt, dann muß die Berechnung der Ventil-Reynolds-Zahl gemäß den Gleichungen (91) und (92) wiederholt werden, wobei $C_R$ um weitere 30% erhöht wird. Möglicherweise sind mehrere Berechnungsgänge notwendig.

### 5.4.8 Die Ermittlung des Ventilformfaktors Fd

Der *Ventilformfaktor Fd* ist das Verhältnis von hydraulischem Durchmesser $d_H$ zum äquivalenten freien Durchmesser $d_0$ der Ventildrosselstelle. In Tabelle 5-2 sind typische Ventilkennwerte für Fd und $F_L$ aufgeführt.

$$Fd = d_H/d_0 \qquad (5\text{-}28)$$

Da übliche Ventildrosselgarnituren meistens aus einem zylindrischen Ventilsitz und einem rotationssymmetrischen Parabol- bzw. Konturkegel bestehen, wird die Bestimmung des ringförmigen freien Querschnittes erschwert. Man rechnet stattdessen mit einem äquivalenten freien Querschnitt mit dem Durchmesser $d_0$.

Der hydraulische Durchmesser $d_H$ einer Drosselstelle ergibt sich aus dem Verhältnis der Querschnittsfläche $A_0$ und dem benetztem Umfang $U_b$. Dies ergibt bei einer üblichen Ventilgarnitur:

$$d_H = \frac{4 \cdot A_0}{U_b} \qquad (5\text{-}29)$$

## 5.4.9 Typische Kennwerte verschiedener Stellventilbauformen

Wie zuvor erläutert, hängen die für inkompressible Medien maßgeblichen Faktoren in erster Linie von den konstruktiven Details des Stellventils ab. Während der Ventilformfaktor ausschließlich von der Art der Drosselgarnitur bestimmt wird, ist der Korrekturfaktor $F_L$ sowohl von der Garnitur als auch von der konstruktiven Gestaltung des Ventilgehäuses hinter der Drosselstelle abhängig. Ein großvolumiges Gehäuse, das eine äußerst intensive Verwirbelung gestattet, ergibt einen geringen Druckrückgewinn, d. h. einen hohen $F_L$-Wert. Typische Kennwerte zeigt Tabelle 5-2.

Tabelle 5-2: Typische Kennwerte gängiger Stellventile

| Ventilbauart | Drossel-körper | Durchfluß-richtung | Fd-Werte | $F_L$-Werte | $X_T$-Werte |
|---|---|---|---|---|---|
| Standard-Ventil | Kontur-Drosselkörper | öffnet | 0,46 | 0,9 | 0,72 |
| Standard-Ventil | Kontur-Drosselkörper | schließt | 1,0 | 0,8 | 0,55 |
| Standard-Ventil | Schlitz-Drosselkörper | öffnet | 0,48 | 0,9 | 0,75 |
| Standard-Ventil | Schlitz-Drosselkörper | schließt | 0,48 | 0,9 | 0,75 |
| Standard-Ventil | Käfig mit 4 Öffnungen | öffnet | 0,41 | 0,9 | 0,75 |
| Standard-Ventil | Käfig mit 4 Öffnungen | schließt | 0,41[*] | 0,85 | 0,70 |
| Eckventil | Kontur-Drosselkörper | öffnet | 0,46 | 0,9 | 0,72 |
| Eckventil | Kontur-Drosselkörper | schließt | 1,0 | 0,8 | 0,65 |
| Eckventil | Venturi-Kegel/Sitz | schließt | 1,0 | 0,5 | 0,20 |
| Eckventil | Käfig mit 4 Öffnungen | öffnet | 0,41 | 0,9 | 0,65 |
| Eckventil | Käfig mit 4 Öffnungen | schließt | 0,41[*] | 0,85 | 0,60 |
| Kleinflußventil | V-Nut im Kegel | öffnet | 0,70 | 0,98 | 0,84 |
| Kleinflußventil | Flachsitz (Kurzhub) | schließt | 0,30 | 0,85 | 0,70 |
| Kleinflußventil | Konische Nadel | öffnet | s. u. | 0,95 | 0,84 |

[*] Wenn Verhältnis Sitzquerschnitt / Fensterfläche > 1,3, sonst Fd = 1,0.

Der Fd-Wert kann für einen konischen Kegel nach folgender Gleichung berechnet werden, wenn der Sitzdurchmesser $D_0$ bekannt ist:

$$Fd = 2,7 \cdot \frac{\sqrt{Kv \cdot F_L}}{D_0} \qquad (5\text{-}30)$$

## 5.5 Berechnungsverfahren bei kompressiblen Medien

### 5.5.1 Traditionelle Berechnungsverfahren

Ähnlich wie bei inkompressiblen Medien reichen für eine überschlägliche Berechnung des Durchflusses bzw. des Kv-Wertes die in Tabelle 5-3 aufgeführten Gleichungen aus. Dem Vorteil der einfachen Handhabung steht als Nachteil die begrenzte Genauigkeit gegenüber, da die in den DIN/IEC-Normen genannten Korrekturfaktoren unberücksichtigt bleiben. Die Begriffe "unterkritisch" und "kritisch" sind heute überholt, da früher das kritische Druckverhältnis - unabhängig von der Art des Stellgerätes und des Gases - mit $p_1/2$ angenommen wurde. Tatsächlich kann aber Schallgeschwindigkeit schon bei kleineren oder auch höheren Druckverhältnissen als X = 0,5 auftreten, abhängig vom Medium (Einfluß von $\kappa$) und dem Stellventil ($X_T$-Wert).

Tabelle 5-3: Gebrauchsformeln für kompressible Medien

| Formel für Berechnung von: | Durchfluß in m³/h | Durchfluß in kg/h |
|---|---|---|
| Durchfluß unterkritisch: $\Delta p < p_1/2$ | $Q_N = 514 \cdot Kv \cdot \sqrt{\dfrac{\Delta p \cdot p_2}{T_1 \cdot \rho_N}}$ | $W = 514 \cdot Kv \cdot \sqrt{\dfrac{\Delta p \cdot p_2 \cdot \rho_N}{T_1}}$ |
| Durchfluß kritisch: $\Delta p > p_1/2$ | $Q_N = 257 \cdot Kv \cdot p_1 \cdot \dfrac{1}{\sqrt{\rho_N \cdot T_1}}$ | $W = 257 \cdot Kv \cdot p_1 \cdot \sqrt{\dfrac{\rho_N}{T_1}}$ |
| Kv-Wert unterkritisch: $\Delta p < p_1/2$ | $Kv = \dfrac{Q_N}{514} \sqrt{\dfrac{\rho_N \cdot T_1}{\Delta p \cdot p_2}}$ | $Kv = \dfrac{W}{514} \sqrt{\dfrac{T_1}{\Delta p \cdot p_2 \cdot \rho_N}}$ |
| Kv-Wert kritisch: $\Delta p > p_1/2$ | $Kv = \dfrac{Q_N}{257 \cdot p_1} \cdot \sqrt{\rho_N \cdot T_1}$ | $Kv = \dfrac{W}{257 \cdot p_1} \sqrt{\dfrac{T_1}{\rho_N}}$ |

### 5.5.2 Berechnungsverfahren gemäß DIN/IEC 534, Teil 2-2

Auch hier werden für die Berechnung und Auswahl eines Stellgliedes viele technische Angaben benötigt, die aber dem Anlagenplaner nur in Ausnahmefällen alle zur Verfügung stehen, so daß ohnehin gewisse Annahmen getroffen werden müssen. Auch muß der Praktiker natürlich bemüht ein, den Berechnungsaufwand in Grenzen zu halten, wenn ihm kein Computer zur Verfügung steht. Berechnungsungenauigkeiten - bedingt durch fehlende Angaben - werden daher durch Sicherheitszuschläge kompensiert.

Die Gleichungen der Tabelle 5-3 liefern trotzdem meistens zufriedenstellende Ergebnisse. Mit der Überarbeitung der traditionellen Berechnungsverfahren und Einführung des DIN/IEC-Standards 534, Teil 2-2 kann aber die Genauigkeit verbessert und die Anwendung nun auch auf laminare Strömungsverhältnisse ausgedehnt werden. Die IEC-Gleichungen berücksichtigen folgende Einflüsse:

- Rohrleitungsdimensionierung (Fp)
- Durchflußbegrenzung (choked flow) bei kritischem Druckgefälle (Y)
- Reale Gase und Dämpfe (Realgasfaktor des Mediums Z)
- Laminarströmung (DIN/IEC Standard in Vorbereitung)

Die Bedeutung der einzelnen Einflußgrößen wird nachfolgend erläutert.

### 5.5.3 Einfluß von Rohrreduzierstücken bzw. Fittings (Faktor $F_p$)

In diesem Punkt gibt es gegenüber inkompressiblen Medien keine Unterschiede. Alles was im Abschnitt 5.4.3 gesagt wurde, gilt ohne Einschränkungen auch bei kompressiblen Medien.

### 5.5.4 Berücksichtigung des Expansions- bzw. Korrekturfaktors Y

Gase und Dämpfe, d. h. kompressible Medien verhalten sich in zwei Punkten völlig anders als Flüssigkeiten und erfordern daher auch eine andere Art der Berechnung: Zum einen bleibt die Dichte während der Drosselung im Ventil nicht konstant; zum anderen ist die maximale Strömungsgeschwindigkeit begrenzt und ab dem kritischen Druckgefälle nicht mehr durch weitere Absenkung des Ausgangsdruckes zu beeinflussen. Die genannten Einflüsse sowie die speziellen Eigenarten des Stellventils werden bei den DIN/IEC-Gleichungen durch den Expansions- bzw. *Korrekturfaktor Y* berücksichtigt.

Die Abhängigkeit des Faktors *Y* vom Druckverhältnis *X* läßt sich für alle Stellventile als ein Strahlenbündel von Geraden darstellen. Die Steigung der einzelnen Geraden wird vom Ventiltyp bzw. vom ventilspezifischen Beiwert $X_T$ bestimmt, der als *das* Druckverhältnis definiert ist, bei dem die Gerade den Kleinstwert von $Y = 0,667$ schneidet. Dadurch wird gleichzeitig das größte realisierbare Druckverhältnis im Ventil bestimmt. Ventile mit einem hohen $X_T$-Wert können deshalb ein größeres Druckgefälle bewältigen als z. B. Kugelhähne. Typische Werte für *Y* häufig angewendeter Stellventiltypen können dem Diagramm (Bild 5-7) entnommen werden. Typische $X_T$-Werte - abhängig von der Strömungsrichtung - sind in Tabelle 5-2 aufgeführt.

Wenn der $X_T$-Wert des Stellventils bekannt ist, kann der Korrekturfaktor Y auch unter Anwendung der Gleichung (5-31) berechnet werden.

$$Y = 1 - \frac{X}{3 \cdot Fk \cdot X_T} \qquad (5\text{-}31)$$

Die Hilfsgröße $F_k$ ergibt sich aus dem Verhältnis des κ-Wertes des betreffenden Medium zum κ-Wert von Luft:

$$F_k = \frac{\kappa}{1,4} \qquad (5\text{-}32)$$

In Gl. (5-31) hat $Y$ einen oberen Grenzwert von 1,0 und einen unteren von 0,667. Rechnerisch größere oder kleinere Werte für $Y$ sind daher zu begrenzen! Ferner darf der für $X$ eingesetzte Wert das Produkt ( $F_k \cdot X_T$ nicht überschreiten, auch wenn das tatsächliche Druckverhältnis X größer ist!

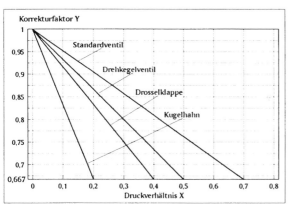

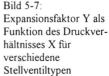

Bild 5-7:
Expansionsfaktor Y als Funktion des Druckverhältnisses X für verschiedene Stellventiltypen

Wie aus Gleichung (5-31) ersichtlich ist, hängt das maximal zu realisierende Druckverhältnis in einem Stellventil nicht nur von der konstruktiven Gestaltung, sondern auch vom Medium selbst ab. Maßgebend ist der Isentropenexponent κ, der wiederum vom Verhältnis der spezifischen Wärmen bestimmt wird. Für die meisten zweiatomigen Gase ist κ = 1,4, so daß $F_k$ = 1,0 wird. Die Einführung von Y als Korrekturfaktor bedeutet eine wesentliche Verbesserung gegenüber den früheren Berechnungsmethoden, da der Anwender nun nicht mehr zwischen "unterkritischen" und kritischen" Betriebsbedingungen differenzieren muß.

### 5.5.5 Einfluß realer Gase

Bei idealen Gasen bleibt das Produkt aus Druck und Volumen konstant. Damit wird das Durchflußverhalten exakt berechenbar. Der Realgasfaktor beträgt in diesem Fall 1,0 und beeinflußt die Berechnung des Kv-Wertes nicht.

Luft bei Raumtemperatur und geringem Druck verhält sich praktisch wie ein ideales Gas. Bei hohen statischen Drücken ändert sich das Verhalten von Gasen und Dämpfen. Hier ist das Produkt aus Druck und Volumen veränderlich, was entsprechende Korrekturen erfordert. Daher können erhebliche Fehler bei der Bestimmung des Durchflußkoeffizienten auftreten, wenn der Realgasfaktor unberücksichtigt bleibt. Die Realgasfaktoren üblicher industrieller Gase und Dämpfe liegen - abhängig von Druck und Temperatur - zwischen 0,3 und 1,6 und können besonderen Tabellen bzw. Diagrammen (z. B. VDI/VDE-Richtlinie 2040) entnommen werden.

### 5.5.6 Gültige DIN/IEC-Bemessungsgleichungen für kompressible Medien

Ein Vorteil der neuen Bemessungsgleichungen ist, daß auf eine Differenzierung zwischen "unterkritischen" und "kritischen" Bedingungen verzichtet werden kann. Durchflüsse können für kompressible Medien sowohl in Massen- als auch Volumeneinheiten angegeben werden, doch ist die Masseneinheit immer zu bevorzugen, da dadurch mögliche Rechenfehler vermieden werden und eine Umrechnung auf die Eingangsdichte des Fluids entfallen kann:

$$W = 31,6 \cdot F_P \cdot Kv \cdot Y \cdot \sqrt{X \cdot p1 \cdot \rho_1} \qquad (5\text{-}33)$$

oder unter Berücksichtigung des Realgasfaktors:

$$W = 110 \cdot F_P \cdot Kv \cdot p1 \cdot Y \cdot \sqrt{\frac{X \cdot M}{T_1 \cdot Z}} \qquad (5\text{-}34)$$

Werden Volumeneinheiten für den Durchfluß benutzt, d. h. soll das Ergebnis in Normkubikmeter pro Stunde lauten, so ergibt sich:

$$Q = 2460 \cdot F_P \cdot Kv \cdot Y \cdot \sqrt{\frac{X}{M \cdot T_1 \cdot Z}} \qquad (5\text{-}35)$$

Der Durchflußkoeffizient Kv wird gemäß folgender Gleichungen berechnet:

$$Kv = \frac{W}{31,6 \cdot F_P \cdot Y \sqrt{X \cdot p1 \cdot \rho_1}} \qquad (5\text{-}36)$$

oder unter Berücksichtigung des Realgasfaktors:

$$Kv = \frac{W}{110 \cdot F_P \cdot p1 \cdot Y} \sqrt{\frac{T_1 \cdot Z}{X \cdot M}} \qquad (5\text{-}37)$$

Unter Verwendung volumetrischer Durchflußeinheiten gilt:

$$Kv = \frac{Q}{2460 \cdot F_P \cdot p1 \cdot Y} \sqrt{\frac{M \cdot T_1 \cdot Z}{X}} \qquad (5\text{-}38)$$

Wie bereits erwähnt, muß in allen Gleichungen der Zahlenwert des Druckverhältnisses $X$ auf das Produkt $F_k$ mal $X_T$ begrenzt werden, auch wenn das tatsächliche Druckverhältnis $X$ größer als dieser Grenzwert ist!

### 5.5.7 Auslegung bei nicht-turbulenter Strömung

Insbesondere bei Kleinflußventilen kann selbst bei kompressiblen Medien ein Zustand nicht-turbulenter Strömung auftreten. Diese Betriebsbedingungen wurden in den DIN/IEC-Bemessungsgleichungen bisher nicht behandelt. Nachfolgend werden die im neuesten Normentwurf enthaltenen Gleichungen aufgeführt. Wie schon bei Flüssigkeiten liegen auch hier noch keine Erfahrungen bei Ventilen mit erweiterter Rohrleitung vor. Aus diesem Grunde wird hier stets eine normale Installationsweise (Ventilnennweite = Rohrleitungsnennweite) vorausgesetzt. Die Bemessungsgleichung lautet unter Einbeziehung von $F_R$:

$$Kv = \frac{Q}{1730 \cdot F_R} \sqrt{\frac{M \cdot T_1}{\Delta p \cdot (p1 + p2)}} \qquad (5\text{-}39)$$

Der $F_R$-Wert wird nach dem gleichen Verfahren wie bei Flüssigkeiten ermittelt, d. h. über die Ventil-Reynolds-Zahl, was wiederum eine Iteration erfordert. Wegen der Komplexität der Berechnungsmethode ist im Anhang ein Rechenbeispiel aufgeführt.

### 5.6 Kombinierte Korrekturfaktoren $F_{LP}$ und $X_{TP}$

Die Norm DIN/IEC 534, Teil 2-3 (Prüfverfahren) sieht unter anderem eine Prüfung bei Durchflußbegrenzung mit angeschlossenen Fittings vor. Bei unveränderlichem Eingangsdruck wird eine Durchflußbegrenzung dadurch angezeigt, daß eine weitere Absenkung des Ausgangsdruckes nicht mehr zu einer Zunahme des Durchflusses führt. Bedingt durch den zusätzlichen Druckverlust, den die Fittings im Ein- und Auslauf der Meßstrecke verursachen, ergibt sich natürlich auch ein anderer Wert für $F_L$ bzw. $X_T$, gegenüber der Messung ohne Fittings. Die so ermittelten Korrekturfaktoren werden $F_{LP}$ bzw. $X_{TP}$ genannt.

Bei Flüssigkeiten wird der Wert für $F_{LP}$ folgendermaßen ermittelt:

$$F_{LP} = \frac{Q_{max}}{Kv} \sqrt{\frac{\rho / \rho_0}{p1 - F_F \cdot pv}} \qquad (5\text{-}40)$$

Bei Gasen und Dämpfen gilt:

$$X_{TP} = \left[ \frac{Q_{max}}{0{,}667 \cdot 2600 \cdot Kv \cdot p1} \right]^2 \cdot \frac{M \cdot T_1 \cdot Z}{F_y} \qquad (5\text{-}41)$$

Bei Rohrleitungen mit Anpassungsfittings sind bei Durchflußbegrenzung die Korrekturfaktoren $F_L$ und $X_T$ durch die Faktoren $F_{LP}$ und $X_{TP}$ zu ersetzen. Wie bereits erwähnt, ist diese Methode nicht besonders glücklich. Zum einen sind die entsprechenden $F_{LP}$- und $X_{TP}$- Werte nur in den seltensten Fällen bekannt, da sie nur durch aufwendige Messungen exakt zu ermitteln sind. Zum anderen ist das Verfahren unpraktisch. Dies gilt besonders für eine Berechnung mittels Computer, da selbst bei Kenntnis aller Prozeßdaten zunächst nicht feststeht, ob eine Durchflußbegrenzung überhaupt auftritt. Wenn nicht, dürfen die Faktoren $F_{LP}$ und $X_{TP}$ auch keine Berücksichtigung finden. Andererseits ist die Anwendung des *Fp*-Faktors bei Rohrleitungen mit Anpassungsfittings jedoch zwingend notwendig. Aus diesem Grunde wird folgender Kompromiß empfohlen:

Bei *Flüssigkeiten* ist eine getrennte Behandlung der beiden Faktoren Fp- und $F_L$ dem kombinierten Faktor $F_{LP}$ vorzuziehen, da das Produkt der beiden eine hinreichende Genauigkeit bei der Ermittlung des Durchflußkoeffizienten ergibt.

Bei *Gasen und Dämpfen* kann hingegen auf die Anwendung des kombinierten Faktors $X_{TP}$ bei der Berechnung des Durchflusses bzw. Durchflußkoeffizienten nicht verzichtet werden. Liegen keine Meßwerte vor, so können bei bekannten Werten von $F_L$ oder $X_T$ die kombinierten Faktoren überschläglich wie folgt berechnet werden:

$$F_{LP} = \frac{F_L}{\sqrt{1 + \frac{F_L{}^2}{0{,}0016} (\Sigma\varsigma) \cdot \left( \frac{Kv}{DN^2} \right)}} \qquad (5\text{-}42)$$

Geht man von der Annahme aus, daß die Rohrleitung auf beiden Seiten des Stellventils gleichmäßig erweitert ist, dann gilt Gl. (5-43), in der Term $\Sigma\zeta$ zunächst gemäß Gl. (3-37) berechnet werden muß.

$$X_{TP} = \frac{X_T}{F_P{}^2} \cdot \left[ 1 + \frac{X_T \cdot \Sigma\varsigma}{0{,}0018} \cdot \left( \frac{Kv}{DN^2} \right)^2 \right]^{-1} \qquad (5\text{-}43)$$

Bedingt durch den zusätzlichen Druckabfall an den Fittings wird auch der maximal realisierbare Differenzdruck $\Delta p_{max}$ beeinflußt. Beim Vorhandensein von Fittings gilt deshalb bei Flüssigkeiten:

$$\Delta p_{max} = \left[\frac{F_{LP}}{F_P}\right]^2 \cdot \left(p1 - F_F \cdot pv\right) \qquad (5\text{-}44)$$

Abgesehen von Armaturen mit extrem hohen Durchflußkoeffizienten wie z. B. Kugelventile, deren Ventilnennweite vorzugsweise kleiner als die Nennweite der Rohrleitung gewählt wird, haben die kombinierten Faktoren $F_{LP}$ und $X_{TP}$, die ohnehin nur bei Durchflußbegrenzung Gültigkeit haben, bei der Bemessung von Stellventilen eine geringe Bedeutung.

## 5.7 Berechnung des Durchflußkoeffizienten bei Zwei-Phasenströmung.

Häufig tritt in der Praxis eine Zwei-Phasenströmung von Gas und Flüssigkeit auf, die durch Rohrleitungen befördert und durch ein Stellventil geregelt werden muß. Hierbei ist zwischen zwei verschiedenen Bedingungen zu unterscheiden: (a) Im ersten Fall liegt keine wirkliche Mischung, wie z. B. bei einem inerten Gas und Wasser vor. Eine dauerhafte Bindung der beiden Stoffe kommt hier nicht zustande. (b) Im zweiten Fall handelt es sich um eine Ausdampfung einer Flüssigkeit, wie z. B. heißes Wasser bei relativ niedrigem Druck und Dampf. Um eine Berechnung des Durchflußkoeffizienten überhaupt durchführen zu können, sind zwei Voraussetzungen unerläßlich:

- Der Volumen- oder Gewichtsanteil des kompressiblen Stoffes muß bekannt sein, wenn man nicht einfach eine empirische Behandlung vorzieht und bei bekanntem Kv-Wert den Durchfluß experimentell ermittelt.

- Das Zwei-Phasengemisch muß einigermaßen homogen sein und darf sich auch bei der Regelung durch das Stellventil nicht wesentlich ändern. Eine Berechnung wäre z. B. unmöglich, wenn die Flüssigkeit vom Gemisch in einem horizontalen Einlaufrohr bereits separiert ist, d. h. die untere Hälfte des Rohres ausfüllt, während der Gas- bzw. Dampfanteil den oberen Teil des Volumens einnimmt.

Die gültigen DIN/IEC-Gleichungen schließen vorläufig eine Berechnung von Zwei-Phasengemischen noch aus. Dies liegt in erster Linie an der Komplexität des Problems, denn eine exakte Berechnung des Durchflußkoeffizienten ist bei einer durchmischten Strömung eine außerordentlich komplizierte Angelegenheit.

Dies beweist allein die Tatsache, daß es Hunderte von wissenschaftlichen Beiträgen zu diesem Thema gibt. Die heute angewendeten Verfahren lassen sich im wesentlichen in vier verschiedene Methoden einteilen:

*a) Verfahren der äquivalenten Dichte $\rho_{\ddot{a}}$*

Unter der Annahme, daß die Mischung Flüssigkeit / Gas homogen ist und der Gasanteil nicht wesentlich expandiert, gilt folgendes:

$$Kv = \frac{Q}{\sqrt{\Delta p \cdot \rho_{\ddot{a}}}} \qquad (5\text{-}45)$$

Die äquivalente Dichte des Zwei-Phasengemisches muß jedoch empirisch bestimmt werden und entspricht keineswegs der mittleren Dichte des Gas-/ Flüssigkeitsgemisches. Dies bedeutet, daß zunächst Durchflußmessungen auf einem entsprechenden Prüfstand stattfinden müssen, um die äquivalente Dichte zu ermitteln. Erst mit Hilfe dieser Information kann der erforderliche Kv-Wert berechnet werden.

*b) Getrenntes Berechnungsverfahren*

Bei dieser recht einfachen Methode werden die Kv-Werte für die Flüssigkeits- und Gasanteile getrennt berechnet. Anschließend werden die beiden Durchfluß- koeffizienten addiert. Da es in der Praxis ohnehin üblich ist, einen Sicherheits- zuschlag vorzusehen, ist das Risiko einer Falschauslegung gering, wenn der Summen-Kv-Wert noch mit einem Faktor von mindesten 2,0 multipliziert und dann der nächst höhere Kv-Wert aus der Liste des Ventilherstellers gewählt wird. Eine eventuelle Überdimensionierung wird durch die Wahl einer gleich- prozentigen Kennlinie erheblich gemildert.

*c) Methode des effektiven spezifischen Volumens [1]*

Diese Methode ist im Vergleich zu den Verfahren a) und b) relativ genau, setzt allerdings auch bessere Kenntnisse über die Gas- / Flüssigkeitsmischung voraus. Wenn diese einigermaßen homogen ist, das Gas nicht kondensiert und beim Betrieb weder Kavitation noch Verdampfung im Ventil auftreten, kann der Kv- Wert mit hinreichender Genauigkeit berechnet werden.

Aus Gleichung (5-33) geht hervor, daß der Massenstrom eines Gases proportional der folgenden Beziehung ist:

$$W \cong Y \cdot \sqrt{X \cdot \rho_1}$$

Rechnet man nicht mit der Eingangsdichte $\rho 1$ sondern mit dem Kehrwert, dem sogenannten spezifischen Volumen $v1$ dann ergibt sich:

$$W \cong Y \cdot \sqrt{\frac{X}{v_1}}$$

Führt man das effektive spezifische Volumen $v_e$ ein, so muß gelten:

$$Y \cdot \sqrt{\frac{X}{v_1}} = \sqrt{\frac{X}{v_e}}$$

Löst man diese Gleichung nach $v_e$ auf, so kann man schreiben:

$$v_e = \frac{v_1}{Y^2} \tag{5-46}$$

Da der Expansionsfaktor Y die Dichteänderung des Gases bei der Entspannung beschreibt, sagt Gl. (5-46) letztlich aus, daß der Massenstrom eines Gases mit dem spezifischen Volumen v1 unter sonst gleichen Bedingungen dem Massenstrom einer Flüssigkeit mit dem spezifischen Volumen $v_e$ gleichzusetzen ist. Der Wert von $v_e$ setzt sich folgendermaßen zusammen:

$$v_e = \frac{X_G \cdot v_G}{Y^2} + X_{Fl} \cdot v_{Fl} \tag{5-47}$$

In Gleichung (5-47) weisen die Indizes $(G)$ und $(Fl)$ auf Gas bzw. Flüssigkeit hin. Die Bezeichnungen $X_G$ und $X_{Fl}$ stellen jeweils das Verhältnis von Gasmasse zu Gesamtmasse bzw. Flüssigkeitsmasse/Gesamtmasse dar.

$$X_G = \frac{m_G}{m_{gesamt}} \quad \text{und} \quad X_{Fl} = \frac{m_{Fl}}{m_{gesamt}}$$

Da die beiden Massenströme des kompressiblen und inkompressiblen Anteils der Gesamtmasse entsprechen müssen, wird letztlich das Zwei-Phasengemisch auf den Massenstrom einer Flüssigkeit zurückgeführt. Wenn keine Verdampfung vorkommt und die Zähigkeit unberücksichtigt bleibt, dann wird:

$$Kv = \frac{W}{31,6 \cdot F_P \cdot \sqrt{\Delta p \cdot \rho}}$$

Ersetzt man nun in dieser Gleichung die Dichte ρ1 durch das effektiv spezifische Volumen Ve entsprechend Gl. (5-47), so kann der Kv-Wert bei einer Gas- / Flüssigkeitsmischung wie folgt berechnet werden:

$$Kv = \frac{W}{31,6 \cdot F_P \cdot \sqrt{\Delta p}} \cdot \sqrt{\frac{X_G}{Y^2} \cdot v_G + X_{Fl} \cdot v_{Fl}} \tag{5-48}$$

*d) Empirische Berechnungsverfahren* [2]

Aus den zahlreichen empirischen Methoden soll zuletzt soll noch ein Verfahren herausgegriffen werden, das sich aus den Verfahren b) und d) zusammensetzt. Es liefert eine hinreichende Genauigkeit bei vertretbarem Arbeitsaufwand. Im Gegensatz zur reinen Additionsmethode b) erfolgt hierbei noch eine empirisch gefundene Korrektur, abhängig vom Gas- / bzw. Dampfvolumenanteil:

$$Kv = (Kv_{Fl} + Kv_G) \cdot (1+K_k) \tag{5-49}$$

Bei der Berechnung ist zu unterscheiden zwischen Gas-/ Flüssigkeitsgemischen und Dampf-/ Flüssigkeitsgemischen. Im ersten Fall sind die Medien verschiedener Natur; im zweiten Fall handelt es sich um das gleiche Medium bei verschiedenen Aggregatzuständen.

Bei Gas-/Flüssigkeitsgemischen gilt:

$$X_{VG} = \frac{Q_G}{\dfrac{285 \cdot Q_F \cdot p1}{T1} + Q_G} \tag{5-50}$$

Bei Dampf-/Flüssigkeitsgemischen wird:

$$X_{VD} = \frac{V_D}{(V_D + V_F) \cdot \dfrac{1-x}{x}} \tag{5-51}$$

In den speziellen Gleichungen bedeuten die Formelzeichen:

| | |
|---|---|
| $Kv_{Fl}$ | = berechneter Kv-Wert für Flüssigkeitsanteil |
| $Kv_G$ | = berechneter Kv-Wert für Gas-/ Dampfanteil |
| $K_k$ | = Korrekturfaktor gemäß Bild 5-8 |
| $X_{VD}$ | = Volumenverhältnis bei Dampf |
| $X_{VG}$ | = Volumenverhältnis bei Gas |
| $Q_F$ | = Durchfluß des Flüssigkeitsanteils ($m^3$/h) |
| $Q_G$ | = Durchfluß des Gasanteils (Normvolumen $m^3$/h) |
| $V_D$ | = Spezifisches Volumen des Dampfes ($m^3$/kg) |
| $V_F$ | = Spezifisches Volumen der Flüssigkeit ($m^3$/kg) |
| $x$ | = Gewichtsverhältnis Dampf/Flüssigkeit |

Wie aus Bild 5-8 ersichtlich ist, variiert der Zuschlagfaktor $(1+K_k)$, mit dem die addierten Kv-Werte für den Gas- und Flüssigkeitsanteil zu multiplizieren sind, zwischen 1,0 und 2,0. Dies bestätigt die Gepflogenheit der Praktiker, die meistens die Methode b) anwenden und das Ergebnis der addierten Kv-Werte einfach verdoppeln.

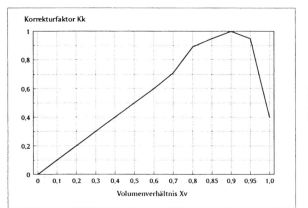

Bild 5-8:
Korrekturfaktor bei
Zwei-Phasengemischen

## 5.8 Auslegung bei nichtnewton'schen Medien

Alle fließfähigen Medien können grundsätzlich in eine der folgende Gruppen eingeordnet werden:

- *Newton'sche Fluide*
- *Nichtnewton'sche Fluide*

Zur ersten Kategorie gehören die meisten Stoffe die in den Prozeßindustrien heute großtechnisch verarbeitet werden. Typische Newton'sche Medien sind Wasser, Benzin, Luft, herkömmliche Gase usw.

Zur zweiten Kategorie zählen beispielsweise hochviskose Plastwerkstoffe als Ausgangsmaterial für Kunstfasern, Farben und Lacke, feststoffbeladene Flüssigkeiten und Gase, Schlämme, Suspensionen und Spezialschmierstoffe. Da viele dieser Stoffe in den letzten Jahren eine immer größere Bedeutung erlangt haben, erscheint es sinnvoll, auf ihre Handhabung bei der Bemessung von Stellventilen etwas näher einzugehen und auf die Notwendigkeit einer speziellen Berechnung hinzuweisen.

Kennzeichnendes Merkmal aller nichtnewton'sche Medien ist die veränderliche Zähigkeit, d. h. die dynamische Viskosität des Stoffes und die Schubspannung $\tau$ verhalten sich nicht mehr proportional (Gl. 3-14), sondern zwei neue Einflußgrößen können unter bestimmten Bedingungen die dynamische Viskosität des Stoffes verändern:

- die Fließgeschwindigkeit bzw. der Differenzdruck des Mediums,

- der Faktor Zeit ändert u. U. die Viskosität bzw. das Fließverhalten.

Das abnorme Verhalten einiger typischer nichtnewton'scher Medien wird nachfolgend kurz erläutert.

*Pseudoplastische Stoffe*

Typisch für diese Medien ist die Abnahme der Viskosität bei steigender Schubspannung. Werden diese Stoffe z. B. mit geringem Kraftaufwand gerührt, dann ist das Medium sehr zäh. Wird die Rührkraft aber erhöht, dann sinkt plötzlich die Viskosität. Dieser Effekt wird damit erklärt, daß sich nun die kettenförmigen Moleküle auf die Rührrichtung einstellen, was mit einer Abnahme der Viskosität verbunden ist. Beim Durchfluß durch Ventile äußert sich dieses Phänomen in einer überproportionalen Zunahme des Durchflusses, wenn der Differenzdruck erhöht wird.

*Dilatante Stoffe*

Bei den sogenannten *dilatanten Medien* ist das Fließverhalten genau umgekehrt wie bei pseudoplastischen Stoffen. Die scheinbare Viskosität steigt mit zunehmender Schubspannung an. Das Medium wird also zäher. Eine Erhöhung des Differenzdruckes ergibt keine entsprechende Durchflußzunahme.

*Bingham'sche Stoffe*

Ein völlig abnormales Fließverhalten zeigen auch *Bingham'sche Flüssigkeiten.* Diese haben bei kleinen Schubspannungen eine extrem hohe Viskosität und verhalten sich beinahe wie ein fester Körper. Wird die Schubspannung stetig erhöht, so beginnen sie ab einem bestimmten Grenzwert zu fließen. Auf Stellventile bezogen bedeutet dies, daß ein Mindestdifferenzdruck vorhanden sein muß, um überhaupt einen Durchfluß zu ermöglichen.

*Zeitabhängige Stoffe*

Schließlich gibt es noch fließfähige Stoffe, deren Viskosität zeitabhängig ist. Auch hier werden zwei verschiedene Extreme beobachtet. Thixotrope Stoffe, wie z. B. streichfähige Lacke und Farben, werden bewußt so eingestellt, daß die scheinbare Viskosität bei Einwirkung einer Schubspannung (rühren, streichen) für kurze Zeit abnimmt. Doch schon nach wenigen Sekunden nimmt der Stoff seine ursprüngliche Viskosität wieder an. Dieser Effekt erlaubt vor allem dem Heimwerker das Streichen senkrechter Flächen ohne "Tränen" oder "Nasen". Im Gegensatz zur Thixotropie ist die Reopexie dadurch gekennzeichnet, daß die scheinbare Viskosität mit Dauer der Schubspannung zunimmt, d. h. das Medium wird mit der Zeit immer zäher.

*Auslegungshinweise*

Grundsätzlich gilt für alle nichtnewton'sche Medien, daß eine Berechnung des erforderlichen Durchflußkoeffizienten nur nach vorausgegangenen, praktischen Durchflußmessungen möglich ist. Ändern sich die Betriebsbedingungen in der Praxis nur wenig, dann ist die Behandlung relativ einfach. Man errechnet aus den Meßergebnissen die scheinbare Viskosität der Flüssigkeit und legt diesen Wert künftig bei der Bemessung zugrunde. Damit wird eine unberechenbare nichtnewton'sche Flüssigkeit auf ein Newton'sches Medium zurückgeführt. Sind dagegen die Betriebsverhältnisse starken Änderungen unterworfen, d. h. variiert der Durchfluß oder der Differenzdruck in weiten Grenzen, dann muß die scheinbare Viskosität jedesmal durch Versuche neu bestimmt werden. Bei der Auslegung ist darauf zu achten, daß für Medium und Prozeßbedingungen korrekte Annahmen getroffen werden, da die veränderliche Viskosität nicht nur Einfluß auf das Fließverhalten im Ventil nimmt, sondern auch in gleichem Maße für den Druckverlust im Rohrleitungssystem maßgebend ist! Eine gewissenhafte Bemessung darf deshalb das Leitungssystem einschließlich aller auftretenden Widerstände nicht vernachlässigen.

## 5.9 Andere Probleme bei der Auslegung von Stellventilen

Die korrekte Auslegung von Stellventilen ist keine ganz leichte Aufgabe. Sie erfordert Kenntnis der Betriebsdaten und anwendungstechnische Erfahrungen. Aus der Vielzahl problematischer Applikationen werden nachfolgend einige hervorgehoben, um zu zeigen, daß u. U. eine einwandfreie Funktion oder die vorgesehene Lebensdauer in Frage gestellt ist

*Abkühlung auf tiefe Temperaturen und Vereisung*

In Kapitel 4.10 wurde bereits auf die thermodynamische Wirkung bei der Entspannung komprimierter Gase hingewiesen, der nach den Entdeckern auch als *Joule-Thompson-Effekt* bezeichnet wird. Je nach Art des zu entspannenden Gases und der Stellventilausführung kann es zu einer erheblichen Abkühlung kommen, die nicht zur Vereisung der Garnitur und der Abströmrohrleitung führt, sondern u. U. zur völligen Blockade des Ventils, nämlich dann, wenn das Gas viel Feuchtigkeit (Wasser) enthält und die Ventilgarnitur enge Spalten aufweist.

*Kondensation bei Gasen und Dämpfen*

Ein ähnlicher Effekt, wie zuvor beschrieben, tritt auch bei der Entspannung von Dampf nahe dem Sättigungspunkt bzw. bei Naßdampf auf. Bedingt durch den Abkühlungseffekt bei der Entspannung kann es zur Kondensation kommen.

Dabei bilden sich kleine Tröpfchen, die mit hoher Geschwindigkeit mitgerissen werden. Dadurch können erhebliche Schäden im Inneren des Stellventils auftreten und die Funktion beeinträchtigen.

*Nichtbeachtung der Volumenzunahme bei der Entspannung*

Manchmal wird bei der Entspannung von Gasen oder Dampf der erforderliche Durchfluß trotz korrekter Ermittlung des Kv-Wertes nicht erreicht. Dabei stellt sich dann heraus, daß die Rohrleitung auf der Ausgangsseite des Ventils das limitierende Element ist, weil keine Erweiterung erfolgte und eine Durchflußbegrenzung bei Erreichen der Schallgeschwindigkeit auftritt.

# 5.10 Praktische Hinweise

Unvollständige Prozeßdaten, unterschiedliche Einheiten bei der Berechnung, unbekannte Einflüsse des Systems oder der Installation und nicht zuletzt spezielle Anforderungen an das Stellgerät bei kritischen Anwendungen erschweren die korrekte Bemessung und Auslegung. Dies verlangt häufig bestimmte Annahmen zu treffen und Ungenauigkeiten bewußt in Kauf zu nehmen. Dabei sollen die folgenden Hinweise behilflich sein:

*Hinweise für die Auslegung bei Flüssigkeiten*

- Die traditionelle Methode ist in den meisten Fällen ausreichend. Das neue DIN/IEC-Berechnungsverfahren führt aber grundsätzlich zu einem etwas höheren Kv-Wert, was durch einen entsprechenden Sicherheitszuschlag zu berücksichtigen ist.

- Der Korrekturwert Fp kann bei Standardventilen getrost vernachlässigt werden. Bei Ventilen mit einem hohen spezifischen Kv-Wert ($Kv/DN^2$), wie beispielsweise Drosselklappen oder Kugelventile, kann der Fehler allerdings bis zu 50% betragen, wenn Fp unberücksichtigt bleibt!

- Der Kennwert $F_L$, der auch den Faktor $F_y$ bestimmt, erlangt erst dann seine Bedeutung, wenn das Druckgefälle am Stellventil größer als der kritische Differenzdruck wird. Eine Durchflußbegrenzung tritt allerdings in der Praxis nur selten auf. Vorsicht ist aber geboten, wenn der Dampfdruck pv nur wenig unter dem Eingangsdruck p1 liegt!

- Von größter Bedeutung ist der Korrekturfaktor $F_R$, der die Viskosität des Mediums bzw. den Strömungsverlauf berücksichtigt. Bei Nichtbeachtung ist eine Unterdimensionierung des Stellventils unvermeidlich. $F_R$ kann vernachlässigt werden, wenn turbulente Strömungsverhältnisse vorherrschen.

Dies ist fast immer dann der Fall, wenn folgende Bedingungen vorliegen: Kv-Wert > 1,0, Differenzdruck > 0,2 bar, kinematische Viskosität < 10 cSt.

- Es sollte stets ein ausreichender Sicherheitszuschlag auf den berechneten Kv-Wert zum Ansatz kommen. Dies gilt besonders dann, wenn bestimmte Parameter fehlen oder Annahmen getroffen werden müssen. Mit Ausnahme von Drei-Wegeventilen kann der berechnete Wert - ohne Einschränkungen bei der Regelbarkeit befürchten zu müssen - verdoppelt werden, wenn eine gleichprozentige Ventilkennlinie gewählt wird.

*Hinweise für die Auslegung bei Gasen und Dämpfen*

- Im Gegensatz zu Flüssigkeiten führt die DIN/IEC-Methode zu kleineren Kv-Werten im Vergleich zum traditionellen Berechnungsverfahren.

- Was bei Flüssigkeiten für den Fp-Wert gesagt wurde, gilt auch hier.

- Der Faktor Y berücksichtigt in idealer Weise das Verhalten kompressibler Medien, und seine Anwendung ist bequemer als die Differenzierung zwischen subkritischen und kritischen Betriebsbedingungen, wie bei der traditionellen Berechnung. Auf zwei häufige Fehler bei der Bemessung kompressibler Medien muß aber noch einmal ausdrücklich hingewiesen werden:

  - Der Wert von $Y$ muß stets zwischen 0,667 und 1,0 liegen, auch wenn die tatsächlichen Ergebnisse der Berechnung größer oder kleiner sind. In solchen Fällen ist eine Begrenzung auf die Extremwerte notwendig.

  - Der für das Druckverhältnis $X = (p1-p2)/p1$ einzusetzende Wert darf bei zweiatomigen Gasen ($\kappa = 1,4$) den Wert für $X_T$ bzw. $X_{TP}$ nicht übersteigen, auch wenn das Druckverhältnis tatsächlich größer ist.

- Die Viskosität bzw. die nicht-turbulenten Strömungsbedingungen werden in der noch gültigen Norm DIN/IEC 534-2-2 überhaupt nicht behandelt. Neuere Erkenntnisse bei Kleinflußventilen haben jedoch gezeigt, daß auch bei Gasen nicht-turbulente Bedingungen auftreten können, was bei kleinen Kv-Werten und hohen Temperaturen zu beachten ist, da deren Viskosität - im Gegensatz zu Flüssigkeiten - bei steigender Temperatur zunimmt. Das zuvor erläuterte Berechnungsverfahren bei nicht-turbulenter Strömung ist inzwischen als Normungsvorschlag eingebracht worden und dürfte sich als einheitliche Methode durchsetzen.

- Der Realgasfaktor Z kann bei normalen Drücken und Temperaturen mit 1,0 angenommen bzw. vernachlässigt werden, ohne daß gravierende Fehler zu befürchten sind. Bei sehr hohen Drücken und tiefen Temperaturen oder bei Dämpfen nahe der Sättigungslinie kann der Fehler der Berechnung allerdings beträchtlich sein, wenn Z unberücksichtigt bleibt.

Ein besonders kritischer Fall ist z. B. die Berechnung des Durchflußkoeffizienten bei einem Ventil, das zur Entspannung eines Kältemittels in einem Kühlsystem dient. In solchen Fällen kann der Realgasfaktor auf einen Wert von 0,3 absinken, d. h. das entsprechende Ventil wird weit überdimensioniert, wenn Z weiterhin mit 1,0 angenommen wird.

- Was den Sicherheitszuschlag bei Gasen und Dämpfen anbetrifft, so gelten auch hier die Empfehlungen, die bereits bei Flüssigkeiten gemacht wurden.

*Hinweise für die Auslegung bei Zwei-Phasengemischen*

- Da alle geschilderten Methoden ohnehin mit Unsicherheiten behaftet sind, ist dem getrennten Verfahren der Vorzug zu geben, bei dem die Kv-Werte für den Gas- bzw. Flüssigkeitsanteil separat berechnet und anschließend addiert werden. Unter Berücksichtigung eines minimalen Sicherheitsfaktors von 2,0 kann ein zufriedenstellendes Ergebnis erwartet werden.

- Oftmals sind aber die Gewichtsanteile der flüssigen Phase und des Dampfes bzw. Gases nicht genau bekannt. In einem solchen Fall hilft nur das Prinzip der äquivalenten Dichte, die zunächst experimentell bestimmt werden muß.

*Hinweise für die Auslegung bei nichtnewton'sche Medien*

- Auch in solchen Fällen kommt man nicht ohne entsprechende Versuche aus. Bei bekanntem Durchflußkoeffizienten wird unter aktuellen Betriebsbedingungen der jeweilige Durchfluß gemessen, bzw. die Aufnahme einer Ventilkennlinie im relevanten Regelbereich vorgenommen.

- Als nächstes wird der theoretische Durchfluß anhand der technischen Daten unter Anwendung der Gleichungen für Flüssigkeiten berechnet. In dieser Gleichung wird der Korrekturwert $F_R$ zunächst mit 1,0 angenommen.

- Schließlich wird das Verhältnis der Durchflüsse gebildet. Der Wert des Quotienten aktueller Durchfluß / theoretischer Durchfluß entspricht dem Faktor $F_R$ unter den gegebenen Betriebsbedingungen. Wie bereits erläutert, gilt dieser Wert jedoch nur für einen sehr engen Bereich, in Abhängigkeit vom Verhalten der Flüssigkeit. Variiert z. B. der Differenzdruck bei einem nichtnewton'sche Medium sehr stark, dann ändert sich der Faktor $F_R$ u. U. entsprechend, was bei der Auslegung des Ventils zu berücksichtigen ist.

Ohne besondere *Erfahrungen* und die entsprechenden *Hilfsmittel* wird die Bemessung und Auslegung eines Stellgerätes zu einer äußerst zeitintensiven Angelegenheit. Genau an diesen kritischen Punkten setzt das Computerprogramm *VALCAL* an. Es ermöglicht eine wesentliche effizientere Bewältigung der Berechnung und Spezifikation. Die wesentlichen Vorteile, die sich bei der Benutzung von VALCAL ergeben sind:

- VALCAL ist menügeführt und sehr leicht zu bedienen.

- VALCAL verlangt keine besonderen Computerkenntnisse oder Praxis des Maschinenschreibens. Häufig vorkommende Begriffe, Bezeichnungen, Werkstoffe usw. sind bereits als "Makro" gespeichert und auf Tastendruck abrufbar.

- VALCAL bedient sich der "Window"- und "Pull-down"-Menü-Technik und ist daher besonders benutzerfreundlich.

- VALCAL ist in der Lage, aus Datenbanken zu lesen und ermöglicht dadurch eine rasche, vollautomatische Auswahl des optimalen Stellgliedes. Alle relevanten Kennwerte, wie z. B. $Kv_{100}$-, $F_L$-, $X_T$-, $X_{fz}$-Werte usw. sind gespeichert, so daß der Benutzer sie nicht mehr eingeben muß.

- VALCAL erlaubt eine Anpassung an die jeweils verlangten "Einheiten" und bietet eine große Auswahl an für die Hauptparameter: Durchfluß, Druck, Temperatur, Dichte und Viskosität.

- VALCAL überträgt alle Ergebnisse der Berechnung automatisch in das einheitliche Spezifikationsblatt gemäß DIN/IEC 534, Teil 7.

- VALCAL hilft dem Benutzer bei der Berechnung des Stellventils, wenn zweitrangige Betriebsdaten fehlen und ersetzt sie mit "Default-Werten", die auch ein erfahrener Praktiker annehmen würde, und die in aller Regel zu vernünftigen Ergebnissen führen.

- VALCAL gibt zahlreiche Hinweise, wenn gegen allgemeine Regeln der Technik verstoßen wird und vermeidet dadurch Falschauslegungen oder spätere Reklamationen.

- VALCAL gibt zeigt bei flüssigen Medien Kavitation oder Ausdampfung an. Dieser Hinweis ermöglicht dem Fachmann, entsprechende Maßnahmen zu treffen, die eine vorzeitige Zerstörung des Stellgerätes vermeiden.

- VALCAL ermöglicht das Speichern, Laden und Löschen von Dateien. Damit ist eine Dokumentation der Stellgerätauslegung gewährleistet.

- VALCAL verfügt über ein ausführliches Hilfesystem, das dem Benutzer jederzeit zur Verfügung steht.

- VALCAL ist das Ergebnis langjähriger Erfahrungen. Es ist besonders für den weniger erfahrenen Benutzer geeignet und versucht, die Berechnung und Spezifikation so einfach und effizient wie möglich zu machen.

**Übungen zur Selbstkontrolle:**

5-1   Warum ist für Durchflußmessungen zur Bestimmung des Kv-Wertes
      eine genormte Testeinrichtung erforderlich?

5-2   Welche Betriebsparameter sind für die Bemessung eines Stellventils
      unbedingt erforderlich?

5-3   Welche Vor- und Nachteile haben traditionelle Berechnungsverfahren?

5-4   Welchen Einfluß berücksichtigt der Korrekturfaktor Fp?

5-5   Wie ist eine Durchflußbegrenzung bei Flüssigkeiten zu erklären?

5-6   Warum hat die Berücksichtigung der Viskosität (Faktor $F_R$) eine
      größere Bedeutung als die anderen Einflußgrößen wie z. B. Fp oder $F_L$?

5-7   Was sagt der Ventilformfaktor aus? Wo wird er benötigt?

5-8   Was ist der Minimal- und Maximalwert des Korrekturfaktors Y?

5-9   Welcher Faktor ist das Kriterium für eine turbulente Strömung?

5-10  Was bedeuten die Faktoren $F_{LP}$ und $X_{TP}$?

5-11  Was bedeutet eine Zwei-Phasenströmung?

5-12  Wie berechnet man den Kv-Wert bei einer Zwei-Phasenströmung?

5-13  Was ist das kennzeichnende Merkmal von nichtnewton'sche Stoffen?

5-14  Welchen Trick wendet man an bei der Berechnung des Kv-Wertes von
      nichtnewton'sche Medien?

5-15  Wie ist das Fließverhalten pseudoplastischer Medien?

# 6 Arten und Bauformen von Stellventilen

## 6.1 Allgemeines

Stellventile existieren in zahllosen Ausführungsvarianten, die alle aufzuzählen und zu beschreiben den Rahmen dieses Buches sprengen würden. Erwähnt werden aus diesem Grunde nur die in der Industrie am häufigsten eingesetzten Bauarten. Stellventile sind nach DIN 19226 eine Untergruppe der Stellgeräte. Um eine gewisse Systematik bei der Beschreibung der Bauarten zu erreichen, erfolgt eine Differenzierung nach wichtigen Kriterien der Funktionalität. Eine grobe Übersicht der am häufigsten angewendeten Stellventile gibt Bild 6-1:

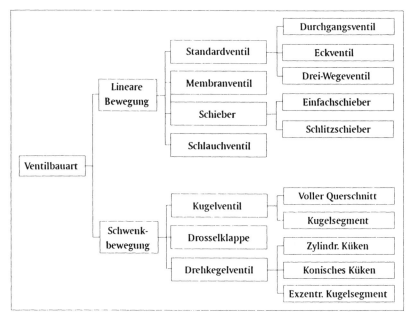

Bild 6-1: Häufig angewendete Ventilbauarten in der Prozeßautomation

Ein erstes wichtiges Unterscheidungsmerkmal ist die Bewegungsart des Drosselkörpers: Entweder führt dieser eine *Linearbewegung* wie bei den sogenannten Hubventilen aus, oder eine *Schwenkbewegung* von 50 bis 90°, wie bei Drosselklappen oder Kugelhähnen, deren freier Drosselquerschnitt durch eine Drehbewegung der Ventilspindel verändert wird.

Zur Gruppe der Stellventile mit *linearer* Bewegung des Drosselkörpers gehören die sogenannten *Standardventile*, die es in zahlreichen Ausführungsvarianten gibt und deren Antrieb in der Regel einen Hub im Bereich von 10 bis 100 mm ausführt.

Stellventile der zweiten Gruppe sind durch eine *Schwenkbewegung* des Drosselkörpers gekennzeichnet, d. h. der Antrieb bewegt die Welle (Ventilspindel) üblicherweise innerhalb eines Schwenkbereichs von max. 90°. Drosselklappen, Drehkegelventile sowie Kugel- und Kükenhähne zählen zu dieser Gruppe.

Ein weiteres, wichtiges Differenzierungsmerkmal ist die *Gehäuseform* und die Art, wie die Rohrleitung mit dem Ventilgehäuse verbunden wird. Häufig angewendete Bauformen sind:

- *Durchgangsventil* zum Einbau in eine gerade Rohrleitung
- *Eckventil* zum Einbau in eine um 90° versetzte Rohrleitung
- *Drei-Wegeventil* mit drei Anschlüssen zum Mischen oder Verteilen der Durchflußmedien

Ein wesentliches Unterscheidungsmerkmal ist ferner die Art und Weise wie der Drosselkörper geführt ist:

- *Beidseitig* geführter Drosselkörper
- *Einseitig* (oben) geführter Drosselkörper

Schließlich ist die *Garnitur* des Stellventils ein wichtiges Unterscheidungsmerkmal. Hier wird z. B. unterschieden zwischen:

- *Einsitzausführung*
- *Doppelsitzausführung*
- *Garnitur mit Druckausgleich*
- *Geräuscharme Garnitur usw.*

Ein elementares Merkmal ist ferner die Art der Verbindung mit der Rohrleitung, um z. B. eine Austauschbarkeit des Stellgerätes zu ermöglichen:

- *Geflanschte Bauweise* mit zahlreichen Varianten
- *Geschraubte Verbindung* (kleine Nennweiten)
- *Geschweißte Verbindung* (bevorzugt in Kraftwerken)
- *Andere Verbindungsarten* (z. B. Einklemmen)

Nachfolgend werden die wesentlichen Bauarten kurz erläutert, die typische Verfügbarkeit (Nennweiten und Nenndrücke) angegeben und die Vor- und Nachteile der verschiedenen Konstruktionen in Tabelle 6-1 aufgelistet.

## 6.2 Stellventile mit linearer Bewegung des Drosselkörpers

### 6.2.1 Standardventile

Der Begriff *Standardventil* sagt eigentlich nichts darüber aus, daß es sich hierbei - nach allgemeinem Verständnis - um ein *Hubventil* handelt. Weil diese Stellventilbauart den Beginn der Prozeßautomation eingeleitet hat und viele Jahre ohne Alternative war, wird sie auch heute noch als *das* Stellventil schlechthin betrachtet. Weil die Gehäuseform - je nach Ausführung - ein mehr oder weniger kugeliges Aussehen hat, wird häufig auch der Ausdruck *Globe Valve* gebraucht, der in den anglo-amerikanischen Ländern längst zum Oberbegriff für Stellgeräte geworden ist.

*Durchgangsventil (Vierflanschgehäuse)*

Die Entwicklungsgeschichte der Stellventile begann in den Zwanziger Jahren dieses Jahrhunderts in den USA. Typisch war das klassische "Vierflansch-Ventil" mit linearer Hubbewegung, das damals eine rasche Verbreitung erfuhr. Der Drosselkörper wurde an beiden Enden geführt und war entweder als Einsitz- oder Doppelsitzkegel ausgebildet. Typisch für die damaligen Konstruktionen war die Austauschbarkeit von Boden- und Deckelflansch und der schwere, nicht reversierbare Antrieb. Eine Änderung der Sicherheitsstellung des Ventils (entweder AUF oder ZU) beim Ausfall der Hilfsenergie, erforderte ein Vertauschen der Boden- und Deckelflansche, was auf jeden Fall eine Unterbrechung des gesamten Prozesses zur Folge hatte.

Das selbsttätige Schließen oder Öffnen des Ventils beim Ausfall der Hilfsenergie spielt in der Prozeßautomatisierung eine wichtige Rolle und wird durch die Rückstellfeder(n) des pneumatischen Antriebs erreicht. Da früher jedoch die pneumatischen Membranantriebe nicht in ihrer Wirkungsweise umkehrbar waren, erfolgte die Wirkungsumkehr im Ventil selbst, d. h. das Ventilgehäuse wurde um 180 ° in der Rohrleitungsachse gedreht. Damit wurde der Bodenflansch zum Deckelflansch und umgekehrt. Der Drosselkörper wurde in jedem Fall beiderseits mit Innengewinde versehen, so daß eine Aufnahme der Ventilstange auch auf der entgegengesetzten Seite möglich war. Nach einer erneuten Montage des Antriebs wurde auf diese Weise die Sicherheitsstellung umgekehrt, d. h. ein vorher geöffnetes Ventil in ein geschlossenes umgewandelt.

Pneumatische Regler und Membranantriebe, die zu dieser Zeit ebenfalls ihren Siegeszug antraten, wurden vorwiegend mit dem Standardsignalbereich bei vergleichsweise geringem Zuluftdruck ausgerüstet. Üblich war ein Signalbereich von 3-15 psi bzw. 0,2-1,0 bar.

Die daraus resultierenden Antriebskräfte waren so gering, daß *Einsitzventile* (Bild 6-2) häufig schon ab Ventilnennweiten von DN 50 nicht mehr gegen den anstehenden Differenzdruck schließen konnten. Dies führte zur Entwicklung der Doppelsitzausführung, die insbesondere bei größeren Nennweiten und hohen Differenzdrücken zur Anwendung gelangte (Bild 6-3).

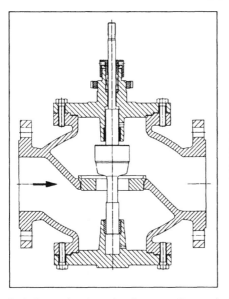

Bild 6-2: Einsitzventil [3] mit doppelseitiger Führung des Drosselkörpers, Deckel- und Bodenflansch

Bei *Doppelsitzventilen* können die statischen Kräfte, die von der Höhe des Differenzdruckes und der Querschnittsfläche des Ventilsitzes bestimmt werden, fast vollständig kompensiert werden, so daß die damals geringen Antriebskräfte auch bei großen Ventilnennweiten und höheren Differenzdrücken ausreichten.

*Standardventil (Dreiflanschgehäuse)*

Seit dem Beginn der Sechziger Jahre nimmt der Einsatz der sogenannten Dreiflanschgehäuse stetig zu. Waren am Anfang dieser Entwicklung in erster Linie die hohen Kosten der Vorgängerbauart maßgebend, so erkannte man später auch spezifische Vorteile der obengeführten Ventile. Voraussetzung für die Anwendung der Dreiflanschgehäuse war die Einführung reversierbarer Membranantriebe. Statt die Wirkungsweise des gesamten Ventils durch Vertauschen der Boden- und Deckelflansche zu ändern, konnte nunmehr das Ventilgehäuse unangetastet bleiben, da die Sicherheitsstellung jetzt durch eine andere Position der Feder(n) und Membrane realisiert wurde. Durch Verzicht auf den Bodenflansch wurde eine potentielle Undichtigkeitsstelle eliminiert.

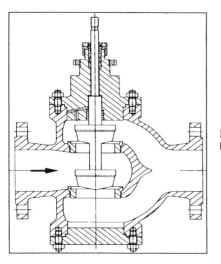

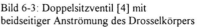

Bild 6-3: Doppelsitzventil [4] mit
beidseitiger Anströmung des Drosselkörpers

Die klassischen Doppelsitzventile mit zwei Sitzen und zwei Drosselstellen waren nicht nur sehr aufwendig und teuer in der Herstellung, sondern offenbarten auch zwei gravierende Schwächen im praktischen Betrieb:

• Eine hohe Restleckmenge, bedingt durch Fertigungsungenauigkeiten und thermische Einflüsse. Tatsächlich ist der Drosselkörper immer nur an einer Stelle in direktem Kontakt mit dem zugehörigen Sitzring. Der andere berührt nur im Ausnahmefall den Sitz, da eine ganz genaue Passung - schon aus Gründen einer unterschiedlichen Wärmeausdehnung - nicht zu erreichen ist.

• Bei Doppelsitzventilen wirkt der Differenzdruck naturgemäß auf den einen Drosselkörper öffnend, auf den anderen schließend. Unter statischer Betrachtung (Ventil geschlossen) heben sich die Kräfte weitgehend auf. Unter dynamischen Verhältnissen können allerdings erhebliche Kräfte auftreten, die eine nur begrenzte Stabilität des Antriebs ergeben.

Dieses Problem führte zur Entwicklung *druckausgeglichener* Dreiflanschventile. Bei großen Nennweiten und hohen Differenzdrücken wird im Bedarfsfall der kolbenförmige Führungsschaft des Drosselkörpers mit einer Ausgleichsbohrung versehen. Da Führungs- und Sitzdurchmesser etwa gleich groß sind, heben sich die statischen Kräfte, die von oben und unten auf den Drosselkörpers einwirken, bei geschlossenem Ventil nahezu auf. Ein oder mehrere Kolbenringe im Führungsschaft des Drosselkörpers verhindern ein Überströmen des Mediums auf die Niederdruckseite des Ventils. Ein unvermeidlicher Nachteil dieser Konstruktion ist - wie bei Doppelsitzventilen - die höhere Restleckmenge, die im wesentlichen von der Paßgenauigkeit und der Schlitzbreite der Kolbenringe bestimmt wird (Bild 6-4).

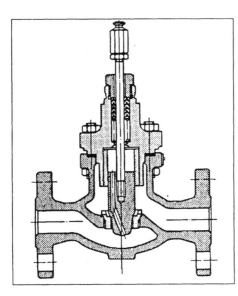

Bild 6-4: Standardventil mit
Dreiflanschgehäuse [5].
Der Drosselkörper kann in axialer
Richtung mit einer Druckausgleichs-
bohrung versehen werden.

Ein weiterer Vertreter der typischerweise druckausgeglichenen Stellventile ist
das *Käfigventil* (Bild 6-5). Dabei erfüllt die an einen Käfig erinnernde, fest
eingespannte Buchse zwei verschiedene Aufgaben:

- Sie garantiert dem kolbenförmigen Drosselkörper eine äußerst stabile Führung über den gesamten Hub. Aus diesem Grunde eignet sich diese Bauart
  besonders für hohe Differenzdrücke.

- Sie gibt dem Ventil über die Form der Fensteröffnungen die gewünschte
  Charakteristik. Üblich sind - je nach Nennweite - 2 bis 8 gegenüberliegende
  Fenster.

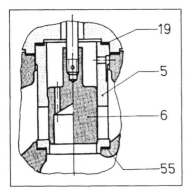

Bild 6-5: Käfigventilgarnitur im Schnitt mit
Druckausgleich (links) und ohne (rechts) [6].
Positionsnummern:
Käfig (5), Regelkolben (6), Dichtungen zum
Ventilgehäuse (19) und (55)

Der anhaltende Kostendruck und die permanente Weiterentwicklung in der Meß- und Automatisierungstechnik brachte in den Siebziger Jahren einen neuen Typ von Stellgeräten hervor: Die sogenannte *leichte Baureihe* mit besonders strömungsgünstigem Ventilgehäuse, spindelgeführtem Drosselkörper und kompakten pneumatischen Antrieb (Bild 6-6).

Diese Eigenschaften entsprachen weitgehend den Forderungen der chemischen Industrie nach möglichst niedrigen Kosten, kompakten Abmessungen und geringem Gewicht bei sonst vergleichbarer Funktionalität mit den Vorgänger-baureihen. Zum gleichen Zeitpunkt wurden Eigenschaften gefordert, die bis dato nahezu unbekannt waren und zum Schutz der Umwelt erhoben wurden:

- Höchstmögliche Dichtheit (nach innen und außen)
- Möglichst niedriger Geräuschpegel
- Umweltverträglichkeit der verwendeten Materialien

Das Ergebnis ist ein Ventiltyp, der für die Mehrzahl der Aufgaben in der industriellen Meß- und Automatisierungstechnik geeignet ist und ein optimales Kosten-/Leistungsverhältnis bietet.

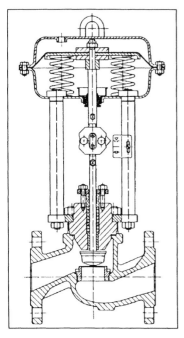

Bild 6-6: Prototyp einer leichten Baureihe in Kompaktbauweise mit reversierbarem pneumatischen Mehrfederantrieb [7]

Standardventile werden heute vorwiegend als Einsitzausführung konzipiert, um kompakte Bauweise und niedrige Leckmengen (Klasse IV) zu ermöglichen.

Die pneumatischen Antriebe weisen bei *reverser Wirkungsweise* nur noch selten den Standardsignalbereich (0,2-1,0 bar) auf, weil pneumatische oder elektro-pneumatische Stellungsregler heute beinahe obligatorisch sind. Sie sorgen für eine genaue Zuordnung von Stellsignal und Ventilhub, unabhängig vom Signalbereich des Antriebs. Fortschritte bei den synthetischen Kautschuken und Gewebeeinlagen lassen heute nicht nur extreme Umwelttemperaturen (-60 °C bis + 130°C) sondern auch wesentlich höhere Luftdrücke als früher zu, so daß meistens erst bei Nennweiten > DN 150 ein Druckausgleich des Stellventils erforderlich wird.

## 6.2.2 Eckventile

Eckventile haben in den letzten Jahren an Bedeutung verloren (Anteil < 1 %) und werden heute nur noch in besonderen Fällen eingesetzt. Früher war die Hochdrucktechnik ein bevorzugtes Anwendungsgebiet für Eckventile. Dabei wurden die Ventile vorwiegend von der Seite angeströmt, um den Bereich höchster Turbulenz vom Ventilinneren fernzuhalten. Das Ergebnis war ein erheblicher Verschleiß in der Auslaufstrecke der Rohrleitung, begleitet von extrem hohen Geräuschen und Vibrationen, die nicht zuletzt durch den hohen Druckrückgewinn bei seitlicher Anströmung bedingt sind. Es gibt heutzutage eigentlich nur noch drei Gründe, die den Einsatz von Eckventilen rechtfertigen:

(a) Bei sehr hohen Prozeßdrücken oder besonderen Sicherheitsanforderungen (z. B. in Kernkraftwerken) werden geschmiedete Ventilgehäuse, die oft aus einem Block gefertigt werden, bevorzugt. Die konstruktive Gestaltung und vor allem die Fertigung wird wesentlich vereinfacht, wenn die Form eines Eckventils gewählt wird.

(b) Bei exotischen Gehäusewerkstoffen, Materialien, die schwer gießbar sind (z. B. Titan), oder speziell geformten Eckventilgehäusen, für die sich die Anfertigung eines Modells nicht lohnen würde, werden ebenfalls geschmiedete Ventilgehäuse bevorzugt.

(c) Anwendungen, bei denen das Medium bei hohen Differenzdrücken außerordentlich verschleißend wirkt, erfordern ebenfalls den Einsatz eines Eckventils. Hier muß der Anwender darauf bedacht sein, an der Stelle der höchsten Geschwindigkeit hinter der Drosselstelle dem Medium eine möglichst gerade Beruhigungsstrecke ohne weitere Umlenkungen zur Verfügung zu stellen. Eine Konstruktion, bei der ein eingeklemmter, leicht austauschbarer Ventilsitz aus verschleißfestem Material (z. B. Hartmetall) mit einem keramischen Verschleißschutz im Ventilauslauf kombiniert ist, wird in Bild 6-7 dargestellt. Der keramische Drosselkörper sorgt in Verbindung mit dem Verschleißschutz für eine lange Lebensdauer.

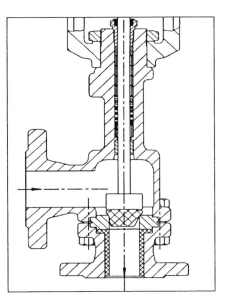

Bild 6-7: Eckventil mit geteiltem Gehäuse
und Verschleißschutz im Ventilauslauf [8]

### 6.2.3 Drei-Wegeventile

*Drei-Wegeventile* werden zum Mischen oder Verteilen von Stoffströmen benötigt. Unter Berücksichtigung der Tatsache, daß pneumatische Membranantriebe
nur eine begrenzte Hubsteifigkeit besitzen und in der Prozeßautomatisierung
immer noch dominierend sind, werden Misch- und Verteilerventile unterschiedlich ausgeführt. Anzustreben ist bei der Anwendung pneumatischer Antriebe stets eine Fließrichtung des Mediums, die ein Öffnen des Ventils unterstützt, wie später noch ausführlich dargelegt werden wird. Dies wird dadurch
erreicht, indem die mantelgeführten Drosselkörper - je nach Anwendung - in
verschiedenen Positionen montiert werden. Bild 6-8 zeigt verschiedene Formen
von Drei-Wegeventilen (mit und ohne Flansche) und mit unterschiedlicher
Montage der Drosselkörper. Links im Bild ein Mischventil, bei dem das Medium von der linken Seite und von unten in das Ventil eintritt und als Mischung
der beiden Ströme rechts austritt. Dabei wirkt der Differenzdruck beider Ströme öffnend, d. h. bei zu schwachem Antrieb und unterschiedlichen Drücken an
beiden Eingängen würde das Ventil geöffnet werden. Diese Betriebsweise garantiert stets Stabilität des Stellventils. Werden dagegen bei einem Verteilerventil zwei Ströme gemischt (Bild 6-8, rechts), dann tendiert das Ventil bei un-
gleichen Drücken beider Eingänge zum Schließen, was einen stabilen Betrieb in
Verbindung mit einem pneumatischen Antrieb ausschließt.

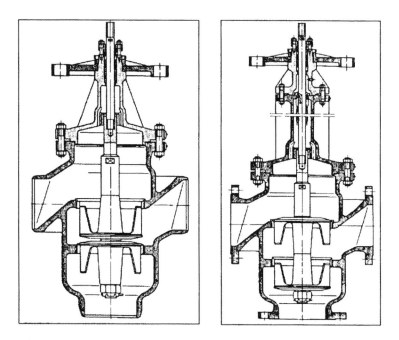

Bild 6-8: Mischventil (links) und Verteilerventil (rechts) [9]

Beim Verteilerventil tritt das Medium am rechten Stutzen in das Gehäuse ein und wird - je nach Position des Drosselkörpers - auf den linken und unteren Ausgang verteilt. Auch in diesem Fall ist Stabilität gewährleistet, weil der Differenzdruck des Mediums in beiden Durchflußrichtungen öffnend wirkt. In der Regel geht der Umbau von einem Mischventil zu einem Verteilerventil einfach vonstatten und erfordert keine zusätzlichen Teile.

## 6.2.4 Membranventile

*Membranventile* enthalten statt eines parabolförmigen oder anders gearteten Drosselkörpers, der den Durchflußquerschnitt im Ventilsitz entsprechend verändert, eine flexible Membrane, die durch ein mit dem Antrieb verbundenes Druckstück positioniert wird und damit einen veränderlichen Querschnitt zwischen einem Steg im Gehäuse und der Membrane selbst erzeugt (Bild 6-9). Membranventile werden häufig bei Supensionen, Schlämmen und anderen schwer regelbaren Medien eingesetzt, die bei komplizierteren Bauarten zu Funktionsstörungen führen würden. Gehäuse und Oberteil bestehen meist aus minderwertigen Werkstoffen und werden zum Schutz gegen Korrosion mit einer Auskleidung (z. B. PTFE oder Email) versehen. Die elastische Membrane, die vorwiegend aus synthetischem Kautschuk mit einseitiger PTFE- Beschichtung besteht, bestimmt auch die anwendungstechnischen Grenzen des Ventils.

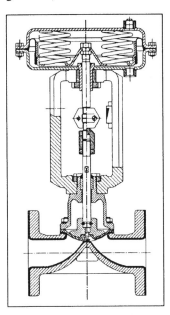

Bild 6-9: Membranventil mit ausgekleidetem Ventilgehäuse und pneumatischem Membranantrieb in geschlossenem Zustand[10]

## 6.2.5 Schieberventile

Der Hauptanwendungsbereich der Schieber liegt im dichten Absperren fließfähiger Stoffe. Andererseits ergibt der gerade Durchgang im geöffneten Zustand sehr niedrige Druckverluste, so daß diese Bauart in erster Linie bei AUF-ZU-Betrieb, und nicht für kontinuierliche Regelaufgaben eingesetzt wird. Die verschiedenen Ausführungsvarianten werden nach der Form des Schiebers benannt (Keilschieber, Flachschieber, Kolbenschieber usw.), der eine geradlinige Bewegung ausführt und deshalb zu den Hubventilen zählt. Bei den sogenannten Einfachschiebern (Ordnungsschema, Bild 6-1), die entweder von Hand oder einem motorischen Antrieb verstellt werden, entspricht der Hub etwa der Ventilnennweite, damit der volle Öffnungsquerschnitt freigegeben werden kann. Diese Bauformen sind aber nicht Gegenstand unserer Betrachtung.

Völlig anders ist der Schlitzschieber aufgebaut (Bild 6-10), der als Regelventil konzipiert wurde und eine Alternative zu den klassischen Hubventilen darstellt.

Ein Gehäuse in Sandwichform enthält eine feststehende Scheibe mit schmalen, waagerechten Schlitzen. Ein ebenso geschlitzter Schieber, der vom Differenzdruck gegen die feststehende Scheibe gepreßt und von einem kurzhubigen Linearantrieb betätigt wird, führt eine Gleitbewegung aus und gibt - je nach Hubstellung - einen mehr oder weniger großen Durchflußquerschnitt frei. Hohe Anpreßkräfte und ebene Gleitfächen ermöglichen eine geringe Restleckmenge.

### 6.2.6 Schlauch- oder Quetschventile

Schlauch- oder Quetschventile bestehen im wesentlichen aus einem Stützgehäuse (1,2) aus Stahl oder Gußeisen, einem Schlauch (3) aus gewebeverstärktem synthetischem Kautschuk, der gleichzeitig als Flanschdichtung dient, der Ventilstange (7) und einem Mechanismus, (4, 5, 6) der den freien Querschnitt des Schlauchs verändert (Bild 6-11). Die Betätigung der Schlauchventile erfolgt entweder manuell oder durch pneumatische bzw. elektrische Antriebe.

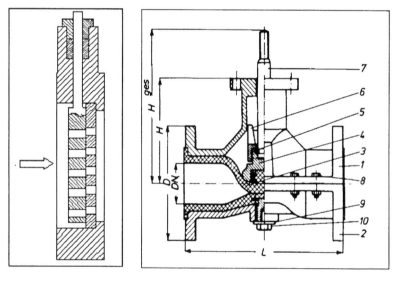

Bild 6-10: Schlitzschieber        Bild 6-11: Schlauchventil in der "Geschlossen"-
(schematisch)                     Stellung (links im Schnitt) und in Vorderansicht (rechts) [12]

Tabelle 6-1: Vor- und Nachteile gängiger Hubventile

| Ventilbauart | Typische Verfügbarkeit | Vorteile | Nachteile |
|---|---|---|---|
| Vierflansch-Einsitzventil | DN 25-150 PN 25-100 ANSI 150-600 | - Robuste, langlebige Bauweise<br>- Einfache Wartung , Ersatzteile leicht zugänglich<br>- Gute Kennlinie, lange Hübe<br>- Hohe Dichtheit (Klasse IV)<br>- Reversierungsmöglichkeit | - Schwere und teure Bauweise<br>- Hohe Verlustziffer,<br>- relativ kleine $Kv_{100}$-Werte<br>- Bei Ablagerung im Boden-flansch Funktionsstörungen<br>- Potentielle Gefahr von Undicht-heiten durch Bodenflansch |
| Vierflansch-Doppelsitzventil | DN 50-300 PN 25-100 ANSI 150-600 | - Wie Vierflansch-Einsitzventil<br>- Doppelsitzkonstruktion erfor-dert nur kleine Antriebskräfte | - Wie Vierflansch-Einsitzventil<br>- Extrem teure Bauart, heute nur noch sehr selten angewendet<br>- Geringe dynamische Stabilität<br>- Hohe Restleckmenge (Klasse II) |
| Dreiflansch-Einsitzventil | DN 15-300 PN 16-100 ANSI 125-600 | - Ökonomischer als Vierflansch-Einsitzventil<br>- Zahlreiche Ausführungs-varianten verfügbar<br>- Elimination von Leckagen durch fehlenden Bodenflansch<br>- Druckausgleich verfügbar | - Eingeschränkte Zuverlässigkeit bei Druckausgleich (Kolbenring)<br>- Großflächiger Drosselkörper neigt zu Schwingungen<br>- Hohe Restleckmenge bei Druckausgleich (Klasse II)<br>- Vergleichsweise teuer |
| Käfigventil | DN 25-300 PN 25-160 ANSI 150-900 | - Stabile Führung, geeignet für höchste Differenzdrücke<br>- Geräuscharme Bauart: Loch-käfig geeignet für Gase und Flüssigkeiten<br>- Langlebig bei Kavitation<br>- Geringe Antriebskräfte bei Doppelsitz: Zwei integrierte Sitzfasen statt Kolbenring | - Anwendung auf saubere Medien beschränkt<br>- Hoher Fertigungsaufwand bei Doppelsitzkonstruktion<br>- Eingeschränkte Materialaus-wahl für Käfig und Kolben<br>- Vergleichsweise teuer |
| Leichte Bau-reihe | DN 15-300 PN 16-40 ANSI 125-300 | - Kostengünstigste Ventilbauart bei kleinen Nennweiten<br>- Verfügbar in mehreren Gehäu-seformen: Eckventil, Drei-Wegeventil usw.<br>- Hohe Flexibilität bei den üb-lichen Ausführungsvarianten: Oberteile, Garnituren usw.<br>- Perfekte Anpassung an Be-triebsbedingungen: Kv-Werte, Kennlinie usw. | - Ökonomisch nicht optimal bei Nennweiten > DN 150<br>- Limitierte Anwendung unter erschwerten Bedingungen:<br>- Hohe Differenzdrücke<br>- Hohe Schallpegel<br>- Hohe statische Drücke usw. |
| Eckventil | DN 15-150 PN 40-400 ANSI 300-2500 | - Strömungsgünstige Gehäuse-form, hohe Durchflußkapazität<br>- Solide, robuste Ausführung für spezielle Anwendungen<br>- Einfache Herstellbarkeit aus einem geschmiedeten Block<br>- Hohe Verschleißfestigkeit bei seitlicher Anströmung und gehärtetem Stecksitz | - Komplizierte Leitungsführung, keine genormten Einbaumaße<br>- Wegen geringer Verbreitung aufwendig und teuer (Gesamtanteil < 1 %) |

Fortsetzung Tabelle 6-1: Vor- und Nachteile gängiger Hubventile

| Ventilbauart | Typische Verfügbarkeit | Vorteile | Nachteile |
|---|---|---|---|
| Drei-Wege-ventil | DN 15-300 PN 25-40 ANSI 150-300 | - Geeignet für Misch- und Verteilerbetrieb durch einfachen Umbau vor Ort<br>- Zahlreiche Optionen verfügbar (Oberteile, Antriebe usw.)<br>- Gleichbleibender Gesamtdurchfluß durch lineare Ventilcharakteristik | - Eingeschränkter Anwendungsbereich (niedrige Differenzdrücke)<br>- Wegen geringer Verbreitung aufwendig und teuer (Gesamtanteil < 1 %) |
| Membran-ventil | DN 15-150 PN 6-16 ANSI 125 | - Ideal für feststoffbeladene Medien<br>- Nur leicht gekrümmter Strömungsweg<br>- Ökonomische Lösung bei niedrigen Temperaturen und Drücken<br>- Dichter Abschluß möglich | - Sehr begrenzter Anwendungsbereich in Bezug auf Temperaturen und Druck<br>- Nur geringer Regelbereich (innerhalb des ersten Viertels des Ventilhubes) |
| Schieber-ventil | DN 15-100 PN 25-40 ANSI 150-300 | - Sehr kompakt, Sandwichbauweise zum Einklemmen<br>- Unabhängig von Flanschnormen (DIN oder ANSI)<br>- Ökonomische Lösung | - Anwendung auf saubere Medien beschränkt<br>- Keine Optionen verfügbar wie bei "leichter Baureihe"<br>- Geringe Regelbarkeit (Kurzhub) |
| Schlauch-ventil | DN 15-150 PN 6-16 ANSI 125 | - Ideal für Schlämme und verschmutzte Medien<br>- Gerader Durchgang, geringe Verstopfungsgefahr<br>- Gute Dichtheit nach außen (keine Stopfbuchse) | - Sehr begrenzter Anwendungsbereich in Bezug auf Temperaturen und Druck<br>- Sehr geringer Regelbereich<br>- Anwendung nicht erlaubt bei gefährlichen Stoffen |

## 6.3 Stellventile mit Schwenkbewegung des Drosselkörpers

Stellventile mit einer Schwenkbewegung zwischen 50 und 90° erfreuen sich in den letzten Jahren zunehmender Beliebtheit. Die Vor- und Nachteile der wichtigsten Stellventile mit Schwenkbewegung sind in Tabelle 6-2 aufgeführt. Für den ständig steigenden Marktanteil dieser Ventilbauarten, der häufig auf Kosten der klassischen Standardventile geht, sind hauptsächlich folgende Gründe maßgebend:

- Kostenvorteile bei größeren Ventilnennweiten
- Ausgezeichnete Regelbarkeit
- Höhere Durchflußkoeffizienten im Vergleich zu Hubventilen

Dieser Trend wird durch eine Reihe wichtiger Forderungen begünstigt, die früher nicht die gleiche Bedeutung hatten wie heute:

- Stärkeres Kostendenken der Anwender und Planer erfordern die ökonomisch beste Lösung bei der Auswahl von Stellgeräten.

- Wartung und Instandhaltung erlangen eine immer größere Bedeutung und werden bei der Planung in zunehmendem Maße berücksichtigt.

- Die heute fast obligatorische Anwendung von Computern bei der Auslegung von Stellgeräten erlaubt eine gezieltere Auswahl des bestgeeigneten Typs. So kann z. B. das Auftreten von Kavitation exakt vorhergesagt werden, was dazu führt, daß entweder entsprechende Maßnahmen getroffen werden, um die verlangte Lebensdauer zu erreichen, oder - was eigentlich vorzuziehen ist - eine Überprüfung der Betriebsbedingungen durchgeführt wird. Dies erlaubt häufig eine Herabsetzung des Pumpendruckes, was wiederum mit folgenden Vorteilen verbunden ist: (a) Das Vermeiden von Kavitation durch geringere Differenzdrücke am Ventil ermöglicht vielfach den Einsatz von Standardventilen anstelle teurer Spezialausführungen; (b) eine Reduzierung des Differenzdruckes auf das absolut notwendige Maß ergibt eine niedrigere Geräuschemission, was häufig einen Verzicht auf teure geräuscharme Ventile ermöglicht; und (c) ein geringer Differenzdruck, der durch die Wahl einer Pumpe mit geringerer Förderhöhe erzielt werden kann, ergibt naturgemäß einen geringeren Energiebedarf für den Antrieb der Pumpe.

Der Versuch, mit dem geringstmöglichen Differenzdruck am Ventil auszukommen, hat allerdings auch zwei wesentliche Nachteile:

- Der Durchflußkoeffizient des Stellventils muß zwangsläufig größer werden, wenn der Differenzdruck reduziert wird. Dies kommt aber den Befürwortern von Schwenkarmaturen entgegen, die ohnehin meistens höhere $Kv_{100}$-Werte im Vergleich zu Standardventilen aufweisen.

- Die Regelbarkeit reduziert sich bei abnehmendem Differenzdruck, d. h. der "Durchgriff" des Ventils verliert an Wirkung. Dieser Nachteil kann aber durch eine exakte Auslegung gemildert werden.

### 6.3.1 Kugelventile

*Kugelhähne* wurden bis vor einigen Jahren ausschließlich für AUF-ZU-Betrieb verwendet. Sie erlauben einerseits ein sicheres Absperren bei hohen Differenzdrücken, und rufen andererseits nur einen minimalen Druckverlust in der OFFEN-Stellung hervor. Seit sie aber immer häufiger auch zum Regeln eingesetzt werden, hat sich der Begriff *Kugelventil* eingebürgert, der auch hier verwendet wird. Das zentrale Teil des Ventils ist eine durchbohrte Kugel anstelle eines konischen oder zylindrischen Kükens, die zwischen zwei Dichtringen aus PTFE oder Metall positioniert ist und durch eine nach außen geführte Welle um 90° gedreht werden kann. Wenn man eine geometrisch exakte Kugelform und eine feinstbearbeitete Oberfläche voraussetzt, kann ein absolut gasdichter Abschluß erreicht werden.

Die angepreßten Dichtringe streifen anhaftenden Schmutz bei der Schwenkbewegung ab und bilden mit den scharfen Kanten der durchbohrten Kugel eine scherenartige Vorrichtung, so daß auch lange Fasern abgeschnitten werden können.

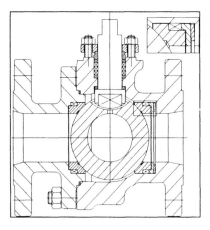

Bild 6-12: Kugelventil mit "schwimmender" Kugel [13]

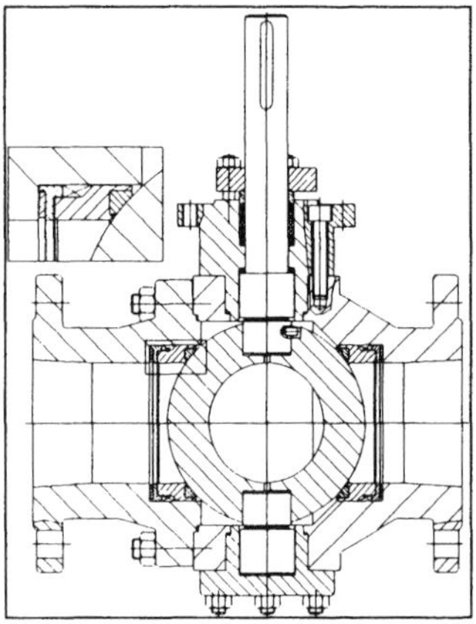

Bild 6-13: Kugelventil mit "gelagerter" Kugel [14]

Diese Eigenschaften - in Verbindung mit einem geraden Durchgang bei vollem Öffnungsquerschnitt - machen Kugelventile besonders geeignet für zähe, klebrige und feststoffbeladene Durchflußmedien. Die Konstruktionsprinzipien und Gehäuseformen sind zahlreich. Für einfache Anwendungen (AUF-ZU-Betrieb) enthält die Kugel einen Schlitz oder eine andere Ausbildung für eine formschlüssige Verbindung mit der Antriebswelle. Eine geringe Lose kann hierbei in Kauf genommen werden (Bild 6-12). Für Regelzwecke bestehen Kugel und Schaft oftmals aus einem Stück.

Meistens ist das Gehäuse in Achsrichtung geteilt und wird durch einen Deckelflansch verschlossen, um die Kugel einschließlich Schaft montieren zu können. Man unterscheidet bei Kugelventilen zwischen einer "schwimmenden" und einer an zwei Zapfen "gelagerten" Kugel. Ein Nachteil der "schwimmenden" Kugel ist die hohe Reibung bei großen Nennweiten und Differenzdrücken, was sehr hohe Antriebs-Drehmomente erfordert. Bei einer "gelagerten" Kugel ist der Reibradius entsprechend reduziert, was allerdings auf Kosten des maximal zulässigen Differenzdruckes geht (Bild 6-13).

Eine weitere Spielart des "gelagerten" Kugelventils ist das *Kugelsegmentventil.* Bei diesem Typ wird die durchbohrte Kugel durch ein Kugelsegment ersetzt, was nicht nur eine Gewichts- und Kostenersparnis, sondern auch eine verbesserte Regelbarkeit bedeutet. Ein erheblicher Nachteil aller Kugelventile mit vollem Querschnitt, d. h. Bohrungsdurchmesser der Kugel = Ventilnennweite, ist das eingeschränkte Drosselvermögen. Bekanntlich kommt der Druckabfall dadurch zustande, indem das Medium in der Drosselstelle zunächst beschleunigt und danach im querschnittserweiterten Ventilgehäuse mehr oder weniger abrupt verzögert wird. Dabei ist die Erweiterung für den zu erzielenden Effekt genauso wichtig wie die Verengung. Die fehlende Erweiterung des Strömungspfades ist aber bei Kugelventilen ein entscheidendes Manko, wenn man einmal von Regelungen bei sehr kleinen Ventilöffnungen absieht.

Anders dagegen beim Kugelsegmentventil, das ähnlich einem Drehkegelventil den erforderlichen Entspannungsraum bietet (Bild 6-14). Anstelle einer massiven Kugel enthält das Kugelsegmentventil eine zweifach gelagerte (6, 9) schalenförmige Halbkugel mit V-förmigem Schlitz (2), die mit der Ventilspindel (6) formschlüssig (4) verbunden ist und in Verbindung mit einem federnden Sitz (3, 13) abdichtet. Dadurch werden Ablagerungen abgestreift und eventuell im Medium mitgeführte lange Fasern abgetrennt. Je nach Ausbildung des V-förmigen Schlitzes kann die gewünschte Charakteristik (linear oder gleichprozentig) realisiert werden. Ventile dieser Art werden meistens flanschlos ausgeführt und passen sich somit jeder Flanschnorm ohne Probleme an. Vorteilhaft ist das geringe Drehmoment im Vergleich zu Kugelventilen mit "schwimmender" Kugel. Nachteilig ist allerdings die höhere Leckmenge und der relativ geringe zulässige Differenzdruck, der von der Art der Lagerung des Drosselkörpers und der Konstruktion des Sitzes bestimmt wird.

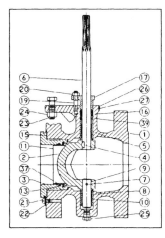

Bild 6-14: Kugelsegmentventil [15]

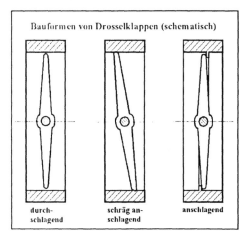

Bauformen von Drosselklappen (schematisch)

durch-schlagend　　schräg an-schlagend　　anschlagend

Bild 6-15: Verschiedene Ausführungsformen von Drosselklappen (schematisch)

## 6.3.2 Drosselklappen

Drosselklappen enthalten eine zentrisch oder exzentrisch gelagerte Scheibe, die in einem meist sandwichartigen Gehäuse verdreht werden kann. Bei AUF-ZU-Betrieb beträgt der Drehwinkel 90°, bei Regelbetrieb wird der Öffnungswinkel meistens auf 60° begrenzt. Wegen der leichten, kostensparenden Bauweise sind Drosselklappen - insbesondere bei großen Nennweiten und niedrigen Differenzdrücken - eine kostengünstige Alternative zu Standardventilen.

Wie bei den meisten Bauarten gibt es auch hier zahlreiche Ausführungsvarianten, was die Gehäuseform (flanschlos, geflanscht, mit Anschweißenden usw.), die Art der Klappenbewegung und die Abdichtung im Gehäuse anbetrifft. Weit verbreitet sind die durchschlagenden Klappen, die vorwiegend für Regelaufgaben eingesetzt werden, bei denen es nicht auf eine hohe Dichtheit in der Geschlossenstellung ankommt. Die Restleckmenge wird naturgemäß durch die für eine einwandfreie Funktion notwendige Spaltbreite bestimmt. Eine geringere Leckmenge läßt sich mit einer schräg anschlagenden Klappe oder einer im Gehäuse angeordneten metallischen Dichtleiste erreichen. Eine Gegenüberstellung häufig angewendeter Bauarten zeigt Bild 6-15.

Dichtschließende Absperrklappen enthalten meistens ein elastisches Dichtelement aus synthetischem Kautschuk, das entweder im Sitz oder auf der Klappenscheibe angebracht ist. Häufig ist die Klappe auch völlig mit synthetischem Kautschuk oder PTFE ausgekleidet, wobei die Stirnflächen der Auskleidung die vorgezogene Dichtleiste bilden und zur Abdichtung am Gegenflansch mit einbezogen werden. Die am Durchmesser abgerundete Klappenscheibe ist in solchen Fällen aus Stahl und preßt sich in der Geschlossen-Stellung mit einer geringen Verformung der Auskleidung radial an (Bild 6-16 links). Oft wird auch ein Profilring aus synthetischem Kautschuk als Dichtelement verwendet, der mit Hilfe eines metallischen Klemmringes auf der Klappenscheibe befestigt wird (Bild 6-16 rechts). Nachteilig ist in beiden Fällen das zusätzliche Drehmoment, bedingt durch die Reibung beim Öffnen oder Schließen der Klappe. Es sind deshalb spezielle Ausführungen entwickelt worden, die trotz eines dichten Abschlusses einen hysteresearmen Regelbetrieb ermöglichen. In der Geschlossenstellung bläht sich z. B. die gummielastische Auskleidung auf und legt sich an die Klappenscheibe an, indem ein Luftdruck zwischen Gehäuse und Auskleidung aufgebracht wird.

Ein Nachteil dichtschließender Klappen mit gummielastischer Dichtung ist die beschränkte Anwendbarkeit in Bezug auf Druck, Temperatur und Beständigkeit des Elastomers gegenüber dem Medium.

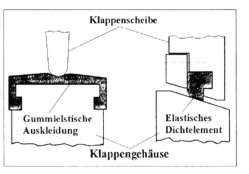

**Klappenscheibe**

**Gummielastische Auskleidung**

**Elastisches Dichtelement**

**Klappengehäuse**

Bild 6-16: Drosselklappe mit gummielastischer Auskleidung (links) und eingeklemmtem Dichtring aus synthetischem Kautschuk (rechts)

In den letzten Jahrzehnten wurden Drosselklappen in mancherlei Hinsicht weiterentwickelt. So gibt es z. B. Klappen mit einem veringerten Drehmoment unter dynamischen Bedingungen, was durch eine spezielle Formgebung des Klappenprofils erreicht wird, oder Klappen mit zahnartigen Auswüchsen, die bei geringer Öffnung wie ein Strömungsteiler wirken und die Geräuschemission reduzieren. Der größte Fortschritt ist allerdings bei den sogenannten "High-Performance"-Klappen erreicht worden. Diese Klappen werden in der Regel doppelexzentrisch ausgeführt und mit einem metallischen Dichtring versehen. Sie eignen sich daher auch für hohe Drücke und Temperaturen (Bild 6-17).

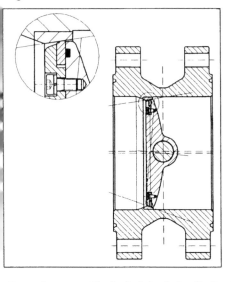

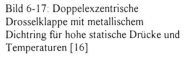

Bild 6-17: Doppelexzentrische Drosselklappe mit metallischem Dichtring für hohe statische Drücke und Temperaturen [16]

Besonders vorteilhaft sind das hohe Stellverhältnis und die niedrige Leckage in der Geschlossenstellung, die einem Einsitzventil in nichts nachsteht.

Die Geometrie der Bewegung einer doppelexzentrischen Drosselklappe ist recht kompliziert. Deshalb wird ein Dichtelement erforderlich, das nicht nur eine Mindestelastizität aufweist, sondern darüber hinaus in radialer Richtung eine geringe Beweglichkeit gestattet, ohne daß es zwischen Dichtung und Klappenscheibe zu einer Leckage kommt. Dadurch kann sich der Dichtring beim Schließvorgang dem Sitz anpassen und ermöglicht auf diese Weise einen dichten Abschluß. Der Dichtring besteht meistens aus einem exotischen Werkstoff mit hoher Warmfestigkeit und ausgezeichneter Korrosionsbeständigkeit.

Der typische Drehmomentverlauf einer zentrischen Drosselklappe verdient in Verbindung mit pneumatischen Antrieben besondere Beachtung (Bild 6-18). Die Klappe tendiert zunächst zum selbsttätigen Schließen, wobei das Drehmoment bis zu einer Öffnung von ca. 75° stetig ansteigt. Danach nimmt das Moment wieder rapide ab, so daß sich ein bistabiles Verhalten ergibt: Bei 0° (ZU) und 90° (AUF).

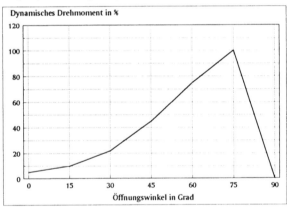

Bild 6-18: Typischer Drehmomentverlauf einer zentrischen Drosselklappe

### 6.3.3 Drehkegelventile

Diese Ventilart sollte besser "Rotary"-Ventil heißen wie in den USA, faßt sie doch verschiedene Ventilbauarten unter einem Oberbegriff zusammen die eines gemeinsam haben: Eine drehende Verstellung der Ventilöffnung. Die Form des Drehkegels variiert vom einfachen durchbohrten Zylinder bis zum komplizierten exzentrisch gelagerten Drosselkörper mit Kugelsegmentoberfläche. In diese Rubrik gehören also auch Ventile, die allgemein als Hähne bezeichnet werden und deren Drosselkörper entweder eine zylindrische oder konische Form und eine durchgehende, spezielle Öffnung haben, deren Profil für die Durchflußcharakteristik maßgebend ist.

Die sogenannten Kükenhähne mit konischem Verschlußteil sind seit mehr als 2000 Jahren im Gebrauch und wurden früher - aus Holz geschnitzt - zum Zapfen von Wein benutzt. Mit der Entwicklung neuer, hochkorrosionsbeständiger Stoffe wie z. B. PTFE oder PFA, die häufig zur Auskleidung metallischer Armaturengehäuse herangezogen werden, haben diese altbekannten Bauarten eine Renaissance erfahren. Dieses Prinzip wird allerdings in erster Linie zum Absperren, seltener zum Regeln verwendet.

*Drehkegelventil mit konischen Küken (Bild 6-19)*

Das Ventil besteht aus einem Gehäuse (1) mit geradem Durchgang, einem Deckel (4), der Zugang zum Inneren gewährt und dem konischen Küken (3), das eine meist rechteckige Öffnung enthält. Steht die Öffnung quer zur Fließrichtung, ist das Ventil geschlossen. Durch eine Drehung von 90° mittels Hebel (11) oder Antrieb wird die volle Öffnung erreicht. Der Druckverlust ist entsprechend gering, was bei reinem AUF-ZU-Betrieb stets erwünscht ist. Bei genauer Anpassung und hoher Oberflächengüte der konischen Bohrung im Gehäuse und dem beweglichen Küken kann ein dichter Abschluß erreicht werden. Das konische Küken hat darüber hinaus den Vorteil, daß eine Nachstellung möglich ist, indem der Konus mit Hilfe des Deckels weiter in das Gehäuse hinein gepreßt wird. Meistens werden heute Kükenhähne verwendet, die eine PTFE/PFA-Auskleidung aufweisen, um hohe Dichtheit mit einem vergleichsweise geringen Drehmoment zu kombinieren. Auch wird damit ein "Fressen" des metallischen Kükens vermieden, wenn das Medium selbst keine schmierenden Eigenschaften aufweist. Auf der Stirnseite des Kükens wird ebenfalls eine spezielle PTFE-Formscheibe eingesetzt, um die Reibungskräfte gering zu halten und für eine gute Abdichtung am Kükenschaft zu sorgen (Bild 6-19).

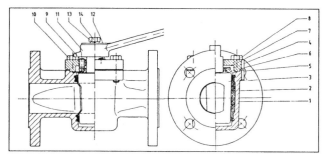

Bild 6-19:
Kükenhahn mit
konischem Küken
[17]

Für reine Regelaufgaben sind Kükenhähne wenig geeignet, auch wenn versucht wird, der Bohrung im Küken ein dreieckiges oder anders geartetes Profil zu geben, um eine bessere Regelbarkeit zu erreichen.

Bei Ventilen mit PTFE/PFA-Buchse bzw. Auskleidung sind der Anwendung
natürliche Grenzen gesetzt. Beim Verzicht auf moderne Fluor-Kunststoffe bereiten dem Regelungstechniker die hohe Reibung und vor allem der "stick-slip"
Effekt Sorgen. Hierunter versteht man ein ruckweises Bewegen des Kükens in
Verbindung mit einem pneumatischen Antrieb, was für eine feinfühlige Regelung untragbar ist. Hinzu kommt - wie übrigens auch bei Kugelventilen - ein
häufiges "Festsitzen", wenn das Ventil lange Zeit nicht bewegt wird. Meistens
ist Korrosion oder ein Verkleben des Mediums die Ursache.

Ein anderes Problem stellen die meist unterschiedlichen Ausdehnungskoeffizienten von Gehäuse und Küken dar, wodurch der Temperaturbereich, bei dem
eine hohe Dichtheit garantiert ist, einschränkt wird. Die Herstellung dieser
Bauart ist einfacher als beim Kugelventil, was sich in geringeren Kosten bzw.
niedrigeren Verkaufspreisen ausdrückt.

*Drehkegelventile mit Kugelsegment*

Diese Ventilbauart hat seit den Achtziger Jahren ständig an Bedeutung gewonnen. Vorreiter dieser Entwicklung war das "Camflex"-Ventil von Masoneilan.
Inzwischen haben fast alle bedeutenden Hersteller von Stellgeräten eine ähnliche Ausführung in ihrem Fertigungsprogramm. Vorteilhaft sind das hohe Stellverhältnis, gute Regelbarkeit durch geringe Reibung und eine ausgezeichnete
Dichtheit bei vergleichsweise geringer Antriebskraft. Man hat in diesem Falle
versucht, die Vorteile eines Kugelventils (hoher Kv-Wert, kompakte Abmessungen) mit den Vorteilen eines Standardventils (geringe Reibung, gute Regelbarkeit) zu kombinieren. Die ursprüngliche Idee war ein flanschloses Ventil,
das unabhängig von den vielen unterschiedlichen Flanschnormen in jede Rohrleitung eingebaut werden kann. Inzwischen sind aber neben den Vorteilen einer
flanschlosen Ausführung auch dessen Mängel zutage getreten: Die Gefahr von
Leckagen bei hohen Temperaturen. Dies führte z. B. zu der Empfehlung, bei
brennbaren Flüssigkeiten und Gasen bevorzugt Ventile mit Flanschen einzusetzen, um der Gefahr eines Brandes vorzubeugen. Da bei flanschloser Ausführung der Ventilkörper mittels 4 bis 12 außenliegender Bolzen zwischen den
Rohrleitungsflanschen eingeklemmt wird, wären sie bei einem Brand in besonderer Weise den Flammen ausgesetzt, so daß die hochbeanspruchten Schraubenbolzen sich dehnen und damit die Leckage vergrößern würden. Das gleiche
Problem besteht übrigens für alle flanschlosen Ausführungen. Allerdings wird
die Gefahr einer Leckage bei einer kurzen Sandwich-Bauweise, wie bei Drosselklappen, durch die relativ vielen und kurzen Schrauben gemindert. Drehkegelventile dieses Typs bestehen aus einem Gehäuse mit geradem Durchgang,
einem in axialer Richtung eingeschraubten Befestigungsring, dem in radialer
Richtung justierbaren Sitzring und dem exzentrisch gelagerten Drehkegel, der

von einer radial austretenden Spindel innerhalb eines Drehwinkels von 50 bis 72° verdreht werden kann (Bild 6-20). Bedingt durch die exzentrische Lagerung des Drehkegels berührt er den Sitzring mit der Kugelkalotte nur in der Geschlossen-Stellung. Dies reduziert die Reibungskräfte auf ein Minimum und prädestiniert diesen Ventiltyp besonders für Regelaufgaben. Die Größe der Exzentrizität (ca. 10% der Nennweite) ist auch entscheidend für die erforderliche Schießkraft des Antriebs.

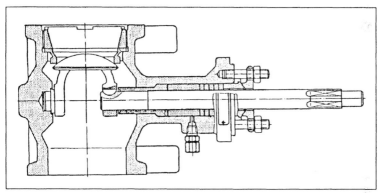

Bild 6-20: Schnitt durch ein exzentrisches Drehkegelventil [18]

Je kleiner der Mittenversatz wird, um so höhere Differenzdrücke werden ermöglicht. Bei zu geringer Exzentrizität neigen Drehkegelventile allerdings zum Verklemmen im Sitz, was aus regelungstechnischer Sicht sehr ungünstig ist, da das Ventil bei einer Umkehrung der Antriebsrichtung dann dazu neigt, plötzlich ruckartig aufzuspringen. Zwei Besonderheiten der so einfach erscheinenden Drehkegelventile sind aus fertigungs- bzw. regelungstechnischen Gründen erwähnenswert: *Dichtheit* und *dynamische Stabilität*. Eine geringe Restleckmenge (0,01% von Kvs) ist für viele Prozesse von größter Wichtigkeit, was die Vorliebe für Einsitzventile verdeutlicht. Die hohe Dichtheit wird aber nur dann erreicht, wenn sich die Mittellinien von Kugelkalotte und Sitzring in der Geschlossen-Stellung genau decken. Da dies mit fertigungstechnischen Mitteln allein nicht gewährleistet werden kann, bedarf es besonderer "Tricks", um einen dichten Abschluß zu erreichen. Beim "Camflex"-Ventil ist es die geringe Flexibilität der beiden Arme, die eine exakte Anpassung von Kugelkalotte und Sitzring ermöglichen. Bei dem in Bild 6-20 dargestellten "FloWing"-Ventil ist der Sitzring in radialer Richtung justierbar, um eine exakte Anpassung zu erreichen. Ein anderes Problem bei Drehkegelventilen ist die Drehmomentumkehr, die bei einem Öffnungswinkel von ca. 60° auftritt. Dieses Verhalten ist insbesondere in Verbindung mit pneumatischen Antrieben unvorteilhaft und muß aus Gründen einer unzureichenden dynamischen Stabilität vermieden werden.

Meist wird der Öffnungswinkel des Ventils auf 50-55° begrenzt, oder es wird der Umkehrpunkt des Drehmomentes durch Anbringen eines "Flügels" (Wing), der mit dem Drehkegel fest verbunden ist, zu größeren Öffnungswinkeln hin verschoben, so daß eine Öffnung bis ca. 72° ermöglicht wird.

Tabelle 6-2: Vor- und Nachteile von Stellgeräten mit Schwenkbewegung

| Ventilbauart | Typische Verfügbarkeit | Vorteile | Nachteile |
|---|---|---|---|
| Kugelventil mit "schwimmen-der" Kugel | DN 15-200 PN 16-100 ANSI 125-600 | - Extrem hohe Kv-Werte bei voller Bohrung = Nennweite<br>- Robuste Konstruktion mit Selbstreinigungseffekt<br>- Exzellente Dichtheit | - Hoher Druckrückgewinn, niedrige $F_L$-und $X_T$-Werte<br>- Geringes Drosselvermögen<br>- Hohe Reibung + Hysterese<br>- Teuer bei großen Nennweiten |
| Kugelventil mit "gelagerter" Kugel | DN 100-1000 PN 10-40 bis ANSI 300 | - Extrem hohe Kv-Werte bei voller Bohrung = Nennweite<br>- Robuste Konstruktion mit Selbstreinigungseffekt<br>- Gute Dichtheit | - Hoher Druckrückgewinn, niedrige $F_L$-und $X_T$-Werte<br>- Geringes Drosselvermögen<br>- Beschränkter Differenzdruck<br>- Teuer bei großen Nennweiten |
| Kugelsegment-ventil | DN 50-400 PN 16-40 ANSI 125-300 | - Hohe Kv-Werte<br>- Gute Regelbarkeit und Charakteristik bei V-Schlitz-Segment<br>- Ökonomische Alternative bei großen Nennweiten > DN 150 | - Hoher Druckrückgewinn, niedrige $F_L$-und $X_T$-Werte im Vergleich zu Standardventilen<br>- Geringes Drosselvermögen<br>- Beschränkter Differenzdruck |
| Drosselklappen (normale Ausführung) | DN 50-1200 PN 6-25 bis ANSI 150 | - Kompakt und geringes Gewicht bei Sandwich-Gehäuse<br>- Preiswerteste Alternative<br>- Hohe Kv-Werte, gute Regelbarkeit, geringe Drehmomente<br>- Breite Palette von Auskleidungsmaterialien verfügbar | - Hohe Restleckmenge bei durchschlagender Ausführung<br>- Nur geringe Differenzdrücke zulässig (Lärm, Kavitation)<br>- Begrenzte Anwendung bei ausgekleideten Klappen<br>- Keine Optionen verfügbar |
| Drosselklappen (schwere Ausführung mit exzentrisch gelagerter Scheibe) | DN 100-400 PN 25-250 ANSI 150-1500 | - Kompakte Ausführung bei Sandwich-Gehäuse<br>- Hohe Kv-Werte, gute Regelbarkeit<br>- Gute Dichtheit bei hohem statischen Differenzdruck<br>- Ökonomische Alternative | - Nur geringe dynamische Differenzdrücke zulässig (Lärm, Kavitation usw.)<br>- Wenige Optionen verfügbar<br>- Relativ hohe Drehmomente im Vergleich zu einfachen Klappen |
| Kükenventile (konische Ausführung) | DN 15-200 PN 10-40 bis ANSI 300 | - Preiswerte Lösung bei AUF-ZU Betrieb und hohen Differenzdrücken<br>- Hohe Kv-Werte<br>- Dichter Abschluß | - Hohe Reibung und Hysterese<br>- Ungeeignet bei genauen Regelaufgaben<br>- Eingeschränkte Anwendung bei Teilen aus PTFE oder PFA |
| Kükenventile (zylindrische Ausführung) | DN 25-300 PN 10-40 bis ANSI 300 | - Preiswerte Lösung bei AUF-ZU Betrieb und Regelungen mit geringen Anforderungen<br>- Hohe Kv-Werte | - Eingeschränkte Anwendung bei Teilen aus PTFE oder PFA<br>- Hoher Druckrückgewinn (Lärm Kavitation usw.) |
| Drehkegelventil mit exzentrischer Lagerung und Kugelsegment-Oberfläche | DN 25-300 PN 25-100 ANSI 150-600 | - Kompakte Ausführung bei flanschlosem Gehäuse<br>- Hohe Kv-Werte, gute Regelbarkeit<br>- Hohe Dichtheit bei moderaten Antriebskräften<br>- Integriertes "Oberteil" | - Wenige Optionen verfügbar<br>- Relativ hoher Druckrückgewinn (Lärm, Kavitation)<br>- Teuer bei kleinen Nennweiten<br>- Eingeschränkte Anwendung bei flanschloser Ausführung |

Tabelle 6-3: Spezifische Eigenschaften verschiedener Hubstellgeräte

| Bewertung der Kriterien:<br><br>++ sehr gut<br><br>+ gut<br><br>o noch befriedigend<br><br>- weniger gut geeignet<br><br>-- völlig ungeeignet bzw. ungenügend | Einsitzventil (leichte Baureihe) | Einsitz-Vierflanschventil | Doppelsitz-Vierflanschventil | Drei-Wege-Misch-/Verteilerventil | Geräuscharmes Mehrstufenventil | Käfigventil mit Lochkäfig | Membran- oder Schlauchventil | Hochdruck-Eckventil | Schlitzschieber-Ventil |
|---|---|---|---|---|---|---|---|---|---|
| Kleinste verfügbare Nennweite | 15 | 25 | 50 | 15 | 25 | 25 | 15 | 25 | 15 |
| Größte verfügbare Nennweite | 300 | 150 | 300 | 300 | 300 | 300 | 150 | 150 | 100 |
| Preis-/Nennweitenverhältnis | + | - | -- | o | -- | o | ++ | -- | + |
| Preis pro Kv-Wert | + | - | -- | o | -- | o | ++ | -- | + |
| Erreichbarer Kv-Wert pro Nennweite | o | - | o | o | -- | + | + | o | - |
| Erreichbares Stellverhältnis Kvs/Kv$_0$ | ++ | + | o | + | o | o | -- | + | - |
| Kennliniengüte linear/gleichprozentig | + | ++ | + | + | o | + | -- | + | o |
| Dichtheit im Sitz | ++ | ++ | - | + | - | + | + | + | o |
| Eignung für Regelbetrieb | ++ | ++ | o | ++ | + | ++ | - | + | o |
| Reibung und Hysteresis | + | + | + | + | + | o | o | o | - |
| Dichtheit nach außen (Stopfbuchse) | o | o | o | o | o | o | + | o | o |
| Erforderliche Antriebskraft | + | o | ++ | o | - | + | -- | - | o |
| Variabilität (verfügbare Optionen) | ++ | ++ | + | o | - | ++ | - | + | - |
| Anwendbarer Temperaturbereich | ++ | ++ | + | + | ++ | + | -- | ++ | o |
| Anwendbarer Druckbereich | + | ++ | ++ | + | ++ | ++ | -- | ++ | + |
| Geräuschverhalten bei Gasen/Dampf | o | o | - | o | ++ | + | -- | o | + |
| Neigung zu Kavitation | o | o | -- | o | ++ | + | -- | o | - |
| Neigung zu Erosion | o | o | o | o | + | + | ++ | + | + |
| Totraumfreiheit im Gehäuse | - | - | - | - | - | - | + | + | + |
| Feuersicherheit des Ventils | o | o | - | - | o | o | -- | o | - |
| Anwendbarkeit bei Suspensionen | - | - | - | - | -- | -- | ++ | - | o |
| Reparaturfreundlichkeit des Ventils | + | ++ | ++ | + | - | + | - | o | - |
| Durchschnittliche Lebensdauer | + | ++ | ++ | + | o | ++ | - | + | o |
| Anteil in % aller Industrieventile ca. | 35 | 10 | < 1 | 2 | < 1 | 5 | 2 | < 1 | < 1 |

Tabelle 6-4: Spezifische Eigenschaften verschiedener Drehstellgeräte

| Bewertung der Kriterien:  ++ sehr gut  + gut  o noch befriedigend  - weniger gut geeignet  -- völlig ungeeignet bzw. ungenügend | Drosselklappe (durchschlagend) | Drosselklappe (anschlagend) | Schwere doppelexzentrische Klappe | Exzentrisches Drehkegelventil | Kugelventil mit schwimmender Kugel | Kugelventil mit gelagerter Kugel | Kugelsegmentventil | Hahn mit konischem Küken | PTFE/PFA ausgekleidete Drosselklappe |
|---|---|---|---|---|---|---|---|---|---|
| Kleinste verfügbare Nennweite | 50 | 80 | 100 | 25 | 15 | 25 | 50 | 15 | 80 |
| Größte verfügbare Nennweite | 1200 | 1200 | 400 | 300 | 200 | 1000 | 400 | 200 | 300 |
| Preis-/Nennweitenverhältnis | ++ | + | o | o | + | o | + | o | + |
| Preis pro Kv-Wert | ++ | ++ | + | + | ++ | ++ | ++ | + | + |
| Preis Ventil + pneum. Antrieb | ++ | + | o | o | - | - | o | - | + |
| Erreichb. Stellverhältnis $Kvs/Kv_0$ | ++ | + | ++ | ++ | + | + | ++ | o | + |
| Kennliniengüte linear/gleichproz. | o | o | o | o | - | - | + | - | o |
| Dichtheit im Sitz | -- | o | + | + | ++ | + | o | ++ | ++ |
| Eignung für Regelbetrieb | + | + | + | + | - | - | + | -- | + |
| Reibung und Hysteresis | + | + | o | + | - | o | o | -- | + |
| Dichtheit nach außen (Stopfbuchse) | o | o | o | o | o | o | o | o | + |
| Erforderliche Antriebskraft | + | + | o | + | - | o | + | - | + |
| Variabilität (verfügbare Optionen) | - | - | o | o | - | - | o | - | - |
| Anwendbarer Temperaturbereich | ++ | ++ | ++ | ++ | + | + | ++ | o | o |
| Anwendbarer Druckbereich | o | o | ++ | + | o | o | o | o | - |
| Geräuschverhalten Gase/Dampf | -- | -- | - | o | -- | -- | o | -- | -- |
| Neigung zu Kavitation | -- | -- | -- | o | -- | -- | o | -- | -- |
| Neigung zu Erosion | - | - | o | o | o | o | o | o | - |
| Totraumfreiheit im Gehäuse | + | + | + | o | + | + | o | + | + |
| Feuersicherheit des Ventils | - | - | - | - | ++ | + | - | + | - |
| Anwendbarkeit bei Suspensionen | + | - | o | + | + | + | ++ | + | + |
| Reparaturfreundlichkeit des Ventils | + | o | o | o | + | o | + | - | o |
| Durchschnittliche Lebensdauer | o | o | + | + | + | + | o | o | o |
| Anteil in % aller Industrieventile ca. | 9 | < 1 | < 2 | 14 | 13 | < 1 | 3 | < 1 | < 1 |

## 6.4 Spezialventile für besondere Anwendungen

Zahlreiche industrielle Prozesse erfordern Spezialventile, da die Erfahrung gezeigt hat, daß bei Anwendung von Standardventilen entweder Funktion und Lebensdauer unbefriedigend sind, oder sicherheitstechnische Forderungen nicht oder nur schwer eingehalten werden können. Weitere Argumente sind die schnelle, unproblematische Reinigung bzw. Desinfizierung oder eine leichte Austauschbarkeit von Verschleißteilen. Aus der Vielzahl von Spezialventilen für besondere Anwendungen werden willkürlich einige Ausführungen herausgegriffen, die in letzter Zeit größere Bedeutung erlangt haben.

*Ventile mit geschmiedetem Ventilgehäuse*

Trotz permanenter Fortschritte in der Gießereitechnik können Lunkerbildung und damit verbundene Undichtheiten niemals ganz ausgeschlossen werden. Besonders ärgerlich für den Hersteller ist die Tatsache, daß undichte Stellen im Guß meistens erst nach der Fertigbearbeitung sichtbar werden. Da Schweißen oder andere Möglichkeiten einer Nachbearbeitung meistens nicht erlaubt sind, bleibt nur noch eine Verschrottung übrig. Nicht zuletzt orientiert sich die vieldiskutierte *Druckbehälterverordnung* an diesen Fakten und verlangt zahlreiche Prüfungen, um die Eignung der Modelleinrichtungen und der Gießerei festzustellen. Unzweifelhaft ist, daß ein einwandfrei abgegossenes Ventilgehäuse qualitativ nicht schlechter sein muß als ein Schmiedegehäuse. Um jedoch die zahlreichen Prüfungen und Tests zu umgehen, werden heute für kleinere Nennweiten bis DN 80 geschmiedete Gehäuse angeboten (Bild 6-21).

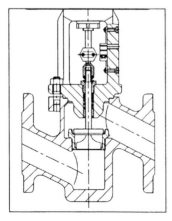

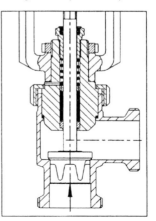

Bild 6-21: Stellventil mit geschmiedetem Gehäuse [19]

Bild 6-22: Nahrungsmittelventil [20]

Vorteilhaft ist das dichte Gefüge und die glatte Außenhaut. Nachteilig sind der hohe Zerspanungsaufwand und der relativ hohe Widerstandsbeiwert, bedingt durch die scharfen Umlenkungen innerhalb des Gehäuses.

*Spezialventile für Nahrungsmittel*

Diese Bauart wird meistens als Eckventil mit Gewindeanschluß (DIN 11851) ausgeführt und besteht grundsätzlich aus Edelstahl. Häufig wird statt Gewinde ein Schnellwechselverschluß (Triclamp) vorgesehen. Ein besonderer Vorteil ist die einfache und schnelle Zerlegbarkeit und Reinigung, was durch polierte Innen- und Außenflächen unterstützt wird. Die Ventile werden eingesetzt für: Milch, Sahne, Molke, Fruchtsäfte, Bier, Speiseöle usw. und werden anschließend wieder durch flüssige Reinigungsmittel gesäubert. Dies erfordert eine totraumfreie Konstruktion um Nahrungsmittelrückstände zu vermeiden. Eine spezielle Abdichtung der Ventilstangendurchführung sorgt dafür, daß nach einer Sterilisation mit Dampf keine Keimverschleppung auftritt (Bild 6-22).

*Schalt- bzw. AUF-ZU-Ventile*

Die permanente Zunahme von Batch-Prozessen hat zu einem speziellen Typ von Stellgeräten geführt, die nur zwei Extremstellungen kennen: entweder AUF oder ZU. Sie dosieren beispielsweise Additive, Farben, Zusatzstoffe usw. und werden von Zählwerken oder Massendurchflußmeßeinrichtungen gesteuert. Hauptmerkmale sind hohe Dichtheit im Sitz (Leckmengenklasse V oder VI), kurze Stellzeiten und Wartungsfreiheit (Bild 6-23). Aus diesem Grund wird häufig eine Faltenbalgabdichtung vorgesehen. Um kompakte Abmessungen zu ermöglichen, ist die Balglänge und der Nennhub des Ventils meistens kürzer als bei einem Regelventil. Geringe Restmengen können bei größeren Nennweiten und Differenzdrücken durch seitliche Anströmung auf den Kegel realisiert werden, da dynamische Stabilität bei einem Schaltventil nicht gefordert wird.

*Ventile mit geteiltem Gehäuse (Split Body)*

Grundsätzlich erfordern Ventile für den industriellen Einsatz - außer den Anschlüssen für die Rohrleitungsverbindungen - mindestens eine weitere Öffnung, um einen Zugang zu den Verschleißteilen (Drosselgarnitur) zu ermöglichen. Dies wird gewöhnlich dadurch erreicht, indem das Ventiloberteil zugleich als Verschlußteil des Gehäuses dient. Eine andere Konstruktion, die in den USA sehr beliebt ist, verzichtet auf ein Oberteil und teilt stattdessen das Ventilgehäuse in der Mitte. Auf diese Weise lassen sich sowohl Durchgangs- als auch Eckventile realisieren (Bild 6-24).

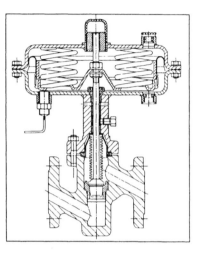

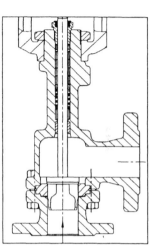

Bild 6-23: Pneumatisches Schaltventil
mit Faltenbalg [21]

Bild 6-25: Ventil mit geteiltem
Gehäuse (Split Body) [22]

Der Sitzring (2) dient hier als Zentrierung der beiden Gehäuseteile. Wie alle anderen Ausführungsformen hat diese Bauart spezielle Vor- und Nachteile, die abzuwägen sind. Vorteilhaft ist die Variabilität des Gehäuses in bezug auf die Rohrleitungsführung und die einfache Austauschbarkeit des Sitzringes ohne Spezialwerkzeuge. Die unvermeidlichen Spannungen der Rohrleitung, die unweigerlich auf das Ventilgehäuse übertragen werden, stellen für den "Split-Body-Typ" jedoch eine außergewöhnliche Belastung dar, was als Nachteil gewertet werden muß. Aus diesem Grunde ist die Anwendung dieser Bauart bei bestimmten Prozessen ausdrücklich untersagt.

*Ventile mit Teilen aus Keramik*

In den letzten Jahren wurden zahlreiche Ausführungsvarianten vorgestellt, bei denen wesentliche Teile vollständig oder teilweise aus Keramik bestehen. Im Verlauf der Entwicklung hat es Fortschritte, aber auch immer wieder Rückschläge gegeben, weil die Keramik im Vergleich zu metallischen Werkstoffen eine grundsätzlich andere Behandlung erfordert. Die vergleichsweise geringe Zähigkeit, Temperaturschock- und Zugfestigkeit lassen Keramik - zumindest heute noch - für drucktragende Gehäuseteile als ungeeignet erscheinen. Aus diesem Grunde konzentrieren sich die Bemühungen der Konstrukteure vorwiegend auf die Verschleißteile, wie Kegel und Sitzring.

Aber auch der Ventilauslauf, der einem hohen Verschleiß ausgesetzt ist, kann durch eine Buchse aus Keramik wirkungsvoll geschützt werden (Bild 6-25). Bei dieser Ausführung (Split-Body) entfallen sogar teilweise die besonderen Probleme, die mit der Verbindung von Metall und Keramik verbunden sind, wie später noch erläutert werden wird.

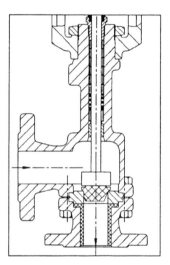

Bild 6-26: Ventil mit Keramik-         Bild 6-27: Dampfumformventil mit kombinierter
garnitur [23]                           Regelung von Dampf und Kühlwasser [27]

*Dampfumformventile*

Die Umformung von überhitztem Hochdruckdampf in Dampf mit niedriger Temperatur und geringerem Druck ist eine gängige Praxis in der Industrie; vor allem aber in Kraftwerken, um die Energie des Dampfes am Austritt der Turbine noch für andere Zwecke (z. B. Beheizung) nutzen zu können. Früher kamen für die Dampfumformung zwei verschiedene Ventile zum Einsatz: das erste für die Reduzierung des Druckes, das zweite für die Regelung des beizumischenden Kühlwassers (Bild 6-28). Das Druckregelventil (3) reduziert den Dampfdruck auf den vom Regler (2) vorgegebenen Wert, während das Kühlwasserventil (4) soviel Wasser beimischt, bis der Istwert des Meßumformers (1) dem Temperatur-Sollwert entspricht. Die Dampfkühlung erfolgt durch Einspritzen von Kühlwasser in den Dampfstrom, wobei besondere Maßnahmen notwendig sind um eine feine Zerstäubung des Wassers zu erreichen. Heute

wird in den meisten Fällen nur noch ein einziges Ventil eingesetzt, das beide
Aufgaben gleichzeitig löst (Bild 6-27).

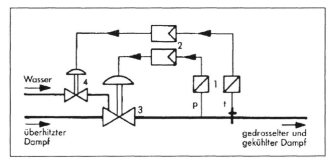

Bild 6-28: Prinzip der Dampfumformung mit zwei Ventilen

Dabei regelt der Drosselkörper sowohl die Dampfzufuhr als auch die
Kühlwassermenge. Die beiden Kv-Werte stehen in einem festen Verhältnis zu
einander, was natürlich die Regelbarkeit des Niederdruckdampfes einschränkt.
Sollen Druck und Dampftemperatur auf der Niederdruckseite in weiten Grenzen veränderlich sein, so sind nach wie vor zwei getrennte Ventile notwendig.
Bei hohen Druckverhältnissen ist eine mehrstufige Entspannung und eine erweiterte Ausgangsnennweite erforderlich. Da der gekühlte Dampf unmittelbar hinter dem Ventil noch inhomogen ist, wird häufig ein Prallblech vorgesehen, um
die Wandungen des Ventils vor Tropfenschlag zu schützen.

Eine andere Konstruktion, die auch geräuschmindernd wirkt ist in Bild 6-29
dargestellt. Das Kühlwasser wird von den heißen Wänden des Umformventils
ferngehalten und trifft beim Eintritt zunächst auf ein Drahtgewebe aus Edelstahl, das für eine gute Durchmischung sorgt und die Homogenität des Dampfes
auf der Niederdruckseite im gesamten Lastbereich fördert.

*Bodenablaßventile*

Viele Prozeßabläufe in der chemischen Industrie verlangen eine vollständige
Entleerung eines Behälters oder Tanks. Dies kann mit Hilfe eines speziellen
Bodenventils (Bild 6-29) gelöst werden, das darüber hinaus noch folgende Eigenschaften haben sollte: (a) Leckfreier Abschluß, (b) totraumfreier Anschluß,
(c) Schnittstelle für pneumatischen Antrieb, (d) Fähigkeit Krusten zu brechen.

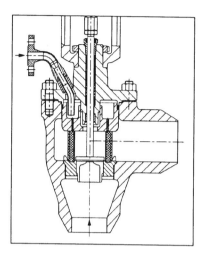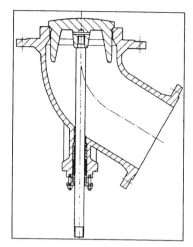

Bild 6-29: Dampfumformventil mit          Bild 6-30: Bodenablaßventil [26]
"Strömungsteiler" [25]

*Ausgekleidete Ventile*

In den letzten Jahren haben ausgekeidete Stellgeräte einen großen Aufschwung erlebt. Vor allem Ventile aus Sphäroguß mit einer Auskleidung aus PTFE oder PFA ersetzen zunehmend wesentlich teuere, exotische Werkstoffe. Bild 6-30 zeigt ein Regelventil mit PFA-Auskleidung und PTFE-Faltenbalg. Sitz und Kegel sind wie bei einem konventionellen Ventil austauschbar. Eine zusätzliche Sicherheitsstopfbuchse vermeidet größere Leckagen, wenn der PTFE-Faltenbalg aus irgendeinem Grund brechen, oder undicht werden sollte. Auch Kugelhähne oder Drosselklappen können mit einer entsprechenden Auskleidung versehen werden. Alle vom Medium berührten Teile sind in diesem Fall von einer dickwandigen, korrosionsfesten Fluorkunststoffschicht (PFA, FEP, PVDF) überzogen. Das Gehäuse aus Sphäroguß GGG 40.3 gewährleistet eine ausreichende Festigkeit und ermöglicht besonders bei großen Nennweiten eine erhebliche Kostensenkung gegenüber Kugelhähnen aus Edelstahl.

Bild 6-31 zeigt eine mit PFA oder PTFE ausgekleidete Drosselklappe und geteiltem Gehäuse. Auch hier sorgt die Auskleidung für eine Trennung des Mediums von den drucktragenden Teilen der Drosselklappe. Die Auskleidung wird in der Regel um die Stirnflächen der Flansche herumgezogen, so daß auf zusätzliche Flanschdichtungen verzichtet werden kann.

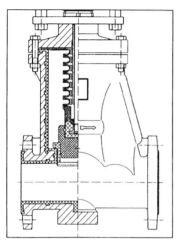

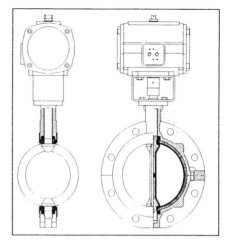

Bild 6-31: Mit PFA ausgekleidetes
Regelventil [30]

Bild 6-32: Ausgekleidete Drosselklappe [31]

## 6. 6 Allgemeine Tendenzen und statistische Entwicklung

Seit den Siebziger Jahren ist auf dem Gebiet der Stellgeräte eine ständige Neu-
orientierung zu beobachten. Wie es für die meisten Investitionsgüter typisch ist,
kamen auch hier die Impulse im wesentlichen von der Anwenderseite. Hatten
früher technische Merkmale, wie z. B. Kennlinie oder Stellverhältnis, höchste
Priorität bei der Auswahl des Stellgerätes, so verschoben sich mit dem Beginn
der Energiekrise zunehmend die Akzente in Richtung Wirtschaftlichkeit. Der
zunehmende Kostendruck zwang damals Planer und Anlagenbauer, auch
kostengünstigere Alternativen zu betrachten. War es früher z. B. üblich, das
Stellgerät zwischen zwei Absperrventilen anzuordnen und darüber hinaus eine
Bypassleitung mit einem handbetätigten Stellventil vorzusehen, um im Falle einer Funktionsstörung das Stellgerät problemlos ausbauen und den Prozeß vorübergehend von Hand regeln zu können, so wird heute auf solch hohen Aufwand weitgehend verzichtet. Das Regelventil übernimmt in zunehmendem Maße auch die Funktion der Absperrarmatur, was natürlich mit höheren Anforderungen an die Dichtheit verbunden ist. Häufig werden Standardventile sogar
nach Normen spezifiziert, die nur für Absperrarmaturen gelten und ohne besondere Maßnahmen überhaupt nicht einzuhalten sind. Man kann nur hoffen, daß
mit der Einführung verbindlicher Europanormen (EN) endlich die zahlreichen
Überschneidungen von Normen eliminiert werden.

Obwohl die erzielten Fortschritte bei Stellgeräten im Vergleich zu Prozeß-leitsystemen, intelligenten Meßumformern für Temperatur, Durchfluß, Druck, Behälterstand usw. nur gering sind, können sich die im Laufe der Jahre bei minimalem Innovationspotential erreichten Verbesserungen sehen lassen:

• Standardventile sind wesentlich kompakter geworden. Hält man sich vor Augen, daß ein enger Zusammenhang zwischen dem Gewicht des Stellgerätes und seinen Herstellkosten besteht, so haben es die Hersteller verstanden, unnötigen Ballast abzuwerfen. Unter Berücksichtigung der durchschnittlichen Teuerungsrate in den beiden letzten Jahrzehnten sind Standardventile heute sogar billiger als vor 20 Jahren!

• Zahlreiche Maßnahmen und Verordnungen zum Schutz der Umwelt haben dazu geführt, daß man sich mit den Problemen im Detail beschäftigt hat. Dies hat dazu geführt, daß die heute verfügbaren Stellgeräte meistens sogar einen höheren Qualitätsstandard aufweisen als vor 20 Jahren. Erwähnenswert sind z. B.:

  - Dem Geräuschverhalten wird heute mehr Beachtung geschenkt. Dies hat zur Entwicklung besonders geräuscharmer Stellgeräte geführt.

  - Die schädlichen Vorgänge beim Auftreten von Kavitation sind heute nicht nur besser beherrschbar, sondern auch exakt vorhersehbar, so daß entsprechende Maßnahmen getroffen werden können.

  - Asbest als Dichtungs- und Packungsmaterial wurde durch gleichwertige Ersatzwerkstoffe abgelöst, ohne daß mit ähnlich schädlichen Folgen für den Menschen gerechnet werden muß.

  - Um den Anforderungen gemäß TA-Luft zu entsprechen, wurden wesentliche Fortschritte bei der Abdichtung der Spindeldurchführung und der Flanschverbindungen erzielt. Auch die innere Dichtheit im Sitz wurde soweit verbessert, daß in vielen Fällen auf zusätzliche Absperr-organe verzichtet werden kann.

  - Neue Werkstoffe und vertiefte Kenntnisse des Korrosionsverhaltens erlauben heute eine bessere Auswahl der zu verwendenden Materialien.

  - Nicht zuletzt durch die Einführung eines internationalen Qualitäts-standards (ISO 9000) hat der Anwender heute die Gewähr, daß er das von ihm bestellte Produkt auch bekommt.

- Der Trend zu möglichst geringen Differenzdrücken am Ventil, um (a) Kavitation zu vermeiden, (b) auf geräuscharme Ventile zu verzichten und (c) Pumpen mit geringerem Leistungsbedarf einsetzen zu können, hat die Anwendung der Drehstellgeräte wegen ihrer größeren Durchflußkapazität und meist geringeren Anschaffungskosten enorm gefördert.

Die bevorzugte Anwendung einer bestimmten Ventilbauart ist nicht zuletzt unter statistischen Gesichtspunkten zu sehen. Verschiedene Untersuchungen in Europa, den USA und Japan haben eine erstaunliche Übereinstimmung in bezug auf Werkstoffe, Nennweiten und Nenndrücke der verwendeten Stellgeräte ergeben. Bei genauer Betrachtung muß diese zunächst überraschende Tatsache allerdings relativiert werden, da die großtechnischen Prozesse nämlich gleich oder zumindest sehr ähnlich sind. So wird beispielsweise das "Know-How" auf dem petrochemischen Sektor noch immer von den USA beherrscht, und es gibt kaum eine Raffinerie, die nicht eine Lizenz der "Seven Sisters", wie die großen Konzerne (Exxon, Royal Dutch Shell, Chevron usw.) auch genannt werden, benutzt. Dadurch wird natürlich auch eine Harmonisierung der verwendeten Stellgerätetypen gefördert. Ein weiterer wichtiger Faktor ist die Notwendigkeit einer immer weitergehenden Standardisierung, um Kosten einzusparen und die Ersatzteilhaltung zu vereinfachen.

Die folgenden Bilder zeigen in anschaulicher Weise die statistische Verteilung der am häufigsten angewendeten Stellgeräte, Nennweiten, Nenndruckstufen und Gehäusewerkstoffe. Um Mißverständnisse zu vermeiden, muß allerdings der Begriff Stellgerät bzw. Stellventil neu definiert werden. Nach internationalem Sprachgebrauch wird hierunter ein "Power Actuated Device" verstanden, d. h. eine Armatur, die von einer Krafteinheit betätigt wird. Dies kann ein pneumatischer, elektrischer, elektro-hydraulischer oder anders gearteter Antrieb sein. Eine Differenzierung nach "Regelbetrieb" und "AUF-ZU-Betrieb" wäre auch nicht mehr zeitgemäß, da heute immer mehr Prozesse nicht mehr *kontinuierlich* sondern *diskontinuierlich* sind.

*Kontinuierliche Prozesse* findet man vorwiegend in Raffinerien, Rohstofferzeugungsanlagen und Kraftwerken, also dort, wo ununterbrochen das gleiche Produkt produziert wird. Diese Methode ist aus produktionstechnischer Sicht ideal, da große Mengen mit minimalem Personalaufwand vollautomatisch produziert werden können. Diese Anlagen waren ursprünglich nur auf einen einzigen Zweck zugeschnitten, liefen in der Regel 20 bis 25 Jahre und wurden danach durch modernere Anlagen, die dem letzten Stand der Technik entsprachen, ersetzt.

*Diskontinuierliche Prozesse* nehmen dagegen ständig zu. Im Gegensatz zu den kontinuierlichen Prozessen, die Tag und Nacht laufen, produzieren sie nur tageweise oder manchmal nur stundenweise Feinchemikalien, für die es keinen so großen Mengenbedarf gibt. Typische Beispiele für Feinchemikalien sind hochwertige Farbstoffe, Rohstoffe für Waschmittel oder Pharmazeutika. Viele dieser modernen Anlagen sind sogenannte "Multi-Purpose-Plants", d. h. Anlagen, die verschiedene Stoffe produzieren können. Moderne Prozeßleitsysteme sind in der Lage, nicht nur komplizierte Rezepturen zu speichern und zu verwalten, sondern auch die Umstellung vollautomatisch zu steuern, so daß nur ein minimaler Bedienungsaufwand erforderlich ist. Anlagen für diese "Batch"-Prozesse sind naturgemäß viel kleiner, was sich natürlich auch auf die Durchschnittsnennweite des benötigten Stellgerätes auswirkt. In der Tat ist in der Bundesrepublik die durchschnittliche Ventilnennweite in den letzten Jahren permanent gesunken. Gleichzeitig ist die Anzahl der benötigten AUF-ZU- oder Schaltventile rapide angestiegen. Diese Entwicklung hat vor allem den Absatz der mit einem einfachen Antrieb versehenen Kugelventile begünstigt, was auch deren relativ hoher Anteil am Gesamtbedarf der Stellgeräte erklärt (Bild 6-33).

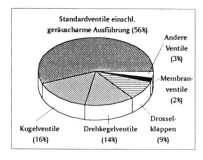 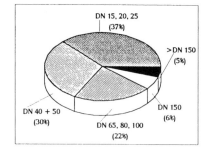

Bild 6-33: Statistische Verteilung verschiedener Ventilbauarten

Bild 6-34: Statistische Verteilung der Nennweiten

Wie Bild 6-34 zeigt, entfallen heute etwa 2/3 der benötigten Stellgeräte auf die Nennweiten bis einschließlich DN 50, während der Anteil der großen Nennweiten über DN 150 permanent zurückgeht. Die Statistik wird natürlich geprägt vom größten Anwender industrieller Stellventile, der heute vorwiegend auf kleine Größen zurückgreift: der chemischen Industrie.

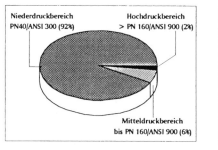

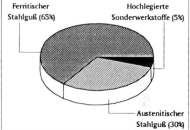

Bild 6-35: Statistische Verteilung der
Nenndrücke

Bild 6-36: Statistische Verteilung der
Gehäusewerkstoffe

Ein noch einseitigeres Bild liefert die Statistik der angewendeten Nenndrücke.
Hier unterscheidet man zwischen dem sogenannten Niederdruckbereich bis
einschließlich PN 40 bzw. ANSI 300, dem Mitteldruckbereich PN 64, 100 und
160 (ANSI 400, 600 + 900) und dem Hochdruckbereich PN 250 (ANSI 1500)
und höher. Auf den Niederdruckbereich entfallen mehr als 90%, während der
Rest den höheren Nenndruckstufen vorbehalten bleibt (Bild 6-35).

Die statistische Verteilung der Gehäusewerkstoffe geht aus Bild 6-36 hervor.
Faßt man die verschiedenen ferritischen Gußwerkstoffe zusammen, so beträgt
deren Anteil etwa 2/3 aller Industrieventile. Der Anteil standardmäßiger
nichtrostender Stähle (Austenite) beträgt etwa 30%. Der Rest entfällt auf
exotische Werkstoffe für besondere Anwendungen.

**Übungen zur Selbstkontrolle:**

6-1    Warum werden heute vorwiegend Einsitzventile verwendet?

6-2    Welche Vor- und Nachteile sind mit der Anwendung eines Ventils mit
       Vierflanschgehäuse verbunden?

6-3    Warum werden heute nach Möglichkeit Einsitzventile der leichten
       Baureihe verwendet? Nennen Sie die wesentlichen Vorteile?

6-4    Wann und warum greift der Anwender manchmal auf Eckventile zurück?

6-5    Warum ist die Garnitur bei einem Drei-Wegemischventil unterschiedlich
       gegenüber einem Drei-Wegeverteilerventil?

6-6    Welche Vorteile haben Membranventile gegenüber Standardventilen?

6-7    Welche generellen Vorteile haben Drehstellgeräte gegenüber
       Standardventilen mit linearer Hubbewegung?

6-8    Nennen Sie aber auch die generellen Nachteile der Drehstellgeräte.

6-9    Warum werden Kugelventile mit beidseitigen Lagerzapfen (gelagerte
       Kugel) überhaupt produziert?

6-10   Welche Unterscheidungsmerkmale bei Drosselklappen kennen Sie?

6-11   Was sind die Vor- und Nachteile PTFE-ausgeleideter Kükenhähne?

6-12   Was sind die eigentlichen Gründe für den steigenden Trend bei
       Drehstellgeräten?

6-13   Wie erklärt sich die zunehmende Beliebtheit von Kugelventilen bei
       diskontinuierlichen Prozessen?

6-14   Warum nehmen die kontinuierlichen Prozesse ab und die
       diskontinuierlichen (Batch-) Prozesse zu?

6-15   Wie hoch ist etwa der Anteil der ferritischen Gehäusewerkstoffe in %?

# 7 Ausführungsvarianten bei Stellgeräten

Trotz großer Bemühungen um eine weltweite Standardisierung von Stellgeräten ist die Anzahl der geforderten Optionen und Varianten - zum Verdruß der Hersteller - fast grenzenlos. Selbst eine einzige Baureihe, die bei Standardventilen normalerweise Nennweiten von DN 15 bis DN 300 umfaßt, kommt durch Multiplikation der einzelnen Optionen (Nennweiten, Flanschformen, Druckstufen, Gehäusewerkstoffe usw.) leicht auf eine Variabilität von mehr als einer Million verschiedener Spezifikationsnummern. Wie fast überall gilt aber auch hier die 80:20 Regel: Ungefähr 80% des Umsatzes eines Herstellers wird mit ca. 20% der Ausführungsvarianten erzielt. Die Anwender haben es damit in der Hand, das Kostengefüge der Hersteller zu ihren Gunsten zu beeinflussen, indem sie auf unnötige Sonderbauarten verzichten und nach Möglichkeit versuchen, aus der Standardpalette der Stellventile-Anbieter auszuwählen.

Es wäre vermessen, alle möglichen Optionen und Sonderkonstruktionen der verschiedenen Stellgeräteausführungen zu erwähnen oder gar beschreiben zu wollen. Es erfolgt vielmehr eine Beschränkung auf das Wesentliche, das in der Regel auch in der technischen Literatur der Hersteller und im genormten Spezifikationsblatt gemäß DIN/IEC 534, Teil 7 seinen Niederschlag findet.

## 7.1 Verbindungsarten mit der Rohrleitung

Auch bei der Verbindung des Stellventils mit der Rohrleitung gibt es zahllose Arten, die nicht alle aufgezählt und erläutert werden können. Man denke nur an das Verkleben von Kunstoffleitungen oder das Weichlöten, das hauptsächlich bei Heizungs- und Sanitärinstallationen benutzt wird. Erwähnenswert sind auch die zahlreichen Klemmverbindungen, die mittels zweiteiliger Schalen und speziell geformter Endstücke eine dichte Verbindung herstellen. Bei kleinen Durchflußmengen, die nur ganz geringe Rohrnennweiten erfordern, wird meistens eine kombinierte Schraub-/Klemmverbindung angewendet, die wiederum in verschiedenen Varianten existiert und bei denen sich einerseits ein scharfkantiger, doppelt konischer Klemmring mit seiner Schneide in die glatte Rohrleitungsoberfläche eingräbt und auf der anderen Seite mit seinem Konus gegenüber der Verschraubung bzw. dem Ventilgehäuse abdichtet.

Bei der industriellen Anwendung von Armaturen beschränkt man sich im wesentlichen auf die in Bild 7-1 dargestellten Verbindungsarten.

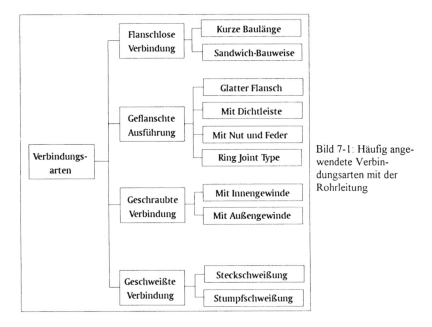

Bild 7-1: Häufig angewendete Verbindungsarten mit der Rohrleitung

## 7.1.1 Flanschverbindungen

Geflanschte Verbindungen, insbesondere mit *erhabener Dichtfläche* (Form C), dominieren bei industriellen Anlagen. Eine einfache Austauschbarkeit des Ventils in Verbindung mit hoher Zuverlässigkeit und Dichtheit sind die Vorteile dieser Verbindungsart. Die zu verwendenden Flachdichtungen sind auf die Abmessungen der Stellventilbohrung (Nennweite), dem äußeren Durchmesser der Dichtfläche und der verlangten Rauhigkeit der Dichtfläche abgestimmt.

Flansche mit *glatter Dichtfläche* (Form A) nach DIN 2526 sind weniger geläufig und bleiben meist Ventilen mit niedrigen Druckstufen und weichen oder spröden Flanschwerkstoffen vorbehalten. Würde man z. B. einen Flansch aus Gußeisen mit einer erhabenen Dichtfläche versehen, so besteht die Gefahr, daß der Flansch bricht, wenn die Verbindungsschrauben übermäßig angezogen werden.

Bei gefährlichen Medien, die auf keinen Fall nach außen gelangen dürfen, werden häufig Flansche mit *Nut und Feder* (DIN 2512) verwendet (Bild 7-2).

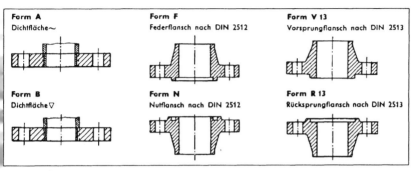

Bild 7-2: Übersicht häufig benutzter Flanschverbindungen

Eine weitere Variante sind Flansche mit *Vorsprung* bzw. *Rücksprung* nach DIN 2513. Der Sinn dieser Maßnahme ist die zuverlässige Kammerung der Dichtung, die bei einem Flansch mit glatter Dichtfläche und hohen statischen Drücken u. U. aus dem Dichtungsspalt herausgepreßt werden und damit eine erhebliche Undichtheit hervorrufen könnte.

Hochdruckverbindungen werden häufig mit einer *Linsendichtung* versehen. Die beiden zu verbindenden Flansche erhalten in diesem Fall eine ballige Eindrehung, die durch einen Metallring mit linsenförmigem Profil als Dichtung ausgefüllt wird. Vorteilhaft sind bei dieser Ausführung die hohe Druck- und Temperaturbeständigkeit der Dichtung und das Vermögen, geringe Winkelabweichungen der Rohrleitungsachsen auszugleichen. In der Tat liegen diese Achsen niemals exakt auf einer Linie und auch die Dichtflächen der Flansche sind nur in Ausnahmefällen völlig parallel, so daß entweder die Dichtung diese Ungenauigkeiten ausgleichen muß oder eine geringe Verformung der Flansche herhalten muß, um einen gasdichten Abschluß zu ermöglichen.

Einen ähnlichen Nutzeffekt erreicht man mit einer Variation, die in den anglo-amerikanischen Ländern als *Ring-Type-Joint* (RTJ) bekannt ist. Die Flansche erhalten zu diesem Zweck etwa auf der Mitte der sonst üblichen Dichtfläche eine ringförmige Nut, in die ein Metallring mit ovalem Querschnitt als Dichtung eingelegt wird. Metallische Dichtungen haben zwar die bereits erwähnten Vorteile, sind aber auch mit gewissen Nachteilen behaftet, die bei der Auswahl zu beachten sind: (a) Sie erfordern eine gewisse plastische Verformung, was hohe Anpresskräfte voraussetzt, (b) sie sind weniger flexibel als Weichdichtungen und (c) sie sollen im Idealfall weicher als das Material der Flansche sein. Ein Nachteil dieser Verbindungsart ist - wie auch bei der Linsendichtung -, daß zunächst eine geringe axiale Bewegung der Rohrleitung notwendig ist, um die Armatur aus dem Leitungssystem herausnehmen zu können.

## 7.1.2 Flanschlose Verbindungen

Flanschlose Verbindungen erfreuen sich einer zunehmenden Beliebtheit. Das Einklemmen der Armatur zwischen den Flanschen der Rohrleitungen bewirkt eine Unabhängigkeit von den verschiedenen Flanschnormen mit unterschiedlichen Abmessungen der Dichtfläche, des Lochkreisdurchmessers, der Anzahl der Flanschbohrungen usw. Ein weiterer wichtiger Vorteil ist die Gewichtsersparnis, macht doch der Gewichtsanteil der beiden Flansche in manchen Fällen mehr als die Hälfte des Gesamtgewichtes aus. Es ist daher einleuchtend, daß die flanschlose Bauart besonders bei sehr teuren, exotischen Gehäusewerkstoffen bevorzugt wird.

Es hat lange gedauert, bis die Einbaulängen von flanschlosen Ventilen genormt werden konnten, ohne daß bis heute die Lücken vollständig geschlossen sind. Man unterscheidet daher zwischen der sogenannten *Kurzbaulänge*, wie sie in zunehmendem Maße bei Drehkegel-, Kugel- und Kugelsegmentventilen anzutreffen ist, und der *Sandwich-Bauweise*, bei der das Stellgerät - vornehmlich Drosselklappen - wie bei einem Sandwich zwischen den Rohrleitungsflanschen positioniert wird. Aber auch hier müssen - neben den genannten Vorteilen - gewisse Nachteile in Kauf genommen werden:

- Flanschlose Ventile sind bereits beim Einbau in die Rohrleitung weitaus problematischer. Bedingt durch die Tatsache, daß die Rohrleitungen nur in Ausnahmefällen exakt fluchten, sind die üblichen Tricks der Monteure in diesem Fall nicht anwendbar. Meistens wird nämlich das Ventil auf einer Seite fest mit dem Gegenflansch der Rohrleitung verschraubt und dann mit einer Brechstange - die durch eines der Flanschlöcher des Ventils geschoben wird - versucht, den anderen Flansch der Rohrleitung gewaltsam in Übereinstimmung mit den Bohrungen des Ventilflansches zu bringen.

- Das Hauptproblem ist jedoch die mangelnde Zuverlässigkeit der Dichtheit im täglichen Betrieb. Dies gilt vor allem für Ventile der Kurzbauweise, die lange, hochbeanspruchte Schraubenbolzen benötigen, um eine dichte Klemmverbindung aufrecht zu erhalten. Dieses Problem vergrößert sich mit zunehmender Einbaulänge, da sie erstens ein Fluchten der beiden Rohrleitungsenden erschwert, und zweitens eine Überdehnung der Bolzen begünstigt. Hinzu kommt die Gefahr bei einem Brand, bei dem die außenliegenden Bolzen ungeschützt dem Feuer ausgeliefert sind, was eine weitere Dehnung und damit eine nachlassende Klemmwirkung verursacht. Aus diesem Grund ist der Einsatz flanschloser Ventile in vielen Raffinerien nicht mehr zulässig. Obwohl diese Gefahren bei der Sandwich-Bauweise geringer sind, können sie nicht völlig ausgeschlossen werden. Ein weiteres Argument kommt noch hinzu. Unabhängig von einem Brand können durch wechselnde Temperaturen die Spannungen in einem Rohrleitungssystem so groß werden, daß die Klemmkraft der Schraubenbolzen überschritten wird und dadurch Undichtheit auftritt, von außergewöhnlichen Umständen, wie beispielsweise einem Erdbeben, ganz zu schweigen.

- Schließlich ist bei flanschlosen Ventilen ein einseitiger Rohrleitungsanschluß, wie z. B. bei einer Sicherheitsarmatur nicht möglich, weil es immer zweier Gegenflansche bedarf, um das Stellgerät zwischen den Flanschen einer Rohrleitung fest und leckagefrei zu installieren.

### 7.1.3 Geschraubte Verbindungen

Geschraubte Verbindungen werden in Industrieanlagen - im Gegensatz zu den USA - in der Bundesrepublik nur noch selten angewendet. Sie bleiben bei uns meistens auf sehr kleine Nennweiten und den Einsatz in Labors und Versuchsanlagen beschränkt. *Ventile mit Innengewinde* haben den Vorteil geringer Gehäuseabmessungen und einer Abdichtung im konischen NPT-Gewinde, sie gestalten aber auch einen Ausbau aus dem Rohrleitungssystem schwierig, wenn nicht gar unmöglich, wenn man auf zusätzliche Schraubfittings völlig verzichtet. *Ventile mit Außengewinde* werden meistens mit Hilfe einer Überwurfmutter und einer Flachdichtung mit der Rohrleitung verbunden, was zumindest den Austausch erleichtert, die Anwendung aber ebenfalls auf kleine Nennweiten (< DN 50) beschränkt, da sonst die benötigten Werkzeuge unhandlich werden. Sogenannte Mikroventile, mit winzig kleinen Kv-Werten, werden häufig in geschraubter Ausführung aus Edelstahl oder exotischen Werkstoffen gefertigt, weil das Gewicht der Flansche in der kleinsten Ausführung (DN 15) bereits den Löwenanteil des Gesamtgewichts ausmacht. Auf diese Art und Weise können die Materialkosten niedrig gehalten werden.

### 7.1.4 Geschweißte Verbindungen

Bei den Schweißverbindungen wird zwischen *Steck-* und *Stumpfschweißungen* unterschieden. Im ersten Fall wird das Armaturengehäuse dem Außendurchmesser der Rohrleitung entsprechend aufgebohrt, die Rohrleitung eingesteckt und dann mit dem Gehäuse verschweißt, wobei eine Schweißraupe auf dem Mantel der Rohrleitung aufgebracht wird. Dem Vorteil einer perfekten Zentrierung und einfacher Schweißbarkeit steht allerdings auch ein schwerer Nachteil gegenüber: Man kann nicht kontrollieren, ob die Schweißung korrekt ist. Bei einer Stumpfschweißung werden die Schweißenden so vorbereitet, daß eine V-Nut entsteht, die dann mit Schweißgut vollständig ausgefüllt wird.

Eine perfekte Schweißung, die bis zur Wurzel gehen muß, läßt sich hier durch eine entsprechende Röntgenaufnahme leicht kontrollieren.

Schweißverbindungen werden dort angewendet, wo es auf absolute Dichtheit und Wartungsfreiheit ankommt. Stellventile in Kraftwerken und vor allem Kernkraftwerken werden vorwiegend eingeschweißt. Eine solche Verbindung gewährleistet auch bei hohen Temperaturen und Vibrationen eine zuverlässige, leckfreie Verbindung. Aber auch bei besonders giftigen Medien, deren Austreten eine Gefahr für Mensch und Umwelt bedeuten würde, werden die Stellventile sicherheitshalber eingeschweißt. Häufig werden die Ventile mit Anschweißenden versehen, d. h. verlängerten Rohrstutzen, deren Länge vom Besteller vorgegeben wird. Der Sinn dieser Maßnahme ist folgender:

- Der Einschweißvorgang einer Armatur muß fachmännisch ausgeführt werden und schließt z. B. eine langsame Erwärmung der zu verschweißenden Teile mit ein. Dies kann zu einer starken Erwärmung des gesamten Ventils führen, wobei örtliche Überhitzungen und Beschädigungen (Packung oder Weichdichtung) nicht ausgeschlossen werden können. Durch eine Verlängerung der Armatur durch Anschweißenden wird diese Gefahr gemildert.

- Bekanntermaßen ist das Verschweißen gleichartiger Werkstoffe einfacher als bei verschiedenen Werkstoffen. Im letzteren Fall können Nachteile evtl. mit einer anschließenden Wärmebehandlung eliminiert werden. Da der Werkstoff des Ventilgehäuses meistens vom Rohrleitungswerkstoff geringfügig abweicht, wählt man als Anschweißenden am besten ein Stück der Rohrleitung. Dies vereinfacht zumindest das Einschweißen vor Ort, das immer komplizierter als eine Bearbeitung in der Werkstatt ist. Außerdem wird garantiert, daß die zu verschweißenden Teile die gleiche Wandstärke aufweisen, was im Interesse einer einwandfreien Verbindung von Vorteil ist.

## 7.2 Ausführungsformen der Ventiloberteile

Normalerweise besteht ein Stellventil zumindest aus folgenden Komponenten: (a) dem Ventilgehäuse, (b) dem Oberteil mit der Abdichtung nach außen, (c) der Garnitur (bestehend aus Drosselkörper, Sitzring und Spindel) sowie (d) der Antriebseinheit. Das Oberteil erfüllt - je nach Ausführungsform - mehrere Aufgaben gleichzeitig, wie nachfolgend erläutert wird:

- Sicherer Verschluß des Ventilgehäuses
- Einfacher Zugang zu den Ventilinnenteilen (Garnitur)
- Aufnahme des Abdichtungselementes (Packung oder Faltenbalg)
- Aufnahme einer oder mehrerer Buchsen zur Führung der Ventilspindel
- Verbindung (Interface) zur Aufnahme des Stellantriebs

- Erzeugung eines Temperaturgefälles zwischen Medium und Packung
- Möglichkeit des Anschlusses für ein Heiz- oder Spülmedium
- Möglichkeit einer Halterung des Stellgliedes beim Einbau
- Möglichkeit zur Durchführung bei einer dickwandigen Isolierung

Die zuerst genannten Punkte treffen auch für ein Ventil mit *Standardoberteil* zu, wie es Bild 7-3 zeigt.

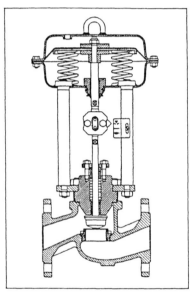

Bild 7-3: Ventil mit Standardoberteil [32]

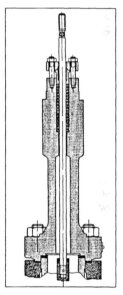

Bild 7-4: Isolieroberteil [33]

Statistisch gesehen, werden mehr als 90% aller Stellventile mit einem *Standardoberteil* ausgerüstet, da die Betriebstemperaturen in der Mehrzahl zwischen -10°C und 200°C liegen und keine Isolieroberteile erfordern. Auch wird in der Regel keine extreme Dichtheit nach außen verlangt, was die Anwendung eines Metallfaltenbalg erfordern würde. Dadurch ist Preiswürdigkeit in Verbindung mit kompakten Abmessungen garantiert.

Die Auswahl eines *Isolieroberteils* bzw. verlängerten Oberteils erfolgt meistens in der Absicht, ein geordnetes Temperaturgefälle zwischen dem kalten oder heißen Durchflußmedium und der Temperatur im Bereich der Stopfbuchsenabdichtung herzustellen (Bild 7-4).

Bei sehr hohen Temperaturen besteht der Wunsch, den Packungsbereich "kühl" zu halten, um nach Möglichkeit PTFE als Packungsmaterial verwenden zu können. Gleichzeitig sollen aber unnötige Energieverluste vermieden werden.

Eine Wärmeabfuhr großen Stils unter Verwendung von Kühlrippen, wie es früher üblich war, ist heute nicht mehr zu empfehlen.

Bei Tieftemperaturanwendung kann ein Vereisen der Stopfbuchse zu großen Problemen führen und u. U. die Funktion des gesamten Stellgerätes in Frage stellen. Eine pure Verlängerung des Oberteils bringt aber nicht das gewünschte Ergebnis, wenn folgende Punkte unbeachtet bleiben:

- Aggregatzustand und spezifische Wärme des Mediums
- Temperaturdifferenz (Medium-/ Umgebungstemperatur)
- Einbaulage des Stellventils
- Ausführungsform des Isolieroberteils

Da die drei zuerst genannten Punkte meistens vorgegeben und nicht beeinflußbar sind, konzentrieren sich die Bemühungen der Konstrukteure und Anwender auf eine betriebsgerechte Ausführung. Besonderes Augenmerk gilt dabei folgenden Details:

- Die Wärmeleitung des Oberteils ist zu minimieren.
- Eine Konvektion ist weitestgehend zu unterbinden.
- Die Abführung von Energie ist möglichst gering zu halten.
- Strahlungswärme der Rohrleitung ist nach Möglichkeit abzuschirmen.

Vergleicht man ältere Konstruktionen mit modernen Stellgeräten, so werden die Unterschiede deutlich. Die Beachtung der oben genannten Einflußgrößen ermöglicht heute Oberteile von höchstens 350 mm Länge für Hochtemperatur- und max. 600 mm für Tieftemperaturanwendungen.

Es gibt spezielle Anwendungen, bei denen eine störungsfreie Funktion des Stellventils nur dann gewährleistet ist, wenn ständig geringe Mengen einer *Spülflüssigkeit* zugeführt werden, um ein "Fressen" oder Festbacken der Spindel in der Führungsbuchse zu verhindern. Zu diesem Zweck wird dann das Oberteil mit einer entsprechenden Anschlußbohrung versehen.

In der Tieftemperaturtechnik (z. B. bei der Luftzerlegung) verwendet man häufig dickwandige Kälteboxen, die meist mit keramischem Isoliermaterial ausgefüllt werden. Schon um die Wanddicken zu überbrücken, benötigt man *verlängerte Oberteile*, die in solchen Fällen mit einem speziellen Befestigungsflansch versehen werden, um das Stellventil nebst Antrieb an der äußeren Wand der Box befestigen zu können.

Eine ähnliche Funktion erfüllt das verlängerte Oberteil bei Rohrleitungen, die aus Gründen der Energieeinsparung einschließlich Stellventil *dickwandig isoliert* werden. Um überhaupt einen Zugang zur nachstellbaren Packung zu ermöglichen, ist eine Verlängerung über das normale Maß hinaus erforderlich, obwohl die PTFE-Packung selbst den Anforderungen noch gerecht wird, wenn die Temperatur des Dampfes z. B. nicht über 200°C liegt.

Da die Spindeldurchführung des Stellventils stets ein Schwachpunkt bleibt und heute große Anstrengungen unternommen werden, um eine Verschmutzung der Umwelt zu vermeiden, gibt es ferner Oberteilausführungen, die auf bestimmte *Erfordernisse der Stopfbuchsenpackung* abgestimmt worden sind. Als Beispiel sind hier eine "doppelte" Packung mit dazwischen liegendem Laternenring, eine Packung mit Schmiervorrichtung oder eine fremdbelüftete Packung zu nennen. Im letzteren Fall ist die Packung ebenfalls zweigeteilt: in einen unteren und einen oberen Packungsbereich. In der Mitte befindet sich ein Laternenring, auf dessen Höhe das Oberteil zwei gegenüberliegende Anschlußbohrungen aufweist. Während die eine mit einem neutralen Spülgas (z. B. Luft) beschickt wird, ist an der gegenüberliegenden Seite eine Leitung angeschlossen, die eventuelle Leckagen, die bereits den unteren Packungsteil passiert haben, zusammen mit dem Spülgas abführt, so daß sie nicht auch noch den oberen Packungsbereich überwinden und in die Atmosphäre entweichen können. Die Bilder 7-5 bis 7-7 zeigen verschiedene Modifikationen von Ventiloberteilen.

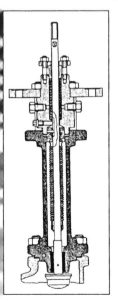 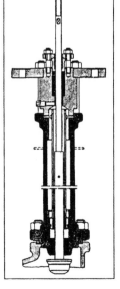 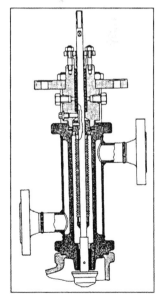

Bild 7-5: Oberteil mit Faltenbalg [34]

Bild 7-6: Oberteil für Tieftemperatur Anwendung [34]

Bild 7-7: Beheiztes Oberteil mit Faltenbalg [34]

Da der Umweltschutz eine immer größere Bedeutung erlangt, werden heute bei besonders gefährlichen Medien (z. B. Chlorgas) fast ausschließlich sogenannte *Faltenbalgoberteile* eingesetzt. Statt einer herkömmlichen Packung wird ein druckfester, elastischer Metallfaltenbalg verwendet, der einerseits mit der Ventilspindel fest verschweißt ist und auf der anderen Seite mit dem Oberteil verbunden wird. Damit werden Leckagen, wie sie besonders bei einer hin- und hergehenden Spindelbewegung auftreten, ausgeschlossen. Nachteilig ist natürlich die größere Bauhöhe des Stellgerätes und ein wesentlich höherer Preis, der nur in Sonderfällen zu rechtfertigen ist. Allerdings ist der Einsatz bei hohen Drücken und sehr zähen oder polymerisierenden Medien eingeschränkt.

In letzter Zeit werden Packungskonfigurationen angeboten und auch zertifiziert, die den extrem strengen Anforderungen der TA-Luft (technische Anleitung Luft) genügen sollen. Hier sind Zweifel angebracht, ob diese Abdichtungssysteme auf Dauer das halten, was sie versprechen, denn eine Prüfung bei konstanter Temperatur und ein paar Tausend Hüben sagt nur wenig über die Zuverlässigkeit bei wechselnden Prozeßbedingungen aus.

Bei Medien mit hoher Viskosität, die bei Raumtemperatur sogar einen festen Zustand annehmen können, ist eine Beheizung des Ventilgehäuses einschließlich Oberteil notwendig, um das Stellgerät zu bewegen und die Anlage anfahren zu können (Bild 7-7). Als Heizmedium wird meistens Dampf verwendet, der am unteren Flansch eintritt und am oberen wieder austritt. Das Medium wird dabei aufgeheizt, so daß sich eine Viskosität einstellt, die eine problemlose Bewegung des Faltenbalgs erlaubt.

Ganz anders liegen die Verhältnisse bei dem äußerst wirksamen Prinzip eines *Tieftemperaturoberteils* (Bild 7-6). Waren früher Oberteillängen bis zu einem Meter üblich, so konnte die Länge durch eine effektivere Lösung halbiert werden, ohne daß damit Nachteile verbunden sind. Das Problem ist bekanntlich eine allmähliche Vereisung des gesamten Ventils, wobei die Feuchtigkeit der Luft an den kalten Oberteilflächen kondensiert und sofort gefriert. So baut sich allmählich ein immer größer werdender Eisklumpen auf, der zuletzt sogar die Hubbewegung des Ventils blockiert. Bei der neuartigen Lösung wird verhindert, daß das Medium, z. B. flüssiger Stickstoff, das gesamte Oberteil füllt und durch die gute Wärmeleitung der Oberteilwandungen die Oberflächentemperatur unter den Nullpunkt absenkt. Erreicht wird dies durch ein dünnwandiges Edelstahlrohr, das die Ventilspindel umgibt, und ein gegenüber dem Oberteil abgedichtetes Teil am unteren Ende des Rohres; beides zusammen bewirkt eine Trennung des Mediums vom Oberteilgehäuse.

In Verbindung mit der Wahl eines geeigneten Ventiloberteils ist auch die Einbaulage des Stellgerätes sehr wichtig, wie später noch näher ausgeführt werden wird.

## 7.3 Packungen und Dichtungen

Seit man in der Chemie sogenannte Emissionskataster erstellt, kennt man die Problematik der zahlreichen undichten Packungen und Dichtungen, die zwar im Einzelfall meist unbedeutend, in ihrer Gesamtzahl aber nicht unwesentlich an der Gesamtemission eines Chemiewerkes beitragen. [35] Packungen sind im Grunde auch Dichtungen, die aber im Gegensatz zu den rein statischen Dichtungen zusätzlich eine dynamische Belastung erfahren. Für die Zuverlässigkeit dieser Elemente sind in erster Linie zwei Faktoren maßgebend: (a) Eine richtige, der Anwendung entsprechende Auswahl des geeigneten Typs bzw. Materials und (b) eine regelmäßige Wartung, um Verschleiß oder ein "Setzen" der Dichtung auszugleichen. Übliche Leckagen verschiedener Dichtelemente (Literaturwerte) gehen aus Tabelle 7-1 hervor.

In den letzten Jahren wurden die Diskussionen und Forderungen nach einer notwendigen Reduzierung von Umweltbelastungen immer lauter. Hierbei wurden nicht nur die Industrie, sondern auch private Haushalte mit in die Betrachtung einbezogen. In der Bundesrepublik führte dies zur Verabschiedung der *"Technischen Anleitung zur Reinhaltung der Luft"* vom 27.02.1986, kurz als TA-Luft bezeichnet. In den Ländern der EU und den USA sind ähnliche Gesetze in Vorbereitung oder zum Teil schon in Kraft getreten.

Tabelle 7-1: Leckagen verschiedener Dichtelemente (Stand der Technik)

| Dichtelement | Typische Leckage[1] |
|---|---|
| Standardflansch bei gasförmigen Medien | 0,02 g / h · m |
| Standardflansch bei flüssigen Medien | 0,2 g / h · m |
| Hochdruckflansch (metallische Dichtung) | 0,01 g / h · m |
| Stopfbuchse eines Stellventils | 2,8 g / h pro Ventil |
| Gleitringdichtung einer Pumpe | 13 g / h pro Pumpe |

1) Leckage in Gramm pro Stunde pro Meter Dichtungslänge bzw. pro Gerät

Diese Maßnahmen haben die Armaturenhersteller veranlaßt, ihre Produkte zu überprüfen und den gesetzlichen Bestimmungen weitestgehend anzupassen. Leider fehlen noch allgemeingültige Prüfvorschriften, um nicht nur die äußere Dichtheit und Sicherheit, sondern auch die langfristige Zuverlässigkeit und permanenten Status der Dichtung (Packung) beurteilen zu können.

Die TA-Luft unterscheidet zwischen verschiedenen Stoffgruppen, die ihrerseits wieder nach Gefahrenklassen unterteilt werden. Besondere Dichtheitsanforderungen sind bei folgenden Medien zu erfüllen:

- Krebserzeugende Stoffe
- Allgemeine organische Stoffe
- Spezielle (organische) Stoffe mit hoher Toxizität

Statische Dichtungen werden in der TA-Luft unter Punkt 3.1.8.3 kurz erwähnt. Hier heißt es:

*Flanschverbindungen sollen in der Regel nur verwendet werden, wenn sie verfahrenstechnisch, sicherheitstechnisch oder für die Instandhaltung notwendig sind; soweit Stoffe nach 2.3, 3.1.7 Klasse I oder 3.1.7 Absatz 7 gefördert oder verarbeitet werden, sind die Flanschverbindungen mit hochwertigen Dichtungen auszurüsten.*

Konkrete Hinweise auf spezielle Dichtungsarten werden nicht gegeben. Was die Spindelabdichtungen von Stellventilen anbetrifft, so schreibt die TA-Luft unter Ziffer 3.1.8.4 folgendes vor:

*Spindeldurchführungen von Ventilen und Schiebern sind mittels Faltenbalg und nachgeschalteter Sicherheitsstopfbuchse oder gleichwertig abzudichten, wenn flüssige organische Stoffe gehandhabt werden, die giftige oder krebserregende Stoffe enthalten.*

Auch hier fehlen präzise Angaben, wie nun z. B. eine dem Faltenbalg gleichwertige Dichtung beschaffen sein muß, um die strengen Dichtheitsauflagen zu erfüllen, was die Hersteller in der Zwischenzeit zu eigenen Interpretationen und Prüfmethoden veranlaßt hat.

### 7.3.1 Stopfbuchsenpackungen von Stellventilen

Eigentlich ist es erstaunlich, daß das Prinzip der Stopfbuchsenpackung praktisch in unveränderter Form beibehalten worden ist, seit der Engländer James Watt im Jahre 1765 die Dampfmaschine erfand. Zwar gibt es heute eine Vielzahl von Packungstypen mit speziellen Formen aus unterschiedlichen Materialien, doch weisen alle immer noch die gleiche Schwäche auf: Durch Verschleiß und plastische Verformung kann eine permanente, den Anforderungen entsprechende Dichtheit nur mit hohem Wartungsaufwand erkauft werden.

Es ist nicht möglich, die ganze Vielfalt verschiedener Stopfbuchsenpackungen an dieser Stelle aufzuzählen. Es erfolgt vielmehr eine Beschränkung auf die heute am häufigsten eingesetzten Packungstypen (Bild 7-8).

*Packungsschnüren* werden durch Flechten, Klöppeln, Falten und anderen Verfahren hergestellt. Der Querschnitt ist meistens quadratisch, manchmal auch rechteckig. Das Gewebematerial besteht heute meistens aus PTFE bzw. PTFE-Derivaten, Graphit oder Asbestersatzstoffen. Die einzelnen Fäden werden häufig vor dem Flechten mit einem speziellen Gleit- oder Dichtmittel imprägniert. Um die Querelastizität zu erhöhen, wird manchmal ein Kern aus synthetischem Kautschuk eingelegt.

*Vorgeformte Ringe* aus hartem (gesintertem) und weichem (ungesintertem) PTFE werden in Sandwich-Art übereinander geschichtet. Bei einer axialen Pressung der Packung verformen sich die weichen Ringe radial nach innen und außen und dichten auf diese Weise ab. Das gleiche Prinzip wird in zunehmendem Maße mit Ringen aus gewickelter Graphitfolie erreicht, wobei in diesem Fall allerdings eine größere maßliche Präzision erforderlich ist.

*Manschettendichtungen* sind besonders wegen des Vorteils einer gewissen Selbstnachstellbarkeit geschätzt. Um die Wirksamkeit dieser Dichtungsart auch bei kleinen Drücken sicherzustellen, sorgt eine Feder für eine bestimmte Mindestvorspannung der V-förmigen Packungsringe. Bei ansteigendem Innendruck tendieren Manschettendichtungen zu höherer Dichtheit, da die Dichtlippen durch den Druck des Mediums an die Spindel bzw. die Bohrung des Oberteils angepreßt werden.

Die eingebaute, funktionstüchtige *Schnur- oder Ringpackung* erfordert einen durch die Stopfbuchse und Brille ausgeübten Druck, der ähnlich einer hydraulischen Flüssigkeit allseitig, aber leider nicht linear weitergeleitet wird. Um eine gleichmäßige Pressung der einzelnen Ringe zu erzielen, müssen die unteren Ringe stärker komprimiert werden als die oberen. Erfolgt dagegen das Anziehen der Brille an der kompletten Packung, so werden infolge der Reibung die oberen Ringe stark, die unteren nur wenig vorgespannt, was einen ungünstigen Abbau des Druckgefälles und eine frühzeitige Leckage zur Folge hat. Die Einstellung und Aufrechterhaltung einer optimalen Vorspannung, die auf jeden Fall größer als der vom Medium aufgebrachte Innendruck sein muß, erfordert Erfahrung und Gefühl, um einerseits Leckagen und andererseits eine zu hohe Hysterese zu vermeiden.

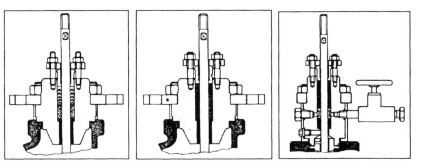

Bild 7-8: Verschiedene Stopfbuchsenpackungen für Stellventile: [36] Manschetten-Packung (links), Schnurpackung (Mitte) und Schnurpackung mit Schmiervorrichtung (rechts)

Die früher häufig angewandte Methode, die Packung zusätzlich zu schmieren, indem mittels einer speziellen Schmiervorrichtung ein hochviskoses Fett oder Wachs in den Packungsraum gepreßt wurde, gilt in verschiedener Hinsicht als überholt. Einerseits ist die Wirksamkeit zeitlich sehr begrenzt, zum anderen ist weder der Reibungskoeffizient noch die Porösität moderner Packungsmaterialien - im Vergleich zu Asbest - durch "Schmieren" zu verbessern.

Nimmt man Metallfaltenbälge einmal aus, so müssen Hersteller wie Anwender eingestehen, daß es eine völlig dichte Stopfbuchse nicht gibt. Bei Armaturen mit drehender Spindel werden einigermaßen zufriedenstellende Resultate erzielt. Bei Hubventilen dagegen ist die Dichthaltewirkung zeitlich begrenzt und von vielen Parametern abhängig. Nachstellbare Packungen haben in solchen Fällen den Vorteil, daß zumindest eine vorübergehende Verbesserung durch eine regelmäßige Wartung erreicht werden kann. Selbstnachstellende Packungen bleiben daher meist auf solche Anwendungen beschränkt, bei denen eine Leckage der Stopfbuchse nicht als Umweltverschmutzung angesehen wird.

Metallfaltenbälge garantieren im Gegensatz zu Stopfbuchsen-Packungen einen wartungsfreien Betrieb und die Einhaltung der vorgeschriebenen Dichtheit. Um eine Lebensdauer von wenigstens 200.000 Doppelhüben zu gewährleisten - was einem mehrjährigen, unterbrechungsfreien Betrieb entspricht -, müßten jedoch die meisten Stellgeräte im Detail verbessert werden. Als Faustformel gilt, daß die freie Länge des Faltenbalges etwa das Zehnfache des Nennhubes betragen soll.

Ausgehend von den exzellenten Erfahrungen, die mit richtig dimensionierten Metallfaltenbälgen gemacht wurden, und dank der Tatsache, daß es keine absolute Dichtheit gibt, interpretieren findige Leute die Empfehlungen der TA-Luft in der Weise, daß eine Spindelabdichtung durch eine Stopfbuchse dann einem Faltenbalg *gleichwertig* ist, wenn die meßbare Restleckmenge gleich oder kleiner der zulässigen Leckage der statischen Dichtung des Faltenbalgs im Oberteil ist. Unter Berücksichtigung der mittleren Länge einer solchen Dichtung und den üblichen Spindeldurchmessern bei Stellventilen entspricht dies etwa einer Leckrate von 0,0001 mbar Liter pro Sekunde, d. h. der Druckabfall bedingt durch Packungsleckage in einem sonst dichten Gehäuse mit einem Volumen von 1,0 Liter darf in einer Sekunde nicht mehr als $10^{-7}$ bar betragen! Das entspricht etwa der durchschnittlichen Dichtheit eines Autoreifens! Schon diese Tatsache macht deutlich, daß es sich um außergewöhnliche Betriebsbedingungen handeln muß, um solche Anforderungen gerechtfertigt erscheinen zu lassen. Tatsächlich sind mehrere Maßnahmen nötig, wie z. B. spezielle Dichtungen zwischen Oberteil und Gehäuse und an den Flanschen, um diese Bedingungen auch nur für kurze Zeit zu erfüllen. Bild 7-9 zeigt ein Ausführungsbeispiel, das im Gegensatz zu herkömmlichen Stopfbuchsen eine Mindestvorspannung durch lerfederpaket aufrecht erhält und eine optische Kontrolle erlaubt. Ein größer werdender Spalt (a) zeigt an, daß die Packung sich "gesetzt" hat und ein Nachziehen der Stopfbuchsenbrille erforderlich ist.

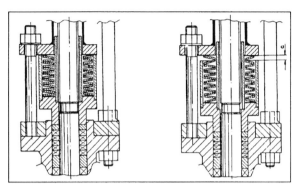

Bild 7-9: Stopfbuchsenkonstruktion gemäß TA-Luft [37]

Tabelle 7-2 zeigt die Vor- und Nachteile der verschiedenen Packungsarten und ihre typischen Einsatzgebiete, während Tabelle 7-3 gängige Abmessungen der Packungsringe und deren maximal übliche Anzahl zusammenfaßt.

Während es also bei Hubventilen kaum jemals ein Abdichtungsprinzip geben wird, das einem Metallfaltenbalg auf Dauer wirklich gleichwertig ist, kann man bei Dreh- bzw. Schwenkarmaturen mit relativ geringem Aufwand eine Dichtheit erreichen, die den in der TA-Luft vorgegebenen Grenzwerten nahe kommt. Der wesentliche Grund ist die minimale Bewegung der Spindel an der gleichen (geschützten) Stelle im Packungsraum. Eine Aufnahme von Staub oder Schmutz im Bereich der Packung ist ebenso ausgeschlossen wie eine Pumpwirkung bei einer Hubbewegung der Ventilspindel. Meistens wird eine herkömmliche Packung aus PTFE oder Reingraphit vorgesehen, um dem Innendruck bei wechselnden Temperaturen zu widerstehen. Zusätzlich werden O-Ringe aus einem beständigen Synthesekautschuk (z. B. "Viton") vorgesehen, die schließlich für einen gasdichten Abschluß sorgen. Damit können zumindest für gewisse Zeit die Auflagen der TA-Luft erfüllt werden (Bild 7-10).

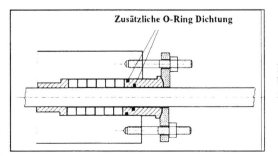

**Zusätzliche O-Ring Dichtung**

Bild 7-10: Abdichtungsprinzip bei einem Drehkegelventil mit zusätzlichen O-Ringen [38]

Tabelle 7-2: Hinweise für den Gebrauch von Stopfbuchsenpackungen [39]

| Pack-ungsart | Tempera-turbereich (°C) | Druck-bereich (bar) | Zul. pH-Werte (-) | Typische Einsatzge-biete | Vorteile | Nachteile |
|---|---|---|---|---|---|---|
| Geflochtene PTFE-Schnurpackung | -200 bis +250 | Vakuum bis 400 | 1-14 | Alle Gase u. Flüssigkeiten außer Fluor-Verbindungen u. flüssige Alkalimetalle | Gute Dichtheit, ger. Reibung, unempfindlich gegenüber: Feststoffen, Ablagerungen, Maßungenauigkeiten, Temperaturwechsel | Ständige Wartung erforderlich, höhere Reibung als Manschettenpackung, relativ starkes Setzen der Packung im Laufe der Zeit. |
| PTFE-Manschettenpackung (V-Ringe) | -200 bis +200 | bis 160 | 1-14 | Wie PTFE-Schnurpackung | Geringste Reibung und Hysteresis, z. T. selbstnachstellend | Empfindlich gegenüber Ablagerungen, Maßungenauigkeiten, Temperaturwechsel, Keine Nachtellbarkeit bei Leckagen. |
| Reingraphitfolienpackung (gerollt) | 200 bis 550 | Vakuum bis 400 | 1-14 | Vorwiegend bei Dampf, Heißwasser und petrochemischen Medien | Hohe Form-, Druck- u. Temp. Beständigkeit, gute Querelastizität | Hohe Reibung und Hysteresis, ständige Wartung erforderlich, Feingefühl bei Justage nötig. |
| Asbestersatzpackung mit PTFE imprägniert | -200 bis 320 | bis 160 | 5-11 | Wasser, Dampf, Medien mit geringer Korrosionswirkung | Wie reine PTFE-Schnurpackung, aber billiger | Ständige Wartung erforderlich, nur begrenzte Dichtheit und Chemikalienbeständigkeit. |

Tabelle 7-3: Übliche Abmessungen von Packungen und Anzahl der Ringe [40]

| Nenndruck (bar) | Spindeldurchmesser (mm) | Packungsquerschnitt (mm) | Anzahl der Ringe (maximal) |
|---|---|---|---|
| bis PN 16 | bis 10 | 4 x 4 | 5 |
|  | 10-18 | 5 x 5 | 5 |
| PN 25-40 | 10-18 | 5 x 5 | 7 |
|  | 20-26 | 6 x 6 | 7 |
|  | 28-36 | 8 x 8 | 7 |
| PN 64-100 | 10-18 | 5 x 5 | 10 |
|  | 20-26 | 6 x 6 | 10 |
|  | 28-36 | 8 x 8 | 10 |
| über PN 100 | 10-18 | 5 x 5 | 12 |
|  | 20-26 | 6 x 6 | 12 |
|  | 28-36 | 8 x 8 | 12 |
|  | 38-50 | 10 x 10 | 12 |

Um eine langanhaltende Dichtheit der Packung zu erzielen, sind folgende Punkte von besonderer Bedeutung:

- Die *Oberflächengüte* der Spindel ist für die Laufeigenschaften, Reibung und den auftretenden Verschleiß sehr wichtig. Optimal ist eine Oberflächengüte der Spindel von Rt ≈ 4-5 μ, wie sie durch Schleifen mit anschließendem Prägepolieren erreicht wird. Eine Feinstbearbeitung (Rt < 1 μ) wirkt sich zumindest bei PTFE-Packungen nachteilig aus, da die verbleibenden Poren zu klein sind, um geringe Mengen von PTFE aufzunehmen, die für ideale Gleiteigenschaften sorgen.

- Die Spindel muß darüber hinaus eine hohe *Formgenauigkeit* aufweisen und eine eindeutige Bewegung ausführen (hin- und hergehend bzw. drehend). Schlingerbewegungen und eine unzureichende Konzentrizität von Spindel und Packung führen zu einer vorzeitigen Leckage.

- Der Spindelwerkstoff sollte möglichst hart sein und muß ferner eine gute Korrosionsbeständigkeit aufweisen. Rauhigkeit oder Poren, verursacht durch Verschleiß oder Korrosion, haben frühe Undichtheit zur Folge. Bei einem elektrolytischen Medium, einer Spindel aus Edelstahl und Packungen aus Reingraphit besteht die Gefahr einer Kontaktkorrosion!

- Der Reibungskoeffizient sollte niedrig und der Unterschied zwischen Haft- und Gleitreibung möglichst gering sein. Andernfalls tritt der gefürchtete "stick-slip"-Effekt auf, bei dem sich die Ventilstange in Verbindung mit einem pneumatischen Antrieb ruckweise bewegt und eine feinfühlige Regelung unmöglich macht.

## 7.3.2 Dichtungen bei Stellventilen

Statische Dichtungen bei Stellventilen, die üblicherweise zwischen Gehäuse und Oberteil sowie an beiden Verbindungsflanschen verwendet werden, erscheinen auf den ersten Blick unproblematisch. In Wirklichkeit treten in der Praxis oft eine Reihe von Problemen auf, die meistens unbeachtet bleiben und später für eine Leckage an den Verbindungstellen verantwortlich sind. Vor allem ist das Dichtverhalten stets eine Funktion der Gesamtverbindung, die (a) aus den zu verbindenden Teilen, (b) der eigentlichen Dichtung und (c) den Schrauben und Muttern besteht. Leider können die einzelnen Einflußgrößen nicht im Detail erläutert werden, da sie den Rahmen des Buches sprengen würden. Aus diesem Grund muß eine verkürzte Darstellung genügen.

Die ideale Dichtung hat folgende Eigenschaften, um eine universelle Anwendung zu erlauben und eine hohe, bleibende Dichtheit zu gewährleisten [41]:

- Hohe Zug- und Druckfestigkeit des Materials
- Undurchlässigkeit bei flüssigen und gasförmigen Medien
- Ohne Füllstoffe und Bindemittel und natürlich asbestfrei
- Beständig bei hohen und tiefen Temperaturen (-200°C bis +550°C)
- Beständig gegen herkömmliche Betriebsstoffe
- Langzeitstabil, flexibel, temperaturunabhängige Rückfederung
- Kein Kalt- oder Warmfluß unter Belastung
- Hohe plastische Verformbarkeit (Kompensation von Unebenheiten)
- Keine temperaturbedingte Alterung und Versprödung
- Niedriger Reibwert und Antihaftverhalten nach langer Betriebszeit
- Hohe Widerstandsfestigkeit gegen radioaktive Strahlung
- Gute thermische Leitfähigkeit
- Gute Licht- und Ozonbeständigkeit
- Keine Farb- und Geschmacksbeeinträchtigung (z. B. in der Pharmazie)
- Geringer Abrieb und gesundheitliche Unbedenklichkeit

Es ist einleuchtend, daß es keinen universellen Dichtungswerkstoff geben kann, der alle diese Forderungen erfüllt. Darum ist man auch bei den Dichtungen auf Kompromisse angewiesen. Die Asbestdiskussion der letzten Jahre hat die Suche der Industrie nach einigen wenigen, möglichst vielseitig einsetzbaren Materialien beschleunigt, seit die Anwendung der früher meistens angewendeten It-Dichtungen auf der Basis von Gummi-Asbest gesetzlich verboten wurde.

Im wesentlichen dominieren heute bei industriellen Anwendungen folgende Dichtungswerkstoffe:

- Dichtungen aus PTFE oder PTFE-Derivaten (mit oder ohne Gewebe)
- Dichtungen auf Graphitbasis (mit oder ohne metallische Verstärkung)
- Dichtungen aus Aramidfasern (Asbestersatz) mit Synthesebindemitteln

Die zahllosen Modifikationen der obengenannten Basismaterialien erfolgen mit dem Ziel, spezielle Eigenschaften zu erzielen, die für eine bestimmte Anwendung optimal sind. So werden beispielsweise Graphitdichtungen mit einer dünnen Edelstahlblecheinlage gefertigt, um ein Brechen der Dichtung zu verhindern und die mechanischen Eigenschaften zu verbessern. Kompositionen aus PTFE mit Füllstoffen aus Metall oder Graphit verbessern die Festigkeit und reduzieren die Wärmeausdehnung. Spezielle organische Füllstoffe können z. B. die Gasdurchlässigkeit verringern usw.

Die Dichtungsformen sind fast so zahlreich wie die verschiedenen Materialien. Die wichtigsten Formen werden nachfolgend kurz beschrieben, typische Anwendungsgebiete und übliche Grenzwerte gehen aus Tabelle 7-4 hervor.

*Einfache Flachdichtungen* werden immer noch am häufigsten verwendet. Sie setzen sich zusammen aus einem thermisch widerstandsfähigen Skelett, das früher aus Asbest und heute aus einem Ersatzwerkstoff (meistens *Aramid*-Fasern) besteht, und einem gut dichtenden, synthetischen *Kautschuk*. Ein hoher Aramidanteil verbessert die thermische Stabilität, verschlechtert aber die Dichtwirkung, während ein hoher Kautschukanteil zwar die Elastizität verbessert, aber die thermische Belastbarkeit herabsetzt. Eine Vielzahl verfügbarer Elastomere und Füllstoffe erlaubt eine Anpassung an die jeweilige Anwendung, um eine zufriedenstellende chemische Beständigkeit, Alterungsbeständigkeit, Gasundurchlässigkeit usw. zu erhalten.

*Moderne Flachdichtungen* bestehen meistens aus *Reingraphit*, das eine exzellente thermische und chemische Widerstandsfähigkeit besitzt. Da Graphit jedoch spröde ist und großflächige Dichtungen schwer zu handhaben sind, verwendet man oft Dichtungen mit einem Kernblech aus Edelstahl, das beidseitig mit Graphit beschichtet ist. Dadurch wird eine hohe Dichtheit innerhalb eines weiten Temperaturbereiches bei guter mechanischer Stabilität erreicht.

Die physikalische Belastbarkeit von *Weichstoffdichtungen*, die sowohl aus PTFE oder aus weichem Graphit bestehen können, wird durch Einlagen aus *Drahtgeweben* erhöht. Die Sicherheit gegenüber Bersten oder ein radiales Ausblasen nichtgekammerter Dichtungen wird dadurch erheblich verbessert.

Eine andere Möglichkeit, die Belastbarkeit von Weichstoffdichtungen zu erhöhen, ist ein *metallischer Innenbördel*, der die Dichtung innen umfaßt und damit die Ausblassicherheit erhöht.

Das Bestreben nach großer mechanischer Belastbarkeit, hoher Flexibilität bei gleichzeitig starker plastischer Verformbarkeit und guter Dichtwirkung führte zur Entwicklung der *Spiraldichtung*, bei der ein speziell profiliertes Band zu einem Ring mit einer Einlage aus PTFE oder Graphitfolie gewickelt wird, das die Abmessungen der benötigten Dichtung hat.

Eine weitere Spielart sind die sogenannten *Kammprofildichtungen*, die einen kammartigen Kern aus Metall aufweisen, um der beidseitigen Beschichtung mit PTFE oder Graphit den notwendigen Halt zu geben.

Die Angaben der Tabelle 7-4 sind Richtwerte und Standardanwendungen. Im Einzelfall können wesentlich höhere Temperaturen und Drücke zugelassen werden.

Tabelle 7-4: Anwendung häufig eingesetzter Dichtungsformen bei Stellventilen [42]

| Dichtungs-form bzw. Profil | Zul. Temperatur (°C) | Zul. Druck[1] (bar) | Material und Aufbau der Packung | Typische Anwendungs-gebiete |
|---|---|---|---|---|
| Einfache Flachdichtung | 400 | 100 | Asbestersatz + Elastomer + anorganische Füllstoffe | Allgemeine flüssige oder gasförmige Medien (ungiftig und nicht korrosiv) |
| Dünne Dichtung aus Reingraphit | 550 | 160 | Reingraphit ohne oder mit metallischem Kernblech | Chemie, Petrochemie, Apparatebau, Kraftwerke usw. bei hoher Formgenauigkeit |
| Dünne Dichtung aus speziell behandeltem PTFE | 250 | 40 | Gestrecktes PTFE mit nur geringem Kaltfluß | Bei sehr hohen Dichtheitsanforderungen (TA-Luft) und korrosiven Medien |
| Weichstoffdichtung mit Metalleinlage | 250 bis 550 | 160 | PTFE oder Weichgraphit mit Metalleinlage in verschiedenen Formen, z. B. Gewebe oder Wellblech | Chemie, Petrochemie, Apparatebau, bei unzureichender Formgenauigkeit der Flansche |
| Weichstoffdichtung mit Innenbördelung aus Metall | 250 bis 550 | 160 | PTFE oder Weichgraphit mit Innenbördel aus Metall, um ein Ausblasen der Dichtung zu vermeiden | Chemie, Petrochemie, Apparatebau, bei unzureichender Formgenauigkeit der Flansche |
| Spiraldichtung mit Dichteinlage | 250 bis 550 | 160 | Spiralig aufgewickeltes Edelstahlband mit Einlage aus PTFE oder Graphit oder Kompositionen aus beiden | Chemie, Petrochemie, Apparatebau, bei entsprechender Kammerung der Dichtung |
| Kammprofildichtungen | 250 bis 550 | 160 | Kammartiger Kern aus Metall mit beidseitiger Auflage aus Weichstoff (PTFE oder Graphit) | Chemie, Petrochemie, Apparatebau, bei unzureichender Formgenauigkeit der Flansche |
| Metallische Linsendichtung | 550 | 400 | Linsenförmiges Profil aus Metall mit entsprechender Formgebung der zu verbindenden Teile | Hochdruckanwendungen in der Chemie, Petrochemie bei häufiger Auswechselung |
| Metallische Ring-Joint-Dichtung | 550 | 160 | Ovales oder oktogonales Profil zum Einlegen in vorbereitete Flanschnuten | Chemie und Petrochemie, hauptsächlich in anglo-amerikanischen Ländern |
| Metallische Flachdichtung | 550 | 400 | Rechteckiges Profil aus Weicheisen, Kupfer usw. | Hochdrucktechnik bei nichtkorrosiven Medien |

1) Bei einer entsprechenden Kammerung der Dichtung

Grundsätzlich gelten folgende Regeln bei Flanschdichtungen:

- Je nach Material und Beschaffenheit der Dichtung ist eine spezifische Mindestpressung erforderlich, um eine ausreichende Dichtheit zu erzielen. Diese ist bei Weichstoffdichtungen relativ gering, bei rein metallischen Dichtungen z. T. extrem hoch, was entsprechend stabile Flansche und Schraubenverbindungen voraussetzt. Die geringe Verformbarkeit von Metalldichtungen erfordert daher eine hohe Formgenauigkeit aller Teile.

- Alle Dichtverbindungen zeigen in den ersten Stunden nach Aufbringung der notwendigen Flächenpressung eine mehr oder weniger ausgeprägte Kriechneigung, die nicht alleine auf die Dichtung zurückgeführt werden kann, sondern auch Flansche und Schrauben mit einbezieht. Das "Setzen" ist um so stärker ausgeprägt, je weicher und dicker die Dichtung ist. Um die geforderte Dichtheit aufrecht zu erhalten, empfiehlt sich daher ein mehrmaliges Nachziehen der Schraubenbolzen bei Inbetriebnahme.

• Die notwendige spezifische Flächenpressung muß zwar beachtet, darf aber andererseits auch nicht weit überschritten werden, um eine Zerstörung der Dichtung zu vermeiden. Dies gilt besonders für Dichtungen aus PTFE oder synthetischem Kautschuk. Aus diesem Grunde verwendet man am besten eine Kammerung mit Anschlag, wie sie bei Spiraldichtungen obligatorisch ist, um ein überschüssiges Anzugsmoment der Schrauben abzufangen.

## 7.4 Schrauben und Muttern

Dieses wichtige Thema wurde bereits bei der Behandlung der statischen Dichtungen kurz angesprochen. Allerdings sollen die Flanschverbindungen mit der Rohrleitung an dieser Stelle außer acht gelassen werden, weil dies in den Verantwortungsbereich des Anwenders bzw. Anlagenplaners gehört. Im Mittelpunkt steht vielmehr die Verbindung zwischen dem Gehäuse und dem Ventiloberteil, die unter Beachtung der jeweiligen Anwendung mit entsprechenden Schraubenbolzen und Muttern ausgestattet sein muß, um allen Anforderungen im Betrieb zu genügen. Die nicht immer verstandene, aber absolut notwendige Sorgfalt bei der Auswahl der Schrauben und Muttern wird deutlich, wenn man bedenkt, daß diese Teile in fast allen Fällen die "Achillesferse" des Stellventils darstellen. Bei einem langsam durchgeführten Berstversuch an einem kompletten Stellgerät wird man nämlich feststellen, daß zunächst die Schrauben nachgeben und dadurch in der Regel eine so große Leckage auftritt, daß es nur in Ausnahmefällen zum Bersten des Ventilgehäuses kommt. Daraus kann man die wichtigsten Anforderungen an die Schraubenbolzen und Muttern ableiten [43]:

- Geringe plastische Deformation, um Setzten/Lockern zu verhüten
- Hohe Dauerfestigkeit, um geringe Abmessungen zu ermöglichen
- Ausreichende Warmfestigkeit bei hohen Betriebstemperaturen
- Hohe elastische Dehnung bei wechselnder Beanspruchung
- Gute Korrosionsbeständigkeit gegenüber Atmosphäre (und Medium)
- Ausreichende Kerbschlagzähigkeit, besonders bei tiefen Temperaturen
- Ausreichende Einschraubtiefe im Ventilgehäuse

Auch hier sind in der Praxis meistens Kompromisse erforderlich. Die korrekte und umfassende Berechnung einer Schraubverbindung ist komplex, so daß sie an dieser Stelle nicht in aller Ausführlichkeit erläutert werden kann.

Hier muß auf die zahlreiche Spezialliteratur zu diesem Thema verwiesen werden. Die wichtigsten Zusammenhänge sollen aber zumindest kurz erwähnt werden.

Wie bereits im vorhergehenden Kapitel erwähnt, ist die Dichthaltewirkung um so größer, je höher die Flächenpressung und je dünner die Dichtung selbst ist. Die benötigte Vorspannkraft und der Betriebsdruck des Mediums rufen in den Schrauben eine Zugbelastung hervor. Belastungen sind aber stets mit elastischen oder sogar plastischen Deformationen verbunden. Bei Schraubenverbindungen darf die sogenannte Elastizitätsgrenze nicht überschritten werden, um reversible Spannungs-/Dehnungsverhältnisse zu erhalten. Die zulässigen Grenzwerte gehen aus einschlägigen Tabellen hervor. Meist werden bei Stellventilen Stiftschrauben verwendet, die in den Gehäuseflansch eingeschraubt werden. Der Flansch des Oberteils enthält eine entsprechende Anzahl von Bohrungen und wird mit Hilfe der Stiftschrauben und passenden Muttern mit dem Gehäuse verschraubt. Bei sehr hohen statischen Drücken und Temperaturen werden vorwiegend Dehnschrauben verwendet, die eine größere Länge als die normalen Stiftschrauben und in der Mitte eine Freidrehung mit kleinerem Durchmesser aufweisen, um eine elastische Dehnung zu ermöglichen. Sanfte Übergänge vom größeren auf den kleineren Durchmesser sorgen für eine gleichmäßige Spannungsverteilung. Die Dehnschraube wirkt wie eine Feder mit hoher Steifigkeit und ist dadurch in der Lage, Temperaturschwankungen oder Druckstöße auszugleichen, ohne daß die minimal notwendige Vorspannkraft unterschritten wird. Da die Dehnschrauben meist wesentlich länger als die Dicke der beiden Flansche ist, werden Abstandshülsen benötigt, bevor die Mutter aufgeschraubt werden kann. Eine wichtige Größe ist das erforderliche Anzugsmoment der Muttern, da eine direkte Messung der erforderlichen Vorspannkraft meistens nicht möglich ist. Man kann aber vom Anzugsmoment nur dann auf die Vorspannkraft schließen, wenn der Reibungskoeffizient zwischen Stehbolzen und Mutter bekannt ist. Bei gleichem Anzugsmoment erzielt ein mit einem Hochleistungsschmiermittel versehener Schraubenbolzen eine bis zu 10 mal höhere Vorspannung als ein fettfreier Bolzen. Dies ist also bei der Montage des Ventils unbedingt zu beachten. Was die Eigenschaften einer Schraubverbindung angeht, so sind folgende Hinweise zu beachten:

- Entscheidend für den maximal zulässigen Innendruck bei erhöhten Betriebstemperaturen ist die *Warmfestigkeit,* d. h. die *Elastizitätsgrenze* des Materials bei der höchsten Betriebstemperatur. Die zulässigen Werte findet man in entsprechenden Tabellen. Das Verhältnis von Elastizitätsgrenze zu Zugfestigkeit kann durch ein Vergüten des Schraubenwerkstoffes positiv beeinflußt werden. Spezialschraubenwerkstoffe können bis maximal 90% der Zugfestigkeit belastet werden, während bei Standardwerkstoffen die Grenze nur bei ca. 30% der Zugfestigkeit liegt.

- Die *Korrosionsfestigkeit* des Schrauben-/Mutternwerkstoffes ist ein weiteres wichtiges Gütemerkmal. Uneinigkeit herrscht jedoch darüber, ob der Werkstoff nur gegenüber der Atmosphäre resistent sein muß oder auch gegenüber dem Durchflußmedium. Austenitische Werkstoffe (Edelstahl) weisen zwar eine exzellente Beständigkeit auf, haben aber leider eine weitaus geringere Festigkeit, was dazu führt, daß bei einer Entscheidung zugunsten von Edelstahl stärkere Schrauben (z. B. M16 statt M12) verwendet werden müssen. Es gibt allerdings eine Reihe von Anwendungen, bei denen die Forderung nach einem beständigen Schrauben-/Mutternmaterial unabdingbar ist (z. B. bei Sauergas Anwendungen), da schon eine geringe Packungsleckage ausreichen würde, um eine Korrosion der Schrauben zu bewirken und damit die Betriebssicherheit der Anlage in Frage zu stellen.

- Bei *Tieftemperaturanwendungen* spielt nicht nur die Festigkeit der Schrauben eine Rolle, sondern auch die sogenannte *Kerbschlagzähigkeit*. Alle Stähle neigen nämlich dazu, bei tiefen Temperaturen zu verspröden, so daß bei einem plötzlichen Druckstoß die Bolzen u. U. reißen. Durch Auswahl eines geeigneten Schraubenwerkstoffes kann der typischerweise plötzliche Abfall der Kerbschlagzähigkeit, der einer Versprödung gleich kommt, zu einer tieferen Temperatur als der niedrigsten Betriebstemperatur verschoben werden.

Da eine anwendungsgerechte Schraubverbindung von vielen Parametern abhängt, kann auf einen Dichtheitstest des Ventils nicht verzichtet werden. Dieser Test wird in der Regel mit einer Druckprüfung bei dem 1,5fachen des Nenndrucks kombiniert. Das gesamte Ventil wird zu diesem Zweck zunächst evakuiert und dann langsam mit Flüssigkeit gefüllt, dessen Druck bis zum zulässigen Höchstwert gesteigert wird. Nach einer vorgeschriebenen Verweilzeit dürfen Undichtheiten weder an der Dichtung noch an anderen Stellen des Gehäuses oder Oberteils auftreten. Tabelle 7-5 zeigt typische Materialien für Schrauben und Muttern in Abhängigkeit vom verwendeten Gehäusewerkstoff.

Tabelle 7-5: Häufig verwendete Werkstoffe für Schrauben und Muttern

| Gehäusewerkstoff | Stehbolzenwerkstoff | Mutternwerkstoff |
|---|---|---|
| Gußeisen (0.6025) | 24CrMo5 (1.7258) | 24CrMo5 (1.7258) |
| Stahlguß (1.0619) | 24CrMo5 (1.7258) | 24CrMo5 (1.7258) |
| Hitzebest. Stahlguß (1.7357) | 21CrMoV57 (1.7709) | 24CrMo5 (1.7258) |
| Tieftemp. Stahlguß 1.1138) | 26CrMo4 (1.7219) | 26CrMo4 (1.7219) |
| Edelstahl (1.4581) | A4-70 aus 1.4571 (1.4986) wkv | A4-70 aus 1.4571 wkv |
| Tieftemp. Edelstahl (1.6902) | A2-70 aus 4541 oder X5CrMnNiN 18 9 wkv | A2-70 aus 4541 oder X5CrMnNiN 18 9 wkv |

## 7.5 Ventilgarnituren von Stellventilen

Die *Ventilgarnitur* ist das Kernstück eines jeden Stellventils. Sie bestimmt nicht nur die inhärente Kennlinie des Ventils, sondern ist auch maßgebend für den Beginn der Kavitation und die Höhe des akustischen Umwandlungsgrades von mechanischer Energie in Lärm. Die Garnitur ist überdies das am meisten beanspruchte Bauteil des gesamten Stellgerätes. Da Korrosion und Erosion die Lebensdauer der Garnitur entscheidend beeinflussen, lautet die Grundregel für die Auswahl eines geeigneten Garniturwerkstoffes: *Der für die Garnitur verwendete Werkstoff sollte besser als der Werkstoff für Gehäuse und Oberteil sein, zumindest aber gleichwertig.*

Zur Garnitur eines Stellventils zählen: (a) Der auswechselbare, eingeschraubte Sitzring, (b) der Drosselkörper (Kegel), (c) die Ventilspindel und (d) die Stopfbuchse (evtl. mit Laternenring). Das Prinzip der Garnitur ist die stufenlose Veränderung des Drosselquerschnitts, wodurch sich auch die Widerstandsziffer bzw. der Kv-Wert entsprechend ändert und damit eine Regelung des Durchflusses bzw. Druckes erlaubt. Die Möglichkeiten einer Realisierung dieses Prinzips sind außerordentlich vielfältig, was durch die zahllosen Stellgeräte- und Garniturtypen verdeutlicht wird.

Hubventile sind - was den Einsatz einer bestimmten Garnitur anbetrifft - wesentlich flexibler als Drehstellgeräte. Der Sitzring mit zylindrischer Bohrung wird in der Regel in das Gehäuse eingeschraubt. Der Drosselkörper ist im einfachsten Fall ein konischer Körper, d. h. ein Kegel mit geringer Neigung, was diesem Teil den verallgemeinerten Namen gab. Er kann natürlich auch völlig unterschiedlich geformt sein, wie z. B. bei geräuscharmen Garnituren. In diesen Fällen wird das anstehende Druckgefälle meistens in mehreren Stufen abgebaut, wobei die einzelnen Drosselquerschnitte in Richtung des Durchflusses zunehmen müssen, um eine optimale Wirkung zu erreichen. Die am häufigsten vorkommenden Drosselkörperformen bei Hubventilen sind:

- Kontur- oder Parabolkegel mit rotationssymmetrischer Form
- Schlitzkegel, dessen Mantelfläche V-förmige Schlitze aufweist
- Lochkegel, mit einer Anzahl von Bohrungen anstelle von Schlitzen

Der Vorteil eines *Kontur- oder Parabolkegels* ist die einfache und präzise Herstellbarkeit auf Kopierdrehbänken oder CNC-Maschinen. Auch eine Panzerung durch Auftragsschweißen ist bei der geschlossenen Form leicht möglich. Bei großen Nennweiten wird diese Form allerdings problematisch, und zwar aus folgenden Gründen: (a) Durch die große, vom fließenden Medium berührte Oberfläche, die bei turbulenter Strömung ständig durch Ablösungserscheinungen bedingte Wechselkräfte aufnehmen muß, entstehen heftige Vibrationen. Auch tritt bei großen Durchmessern häufig ein Drehmoment mit der Tendenz zur Rotation auf. Diese Strömungseffekte sind nicht immer alleine vom Antrieb beherrschbar und verlangen kostspielige konstruktive Sondermaßnahmen; (b) kleine Kegel können problemlos von gängigem Stangenmaterial auf Drehautomaten gefertigt werden. Bei großen Durchmessern ist dies aber schon wegen des hohen Materialeinsatzes nicht mehr sinnvoll.

Die sogenannten *Glocken- oder V-Schlitzkegel* werden meist im Feingußverfahren hergestellt, in Ausnahmefällen auch gefräst. Vorteilhaft ist der geringere Materialeinsatz und ein gutes Strömungsverhalten. Meistens wird die Form und Lage der Schlitze auf dem Umfang bewußt asymmetrisch ausgeführt, um eine Antidrehneigung und einen besseren Kennlinienverlauf zu erzielen. Bei hohen Differenzdrücken wirkt sich auch die zusätzliche Führung des Drosselkörpers im Sitzring günstig aus, was allerdings bei bestimmten Anwendungen, z. B. bei feststoffbeladenen Medien auch wieder Nachteile haben kann (Verklemmen).

*Lochkegel* werden eingesetzt, um den Umwandlungsgrad bei der Lärmentstehung günstig zu beeinflussen. Diese Methode verlangt aber tiefergehende Kenntnisse, um die gewünschte Wirkung zu erzielen. Nachteilig ist die relativ teure Herstellung. Auch müssen meistens Abstriche beim maximalen Durchflußkoeffizienten und dem gewünschten Kennlinienverlauf gemacht werden.

*Spezielle Garniturformen* findet man häufig bei Kleinfluß- bzw. Mikroventilen. Wegen der winzigen Abmessungen und engen Toleranzen wird die Zentrierung des Kegels im Sitzring bei einer Führung des Drosselkörpers im Oberteil sehr schwierig. Aus diesem Grunde wird eine Konstruktion bevorzugt, die gleichzeitig Sitz und Führung beinhaltet, um einen Mittenversatz der Teile (Gehäuse / Ventiloberteil) auszuschließen (Bild 7-13, rechts).

Der Drosselkörper hat in diesen Fällen entweder die Form einer schlanken konischen Nadel oder ist bei geringster Spaltbreite einfach zylindrisch. Eine Regelung des Durchflusses geschieht entweder durch (a) eine einseitige Abflachung, (b) einen kleinen V-förmigen Schlitz, dessen Tiefe allmählich größer wird, oder (c) durch die Eintauchtiefe des zylindrischen Drosselkörpers im Sitzring (bei Laminarströmung). Eine Sonderform ist der *AUF-ZU-Kegel*, der im einfachsten Fall aus einer ebenen Scheibe mit einer Dichtfase besteht und meistens nur für Schaltbetrieb zwischen den Extremen AUF oder Zu eingesetzt wird.

Einen Drosselkörper ohne jede Kontur zur Änderung des Drosselquerschnitts findet man bei *Käfigventilen* (Bild 7-11). Der "Kegel" hat hier die Form eines Zylinders, der während des Hubes eine mehr oder weniger große Fensterfläche freigibt. Form und Anzahl der Fenster bestimmen die Charakteristik. Die Fenster müssen keineswegs symmetrisch angeordnet sein, sondern können dem gewünschten Kennlinienverlauf entsprechend gestaltet werden.

Andere, häufig angewendete Garniturformen sind schematisch in Bild 7-12 aufgeführt. Man beachte, daß V-Schlitz- und Lochkegel selbst bei Nennhub noch im Sitzring geführt bleiben, was ihnen eine größere Stabilität gegen radiale Schwingungen verleiht. Sie können deshalb eher bei höheren Differenzdrücken eingesetzt werden.

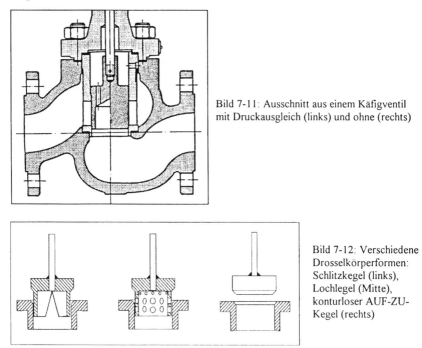

Bild 7-11: Ausschnitt aus einem Käfigventil mit Druckausgleich (links) und ohne (rechts)

Bild 7-12: Verschiedene Drosselkörperformen: Schlitzkegel (links), Lochlegel (Mitte), konturloser AUF-ZU-Kegel (rechts)

*AUF-ZU-Kegel* sind für stetige Regelungen weniger geeignet. Sie bewirken eine rasche Öffnung des Drosselquerschnitts, was ihnen auch den Namen "Quick-Opening-Plug" gegeben hat. Tatsächlich wird der maximale Durchfluß schon bei einem Hub erreicht, der ca. einem Viertel (25%) des Sitzringdurchmessers entspricht. Dies hat besonders in Verbindung mit pneumatischen Membranantrieben den Vorteil, daß der Hub verkürzt und der Antrieb bei reverser Wirkungsweise stärker vorgespannt werden kann, indem nur das letzte Viertel des Nennhubes genutzt wird. Dadurch ist der Antrieb in der Lage, gegenüber einem wesentlich höheren Differenzdruck zu schließen, als es bei einer Standardgarnitur (Parabolkegel) und Nennhub der Fall wäre.

Bild 7-13 zeigt typische Kegelformen von Kleinflußventilen. Der Drosselquerschnitt ist beim Nadelventil ein enger Ringspalt. Bei noch kleineren Kv-Werten werden meistens abgeflachte zylindrische oder eingekerbte Drosselkörper verwendet. Der wirksame Querschnitt ist im Bild stark vergrößert dargestellt.

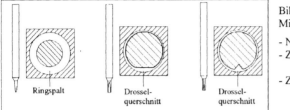

Bild 7-13: Garnituren von Mikroventilen:
- Nadelkegel (links)
- Zylinder mit Abflachung (Mitte)
- Zylinder mit Einkerbung (rechts)

Ringspalt    Drossel-querschnitt    Drossel-querschnitt

Die konstruktive Gestaltung der Garnitur bei Dreharmaturen ist vergleichsweise eingeschränkt, wenn man z. B. an Drosselklappen oder exzentrisch gelagerte Drehkegelventile denkt. Eine Ausnahme bilden die Kugelsegmentventile, die ähnlich einem Schlitzkegel V-förmige Ausnehmungen haben, deren Kontur als Funktion des Drehwinkels für die Ventilkennlinie maßgebend ist.

## 7.5.1 Berechnung des erforderlichen Querschnittes

Die Ventilcharakteristik bzw. die inhärente Kennlinie ergibt sich aus dem Zusammenhang von relativem Hub $h$ und dem jeweiligen freien Drosselquerschnitt $A$ unter Berücksichtigung des sogenannten β-Wertes, der Unproportionalitäten berücksichtigt. Der Verlauf der β-Werte als Funktion der Auslastung Φ muß für jede Baureihe zunächst grob ermittelt werden, um die Kontur des Drosslekörpers bestimmen zu können. Bei einer systematischen Dimensionierung der Garnitur geht der Konstrukteur am besten folgendermaßen vor:

- Sitzringdurchmesser annehmen. Natürlich wird man keine "krummen Maße" wählen, sondern einen runden Durchmesser, für den z. B. eine Reibahle existiert. Üblich ist, den Sitzringdurchmesser höchstens so groß wie die Nennweite zu wählen, in diesem Beispiel also z. B. 50 mm.

- Benötigte freie Fläche $A$ bei Nennhub berechnen. Dies verlangt - wie zuvor erläutert - die Kenntnis des β-Wertes, der bei voller Auslastung etwa 0,5 bis 0,7 beträgt. Vorteilhaft ist, die β-Werte bei ähnlichen Konstruktionen zu registrieren und in einem Diagramm als Funktion der Auslastung darzustellen (Bild 7-15).

Zur Berechnung dienen folgende Überschlagsgleichungen, die hier nicht abgeleitet werden können und bei denen die Fläche A in cm$^2$ einzusetzen ist:

$$Kv = 5,04 \cdot A \cdot \beta \qquad \text{bzw.} \qquad A = Kv / 5,04 \cdot \beta \qquad (7-1)$$

- Unter Berücksichtigung der aus dem Diagramm abgelesenen β-Werte wird eine Wertetabelle angelegt, die für die Hubstellungen 5, 10, 20, 30, 40, 50, 60, 70, 80, 90 und 100% die benötigten freien Flächen angibt.

- Unter Zugrundelegung der benötigten freien Fläche wird die jeweilige Ringspaltbreite für alle der oben genannten Hübe berechnet. Hierbei ist zu bedenken, daß nicht einfach die Radien auf Höhe der Sitzringoberkante zugrunde gelegt werden dürfen, sondern daß der freie Querschnitt durch die kürzeste Verbindung zwischen der Konturoberfläche und dem Sitzring, d. h. der Senkrechten zur Konturmantellinie, bestimmt wird (Bild 7-14). Bei schmalen Ringspalten kann aber die Fläche mit guter Annäherung auf der Basis des mittleren Durchmessers (d) und der Breite (s) bestimmt werden.

- Man führt diese Berechnung also am besten am Reißbrett bzw. mit Hilfe eines CAD-Programms aus, indem man an der Sitzringkante bei Hub 0% (Ventil geschlossen) beginnt und dann die Sitzringkante schrittweise bis zur vollen Öffnung (Nennhub = 30 mm) verschiebt. Dabei wird jeweils die erforderliche Spaltbreite (s) bestimmt. Es ist für den Verlauf der Kennlinie unerheblich, ob die Kontur kontinuierlich verläuft, oder aus kurzen Geraden von je 3 mm Länge  zusammengesetzt wird, d. h. es nicht erforderlich eine stetige Kurve zu konstruieren. Dies ist auch für die Herstellung wesentlich einfacher, indem man lediglich die Durchmesser bei den verschiedenen Höhen angibt.

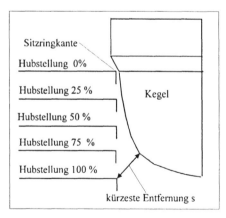

Bild 7-14: Schema bei der Konturberechnung eines Kegels

- Schließlich ist zur Kontrolle eine Durchflußmessung auf einem Prüfstand erforderlich, die immer noch unverzichtbar ist, wenn man eine der Norm entsprechende Kennlinie mit hohem Stellverhältnis erhalten will. Dies gilt besonders für solche Fälle, wo keine Angaben für gültige β-Werte vorliegen, sondern erst mühsam in mehreren Versuchen (Messungen) ermittelt werden müssen.

- Meistens sind mehrere Korrekturen des Drosselkörpers erforderlich, bis die gewünschte Charakteristik und der vorgegebene Kv-Wert erreicht sind. Grundlage für die Änderung des Drosselkörperprofils sind die Abweichungen der gemessenen Kennlinie von der "Soll-Charakteristik". Mit den gemessenen Durchflüssen bei den relevanten Hüben und den bekannten Flächen werden zunächst die zugehörigen β-Werte neu ermittelt. Diese sind wiederum die Basis für den nächsten Berechnungsgang zur Ermittlung der erforderlichen freien Flächen gemäß (Gl. 7-1).

- Das beschriebene Verfahren wird so lange wiederholt, bis die verlangte Charakteristik innerhalb der vorgeschriebenen Toleranzen liegt.

Bild 7-15 zeigt einen typischen Verlauf der β-Werte als Funktion der Auslastung, der nur durch Messungen und einem Vergleich der theoretischen mit der tatsächlich benötigten Fläche gefunden werden kann. Die niedrigen Werte bei kleiner Auslastung hängen mit der Spaltströmung zusammen, die reibungsintensiv und im Extremfall sogar laminar sein kann. Der Abfall bei großer Ventilöffnung ist durch Reibungsverluste im Gehäuse bedingt, die mit dem Quadrat des Durchflusses zunehmen. In den letzten Jahren konnten die β-Werte durch strömungsgünstigere Gehäuseformen z. T. erheblich verbessert werden. Diese Verbesserungen resultieren entweder in höheren Kv-Werten, oder - bei gleichen Durchflußkoeffizienten - in kleineren Sitzdurchmessern. Kleinere Sitzdurchmesser ermöglichen wiederum höhere statische Differenzdrücke, wenn man eine gegebene Antriebskraft voraussetzt.

Für ein einfaches Berechnungsbeispiel wurden folgende Annahmen getroffen: Ventilnennweite DN 50, Ventilcharakteristik linear, Kv-Wert 40, Nennhub 30, Kegelform = Parabolkegel. Tabelle 7-2 zeigt die benötigten Angaben, um bei Zugrundelegung der in Bild 7-15 dargestellten Korrekturwerte einen Prototyp des Kegels herstellen zu können. Auf die Berechnung der jeweiligen Durchmesser - unter Berücksichtigung der kürzesten Verbindung zwischen Sitzringkante und Kegel - wurde in diesem einfachen Beispiel bewußt verzichtet. Manchmal sind Kompromisse notwendig, wie dieses Beispiel zeigt. Der Flächenzuwachs bei kleinen Hüben zwischen 5 und 10% müßte eigentlich negativ sein, was natürlich nicht zu realisieren ist. Man sucht in solchen Fällen einen Mittelwert und läßt die beiden Flächen gleich (z. B. 1,72) was einer zylindrischen Kontur entspricht. Dabei wird der Durchfluß bei 5% geringfügig unterdrückt und bei 10% natürlich unvermeidbar angehoben. Tatsächlich beginnt die Kontur eines Parabolkegels fast immer mit einem kurzen zylindrischen Abschnitt.

Dadurch wird einmal die genaue Herstellung und Messung des Drosselkörpers vereinfacht und zum anderen das Stellverhältnis präzise und reproduzierbar festgelegt.

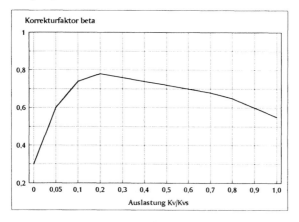

Bild 7-15: Korrektur-wert β als Funktion der Auslastung

Tabelle 7-6: Zahlenwerte eines Berechnungsbeispiels

| Hubstellung $h/h_{100}$ | Rel. Kv-Wert $\Phi$ $(-)^{1)}$ | β-Wert (Diagramm) (-) | Benötigte Fläche $(cm^2)$ |
|---|---|---|---|
| 0,05 | 0,07*40 = 2,8 | 0,30 | 1,85 (1,72) |
| 0,10 | 0,12*40 = 4,8 | 0,60 | 1,59 (1,72) |
| 0,20 | 0,22*40 = 8,8 | 0,74 | 2,36 |
| 0,30 | 0,31*40 = 12,4 | 0,78 | 3,15 |
| 0,40 | 0,41*40 = 16,4 | 0,76 | 4,28 |
| 0,50 | 0,51*40 = 20,4 | 0,72 | 5,62 |
| 0,60 | 0,61*40 = 24,4 | 0,70 | 6,92 |
| 0,70 | 0,71*40 = 28,4 | 0,68 | 8,29 |
| 0,80 | 0,80*40 = 32,0 | 0,65 | 9,77 |
| 0,90 | 0,90*40 = 36,0 | 0,60 | 11,90 |
| 1,00 | 1,00*40 = 40,0 | 0,55 | 14,43 |

1) Die Ermittlung des relativen Kv-Wertes wird im folgenden Kapitel erläutert

## 7.5.2 Ventilcharakteristik und Stellverhältnis

Die *Charakteristik* bzw. *inhärente Kennlinie* des Ventils bestimmt in hohem Maße die erreichbare Regelgüte. Die ideale Ventilkennlinie verläuft stetig und ohne Wendepunkte und bewirkt eine konstante Verstärkung des Stellgerätes. In der Praxis sind jedoch Kompromisse notwendig, da die Betriebskennlinie nur in den seltensten Fällen mit der inhärenten Kennlinie übereinstimmt. Aus diesem Grunde kann es auch keine Preferenz für eine bestimmte Grundkennlinie geben.

Das *Stellverhältnis* gibt das Verhältnis des größten und kleinsten Durchfluß-koeffizienten an, bei denen die Abweichungen von der vorgegebenen inhären-ten Durchflußkennlinie innerhalb zugelassener Toleranzen liegen. Sowohl die inhärente Kennlinie als auch das Stellverhältnis hängen allein von der Stellung des Drosselkörpers und dem daraus resultierenden wirksamen Öffnungsquer-schnitt ab. An dieser Stelle sollen zunächst die konstruktiven Voraussetungen geklärt werden, um eine bestimmte Charakteristik und Regelbarkeit zu erhalten. Anwendungstechnische Gesichtspunkte für die Auswahl einer geeigneten Ventilkennlinie werden in Kapitel 11 diskutiert.

Die *inhärente* Kennlinie eines Ventils stellt die Beziehung zwischen dem relati-ven Durchflußkoeffizienten $\Phi = Kv/Kv_{100}$ und dem relativen Hub $h/h_{100}$ dar. Die Norm DIN/IEC 534-2-4 unterscheidet zwischen der *linearen* und der *gleichprozentigen* Kennlinie, obwohl auch andere Charakteristiken denkbar und nützlich sind. Die *inhärente* Kennlinie wird bei einem konstanten Diffe-renzdruck am Ventil ermittelt, was aber in der Praxis nur sehr selten der Fall ist, und deshalb meistens zu einer Entartung der inhärenten Kennlinien führt. Die in der Praxis auftretenden Relationen zwischen Hub, Kv-Wert und Durch-fluß sind durch die *Betriebskennlinie* gekennzeichnet.

Die Zusammenhänge bei inhärenten linearen oder gleichprozentigen Kennlinien lassen sich am besten mathematisch darstellen.

*Ideale inhärent lineare Durchflußkennlinie:*

$$\Phi = \Phi_0 + m \cdot h \qquad (7\text{-}2)$$

In Gl. (7-2) ist $\Phi_0$ der relative Durchflußkoeffizient bei h = 0. Damit ist aber nicht die geringe Restleckmenge bei geschlossenem Ventil gemeint, sondern ein fiktiver Kv-Wert, der sich aus dem theoretischen Stellverhältnis ergibt. Üblich sind die angestrebten Stellverhältnisse 50:1 oder 30:1. Das vorangegangene Beispiel bezog sich auf ein theoretisches Stellverhältnis von 50:1. Damit wird der Anfangswert $\Phi_0 = 1,0/50 = 0,02$ eindeutig bestimmt. Die relativen und ab-soluten Kv-Werte (Spalte 2 der Tabelle 7-2) wurden gemäß Gleichung (7-2) berechnet. Die Neigung der idealen Kennlinie wird durch den Faktor *m* ausge-drückt und durch das theoretische Stellverhältnis (im Beispiel 50:1) bestimmt. Die Neigung wird wie folgt berechnet:

$$m = \frac{1 - \Phi_0}{1,0} \qquad (7\text{-}3)$$

Bei einem theoretischen Stellverhältnis von 50:1 ergibt sich somit eine Steigung m = 0,98.

*Ideale inhärent gleichprozentige Durchflußkennlinie:*

Bei einer gleichprozentigen Kennlinie ergeben *gleiche* relative Hubänderungen *gleiche* prozentuale Änderungen des Durchflußkoeffizienten. Mathematisch gesehen bedeutet das:

$$\Phi = \Phi_0 \cdot e^{n \cdot h} \tag{7-4}$$

Die Größe $\Phi_0$ entspricht hier wiederum dem Anfangswert (0,02), $e$ ist die Basis des natürlichen Logarithmus und $n$ drückt die Neigung der Kennlinie aus, die ihrerseits wieder vom theoretischen Stellverhältnis (50:1) bestimmt wird. Die Gleichung für $n$ lautet:

$$n = \ln \frac{1}{\Phi_0} \tag{7-5}$$

Mit $\Phi_0$ gleich 0,02 wird die Neigung n = 3,91. Damit kann der relative Kv-Wert für jede Stelle des Hubes $h$ berechnet und in tabellarischer Form für die Hübe 5, 10, 20, 30, 40, 50, 60, 70, 80, 90 und 100% angegeben werden.

Für den Nennwert des Durchflußkoeffizienten oder $Kv_{100}$-*Wert* ist eine Toleranz von ± 10% zulässig. Aber auch für alle anderen relativen Durchflußkoeffizienten sind bestimmte Werte einzuhalten. Die zulässigen prozentualen Abweichungen sind dabei um so größer, je kleiner der relative Kv-Wert ist. Die zulässigen Grenzwerte gehen aus DIN/IEC 534-2-4 hervor.

*Inhärentes Stellverhältnis*

Idealerweise bleibt die Kreisverstärkung in einem Regelkreis konstant, unabhängig von der Stellung des Ventils. Leider ist diese Bedingung nur in seltenen Fällen erfüllt. Jeder Praktiker hat z. B. schon erlebt, daß eine Regelung bei nahezu offenem Ventil völlig stabil ist, jedoch bei kleinen Hubstellungen permanente Schwingungen auftreten, was durch eine höhere Verstärkung des Ventils bzw. steilere Kennlinie bei kleinen Hüben bedingt ist. Um dem Regelungstechniker die Anwendung und Auswahl von Stellventilen zu erleichtern, wurden bestimmte Grenzwerte für die Neigung der inhärenten Kennlinie festgelegt. Die zulässige Neigungstoleranz ist so definiert, daß eine unzulässige Abweichung dann vorliegt, wenn die Neigung der Geraden, die zwei benachbarte Meßwerte verbindet (z. B. die Punkte 5% und 10%), mehr als 2:1 oder weniger als 0,5:1 von der Neigung der Geraden abweicht, die zwischen zwei benachbarten Werten der Durchflußkoeffizienten gezogen wird, die der Hersteller bei der gleichen Hubstellung in seiner Literatur spezifiziert hat (Bild 7-16).

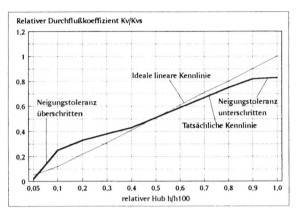

Bild 7-16: Lineare
Kennlinie mit unzuläs-
sigen Abweichungen

Eine typische inhärente Kennlinie zeigt Bild 7-16. Bei kleinen Hüben liegen die relativen Kv-Werte oberhalb der idealen Kennlinie, bei großen Hüben darunter. Dies ist zu akzeptieren, solange die Neigungstoleranzen und der Nennwert ($Kv_{100}$) innerhalb der vorgeschrieben Grenzwerte liegen. Die dargestellte Kennlinie verstößt dagegen gleich dreifach gegen die Norm: (a) Zwischen 5% und 10% Hub ist die Kennlinie zu steil, (b) zwischen 90% und 100% Hub zu flach und (c) der $Kv_{100}$-Wert weicht mehr als 10% vom Nennwert ab.

Wie bereits erwähnt, hängt der Kennlinienverlauf nur von den konstruktiven Details - den inhärenten Gegebenheiten - ab. Der Hersteller muß sich deshalb fragen, ob bei abweichenden Kennlinien oder unzureichenden $Kv_{100}$-Werten die konstruktiven Voraussetzungen überhaupt gegeben sind. Ansatzpunkte sind folgende:

- Sitzringbohrung entsprechend bemessen?
- Öffnungsquerschnitt (Sitzring/Kegel) ausreichend?
- Strömungsgünstiges Ventilgehäuse verwendet?
- Richtige Anströmrichtung gewählt?
- Leitwirkung des Drosselkörpers berücksichtigt?

Alle genannten Punkte beeinflussen nämlich den $Kv_{100}$-Wert des Ventils. Häufig unterschätzt wird die Leitwirkung des Drosselkörpers bei normaler Anströmrichtung gegen den Kegel. Fast immer wird nämlich mit einem strömungsdynamisch gut geformten Kegel ein höherer Durchfluß erreicht als ohne Drosselkörper.

Ein anderes Problem ergibt sich fast immer im Zusammenhang mit der Realisierung einer sauberen, gleichprozentigen Kennlinie:

Ab ca. 70% Hub wird es bei modernen Stellgeräten nämlich schwierig, den notwendigen Flächenzuwachs zu realisieren.

Beträgt im Berechnungsbeispiel (Tabelle 7-2) der Zuwachs von 90 auf 100% Hub nur 2,53 cm$^2$, so müßte im Falle einer gleichprozentige Kennlinie der Flächenzuwachs mehr als das Doppelte (ca. 6,6 cm$^2$) betragen. Da der gesamte Querschnitt des Sitzringes (50 mm) aber nur 19,6 cm$^2$ beträgt, ließe sich dieser Zuwachs bei einer Vergrößerung des Hubes um 3 mm (10%) selbst bei einem völligen Austauchen des Kegels aus dem Sitzring nicht verwirklichen! Es bleibt also nur ein Kompromiß, der zwar den maximal möglichen Flächenzuwachs herausholt, aber trotzdem nicht den Forderungen hinsichtlich der zulässigen Neigungstoleranz gerecht wird. Abgesehen von einem ausreichend bemessenen Sitzringdurchmesser spielt nämlich das Hub-/Durchmesserverhältnis eine wichtige Rolle, wie Bild 7-17 zeigt.

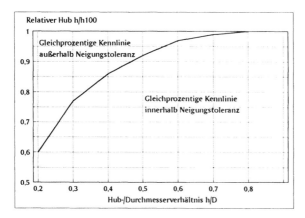

Bild 7-17: Konstruktive Grenzen von gleichprozentigen Kennlinien als Funktion des Hub-/ Durchmesserverhältnis

Die Kurve gibt hier an, bei welchem relativen Hub - abhängig vom Hub-/Durchmesserverhältnis - die gleichprozentige Kennlinie zwangsläufig außerhalb der Neigungstoleranz gerät. Erst bei einem Verhältnis von h/D > 0,7 bleibt die Kennlinie bei optimaler Gestaltung bis zum vollen Hub innerhalb der Neigungstoleranz. Bei Ventilen der "leichten Baureihe" mit kompakten Abmessungen werden die notwendigen Hub-/Durchmesserverhältnisse jedoch nur selten erreicht. Geht man von einem durchschnittlichen Verhältnis h/D = 0,35 und den üblichen Sicherheitszuschlägen für den $Kv_{100}$-Wert aus, dann fällt dieser Mangel allerdings kaum ins Gewicht, da das Ventil im Betrieb selten über einen relativen Hub von 0,8 (80%) hinausgeht.

## 7.5.3 Grenzen der Regelbarkeit

Der Begriff *Regelbarkeit* ist nicht eindeutig definiert, so daß er verschieden interpretiert werden kann. Im allgemeinen versteht man jedoch darunter das Verhältnis von Maximal- zu Minimaldurchfluß unter Beachtung der Reproduzierbarkeit des Stellventils, ohne Rücksicht auf die Neigung der inhärenten Kennlinie. Legt man diese Definition zu Grunde und unterstellt die Anwendung eines Stellungsreglers, der eine Wiederholgenauigkeit des Hubes von 0,5% garantiert, dann läßt sich leicht eine Regelbarkeit von 100:1 und mehr erreichen, während das Stellverhältnis gemäß DIN/IEC 534 kaum höhere Werte als etwa 15:1 zuläßt. Bei den meisten Garniturenformen taucht der Drosselkörper in den Sitz ein, was eine minimale Spaltbreite bedingt, um ein Klemmen durch thermische Einflüsse oder ein "Fressen" von Sitzring und Kegel zu vermeiden. Dadurch entsteht eine ungewollte Spaltströmung, die den minimal steuerbaren Durchfluß bestimmt und der Regelbarkeit damit natürliche Grenzen setzt (Bild 7-18).

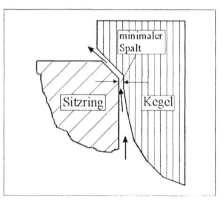

Bild 7-18: Spaltströmung bei einem Konturkegel

Dieser Effekt wirkt sich um so stärker aus, je spitzer der Fasenwinkel und je größer der prozentuale Anteil der Spaltströmung am Gesamtdurchfluß ist. Unter der Voraussetzung einer guten Reproduzierbarkeit des Hubes verhält sich unter diesem Gesichtspunkt ein flacher Tellerkegel ohne Dichtfase am günstigsten. Tabelle 7-3 gibt die maximale Regelbarkeit verschiedener Garnituren an.

Tabelle 7-7: Erzielbare Regelbarkeit verschiedener Garniturformen

| Garniturbeschreibung | Regelbarkeit |
|---|---|
| Flacher AUF-ZU-Kegel ohne jede Dichtfase | > 100:1 |
| Massiver Parabolkegel (linear oder gleichprozentig) | etwa 50:1 |
| Schlitz- oder Lochkegel | etwa 30:1 |
| Käfigventile mit zylindrischem Regelkolben | etwa 30:1 |
| Alle normalen Kleinflußgarnituren nach Bild 7-13 | etwa 25:1 |

**Übungen zur Selbstkontrolle:**

7-1     Warum werden Flansche manchmal ohne vorspringende Dichtfläche
        ausgeführt?

7-2     Wann werden Flansche mit Nut und Feder bevorzugt?

7-3     Was ist der entscheidende Vorteil einer Schweißverbindung?

7-4     Was ist die Aufgabe der sogenannten "Isolieroberteile"?

7-5     Welche Probleme können bei Tieftemperaturanwendungen auftreten,
        wenn ein ungeeignetes Ventiloberteil gewählt wird?

7-6     Aus welchen Materialien bestehen heute meistens Ventilpackungen?

7-7     Wann sind unbedingt Ventile mit Faltenbalgabdichtung zu verwenden?

7-8     Welcher maximale Druckabfall darf bei der Prüfung eines Ventils mit
        Packung auftreten, das den Anforderungen gemäß TA-Luft genügen soll?

7-9     Welche Flachdichtung würden Sie empfehlen, wenn die maximale
        Betriebstemperatur 450°C und der Druck etwa 100 bar beträgt?

7-10    Was ist bei der Anwendung metallischer Dichtungen zu beachten?

7-11    Nennen Sie einige Anforderungen an Schrauben und Muttern für die
        Verbindung von Ventilgehäuse und Oberteil.

7-12    Warum werden bei kleinen Ventilnennweiten bevorzugt Parabolkegel
        verwendet?

7-13    Welche Vorteile haben Schlitzkegel gegenüber Parabolkegeln?

7-14    Wie ist das Stellverhältnis definiert? Wodurch wird es begrenzt?

7-15    Welche Faktoren limitieren die Regelbarkeit eines jeden Ventils?

# 8 Geräuschemission bei Stellgeräten

## 8.1 Allgemeine Betrachtungen

Ohne gezielte Maßnahmen des Umweltschutzes, zu denen auch die Verhütung von Lärm gehört, können heute chemische oder petrochemische Freianlagen nicht mehr genehmigt werden. Die "akustische Planung" setzt darum in erster Linie an den dominierenden Schallquellen an: Kompressoren, Prozeßöfen, Kühlgebläse und nicht zuletzt bei Stellventilen und Rohrleitungen. Um die Schalleistung in Grenzen zu halten, sind z. T. recht aufwendige Maßnahmen erforderlich. Da auch die Schallschutzmaßnahmen einer strengen Kosten-/Nutzenanalyse standhalten müssen, wird man lärmreduzierende Vorkehrungen nur dort treffen, wo es absolut notwendig ist. Trotzdem kann dadurch die Wettbewerbsfähigkeit von Unternehmen, die ihre Anlage in der Nähe eines Wohngebietes errichten wollen, in Frage gestellt werden, wenn die zulässige Schallemission besonders niedrig angesetzt wird. Bild 8-1 zeigt typische Schalleistungen von Lärmerzeugern in einer petrochemischen Anlage heute und früher.

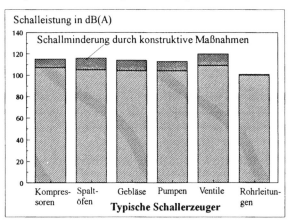

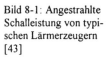

Bild 8-1: Angestrahlte Schalleistung von typischen Lärmerzeugern [43]

Aus Bild 8-1 ist ersichtlich, daß die Ventile zusammen mit den Rohrleitungen eine Schallquelle erster Ordnung darstellen. Durch konstruktive Verbesserungen ist es in den letzten Jahren immerhin gelungen, eine durchschnittliche Pegelminderung von ca. 10 dB(A) zu erzielen.

*Lärm im physikalischen Sinne* bedeutet ein Schwingen der umgebenden Luft, wobei die Amplitudenhöhe der Druckwechsel gleichbedeutend mit der Lautstärke ist, und die Frequenz (Anzahl der Schwingungen pro Sekunde) die Tonhöhe des Lärms charakterisiert.

Lautstärke bzw. Schalldruck wird meistens in Dezibel (dB) angegeben, ein dimensionsloses, logarithmisches Verhältnis zweier Zahlen, das sich auf einen Basiswert bzw. effektiven Druck von $p_0 = 0{,}0002$ µbar oder $2 \cdot 10^{-10}$ bar bezieht und der in etwa der Ansprechschwelle des menschlichen Gehörs entspricht. Damit ergibt sich für den Schalldruck $L_p$:

$$L_P = 20 \cdot \log \frac{p}{p_0} \qquad (8\text{-}1)$$

Wenn der Effektivwert des gemessenen Schalldruckes z. B. 1,0 µbar beträgt, dann ergibt sich ein Verhältnis von 1,0/0.0002 = 5000. Logarithmiert man diesen Wert und multipliziert ihn mit 20, so ergibt sich ein Schalldruckpegel von 74 dB, eine Zahl, die wesentlich handlicher als der Schalldruck in µbar ist.

Streng zu unterscheiden ist zwischen dem Schalldruckpegel $L_p$ und der Schalleistung $L_w$. Der Schalldruckpegel oder Schallpegel $L_p$ ist der gemessene Druck an einem bestimmten Punkt, z. B. in einem Abstand von 1,0 m von der Rohrleitung und 1,0 m in Fließrichtung hinter dem Stellventil. Die Schalleistung dagegen ist die gesamte von Ventil und Rohrleitung abgestrahlte Leistung, deren Zahlenwert immer größer als die des Schallpegels ist und ebenfalls in dB ausgedrückt wird. Bezugspunkt ist hier eine Leistung von $10^{-12}$ Watt. Der Schalleistungspegel $L_w$ ergibt sich aus Gleichung (8-2):

$$L_W = 10 \cdot \log \frac{P}{P_0} \qquad (8\text{-}2)$$

Die Großbuchstaben P und $P_0$ drücken in diesem Fall also Leistungen aus und keine Drücke! Erwähnenswert ist die Tatsache, daß die Schalleistung nicht unmittelbar gemessen werden kann, sondern aus dem Schallpegel Lp und der umhüllenden Meßfläche berechnet werden muß.

Da die subjektiv empfundene Lautstärke in *phon* nicht mit der absoluten Lautstärke in dB übereinstimmt, wird bei dessen Messung und Bewertung oft ein Filter vorgeschaltet, der hohe und tiefe Frequenzen - entsprechend dem menschlichen Hörempfinden - unterdrückt. Ist dies der Fall, wird dem Schallpegel in Dezibel ein Index in Klammern angehängt, so daß der Meßwert z. B. 85 dB(A) lautet. Schalldrücke gleich empfundener Lautstärke sind in Bild 8-2 dargestellt. Ein sehr tiefer Ton von 20 Hz mit einen Schallpegel von 80 dB wird z. B. etwa gleich laut empfunden wie ein Ton von 1000 Hz bei nur 20 dB. Das entspricht einem Unterschied von 60 dB! Abgesehen davon, daß das menschliche Hörempfinden von der Frequenz des Lärms abhängt, spielt auch die absolute Höhe des Pegels noch eine Rolle. Mit zunehmender Lautstärke flacht die Kurve immer weiter ab, so daß bei einem konstanten Lärmpegel von

100 dB der Unterschied bei den genannten Frequenzen von 20 bzw. 1000 Hz
nur noch etwa 30 dB beträgt.

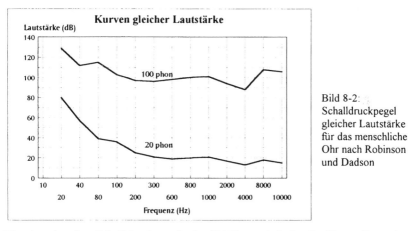

Bild 8-2:
Schalldruckpegel
gleicher Lautstärke
für das menschliche
Ohr nach Robinson
und Dadson

Die Angabe des Schalldruckpegels in dB(A) vereinfacht die Beurteilung des
Geräusches enorm, da anstatt des Schallspektrums nur ein einziger Zahlenwert
angegeben werden muß. Für eine gezielte Lärmminderungsmaßnahme kann allerdings auf die Angabe des Spektrums nicht verzichtet werden. Üblich ist das
Oktavspektrum, bei dem die Pegelwerte bei den Oktavmittenfrequenzen von
500, 1000, 2000, 4000 und 8000 Hz gemessen werden. Für eine detaillierte
Analyse ist eine noch feinere Unterteilung notwendig, wobei die Schalldrücke
entweder bei jeder Drittetoktave (Terz) oder gar als Schmalband gemessen
werden. Liegen die Einzelpegel des Schalldruckes bzw. der Schalleistung bei
den verschiedenen Frequenzen vor, so kann der A-bewertete Pegel mittels eines
relativ komplizierten Verfahrens berechnet werden. Für den daraus resultierenden dB(A)-Wert liefert der Pegelwert bei 4000 Hz einen groben Anhaltspunkt:
Der A-bewertete Pegel ist immer ca. 2-4 dB lauter, als der Wert bei 4000 Hz,
d. h. man addiert sicherheitshalber zu dem gemessenen Schalldruckpegel 4 dB
hinzu, um den A-bewerteten Schalldruckpegel zu erhalten.

## 8.2 Gesetzliche Vorschriften

Die gesetzlichen Vorschriften zum Lärmschutz im Anlagenbereich sind in der
Bundesrepublik Deutschland einheitlich geregelt. Wichtige Vorschriften sind:

• Unfallverhütungsvorschrift Lärm (UVV Lärm) der Berufsgenossenschaften

• Arbeitsstättenverordnung des Bundesministeriums für Arbeit und Soziales

Während sich die UVV Lärm hauptsächlich mit der Vermeidung vom Unfällen und lärmbedingten Gehörschäden befaßt, geht die Arbeitsstättenverordnung noch darüber hinaus und bezieht auch Belästigungen psychischer und physischer Art mit ein. Ein weiterer wichtiger Gesichtspunkt bei der Genehmigung neuer Anlagen ist die Schallimmission in der Nachbarschaft, d. h. der von der Schallquelle ausgehende Lärm, gemessen im Abstand von 0,5 m vor dem geöffneten Fenster einer Wohnanlage. Die Immissionsrichtwerte sind gegliedert nach Gebieten, wie aus folgender Tabelle hervorgeht.

Tabelle 8-1: Zulässige Schallimmissionen in verschiedenen Gebieten

| Gebietsbeschreibung | Zulässiger Schalldruck-pegel in dB(A) | |
|---|---|---|
| Reine Industriegebiete | ständig   70 | |
| Gebiete mit vorwiegend gewerblichen Anlagen | tagsüber 65, | nachts 50 |
| Gebiete, die vorwiegend mit Wohnungen bebaut sind | tagsüber 55, | nachts 40 |
| Reine Wohngebiete | tagsüber 50, | nachts 35 |
| Kur- und Krankenhausgebiete | tagsüber 45, | nachts 35 |

Die Genehmigung zur Errichtung neuer Anlagen darf grundsätzlich nur erteilt werden, wenn (a) die dem jeweiligen Stand der Lärmbekämfung entsprechenden Schutzmaßnahmen vorgesehen werden und (b) die jeweils gültigen Immissionsrichtwerte im gesamten Einwirkungsbereich der Anlage außerhalb der Werksgrundstückgrenzen ohne Berücksichtigung von Fremdgeräuschen nicht überschritten werden. Da die Anträge auf Genehmigung zur Errichtung neuer Anlagen eine möglichst genaue Abschätzung der zu erwartenden Schalleistung enthalten müssen, ergibt sich zwangsläufig die Notwendigkeit einer einheitlichen, anerkannten Berechnung der Schalleistung aus den maßgeblichen Prozeßdaten unter Berücksichtigung spezifischer Kennwerte für Stellventile und Rohrleitungen.

## 8.3 Geräuschursachen bei Stellventilen

Betrachtet man in industriellen Anlagen die von Ventilen und den angeschlossenen Rohrleitungen emittierten Schalleistungen und legt dabei die allgemein üblichen, zulässigen Grenzwerte zugrunde, dann wird deutlich, daß in der Mehrzahl der Fälle der *aerodynamische Lärm* überwiegt, und es häufig besonderer Maßnahmen bedarf, um die Schallemission innerhalb der vorgeschriebenen Grenzen zu halten. *Hydrodynamischer Lärm* überschreitet nur selten die zulässigen Grenzwerte, ist aber dennoch sehr ernst zu nehmen, weil die kavitierende Flüssigkeit eine vorzeitige Zerstörung des Ventils hervorrufen kann.

## 8.3.1 Aerodynamische Geräusche

Untersuchungen von Lighthill [44] und Powell [45] haben schon frühzeitig die Grundlagen für spätere Versuche von H. D. Baumann [46] an Stellventilen geschaffen. Ohne auf die Theorien näher einzugehen, sollen hier lediglich die Lärmphänomene kurz erwähnt werden. Die Ursachen des Lärms bei Stellventilen und kompressiblen Medien sind im wesentlichen bedingt durch:

- Das vom Ventil erzeugte akustische Wechseldruckfeld pflanzt sich stromabwärts in der Rohrleitung fort und regt diese zu Schwingungen an, die wiederum in hörbaren Luftschall umgewandelt werden.

- Heftige Turbulenzen des Mediums mit entsprechenden Reibungsverlusten in der Rohrleitung und den eingebauten Fittings sind zwangsläufig mit Energieumwandlung und Lärm verbunden.

- Die Auswirkungen von Schockwellen, die bei überkritischem Druckgefälle kompressibler Medien von der Drosselstelle ausgehen, pflanzen sich ebenfalls in der Auslaufstrecke fort und rufen intensiven Lärm hervor.

## 8.3.2 Hydrodynamische Geräusche

Bei flüssigen Medien entstehen Geräusche durch:

- Strömungsgeräusche bei turbulenten Strömungszuständen, wie sie im allgemeinen in industriellen Anlagen vorherrschen.

- Kavitation, als Hauptursache des Lärms. Ein typisches Geräusch, das man mit dem Prasseln von Stahlkügelchen auf ein Blech vergleichen kann.

## 8.3.3 Andere Geräuschursachen

Zuletzt müssen noch einige Geräuschursachen genannt werden, die keiner Berechnung zugänglich sind und nur der Vollständigkeit halber erwähnt werden:

- Das Klappern beweglicher Innenteile des Ventils.

- Resonanzen bestimmter Komponenten, entweder vom Ventil selbst oder vom Antrieb bzw. von Hilfsgeräten.

Klammert man nichtreproduzierbare Geräusche, wie z. B. Klappern von Teilen, aus, dann ist grundsätzlich festzustellen, daß zwar die Ventile die Ursache des abgestrahlten Lärms sind, die Rohrleitungen aber wie Lautsprecher wirken und den Großteil des Lärms als hörbaren Luftschall emittieren. Untersucht man die Geräuschabstrahlung im Detail, dann muß zwischen "*Fluid Borne Noise*" und "*Structure Borne Noise*" unterschieden werden.

Im ersten Fall (*Fluid Borne Noise*) wandert der durch akustische Druckwechsel hervorgerufene Lärm hauptsächlich mit dem Medium stromabwärts. Ein vergleichsweise geringer Anteil wird unmittelbar von der Quelle abgestrahlt, obwohl das Geräuschmaximum naturgemäß direkt hinter dem Ventil auftritt. Bedingt durch innere Reibung des strömenden Mediums und permanente Absorption des Schalles durch die Rohrwandungen sinkt der innere und äußere Schallpegel zwar nur langsam, aber kontinuierlich. Als Faustregel gilt: Abnahme des Pegels um 0,1-0,15 dB(A) pro Meter Rohrleitungslänge. Da bei einer Anlage mit großer räumlicher Ausdehnung stets die Gesamtschalleistung zu bestimmen ist, muß die Pegelabnahme mit der Entfernung vom Stellventil natürlich berücksichtigt werden. Der Lärm bei der Entspannung kompressibler Medien fällt hauptsächlich in diese Kategorie.

Im zweiten Fall (*Structure Borne Noise*) sind vorwiegend mechanische Schwingungen und Vibrationen des Stellventils, der Rohrleitung und anderer Teile (z. B. Rohrleitungsgerüste) für die Geräuschentstehung maßgebend, die durch rasche Druckwechsel des Mediums (z. B. bei Kavitation) angeregt werden. In der Praxis treten beide Erscheinungen meist nebeneinander auf, doch überwiegt meistens eine der genannten Lärmabstrahlungsmethoden. Eine wirksame Lärmbekämpfung setzt also stets die genaue Kenntnis der vorherrschenden Geräuschursachen voraus. Während im ersten Fall z. B. Schalldämpfer eine wirksame Maßnahme bei der Lärmreduzierung darstellen, bleibt diese Maßnahme im zweiten Fall wirkungslos, wenn Rohrleitungen und Stützkonstruktionen durch heftige Vibrationen Sekundärschall erzeugen.

## 8.4 Geräuschberechnung bei kompressiblen Medien

Den typischen Verlauf der Lärmemission eines Standardventils ($X_T = 0,72$) als Funktion des Druckverhältnisses $X = \Delta p/p1$, gemessen im Abstand von einem Meter von der Rohrleitung, zeigt Bild 8-3. Der emittierte Schall steigt schon bei relativ kleinen Druckverhältnissen steil an und erreicht ab $X \cong 0,75$ nahezu Beharrung, da Durchflußbegrenzung auftritt und die mechanische Leistung dadurch begrenzt wird. Die bei der Drosselung kompressibler Medien abgestrahlte Schalleistung steht nämlich in direkter Beziehung zur mechanischen Energie, die bei diesem Prozeß umgewandelt wird [47]. Der Energieumsatz hängt in erster Linie vom Durchfluß, der Dichte des Mediums und dem Druckverhältnis ab und ist relativ leicht zu berechnen.

Bei der Vorhersage des zu erwartenden Lärmpegels bereitet die Ermittlung des akustischen Umwandlungsgrades $\eta_G$ die größten Probleme. Dieser kann nur durch entsprechende Prüfstandsversuche exakt bestimmt werden. Hierbei wird

ler Innenschalldruckpegel unter einheitlichen Bedingungen gemessen, in
Schalleistung umgerechnet und der berechneten mechanischen Leistung gegenübergestellt. Unter Berücksichtigung der Rohrleitungsdämmung und anderer
Einflußgrößen können schließlich die äußere Schalleistung und der zu erwar-
ende Schalldruckpegel in einem Meter Entfernung von der Rohrleitung mit einer Genauigkeit von ± 5 dB(A) berechnet werden.

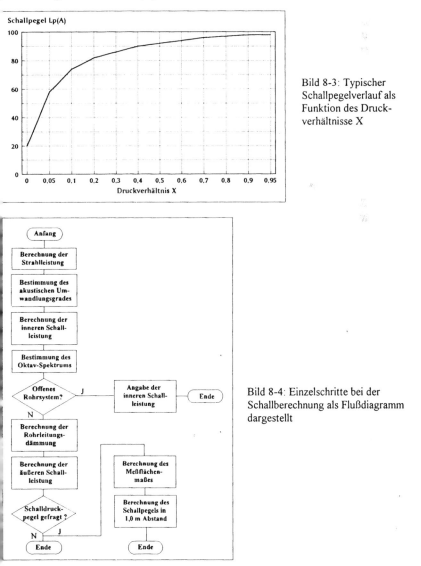

Bild 8-3: Typischer
Schallpegelverlauf als
Funktion des Druck-
verhältnisse X

Bild 8-4: Einzelschritte bei der
Schallberechnung als Flußdiagramm
dargestellt

Das Geräuschberechnungsverfahren bei kompressiblen Medien läßt sich am einfachsten anhand eines Flußdiagramms (Bild 8-4) beschreiben, wie später noch ausführlich dargelegt werden wird.

*Akustischer Umwandlungsgrad* $\eta_G$

Die emittierte Schalleistung eines Ventils samt angeschlossener Rohrleitung hängt von der Stahlleistung unter Annahme einer isothermischen Drosselung und der Berücksichtigung verschiedener ventilspezifischer Kenngrößen ab. Der Umwandlungsgrad $\eta_G$ hängt im wesentlichen von der Gestaltung des Drosselelementes und der Größe der Wirbelzone hinter der "vena contracta" ab.

$$\eta_G = 10^{G1}\left[\frac{\lg(1-X)}{\lg(1-X_{CR})}\right]^{G2}\qquad(8\text{-}3)$$

Der Umwandlungsgrad ändert sich mit dem jeweiligen Druckverhältnis X, dem $X_{cr}$-Wert des Ventils (siehe Gl. 4-26) sowie den Exponenten G1 und G2. Diese Daten müssen vom Lieferanten des Stellventils angegeben werden. Ausgehend vom typischen Verlauf des Schallpegels (Bild 8-3) legt der Exponent G1 den Anfang der Kurve auf der Ordinate fest, während der Exponent G2 für die Steigung verantwortlich ist. Nach vorausgegangenen Messungen des Schallpegels unter Einheitsbedingungen kann mit Hilfe dieser Exponenten eine Angleichung an die erzielten Ergebnisse erfolgen.

Bild 8-5 zeigt den Verlauf des Umwandlungsgrades als Funktion des Druckverhältnisses für ein Standardventil und für ein geräuscharmes Ventil mit einer speziellen Drosselgarnitur. Die charakteristischen Kennwerte gehen aus Tabelle 8-2 hervor. Hierbei zeigt sich, daß die geräuschmindernde Wirkung des Spezialventils erst bei hohen Druckverhältnissen greift, während bei ganz niedrigen Druckverhältnissen praktisch keine nennenswerte Reduzierung des Lärmpegels erreicht wird. Dies gilt für die meisten geräuscharmen Ventile und macht die Einhaltung des geforderten Schallpegels besonders bei hohen Durchflüssen und kleinen Druckverhältnissen sehr schwierig. Eine wirksame Geräuschminderung ist in solchen Fällen nur durch geeignete Schalldämpfer zu erreichen.

Die Darstellung des Umwandlungsgrades als Funktion des Druckverhältnisses gibt dem Fachmann auf den ersten Blick eine Vorstellung über die zu erwartende Geräuschemission. Besonders anschaulich ist dieses Verfahren für einen Vergleich zweier verschiedener Stellventile, die für einen bestimmten Anwendungsfall vorgesehen sind und miteinander konkurrieren. Ein einfaches Beispiel soll dies verdeutlichen:

Komprimiertes Gas mit einem Druck zwischen 5 und 40 bar soll auf einen konstanten Druck von 4,0 bar entspannt werden. Das entspricht einen Druckverhältnis zwischen X = 0,2 bzw. X = 0,9. Wie groß ist der Unterschied der Geräuschemission zwischen einem Standardventil und einem Ventil mit geräuscharmer Garnitur bei den gegebenen Druckverhältnissen?

Zu diesem Zweck vergleicht man die Kurven der akustischen Wirkungsgrade beider Ventile bei den bezeichneten Druckverhältnissen. Ein Unterschied von einer Zehnerpotenz entspricht etwa einer reduzierten Schalleistung von 10 dB(A). Zieht man Bild 8-5 als willkürliches Beispiel zum Vergleich eines Standardventils mit einem geräuscharmen Ventil heran, so beträgt der Unterschied bei einem Druckverhältnis von X = 0,95 mehr als 20 dB(A) während er bei einem Druckverhältnis von X = 0,2 nur noch ca. 10 dB(A) ausmacht.

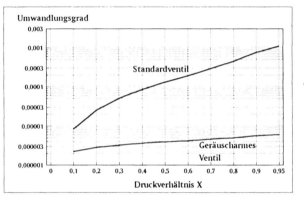

Bild 8-5: Umwandlungsgrad als Funktion des Druckverhältnisses für ein Standard- und ein geräuscharmes Ventil

Tabelle 8-2: Charakteristische Geräuschkennwerte von Ventilen

| Ventiltyp | $X_T$-Wert | Xcr-Wert | G1-Exponent | G2-Exponent |
|---|---|---|---|---|
| Standardventil | 0,72 | 0,59 | -3,5 | +1,45 |
| Geräuscharmes Ventil | 0,80 | 0,63 | -5,3 | +0,30 |

## Innerer Schalleistungspegel Lwi

Für eine genaue Bestimmung des auftretenden Schalldruckpegels werden heute Innenmessungen bevorzugt, d. h. ein Spezialmikrophon wird in das Innere der Rohrleitung kurz hinter dem Stellventil plaziert und bei den jeweiligen Betriebsbedingungen der Innenpegel gemessen. Der Vorteil dieser Methode liegt darin, daß die Variable mit den meisten Fehlermöglichkeiten, die Schalldämmung der Rohrleitung, eliminiert werden kann. Nur so läßt sich der Umwandlungsgrad $\eta_G$, der bekanntlich das Verhältnis von Schalleistung zu mechanischer Leistung ausdrückt, exakt bestimmen.

Mit $W$ in $kg$ und $X_{cr}$ gemäß Gl. (4-26) wird die innere Schalleistung in Watt:

$$L_{wi} = 134,4 + 10 \cdot \lg W + 10 \cdot \lg \frac{\kappa}{\kappa+1} + 10 \cdot \lg \frac{p1}{\rho_1}$$
$$+ 10 \cdot \lg \frac{\lg(1-X)}{\lg\left(1-X_{cr}\right)} + 10 \cdot \lg \eta_G \qquad (8\text{-}4)$$

Von Spezialventilen einmal abgesehen, ergibt sich bei gasdurchströmten Ventilen ein breites Rauschspektrum, das im betrachteten, wichtigen Frequenzbereich von 500 bis 8000 Hz mit etwa 3 dB je Oktave ansteigt. Aus der zuvor ermittelten inneren Schalleistung Lwi kann ein "normiertes Schalleistungsspektrum" bei den relevanten Frequenzen wie folgt berechnet werden:

$$L_{wi}(f) = L_{wi} + 10 \cdot \lg \frac{f}{500} - 14,9 \qquad (8\text{-}5)$$

Dieses normierte Spektrum für die Oktavmittenfrequenzen von 500 bis 8000 Hz wird später für die Berechnung der frequenzabhängigen Rohrleitungsdämmung benötigt. Spektren, die erheblich vom normierten Spektrum abweichen, sollten vom Hersteller des Ventils angegeben werden.

*Rohrleitungsgeräusche*

Es wurde bereits darauf hingewiesen, daß auch Rohrleitungen selbst nebst Fittings erhebliche Geräusche verursachen können. Entsprechende Versuche haben gezeigt [48], daß bei ungünstiger Leitungsführung eine Zunahme des Schallpegels von nahezu 15 dB(A) in Kauf genommen werden muß. Maßgebend ist die Strömungsgeschwindigkeit bzw. der Druckabfall. Vereinfachend kann gesagt werden, daß die Schalleistung der Rohrleitung oder eines Fittings quadratisch mit dem Druckabfall ansteigt. Ziel einer geräuscharmen Auslegung muß es daher sein, die Rohrleitungen ausreichend zu bemessen und für nur geringe Verlusthöhen zu sorgen. Ein Kriterium für die Gültigkeit der Schallberechnung ist daher die Geschwindigkeit in der Rohrleitung, die auf einen Wert von max. 0,3 Mach begrenzt werden sollte.

## 8.5 Geräuschberechnung bei inkompressiblen Medien

Vom statistischen Standpunkt betrachtet, ist hydrodynamischer Lärm von weit geringerer Bedeutung als aerodynamische Strömungsgeräusche. Nur sehr selten werden Schallpegelwerte von 100 dB(A) oder mehr wie bei Gasen und Dämpfen erreicht. Eine Vernachlässigung hoher Lärmpegel wiegt bei Flüssigkeiten allerdings schwerer, da in diesem Fall eine vorzeitige Zerstörung des Stellventils nicht ausgeschlossen werden kann. Das Berechnungsschema gleicht dem von kompressiblen Medien und geht auch hier von der im wesentlichen in Wärme umgesetzten mechanischen Leistung aus. Bild 8-6 zeigt den typischen Verlauf des Schalldruckpegels beim Auftreten von Kavitation als Funktion des Druckverhältnisses Xf = (p1-p2)/(p1-pv).

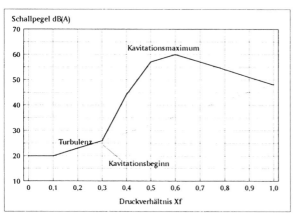

Bild 8-6: Typischer Verlauf des Schallpegels bei Flüssigkeiten (schematisch)

Ausgehend von einem sehr kleinen, in der Praxis unbedeutenden Bereich mit laminarem Strömungsverlauf und ohne meßbare Geräuschentwicklung folgt der turbulente Strömungsbereich mit einer geringen Zunahme des Schallpegels. Turbulenz ist bekanntlich gekennzeichnet durch Schub- und Querbewegungen des Mediums relativ zur Hauptströmungsrichtung. Damit verbunden sind nicht nur erhöhte Reibungsverluste, sondern auch Geräusche wie sie oft in Heizungs- und Wasserleitungen vorkommen. Rohrleitungen müssen deshalb so bemessen sein, daß Strömungsgeschwindigkeiten über 10 m/s auf jeden Fall vermieden werden. Bei langlebigen Anlagen (Raffinerien, Kraftwerke) liegen die Geschwindigkeiten bei Flüssigkeiten meistens im Bereich von 0,5 bis 2,0 m/s. Geräusche durch Turbulenz der Strömung sind in der Regel tieftonig (31,5 bis 250 Hz) und treten meistens erst bei geräuschmindernden Maßnahmen in Erscheinung.

Ab einem bestimmten *Druckverhältnis Xfz* (in Bild 8-6 wurde beispielsweise ein Wert von Xfz = 0,3 gewählt), das in hohem Maße von der Bauart des Stellventils, der Garnitur und der *spezifischen Auslastung y* = kv/Kvs abhängt, steigt der Schallpegel plötzlich steil an und erreicht schließlich ein Maximum bei einem Druckverhältnis Xf = 0,6. Bei einer weiteren Erhöhung nimmt der Pegel wieder allmählich ab und erreicht bei Xf = 1,0 einen Wert, der in etwa der verlängerten Linie des turbulenten Bereiches entspricht.

Die Ursache der plötzlichen Pegelzunahme ist Kavitation, die entsteht, wenn der statische Druck an irgendeiner Stelle des Ventils den Dampfdruck der Flüssigkeit unterschreitet, um danach wieder anzusteigen (siehe auch Bild 5-3).

Von besonderer Bedeutung für die Vorausberechnung des zu erwartenden Schalldruckpegels ist das Druckverhältnis Xfz beim Beginn der Kavitation sowie das Druckverhältnis, bei dem die Kavitation und der Schallpegel ein Maximum erreichen. Die Xf-Werte dieses Punktes liegen gewöhnlich um Werte von 0,2 bis 0,3 höher als der Kavitationsbeginn und verdienen ebenfalls Beachtung, d. h. wenn beispielsweise der Xfz-Wert bei 0,35 liegt, dann ist bei einem Druckverhältnis von 0,55 bis 0,65 mit einem Geräuschmaximum zu rechnen, bei dem auch die Kavitation ihre größte Intensität erreicht.

*Die Kenngröße z bzw. Xfz*

Das Druckverhältnis bei Kavitationsbeginn z bzw. Xfz = $\Delta p/p1$-pv (im Beispiel von Bild 8-6 beträgt Xfz = 0,3) ist keineswegs eine ventilspezifische Konstante, sondern ändert sich mit der spezifischen Auslastung $y$ des Ventils. Wird für Xfz nur ein Einzelwert angegeben, so gilt dieser für eine Auslastung $y$ = 0,75. Die Kenngröße z (laut DIN/IEC-Norm ersetzt durch Xfz) kann nur durch Versuche gemäß Richtlinie VDMA 24423 ermittelt werden. Einige typische Kurven von z bzw. Xfz als Funktion von der Auslastung zeigt Bild 8-7.

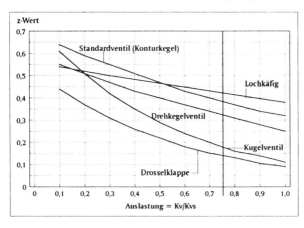

Bild 8-7: Xfz- bzw. z-Werte verschiedener Stellventil-Baureihen (Mittelwerte)

Wie Bild 8-7 zeigt, nimmt der z-Wert bei kleiner werdender Auslastung zu, eine Erfahrung, die schon jeder Praktiker gemacht hat, indem er - um Kavitation zu vermeiden - einfach ein größeres Stellventil wählt. Das höhere Drosselvermögen des Stellventils (ohne Kavitation zu erzeugen), ist durch den kleineren Druckrückgewinn (höherer $F_L$-Wert) bei geringer Auslastung bedingt.

*Akustischer Umwandlungsgrad* $\eta_F$

Weil die Geräuschentstehung bei Flüssigkeiten eine gänzlich andere Ursache als bei Gasen hat, hängt der Umwandlungsgrad $\eta_F$ auch weniger vom Druckverhältnis Xf als vom Kavitationsbeginn und der Konstruktion des Ventils ab. Im Grunde ist der emittierte Schallpegel die Summe aus zwei verschiedenen Geräuschursachen: (a) dem Geräusch hervorgerufen durch Turbulenz und (b) dem Kavitationsanteil, der im Bereich von Xfz < Xf < 1,0 zum turbulenten Geräusch addiert wird. Der Umwandlungsgrad $\eta_F$ bezieht sich - wie bei Gasen - auf das Verhältnis von akustischer zu mechanischer Leistung, berücksichtigt dabei aber nur den durch Turbulenz hervorgerufenen Schallpegelwert. Da dieser jedoch beim Auftreten von Kavitation meist vernachlässigbar ist, wird der Umwandlungsgrad bei Standardventilen und einer Auslastung $y = 0,75$ als Konstante $10^{-6,5}$ angenommen.

*Innerer Schalleistungspegel Lwi*

Wie bereits erwähnt, ist bei der inneren Schalleistung zwischen (a) einer kavitationsfreien Strömung und (b) dem Kavitationsanteil zu unterscheiden. Bei kavitationsfreiem Betrieb kann mit $W$ in kg/h die innere Schalleistung in Watt im Bereich von 500-8000 Hz wie folgt berechnet werden:

$$L_{wi} = 134,4 + 10 \cdot \lg \eta_F + 10 \cdot \lg W + 10 \cdot \lg \Delta p - 10 \cdot \lg \rho - 20 \cdot \lg F_L \quad (8\text{-}6)$$

Bei kavitierenden Flüssigkeiten (Xf > Xfz) wird die innere Schalleistung im betrachteten Frequenzbereich:

$$L_{wi} = 134,4 + 10 \cdot \lg \eta_F + 10 \cdot \lg W + 10 \cdot \lg \Delta p - 10 \cdot \lg \rho - 20 \cdot \lg F_L$$

$$+ \Delta L_F - 180 \cdot \frac{z_y^{0,0625}(1 - X_F)^{0,8}}{X_F^z} \cdot \lg \frac{1,001 - X_F}{1 - z_y} \quad (8\text{-}7)$$

Bedingung: $10 \cdot \lg \Delta p \leq 10 \cdot \lg \left[ F_L^2 (p1 - F_F \cdot pv) \right]$

Das Spektrum der Schalleistung hängt von der Bauart des Ventils, dem z-Wert, der Auslastung $y$ und dem Druckverhältnis Xf ab. Die Erfahrung hat jedoch gezeigt, daß die Spektren bei Kavitation ähnlich sind. Es stellt sich stets ein breitbandiges Rauschen ein, bei dem die Schalleistung mit etwa 3 dB pro Oktave abfällt. Aus diesem Grunde kann in der Praxis mit einem normierten Spektrum gerechnet werden, das wie folgt ermittelt werden kann:

$$L_{wi}(f) = L_{wi} - 10 \cdot \lg\frac{f}{500} - 2,9 \qquad\qquad (8\text{-}8)$$

Stark davon abweichende Spektren sind vom Hersteller anzugeben.

## 8.6 Die Dämmwirkung der Rohrleitung

Die Erklärung für die Schallentstehung bei der Drosselung kompressibler oder inkompressibler Medien geht von der umgewandelten mechanischen Leistung aus. Zum Glück für den Menschen und seine Umwelt hat der akustische Umwandlungsgrad eine obere Grenze, die nicht überschritten werden kann. Beim Austritt eines Freistrahles aus einer Düse mit Schallgeschwindigkeit ist der maximale Umwandlungsgrad etwa 0,01, d. h. die theoretisch größte Nebenwirkung bei der Umwandlung mechanischer Energie in Wärme, die als Schall emittiert wird, beträgt nur ca. 1% der mechanischen Leistung.

Allerdings ist ein Ausströmen ins Freie in der Industrie die Ausnahme, was nur in Notsituationen manchmal vorkommt. Aber selbst hier müssen entsprechende Schallschutzmaßnahmen vorgesehen werden, damit die zulässigen Emissionsgrenzen nicht überschritten werden. Die Regel ist dagegen die Schallerzeugung innerhalb geschlossener Systeme, wie der Rohrleitung. Der in eine Rohrleitung durch das Drosselorgan eingespeiste Schall bleibt also zum großen Teil innerhalb des Systems gefangen und vermindert sich mit zunehmender Entfernung von der Quelle durch dissipative Vorgänge stetig. Die äußere Schalleistung wird von der Rohrschalldämmung bestimmt, die von vielen Faktoren abhängt. Viele wissenschaftliche Veröffentlichungen [49] zu diesem Thema zeigen, wie komplex die scheinbar einfache Materie ist. Die folgenden Betrachtungen basieren auf dem Entwurf der VDI/VDE-Richtlinie 3733, die ausschließlich die Anwendung schalltechnischer Regeln beim Planen, Gestalten und Verlegen von Rohrleitungen behandelt. Daß dieser Entwurf aus dem Jahre 1983 bis heute noch nicht in eine Richtlinie überführt werden konnte, ist ein Beweis dafür, wie kompliziert die Geräuschmechanismen in Rohrleitungen sind.

Unter Anwendung des Richtlinenentwurfs und der Vernachlässigung von Verlusten durch Dissipation kann der äußere Schalleistungspegel im wichtigen Frequenzbereich von 500-8000 Hz berechnet werden. Allerdings darf immer nur eine relativ kurze Rohrlänge betrachtet werden, da ja die Schalleistung mit zunehmender Länge der Rohrleitung durch Absorption stetig abnimmt. Mit der betrachteten *Rohrlänge l* und der *Rohrdämmung R_R* wird die *äußere Schalleistung Lwa*:

$$L_{wa}(f) = L_{wi}(f) - 17,37 \cdot \frac{l}{2d_i} \cdot 10^{-0,1 \cdot R_R(f)} - R_R(f)$$
$$+ 10 \cdot \lg \frac{4 \cdot l}{d_i} \tag{8-9}$$

Für die Ermittlung des Schalldämmaßes $R_R$ bei kompressiblen Medien gilt:

$$R_R(f) = 10 + 10 \cdot \lg \frac{c_R \cdot \rho_R \cdot s}{c_F \cdot \rho_F \cdot d_i} + 10 \cdot \lg \left[ \left( \frac{f_r}{5f} \right) + \frac{5f}{f_r} \right] \tag{8-10}$$

Die frequenzabhängige Rohrdämmung bei inkompressiblen Medien errechnet sich wie folgt:

$$R_R(f) = 10 + 10 \cdot \lg \frac{c_R \cdot \rho_R \cdot s}{c_F \cdot \rho_F \cdot d_i} + 10 \cdot \lg \left[ \left( \frac{f_r}{f} \right)^3 + \left( \frac{f}{f_r} \right)^{1,5} \right]^2 \tag{8-11}$$

Die Ringdehnfrequenz $f_r$ einer Rohrleitung ergibt sich zu:

$$f_r = \frac{c_R}{\pi \cdot d_i} \tag{8-12}$$

Da die Gleichungen zur Ermittlung der Dämmung kompliziert und wenig aussagekräftig sind, wird versucht, das Verhalten in Worten zu beschreiben. Die Tabelle 8-3 und Bild 8-8 ergänzen die Erläuterungen.

- Das innere akustische Wechselfeld regt die Rohrleitungen zu Schwingungen an, deren Vibrationen den inneren Schall in äußeren Luftschall umwandeln.

- Die Rohrdämmung ist frequenzabhängig. Aus diesem Grunde muß die innere Schalleistung zunächst in ein normiertes Spektrum überführt werden, das die jeweilige Schalleistung in die Oktavmittenfrequenzen 500, 1000, 2000, 4000 und 8000 Hz aufteilt.

- Für jede Oktavmittenfrequenz wird die Rohrdämmung separat berechnet und schließlich wieder zu einer resultierenden Dämmung zusammengesetzt.

- Abgesehen von der frequenzabhängigen Dämmung eines kreisrunden Rohres hängt das Schalldämmverhalten noch von speziellen Eigenarten ab, die von Eigenschwingungen der Rohrleitung herrühren. Ein besonders wichtiger Kennwert ist die sogenannte Ringdehnfrequenz (Gl. 8-12).

- Bei sehr niedriger Frequenz ist die Dämmwirkung relativ groß, um dann bis zur Ringdehnfrequenz stetig auf einem Minimalwert abzufallen. Bei höheren Frequenzen steigt die Dämmwirkung dann wieder an.

• Was die Angelegenheit zusätzlich kompliziert, ist die Tatsache, daß die Dämmung bereits unterhalb der Ringdehnfrequenz "Löcher" aufweist, d. h. innerhalb einiger schmaler Bänder, den sogenannten Durchlaßfrequenzen, ist die Dämmung vermindert. Ebenso gibt es Frequenzen, bei denen eine wesentlich höhere Dämmung gemessen wird.

• Dieses komplizierte Dämmverhalten einer Rohrleitung, das außerdem noch von der Art des Mediums (Bild 8-8) abhängt, wird in der Weise berücksichtigt, indem man eine untere, einhüllende Dämmkurve bei der Berechnung der äußeren Schalleistung zugrunde legt, d. h. man nimmt einfach die geringstmögliche Dämmung der Rohrleitung an.

• Dies ist - neben einigen anderen Gründen - die Ursache dafür, daß bei der Geräuschberechnung meist höhere Werte ermittelt werden, als in der Praxis tatsächlich auftreten. Man befindet sich also vorwiegend auf "der sicheren Seite" der Berechnung.

Tabelle 8-3 zeigt am Beispiel einer Rohrleitung DN 80 aus Stahl, mit einer Wandstärke von 3,2 mm, die verschiedenen Rohrdämmungswerte bei den relevanten Oktavmittenfrequenzen. Die Rohrdämmung hängt außerdem von der Art des Mediums (flüssig oder gasförmig) und dessen Dichte ab. Als Beispiel wird in Bild 8-8 die Dämmung für (a) Wasser und (b) Luft dargestellt.

Tabelle 8-3: Dämmung einer Rohrleitung (Stahl) Nennweite 80

| Frequenz | 500 Hz | 1000 Hz | 2000 Hz | 4000 Hz | 8000 Hz |
|----------|--------|---------|---------|---------|---------|
| Medium: Wasser | 36 dB | 28 dB | 21 dB | 16 dB | 12 dB |
| Medium: Luft | 68 dB | 59 dB | 51 dB | 44 dB | 44 dB |

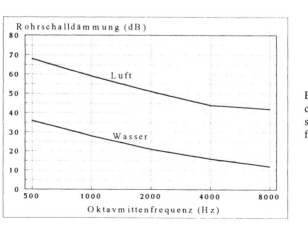

Bild 8-8: Rohrschall-
dämmung bei ver-
schiedenen Durch-
flußmedien

Die Ringdehnfrequenz einer Rohrleitung DN 80 liegt bei 20302 Hz, folglich sinkt die Dämmung in Richtung dieses Wertes zunächst ab, um bei höheren Frequenzen - die aber für das menschliche Hörvermögen nicht relevant sind - wieder anzusteigen. Bei größeren Nennweiten, wie z. B. DN 300, fällt die Ringdehnfrequenz mit der minimalen Dämmwirkung jedoch in den hörbaren Bereich des Menschen was oftmals mit einem besonders hohen, subjektiv empfundenen Lärmpegel verbunden ist.

*Äußere Schalleistung und äußerer Schalldruckpegel*

Häufig wird der äußere Schalleistungspegel lediglich in dB(A) angegeben. Um von den Einzelwerten der Schalleistungen bei 500, 1000, 2000, 4000 und 8000 Hz auf den äußeren, A-bewerteten Schalleistungspegel schließen zu können, muß zunächst eine oktavbandbezogene, additive Korrektur gemäß Tabelle 8-4 nach DIN/IEC 651/12.81 durchgeführt werden. Dabei werden die Korrekturwerte in dB addiert bzw. subtrahiert.

Tabelle 8-4: Korrekturwerte zur Umwandlung der Schalleistung

| Frequenz (Hz) | 500 | 1000 | 2000 | 4000 | 8000 |
|---|---|---|---|---|---|
| Korrekturwert in dB | -3,2 | 0 | +1,2 | +1,0 | -1,1 |

Die äußere, A-bewertete Schalleistung ergibt sich schließlich aus der logarithmierten Summe der Einzelschallpegel im Bereich von 500 bis 8000Hz:

$$L_{wa}(A) = 10 \cdot \lg \Sigma \, 10^{0,1 \cdot Lwa} \qquad (8\text{-}13)$$

Ein Berechnungsbeispiel im Anhang erläutert das Verfahren etwas näher.

Ausgehend vom Schalleistungspegel, der die gesamte Schalleistung der als störend empfundenen Lärmquelle repräsentiert und für den Akustiker die größte Aussagekraft besitzt, kann man auch auf den Schalldruckpegel in einem bestimmten Abstand schließen. Hierbei muß die Ausbreitung des Schalles berücksichtigt werden. Der am häufigsten angenommene Fall geht von einer halbkugeligen Ausbreitung über einer ebenen, reflektierenden Fläche aus. Bei der vorgeschriebenen Geräuschmessung an Stellventilen, vorzugsweise in einer Schallmeßkabine (VDMA Richtlinie 24423), geht man jedoch von einer zylinderförmigen Abstrahlung aus, wobei die Länge des Zylinders im Grunde von den Abmessungen der Schallmeßkabine bestimmt wird. Um vergleichbare Ergebnisse zu erhalten, soll die zu berücksichtigende *Länge l* bei Gasen 2,0 m, und bei Flüssigkeiten 3,0 m betragen. Damit ergibt sich für den äußeren Schalldruckpegel Lp(A):

$$L_p(A) \approx L_w(A) - 10 \cdot \lg\left[\frac{\pi \cdot l}{l_0} \cdot \left(\frac{d_i}{d_0} + 2\right)\right] \qquad (8\text{-}14)$$

Überschläglich kann man den Schalldruckpegel Lp(A) abschätzen, indem man von der zuvor theoretisch ermittelten Schalleistung ca. 11 dB abzieht. Wie bereits erwähnt, ist die Schalleistung nicht direkt meßbar. In der Praxis geht man deshalb genau umgekehrt vor. Man mißt zuerst den Schalldruckpegel und schließt dann - unter Einbeziehung des Umfeldes - auf die Schalleistung.

## 8.7 Weitere Geräuschbetrachtungen

Die Geräuschberechnung bei Stellventilen ist im Grunde bereits so komplex, daß eine herkömmliche Berechnung (z. B. mit Taschenrechner) dem Anwender kaum mehr zuzumuten ist. Aus diesem Grunde wird der Gebrauch des Computerprogramms VALCAL empfohlen, das mit der Auswahl einer geeigneten Ventilbaureihe auch automatisch eine Berechnung des zu erwartenden Schalldruckpegels im Abstand von 1,0 m von der Rohrleitung durchführt. Die folgenden Betrachtungen konzentrieren sich auf außergewöhnliche Fälle, die bei einer Berechnung ohnehin nicht berücksichtigt werden und geben unkomplizierte Hinweise, wie in solchen Fällen zu verfahren ist.

*Lärmermittlung bei Notenspannungsventilen*

Es gibt Anwendungen, die gelegentlich eine Notenspannung erfordern. Dies betrifft vor allem Dampferzeuger und Großkompressoren. Die Berechnung folgt zunächst dem üblichen Schema. Da in solchen Fällen das kompressible Medium jedoch ins Freie strömt, kommt die Rohrleitungsdämmung natürlich nicht zum Ansatz. Die äußere Schalleistung Lwa ist hier praktisch gleich der inneren Schalleistung Lwi. Allerdings ist es in so einem Fall nicht realistisch, den Schalldruckpegel in einem Abstand von nur einem Meter von der ausblasenden Rohrleitung anzugeben. Vielmehr wird unter diesen Umständen meistens eine Berechnung des Schallpegels in größerer Entfernung verlangt.

*Abschätzung des zu erwartenden Schallpegels in größerer Entfernung*

Soll der zu erwartende Schalldruckpegel bei einer anderen Entfernung als einem Meter von der abströmseitigen Rohrleitung angegeben, oder kann der übliche Meßabstand von 1,0 m nicht eingehalten werden, dann sind die Pegelwerte entsprechend zu korrigieren. Zwischen dem unter genormten Einheitsbedingungen ermittelten Schalldruckpegel Lpa, gültig bei einer Entfernung von 1,0 m von der Rohrleitung, und dem Pegel im *Meßabstand* r zum erwarteten Schallpegel Lpa$_r$ herrscht folgende Beziehung:

$$Lpa_r \approx Lpa - (k_r \cdot lg\ r) \qquad (8\text{-}15)$$

Der Faktor $k_r$ ist abhängig vom Reflexionsgrad und Abstand r. Bei ungehinderter (kugelförmiger) Schallausbreitung beträgt $k_r$ = 20, was einer Pegelabnahme von etwa 6 dB(A) bei Abstandsverdoppelung entspricht. In industriellen Anlagen trifft diese Voraussetzung allerdings nur selten zu. Infolge einer gehinderten Ausbreitung des Schalles, die bei Rohrleitungen zylindrisch und nicht kugelförmig ist, und unvermeidlicher Reflexionen des Schalls an Mauern und Gebäuden, beträgt die Pegelabnahme bei einer Verdoppelung des Abstandes meistens nur etwa 4 dB(A), d. h. der Faktor $k_r$ kann etwa mit 14 angenommen werden, wenn der Abstand vom Bezugspunkt der Schallquelle zwischen 2,0 und 10,0 m beträgt. Bei Nahfeldmessungen (r = < 0,5 m) und größeren Entfernungen verliert die Gleichung (8-15) ihre Gültigkeit, da unter diesen Bedingungen weitere Einflußgrößen (z. B. Windrichtung) zu berücksichtigen sind.

**8.7.1 Einfluß der Installationsweise des Ventils in der Rohrleitung**

*Formstücke: Rohrbögen, T-Stücke, Verzweigungen*

Auf die nachteilige Wirkung von Fittings kurz hinter dem Stellventil wurde bereits hingewiesen. Bei geringer Auslastung oder weit überdimensionierter Rohrleitung ist der Einfluß meistens vernachlässigbar. Bei Geschwindigkeiten über 0,2 Mach treten dagegen oft deutlich höhere Pegelwerte auf. An der üblichen Meßstelle (1,0 m hinter dem Auslaßflansch des Ventils sowie 1,0 m Abstand von der Rohrleitung) kann es dadurch zu einer Überhöhung des Schallpegels bis zu 15 dB(A) kommen. Die Ursachen sind: (a) Reflexion des Schalles zurück zur Quelle (Ventil) und (b) sekundäre Eigengeräusche der Rohrleitungen und Fittings bei hohen Strömungsgeschwindigkeiten (Druckverlusten).

*Spitzenfrequenz des Ventils / Resonanzerscheinungen der Rohrleitung*

Auf das komplizierte Dämmverhalten der Rohrleitungen wurde bereits kurz eingegangen. Obwohl Stellventile bei der Drosselung meistens ein Breitband-Geräusch erzeugen, kann fast immer eine *Spitzen- oder "Peak"-Frequenz* festgestellt werden. Ferner weisen alle Rohrleitungen ein frequenzabhängiges Verhalten bei der Schalldämmung auf. Die Dämmwirkung erreicht ein Minimum bei der Ringdehnfrequenz. Aber auch bei den sogenannten Koinzidenzfrequenzen, die schon weit unterhalb der Ringdehnfrequenz liegen, ist die Dämmung erheblich vermindert. Dies wird allerdings bei der Berechnung einkalkuliert.

Fällt nun die Peakfrequenz des Ventils mit einem der relativ schmalen Dämmungseinbrüche der Rohrleitung zusammen, macht sich dies als deutliche Erhöhung des Schallpegels im betrachteten Bereich bemerkbar. Dies ist mit ein Grund, warum eine Toleranz von ± 5 dB(A) bei der Vorhersage des zu erwartenden Schallpegels unbedingt erforderlich ist.

*Abrupte Querschnittsänderungen der Rohrleitung*

Plötzliche Querschnittsänderungen der Rohrleitung rufen nicht nur einen Druckabfall hervor und werden damit zu einer eigenständigen Lärmquelle, sondern wirken auch als Reflexionsstelle für den Schall, wenn dessen Wellenlänge groß im Vergleich zu den Querabmessungen der Rohrleitung ist. Anzustreben sind deshalb Verjüngungen bzw. Erweiterungen mit möglichst geringem Öffnungswinkel (< 8°), um zusätzliche Druckverluste zu vermeiden.

*Einfluß der Rohrleitung auf der Abströmseite*

Die Rohrleitungsdämmung wurde bereits in Kapitel 8.6 behandelt. Trotzdem erscheint es sinnvoll, auf einige Besonderheiten und scheinbare Gegensätze hinzuweisen. Mit geringerer Geschwindigkeit des Mediums auf der Abströmseite sinkt auch die abgestrahlte Schalleistung. Einen ungefähren Zusammenhang liefert die Gleichung (8-16) für den Schallpegel in 1,0 m Entfernung von der Rohrleitung:

$$Lpa' \approx Lpa - (5,5 + \ln w/ws) \qquad (8\text{-}16)$$

Beträgt beispielsweise die Strömungsgeschwindigkeit auf der Ausgangsseite nur 0,1 Mach, dann sinkt der zu erwartende Schalldruckpegel um ca. 3 dB(A). Jedoch bringt eine Erweiterung der Rohrleitung, mit dem Ziel eine niedrigere Abströmgeschwindigkeit zu erreichen, nicht immer den gewünschten Effekt, da nämlich die Dämmung handelsüblicher Rohrleitungen mit zunehmender Nennweite abnimmt! So ist beispielsweise die mittlere Dämmung einer Rohrleitung DN 100 ca. 6 dB(A) geringer als bei einer Rohrleitung DN 50. Der Effekt einer geringeren Strömungsgeschwindigkeit kann deshalb durch die geringere Dämmung einer größeren Nennweite völlig kompensiert werden!

*Isolierung der Rohrleitung*

Die meisten Anwender von Stellgeräten verlangen in der Regel eine Schallpegelberechnung ohne Berücksichtigung einer Rohrleitungsisolierung. Es ist aber unbestritten, daß - je nach Güte und Art der Isolierung - ein Schalldämmungseffekt auftritt, der zu einer erheblichen Pegelminderung führen kann. Man unterscheidet bei der Berechnung der Schalldämmung zwischen einer "*akustischen*" und einer "*thermischen*" Isolierung der Rohrleitung.

Bei einer *akustischen* Isolierung mit Formteilen aus keramischer Isolierwolle und einfachem Kunststoffmantel kann der korrigierte Schallpegel Lpa' in dB(A) bei Isolierdicken bis 100 mm überschläglich wie folgt berechnet werden:

$$\text{Lpa'} \approx \text{Lpa} - \frac{(7.5 \cdot \text{lg Isolierdicke})}{1 \text{ mm}} \qquad (8\text{-}17)$$

Meistens erfolgt jedoch eine Isolierung der Rohrleitung aus thermischen Gründen, z. B. bei Dampf. Damit ist naturgemäß ebenfalls eine geringere Geräuschabstrahlung verbunden, die häufig besondere Lärmschutzmaßnahmen überflüssig macht. Thermische Isolierungen sind aber meistens leichter als akustische Isolierungen und haben deshalb auch eine geringere Dämmwirkung. Eine überschlägliche Berechnung der Lärmminderung erfolgt gemäß folgender Gleichung:

$$\text{Lpa'} \approx \text{Lpa} - \frac{(4.5 \cdot \text{lg Isolierdicke})}{1 \text{ mm}} \qquad (8\text{-}18) \quad .$$

Diese empirisch gefundenen Gleichungen sind sehr konservativ, d. h. in der Praxis werden meistens höhere Dämmwerte erreicht. Dies gilt insbesondere dann, wenn die Isolierung aus Glas- oder Steinwolle von einem Blechmantel umgeben wird, der keine sichtbaren Spalten aufweist. Idealerweise wird eine Umbördelung vorgesehen, um den Austritt des Schalls zu verwehren.

*Ermittlung des Schallpegels bei mehreren Geräuschquellen*

Die Schalldruckpegel mehrerer Geräuschquellen kann man nicht nach den einfachen Regeln der Arithmetik addieren, sondern verlangen eine andere Behandlung. Zwei Ventile samt angeschlossener Rohrleitung, die die gleiche Schalleistung erzeugen und beispielsweise an einem ausgewählten Meßpunkt je einen Schalldruckpegel von 80 dB(A) abstrahlen, ergeben zusammen nur einen Schallpegel von 83 dB(A).

Gibt es in einer Anlage $n$ gleich laute Ventile, die jeweils den Pegel $Lpa_I$ abstrahlen, dann kann der resultierende Gesamtpegel $Lpa_G$ näherungsweise wie folgt berechnet werden:

$$Lpa_G \approx Lpa_I + 5 \cdot lg\, n \qquad (8\text{-}19)$$

Ist dagegen der Gesamtschalldruckpegel mehrerer unterschiedlich lauter Ventile zu bestimmen, so kann das graphische Additionsverfahrens gemäß Bild 8-9 angewendet werden. Dabei geht man folgendermaßen vor:

- Zuerst wird der Schallpegel des lautesten Ventils ermittelt.
- Als nächsten Schritt wird die Pegeldifferenz zum zweitlautesten Ventil fest-
  gestellt und aus dem Diagramm der Korrekturwert ΔLpa abgelesen, der zum
  Schallpegelwert des ersten Ventils hinzu addiert wird.

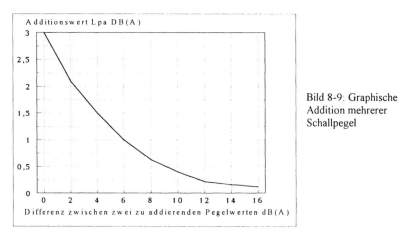

Bild 8-9: Graphische
Addition mehrerer
Schallpegel

- Nun wird der zweite Schritt wiederholt und die Differenz zwischen dem
  neuen Gesamtpegel und dem drittlautesten Ventil ermittelt, was wiederum
  einen neuen Korrekturwert ergibt, der zum Gesamtpegel zugeschlagen wird.

Wie aus Bild 8-9 hervorgeht, tragen geringe Pegel, die mindestens 10 dB(A)
leiser als der Ausgangspegel sind, nicht mehr wesentlich zur Erhöhung des Ge-
samtpegels bei und können deshalb in der Regel vernachlässigt werden.

*Schalleistung Lwa oder Schalldruck Lpa?*

Diese Begriffe werden leider häufig verwechselt. Anlagenplaner fordern oft
statt des maximal zulässigen Schalldruckpegels *Lpa* die Einhaltung einer bestimmten Schalleistung *Lwa* in Watt. Dies hat den großen Vorteil, daß bei
Großanlagen mit vielen Einzelschallquellen eine einfache Addition der verschieden Schalleistungen vorgenommen werden kann. Unter Berücksichtigung
anderer Einflußgrößen, wie z. B. Schallausbreitung, Entfernung, Wind usw.,
kann so relativ leicht auf die Schallimmission in der Nachbarschaft geschlossen
werden, die einen bestimmten Wert nicht überschreiten darf (siehe Kapitel 8.2).

Ein ebenso großer Nachteil ist jedoch, daß bei einem konkreten Lärmproblem
die Höhe der Schalleistung wenig aussagt. Alleiniger Beurteilungsmaßstab ist
der Schalldruckpegel an einem relevanten Punkt (z. B. Arbeitsplatz). Ein wei-

terer Nachteil ist, daß die tatsächliche Ermittlung der Schalleistung nur über eine exakte Messung des Schalldruckpegels unter Berücksichtigung der umhüllenden Meßfläche zu ermitteln ist. Bei einer unrealistisch angenommenen Ausbreitung des Schalles können nämlich größere Fehler auftreten.

*Amerikanische Berechnungsmethode nach ISA-S75.17-1989*

Das in den Kapiteln 8.4 bis 8.6 geschilderte Berechnungsverfahren basiert auf der VDMA-Richtlinie 24422, Ausgabe Januar 1989, die in Zusammenarbeit von Anwendern und Herstellern in mehr als 10 Jahren Entwicklungszeit entstand und in Europa praktisch zum defacto-Standard erhoben wurde. Angeregt durch diese Aktivitäten formierte sich in den USA ebenfalls eine Arbeitsgruppe, die sich mit der gleichen Thematik befaßte und eine eigene Norm unter dem Dach der ISA (Instrument Society of America) herausgab. Dies hatte zur Folge, daß sowohl die Vertreter der USA als auch die der Bundesrepublik jeweils ihre Berechnungsmethode als Vorschlag für eine internationale IEC-Norm einbrachten. Während bei inkompressiblen Medien künftig eine einheitliche Berechnungsmethode gemäß VDMA 24422 angewendet werden wird, konnte bei kompressiblen Medien kein zufriedenstellender Kompromiß gefunden werden.

Bei einer Abstimmung innerhalb der zuständigen IEC-Arbeitsgruppe unterlagen die Befürworter des deutschen Vorschlages. Inzwischen haben die Mehrzahl der IEC-Mitgliedsländer eine Annahme des amerikanischen Entwurfs befürwortet so daß es sehr wahrscheinlich ist, daß sich diese Berechnungsmethode auf internationaler Ebene durchsetzten wird. Aus diesem Grund wird das Verfahren im Anhang ebenfalls kurz erläutert.

## 8.8 Maßnahmen / Hinweise zur Lärmminderung

Bei sämtlichen Maßnahmen zur Geräuschminderung in industriellen Anlagen ist generell zwischen objektbezogenen Maßnahmen und persönlichem Schallschutz zu unterscheiden. *Objektbezogene Maßnahmen* zielen auf eine Verminderung der Lärmemission ab, während der *persönliche Schallschutz* eine Minderung des hörbaren Schalles anstrebt, um Lärmbelästigung zu vermeiden.

Häufig angewendete Maßnahmen zur Geräuschminderung werden nachfolgend kurz beschrieben. Die in der Praxis erprobten Verfahren sind als Empfehlung gedacht und können nicht als "Patentrezepte" angesehen werden. Vielmehr verlangt jedes Lärmproblem eine individuelle Analyse, um eine Lösung ausarbeiten zu können, die sowohl in funktioneller als auch wirtschaftlicher Hinsicht zufriedenstellend ist. Eine Übersicht gebräuchlicher Verfahren des Schallschutzes ist in Bild 8-10 dargestellt.

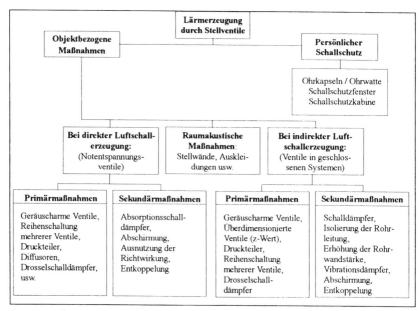

Bild 8-10: Übersicht verschiedener Lärmminderungsmethoden / Schallschutzmaßnahmen

*Raumakustische Maßnahmen*

Durch geeignete raumakustische Maßnahmen kann der Schalldruckpegel am Arbeitsplatz bis zu 15 dB(A) gesenkt werden. Ziel solcher Maßnahmen ist es, Reflexionen des Schalles in sogenannten "schallharten" Arbeitsräumen zu vermeiden oder zumindest zu mildern. Dies geschieht mit Hilfe schallabsorbierender Elemente an den Wänden, Fußboden und Decke des Arbeitsraumes. Maßgebend für die erreichbare Lärmminderung ist die *äquivalente Absorptionsfläche* $A_{\ddot{a}}$, die möglichst groß sein sollte.

Eine Beurteilung der Erfolgsaussichten bei einem geplanten Vorhaben kann durch Messung der *Nachhallzeit* $t_N$ erfolgen. Der Nachhall ist definiert durch die Abnahme des Schalldruckpegels pro Zeiteinheit nach dem Abschalten der Quelle. Da die Messung ein spezielles Meßgerät erfordert, das nicht immer vorhanden ist, kann auch eine überschlägliche rechnerische Ermittlung der Nachhallzeit mit Kenntnis des Raumvolumens V (m$^3$) durchgeführt werden:

$$t_N \approx \frac{0,16 \cdot V}{A_{\ddot{a}}} \qquad (8\text{-}20)$$

Die *äquivalente Absorptionsfläche* $A_{\ddot{a}}$ ergibt sich aus dem *Absorptionsgrad* $\alpha_A$ des Auskleidungsmaterials und der eingrenzenden Fläche A des Raumes.

$$A_{\ddot{a}} = \Sigma \, \alpha_A \cdot A \qquad\qquad (8\text{-}21)$$

Das Summenzeichen $\Sigma$ bedeutet in diesem Fall die Anwendung des bereits erläuterten Verfahrens, um von den Werten der einzelnen Oktavmittenfrequenzen auf die resultierende Absorption in dB(A) schließen zu können. Die folgende Tabelle gibt den Absorptionsgrad einiger schallschluckender Materialien an.

Tabelle 8-5: Absorptionsgrade bei verschieden Frequenzen

| Material und Aufbau | 250 Hz | 500 Hz | 1000 Hz | 2000 Hz | 4000 Hz |
|---|---|---|---|---|---|
| Sichtbeton | 0,01 | 0,02 | 0,02 | 0,03 | 0,04 |
| Holzfaser-Spanplatten 1,5 cm, gelocht | 0,20 | 0,50 | 0,80 | 0,85 | 0,70 |
| Naturfilz 5 mm dick | 0,12 | 0,18 | 0,30 | 0,55 | 0,60 |
| Mineralwolle-Platten 3 cm dick | 0,35 | 0,70 | 1,10 | 1,00 | 0,95 |

Da sich die Nachhallzeit umgekehrt proportional zur äquivalenten Absorptionsfläche verhält und diese wiederum linear mit dem Absorptionsgrad des Schallschluckmaterials ansteigt, gilt für die Schallminderung $\Delta Lpa$:

$$\Delta Lpa = 10 \cdot \lg \frac{T_0}{T_1} = 10 \cdot \lg \frac{\Sigma \alpha_{A1}}{\Sigma \alpha_{A0}} \qquad\qquad (8\text{-}22)$$

Betrachtet man einen Raum, dessen Wände aus Sichtbeton bestehen, und nimmt man den Absorptionsgrad bei 2000 Hz mit 0,03 an, dann kann z. B. durch eine Verkleidung mit Naturfilz die Reflexion vermindert und damit eine Geräuschminderung von ca. 13 dB(A) erreicht werden. In kleinen Arbeitsräumen kann diese Lösung die wirtschaftlichste sein, zumal damit eine Verbesserung der Wärmeisolation und des akustischen Klimas verbunden ist. Wichtig ist, auch Boden und Decke zu verkleiden, um Reflexionen zu vermeiden. Die Verkeidung von Wänden ist also den raumakustischen Maßnahmen zuzurechnen und nicht mit den Sekundärmaßnahmen bei indirekter Luftschallerzeugung (Isolation der Rohrleitung) zu verwechseln.

## 8.8.1 Objektbezogene Schallschutzmaßnahmen

Bei den objektbezogenen Maßnahmen zur Lärmminderung muß zunächst zwischen *direkter* und *indirekter* Luftschallerzeugung unterschieden werden. Direkte Luftschallerzeugung liegt vor, wenn der Freistrahl des kompressiblen Mediums direkt auf die umgebende Luft trifft. Dies ist z. B. bei einem Notentspannungsventil der Fall.

Bei der indirekten Erzeugung des Luftschalles werden zunächst die Wandungen von Ventilen, Rohrleitungen und anderen Behälter zu Schwingungen angeregt, die dann auf die umgebende Luft übertragen werden.

## Primärmaßnahmen zur Schallminderung

Von primären Maßnahmen spricht man, wenn sie unmittelbar die Entstehung des Lärms beeinflussen. Sekundäre Maßnahmen lassen die Ursache des Lärms unberührt, beeinflussen jedoch dessen Ausbreitung. Es würde den Rahmen dieses Buches sprengen, auf alle Möglichkeiten im Detail einzugehen, vielmehr wird hier auf die Übersicht (Bild 8-10) verwiesen. Da aerodynamische Geräusche in Industrieanlagen dominieren, steht dieses Problem bei der Bekämpfung des Lärms im Vordergrund.

### Geräuscharme Ventile

Die wirksamste Methode der Geräuschminderung ist die Bekämpfung des Lärms an der Quelle. Geräuscharme Stellventile werden mit Spezialgarnituren ausgestattet, die in der Regel mehrere Vorgänge bei der Lärmentstehung positiv beeinflussen (Tabelle 8-6):

- Herabsetzung der Strömungsgeschwindigkeit
- Verringerung des Turbulenzgrades
- Lokale Begrenzung der Vermischungszone
- Beschleunigung der Wirbelzerfallgeschwindigkeit
- Beeinflussung des Lärmspektrums

Leider haben die besonders wirksamen Geräuschminderungsmaßnahmen, z. B. ein Lochkegel mit vielen kleinen Bohrungen, nicht nur Vorteile, sondern meistens müssen auch gewisse Nachteile, wie z. B. Verstopfungsgefahr, in Kauf genommen werden. Der gravierendste Nachteil geräuscharmer Ventile ist aber der stark eingeschränkte Durchflußkoeffizient, der in der Regel nur noch 20 bis 50% eines Standardventils beträgt. Dies macht in der Mehrzahl der Anwendungen eine größere Ventilnennweite erforderlich, was neben einem größeren fertigungstechnischen Aufwand für die geräuscharme Garnitur die Kosten im Vergleich zu einem Standardventil verdoppeln oder sogar verdreifachen kann.

Bei der Auswahl geräuscharmer Ventile dürfen natürlich nicht andere, bei der Regelung strömender Stoffe ebenso wichtige Parameter vernachlässigt werden:

- Ausreichende Durchflußkapazität (Sicherheitszuschlag)
- Hohes Stellverhältnis
- Entsprechende Ventilcharakteristik
- Dynamische Stabilität bei der Regelung

- Geringe Antriebskräfte
- Geringste Restleckmenge
- Zufriedenstellende Lebensdauer
- Hohe Zuverlässigkeit (z. B. gegen Verstopfen / Blockieren)
- Optimales Kosten-/Nutzenverhältnis

Tabelle 8-6: Wirkungsweise, Vor- und Nachteile geräuscharmer Ventilkonstruktionen

| Prinzip | Wirkungsweise | Vorteile | Nachteile | Pegelminderung ca. dB(A) |
|---|---|---|---|---|
| Staugitter aus Drahtgewebe bzw. Strömungsgleichrichter aus Blech | Reduzierung des Druckrückgewinns, Verkleinerung der Vermischungszone und der Wirbel, Gleichrichtereffekt | Billige Herstellung, relativ hohe $Kv_{100}$-Werte, Verwendung in Standardventilen möglich | Verstopfungsgefahr, Anwendung nur bei Gasen und Dämpfen, Begrenzte mechanische Stabilität | 5-15 |
| Lochkegel bzw. Lochkäfig mit vielen kleinen Bohrungen (kleiner als 5 mm) | Reduzierung des Druckrückgewinns, Verkleinerung der Vermischungszone, Verschiebung des Lärmspektrums | Unkomplizierte Herstellung, relativ hohe $Kv_{100}$-Werte, Verwendung in Standardventilen möglich | Zeitaufwendig und teuer, geringer Effekt bei zu hoher Auslastung (> 50%), Verstopfungsgefahr | 5-15 |
| Mehrstufenreduzierung des Druckgefälles (Stufenkegel) | Reduzierung der Geschwindigkeit und des Druckrückgewinns, je nach Anzahl der Stufen | Unempfindlich gegenüber Verstopfen bei großen Querschnitten, hohe $Kv_{100}$-Werte | Teuer u. kompliziert in der Herstellung, Spezialventilgehäuse notwendig | 10-15 |
| Mehrere Stufen und Kanäle, deren Querschnitt sich stetig erweitert | Reduzierung der Geschwindigkeit, Strahlaufteilung, geringere Wirbelbildung durch vielstufige Entspannung | Höchste Wirksamkeit, selbst bei hohen Differenzdrücken | Extrem teure Herstellung, Verstopfungsgefahr, kleine Kv-Werte, spezielle Ventilgehäuse notwendig | 20-25 |
| Spezielle Kombination aus Reihen- und Parallelschaltung | Kombination oben genannter Prinzipien | Konstruktionsabhängige Wirksamkeit | Teure Herstellung, je nach Ausführung, Verstopfungsgefahr | 15-25 |
| Festwiderstand in Reihe mit Stellventil (z. B. Lochscheiben) | Aufteilung des Gesamtdifferenzdruckes, niedrigerer akustischer Umwandlungsgrad | Einfache und billige Herstellung, universelle Anwendbarkeit eines Standardventils | Geringe Wirkung bei kleinen Durchflüssen oder weitem Regelbereich | 10-15 |

Eine abschließende Bewertung der verschiedenen Funktionsprinzipien geräuscharmer Ventile ist darum nur im Zusammenhang mit den zuvor genannten Forderungen möglich. Ausführungsbeispiele geräuscharmer Ventile gehen aus den Bildern 8-11 bis 8-15 hervor.

Eine relativ billige Methode der Lärmminderung besteht darin, unmittelbar hinter der Drosselstelle einen sogenannten *Strömungsteiler* vorzusehen. Dieser besteht aus einem gelochten Blech aus rostfreiem Stahl, der nur einen unwesentlichen Anteil des Druckgefälles übernimmt. Seine Wirkung beruht in erster Linie darauf, daß bei kompressiblen Medien die Zone intensiver Turbulenz hinter dem Ventil günstig beeinflußt und die Entstehung großer Wirbelballen und Wechseldruckfelder verhindert bzw. reduziert wird (Bild 8-11).

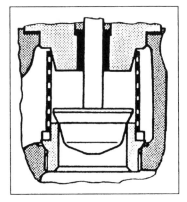

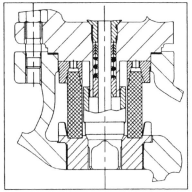

Bild 8-11: Garnitur mit Konturkegel          Bild 8-12: Mehrfachströmungsteiler als ge-
und Strömungsteiler [50]                      wickeltes und eingefaßtes Drahtgeflecht [51]

Eine Konstruktion bestehend aus Lochkegel und Strömungsteiler kombiniert
verschiedene Wirkungsprinzipien und erhöht die Wirksamkeit. Eine besonders
effektive Methode der Lärmminderung zeigt Bild 8-12. Hier wird ein Drahtgewebe aus rostfreiem Stahl zu einem Paket zusammengerollt und verschweißt.
Das kompressible Medium wird hierbei gezwungen, durch die Windungen des
Zylinderpaketes zu fließen, der um den Drosselkörper herum angeordnet ist und
zwischen Ventilgehäuse und Oberteil eingeklemmt wird. Hierbei entsteht ein
vielstufiger Druckabbau und gleichzeitig eine Aufteilung des Massenstromes in
viele kleine Einzelstrahlen. Die Geräuschminderung ist um so wirksamer je fei-
ner die Poren und je höher die Anzahl der Stufen (Wicklungen) ist. Ein großer
Nachteil dieses sehr wirksamen und relativ kostengünstigen Prinzips ist jedoch
die hohe Anfälligkeit gegen Verstopfen und Vereisen, wenn das Medium Feststoffpartikel oder bei der Entspannung gefrierendes Wasser enthält.

Bild 8-13 zeigt ein klassisches Mehrstufenventil, bei dem der Druckabbau in
mehreren, genau definierten Stufen erfolgt. Die relativ großen Durchflußquer-
schnitte machen diese Prinzip unempfindlich gegenüber Verschmutzung. Nachteilig sind der hohe Fertigungsaufwand und die spezielle Anpassung der einzelnen Stufen an den jeweils vorliegenden Anwendungsfall.

Eine spezielle Bauart eines geräuscharmen Ventils ist in Bild 8-14 dargestellt.
Die Konstruktion, die sowohl für die Drosselung kompressibler als auch inkompressibler Medien geeignet ist kombiniert die Reihen- und Parallelschaltung
von Widerständen. Der Drosselkörper besteht aus einem Hohlzylinder, der in
diesem Fall 3 Lochscheiben enthält. Das Medium tritt von der Seite in den
Hohlzylinder ein und wird in 2 bis 4 Stufen entspannt. Maßgebend für die An-

zahl der wirksamen Stufen ist die Hubstellung. Bei kleinen Durchflüssen sind praktisch alle Stufen am Abbau des Druckgefälles beteiligt, d. h. es können hohe Differenzdrücke verkraftet werden, ohne daß Kavitation oder übermäßiger Lärm auftritt. Bei voll geöffnetem Ventil sind im wesentlichen nur noch 2 Stufen wirksam, was zwar eine Verminderung des Drosselvermögens bedeutet, jedoch einen relativ hohen Durchflußkoeffizienten ermöglicht. Dieses Verhalten kommt den meisten Anwendungen entgegen, da der Differenzdruck am Ventil nur in Ausnahmefällen konstant bleibt, sondern - wie mehrfach betont - in der Regel mit zunehmender Durchflußmenge abnimmt.

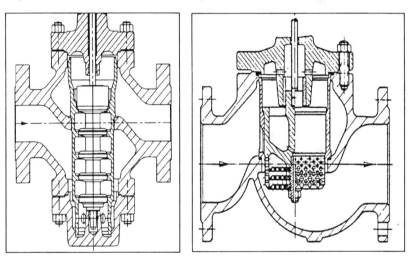

Bild 8-13: Mehrstufenventil mit ange-        Bild 8-14: Reihen- und Parallelschaltung von
paßten Entspannungsstufen [52]              Widerständen [53]

Das Wirkungsschema der Drosselgarnitur von Bild 8-14, bestehend aus den Teilwiderständen R1 bis R6, ist in Bild 8-15 dargestellt. Der Hauptstrom fließt in diesem Fall über R5 und R6, weitere Nebenströme über R1, R2, R4 und R6 sowie über R3, R4 und R6. Bei einem Ventilhub von ca. 20% sind alle 4 Stufen (R1, R2, R4, R6) am Druckabbau beteiligt, wobei das Druckverhältnis in jeder Stufe nahezu konstant bleibt. Der absolute Differenzdruck nimmt dagegen von Stufe zu Stufe ab (Bild 8-15, links), während der Kv-Wert in Strömungsrichtung immer weiter zunimmt.

Dieses Konstruktionsprinzip hat sich besonders bei Kavitation bewährt. Obwohl der Xfz-Wert nur etwa 0,45 beträgt und Kavitation in vielen Fällen nicht gänzlich vermieden werden kann, bleiben die schädlichen Auswirkungen doch sehr begrenzt, so daß sich eine wesentlich höhere Lebensdauer ergibt.

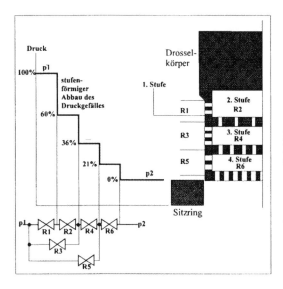

Bild 8-15: Mehrstufiger
Druckabbau bei 100% Hub
(schematisch)

*Reihenschaltung mehrerer Ventile*

Die in frühen Jahren der Lärmbekämpfung praktizierte Methode, mehrere
Ventile in Reihe zu schalten und damit einen kaskadenartigen Abbau des
Druckgefälles zu erreichen, hat stark an Bedeutung verloren, seit es wirksamere
und kostengünstigere Verfahren, wie z. B. geräuscharme Ventile, gibt. Problematisch bei jeder Reihenschaltung ist die genaue Abstimmung der Ventilhübe
und Widerstände, da das Druckverhältnis idealerweise von Stufe zu Stufe
gleich bleiben soll, um den größten Effekt zu erzielen. Oft scheitert diese Lösung auch am erforderlichen Platzbedarf. Eine Anwendung dieser Methode ist
dann gegeben, wenn das Stellventil ohnehin aus Gründen der einfachen Austauschbarkeit zwischen zwei Absperrventile eingebaut wird. Unter der Voraussetzung, daß diese Ventile zur Drosselung geeignet sind (starr geführter Drosselkörper), kann bei Nenndurchfluß eine sinnvolle Aufteilung des Druckgefälles
und eine deutliche Reduzierung des Lärmpegels erreicht werden.

*Feste Druckteiler / Diffusoren*

Ein Druckteiler übernimmt einen Teil des anstehenden Druckgefälles und ent-
lastet somit das Ventil. Meistens wird bei Gasen und Dämpfen der Druckteiler
mit einem Diffusor kombiniert, weil bei hohem Druckgefälle ohnehin eine Erweiterung der Rohrleitung wegen des größeren Volumens des kompressiblen

Mediums unumgänglich ist. Der Druckteiler/Diffusor schließt unmittelbar an den Ausgangsflansch des Ventils an und ragt ca. 5 x Ventilnennweite in die erweiterte Rohrleitung auf der Ausgangsseite hinein. Der erforderliche Widerstand wird durch eine definierte Anzahl kleiner Bohrungen dem Nenndurchfluß angepaßt und bestimmt in hohem Maße die akustische Wirksamkeit der Kombination. Vorteilhaft ist die zuverlässige Wirkung bei vergleichsweise geringen Kosten. Nachteilig ist die nachlassende Wirksamkeit bei reduziertem Durchfluß, so daß höchsten ein Durchflußverhältnis von etwa 3:1 realisiert werden kann.

*Drosselschalldämpfer*

Alle Geräte und Einrichtungen, die mit dem Stellventil in Reihe geschaltet werden und einen Teil des Gesamtdruckgefälles übernehmen, sind den Primärmaßnahmen bei der Lärmbekämpfung zuzuordnen. Ein grundsätzlicher Nachteil von in Reihe geschalteten Widerständen ist die sich ändernde Verteilung des Differenzdruckes bei reduziertem Durchfluß. Da der Druckabfall quadratisch mit der Menge abnimmt, beträgt dieser z. B. bei einer Reduzierung der Menge auf 1/4 des Normaldurchflusses nur noch 1/16 des Differenzdruckes am Festwiderstand. Damit muß zwangsläufig der Differenzdruck am Ventil ansteigen, was mit einer Erhöhung des Schallpegels verbunden ist.

Ein weiterer Nachteil ist, daß der Kv-Wert des Ventils größer werden muß, da der Differenzdruck am Ventil mit zunehmendem Durchfluß abnimmt. Es ist deshalb immer eine auf die gegebenen Verhältnisse zugeschnittene Lösung auszuarbeiten, wobei nicht nur der Gesamtwiderstand der Kombination Ventil-/Drosselschalldämpfer (resultierender $Kv_{100}$-Wert), sondern auch die Betriebskennlinie zu beachten ist. Drosselschalldämpfer sind eine bewährte Lösung beim Abbau hoher Druckgefälle. Sie übernehmen oft den Löwenanteil, ohne dabei besonders laut zu sein. Der verbleibende Rest wird durch das Stellventil abgebaut.

Drosselschalldämpfer sollten immer unmittelbar hinter dem Ventil angeordnet werden, um auch eine hohe Wirksamkeit bei Reduzierung des Durchflusses zu erzielen. Häufig wird der Schalldämpfer mit einem "Diffusor" kombiniert, da bei kompressiblen Medien und hohem Druckverhältnis ohnehin eine Erweiterung der Rohrleitung hinter dem Ventil unumgänglich ist. Ein praktisches Ausführungsbeispiel ist in Bild 8-16 dargestellt. Der Schalldämpfer enthält entweder ein Gebilde aus gestaffelten Widerständen oder spezielle Füllkörper, die schallbrechend wirken und den inneren Schallpegel deutlich reduzieren. Eine typische *Einfügedämmung* eines Drosselschalldämpfers zeigt Bild 8-17.

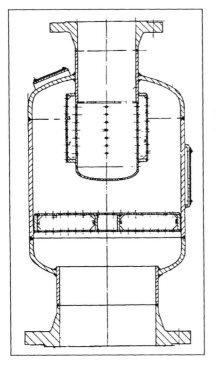

Bild 8-16: Drosselschalldämpfer für einen definierten Druckabfall mit mehrstufigem Abbau des Druckgefälles. Eintritt: DN 150, Austritt: DN 250

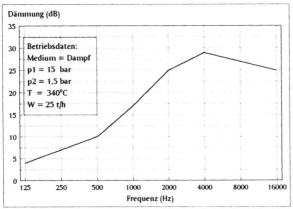

Bild 8-17: Typische Einfügungsdämmung eines Drosselschalldämpfers

## *Sekundärmaßnahmen zur Lärmbekämfung* •

Sekundärmaßnahmen werden meistens zur Unterstützung der primären Methoden der Lärmminderung angewendet, wenn es darum geht, einen vorgeschriebenen Schallpegel unter Beachtung minimaler Investitionen einzuhalten. Sie verhindern also nicht die Entstehung des Lärms, sondern versuchen eine nachträgliche Dämpfung bzw. eine bessere Dämmung herbeizuführen. Außerdem beeinflussen sie die Ausbreitung des Lärms. Einige typische Maßnahmen werden nachfolgend beschrieben.

### *Absorptionsschalldämpfer*

Diese Art von Schalldämpfer erzeugen nur sehr geringe Druckverluste und sind auch weniger schmutzanfällig als Drosselschalldämpfer. Das Prinzip ist in Bild 8-18 dargestellt. Zunächst ist aber eine Definition der Begriffe *Dämmung* und *Dämpfung* notwendig.

Unter *Schalldämmung* versteht man eine Trennung von der Schallquelle durch einen Damm. Wände, Türen, Fenster oder die Wandungen des Ventilgehäuses bzw. der Rohrleitung stellen diesen Damm dar. Schwere, unelastische Stoffe besitzen eine hohe Dämmung.

*Schalldämpfung* beruht darauf, daß man dem turbulenten, energiereichen Druckwechselfeld hinter dem Ventil diese Energie wieder entzieht, bevor sie sich weiträumig ausbreiten kann. Weiche, reflexionsarme Materialien mit rauher Oberfläche sind zur Schalldämpfung hervorragend geeignet.

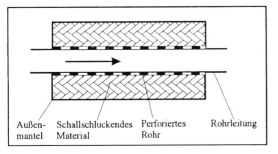

Bild 8-18: Absorptions-schalldämpfer (schematisch)

Außen-    Schallschluckendes    Perforiertes    Rohrleitung
mantel    Material              Rohr

Zwischen dem äußeren druckfesten Mantel und dem Strömungskanal befindet sich ein unverrottbares Material (z. B. Glas- oder Steinwolle) mit guten schallabsorbierenden Eigenschaften, das eine breitbandige Schalldämpfung bei geringsten Strömungsverlusten ermöglicht. Eine typische Charakteristik eines Absorptionsschalldämpfers zeigt Bild 8-19.

Adsorptionsschalldämpfer erreichen die größte Wirksamkeit durch eine spezielle Anpassung an die Betriebsbedingungen. Die Länge sollte idealerweise etwa das sechsfache der Nennweite betragen. Auch die Wellenlänge des Schalles und die Querschnittsform des Strömungskanals spielen eine wichtige Rolle. Wird die Wellenlänge bei der Peakfrequenz des Ventils kleiner als die Breite bzw. der Durchmesser des Strömungskanals, dann läßt die Wirkung rasch nach. Dies ist auch der Grund für den Abfall der Dämpfungscharakteristik bei Frequenzen oberhalb 2000 Hz in Bild 8-19.

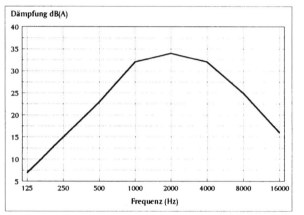

Bild 8-19: Typische Dämpfung eines Adsorptionsschalldämpfers

Abhilfe schaffen entweder eine geknickte Kanalführung oder eine Aufteilung des Querschnitts in mehrere Kulissen, d. h. mehrere, parallel angeordnete Strömungspfade, die nicht nur kleinere Querabmessungen haben, sondern auch eine größere Oberfläche bei gleichem Gesamtquerschnitt bieten.

*Abschirmung und Richtwirkung*

Bei direkter Luftschallerzeugung durch Abblasen von Dampf oder komprimiertem Gas in die Atmosphäre können extrem hohe Schallpegel auftreten, die die zulässigen Werte in der Nachbarschaft erheblich überschreiten. Abhilfe bringt in vielen Fällen eine Abschirmung der möglichst hoch über dem Boden endenden Fackelleitungmündung. Dabei wird die Schallimmission im Schallschatten der Abschirmung reduziert. Die Wirkung des Schirmbodens wird dabei um so größer, je geringer die Richtwirkung des Schalls, je höher die Dämmung des Schirmmaterials und je größer der Schirmdurchmesser ist. Schirme aus dünnwandigem Blech sind darum nur wenig geeignet. Besser ist eine Konstruktion wie bei einem Absorptionsschalldämpfer, bei der die Innenseite des Schirms aus Lochblech besteht und der Zwischenraum mit Glas- oder Steinwolle ausgefüllt wird. Dadurch wird neben einer schallschattenerzeugenden Abschirmung

(Dämmung) eine wirkungsvolle Dämpfung des Lärms erreicht. Soll im Schallschatten, d. h. im Kegel von etwa 90° unterhalb der Fackelleitung - ohne Berücksichtigung der Fackelhöhe - eine Pegelminderung von 10 dB(A) erreicht werden, so muß der Durchmesser des Schirmbodens D eine Mindestgröße aufweisen, die man folgendermaßen berechnen kann: D > 1800 + d (mm). Um eine hohe *Richtwirkung* zu erzielen, muß die Wellenlänge des Schalles klein im Verhältnis zu den Abmessungen der Schallquelle sein.

Diese Voraussetzung trifft jedoch für Fackelleitungen zur Notenspannung nur selten zu. Geht man vom zuvor berechneten Schalldruckpegel in dB(A) - ohne Berücksichtigung der Rohrleitungsdämmung - aus, so dürfen, - die Richtwirkung des Schalles betreffend - die Korrekturwerte des Bildes 8-20 (linke Seite) abgezogen werden, wenn gleichzeitig folgende Voraussetzungen erfüllt sind:

- Kein zusätzlicher Schalldämpfer am Austritt
- Austrittsgeschwindigkeit < 50 m/s
- Meßabstand: 3 m < r < 200 m

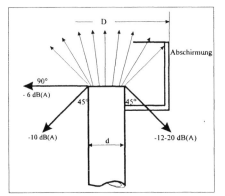

Bild 8-20: Richtwirkung und Abschirmung von Fackelleitungen

Durch das Anbringen eines topf- oder schalenförmigen Schirms können die schallmindernden Effekte von Richtwirkung und Abschirmung addiert werden. Je nach Größe und Ausführung des Schirms und der entsprechenden Richtung sind Pegelminderungen bis zu 20 dB(A) möglich.

## Entkopplung

Unter Entkopplung versteht man die Trennung von überlagertem Körperschall. Wenn z. B. Rohrleitungen oder Behälter durch eingebaute Komponenten (Rührwerke, Pumpen, Kompressoren) zu Schwingungen angeregt werden, dann werden diese Schwingungen des starren Leitungssystems auch noch weitab von der Quelle in Luftschall umgesetzt.

Damit wird das vom Stellventil erzeugte Geräusch überlagert. Die Weiterleitung von Körperschall kann durch ein Auftrennen der Rohrleitung und das Einfügen elastischer Verbindungsstücke (z. B. Faltenbalg) unterbrochen werden.

*Isolierung der Rohrleitung*

Auf die Möglichkeit einer Rohrleitungsisolierung wurde bereits in Kapitel 8.8 kurz hingewiesen. Allerdings bleibt die Wirkung dieser Maßnahme nur gering, wenn folgendes unbeachtet bleibt:

- Die Rohrleitung muß über weite Strecken isoliert werden, weil insbesondere bei kompressiblen Medien die Schallenergie des Mediums nur langsam abnimmt.

- Bei der Isolierung muß auf eine möglichst schalldichte Ummantelung geachtet werden. Unvollständige Isolierungen oder große Spalten machen eine Isolierung fast wirkungslos.

- Da die Rohrleitung in der Regel Abstützungen erfordert, muß darauf geachtet werden, daß Schallbrücken zu der Tragkonstruktion vermieden werden. Andernfalls wird dieses tragende Gerüst zu einer Sekundärschallquelle.

*Vergrößerung der Rohrwandstärke*

Auch diese Möglichkeit wurde bereits kurz erwähnt. Da eine Verdoppelung der Wandstärke bei gleicher Rohrnennweite die Dämmung nur um ca. 3 dB(A) erhöht, ist dieses Mittel aber kaum geeignet, die abgestrahlte Schalleistung wesentlich zu reduzieren, sondern kann nur als Teil eines Maßnahmenbündels betrachtet werden.

*Vibrationsdämpfer*

Hier muß zwischen verschiedenen Vibrationen und deren Ursachen unterschieden werden:

- Vibrationen der Rohrleitungen und mechanischer Komponenten, die relativ niederfrequent sind und wie sie typischerweise von Pumpen und Kompressoren erzeugt werden.

- Vibrationen durch permanente Druckwechsel des Mediums.

Im ersten Fall muß eine Entkopplung angestrebt werden. Gummielastische Verbindungselemente leisten hier gute Dienste. Relaxionsschalldämpfer sind dagegen geeignet, die Druckwechsel pulsierender Medien zu mildern und die Spitzen der Druckamplituden zu glätten.

## 8.9 Lärmtechnische Kennwerte von Stellventilen

Eine Vorhersage der zu erwartenden Schalleistung oder des Schallpegels bei Stellventilen mit angeschlossener Rohrleitung ist heute innerhalb bestimmter Toleranzen möglich. Voraussetzung ist die Ermittlung ventilspezifischer Kennwerte durch Versuche Eine Beurteilung des Geräuschverhaltens nur aufgrund technischer Konstruktionsdaten erscheint deshalb riskant, weil schon geringe Unterschiede der geometrischen Formgebung, des Ventilhubes bzw. Drehwinkels oder anderer Parameter den akustischen Umwandlungsgrad und damit die Schallemission in entscheidender Weise beeinflussen können. Aus diesem Grunde können die in Tabelle 8-7 veröffentlichten Kennwerte nur Anhaltswerte sein. So ist beispielsweise die Wirksamkeit eines Lochkegels bzw. Lochkäfigs nicht nur vom Verhältnis Lochdurchmesser zu Lochlänge abhängig, sondern auch von der Anzahl der Löcher innerhalb der gesamten veränderlichen Fläche zur Regelung des Stoffstromes. Eine Mißachtung akustischer Regeln wird darum nie die gewünschte Wirkung zeigen!

Was die Bemühungen, lärmreduzierende Ventile einzusetzen, weiter erschwert, ist die Tatsache, daß geräuscharme Konstruktionen zwar bei hohen Druckverhältnissen bedeutend leiser, jedoch bei geringen Differenzdrücken auch lauter sind. Es müssen also stets Kompromisse gesucht und Prioritäten gesetzt werden, um eine der Anwendung entsprechende Funktionalität zu erreichen.

Tabelle 8-7: Lärmtechnische Kennwerte von Stellventilen

| Beschreibung des Stell- ventils / Drosselkörpers | Inkompressible Medien | | | Kompressible Medien | | | |
|---|---|---|---|---|---|---|---|
| | $z$ | $F_L{}^2$ | $zy^*$) | $X_T$ | $X_{cr}$ | G1 | G2 |
| Durchgangsventil oder Eck- ventil mit Parabolkegel | 0,4 | 0,65 | 0,3-0,65 | 0,6 | 0,52 | -3,4 | 0,8 |
| Parabolkegel mit einfachem Strömungsteiler (Lochblech) | 0,45 | 0,76 | --- | 0,7 | 0,57 | -4,8 | 0,5 |
| Parabolkegel mit doppeltem 2-stufigem Käfig | 0,5 | 0,88 | --- | 0,72 | 0,58 | -5,0 | 0,4 |
| Kegel mit umgebendem, ge- rollten Drahtgeflecht | 0,67 | 0,98 | --- | 0,85 | 0,65 | -5,2 | 0,3 |
| Vielstufiges Drosselorgan mit parallelen Pfaden | 0,7 | 0,98 | --- | 0,9 | 0,67 | -5,7 | 0,3 |
| Drehkegelventil mit sphäri- schem Kegel | 0,25 | 0,35 | 0,1-0,6 | 0,39 | 0,38 | -3,7 | 0,5 |
| Drehkegelventil mit nachge- schaltetem Strömungsteiler | 0,4 | 0,65 | --- | 0,48 | 0,44 | -4,7 | 1,0 |
| Zentrische Drosselklappe mit max. Öffnung von 60° | 0,2 | 0,26 | 0,1-0,4 | 0,4 | 0,39 | -4,2 | 1,3 |
| Drosselklappe mit Zähnen als Strömungsteiler | 0,25 | 0,30 | 0,1-0,4 | 0,43 | 0,41 | -4,3 | 0,8 |

**Übungen zur Selbstkontrolle:**

8-1   Was bedeutet der A-bewertete Schalldruckpegel in dB(A)?

8-2   Welche gesetzlichen Vorschriften gelten für die Schallimmission?

8-3   Was sind die eigentlichen Geräuschursachen bei Stellventilen?

8-4   Was sagt der akustische Umsetzungsgrad aus?

8-5   Was macht die Berechnung der Rohrleitungsdämmung so kompliziert?

8-6   Warum sind primäre Schallschutzmaßnahmen zu bevorzugen?

8-7   Was bewirkt ein Strömungsteiler bei kompressiblen Medien?

8-8   Was sind die Vorteile eines Absorptionsschalldämpfers?

8-9   Was bewirken Richtwirkung und Abschirmung einer Fackelleitung?

8-10  Wann ist eine Isolation der Rohrleitung zu rechtfertigen?

# 9 Antriebe für Stellgeräte

## 9.1 Allgemeines

Die Regelgüte eines Regelkreises wird maßgeblich vom schwächsten Glied der Kette bestimmt. Dies ist in vielen Fällen der Stellantrieb. Wenn man eine Stetigkeit der Ventilcharakteristik voraussetzt, d. h. eine inhärente Kennlinie ohne Wendepunkte, dann ist die Qualität des Stellantriebes für die erreichbare Regelgüte meistens wichtiger als die Qualität der Kennlinie.

Das folgende Kapitel erläutert die verschiedenen Antriebsprinzipien, erklärt die für die Antriebsauswahl maßgeblichen Parameter und geht vor allem auf die Berechnung der erforderlichen Betätigungskraft und Auswahl eines geeigneten Antriebstyps ein. Eine rein statische bzw. quasistatische Betrachtungsweise reicht aber nach neueren Erkenntnissen nicht aus, um das Zusammenwirken von Armatur und Stellantrieb zu beschreiben. Vielmehr müssen bei kritischen Anwendungen auch die dynamischen Kräfte berücksichtigt werden. Leider gibt es in der Literatur keine verbindlichen Hinweise, die eine Verallgemeinerung zulassen und eine einfache Berechnung der dynamischen Kräfte ermöglichen. Die gegebenen Empfehlungen basieren daher auf Erfahrungen des Autors.

Der überwiegende Anteil aller weltweit installierter Stellgeräte in den Prozeßindustrien wird auch heute noch von pneumatischen Membranantrieben betätigt. Deshalb steht dieser Antriebstyp natürlich im Mittelpunkt des Interesses.

## 9. 2 Antriebsarten

Ein erstes Kriterium für die Unterscheidung verschiedener Antriebsarten ist die Art und Weise, wie die Betätigungskraft entsteht. Hier kann der Anwender zwischen folgenden Prinzipien auswählen:

- Elektro-mechanischer Antrieb mit linearer oder drehender Bewegung
- Elektro-hydraulischer Ventilantrieb für Linearbewegung
- Pneumatischer Ventilantrieb mit linearer oder drehender Bewegung

### 9.2.1 Elektro-mechanischer Antrieb

Elektro-mechanische Stellantriebe für Stellventile sind weit verbreitet. Man findet sie hauptsächlich in der Heizungs- und Klimatechnik, in Kraft- und Wasserwerken und überall dort, wo die Pneumatik entweder zu teuer oder verzichtbar ist.

Dies gilt vor allem für Anwendungen, wo kein Explosionsschutz der Anlage erforderlich ist. Elektro-mechanische Antriebe stehen in einer breiten Palette von Größen und Getriebeabstufungen zur Verfügung. Die Betätigungskräfte bzw. Drehmomente reichen von wenigen kN (Nm) bis zu vielen Tonnen Schub oder extrem hohen Momenten (MNm).

Als eigentlicher Antrieb dient ein Elektromotor, der meist mit Wechselstrom oder Drehstrom betrieben wird. Ein Untersetzungsgetriebe sorgt für eine adequate Stellgeschwindigkeit bei entsprechender Betätigungskraft. Motorschutz- und kraftabhängige Schalter verhindern eine unzulässige Erwärmung und zu hohe Betätigungskräfte. Endlagenschalter begrenzen den maximalen Hub und sorgen für eine Abschaltung, wenn die einstellbaren Grenzwerte erreicht werden. In vielen Fällen werden diese Antriebe standardmäßig mit einem Handrad oder einer Kurbel versehen, um bei Ausfall der elektrischen Energie das Stellventil in die gewünschte Position zu fahren. Ferner besteht eine große Auswahl in bezug auf Bewegungsverlauf, erforderlichen Kräfte bzw. Drehmomente, Nennspannungen, Gleich- oder Wechselstrom, usw. Typische elektro-mechanische Stellantriebe für Regelarmaturen sind in Bild 9-1 und 9-2 dargestellt.

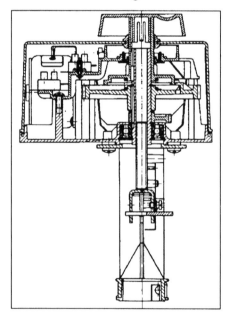

Bild 9-1: Elektro-mechanischer Ventilantrieb mit Drehmomentabschaltung und Hand- notbetätigung [11]

Bild 9-2: Elektro-mechanischer Schub- antrieb für hohe Stellkräfte und wegabhängiger Abschaltung [29]

Naturgemäß haben die verschiedenen Antriebsarten konstruktionsbedingte Stärken und Schwächen, die nachfolgend kurz herausgestellt werden sollen.

*Vorteile:*

- Keine zusätzliche Hilfsenergie (z. B. Preßluft) erforderlich
- Sehr hohe Betätigungskräfte (Momente) möglich
- Robust und zuverlässig bei Normalklima
- Genaue Positionierung in Verbindung mit Stellungsreglern
- Selbstsperrendes Getriebe garantiert große Hubsteifigkeit
- Einfacher Überlastungsschutz anwendbar

*Nachteile:*

- Aufwendige Konstruktion und teuer im Vergleich zu Membranantrieben
- Sehr niedrige Stellgeschwindigkeit bei höheren Stellkräften
- Explosionsschutz nur mit hohem Aufwand erreichbar (teuer)
- Empfindlich gegenüber Feuchtigkeit und Korrosion
- Normalerweise Beharrung in der letzten Hub-/Winkelposition bei Hilfsenergieausfall, d. h. keine Sicherheitsstellung möglich
- Ungeeignet bei sehr hohen und sehr tiefen Temperaturen
- Proportionalverhalten nur in Verbindung mit Stellungsregler möglich

## 9. 2.2 Elektro-hydraulischer Antrieb

Elektro-hydraulische Antriebe beinhalten meistens ein geschlossenes Hydraulik-System, bestehend aus: Elektrischem Antriebsmotor, Pumpe sowie Hydraulikzylinder mit Kolben und Antriebsstange. Meistens ist die Stellungsregelung integriert, d. h. ein Kraftvergleichselement mit elektrischem Eingangssignal von üblicherweise (4-20 mA) und entsprechender Rückführung über eine Meßbereichsfeder. Dabei tritt ein Düse-Prallplattensystem in Aktion und steuert über ein spezielles Hydraulik-Hochdruckventil den Druck des Hydraulikzylinders bis die gewünschte Position der Ventilstange erreicht ist. Auf diese Weise ergibt sich ein proportionaler Zusammenhang zwischen Eingangssignal und Stellweg (Hub des Stellventils). Ähnlich einem elektro-mechanischem Antrieb läßt sich die Bewegungs- und Kraftrichtung umkehren. Weist eine Anlage zahlreiche Elektro-Hydraulik-Antriebe auf, wird häufig eine Zentral-Hydraulikeinheit eingesetzt. In einem solchen Fall werden alle Antriebe zentral mit einem gleichbleibendem Druck versorgt. Der einzelne Antrieb enthält also keinen Motor und Pumpe mehr, sondern lediglich den Stellzylinder und den Stellungsregler, der den Druck auf beiden Seiten des Kolbens so reguliert, daß die geforderte Hubposition mit hoher Genauigkeit erreicht wird. Bild 9-3 zeigt das Schema eines elektro-hydraulischen Antriebes.

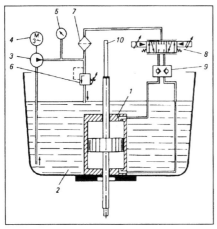

Bild 9-2: Prinzip eines elektro-hydraulichen
Antriebs mit Arbeitszylinder (1), Pumpe (3),
Motor (4), elekto-hydr. Servoventil (8) und          Bild 9-3: Pneum. Zylinderantrieb [55] mit
Gehäuse mit Ölvorrat (2) [54]                         Zylinder (1), Kolben (2) und Stange (3)

*Vorteile:*

- Sehr hohe Stellkräfte erreichbar
- Relativ hohe Stellgeschwindigkeit möglich
- Große Hubsteifigkeit dämpft vertikale Schwingungen des Ventils
- Sicherheitsstellung bei Ausfall der Hilfsenergie möglich

*Nachteile:*

- Sehr schwer, aufwendig und teuer
- Meistens nicht in jeder Einbaulage funktionstüchtig
- Explosionsschutz nur mit hohem Aufwand erreichbar
- Ungeeignet bei sehr hohen und sehr tiefen Temperaturen
- Empfindlich bei rauhem Betrieb, häufige Wartung erforderlich

### 9.2.3 Pneumatischer Antrieb

Der Großteil der Stellglieder in den klassischen Prozeßindustrien wird auch
heute noch von einem pneumatisch betätigten Antrieb geregelt oder bei diskon-
tinuierlichem Betrieb einfach in eine der möglichen Endlagen gefahren. Pneumatische Antriebe können in zwei Hauptkategorien eingeteilt werden:

- Pneumatische Zylinderantriebe
- Pneumatische Membranantriebe

*Pneumatischer Zylinderantrieb*

Der Antrieb besteht aus einem Zylinder, einem Kolben mit Dichtungselementen
und der Antriebstange, die zumindest auf einer Seite nach außen abgedichtet
wird. An Einfachheit und Robustheit ist dieser Antriebstyp kaum zu übertreffen. Durch weitestgehende Normung steht auch hier dem Anwender eine breite
Auswahl von Antriebsgrößen zur Verfügung. Diese Antriebe können aber Ihre
Stärke erst dann voll ausspielen, wenn ein genügend hoher Zuluftdruck verfüg-
bar ist. Dies ermöglicht relativ kleine Kolbendurchmesser und kompakte Abmessungen. Da für die Antriebszylinder meistens Rohre verwendet werden, die
innen feinstbearbeitet sind, lassen sich auf sehr einfache Weise auch sehr lang-
hubige Antriebe realisieren. Eine Federrückstellung ist nicht so einfach und ele-
gant wie beim pneumatischen Membranantrieb zu verwirklichen, weil der notwendige Platz nicht zur Verfügung steht. Darum werden die Feder(n) meist außerhalb des Zylindergehäuses angebracht. Ein einfacher Zylinderantrieb ist in
Bild 9-3 dargestellt.

Eine besondere Bauart sind die häufig bei Schwenkarmaturen eingesetzten
Doppelkolbenantriebe, die entweder über eine Zahnstange und Ritzel die Linearbewegung der Kolben in eine Schwenkbewegung von üblicherweise 90 Grad
umsetzen (Bild 9-4), oder eine Transformation der Bewegung über ein Hebel-
gestänge bewirken (Bild 9-5).

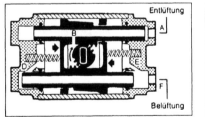
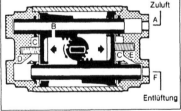

Bild 9-4: Schwenkantrieb mit Ritzel und Zahnstange [56]

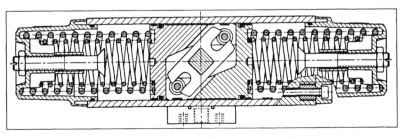

Bild 9-5: Schwenkantrieb mit Hebelumsetzung und Rückstellfedern [57]

Eine Sonderbauart sind die sogenannten Drehflügelantriebe, bei der sich ein flügelartiges Element innerhalb eines Gehäuses bewegt, das einem Viertelkreis gleicht und eine Schwenkbewegung von maximal 90° ermöglicht.

*Vorteile:*

- Sehr einfach und robust
- Geeignet für hohe bis höchste Zuluftdrücke
- Kompakte Abmessungen trotz großer Hübe (Drehwinkel)
- Kostengünstig bei kleinen Antriebskräften (Momenten)
- Betriebssicherheit auch bei hohen und tiefen Temperaturen

*Nachteile:*

- Nur geringe Kräfte bei üblichen Zuluftdrücken von ca. 3,0 bar
- Meistens unzureichende Kräfte (Momente) bei Federrückstellung
- Unvermeidliche Leckverluste bei längeren Betriebszeiten
- Höhere Reibung und Hysterese gegenüber einem Membranantrieb
- Teuer bei hohen Kräften (Momenten) und niedrigen Luftdrücken

*Pneumatischer Membranantrieb*

In der Industrie wird der größte Teil aller weltweit installierten Stellventile durch pneumatische Membranantriebe betätigt. Der Antrieb besteht im wesentlichen aus zwei Blechschalen - dem Membrangehäuse, der Antriebsstange und dem Membranteller, wodurch die Antriebskraft über die Membrane auf die Antriebsstange übertragen wird, und der hochfesten, gewebeverstärkten Membran, die diesem Antriebstyp den Namen gab (Bild 9-6).

Im Gegensatz zu einem Kolbenantrieb, dessen Hub nur von der Länge des Zylinders und der Kolbenstange abhängt, ist der Hub des Membranantriebes durch die Form des Gehäuses und der Membran begrenzt. Innerhalb des begrenzten Hubbereiches ergibt sich eine nahezu konstante Membranfläche und - bedingt durch die hohe Flexibilität der Membran - minimale Reibung und Hysterese. Diese Eigenschaften prädestinieren den Membranantrieb in besonderer Weise für Regelaufgaben, wo es auf hohe Stellkräfte bei geringen Versorgungsdrücken (Preßluft von 2,5 bis 4,0 bar) und gute Ansprechempfindlichkeit ankommt. Üblicherweise werden Membranantriebe für maximale Drücke bis ca. 6,0 bar ausgelegt. Würde man bei Raumtemperatur den Versorgungsdruck immer weiter bis zur Zerstörung des Antriebs steigern, so stellt sich in den meisten Fällen heraus, daß die Membran keineswegs der schwächste Teil des Antriebs ist. Vielmehr werden in der Regel das Antriebsgehäuse und die unterstützenden Membranteller aus Stahlblech weit über das zulässige Maß verformt, bevor es zu einem Bruch der reißfesten Membran kommt.

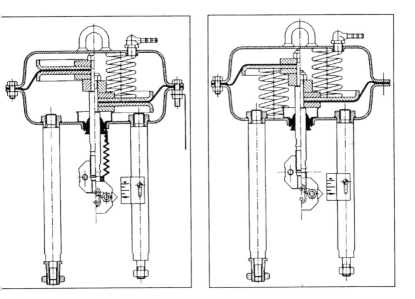

Bild 9-6: Membranantriebe mit Faltenbalg und ohne Federn (links) sowie Normalausführung für DIREKTE und UMGEKEHRTE Wirkungsweise [58]

Vorgänger der heutigen Membranantriebe sind die selbsttätigen, federbelasteten Druckregler, die zu Beginn dieses Jahrhunderts den Beginn der Automation in der Verfahrenstechnik einleiteten. Aus ihnen entwickelten sich im Laufe der Jahre die pneumatischen Membranantriebe. Ein wesentlicher Durchbruch gelang nach der Einführung hochfester Gewebe aus Polyamid oder Polyester und ölbeständiger, verschleißarmer synthetischer Kautschuke, die durch einen speziellen Vulkanisierungsprozeß zu einer festen Verbindung zusammengefügt werden.

Pneumatische Membranantriebe vergleichen das Eingangssignal, das auf die Membran wirkt, mit der Kraft einer oder mehrerer Rückstellfedern. Durch den üblicherweise linearen Zusammenhang von Federweg und Rückstellkraft ergibt sich eine Proportionalität zwischen Stellsignal und Stellweg des Antriebs. Unterstellt man eine lineare Ventilkennlinie und einen konstanten Differenzdruck, so ergibt sich auch eine Proportionalität zwischen dem Reglerausgangssignal und der Regelgröße, z. B. dem Durchfluß. Nicht zuletzt dieser Eigenschaft wegen hat dieses einfache und robuste Prinzip eine sehr große Verbreitung gefunden, das auch ohne einen Stellungsregler auskommt, wenn dies aus ökonomischen Gründen nicht zu rechtfertigen, oder bei extrem rauhen Betrieb unzweckmäßig ist.

*Vorteile:*

- Kompakt, nur wenige Teile, äußerst zuverlässig
- Hohe Stellkräfte selbst bei niedrigen Steuerdrücken (< 6 bar)
- Proportionalverhalten durch eine oder mehrere Rückstellfedern
- Einfache Umkehr der Wirkungsweise vor Ort möglich
- Sicherheitsstellung bei Ausfall der Hilfsenergie (Preßluft)
- Geringe Hysteresis und gute Ansprechempfindlichkeit
- Sehr weiter Anwendungsbereich (-60°C bis +130°C)
- Relativ unempfindlich gegenüber Schock und Vibrationen
- Einbau bzw. Betrieb in jeder beliebigen Lage möglich
- Hohe Dichtheit ermöglicht mehrstündige "Verblockung"
- Geringstes Leistungsgewicht aller Antriebe (Gewicht/Stellkraft)
- Bestes Kosten-/Leistungsverhältnis aller Antriebsarten

*Nachteile:*

- Limitierter Stellweg auf ca. 1/8 des Membrandurchmessers
- Ungeeignet für hohe Versorgungsdrücke (> 6 bar)

## 9.3 Auslegung eines geeigneten Stellantriebes

Die Auslegung eines geeigneten Stellantriebes verlangt die Berücksichtigung einer Vielzahl von Parametern. Der Stellantrieb kann nämlich seiner Aufgabe nur dann in optimaler Weise gerecht werden, wenn sowohl die Prozeß- und Umgebungsbedingungen als auch das Anforderungsprofil genauestens bekannt sind und geeignete Kenngrößen eine Berechnung und Auswahl des Antriebs ermöglichen. Dies gilt in erster Linie für die Hauptauswahlkriterien: Erforderliche Betätigungskraft, Stellgeschwindigkeit und Sicherheitsstellung. Neben diesen Hauptparametern gibt es eine Reihe weiterer Einflußgrößen, die bei der Auslegung eines Stellantriebes zu berücksichtigen sind. Ohne Anspruch auf Vollständigkeit zu erheben, seien folgende Bedingungen genannt:

- Bewegungsverlauf (linear oder drehend)
- Übergangsfunktion (proportional oder integral)
- Wirkungssinn (direkt oder umgekehrt wirkend)
- Sicherheitsstellung bei Ausfall der Hilfsenergie: (AUF, ZU, HALT)
- Stellsignal (elektrisch oder pneumatisch)
- Eingangssignalbereich (z. B. 4-20 mA)
- Nennhub oder Nenndrehwinkel der Armatur
- Schnittstelle (Interface) von Armatur und Stellantrieb
- Benötigte Stellkraft bei geschlossenem Ventil
- Benötigte Stellkraft bei offenem Ventil

- Erforderliche Hubsteifigkeit für stabilen Regelbetrieb
- Zulässige Linearitätsabweichung der Antriebskennlinie
- Hysteresis, Umkehrspanne und Ansprechempfindlichkeit
- Stellzeit für den vollen Hub oder Drehwinkel
- Schalthäufigkeit (Einschaltdauer ED bei elektrischen Antrieben)
- Antriebsvolumen (bei pneumatischen Antrieben)
- Zeitkonstante und Eckfrequenz des Stellgerätes (mit Stellungsregler)
- Schock- und Schwingungsfestigkeit des Antriebes
- Zulässige Umgebungstemperaturen
- Erforderliche Schutzklasse (Staub, Wasser, Feuchtigkeit, z. B. IP65)
- Anforderungen hinsichtlich Korrosionsbeständigkeit des Antriebes
- Erforderliche Hilfsenergie für Stellantrieb (z. B. min. u. max. Druck)
- Wiederholgenauigkeit der Stellposition unter Berücksichtigung von:
  (a) Umgebungstemperatur, (b) Hilfsenergie, (c) Prozeßbedingungen
- Anschlüsse für Stellantrieb (z. B. PG 11 oder 1/4" NPT)
- Charakteristische Kenngrößen (z. B. wirksame Membranfläche)
- Andere Anforderungen an den Stellantrieb: ist z. B. eine
  Handbetätigung für Notfälle erforderlich?

Nach Möglichkeit sollte sich der Anwender, bevor er mit der Auslegung des Antriebs beginnt, eine "Checkliste" zusammenstellen, die alle wichtigen Anforderungen und Randbedingungen aufführt. Auf diese Weise wird sichergestellt, daß die geforderten Funktionen auch beachtet werden und ein für die jeweilige Aufgabe optimaler Antriebstyp ausgewählt werden kann.

### 9.3.1 Erforderliche Antriebskraft für Hubventile

Das fließende Medium ruft statische und dynamische Reaktionskräfte hervor, die auf den Drosselkörper einwirken und zum großen Teil durch den Antrieb aufgefangen werden müssen. Statische Kräfte treten nur bei geschlossenem Stellgerät auf, d. h. wenn der Durchfluß Null ist. Dabei versucht der Innendruck, die Ventilspindel nach außen zu drücken und - bei normaler Anströmrichtung gegen den Drosselkörper - das Ventil zu öffnen. Dynamische Kräfte resultieren aus der Turbulenz des fließenden Mediums. Diese Kräfte äußern sich in Vibrationen und Schwingungen, die nicht selten zu vorzeitigem Verschleiß des Stellgerätes oder gar zum Bruch bestimmter Teile führen.

*9.3.1.1 Statische Kräfte des Stellgliedes*

Üblicherweise wird ein Stellglied, wie es in Bild 9-7 schematisch dargestellt ist, von unten gegen den Kegel angeströmt, d. h. der Druck des Fluids versucht, den Verschlußkörper gegen die Kraft des Antriebs zu öffnen.

Diese Anströmrichtung hat sich bewährt und ist insbesondere dann vorzusehen, wenn der Antrieb, wie beim federbelasteten Membranantrieb, nur eine begrenzte Hubsteifigkeit aufweist. Ein Anströmen in Schließrichtung des Drosselkörpers würde Unstabilitäten hervorrufen, wie später noch dargelegt werden wird.

Die statische Gesamtkraft, die erforderlich ist, um das Stellglied gegen den anstehenden Druck zu schließen, ergibt sich aus der Summe einzelner Kraftkomponenten, die nachfolgend kurz erläutert werden. Die erforderlichen Gleichungen für eine detaillierte Berechnung, Formelzeichen und Einheiten werden angegeben. Ein Berechnungsbeispiel ist im Anhang aufgeführt.

*Verschlußkraft $F_V$*

Unter der Annahme der zu bevorzugenden Anströmrichtung von unten gegen den Kegel (Bild 9-7) kann die Verschlußkraft berechnet werden, wenn Eingangs- und Ausgangsdruck der Armatur sowie charakteristische Kennwerte des Stellgliedes bekannt sind. Dies sind die Querschnitte des Ventilsitzes und der Antriebsstange; bei Ventilen mit Faltenbalg ist die Fläche des mittleren Windungsdurchmesser einzusetzen. Da üblicherweise der Sitzringquerschnitt groß gegenüber dem Stangenquerschnitt ist, kann in erster Näherung davon ausgegangen werden, daß die Verschlußkraft etwa proportional mit dem Differenzdruck ansteigt.

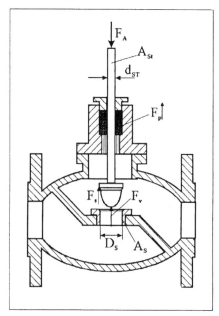

Bild 9-7: Statische Kräfte an einem Stellventil (schematisch)

*Schließkraft $F_S$*

Man erwartet heute von einem Stellgerät nicht nur eine gute Regelbarkeit, sondern auch einen beinahe dichten Abschluß. Die zulässigen Leckagen werden gemäß DIN/IEC 534-4 definiert, wobei zwischen verschiedenen Leckmengenklassen (II bis VI) unterschieden wird. Dies erfordert also nicht nur eine Kompensation der Verschlußkraft, die aus dem Differenzdruck bei geschlossenem Ventil resultiert, sondern darüber hinaus eine nicht unbeträchtliche Anpreßkraft, mit der der Verschlußkörper oder Kegel in den Ventilsitz gepreßt werden muß, um einen entsprechend dichten Abschluß zu erreichen. Wie die Erfahrung zeigt, ist eine bestimmte spezifische Kraft pro mm Sitzringumfang erforderlich, um eine zufriedenstellende Dichtheit zu ermöglichen. Dies bedeutet, daß die erforderliche Anpreßkraft ungefähr proportional mit dem Sitzringdurchmesser ansteigt.

*Reibungskraft der Packung $F_p$*

Die meisten Stellgeräte weisen heute noch eine "Stopfbuchse" auf, die zur Abdichtung der Spindeldurchführung benötigt wird. Als Packungsmaterial wird vorwiegend PTFE oder Graphit verwendet, das häufig mit bestimmten Füll- oder Begleitstoffen kombiniert wird, um die Gesamteigenschaften zu verbessern. Die Reibung in der Stopfbuchse kann überschläglich berechnet werden, wenn der Stangendurchmesser d, der maximale Druck p und der Packungstyp bekannt sind. Allgemein gilt, daß die Reibungskraft etwa proportional mit dem Spindel- bzw. Stangendurchmesser und dem Betriebsdruck ansteigt. Ein packungsspezifischer Beiwert berücksichtigt den Packungswerkstoff.

*Reibungskraft $F_r$ in der Führung bei Druckausgleich*

Das Prinzip des Druckausgleichs wird häufig bei großen Ventilnennweiten und hohen Differenzdrücken angewendet, um die Antriebskräfte in vertretbaren Größen zu halten. Ursache der Reibung sind dynamische Kräfte, die aus der Spaltströmung resultieren und den Drosselkörper fest an die Wandung der Führungsbuchse pressen. Es ist daher ein Irrtum zu glauben, daß Ventile mit Druckausgleich nur ganz geringe Betätigungskräfte erfordern. Tatsächlich steigt die Reibungskraft in der Führung, die üblicherweise den gleichen Durchmesser wie der Sitzring aufweist und mittels Kolbenringen gegenüber der Ausgangsseite der Armatur abgedichtet wird, etwa proportional mit dem Differenzdruck und dem Führungsdurchmesser an. Eine Nichtberücksichtigung dieser Reibungskraft führt dazu, daß das Stellglied meistens nicht mehr schließen kann, weil in der Regel der Differenzdruck mit abnehmendem Durchfluß zunimmt und die Reibungskraft ansteigt. Besonders stark tritt dieser Effekt bei Medien ohne jegliche Schmierwirkung (z. B. überhitztem Dampf) auf.

*Gewichtskraft G*

Bei schweren Drosselkörpern mit erheblichem Gewicht muß selbstverständlich
- je nach Einbaulage - noch das Gewicht G berücksichtigt werden, wenn der
Antrieb gegen die Gewichtskraft das Stellglied öffnen oder schließen soll.

## 9.3.2 Dynamische Kräfte

Während bei der Betrachtung der statischen Kräfte das Hauptaugenmerk darauf
gerichtet ist, daß der Antrieb das Ventil gegen den anstehenden Differenzdruck
schließen kann, kommt es bei der Berücksichtigung der dynamischen Kräfte
darauf an, trotz geringer Hubsteifigkeit des Antriebs einen stabilen Regelbetrieb
zu ermöglichen. Bei einer gewissenhaften Antriebsauslegung für ein Einsitzventil, die alle wesentlichen Faktoren berücksichtigt, können die dynamischen
Kräfte des Stellgliedes normalerweise vernachlässigt werden, weil die statischen Kräfte bei geschlossenem Ventil bei weitem überwiegen.

Anders dagegen bei Doppelsitz- oder druckausgeglichenen Stellventilen. Hier
können die dynamischen Kräfte des fließenden Mediums die statischen Kräfte
bei geschlossenem Ventil weit übertreffen. Das bedeutet: instabiler Betrieb und
unzureichende Regeleigenschaften. Kritisch wird die Regelung vor allem dann,
wenn bei "direkter Wirkungsweise" die Betriebskennlinie des Antriebs so weit
abflacht, daß dem Stellsignal verschiedene Hübe zugeordnet werden können
(Bild 9-8). Dieser Kennlinienverlauf, der bei Stellgeräten zu beobachten ist, die
von der Seite auf den Kegel angeströmt werden, läßt insbesondere nahe der
Schließstellung einen eindeutigen Zusammenhang von Stellsignal und Hub
vermissen und muß vermieden werden. Während bei normaler Anströmrichtung
(Medium öffnet) der Signalbereich des Antriebs größer wird (ca. 160% in Bild
9-8), nimmt er bei umgekehrter Strömungsrichtung auf ca. 65% ab.

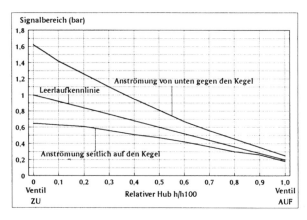

Bild 9-8: Antriebs-
kennlinien
(schematisch) bei ver-
schiedenen Strö-
mungsrichtungen

Erhebliche Unstabilitäten treten vor allem nahe der Geschlossen-Stellung auf. Der Drosselkörper "flattert" in diesem Bereich und verhindert nicht nur eine stabile Regelung, sondern wirkt selbstzerstörend durch den "Hammer-Effekt". Die dynamischen Kräfte, die auf die Armatur einwirken, können weitestgehend unterdrückt werden, wenn ein Antrieb mit ausreichender Hubsteifigkeit verwendet wird. Im Gegensatz zu selbsthemmenden Elektro-Antrieben oder sehr "starren" Elektro-Hydraulik-Antrieben haben pneumatische Membranantriebe nur eine begrenzte Steifigkeit, die durch die Federkonstante der Antriebsfeder(n) bestimmt wird. Empirisch gewonnene Erkenntnisse zeigen, daß bei einer Mindesthubsteifigkeit eine zufriedenstellende Regelung erwartet werden kann. Naturgemäß erhöhen sich die Anforderungen mit zunehmendem Differenzdruck und Durchmesser des Drosselkörpers. Eine Nachrechnung der Mindesthubsteifigkeit wird dann empfohlen, wenn (a) hohe Differenzdrücke auftreten und (b) das Ventil entweder druckausgeglichen ist oder seitlich angeströmt wird. Da dem Anwender die maßgebenden Abmessungen nur selten bekannt sind, kann überschläglich auch der $Kv_{100}$-Wert für die Berechnung herangezogen werden. Außerdem berücksichtigt ein ventilspezifischer Faktor die dynamischen Eigenschaften des Drosselkörpers. Käfigventile verhalten sich in diesem Punkt z. B. günstiger als Ventile mit Parabolkegel.

### 9.3.3 Berechnung und Auswahl eines Antriebs

Für die Auswahl eines geeigneten Membranantriebes ist es unerläßlich, die schon erwähnte "Checkliste" abzuarbeiten. Folgende Fragen, die entscheidenden Einfluß auf die Antriebsauswahl haben, sind in diesem Zusammenhang unbedingt zu beantworten:

- Sicherheitsstellung: Ventil bei Luftausfall AUF oder ZU ?
- Nennhub des Ventils: Nennhub des Antriebes muß gleich oder größer sein
- Vorgeschriebene Anströmrichtung: Medium öffnet oder schließt?
- Wichtige Abmessungen: Sitz- und Stangendurchmesser?
- Packungstyp: PTFE oder Graphit?
- Durchflußkoeffizient (Kvs-Wert)?
- Erforderliche Antriebskraft bei geschlossenem Ventil?
- Geforderte minimale Stellzeit für Nennhub des Ventils?
- Ist ein Stellungsregler vorgesehen? Wenn NEIN, geforderter Signalbereich?
- Paßt die Schnittstelle Armatur-Antrieb?
- Minimaler Versorgungsluftdruck der Anlage?
- Minimale und maximale Umgebungstemperatur?
- Geforderte Schock-/Schwingungsfestigkeit?
- Besondere Anforderungen in bezug auf Korrosionsfestigkeit?
- Andere Forderungen des Anwenders?

*Allgemeine Hinweise für Berechnung und Auswahl von Antrieben*

- Es sollte stets ein ausreichender Sicherheitszuschlag vorgesehen werden, da die exakte Berechnung der erforderlichen Antriebskraft recht schwierig ist.
- Die Antriebskennlinie sollte möglichst linear und hysteresearm sein. Starke Linearitätsfehler deuten auf eine stark veränderliche Membranfläche hin, was u. U. eine unzureichende Kraft in der Schließstellung zur Folge hat.

Die Antriebsauswahl sollte auch Lebensdauer sowie Wartung/Instandhaltung berücksichtigen. Bei pneumatischen Membranantrieben sollten folgende Grenzwerte nicht unterschritten werden:

- Mindestens 200.000 Doppelhübe bei Raumtemperatur und 2/3 der angegeben Maximalkraft

- Mindestens 100.000 Vollhübe bei maximal zulässigem Luftdruck und Raumtemperatur.

- Mindestens 1000.000 Schaltspiele etwa in Hubmitte von ± 10% des Nennhubes im gesamten zulässigen Temperaturbereich

- Die Klimawechselfestigkeit sollte für die folgenden Klimagebiete gegeben sein:
  - gemäßigt
  - kalt
  - trockenwarm
  - feuchtwarm

- Die konstruktive Gestaltung der Schnittstelle und die allgemeine Festigkeit des Antriebs ist unter Berücksichtigung der Umgebungseinflüsse auszulegen. Als Beispiel sind an dieser Stelle die Anforderungen an Erdbebensicherheit und Strahlungsfestigkeit in Nuklearanlagen zu nennen.

- Bei der Auswahl sind stets eventuell erforderlich werdende Erweiterungen zu berücksichtigen. Als Beispiel sei hier der nachträgliche Anbau einer Handbetätigung oder eines Stellungsreglers genannt. Die Anbaumöglichkeit weiteren Zubehörs ist zu bedenken.

- Schwingungs- und Stoßfestigkeit sollten Beanspruchungen gewachsen ist, wie sie z. B. auf Schiffen auftreten.

- Nach Möglichkeit sollten korrosionsfeste Anstriche vorgesehen werden, um den Antrieb zu schützen und die Mindestlebensdauer zu gewährleisten.

- Alle Aspekte der Unfallsicherheit müssen berücksichtigt werden, um z. B. den Anwender vor Verletzungen zu schützen.

- Ein adequates Qualitätssicherungssystem (DIN/ISO 9001) und die Beachtung geltender Normen und Vorschriften sind notwendig, um ein dem Stand der Technik entsprechendes Produkt zu garantieren.

Bevor mit der eigentlichen Berechnung begonnen werden kann, muß zwischen folgenden Anwendungsfällen unterschieden werden:

- (a) Ventil ohne Druckausgleich, Anströmrichtung "Medium öffnet", Ventil bei Luftausfall ZU

- (b) Ventil ohne Druckausgleich, Anströmrichtung "Medium öffnet", Ventil bei Luftausfall AUF

- (c) Ventil mit Druckausgleich, Anströmrichtung "Medium öffnet" , Ventil bei Luftausfall ZU

- (d) Ventil mit Druckausgleich, Anströmrichtung "Medium öffnet", Ventil bei Luftausfall AUF

- (e) Ventil ohne Druckausgleich, Anströmrichtung "Medium schließt", Ventil bei Luftausfall ZU

- (f) Ventil mit Druckausgleich, Anströmrichtung "Medium schließt", Ventil bei Luftausfall ZU

- (g) Ventil mit Druckausgleich, Anströmrichtung "Medium schließt", Ventil bei Luftausfall AUF

Der zuletzt genannte Anwendungsfall (g) "Ventil ohne Druckausgleich, Anströmrichtung "Medium schließt" und "Ventil bei Luftausfall AUF" muß vermieden werden, weil unter diesen Bedingungen nur in den seltenen Fällen Stabilität erwartet werden kann (siehe Bild 9-8).

Die wirksame Fläche der Antriebsmembrane und damit die erforderliche Antriebsgröße ergibt sich aus der zuvor errechneten Antriebskraft. Zweckmäßigerweise addiert man noch einen 10%igen Sicherheitszuschlag hinzu, damit das Stellglied auch tatsächlich gegen den anstehenden Differenzdruck schließen kann. Die folgenden Gleichungen berücksichtigen das Zusammenwirken von Stellglied und pneumatischem Antrieb bei verschiedenen Anwendungsfällen.

*Verschlußkraft $F_V$*

$$F_V = 10 \, (A_S \cdot (p1\text{-}p2)) + 10 \, (A_{St} \cdot p2) \qquad (N) \qquad (9\text{-}1)$$

*Schließkraft $F_S$*

$$F_S = K \cdot Ds \qquad (N) \qquad (9\text{-}2)$$

K = 16 bis 20 bei Leckmengenklasse IV und 24 bis 30 bei Leckmengenklasse VI

Dies entspricht einer spezifischen Anpreßkraft von mindestens 5 N pro mm Sitzringumfang bei metallischen Sitzen und mindestens 7.5 N pro mm Sitzringumfang bei Weichsitz.

*Packungsreibung $F_p$*

$$F_p = Kr \cdot d_{St} \cdot p1 \qquad\qquad (N) \qquad (9\text{-}3)$$

| Packungsart | Beiwert Kr |
|---|---|
| PTFE-Manschetten | 0.2 |
| PTFE-Schnurpackung | 0.25 |
| Graphit-Asbestpackung | 0.65 |
| Reingraphit-Packung | 0.8 |

*Reibung bei Druckausgleich*

$$F_r = K_K \cdot D_s \cdot (p1\text{-}p2) \qquad\qquad (N) \qquad (9\text{-}4)$$

$K_K = 0.7$ bis $1,2$ bei trockenem Dampf und Gas und ca. $0.2$ bei Flüssigkeiten

Damit ergeben sich für die Berechnung der aufzubringenden Antriebskraft $F_A$ folgende Grundgleichungen unter Berücksichtigung der Ventilbauart, der Anströmrichtung und der jeweiligen Sicherheitsstellung des Stellgerätes:

*Antriebskraft $F_A$*

*Fall (a) und Fall (b):*    Kein Druckausgleich, Anströmrichtung "Medium öffnet", Sicherheitsstellung AUF oder ZU

$$F_A = F_v + F_s + F_p + 10 \cdot G_k \qquad (N) \qquad (9\text{-}5)$$

Setzt man die Variablen in Gl. (9-5) ein, so ergibt sich Gleichung (9-6):

$$F_A = 10 \cdot (A_s \cdot (p1\text{-}p2) + A_{St} \cdot p2) + K \cdot D_s + \\ Kr \cdot d_{St} \cdot p1 + 10 \cdot G_k \qquad (N) \qquad (9\text{-}6)$$

*Fall (c) und Fall (d):*    Druckausgleich, Anströmrichtung "Medium öffnet", Sicherheitsstellung AUF oder ZU

$$F_A = F_{v1} + F_s + F_p + F_r + 10 \cdot G_k \qquad (N) \qquad (9\text{-}7)$$

$$FA = 10 \cdot (A_{St} \cdot p2) + K \cdot D_s + Kr \cdot d_{St} \cdot p1 + \\ K_K \cdot D_s \cdot (p1\text{-}p2) + 10 \cdot G_k \qquad (N) \qquad (9\text{-}8)$$

*Fall (e):*    Kein Druckausgleich, Anströmrichtung
"Medium schließt", Sicherheitsstellung ZU

$$F_A = 10 \cdot (A_s \cdot (p1\text{-}p2) - A_{St} \cdot p2) +$$
$$(Kr \cdot d_{St} \cdot p1) + 10 \cdot G_k \qquad\qquad N) \qquad\qquad (9\text{-}9)$$

*Fall (f):*    Mit Druckausgleich, Anströmrichtung
"Medium schließt", Sicherheitsstellung ZU

$$F_A = F_{v'} + F_s + F_p + F_r + 10 \cdot G_k \qquad (N) \qquad (9\text{-}10)$$

$$FA = 10 \cdot (A_{St} \cdot p1) + K \cdot D_s + Kr \cdot d_{St} \cdot p1 +$$
$$K_K \cdot D_s \cdot (p1\text{-}p2) + 10 \cdot G_k \qquad (N) \qquad (9\text{-}11)$$

Bei *umgekehrter* Anströmrichtung (Medium schließt) wird der Drosselkörper durch den anstehenden Differenzdruck in den Sitz gepreßt. Diese Anwendung ist auf Sonderfälle zu beschränken, um eine mangelnde Stabilität der Regelung zu vermeiden. Ausnahmen sind beispielsweise Anwendungen, bei denen es entweder darauf ankommt (a) die Reaktionskraft des Differenzdruckes zum *Schließen* auszunützen, oder (b) um bei Eckventilen den *Verschleiß* des Ventil-gehäuses durch Erosion zu mildern.

Stabilitätskriterium ist dabei die Differenz der Kraftgradienten. Grundsätzlich besteht in jeder Hubposition des Antriebs ein Gleichgewicht zwischen der An-triebskraft, gekennzeichnet durch die wirksame Membranfläche mal Stellsignal und der Rückstellkraft der Bereichsfeder(n). Unter dynamischen Verhältnissen (hohen Differenzdrücken) wirken bei seitlicher Anströmung Kräfte auf den Drosselkörper ein, die dieses Gleichgewicht empfindlich stören können. Wie aus Bild 9-8 ersichtlich ist, wird der effektive Signalbereich bei "direkter Wir-kungsweise" und seitlicher Anströmung erheblich verkürzt, was unweigerlich zu Instabilität führt. Eine anspruchsvolle Regelung wird in einem solchen Fall unmöglich gemacht. Darum sollte diese Kombination nach Möglichkeit von vornherein ausgeschlossen werden.

Aber selbst bei "umgekehrter Wirkungsweise" (bei Luftausfall geschlossen) ist die seitliche Anströmung nicht unproblematisch. Nahe der ZU-Stellung steigen die Reaktionskräfte des Ventils in der Regel stark an, wodurch das Kräfte-gleichgewicht plötzlich erheblich gestört wird. Bei der Anwendung eines Stel-lungsreglers wird dieses Ungleichgewicht zwar ausgeregelt, aber bei weitem nicht schnell genug, so daß ein ständiges "Hämmern" des Drosselkörpers nahe der Schließstellung auftreten kann, was aus Verschleißgründen unbedingt ver-mieden werden muß. Aus diesem Grunde wird eine ausreichend große Feder-konstante gefordert.

Zu beachten ist ferner, daß bei seitlicher Anströmung die Kraftrichtung wechselt, d. h. die Kraft des Antriebs wirkt nun "ziehend"! Weiterhin sollte differenziert werden zwischen "Regelbetrieb" und "AUF-ZU"-Betrieb. Im letzteren Fall ist ein ständiges "Hämmern" nicht zu befürchten, weil der kritische Bereich sehr schnell durchfahren wird. Wichtig bei seitlicher Anströmung ist eine Überprüfung der erforderlichen Hubsteifigkeit $C_{min}$, die nach einer empirisch gefundenen Gleichung berechnet werden kann, um einen stabilen Regelbetrieb garantieren zu können:

$$C_{min} = 60 + K_F * \sqrt{Kv * \Delta p} \qquad \text{(N/mm)} \qquad (9\text{-}12)$$

$K_F$ ist ca. 2,5 bei Parabol- oder V-Port-Kegel und ca. 1,8 bei Käfigventilen

Eine ausreichende Stabilität der Regelung kann erwartet werden, wenn die erforderliche maximale Antriebskraft in vernünftiger Relation zur Steifigkeit des Antriebs steht. Überschläglich kann die erforderliche Hubsteifigkeit mit folgenden Gleichungen überprüft werden:

*Bei Regelbetrieb:*

$$F_A \leq A_M \cdot 2,5 \cdot (S_{100}\text{-}S_0) \qquad \text{(N)} \qquad (9\text{-}13)$$

*Bei AUF-ZU-Betrieb:*

$$F_A \leq A_M \cdot 3,75 \cdot (S_{100}\text{-}S_0) \qquad \text{(N)} \qquad (9\text{-}14)$$

Bei Regelbetrieb darf also die maximal erforderliche Antriebskraft, die versucht, den Drosselkörper in den Sitz zu pressen, nicht größer sein als ein Viertel der Kraft, die benötigt wird, um die Bereichsfeder(n) innerhalb des Signalbereichs zusammenzudrücken. Daraus können bewährte Faustformeln für den maximal zulässigen Differenzdruck bei seitlicher Anströmung abgeleitet werden:

*Bei Regelbetrieb:*

$$\Delta p_{max} = 0,25 \cdot A_M (S_{100}\text{-}S_0)/A_S \qquad \text{(bar)} \qquad (9\text{-}15)$$

*Bei AUF-ZU-Betrieb:*

$$\Delta p_{max} = 0,38 \cdot A_M (S_{100}\text{-}S_0)/A_S \qquad \text{(bar)} \qquad (9\text{-}16)$$

*Berechnung der erforderlichen wirksamen Membranfläche*

Bei *direkter* Wirkungsweise (Ventil bei Luftausfall offen) ergibt sich:

$$A_M = F_A \cdot 1.1 / 10 \cdot (S_{max} - S_{100}) \qquad (cm^2) \qquad (9\text{-}17)$$

Bei *umgekehrter* Wirkungsweise muß die wirksame Membranfläche mindestens betragen:

$$A_M = F_A \cdot 1.1 / 10 \cdot S_0 \qquad (cm^2) \qquad (9\text{-}18)$$

Berechnungsbeispiele sind im Anhang aufgeführt.

## 9.4 Antriebsmomente für Schwenkantriebe

Die Berechnung der erforderlichen Antriebsmomente für Armaturen mit Dreh- bzw. Schwenkbewegung von 60 bis 90° ist weniger transparent als bei Hubventilen. Dies ist einmal dadurch bedingt, daß das Drehmoment von Schwenkantrieben nicht immer proportional mit dem Zuluftdruck bzw. dem Signalbereichsanfang bei reverser Wirkungsweise ansteigt. Zum anderen müssen weitere Faktoren mit in die Berechnung einbezogen werden, die bei Hubventilen nicht vorkommen. Aus dem Vorhergesagten wird deutlich, daß die Berechnung im Vergleich zu Hubventilen beträchtliche Unterschiede aufweist, wie an einem Beispiel für Kugelventile herausgestellt werden soll. Die maßgeblichen Einflußgrößen für das minimal erforderliche Drehmoment sind folgende:

- Maximaler Differenzdruck
- Mittlerer Durchmesser der Kugeldichtungsringe
- Reibunskoeffizient: Kugel / Dichtung
- Äußerer Kugeldurchmesser
- Benötigte Anpresskraft der Dichtringe
- Außendurchmesser der Axiallager
- Außendurchmesser der Lagerzapfen (bei gelagerter Kugel)
- Reibungskoeffizient: Lager / Lagerzapfen (bei gelagerter Kugel)
- Mediumsfaktor (der die Reibung verändert)
- Packungreibungsmoment (abhängig vom Packungswerkstoff)
- Losbrechmoment nach längerer Stillstandszeit

Auch bei anderen "Rotary"-Ventilen spielt die Lagerreibung eine herausragende Rolle bei der Ermittlung der benötigten Antriebskraft. Bei exzentrischen Ventilen, wie z. B. bei Drehkegelventilen, muß neben der Reibung in den Lagern und in der Packung sowie dem Losbrechmoment noch das Moment berücksichtigt werden, das aus dem Sitzringquerschnitt mal Differenzdruck mal Hebelarm (Exzentrizität) resultiert. Aus diesen Gründen ist es nicht praktikabel, an dieser Stelle Gleichungen anzugeben, mit denen das erforderliche Drehmoment exakt berechnet werden kann. Besonders komplizierte Zusammenhänge ergeben sich bei den sogenannten Schwenkantrieben, die einen elektrischen oder pneumatischen Linearantrieb mit einem Umlenkgetriebe benutzen. Dabei ist nicht nur der Wirkungsgrad des Getriebes zu berücksichtigen, sondern auch die Art der Umsetzung und der verlangte Schwenkwinkel des Antriebs. Bei einem Doppelgelenksystem, das einen einfachen Linearantrieb und einen Schwenkhebel benutzt, der fest mit der Welle des Drehstellgliedes verbunden ist, muß das erforderliche Moment unter Berücksichtigung der wirksamen Hebellänge ermittelt werden. Das bedeutet, daß z. B. bei einer symmetrischen Auslenkung des mit der Welle verbundenen Hebels von ± 30° aus der waagerechten Lage die wirksame Länge dieses Hebels von z. B. 100 mm bei einer Auslenkung von 30° nach jeder Seite, auf etwa 87 mm verkürzt wird. Diese Verkürzung ist bei der Berechnung zu berücksichtigen.

Wie die Erfahrung gezeigt hat, muß bei Schwenkantrieben aber nicht nur das minimal erforderliche Moment, sondern auch das maximal zulässige berechnet werden, um eine Verformung der Antriebs- oder Ventilwelle zu vermeiden, was in der chemischen Industrie zu den häufigsten Schadensfällen gehört. Überhaupt wird die Berechnung der Antriebsmomente für Drehstellgeräte am zuverlässigsten unter Verwendung eines entsprechenden Computerprogramms gelöst, das auf eine herstellerneutrale Datenbasis zurückgreifen kann und alle vom jeweiligen Hersteller für notwendig erachtete Einflußgrößen berücksichtigt und natürlich auch bei bekanntem Wellendurchmesser und Werkstoff das maximal zulässige Antriebsmoment ermittelt.

### 9.4.1 Antriebsmomente für zentrische Drosselklappen

Bei gewöhnlichen, zentrisch gelagerten Drosselklappen ist die Berechnung des erforderlichen Antriebsmomentes einigermaßen übersichtlich, so daß hier die in der Praxis bewährten Berechnungsgleichungen angegeben werden können.

Das Gesamtmoment bei zentrischen Drosselklappen ergibt sich aus der Summe verschiedener Momente, die bei der Berechnung zu berücksichtigen sind:

- Lagerreibungsmoment
- Reibungsmoment in der Stopfbuchse
- Dynamisches Drehmoment (siehe auch Bild 6-19)

Ein zusätzlicher Sicherheitszuschlag braucht in diesem Fall nicht vorgesehen werden, da die Gesamtgleichung bereits das maximal auftretende Moment berücksichtigt. Das maximale Lagerreibungsmoment tritt zwangsläufig beim größtem Differenzdruck in der ZU-Stellung auf, während das maximale dynamische Moment bei einem Winkel von ca. 75°, d. h. in der OFFEN-Stellung erreicht wird. Das bedeutet, daß die beiden Haupteinflußgrößen ihre Maximalwerte niemals gleichzeitig erreichen. Trotzdem hat sich die Addition dieser Momente bei der Antriebsauslegung in der Praxis bewährt. Ein zusätzlicher Sicherheitsfaktor ist höchstens bei sehr hohen Temperaturen oder bei zähen, klebrigen Medien angebracht. Außerdem wird bei "Regelbetrieb" meistens ein höherer Sicherheitsfaktor als bei "AUF-ZU-Betrieb" gewählt.

*Lagerreibungsmoment in der ZU-Stellung*

$$M_L \cong 0{,}7 \cdot d_{St} \cdot DN^2 \cdot (p1 - p2) \cdot 10^{-5} \qquad \text{(Nm)} \qquad (9\text{-}19)$$

*Stopfbuchsenreibungsmoment*

$$M_{St} \cong 10 \cdot p_1 \cdot d_{St}{}^3 \cdot 10^{-5} \qquad \text{(Nm)} \qquad (9\text{-}20)$$

*Dynamisches Drehmoment in der OFFEN-Stellung*

$$M_{dyn} \cong DN^3 \cdot (p1 - p2) \cdot 10^{-5} \qquad \text{Nm)} \qquad (9\text{-}21)$$

*Erforderliches Gesamtdrehmoment für Antriebswahl*

$$M_{Ges} \cong M_L + M_{St} + M_{dyn} \qquad \text{(Nm)} \qquad (9\text{-}22)$$

## 9.5 Handbetätigungen

Häufig wird vom Anwender eine zusätzliche Handbetätigung gefordert, um in der Installationsphase oder beim Ausfall der Hilfsenergie das Ventil in die gewünschte Position zu fahren. Hierbei sind die spezifischen Forderungen des Bestellers genau zu beachten. Kupplungen oder Blockiereinrichtungen der Handbetätigung sind meistens nicht erwünscht, weil sie vom Bediener im Notfall einen zusätzlichen Arbeitsgang erfordern, d. h. zunächst muß die Einrichtung erst einmal mit der Antriebsstange gekuppelt oder die Blockierung wieder aufgehoben werden. Dies führt u. U. dazu, daß die Handbetätigung nicht funktioniert. Zumindest geht im Notfall wertvolle Zeit verloren. Ideal sind deshalb Handbetätigungen, die lediglich eine Neutralstellung erfordern, um die Bewegung der Antriebsstange bei normalem Betrieb nicht zu behindern, aber bei Betätigung des Handrades eine manuelle Bewegung des Drosselkörpers in beiden Richtungen (AUF oder ZU) erlauben, ohne daß zusätzliche Handgriffe notwendig sind.

Die Bedienphilosophie unterscheidet ferner zwischen einem "oben montierten" und "seitlich montierten" Handrad, was bei der Bestellung ausdrücklich vermerkt werden muß. Oben montierte Handbetätigungen sind in der Regel einfacher und billiger als seitlich montierte. Dafür müssen aber meistens höhere Betätigungskräfte und eine erschwerte Zugänglichkeit in Kauf genommen werden. Manchmal wird auf pneumatische oder elektrische Stellantriebe gänzlich verzichtet, wenn nur gelegentlich eine Veränderung der Ventilstellung vorgenommen aber trotzdem ein hohes Stellverhältnis und eine saubere Kennlinie gefordert wird. In einem solchen Fall wird eine präzise arbeitende Handbetätigung vorgesehen. Da die Betätigungskräfte zur Verstellung der Hubposition bei großen Nennweiten und hohen Differenzdrücken recht groß sein können, verwendet man häufig ein Schneckengetriebe (Bild 9-9).

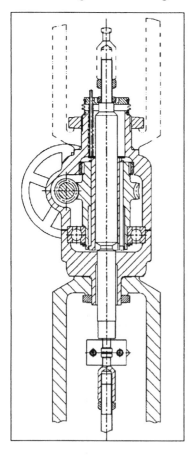

Bild 9-9: Handbetätigung für ein Hubventil mit selbsthemmendem Schneckengetriebe

## 9.6 Prüfprotokoll

Die Abnahme und Prüfung von Stellgeräten nimmt heute einen immer größeren Raum ein, wie in Kapitel 14 ausführlich dargelegt wird. Bild 9-10 zeigt das Formular eines Prüfberichtes, das speziell für pneumatische Antriebe entwickelt wurde und Bestandteil der VDI/VDE-Richtlinie 3844 ist.

---

**Kenndaten des Antriebes**

Hersteller. . . . . . . . . . . . . . . . . . . . . . . . . . XXXX
Typ . . . . . . . . . . . . . . . . . . . . . . . . . . . . . YYYY
Fabrik- oder Tag-Nr. . . . . . . . . . . . . . . . . . . . . PIC-100
Bauart . . . . . . . . . . . . . . . . . . . . . . . . . . . Membranantrieb, P-wirkend
Sicherheitsstellung . . . . . . . . . . . . . . . . . . . . . bei Luftausfall ZU (S)
Hilfsenergie. . . . . . . . . . . . . . . . . . . . . . . . . Luft, max. 3,5 bar
Stellsignalbereich ($S_0$ bis $S_{100}$) . . . . . . . . . . . . . . . . 0,4 bis 2,0 bar
Wirksame Membranfläche . . . . . . . . . . . . . . . . . 600 cm$^2$
Stellkräfte . . . . . . . . . . . . . . . . . . . . . . . . . Prüfpunkt 1 : 12000 N
                                                          Prüfpunkt 2 : 0
                                                          Prüfpunkt 3 : 2400 N
Nennhub . . . . . . . . . . . . . . . . . . . . . . . . . . 30 mm
Überhub (max. in %) . . . . . . . . . . . . . . . . . . . . 50%
Linearitätsfehler (ohne/mit Stellungsregler) . . . . . . . . . . 6,5/1,0%
Hysterese (ohne/mit Stellungsregler) . . . . . . . . . . . . 4,2/0,6%
Umkehrspanne (ohne/mit Stellungsregler) . . . . . . . . . . 2,6/0,4%
Ansprechempfindlichkeit (ohne/mit Stellungsregler) . . . . . . . 1,9/ < 0,1%
Hubsteifigkeit (Federkonstante) . . . . . . . . . . . . . . . 320 N/mm
Stellzeit (mit Stellungsregler) . . . . . . . . . . . . . . . 2,8 s
Eckfrequenz (mit Stellungsregler) . . . . . . . . . . . . . 0,6 Hz

**Weitere Prüfungen**

● Die Maß- und Gewichtsangaben des Herstellers stimmen mit den Prüfergebnissen überein.

● Die Sichtprüfung ließ keine Mängel des Antriebes erkennen.

● Die Angaben des Herstellers zu
   − Schwingungsfestigkeit
   − Schockfestigkeit
   − zulässiger Umgebungstemperatur
   − Antriebsvolumen
   − Korrosionsbeständigkeit
   konnten nicht überprüft werden, weil keine geeigneten Prüfvorrichtungen vorhanden waren.

● Spezielle Anforderungen sind nicht bekannt und wurden deshalb auch nicht geprüft.


Datum: _____        _____
                             Unterschrift (Name des Abnehmers)


                             _____
                             Unterschrift (Name des neutralen Sachverständigen)

---

Bild 9-10: Prüfbericht für einen pneumatischen Membranantrieb gemäß VDI/VDE 3844

**Übungen zur Selbstkontrolle:**

9-1   Welche unterschiedlichen Antriebsarten für Ventile gibt es?

9-2   Nennen Sie einige Vorteile von elektro-mechanischen Antrieben.

9-3   Womit erklären Sie die überragende Rolle der pneumatischen
      Membranantriebe in der Prozeßautomatisierung?

9-4   Welche Vorteile hat ein pneumatischer Zylinderantrieb gegenüber einem
      Membranantrieb?

9-5   Warum sind eine geringe Hysteresis und gute Ansprechempfindlichkeit
      bei einem Stellantrieb besonders wichtig?

9-6   Aus welchen Gründen kommt bei der Berechnung der erforderlichen
      Antriebskraft die *Schließkraft* $F_S$ zum Ansatz?

9-7   Aus welchen Summanden setzt sich die erforderliche statische
      Antriebskraft zusammen?

9-8   Was ist die Ursache dynamischer Kräfte? Wie werden sie berücksichtigt?

9-9   Warum sollte eine seitliche Anströmung von Ventilen mit pneumatischen
      Membranantrieben auf Sonderfälle beschränkt bleiben?

9-10  Wie kann die Stabilität des Antriebs bei seitlicher Anströmung und
      "Regelbetrieb" überprüft werden?

# 10 Hilfsgeräte für pneumatische Stellventile

## 10.1 Allgemeines

Obwohl Marktforschungsinstitute seit Jahren dem Elektro-Antrieb großes Wachstum und eine führende Rolle bei der Betätigung von Stellventilen voraussagen, ist der Marktanteil der in vielen Industrien dominierenden Pneumatik-Antriebe keineswegs zurückgegangen. Im Gegenteil, die scheinbar nicht vorhandene Kompatibilität eines pneumatischen Antriebs zum elektrischen Regler bzw. modernen Prozeßleitsystemen hat durch den Einsatz entsprechender "Hilfsgeräte", wie z. B. elektro-pneumatische Stellungsregler oder Signalumformer eher zu einer Renaissance dieses Antriebstyps geführt.

Das folgende Kapitel beschäftigt sich mit den wichtigsten Hilfsgeräten pneumatischer Antriebe, im allgemeinen Sprachgebrauch auch als *Zubehör* bezeichnet, obwohl diese Definition der Bedeutung dieser Geräte in keiner Weise gerecht wird. Ist es doch das "Zubehör", das in vielen Fällen die Anwendung erst ermöglicht und für die Funktion und "Performance" eines Stellgerätes von ausschlaggebender Bedeutung ist.

## 10.2 Stellungsregler

Stellungsregler haben die Aufgabe, für eine genaue Positionierung des Antriebs zu sorgen. Sie regeln damit die *Stellung,* wie die Bezeichnung bereits andeutet. Stellungsregler weisen darüber hinaus eine Reihe weiterer Vorteile auf, die sie bei vielen Anwendungen unverzichtbar machen. Generell sind bei Stellungsreglern auch die Merkmale eines allgemeinen Reglers vorhanden:

- Stellungsregler empfangen ein Eingangssignal, nämlich die Regelgröße $x$, die entweder eine Linearbewegung (Hub) oder eine Schwenkbewegung (Drehwinkel) ist.

- Stellungsregler haben naturgemäß ein Ausgangssignal, die Stellgröße $y$, die solange auf den pneumatischen Antrieb einwirkt, bis die gewünschte Position erreicht ist.

- Stellungsregler benötigen natürlich auch eine Führungsgröße $w$, die entweder ein Druck im Bereich von 0,2 bis 1,0 bar oder ein Stromsignal im Bereich von 4 bis 20 mA ist. Meistens sind auch Teile dieser Standardsignalbereiche (split-range) als Führungsgröße möglich.

- Stellungsregler benötigen - wie die meisten Instrumente der Meß- und Automatisierungstechnik - eine Hilfsenergie, die in diesem Fall ein Luftdruck ist, der üblicherweise in einem Bereich von 1,4 bis 6,0 bar liegt.

Das Prinzip eines elektro-pneumatischen Stellungsreglers geht aus Bild 10-1 hervor. Das Eingangssignal $w$ ruft in der beweglichen Spule eine Kraft hervor, die dem Strom exakt proportional ist. Dadurch wird zunächst die mit der Spule verbundene Prallplatte in Richtung Düse bewegt, was zur Folge hat, daß der Kaskadendruck des Systems ansteigt und damit den pneumatischen Verstärker aussteuert. Dies wiederum bewirkt eine Erhöhung des Ausgangssignals $y$, so daß der Antrieb in eine andere Position fährt. Diese Bewegung wird von einem Hebel des Stellungsreglers erfaßt, der über eine Kurvenscheibe und einen internen Mechanismus die Bereichsfeder soweit vorspannt, bis erneut ein Gleichgewicht zwischen der Kraft der Spule und der Vorspannkraft der Bereichsfeder gegeben ist.

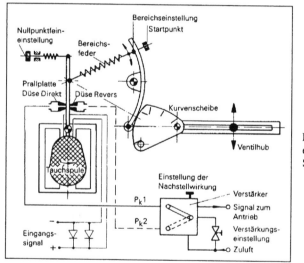

Bild 10-1: Prinzip eines elektro-pneumatischen Stellungsreglers [60]

Da in diesem Fall Kräfte verglichen werden, wird diese Methode das *Kraftvergleichsprinzip* genannt. Andere Methoden der Stellungsregelung sind der *Wegevergleich* oder ein Vergleich zweier elektrischer Größen mit entsprechender Reaktion des Ausgangssignals. Wie bei jeder stabilen Regelung wird ein Rückführsignal benötigt, das das Ungleichgewicht zwischen der Führungsgröße $w$ (Eingangssignal) und der Regelgröße $x$ (Hub) wieder aufhebt. Die Verstärkung des Stellungsreglers ist meistens - unabhängig vom Hub - einstellbar.

Bild 10-2 zeigt das Prinzip eines pneumatischen Stellungsreglers. Die Führungsgröße ist hier ein Druck, der entweder von einem pneumatischen Regler oder einem elektro-pneumatischen Signalumformer geliefert wird. Dieser Druck wirkt auf eine Membran mit konstanter Fläche und ruft eine Kraft hervor, die durch die Bereichsfeder und den Stellweg des Antriebs kompensiert werden muß. Je nach Position des zwischen den Membranen aufgehängten Steuerkolbens wird der Antrieb entweder mit Druck beaufschlagt oder entlüftet. Federn haben normalerweise eine streng lineare Kennlinie, d. h. die erzeugte Vorspannkraft nimmt proportional mit dem Weg zu. Eine gewollte Unlinearität kann mittels einer Kurvenscheibe erreicht werden, so daß jede beliebige Kennlinie nachgebildet werden kann. Neben der lineraren Grundkennlinie wird häufig eine *gleichprozentige* oder eine *AUF-/ZU-Charakteristik* des Stellgerätes verlangt. Stellungsregler ermöglichen damit eine einfache Anpassung an die gewünschte Kennlinie, ohne daß das Stellventil selbst demontiert und ein anderer Drosselkörper eingebaut werden muß.

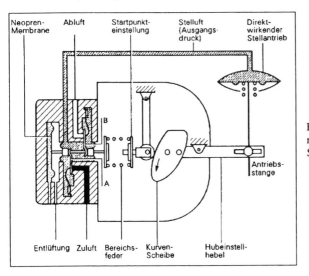

Bild 10-2: Schema eines pneumatischen Stellungsreglers [61]

## 10.2.1 Anwendung von Stellungsreglern

Stellungsregler sind bei vielen Anwendungen unverzichtbar. Sie verbessern die Regelgüte und dynamische Stabilität und sind nur ganz wenigen Einschränkungen unterworfen. Die Standardisierung pneumatischer Antriebe, wird durch Stellungsregler gefördert, da sie die gewünschte Positionierung - unabhängig vom Signalbereich des Antriebs - garantieren. Nachfolgend werden die wesentlichen Vorteile bei der Anwendung von Stellungsreglern herausgestellt.

*Stellgenauigkeit und Hysteresis*

Pneumatische Membranantriebe besitzen meistens Rückstellfedern, die auch
ohne Stellungsregler für eine Proportionalität zwischen Stellsignal und Hub
bzw. Drehwinkel sorgen. Es herrscht also in jeder Stellung Gleichgewicht zwischen Stellsignal mal wirksamer Membranfläche und Rückstellkraft der Fe-
der(n). Leider ist die Hubsteifigkeit der pneumatischen Antriebe konstruktiv
begrenzt so daß jede Störung, wie z. B. Reibungskräfte in der Stopfbuchse des
Ventils, oder Reaktionskräfte des Mediums, ein Ungleichgewicht hervorrufen,
so daß der Antrieb zwangsläufig eine andere Position als bei "Leerlauf" einnimmt. Die Abweichungen von der idealen Kennlinie sind dabei um so größer,
je geringer die Hubsteifigkeit und je höher die Kräfte der Störung (z. B. Reibung) werden. So sind z. B. Hysteresewerte von 15% bei Stopfbuchsen mit
Graphitpackungen keine Seltenheit. Es ist einleuchtend, daß der Qualität der
Regelung bei hoher Hysteresis des Antriebs Grenzen gesetzt sind. Durch Anwendung eines Stellungsreglers können dagegen Hysteresis und Wiederholgenauigkeit auf Bruchteile eines Prozents reduziert werden.

*Stellgeschwindigkeit und dynamische Stabilität*

Idealerweise sollte das Stellgerät unter allen Bedingungen dynamisch stabil sein
und Störgrößen mit maximaler Geschwindigkeit ausregeln können. In Wirklichkeit müssen Abstriche gemacht und Kompromisse akzeptiert werden. Die
unvermeidlichen Verzögerungen bei der Anwendung pneumatischer Stellgeräte
führen bei schnellen Änderungen der Regelgröße zu einer Phasenverschiebung,
die in Verbindung mit einer zu hohen Verstärkung des Stellungsreglers zu permanenten Schwingungen des Stellungsregelkreises führen. Durch den Einsatz
von Stellungsreglern mit einstellbarer Verstärkung können aber die Probleme
beherrscht und die oben genannten Eigenschaften optimiert werden. Stellungsregler besitzen in der Regel einen Volumenverstärker, der die Luftleistung und
damit die Stellgeschwindigkeit des Antriebs erhöht. Dadurch kann der Antrieb
rascher auf Störgrößen des Mediums reagieren, was die dynamische Stabilität
gegenüber Störgrößen und die Regelgüte entscheidend verbessert. Ohne auf
Details einzugehen, darf aber nicht unerwähnt bleiben, daß der Anwendung von
Stellungsreglern manchmal auch Grenzen gesetzt sind. Dies gilt beispielsweise
für sehr schnelle Druckregelkreise, wie man sie bei der Flüssigkeitsdruckrege-
lung vorfindet. Erfahrungsgemäß erzielt man gute Ergebnisse mit Stellungsreglern, wenn die Zeitkonstante des Stellungsregelkreises gering gegenüber der
Zeitkonstante der Regelstrecke ist. Bei sehr schnellen Regelstrecken ist aber
die genannte Forderung nicht mehr zu erfüllen, was zu einer dauernden, nicht
akzeptablen Instabilität führt. Dieser sehr seltene Fall erfordert dann einen
Verzicht auf Stellungsregler.

*Signalbereich und "Split-Range"*

Pneumatische Antriebe haben einen Signalbereich, der durch die Rückstellfeder(n) bestimmt ist. Zu Beginn der Automatisierung war grundsätzlich ein Signalbereich von 0,2 bis 1,0 bar vorgeschrieben, weil die früher üblichen pneumatischen Regler nur ein Ausgangssignal zwischen etwa 0.1 und 1.4 bar lieferten. Dies führte oft zu großen und teuren Antrieben, da der Kraftüberschuß des Membranantriebs beim Schließen des Ventils nur aus der Differenz von Reglerausgangssignal und Signalbereich resultiert. Trotzdem ergaben sich in der Praxis vom *Bench-Range* (Bereich bei Leerlauf) abweichende Signalbereiche, weil die Reaktionskräfte des Mediums oder Reibungskräfte des Stellgerätes zu einer Bereichsverschiebung führten. Durch Anwendung eines Stellungsreglers wird der Feder- oder Signalbereich des Antriebs bedeutungslos, da der Antrieb gezwungen wird, der Führungsgröße des Stellungsreglers (Reglerausgangssignal) zu folgen. Dadurch wird die Zuordnung von Signalspanne und Hub lediglich vom Eingangsbereich des Stellungsreglers bestimmt.

Mit *Split-Range* ist eine Methode gemeint, bei der man den Standardsignalbereich in zwei oder mehr Bereiche aufteilt. Bei bestimmten Applikationen können dabei zwei verschiedene Stellgeräte von einem einzigen Regler bedient werden. Das eine Ventil regelt dann z. B. Warmwasser, das andere Kühlwasser, um in einer Anlage eine Temperatur konstant zu halten. Natürlich will man Energieverschwendung vermeiden und verhindern, daß beide Kreisläufe gleichzeitig aktiv sind, Man ordnet in einem solchen Fall beispielsweise dem "Heizventil" einen Bereich von 4 bis 12 mA, und dem "Kühlventil" einen Bereich von 12 bis 20 mA zu. Moderne Stellungsregler gestatten eine einfache Anpassung an den geforderten Signalbereich innerhalb weiter Grenzen. Dies macht die vielen unterschiedlichen "Federbereiche" der Antriebe überflüssig und ermöglichen trotzdem einen *Split-Range Betrieb.*

*Umkehr der Wirkungsweise*

Stellungsregler erlauben in der Regel auch eine einfache Umkehr der Wirkungsweise. Darunter versteht man die Zuordnung des Ausgangssignals zum Eingangssignal. *Direkte Wirkungsweise* bedeutet ein steigendes Ausgangssignal bei Erhöhung des Eingangssignals. Bei einer *umgekehrten* oder *reversen Wirkungsweise* fällt dagegen das Ausgangssignal, wenn das Eingangssignal erhöht wird. Diese Funktion wird benötigt, um den Stellungsregler möglichst flexibel an die jeweilige Aufgabe des Stellventils anpassen zu können. Heute hat diese Funktion etwas an Bedeutung verloren, da moderne Regler meistens selbst diese Option beinhalten, d. h. man kann jetzt ebenso leicht die Wirkungsweise des Reglers reversieren, ohne die Funktion des Stellungsreglers ändern zu müssen. Das ist häufig der bequemste Weg einer Anpassung.

*Signalkonvertierung*

Einer der Hauptgründe für den Einsatz elektro-pneumatischer Stellungsregler ist
die Konvertierung des elektrischen Standardsignals (4-20 mA) in einen Druck,
der zur Betätigung des pneumatischen Antriebs dient. Es wird also in jedem
Fall ein Gerät benötigt, das ein elektrisches Signal in ein pneumatisches umformt, auch ohne den Anspruch einer höheren Stellgenauigkeit oder einer kür-
zeren Stellzeit. Weil elektronische Regler bei der industriellen Prozeßregelung
heute klar dominieren - man denke nur an die ständige Zunahme von Prozeß-
leitsystemen -, übernimmt der I/P-Stellungsregler in zunehmendem Maße diese
Aufgabe.

## 10.3 I/P-Signalumformer

Im Gegensatz zu einem elektro-pneumatischen Stellungsregler, der den Ausgangsdruck so lange verändert, bis die geforderte Position des Antriebs bzw.
Stellgerätes erreicht ist, garantiert der I/P Signalumformer einen Ausgangsdruck, der dem Eingangssignal streng proportional ist. Dem Standardeingangs-
signalbereich von 4-20 mA entspricht meistens eine Standardausgangssignal-
spanne von 0,2-1,0 bar. Die Rückführung geschieht also nicht über den Hub
wie beim Stellungsregler, sondern über das Ausgangssignal. Wie aus Bild 10-3
hervorgeht, handelt es sich auch hier um einen Kraftvergleich, wobei die Kraft
der Tauchspule durch die Fläche der Düse mal dem Ausgangsdruck kompensiert wird.

Im Feld montierte I/P-Signalumformer arbeiten häufig mit einem nachgeschalte-
ten pneumatischen Stellungsregler zusammen. Beide Geräte erfüllen damit die
gleiche Aufgabe wie ein I/P-Stellungsregler. Beide Prinzipien haben ihre Vor-
und Nachteile. *Vorteilhaft* bei diesem Konzept sind folgende Eigenschaften:

- Große Unempfindlichkeit gegenüber Vibrationen, Erschütterungen oder hohe und tiefe Umgebungstemperaturen, da der I/P-Umformer üblicherweise
  an einem geschützten Ort montiert wird, während nur der weitaus robustere
  pneumatische Stellungsregler unmittelbar den Umwelteinflüssen des Stellventils ausgesetzt ist.

- Alle erforderlichen Einstellungen werden an dem relativ übersichtlichen
  pneumatischen Stellungsregler vorgenommen. Der empfindliche elektrische
  Teil des I/P-Umformers bleibt normalerweise unberührt.

*Nachteilig* sind bei diesem Konzept aber folgende Punkte:

- Höhere Kosten bei der Anschaffung.

- Wartung und Ersatzteilhaltung sind teurer als für ein einziges Gerät.

• Die Genauigkeit nimmt bei der Verwendung von zwei Geräten zwangsläufig ab. Zwar können sich Linearitätsfehler aufheben, doch verschlechtern sich immer Hysteresis und Ansprechempfindlichkeit der Gerätekombination.

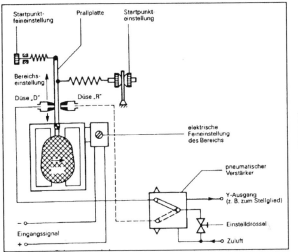
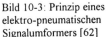

Bild 10-3: Prinzip eines elektro-pneumatischen Signalumformers [62]

## 10.3.1 Anwendung von I/P Signalumformern

Die Anwendung eines I/P-Signalumformers ist immer dann angezeigt, wenn es gilt ein elektrisches Reglersignal in einen Druck umzuwandeln. Üblicherweise geschieht eine Konvertierung der Standardsignalbereiche, d. h. eine Umwandlung von 4-20 mA in 0,2-1,0 bar. Wenn keine hohen Luftleistungen benötigt werden und die Stellgeschwindigkeit keine große Rolle spielt, wird der I/P-Signalumformer häufig in der Schaltwarte montiert. Dies beinhaltet eine Reihe von Vorteilen gegenüber der Feldmontage.

*I/P Umformer für Schalttafel-Montage*

• Es wird kein Gerät mit Ex-Schutz in explosionsgefährdeten Anlagen benötigt.

• Es kann auf ein robustes Gehäuse für Feldmontage verzichtet werden. Stattdessen erfolgt eine raumsparende Anordnung auf einer DIN-Schiene.

• Alle unangenehmen Einflüsse, die bei einer Montage im Feld auftreten können (Erschütterungen, Hitze, Kälte, Staub, Feuchtigkeit usw.), werden vom Gerät ferngehalten.

- I/P-Umformer für Schalttafel-Montage bieten Kostenvorteile gegenüber solchen für Feldmontage.

*I/P-Umformer für Feldmontage*

- Die Geräte sind in der Regel für Ex-Schutz vorgesehen. Dabei dominiert in der Bundesrepublik die Schutzart "Eigensicherheit" gegenüber der druckfesten Kapselung. Dies gilt in gleicher Weise auch für I/P-Stellungsregler.

- Die Geräte müssen den herrschenden Umweltbedingungen ausgesetzt werden können, ohne Schaden zu nehmen. Dies gilt besonders für Umgebungstemperaturen von üblicherweise -20°C bis +80°C, relative Luftfeuchte zwischen 10 und 100%, Eindringen von Staub, Wasser usw. Heute ist eine Schutzart der Klasse IP 65 üblich. Der Schutz gegen Umwelteinflüsse verteuert naturgemäß die I/P Umformer im Vergleich zu einem Gerät, das nur für den Einbau in der Warte vorgesehen ist.

- Probleme bereiten den meisten elektro-pneumatischen Geräten folgende Einflüsse: (a) Erschütterungen, (b) unsaubere Betriebsluft und (c) ein schwankender Versorgungsdruck.

Erschütterungen können minimiert werden, wenn eine Montagestelle gewählt wird, die als weitgehend schwingungsfrei betrachtet werden kann (z. B. eine gemauerte Wand oder eine fest abgestützte Rohrleitung). Die Versorgungsluft muß staub-, öl- und wasserfrei und von konstantem Druck sein. Aus diesem Grund empfiehlt sich eine individuelle Versorgung der Geräte durch einen vorgeschalteten Druckminderer mit Filter. Moderne Geräte berücksichtigen bereits diese Schwachpunkte durch ein tauchspulenloses I/P-Umformelement und eine interne Konstantdruckregelung für das Düse-/Prallplattensystem.

Obwohl elektro-pneumatische Stellungsregler und Signalumformer heute wesentlich robuster und zuverlässiger sind als noch vor einem Jahrzehnt, bleiben nach wie vor einige Schwachpunkte bestehen. Zu nennen sind (a) die Erschütterungsempfindlichkeit des Tauchspulsystems und (b) die immer noch aufwendige und komplizierte Justage der Geräte. Neuere Entwicklungen versuchen diese Schwächen zu vermeiden durch eine andere Technologie, die in Bild 10-4 schematisch dargestellt wird.

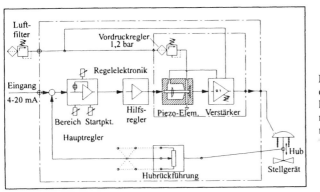

Bild 10-4: Prinzip
eines tauchspulen-
losen elektro-pneu-
matischen Stellungs-
reglers [63]

Der Soll-/Istwert-Vergleich erfolgt bei dieser Technologie elektrisch. Nullpunkt und Bereich sind getrennt einstellbar, ohne sich gegenseitig zu beeinflussen. Das Verstärkerausgangssignal wirkt auf einen neuartigen I/P-Konverter, der aus einer Kombination von Piezo-Element und Düse-Prallplattensystem besteht und dessen Ausgangssignal dem pneumatischen Verstärker zugeführt wird. Durch die winzige bewegte Masse liegt die Eigenfrequenz des Konverters extrem hoch, so daß die üblichen Erschütterungen und Vibrationen, die meistens zwischen 5 und 150 Hz liegen, das Ausgangssignal des Stellungsreglers nicht mehr beeinflussen. Um die berüchtigte Nullpunktverschiebung elektro-pneumatischer Geräte bei veränderlichem Zuluftdruck zu eliminieren, enthält der Stellungsregler einen kleinen Konstantdruckregler mit einem Feinstfilter, der exklusiv das Düse-Prallplattensystem versorgt. Besonders erwähnenswert ist auch die Bedienfreundlichkeit im Vergleich zu konventionellen Geräten. Wirkungsweise, Charakteristik und "Split-Range" sind durch kleine Schalter in Sekundenschnelle einstellbar, ohne daß mechanische Umstellungen oder gar eine andere Montageposition notwendig sind.

Ein ganz ähnliches Konzept weist auch ein neuer elektro-pneumatischer Signalumformer auf. Der wesentliche Unterschied beider Geräte ist die Art der Rückführung. Beim elektro-pneumatischen Stellungsregler wird ein elektrischer Präzisions-Wegaufnehmer verwendet, der zur Rückführung des Hubes bzw. Drehwinkels dient. Beim elektro-pneumatischen Signalumformer wird dagegen die Rückführung des Ausgangssignals von einem genauen piezo-elektrischen Druckaufnehmer geliefert, der für eine exakte Proportionalität von elektrischem Eingangssignal (4-20 mA) und pneumatischem Ausgangssignal (0,2-1,0 bar) sorgt. Die Vorteile, wie z. B. Erschütterungsunempfindlichkeit des Prinzips, gelten auch hier.

## 10.4 Grenzwertgeber und Rückführeinrichtungen

Stellgeräte arbeiten oft unter widrigen Bedingungen und sind selten frei zugänglich. Darum ist es für das Bedienpersonal in der Warte wichtig zu wissen, welche Position das Ventil im Augenblick einnimmt. Diese Aufgabe übernehmen Hubferngeber bzw. Grenzwertgeber, die mit dem Antrieb verbunden sind und entsprechende Analog- oder Binärsignale an die Warte liefern (Bild 10-5). Grundsätzlich wird zwischen zwei verschiedenen Methoden unterschieden, die nachfolgend kurz erläutert werden.

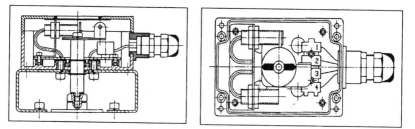

Bild 10-5: Ausführungsbeispiel eines Grenzwertgebers für Schwenkarmaturen (90°) [64]

*Stetige Rückführung der Ventilstellung*

Dies erfordert einen *Weggeber* (z. B. Potentiometer), der ein Signal abgibt, das proportional zum Hub bzw. Drehwinkel des Stellgerätes ist. Im einfachsten Fall wird ein Potentiometer mit konstanter Spannung versorgt und die Stellung des Antriebs vom Schleifer des Potentiometers abgegriffen. Die gemessene Spannung wird in der Warte von einem Instrument - das in *Millimeter* oder *Winkelgraden* geeicht ist - angezeigt. Bevorzugt wird heute allerdings ein Stromsignal im Einheitsbereich (4-20 mA), da hier eine konstante Spannung nicht erforderlich ist und Spannungsabfälle der Leitungen nicht berücksichtigt werden müssen. Kleine integrierte Schaltungen - auf einem einzigen Chip - formen die Stellung des Potentiometers in einen eingeprägten Strom um. Das Ausgangssignal kann daher unmittelbar einem Anzeigegerät mit zusätzlicher Alarmierung zugeleitet werden. Der Abgriff des Hubes erfolgt meistens ähnlich wie bei einem Stellungsregler über einen Rückführhebel.

*Rückmeldung mittels Grenzwertgeber*

*Grenzwertgeber* liefern im Gegensatz zu einem *Hubferngeber* nur ein binäres Signal. Entweder wird ein Schalterkontakt geöffnet oder geschlossen, wenn der einstellbare Grenzwert erreicht ist. In einfachen Fällen wird dadurch ein optisches oder akustisches Signal ausgelöst. Oftmals ist der Eingriff in das System

aber wesentlich tiefer, der sogar bis zum Abschalten der gesamten Anlage führen kann. Üblich sind auch sogenannte Verriegelungen, bei denen ein bestimmter Vorgang erst ablaufen kann, wenn ein Grenzwert erreicht ist. Dies wird oft
bei einem Heiz-/Kühlkreislauf gefordert, um Energievergeudung zu vermeiden,
d. h. das Kühlventil kann erst dann öffnen, wenn sichergestellt ist, daß das
Heizventil geschlossen ist und dabei seinen Grenzwert an die Schaltwarte zu-
rückmeldet. Dann wird über ein Relais oder eine SPS die Verriegelung des
Kühlkreislaufs aufgehoben. Üblich sind mehrere Schalter, deren Schaltpunkte
im gesamten Hubbereich beliebig einstellbar sind (Bild 10-5). Als Schaltele-
mente werden entweder mechanische Schalter (MicroSwitch), oder induktiv
arbeitende Näherungsschalter verwendet. Die Schaltleistung beträgt in der Regel nur wenige Milliampere. Allerdings stehen auch separat anzubauende Endschalter zur Verfügung, die für Ströme von 20 Ampere und höher ausgelegt
sind. Da meistens bei der Planung der Anlage noch nicht feststeht, ob bei Erreichen des Grenzwertes ein "Öffner" oder "Schließer" erforderlich ist, werden die
Schalter vorwiegend als "Wechsler" ausgeführt, wobei es dann dem Anwender
überlassen bleibt, die entsprechende Verdrahtung vorzunehmen.

Besonders hervorzuheben sind die zahlreichen neuen Sensorprinzipien zur Erfassung eines Grenzwertes, die - je nach Anwendungsfall - optimale Ergebnisse
ermöglichen. Als Beispiele sind hier genannt: Sensoren, die den Hall-Effekt
ausnutzen, optische Sensoren, Lichtschranken, Ultraschallgeber usw. Ein besonderer Vorteil dieser Sensoren ist die Verschleißfreiheit, da das "Schalten"
berührungslos erfolgt, d. h. keine Schaltkontakte bewegt werden müssen.

*Kombinierte Rückführeinrichtungen*

Nicht selten werden Hubrückführungs- und Grenzwertgeber in einem einzigen
Gerät kombiniert, was die Gesamtkosten und den Wartungsaufwand reduziert.
Im Augenblick erfordern die einzelnen Komponenten noch jeweils separate
Zuleitungen, was z. B. bei 4 Schaltern und einem stetigen Hubrückführelement
ein beträchtlicher Kostenfaktor ist. Schon in naher Zukunft wird es allerdings
durch Anwendung der Digitaltechnik und serieller Bussysteme möglich sein,
alle diese Informationen über ein einziges Leiterpaar in die Warte zu senden.

# 10.5 Magnetventile

Magnetventile zählen zu den am häufigsten angewendeten Komponenten des
Stellgeräte-Zubehörs. Sie werden in die notwendige Verrohrung des pneumatischen Antriebs integriert und erfüllen vielseitige Aufgaben, in Abhängigkeit von
den geforderten Verfahrensabläufen, Sicherheitsvorschriften oder anderen Gegebenheiten.

Oftmals stellt das Magnetventil die einzige Schnittstelle zur elektrischen Steuerung dar, wobei auf andere Geräte, wie z. B. Stellungsregler oder Signalumformer, völlig verzichtet werden kann. Dies ist vor allem bei diskontinuierlichen Prozeßabläufen (*Batch-Prozessen*) der Fall, bei denen das Stellgerät zeitweilig offen und dann wieder geschlossen ist. Zwischenstellungen sind bei diesen Anwendungen meist nicht erforderlich.

Eine besondere Rolle spielen Sicherheitsaspekte und sogenannte "Override"-Funktionen. So muß z. B. ein Ventil zur Regelung eines Gases oder eines anderen brennbaren Stoffes in kürzest möglicher Zeit schließen, wenn der *Flammenwächter* ein Verlöschen der Flamme meldet, da sonst bei einer erneuten Zündung Explosionsgefahr besteht. Dieser Aufgabe wird ein Stellungsregler natürlich nicht gerecht. Stattdessen wird ein Drei-Wege-Magnetventil vorgesehen, das bei einem entsprechenden Signal innerhalb von wenigen Millisekunden umschaltet, dabei die Luft vom Stellungsregler absperrt und den Antrieb über einem möglichst großen Querschnitt zur Atmosphäre entlüftet, so daß das Stellgerät in weniger als einer Sekunde schließt (Bild 10-6).

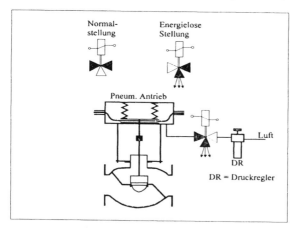

Bild 10-6: Verrohrungsschema für ein Stellgerät mit Magnetventil

Ähnlich verhält es sich beim "Override", wo von Hand in den Regelkreis eingegriffen werden soll und die Funktion des Stellungsreglers vorübergehend außer Kraft gesetzt wird. Auch hier wird diese Aufgabe vorwiegend durch die Anwendung eines Drei-Wege-Magnetventils gelöst, das entsprechend der gewünschten Funktion installiert wird. Da die Anzahl der verschiedenen Magnetventiltypen, Einbaumöglichkeiten und Kombinationen mit anderen Geräten des Stellventil-Zubehörs fast grenzenlos ist, wird unbedingt empfohlen, einen Verrohrungsplan beizufügen, aus dem die beabsichtigte Funktion - entsprechend der zugrunde liegenden Sicherheitsphilosophie - unmißverständlich hervorgeht.

Neben einer genauen Funktionsbeschreibung des Magnetventils sind eine Reihe weiterer Merkmale von Interesse, wie es auch im Datenblatt gemäß DIN/IEC 534, Teil 7 zum Ausdruck gebracht wird. Luftanschluß und freier Öffnungsquerschnitt sind maßgebend für die Luftleistung des Gerätes. Oft wird eine bestimmte Zeit zum Schließen oder Öffnen des Stellgerätes verlangt. Dies kann nur gewährleistet werden, wenn ein ausreichend bemessenes Magnetventil gewählt wird. Natürlich müssen auch der Luftfilter-Regler, die Rohrleitungen und die verwendeten Fittings entsprechend angepaßt werden. Die elektrischen Daten, wie Versorgungsspannung, Leistungsaufnahme, Frequenz und Ex-Schutzanforderungen, haben sich nach den örtlichen Gegebenheiten zu richten.

## 10.6 Pneumatische Verstärker

Insbesondere im Zusammenhang mit elektro-pneumatischen Geräten sind pneumatische Verstärker unverzichtbar. Geringste Kräfte der Tauchspule müssen ausreichen, um das Düse-/Prallplattensystem zu betätigen. Der vom Luftspalt zwischen Düse und Prallplatte abhängige Kaskadendruck ist jedoch durch die Vordrossel des Systems in seiner Luftleistung sehr begrenzt, so daß ein nachgeschalteter pneumatischer Verstärker obligatorisch ist. Zu unterscheiden ist zwischen einem Volumenverstärker und einem Druckverstärker.

*Volumenverstärker*

Dieser Verstärkertyp folgt druckmäßig dem Eingangssignal, das für ihn die Führungsgröße darstellt. Während der Eingangsdruck in eine kleine Kammer mündet und nur eine ganz geringe Luftmenge erfordert, wird das Volumen des Ausgangssignals um einen Faktor 100 oder höher verstärkt. Dies erfordert eine separate Zuleitung der Druckluft mit entsprechendem Querschnitt (Bild 10-7).

*Druckverstärker*

Während Volumenverstärker im Gleichgewichtszustand den Ausgangsdruck gegenüber dem Eingangsdruck nicht verändern, ist für den Druckverstärker ein bestimmter Verstärkungsfaktor charakteristisch. Üblich sind ganzzahlige Faktoren, wie z. B. 2:1 oder 3:1. Konstruktiv wird dies durch unterschiedliche Membranflächen im Inneren des Verstärkers bewerkstelligt (Bild 10-7). Dadurch kann z. B. ein pneumatischer Antrieb mit einem Signalbereich von 0,4-2,0 bar direkt von einem I/P-Signalumformer mit Standardsignalbereich (0,2-1,0 bar) betätigt werden, wenn ein nachgeschaltetem Druckverstärker (2:1) verwendet wird. Druckverstärker bewirken meistens auch eine Erhöhung des Volumenstroms auf der Ausgangsseite, was in einem solchen Fall ein willkommener Nebeneffekt ist.

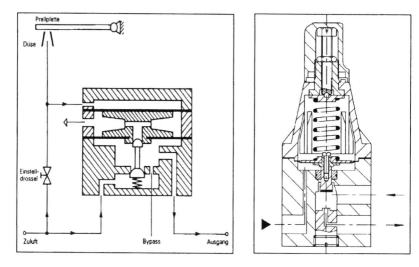

Bild 10-7: Volumenverstärker [65]          Bild 10-8: Pneumatische Verblockung [66]

## 10.7 Pneumatische Verblockungen (Air Lock Relay)

Die Auswahl eines pneumatischen Antriebes für ein Stellglied muß stets die geforderte Sicherheitsstellung berücksichtigen. Abhängig vom jeweiligen Anwendungsfall kann das heißen: Ventil AUF, Ventil ZU, oder Ventil HALT (Halten
der augenblicklichen Position). Während bei der Sicherheitsstellung AUF oder
ZU keine besonderen Maßnahmen zu treffen sind, - lediglich die Wirkungsweise des Antriebs ist hier vorzugeben -, ist ein spezielles Gerät erforderlich, wenn die letzte Position für eine bestimmte Zeit gehalten werden soll. Das
Funktionsprinzip einer pneumatischen Verblockung ist in Bild 10-8 dargestellt.
Eine Be- oder Entlüftung  des Antriebs ist nur dann möglich, wenn der Ventilsitz der Verblockung geöffnet ist. Dies erfordert einen Zuluftdruck bestimmter
Größe, d. h. das Produkt aus Zuluftdruck mal wirksamer Membranfläche muß
größer als die justierbare Vorspannkraft der Feder sein. Fällt der Versorgungsdruck aus irgend einem Grunde unterhalb des mit Hilfe der Justierschraube
einstellbaren Grenzwertes, so wird der Antrieb "verblockt" und verharrt dadurch in der zuletzt gehaltenen Position.

Verblockungsgeräte werden üblicherweise zwischen dem Antrieb und den übrigen Geräten (z. B. Stellungsregler) montiert. Um die Verblockung im Notfall
wirksam werden zu lassen, ist auf der einen Seite eine unmittelbare Verbindung

zum Antrieb erforderlich. Die andere Seite wird mit dem Stellungsregler oder Signalumformer verbunden. Eine besondere Ausführung dieses Typs verlangt eine manuelle Aufhebung der Verblockung, d. h. auch wenn der Versorgungsdruck wiederkehrt, bleibt die Verbindung zum Antrieb gesperrt, bis von Hand ein kleiner Schalter umgelegt wird, und die Luftzufuhr erneut gegeben wird.

## 10.8 Druckminderer / Filter-Regler Station

Wie bereits erwähnt, verlangen pneumatische Regelgeräte eine saubere, ölfreie Versorgungsluft, um eine einwandfreie Funktion gewährleisten zu können. Geräte dieser Art sollten u. a. zumindest in der Lage sein, Feststoffteilchen abzuscheiden, die größer als 2,5 Mikrometer sind. Darüber hinaus müssen aber auch noch wesentlich kleinere Partikel zu einem Großteil ausgefiltert und Wassertröpfchen abgeschieden werden (Bild 10-10).

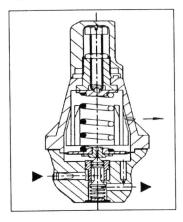

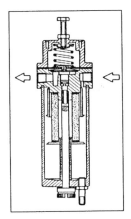

Bild 10-9: Einfacher Druckregler [67]   Bild 10-10: Druckregler mit Feinfilter [68]

Eine weitere wichtige Forderung ist die Konstanz des Versorgungsdruckes. Alle pneumatischen Geräte zeigen nämlich eine mehr oder weniger starke Abhängigkeit vom Versorgungsdruck. Dies gilt in besonderer Weise für Geräte, die das Düse-/Prallplatte-System anwenden. Stark veränderliche Versorgungsdrücke führen unweigerlich zu einer Verschiebung des Nullpunktes, was die Wiederholbarkeit - die wichtigste Forderung bei der Stellungsregelung - nachteilig beeinflußt. Aus diesem Grunde wird empfohlen, für jedes Stellgerät eine eigene Filter-Reglerstation vorzusehen. Die maximale Luftleistung des Gerätes ist eine weitere wichtige Kenngröße, wenn es auf kurze Stellzeiten des pneumatischen Antriebs ankommt (Bild 10-9).

**Übungen zur Selbstkontrolle:**

10-1  Welche Aufgabe hat ein Ventilstellungsregler?

10-2  Warum werden heutzutage vorwiegend elektro-pneumatische
       Stellungsregler eingesetzt?

10-3  Was bedeutet der Begriff "split-range"?

10-4  Bei welchen Anwendungen ist der Einsatz eines Stellungsreglers kritisch
       zu betrachten?

10-5  Wann würden Sie einen elektro-pneumatischen I/P-Umformer
       einsetzten?

10-6  Welche Aufgabe haben kontinuierliche Rückführeinrichtungen und
       Grenzwertgeber?

10-7  Warum sollte bei der Spezifikation eines Drei-Wege-Magnetventils stets
       ein Verrohrungsplan mitgeliefert werden?

10-8  Wann würden Sie einen pneumatischen Volumenverstärker und wann
       einen Druckverstärker einsetzen?

10-9  Zu welchem Zweck werden pneumatische Verblockungs-Relais (Air-
       Lock) benötigt?

10-10 Warum wird vorzugsweise jedes einzelne Stellventil mit einem eigenen
       Druckminderer und Feinfilter ausgerüstet?

# 11  Anwendung und Auswahlkriterien

## 11.1 Möglichkeiten für das Regeln fließfähiger Stoffe

Der immer weiter zunehmende Automationsgrad unserer Industrien findet
ständig neue Anwendungen für kontinuierliche oder diskontinuierliche Prozesse, bei denen Stoffströme präzise geregelt werden müssen. Ohne noch einmal
auf die zahlreichen Typen fließfähiger Stoffe näher einzugehen, die bei der Berechnung und Auslegung jeweils eine andere Behandlung erfordern, sei lediglich angemerkt, daß permanent neue Applikationen geschaffen werden, um z.
B. von Natur aus feste, unlösliche Stoffe fließfähig zu machen, um sie in entsprechenden Rohrleitungssystemen fördern und regeln zu können. Als Beispiele
sind an dieser Stelle fein gemahlene Kohle und Getreide genannt. Die pulveri-
sierte Kohle wird mit Wasser zu einem Brei vermischt, der dann - von einer
Pumpe gefördert und von einem Ventil geregelt - einem Industriebrenner zugeführt wird. Bei Getreide wird als Fördermittel Luft verwendet, der die Körner
im Schwebezustand hält und eine Regelung des Massenstroms mittels eines
geeigneten Stellgerätes ermöglicht. Grundsätzlich gelten die gleichen Voraussetzungen wie bei dem elektrischen Analogon: Um eine Änderung des Stromes
(Durchflusses) zu erzielen, ist entweder eine andere Spannung (Druck) oder ein
veränderlicher Widerstand (Kv-Wert) erforderlich (Bild 11-1).

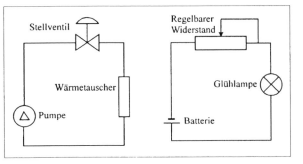

Bild 11-1: Prinzip ver-
änderbarer Widerstän-
de: hydraulisch und
elektrisch

Die Pumpe des linken Bildes entspricht hier der Batterie im rechten. Die Aufgabe des Stellventils übernimmt der veränderbare Widerstand, und der Druckverlust im Wärmetauscher entspricht schließlich dem Spannungsabfall an der
Glühlampe. Beinahe überflüssig zu erwähnen ist es, daß natürlich die Rohrleitung in einem hydraulischen System der Leitung im elektrischen Schaltbild entspricht. Im hydromechanischen System kann die Pumpe durch einen Druckspeicher ersetzt werden (Hochbehälter).

Der erforderliche Maximaldurchfluß wird im Bild 11-5 beispielsweise schon bei 10% des Nennhubes erreicht. Ein Ventilhub von 30% entspricht demnach einer weiteren Öffnung auf das Dreifache, bewirkt allerdings nur eine Zunahme des Durchflusses von etwa 20%. Eine vollständige Öffnung des Ventils führt zu keiner weiteren Zunahme des Durchflusses mehr, trotz einer erneuten Verdreifachung des Öffnungsquerschnittes, weil die gesamte Druckhöhe offensichtlich vom System verbraucht wird und die Kurzschlußleistung erreicht ist. Eine Durchflußzunahme ist in einem solchen Fall nur durch eine Pumpe mit höherem Druck, nicht aber durch ein größeres Ventil zu erzielen. Unter der Annahme, daß die passende inhärente Kennlinie gewählt wurde, d. h. die Betriebskennlinie bis zum Erreichen der maximalen Öffnung einigermaßen linear verläuft, werden für den Normalfall folgende Zuschläge zum berechneten maximalen Kv-Wert empfohlen:

*Lineare Grundkennlinie:*

Zuschlag minimal 10%, maximal 25% (Faktor 1,1 bis 1,25)

*Gleichprozentige Grundkennlinie:*

Zuschlag minimal 30%, maximal 100% (Faktor 1,3 bis 2,0)

Was das *praktische Stellverhältnis* anbetrifft, so sind auch hier natürliche Grenzen gegeben, die nach Möglichkeit nicht überschritten werden sollten, um Probleme bei der Regelung von vornherein auszuschließen. Unter Berücksichtigung der empfohlenen minimalen und maximalen Zuschlagfaktoren, einer idealen inhärenten Grundkennlinie, die bis mindestens 90% Hub innerhalb der vorgegebenen Neigungstoleranz bleibt und der Tatsache, daß praktisch alle gängigen Stellgerätetypen unterhalb 5 % des Hubes (Drehwinkels) einen Kennlinienverlauf aufweisen, der außerhalb der zulässigen Neigungstoleranz liegt, ergeben sich folgende Grenzwerte für Hübe bzw. Drehwinkel und Stellverhältnisse:

*Lineare Grundkennlinie:*

| | |
|---|---|
| Oberer Grenzwert bei Faktor 1,1 | ≈ 91% Durchfluß oder 91 % Hub |
| Oberer Grenzwert bei Faktor 1,25 | ≈ 80% Durchfluß oder 80 % Hub |
| Unterer Grenzwert: | ≈ 5 % Durchfluß oder 5 % Hub |
| Praktisches Stellverhältnis: | ≈ minimal 16:1, maximal 18:1 |

Aber auch Ersatzteile, Wartung und andere Maßnahmen zur Anpassung an die Betriebsbedingungen sind bei Stellventilen kostengünstiger.

- Pneumatisch betätigte Stellventile erfordern keinen Explosionsschutz, vor allem aber keine aufwendige Druckkapselung oder Sonderschutzarten, wie sie bei höherer Energieaufnahme meistens angewendet werden. Dies ist ein weiterer wichtiger Kostenfaktor in Industrieanlagen. Auch entfallen Maßnahmen, wie sie z. B. bei Thyristorsteuerungen notwendig sind, um Rückwirkungen auf das Netz (Oberschwingungen) zu vermeiden.

- Es entfällt die oft bei Pumpen vorgesehene Redundanz, indem zwei Pumpen parallel installiert werden.

- Das Stellverhältnis ist bei Ventilen weitaus höher als bei einer drehzahlgeregelten Pumpe.

- Stellventile ermöglichen einen dichten Abschluß bei anstehendem Druck; eine Forderung, die bei einer Pumpe nicht zu erfüllen ist.

- Stellventile ermöglichen eine eindeutige, vorherbestimmbare Sicherheitsstellung beim Ausfall der Hilfsenergie und sperren den Durchfluß des Stoffstromes sicher ab (oder öffnen vollständig, um einen Druckanstieg zu verhindern).

- Mehr als die Hälfte aller Anwendungen sind keine Mengen- oder Druckregelungen, die mit gutem Erfolg auch durch drehzahlgeregelte Pumpen gehandhabt werden können. An erster Stelle stehen immer noch Temperaturregelungen, die häufig unter Zuhilfenahme von Drei-Wegemisch- oder Verteilerventilen bewerkstelligt werden, für die es keine Alternative gibt.

- In vielen Fällen werden verschiedene Stoffströme von einer Basisleitung abgezweigt, die mit Hilfe eigenständiger Regler (und Stellventile) geregelt werden. Ein Ersatz durch Pumpen wäre bei dieser Anwendung nicht möglich.

- Sehr kleine Durchflüsse sind z. B. nur mit Hilfe von speziellen Stellventilen (Mikroventile), aber nicht durch drehzahlgeregelte Pumpen regelbar.

- An bestimmte Applikationen angepaßte, spezielle Charakteristiken sind nur mit Stellventilen zu erzielen.

- Sehr rasche Änderungen der Durchflußmengen, wie sie z. B. bei Batch- und Wiegeprozessen (oder Sicherheitsabschaltungen) verlangt werden, erfordern unbedingt schnell schaltende Ventile.

## 11.1.2 Drehzahlgeregelte Pumpen

Mehrere Einflüsse, die etwa zum gleichen Zeitpunkt eine größere Bedeutung erlangten, haben die Anwendung drehzahlgeregelter Pumpen begünstigt und unterstützen weiterhin diesen Trend: (a) Der Versuch kostbare Energie einzusparen, wo immer sich eine Möglichkeit dazu bietet, (b) Umweltschutzprobleme (z. B. Lärm), (c) Fortschritte bei der modernen Industrie-Elektronik, die es heute möglich machen, preisgünstige und wartungsfreie Frequenzumrichter für die Regelung der Drehzahl des Antriebsmotors einer Pumpe anzubieten.

Der Unterschied zwischen einer Pumpe mit fester Drehzahl und einer mit drehzahlgeregeltem Antrieb läßt sich am einfachsten anhand des Bildes 11-2 verdeutlichen. Normalerweise werden bei der Bestimmung der Rohrleitungswiderstände große Ungenauigkeiten in Kauf genommen. Manchmal erfolgt auch einfach eine Abschätzung der Verlusthöhe, die dann durch eine großzügige Dimensionierung der Rohrleitung und der Pumpe wieder ausgeglichen wird. Dies führt dann unweigerlich zu einer Überdimensionierung der Pumpe und des erforderlichen Elektroantriebs.

Unterstellt man einen einfachen Kreislauf, wie er schematisch in Bild 11-1 dargestellt ist, dann entfällt schon bei Normaldurchfluß der größte Teil der Druckhöhe auf das Stellventil. Bei der angenommenen Minimalmenge fallen gar ca. 99% des gesamten Druckes am Stellventil ab, und bei Maximaldurchfluß sind es immerhin noch etwa 50%. Keine Frage also, daß die Pumpe weit überdimensioniert ist. Durch eine drehzahlgeregelte Pumpe wird die Druckhöhe bei geschlossenem Ventil auf die Hälfte reduziert, was ein wesentlich besseres Verhalten ergibt. Die Drehzahl wurde so eingestellt, daß die Maximalmenge der Pumpe die Widerstandskennlinie gerade schneidet. Die Druckhöhe zwischen Pumpenkennlinie und Widerstandskennlinie entspricht dem Differenzdruck am Ventil, der beim maximal erforderlichen Durchfluß noch immer ca. 1/3 des Gesamtdruckes in diesem Punkt ausmacht. Würde der erforderliche Durchfluß nur zwischen Maximal- und Normalwert liegen, dann könnte auf das Regelventil sogar ganz verzichtet werden.

In diesem Fall wird die Drehzahl einfach soweit heruntergefahren, bis die Pumpenkennlinie die Widerstandskennlinie schneidet. Das bedeutet völliges Gleichgewicht zwischen Pumpendruck bei einer bestimmten Menge und dem Druckabfall im System, der sich aus Rohrleitung und Wärmetauscher zusammensetzt und durch die Widerstandskennlinie definiert ist. Es ist aber in diesem einfachen Schema auch erkennbar, daß es praktisch unmöglich ist, die Pumpenkennlinie durch eine Verringerung der Drehzahl so weit abzusenken, um auch noch den spezifizierten Minimaldurchfluß ohne ein zusätzliches Stellventil zu regeln.

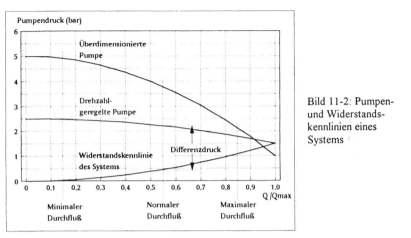

Bild 11-2: Pumpen- und Widerstands- kennlinien eines Systems

Abgesehen davon, daß aus Gründen der Frequenzumrichtung die Drehzahl nicht beliebig klein werden kann, weil dies ein normaler Drehstrom-Asynchronmotor nicht verträgt, sind auch der Pumpwirkung natürliche Grenzen gesetzt, um überhaupt einen meßbaren Druck bei sehr kleinen Fördermengen zu erzeugen. Aber selbst bei deutlich größeren Fördermengen ist der Wirkungsgrad der Pumpe noch gering, so daß die Anwendung auf einen Regelbereich von max. 5:1 beschränkt bleiben sollte.

Die Vorteile eines drehzahlgeregelten Pumpenantriebs können wie folgt zusammengefaßt werden:

- Bei größeren Pumpen besteht ein erhebliches Einsparungspotential an elektrischer Energie, wenn die Pumpe exakt an die benötigten Betriebsbedingungen angepaßt wird. Die Möglichkeit einer veränderbaren Drehzahl erlaubt ferner eine Standardisierung auf wenige Pumpentypen.

- Neben der Einsparung kostbarer Energie kann durch Verringerung des Pumpendruckes in vielen Fällen Kavitation vermieden und eine längere Lebensdauer erreicht werden. Ein positiver Nebeneffekt ist die Reduzierung des abgestrahlten Schallpegels.

- Der Ersatz des Stellventils durch eine regelbare Pumpe macht nicht nur das übliche Ventilzubehör (Stellungsregler, Luftfilter, Magnetventil usw.) überflüssig, sondern ermöglicht auch einen Verzicht auf die sonst notwendige Verkabelung, Anschlüsse in der Warte usw.

- Wenn eine Regelung des Durchflusses alleine durch eine drehzahlgeregelte Pumpe bewerkstelligt werden kann, ist meistens auch ein Verzicht auf Absperrarmaturen, Fittings usw. möglich.

- Spitzenströme beim Einschalten des Motors können bei einem Frequenzumrichter vermieden werden, wenn die Drehzahl langsam und kontinuierlich erhöht wird.

## 11.2 Minimaler Differenzdruck am Ventil

Seit der ersten Energiekrise zu Beginn der Siebziger Jahre ist Sparsamkeit im Umgang mit Energie ein permanentes Gebot. Hohe Energiekosten, eine ständig zunehmende Belastung der Umwelt, eine kritische Grundhaltung gegenüber Kernenergie und nicht zuletzt die begrenzten Reserven an fossilen Brennstoffen zwingen aber die Industrie zu einer weiteren Verminderung des Energieverbrauchs. Dies gilt genauso für den Energiebedarf bei der Regelung von fließfähigen Medien, wo durch einen sinnvollen Einsatz optimal ausgelegter Stellglieder und Pumpen nicht nur Energie eingespart werden kann, sondern darüber hinaus andere Probleme wie z.B. Lärm und erhöhter Verschleiß, die mit dem Energiebedarf in ursächlichem Zusammenhang stehen,  besser beherrscht werden können.

Eine Vielzahl von Ausführungsformen ermöglichen dem Fachmann heute eine optimale Auslegung des geeigneten Stellgerätes. Sein Spielraum ist allerdings bei vorgegebenen Betriebsbedingungen und Anlageninstallationen in bezug auf den Energiebedarf der Umwälzpumpe bzw. dem daraus resultierenden Differenzdruck am Ventil nur gering. Seine Aufgabe beschränkt sich in solchen Fällen auf die Berechnung und Spezifikation des Stellgerätes, die dann zur Grundlage der Auswahl bzw. Bestellung wird. Die richtige Auswahl hat aber trotzdem einen großen Einfluß auf das spätere Betriebsverhalten.

Ein unzureichend bemessener Stellantrieb, ein ungeeigneter Werkstoff oder eine unbefriedigende Regelbarkeit können bekanntlich die gesamte Funktion einer Anlage in Frage stellen. Häufig hat es aber der Planer einer Anlage in der Hand, für eine langlebige und umweltschonende Betriebsweise zu sorgen. Ohne auf die zahlreichen Fragen bei der Auswahl eines Stellgerätes an dieser Stelle einzugehen, müssen aber einige wichtige Punkte, die mit diesem Thema im direkten Zusammenhang stehen, aufgegriffen und unter dem Aspekt einer energiesparenden Anlagenauslegung beantwortet werden:

(a)     Wie hoch soll oder muß der Differenzdruck am Stellgerät sein?

(b)     Welches Stellverhältnis ist für den vorliegenden Anwendungsfall unbedingt erforderlich?

(c)     Welche Ventilcharakteristik verspricht das beste Ergebnis?

Wie nachfolgend erläutert werden wird, müssen heute langjährig angewandte Regeln und Auslegungsverfahren in Frage gestellt werden. Zunächst soll aber die Frage des minimal erforderlichen Differenzdruckes erörtert und mit einem alten Vorurteil abgeschlossen werden, daß nämlich etwa 50 % des dynamischen Druckgefälles (bei Normaldurchfluß) am Stellventil verbraucht werden müssen, um eine befriedigende Regelbarkeit zu erzielen. Die Begründung für einen relativ hohen Differenzdruck am Stellgerät geht zurück auf die Anfänge der Meß- und Regeltechnik. Zum einen garantierte eine überdimensionierte Pumpe mit großer Förderhöhe, daß der geforderte Durchfluß auch tatsächlich erreicht wurde. Ein falsch berechneter oder geschätzter Druckabfall im System blieb meist ohne negativen Einfluß, weil der Pumpendruck viel höher als notwendig war. Zum anderen sorgte ein hoher, sich nur unwesentlich ändernder Druckabfall am Stellgerät dafür, daß die Betriebskennlinie des Ventils, wenn nicht deckungsgleich, doch zumindest ähnlich wie die inhärente Durchflußkennlinie verlief. Somit war in fast allen Fällen eine gute Regelbarkeit der Anlage auch bei der früher üblichen linearen Ventilcharakteristik gewährleistet.

Über die erforderliche Höhe des Differenzdruckes wird nun seit Jahren wieder heftig diskutiert. Die bisher angewandten Faustregeln werden den Forderungen nach Einsparung von Energie nicht mehr gerecht. So bleibt es in Ermangelung allgemein gültiger Richtlinien den Anwendern und Planern der Anlagen überlassen, ihre praktischen Erfahrungen umzusetzen. Die Vor- und Nachteile extrem hoher und besonders niedriger Differenzdrücke gehen aus folgender Tabelle hervor. Es ist also in den meisten Fällen ein Kompromiß erforderlich, der den vorgegebenen Prioritäten bei der Anlagenplanung Rechnung trägt.

Tabelle 11-1: Vor- und Nachteile einer Regelung bei extremen Differenzdrücken

| Differenzdruck am Stellventil | Vorteile | Nachteile |
|---|---|---|
| Hoch bis sehr hoch | - guter Durchgriff des Stellventils<br>- hohe Verstärkung u. Regelbarkeit<br>- geringe Kennlinienverzerrung<br>- große Reserven für eine spätere Erhöhung des Durchflusses<br>- Große Auslegungssicherheit bei fehlenden technischen Daten für die entsprechende Anlage | - Kavitation bzw. Lärm<br>- erhöhter Verschleiß im Ventil<br>- hoher Energiebedarf für Pumpe<br>- Schallschutzmaßnahmen meistens erforderlich<br>- Häufige Stillstände durch Austausch von Verschleißteilen<br>- Hohe Instandhaltungskosten |
| Gering bis sehr gering | - nur geringe Lärmemission<br>- keine zusätzlichen Kosten für Lärmminderung<br>- nur geringer Energiebedarf zum Antrieb der Pumpe<br>- Wenig Verschleiß, geringe Instandhaltungskosten | - nur ganz geringe Reserven für spätere Durchsatzerhöhung<br>- nur geringer Durchgriff des Stellventils (schlechte Regelbarkeit)<br>- Starke Verzerrung der Kennlinie bei variierenden Differenzdrücken<br>- exakte Betriebsdaten erforderlich |

Für viele Praktiker gelten bis heute immer noch die folgenden Faustregeln:

- *Differenzdruck:* Mindestens 50% der Pumpenförderhöhe bei Normdurchfluß oder mindestens 30% bei Maximaldurchfluß.

- *Charakteristik:* Linear, wenn Differenzdruck ≥ 50% und gleichprozentig, wenn Differenzdruck < 50% der Pumpenförderhöhe bei $Q_{norm}$ ist.

Diese Faustregeln sind - abgesehen von der Vernachlässigung der Energieökonomie - mindestens in zwei Punkten fragwürdig:

- Die 50% - Regel (d. h. Differenzdruck am Ventil) läßt den Verlauf der System- und Pumpenkennlinie völlig außer Betracht.

- Die optimale Charakteristik hängt allein von der *Veränderung* des Differenzdruckes und nicht von dessen absoluter Höhe ab.

Bei einem konstanten Eingangsdruck, der allerdings in der Praxis nicht häufig anzutreffen ist, und einem sehr geringen Druckverlust im Rohrleitungssystem, verlieren die obengenannten Faustregeln ihre Gültigkeit. Hier führt also auch ein extrem geringer Druckabfall am Stellglied, sogar in Verbindung mit einer linearen Grundkennlinie, noch zu einem befriedigenden Ergebnis. Ausgehend von praktischen Erfahrungen, wird jedoch der gleichprozentigen Kennlinie generell der Vorzug gegeben, obwohl manchmal eine lineare Kennlinie die bessere Lösung wäre.

*Praktische Regeln für energiesparende Anwendungen*

Eine vernünftige, energieökonomische Anlagenplanung setzt eine möglichst genaue Kenntnis der Pumpen- und Systemkennlinie sowie eine systematische Vorgehensweise voraus, um eine Überdimensionierung der Anlagenkomponenten und Probleme bei der Regelung zu vermeiden. Die beeinflussenden Parameter sind allerdings so zahlreich, daß eine exakte, mathematische Behandlung des Themas dem Praktiker kaum weiterhilft. Aus diesem Grunde werden die folgenden, relativ einfachen Regeln bei der Auswahl von Pumpe und Stellgerät empfohlen:

- Einen realistischen Maximaldurchfluß bestimmen. Nicht zu rechtfertigende "Angstzuschläge" sind zu vermeiden.

- Die Widerstandskennlinie des Systems berechnen. Bei turbulenter Strömung folgt der Druckabfall im System folgender Gleichung:

$$Systemdruckabfall = Durchfluß2 \cdot Konstante \qquad (11\text{-}1)$$

Wenn also ein einziger Punkt der Widerstandskennlinie bekannt ist, kann die Anlagenkonstante berechnet und der gesamte Kennlinienverlauf für jeden Durchfluß leicht konstruiert werden.

‣ Für die Pumpenauswahl deren Charakteristik heranziehen. Bei Maximaldurchfluß ist für einen Mindestdifferenzdruck am Stellgerät zu sorgen. Von wenigen Ausnahmen abgesehen, sind *10 bis 15 % der dynamischen Förderhöhe oder 0.3 bar* als Differenzdruck am Ventil ausreichend.

‣ Kurzschlußleistung überprüfen. Bei einer exakten Festlegung von Maximaldurchfluß, Pumpen- und Systemkennlinie ist die Auslegung akzeptabel, wenn $Q_K > 1,1 \cdot Q_{max}$ ist (Bild 11-3).

‣ Entsprechende Stellventilcharakteristik wählen.

Wie aus Bild 11-3 ersichtlich ist, strebt die Maximalmenge der Anlage einem Grenzwert zu, die als Kurzschlußleistung bezeichnet wird. Diese Menge wird erreicht, wenn das Stellgerät durch ein gerades Rohrstück ohne nennenswerten Widerstand ersetzt wird. Die gesamte Druckhöhe der Pumpe wird hier also schon vom Leitungssystem einschließlich Einbauten aufgezehrt. Jegliche Regelung scheidet in diesem Punkt aus, weil für das Stellventil kein Differenzdruck mehr übrig bleibt. Aus diesem Grund sollte der Maximaldurchfluß auf etwa 90 bis 95% der Kurzschlußleistung der Anlage begrenzt werden!

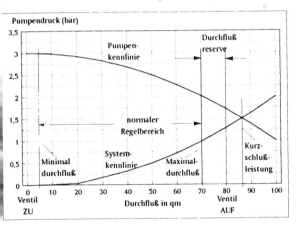

Bild 11-3: Kennlinienschema für Pumpen- und Systemcharakteristik

Der Verlauf der Kennlinien zeigt, daß ein nicht unbeträchtlicher Teil der Pumpenförderhöhe innerhalb des normalen Regelbereichs vom System aufgezehrt wird (Druck unterhalb der Systemkennlinie). Der verbleibende Rest steht dem Stellgerät zur Verfügung (Bereich zwischen Pumpen- und Systemkennlinie). Je geringer der Unterschied der Differenzdrücke bei minimalem und maximalem Durchfluß wird, um so unproblematischer wird die Regelung. Bei angenähert parallelem Verlauf von Pumpen- und Systemkennlinie ist der Druckabfall am Stellgerät praktisch konstant, d. h. hier ist eine befriedigende Regelung trotz minimalem Differenzdruck und linearer Kennlinie möglich.

Meistens hat man es jedoch mit Betriebscharakteristiken wie in Bild 11-3 zu tun, d. h. der Differenzdruck am Stellgerät variiert erheblich, was eine genaue Regelung wegen der sich ständig ändernden Verstärkung erschwert.

## 11.3 Kennlinien von Stellventilen

Es gibt kein Thema, das so ausgiebig und kontrovers diskutiert wird, wie das der Kennlinien. Die Grundlagen und zulässigen Neigungstoleranzen der inhärenten Kennlinien wurden bereits in Kapitel 7 besprochen, so daß hier die Anwendung im Vordergrund steht. Was die gesamte Problematik so wenig überschaubar macht, ist die Tatsache, daß die inhärente Kennlinie, d. h. die bei der Bestellung des Stellgerätes angegebene Charakteristik, nur eine begrenzte Gültigkeit für das Verhalten im praktischen Betrieb besitzt, da die tatsächliche Kennlinie meistens erheblich von der inhärenten Kennlinienform abweicht und man deshalb auch von der "Betriebskennlinie" einer Anlage spricht.

### 11.3.1 Betriebskennlinien des Stellgerätes

Bei der Anwendung von Stellgeräten muß grundsätzlich zwischen der inhärenten Grundkennlinie, die bei konstantem Differenzdruck am Ventil auf einem geeigneten Prüfstand ermittelt wird, und der Betriebskennlinie unterschieden werden. Die Betriebskennlinie ergibt sich unter den aktuellen Verhältnissen, wie sie im praktischen Betrieb auftreten. Die unterschiedlichen Verläufe der Grund- und Betriebskennlinie sind dadurch bedingt, daß in der Praxis bei verschiedenen Durchflüssen meist veränderliche Differenzdrücke vorherrschen, wie im Beispiel, das in Bild 11-3 gezeigt wird. Würde der Differenzdruck am Ventil konstant bleiben, dann sind beide Kennlinien identisch.

Der mit steigendem Durchfluß abnehmende Differenzdruck am Stellventil hat zwei Gründe: (a) Erstens sinkt der Pumpendruck bei steigendem Durchfluß ab, ähnlich einer Spannungsquelle mit hohem Innenwiderstand, (b) zweitens rufen die Rohrwiderstände (Fittings, Bögen, T-Stücke usw.) und die eigentlichen Verbraucher (z. B. Wärmetauscher) einen Druckverlust hervor, der quadratisch mit der Menge ansteigt. Unterstellt man im Beispiel gemäß Bild 11-3 eine inhärent lineare Kennlinie, so erhält man bei einer Messung des relativen Durchflusses $Q/Q_{100}$ als Funktion des relativen Hubes $h/h_{100}$ eine verzerrte Kurve – die *Betriebskennlinie* (Bild 11-4). Die Abweichung von einer Geraden ist dabei um so größer, je geringer der Druckabfall am Ventil bei voller Öffnung $h_{100}$ in Relation zum Differenzdruck in der Stellung ($h_0$) bei geschlossenem Ventil ist.

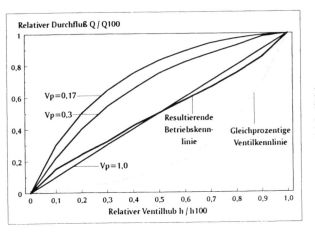

Bild 11-4: Entartete inhärent lineare und daraus resultierende Betriebskennlinie

In Bild 11-3 beträgt die gesamte Druckhöhe 3,0 bar und der Differenzdruck bei geöffnetem Ventil 0,5 bar. Dies ergibt ein Verhältnis $Vp = \Delta p_{100}/\Delta p_0 = 0,17$ mit einer entsprechenden Verzerrung der inhärent linearen Kennlinie, wie sie in Bild 11-4 (obere Kurve) dargestellt ist.

Die Kurvensteigung bzw. Verstärkung ist am Anfang sehr groß, um bei zunehmendem Durchfluß und Öffnung des Ventils immer flacher zu werden. Eine hohe Regelgüte kann bei einer derart verzerrten Betriebskennlinie nicht erwartet werden. Grundsätzlich wird für alle Komponenten eines Regelkreises eine lineare Übertragungsfunktion bei gleichbleibender Verstärkung angestrebt. Diese Voraussetzung ist aber bei veränderlichen Differenzdrücken nicht mehr gegeben. Die meistens angewendete gleichprozentige Grundkennlinie hat vor allen Dingen den Zweck, den Verlauf einer verzerrten Betriebskennlinie zu "linearisieren", um eine möglichst gleichbleibende Verstärkung des Stellgerätes zu ermöglichen. Aus Bild 11-4 ist ersichtlich, daß bei Anwendung einer inhärent gleichprozentigen Kennlinie (gestrichelt) der gebogene Verlauf der Betriebskennlinie ungefähr kompensiert wird, d. h. die resultierende Betriebskennlinie wird damit nahezu linear.

Da aber die Betriebsbedingungen erheblich variieren können, und die Grundkennlinien "linear" und "gleichprozentig" lediglich zwei Extreme darstellen, wird deutlich, daß die Kennlinienwahl stets ein Kompromiß bleiben muß. Bei einem Verhältnis der Differenzdrücke $Vp = \Delta p_{100}/\Delta p_0 = 0,3$ ist die Entartung der Betriebskennlinie naturgemäß weniger ausgeprägt (Bild 11-4 zweite Kurve von oben). In diesem Fall wäre mit der Anwendung einer inhärent gleichprozentigen Kennlinie bereits eine Überkompensation verbunden.

Das würde bedeuten, daß sich die Betriebskennlinie stärker an den Charakter einer gleichprozentigen Kennlinie annähert, was auch nicht wünschenswert ist.

### 11.3.2 Praktische Hinweise für die Kennlinienauswahl

Im Grunde erfordert jeder Anwendungsfall eine maßgeschneiderte Grundkennlinie, um unter den gegebenen Bedingungen eine einigermaßen lineare Betriebskennlinie zu realisieren. Eine Analyse installierter Regelkreise hat aber gezeigt, daß hier Wunsch und Wirklichkeit weit auseinander liegen [69]. Viele Applikationen sehen eine "falsche" Charakteristik vor, ohne daß es deshalb zu größeren Problemen kommt. Ohne die Bedeutung der Kennlinienauswahl schmälern zu wollen ist festzustellen, daß hier oftmals eine Überbewertung erfolgt. In der Praxis haben sich folgende einfach zu handhabenden Grundregeln bewährt, die auf eine Vielzahl von Faktoren und komplizierte mathematische Gleichungen verzichten:

- Bei Wärmetauschern wird grundsätzlich eine *gleichprozentige* Grundkennlinie empfohlen. Das gilt auch für alle anderen Fälle, bei denen nur unzureichende Informationen vorhanden sind oder der Anwender unschlüssig in seiner Wahl ist.

- Bei stark veränderlichem Differenzdruck oder einem hohen Stellverhältnis ist die *gleichprozentige* Kennlinie zu bevorzugen. Die maßgebenden Parameter für die Auswahl sind:

  - Das der Anwendung zugrunde liegende *Verhältnis* $K_{dp} = \Delta pmax/\Delta pmin$, d. h. das Verhältnis der Differenzdrücke bei minimalem und maximalem Durchfluß.

  - Das tatsächlich erforderliche *Stellverhältnis* $R_{St} = Kv_{max}/Kv_{min}$:

    Bei $K_{dp} \geq 1,8$ und $R_{St} \geq 10$ sorgt die gleichprozentige Grundkennlinie für eine bessere, unproblematische Regelung.

- Die *lineare* Grundkennlinie ist die bessere Wahl, wenn die folgenden Bedingungen vorliegen:

  - Bei wenig veränderlichen Differenzdrücken ($K_{dp} < 1,8$).

  - Bei sehr kleinen Durchflußkoeffizienten (Kvs < 1.0).

  - Bei sehr schnellen Regelungen, die ein rasches Reagieren erfordern.

- Bei modernen, selbst adaptierenden Reglern spielt die Charakteristik nur noch eine untergeordnete Rolle, weil sich der Regler den vorliegenden Bedingungen anpaßt und für eine annähernd konstante Verstärkung sorgt.

• Auch bei geringen Laständerungen und kleinen Stellverhältnissen funktionieren beide Grundkennlinien gleichermaßen zufriedenstellend.

Der Meinungsstreit der Experten um die bestgeeignete Kennlinienform entzündet sich eigentlich immer wieder an folgenden Punkten:

• Die DIN/IEC-Norm 534-2-4 hat die bisher als Grundlage dienende Richtlinie VDI/VDE 2173 abgelöst. Dabei wurden die Neigungstoleranzen zwar erhöht, die zulässigen Abweichungen von der Grundkennlinie jedoch verringert, die für jeden Punkt der Kennlinie nun folgender Gleichung genügen muß:

$$\pm 10 \cdot \left(\frac{1}{\Phi}\right)^{0,2} \qquad (11\text{-}2)$$

• Kritisiert wird auch, daß nunmehr auch andere Kennlinienformen als *linear* und *gleichprozentig* z. B. *modifiziert gleichprozentig*, definiert werden können. In Schaubildern werden manchmal die möglichen Abweichungen von einer idealen Kennlinie dargestellt. Es ist ein Anliegen des Autors, der mehr als zwei Jahrzehnte aktiv in dem zuständigen Normungsgremium IEC-SC65B/WG9, zeitweise auch als dessen Vorsitzender, mitgearbeitet hat, die Hintergründe der Erweiterung bzw. Änderung zu erläutern:

- Drehstellgeräte, wie Drosselklappen oder Drehkegelventile, können nicht einfach wie Standardventile an eine bestimmte Kennlinienform angepaßt werden. Ihre Charakteristik liegt meistens zwischen einer linearen und gleichprozentigen Kennlinie. Dem Hersteller ist es daher grundsätzlich freigestellt, die Form der Kennlinie zu definieren. Worauf es aber ankommt, ist die Reproduzierbarkeit der Kennlinienform. Damit wird ein problemloser Austausch des Stellventils gegen ein anderes mit der gleichen Charakteristik sichergestellt. Dies ist ein wesentlicher Grund für die Festlegung enger Toleranzen.

- Inhärente Kennlinien mit Wendepunkten sind äußerst selten und lassen sich bei der Herstellung vermeiden. Im Bemühen, das Stellventil in seiner spezifischen Durchflußleistung auszureizen und kostengünstige Lösungen anzubieten, haben Kennlinien oft den in Bild 7-16 fett dargestellten Charakter. Die meisten auf dem Markt angebotenen Stellventile haben daher eine Kennlinie, die im Anfangsbereich zu steil und im Endbereich zu flach verläuft. Im Bewußtsein dieser Tatsache wurden die Neigungstoleranzen erweitert, nicht aber um Wendepunkte zu erlauben! Zusammen mit der neuen Definition des Stellverhältnisses haben die Anwender nun die Möglichkeit, ein geeignetes Stellgerät auszuwählen.

- Ein beliebtes Hobby ist die ausführliche, mathematische Behandlung der Regelungstheorie in bezug auf die optimale Kennlinie. Es steht außer Frage, daß immer eine gleichbleibende Kreisverstärkung anzustreben ist, auf die natürlich auch die Ventilcharakteristik Einfluß nimmt. Was nützt aber eine Differenzierung nach Anwendung der Regelung (Temperatur, Durchfluß, Druck, Behälterstand) oder nach der Art der Störgrößen, wenn das dynamische Verhalten des Stellgerätes selbst außer acht bleibt. Ohne auf die Regelungstheorien an dieser Stelle näher einzugehen, sei aber angemerkt, daß die Stabilität eines Regelkreises keineswegs allein von der Verstärkung, sondern in gleichem Maße von der Dynamik (Zeitkonstante) abhängt. Ganz einfache, leicht verständliche Hinweise für den Planer und Anlagenbauer sind deshalb einer vertieften theoretischen Behandlung vorzuziehen.

## 11.4 Verstärkung des Stellgerätes

Der "Durchgriff" bzw. die Verstärkung eines Stellgerätes wird durch das Verhältnis dq/dh oder die Steilheit der Betriebskennlinie ausgedrückt. Die Mißachtung einer zu steilen Kennlinie bei geringem Hub führt häufig zu Instabilitäten und Schwingungen, besonders wenn das Stellventil weit überdimensioniert ist. Zu Recht fürchtet der Anwender zwei unterschiedliche Betriebsbedingungen, die er an der Anzeige des Hubes (bzw. Drehwinkel) ablesen kann: (a) Hubstellungen unterhalb 10% und (b) oberhalb 90%. Im ersten Fall ist der Kv-Wert zu groß gewählt, der in Verbindung mit dem typisch steilen Ast der Kennlinie eine hohe Verstärkung bewirkt und Instabilität aufkommen läßt (Bild 11-5)

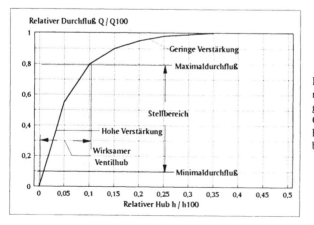

Bild 11-5: Überdimensioniertes Stellgerät mit linerarer Grundkennlinie und hoher Verstärkung bei geringem Hub

Der geforderte Stellbereich von 10 bis 80% des relativen Durchflusses wird schon innerhalb der ersten 10% des Nennhubes erreicht. Die Betriebskennlinie ist hier besonders steil, was nicht nur eine Gefahr für die Stabilität bedeutet, sondern auch eine präzise Regelung ausschließt, weil die Wiederholbarkeit der Hubstellung immer auf den Nennhub bezogen wird. Beträgt diese Ungenauigkeit einschließlich Hysterese, Totband und Ansprechempfindlichkeit beispielsweise 0,5%, so bedeutet das - auf 10% des Hubes bezogen - das Zehnfache, also rund 5% oder die Hälfte des wirksamen Hubes.

Da eine konstante Verstärkung in der Praxis kaum zu realisieren und ein entsprechender Sicherheitszuschlag obligatorisch ist, wird versucht, der Gefahr einer Überdimensionierung mit einem weichen Anlauf und geringer Verstärkung zu begegnen, was für eine *gleichprozentige* Kennlinie spricht.

## 11.5 Zuschlagfaktoren und Hubgrenzwerte

Es ist üblicher Brauch, bei der Berechnung des erforderlichen Durchflußkoeffizienten einen bestimmten Sicherheitszuschlag zum Ansatz zu bringen. Dieser Zuschlag soll eventuelle Ungenauigkeiten bei der Berechnung bzw. Abschätzung der Systemwiderstände berücksichtigen. Die Höhe des optimalen Zuschlages muß im Zusammenhang mit der ausgewählten Ventilcharakteristik und dem verlangten Stellverhältnis gesehen werden, um eine gute Regelbarkeit zu erzielen.

Begriffe wie Stellverhältnis und Regelbarkeit wurden bereits in den Kapiteln 7.5.2 und 7.5.3 besprochen, sollen aber an dieser Stelle noch einmal durch ein praktisches Beispiel in bezug auf empfohlene Zuschlagfaktoren ergänzt werden. Ausgehend von der Tatsache, daß ein Stellgerät nur dann eine befriedigende Regelung ermöglicht, wenn die Betriebskennlinie keine Unstetigkeiten aufweist und ihre Neigung innerhalb bestimmter Toleranzen verläuft, verlangt die Auswahl eines Stellgerätes außer den üblichen Parametern, wie Nennweite, $K_{v100}$-Wert, Werkstoff usw., vor allem die Betrachtung der zu erwartenden Betriebskennlinie unter den jeweils herrschenden Prozeßbedingungen und die Berücksichtigung eines vernünftigen Sicherheitszuschlages.

Daß weit überdimensionierte Stellgeräte nicht nur teuer, sondern auch in vielerlei Hinsicht problematisch sind, hat das vorhergehende Beispiel gezeigt. Aber auch ein zu kleiner Zuschlag kann dazu führen, daß schon bei ganz geringen Abweichungen der Prozeßbedingungen der erforderliche Durchfluß nicht mehr erreicht wird. Hierbei spielt die Betriebskennlinie wieder eine maßgebliche Rolle. Je flacher ihr Verlauf im oberen Bereich wird, um so geringer wird der Durchgriff des Ventils.

Der erforderliche Maximaldurchfluß wird im Bild 11-5 beispielsweise schon bei 10% des Nennhubes erreicht. Ein Ventilhub von 30% entspricht demnach einer weiteren Öffnung auf das Dreifache, bewirkt allerdings nur eine Zunahme des Durchflusses von etwa 20%. Eine vollständige Öffnung des Ventils führt zu keiner weiteren Zunahme des Durchflusses mehr, trotz einer erneuten Verdreifachung des Öffnungsquerschnittes, weil die gesamte Druckhöhe offensichtlich vom System verbraucht wird und die Kurzschlußleistung erreicht ist. Eine Durchflußzunahme ist in einem solchen Fall nur durch eine Pumpe mit höherem Druck, nicht aber durch ein größeres Ventil zu erzielen. Unter der Annahme, daß die passende inhärente Kennlinie gewählt wurde, d. h. die Betriebskennlinie bis zum Erreichen der maximalen Öffnung einigermaßen linear verläuft, werden für den Normalfall folgende Zuschläge zum berechneten maximalen Kv-Wert empfohlen:

*Lineare Grundkennlinie:*

Zuschlag minimal 10%, maximal 25% (Faktor 1,1 bis 1,25)

*Gleichprozentige Grundkennlinie:*

Zuschlag minimal 30%, maximal 100% (Faktor 1,3 bis 2,0)

Was das *praktische Stellverhältnis* anbetrifft, so sind auch hier natürliche Grenzen gegeben, die nach Möglichkeit nicht überschritten werden sollten, um Probleme bei der Regelung von vornherein auszuschließen. Unter Berücksichtigung der empfohlenen minimalen und maximalen Zuschlagfaktoren, einer idealen inhärenten Grundkennlinie, die bis mindestens 90% Hub innerhalb der vorgegebenen Neigungstoleranz bleibt und der Tatsache, daß praktisch alle gängigen Stellgerätetypen unterhalb 5 % des Hubes (Drehwinkels) einen Kennlinienverlauf aufweisen, der außerhalb der zulässigen Neigungstoleranz liegt, ergeben sich folgende Grenzwerte für Hübe bzw. Drehwinkel und Stellverhältnisse:

*Lineare Grundkennlinie:*

| | |
|---|---|
| Oberer Grenzwert bei Faktor 1,1 | ≈ 91% Durchfluß oder 91 % Hub |
| Oberer Grenzwert bei Faktor 1,25 | ≈ 80% Durchfluß oder 80 % Hub |
| Unterer Grenzwert: | ≈ 5 % Durchfluß oder 5 % Hub |
| Praktisches Stellverhältnis: | ≈ minimal 16:1, maximal 18:1 |

*Gleichprozentige Grundkennlinie:*

Oberer Grenzwert bei Faktor 1,3     ≈ 77% Durchfluß oder 93 % Hub
Oberer Grenzwert bei Faktor 2,0     ≈ 50% Durchfluß oder 82% Hub
Unterer Grenzwert:                  ≈ 2 % Durchfluß oder 5 % Hub
Praktisches Stellverhältnis:        ≈ minimal 25:1, maximal 39:1

Diese Gegenüberstellung zeigt folgende wichtige Fakten auf:

• Das praktische Stellverhältnis ist höher bei minimalem Zuschlagfaktor.

• Eine gleichprozentige Grundkennlinie ergibt ein besseres Stellverhältnis.

• Die Neigungtoleranzen beeinflussen das erreichbare Stellverhältnis.

## 11.6 Regelungstechnische Betrachtungen

Das Stellventil ist ein wichtiger Baustein eines Regelkreises, der normalerweise aus folgenden Komponenten besteht: (a) Regler (pneumatisch oder elektrisch), (b) Sensor bzw. Meßwertaufnehmer, (c) Stellventil, (d) gegebenenfalls Umformer für die Signalwandlung (elektrisch/pneumatisch) und (e) Stellungsregler. Ein einfacher Regelkreis ist in Bild 11-6 dargestellt.

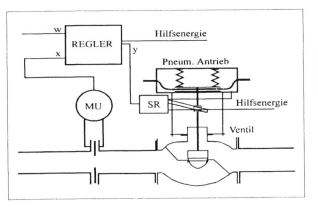

Bild 11-6: Einfacher Regelkreis (schematisch)

Die Regelaufgabe besteht darin, einen bestimmten Durchfluß zu regeln und im Notfall den Strang abzusperren (Sicherheitsstellung). Ein Meßumformer (MU) mißt in Verbindung mit einer Blende den Durchfluß. Da der Differenzdruck quadratisch mit dem Durchfluß ansteigt, nimmt der Meßumformer gleichzeitig eine Radizierung des Signals vor, so daß das Ausgangssignal direkt proportional der *Regelgröße* (Durchfluß) wird.

Der Regler vergleicht die *Regelgröße* x mit der *Führungsgröße w*, die den Sollwert repräsentiert. Bei einer Abweichung in die eine oder andere Richtung reagiert die *Stellgröße y* entsprechend und sendet ein Signal an den elektropneumatischen Stellungsregler, der wiederum den pneumatischen Antrieb aussteuert, bis der *Istwert* dem *Sollwert* entspricht. Der oben dargestellte Regelkreis setzt sich also zusammen aus dem unverzögerten *Proportionalregler* mit der *Verstärkung* $V_R$ und der *Regelstrecke*, die alle anderen Komponenten mit einschließt und eine *Verstärkung* $V_S$ aufweist. Die Genauigkeit der Regelung hängt wesentlich von der *Kreisverstärkung* $Vk = V_R \cdot V_S$ ab. Tritt eine *Störgröße z* auf, so wird die Regelgröße geändert, bis der Regler eingreift und versucht den alten Zustand wieder herzustellen. Die Abweichung *xd* kann nach Gl. (11-3) berechnet werden:

$$xd = \frac{V_S}{1+V} \cdot z \qquad\qquad (11\text{-}3)$$

Aus Gl. (11-3) ist ersichtlich, daß die Regelabweichung *xd* nicht Null werden kann, da die Verstärkung *Vk* endlich ist. Unterstellt man, daß das Übertragungsverhalten des Meßumformers und des Stellungsreglers linear und nahezu verzögerungsfrei ist und auch der pneumatische Antrieb ohne jede Verzögerung auf das Signal des Stellungsreglers reagiert, dann wäre die Regelaufgabe einfach. Eine Stabilität wäre auch bei hoher Kreisverstärkung *Vk* gegeben, die im Interesse einer geringen Regelabweichung *xd* immer anzustreben ist. Voraussetzung für Stabilität ist aber immer eine Gegenkopplung, die durch die Signalrichtung des Reglers bzw. Wirkungsrichtung des Stellventils bestimmt wird. Ein steigender Durchfluß, der z. B. durch einen höheren Eingangsdruck hervorgerufen wird, erfordert im vorliegenden Beispiel ein sinkendes Stellsignal *y*, damit das umgekehrt arbeitende Ventil weiter schließt und damit eine negative Rückkopplung erzeugt. Leider arbeitet aber das Stellventil nicht verzögerungsfrei, so daß eine Phasenverschiebung auftritt, die bei hoher Verstärkung zu Instabilität führt, d. h. der Regelkreis schwingt. Das Stabilitätskriterium hängt immer von beiden Parametern ab: *Verstärkung* und *Phasenverschiebung*. Somit besteht zumindest theoretisch die Möglichkeit beide Parameter zu ändern, um Stabilität zu erreichen. In der Praxis wird aber meistens die Verstärkung geändert. Besonders kritisch ist eine Phasenverschiebung von 180°, da hier das Stellsignal genau zur falschen Zeit ankommt und den Regelkreis weiter aufschaukelt. Stabilität ist in einem solchen Fall nur zu erreichen, wenn die Verstärkung des offenen Regelkreises kleiner als 1,0 ist. Anspruchsvolle Regelaufgaben können deshalb nur in Verbindung mit pneumatischen Stellantrieben durch sogenannte PID-Regler gelöst werden, auf die aber hier nicht näher eingegangen werden kann.

*Tips für die Behandlung instabiler Regelkreise*

• Zunächst muß Stabilität des Stellungsregelkreises erreicht werden. Dies ist durch Auftrennen des Hauptregelkreises zu überprüfen. Dabei wird bei 25, 50 und 75% Hub das Eingangssignal plötzlich um 4 mA geändert. Dabei darf eine Überschwingung auftreten, die dann aber gedämpft abklingen muß. Treten bleibende Schwingungen auf, dann ist die Verstärkung zu reduzieren. Wenn das nicht möglich ist, muß die Luftleistung zum Antrieb verringert werden (einstellbare Drossel vorsehen).

• Treten bei einem stabilen Stellungsregelkreis Schwingungen auf, dann ist der Proportionalbereich des Reglers so weit zu vergrößern, bis die Regelung stabil ist. Da das Stellventil meistens - je nach Hubstellung - eine unterschiedliche Verstärkung aufweist, sollte man die Stabilitätsprüfung bei verschiedenen Hubstellungen vornehmen.

**Übungen zur Selbstkontrolle**

11-1 Welche Möglichkeiten gibt es, die Durchflußmenge in einem Regelkreis zu verändern?

11-2 Was sind die wesentlichen Vorteile des Drosselstellverfahrens mittels Stellventil?

11-3 Wodurch wird der Einsatz drehzahlgeregelter Pumpen in der Praxis limitiert?

11-4 Was sind die Vor- und Nachteile eines niedrigen Differenzdruckes?

11-5 Wodurch ist die Kurzschlußleistung in einem Kreislauf gekennzeichnet?

11-6 Wodurch wird der unterschiedliche Verlauf der inhärenten und der Betriebskennlinie verursacht?

11-7 Welche Kennlinienform wählen Sie, wenn nur ganz wenige Prozeßdaten bekannt sind?

11-8 Was sind die Vorteile einer inhärent gleichprozentigen Charakteristik?

11-9 In welchen Anwendungsfällen ziehen sie eine lineare Kennlinie vor?

11-10 Welche Zuschlagsfaktoren werden üblicherweise bei Stellventilen mit linearer und gleichprozentiger Kennlinie verwendet?

11-11 Wie überprüfen Sie das erforderliche Stellverhältnis eines Ventils, und wo liegen die natürlichen Grenzen bei beiden Kennlinienformen?

11-12 Was sind die Vor- und Nachteile einer hohen Kreisverstärkung?

# 12 Die Auswahl geeigneter Werkstoffe

## 12.1 Allgemeines

Die Dimensionierung und Spezifikation von Stellventilen setzt große Erfahrungen voraus, um den Anforderungen in optimaler Weise gerecht zu werden. Dies gilt in besonderem Maße für die Auswahl der entsprechenden Werkstoffe für Ventilgehäuse, Oberteil und die Innenteile (Garnitur). Eine "billige" Armatur, hergestellt aus ungeeigneten Materialien, wird sehr teuer, wenn sie bereits nach kurzer Betriebszeit ersetzt werden muß. Andererseits garantiert auch ein sehr teures Ventil aus teuren, exotischen Werkstoffen nicht automatisch eine lange Lebensdauer, wenn andere einflußreiche Parameter unbeachtet bleiben. Die Auswahl geeigneter Werkstoffe wird durch das Riesenangebot der Hersteller keineswegs erleichtert. Man fühlt sich an Apotheken erinnert, die ebenfalls gleiche oder zumindest sehr ähnliche Rezepturen unter verschiedenen Namen anbieten. Aus diesem Grunde soll erst einmal eine systematische Einteilung der in Frage kommenden Werkstoffe eine grobe Übersicht verschaffen (Bild 12-1).

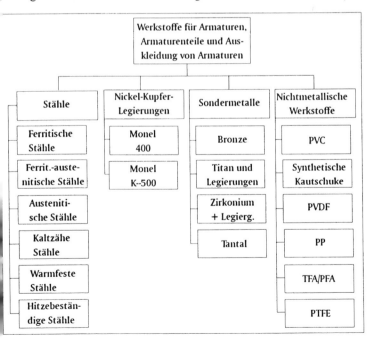

Bild 12-1: Häufig angewendete Werkstoffe bei Stellgeräten (Armaturen)

Bild 12-1 erhebt keineswegs Anspruch auf Vollständigkeit, sondern hebt aus der Vielzahl möglicher Werkstoffe nur die wichtigsten Kategorien heraus. Die Auswahl eines geeigneten Werkstoffes ist im Grunde ein überaus komplexes Thema, so daß an dieser Stelle nur drei relevante Aspekte betrachtet werden können, die bei Stellgeräten naturgemäß eine besondere Rolle spielen:

- Korrosionsbeständigkeit
- Widerstandsfähigkeit gegenüber Verschleiß (z. B. Erosion)
- Festigkeit bzw. Dauerfestigkeit des Werkstoffes

## 12.2 Korrosion

Allein das Gebiet der Korrosion der Werkstoffe ist so komplex, daß eine ins Detail gehende Betrachtung den Rahmen dieses Buches sprengen würde. Statt dessen erfolgt eine allgemein verständliche Erläuterung des Phänomens Korrosion. Schon an dieser Stelle ist darauf hinzuweisen, daß es eine absolute Korrosionsbeständigkeit nicht gibt. Auch basieren die Empfehlungen für die Auswahl eines geeigneten Werkstoffes meistens auf in Labortests gewonnenen Ergebnissen. Schon eine ganz geringe Veränderung der Rahmenbedingungen (Konzentration, Temperatur, Sauerstoffgehalt, Fließgeschwindigkeit usw.) kann zu völlig anderen Resultaten führen und macht deshalb die Materialauswahl so schwierig. Korrosion ist eine spezielle Art der Zerstörung von Werkstoffen, die in DIN 55900 folgendermaßen beschrieben wird:

*"Korrosion ist die Reaktion eines metallischen Werkstoffes mit seiner Umgebung, die eine meßbare Veränderung des Werkstoffes bewirkt und zu einem Korrosionsschaden führen kann. Die Reaktion ist in den meisten Fällen elektro-chemischer Art, sie kann aber auch chemischer oder metallphysikalischer Art sein".*

Diese kurze Erläuterung eines Phänomens sagt aber im Grunde wenig über die eigentlichen Ursachen der Korrosion aus. Dazu bedarf es eines Verständnisses energetischer Art, wie es schon in Kapitel 4.11 kurz angesprochen wurde: Die irreversible Umwandlung von Energie. So wie das Wasser bestrebt ist, sich am tiefsten Punkt zu sammeln, so versuchen alle Körper - auch die Metalle - den Zustand mit dem niedrigsten Energiepotential einzunehmen. Dabei wird die dem Werkstoff innewohnende Energie, die ihm bei der Erschmelzung und Verarbeitung zugeführt wurde, allmählich abgebaut. [70]

Dieser Abbauvorgang eines unnatürlichen Zwangszustandes ist leider mit einer Zerstörung des Materials verbunden. Eine Korrosion von Metallen setzt immer folgenden Zustand voraus: (a) Ein Werkstoff, (b) ein angreifendes Medium und (c) bestimmte Rahmenbedingungen, die eine Korrosion in Gang setzen.

Meist ist das Medium eine Flüssigkeit, die wie ein Elektrolyt bei einem elektro-chemischen Vorgang wirkt. Dabei geht der Werkstoff je nach Art des Elektrolyts mehr oder weniger schnell in Lösung. Man sagt auch: der Werkstoff wird oxidiert. Die Ursache ist meist in lokalen "Elementen" zu suchen, die sich entweder auf der Oberfläche des Materials ausbilden (Seigerungen, Inhomogenitäten, Ausscheidungen) oder durch unterschiedliche, benachbarte Werkstoffe bedingt sind. Schließt man "Elementbildung" durch unterschiedliche Materialien einmal aus, so wird verständlich, daß ein homogenes Gefüge (Wärmebehandlung) und eine glatte, polierte Oberfläche für das Korrosionsverhalten günstig sind. Gemessen wird die Korrosion entweder als Gewichtsabnahme in Gramm bezogen auf eine Fläche von 1,0 Quadratmeter pro Zeiteinheit, oder als Abtrag in mm/Jahr. Dabei wird stets eine gleichmäßige Korrosion vorausgesetzt, d. h. kein Lochfraß oder ähnliche Effekte.

In der Praxis wird die Korrosionsbeständigkeit eines Werkstoffes in Korrosionsklassen oder Beständigkeitsgraden ausgedrückt, wie in Tabelle 12-1 dargestellt ist. Manchmal wird auch die Angriffszahl angegeben, die dem dekadischen Logarithmus in tausendstel Millimeter pro Jahr entspricht. Eine Angriffszahl von 3 bedeutet also einen Abtrag von $10^3 \cdot 0,001 = 1,0$ mm pro Jahr.

Tabelle 12-1: Bewertung der Korrosionsbeständigkeit nach Beständigkeitsgraden [71]

| Beständig-keitsgrad | Bewertung der Beständigkeit | Masseverlust g/m² pro Tag | Abtrag pro Jahr in mm | Angriffs-zahl |
|---|---|---|---|---|
| 1a | korrosionsfester Werkstoff, exzellent verwendbar | < 0,021 | < 0,001 | 0 |
| 1b | beständig, Werkstoff sehr gut verwendbar | 0,021-0,21 | 0,001-0,01 | 1 |
| 2 | beständig, Werkstoff noch gut verwendbar | 0,21-2,1 | 0,01-0,1 | 2 |
| 3a | Werkstoff noch genügend beständig | 2,1-21 | 0,1-1,0 | 3 |
| 3b | wenig beständig, nur bedingt verwendbar | 21-63 | 1,0-3,0 | 2,5 |
| 4 | Werkstoff kaum beständig, nicht verwendbar | 63-210 | 3,0-10,0 | 4 |
| 5 | Werkstoff völlig unbeständig, d. h. unverwendbar | > 210 | > 10,0 | 5 |

Ein gleichmäßiger Abtrag der Wandstärke eines Ventilgehäuses ist natürlich mit einem Verlust an Festigkeit verbunden. Aus diesem Grunde ist bei Armaturen ein hoher Beständigkeitsgrad erforderlich. Zu bevorzugen sind deshalb die Klassen 1 und 2. Bei einer kurzen Lebensdauer der Anlage (z. B. Testbetrieb) ist auch die Beständigkeitsklasse 3a noch zulässig.

## 12.2.1 Abtragende oder Flächenkorrosion

Dies ist die einfachste und am exaktesten zu erfassende Korrosionsart. Ein typisches Beispiel ist ein altes, verrostetes Eisenblech, das lange Zeit im Freien gelegen hat. In der Regel ist die Oberfläche mit einer gleichmäßigen Rostschicht überzogen. Voraussetzung für einen gleichmäßigen Abtrag ist eine einheitliche und homogene Werkstoffoberfläche und eine ebenmäßige und kontinuierliche Wirkung des angreifenden Mediums. Eine fortschreitende Korrosion kommt nur dann zustande, wenn sich keine Oxidschicht bilden kann, oder die Korrosionsprodukte permanent von der Stelle der Entstehung entfernt werden. Diese Korrosionsart ist die ungefährlichste, da man den Abtrag leicht in Zahlenwerten ausdrücken und die ungefähre Lebensdauer eines Teiles, z. B. eines Behälters mit einer bestimmten Wanddicke, somit ungefähr vorhersagen kann. Bei gegossenen Ventilgehäusen wird schon bei der Berechnung der erforderlichen Wanddicke ein *Korrosionszuschlag* vorgesehen, so daß der Anlagenbauer bei der Planung stets auf der "sicheren Seite" ist.

## 12.2.2 Örtliche Korrosion

Weitaus gefährlicher und unberechenbarer ist für den Konstrukteur eine örtliche bzw. ungleichmäßige Korrosion in Form von Lochfraß oder Pittings. Lochfraß ist dadurch gekennzeichnet, daß an einzelnen Stellen der Oberfläche eine punktförmige, in die Tiefe gehende Korrosion auftritt, während an anderen Stellen die Oberfläche völlig unversehrt ist. Obwohl der Abtrag pro Flächeneinheit nur gering ist, kann die Zuverlässigkeit (Dichtheit) eines Bauteiles bereits gefährdet sein. Eine besondere Rolle spielen vor allem die Randbedingungen. So kann z. B. eine Rohrwand zehn Jahre gehalten haben, ohne daß eine merkliche Korrosion aufgetreten ist. Plötzlich und innerhalb eines Monats wird das Rohr dann an mehreren Stellen durchlöchert. Diese Korrosionsart wird manchmal bei Wasserleitungen und Rohren aus Kupfer beobachtet. Durch eine nachträgliche Vollentsalzung des Wassers werden die gebildeten Schutzschichten örtlich aufgelöst und der Korrosionsangriff eingeleitet. Andere Ursachen für Lochfraß sind heterogene Gefügebestandteile oder Beimengungen des Werkstoffes. An solchen Stellen bilden sich Lokalelemente und führen zu punktförmiger Korrosion. Lochfraß wird vor allem bei Anwesenheit von Halogenen (Brom, Chlor, Fluor, Jod) beobachtet. Im Extremfall kann der dadurch hervorgerufene Lochfraß dünnwandige Teile (Metallfaltenbalg) in wenigen Stunden durchbohren. Das Auftreten der punktförmigen Löcher ist lokal nicht vorausbestimmbar. Hohe Temperaturen, Stillstand des fließfähigen Mediums und eine große Dichte der Halogen-Ionen fördern den Lochfraß.

## 12.2.3 Berührungs- oder Kontaktkorrosion

Diese Korrosionsart ist bei Stellventilen von geringerer Bedeutung und wird nur der Vollständigkeit halber erwähnt. Unterschiedliche Werkstoffe, die im direkten Kontakt zueinander stehen und ein hohes elektro-chemisches Potential haben, sollen nach Möglichkeit nicht kombiniert werden. Werden z. B. Teile aus Messing und Aluminium miteinander verbunden, wie man es manchmal bei Armaturen des Heizungsbaus findet, so bilden sich bei Anwesenheit eines Elektrolyten (z. B. Wasser, das aus der Stopfbuchse austritt) galvanische Makroelemente. Typisch für diese Korrosionsart ist, daß der unedlere Werkstoff in Lösung geht, während das edlere Metall (im vorliegenden Beispiel Messing) zusätzlich geschützt wird. Manchmal wird dieses Prinzip auch angewendet, um wertvolle Teile aus minderwertigem Werkstoff zu schützen (z. B. Heizöltanks aus gewöhnlichem Stahl), indem man im Inneren sogenannte Opferanoden aus Aluminium anbringt, die sich allmählich auflösen und den Tank damit vor Korrosion schützen.

## 12.2.4 Interkristalline Korrosion

Interkristalline Korrosion findet, wie der Name schon ausdrückt, zwischen den Kristallen, genauer ausgedrückt, an den Korngrenzen des Materials statt. Sie tritt häufig nach einer falschen Wärmebehandlung oder nach dem Schweißen auf, wobei das einzelne Korn am Rande an Chrom verarmt. Die Folge ist ein Angriff des Mediums an diesen Kornrändern und ein in der Festigkeit stark verminderter Verbund der Körner. Der Stahl verliert damit seinen festen, inneren Zusammenhalt. Ein geringer Kohlenstoffgehalt und stabilisierende Zusätze (Titan, Niob) vermindern die Gefahr einer interkristallinen Korrosion. Glatte, polierte Oberflächen, Vermeidung von äußerer Korrosion und ein homogenes Werkstoffgefüge sind ebenfalls sehr nützlich.

## 12.2.5 Spannungsrißkorrosion

Spannungsrißkorrosion ist gekennzeichnet durch Rißbildung und damit Zerstörung des Werkstoffes. Sie setzt stets zwei Dinge voraus: (a) Streß des Materials und (b) die Anwesenheit eines korrodierenden Mediums. Sind z. B. in einem Teil durch Kaltbearbeitung erhebliche innere Spannungen vorhanden, oder wird ein Bauteil im Betrieb hohen Spannungen ausgesetzt, so kann eine interkristalline Korrosion, d. h. eine Korrosion an den Korngrenzen auftreten. Meistens reicht die Aggressivität des Mediums alleine nicht aus, um z. B. ein austenitisches Material an seiner Oberfläche anzugreifen.

Bei Inhomogenitäten (z. B. nach dem Schweißen) genügt aber schon eine mittlere Zugspannung im Werkstoff und die Anwesenheit des angreifenden Betriebsstoffes, um im Laufe der Zeit das oben genannte Phänomen auszulösen und den Werkstoff zu zerstören. Im Gegensatz zur Oberflächenkorrosion oder dem Lochfraß bleiben die Korrosionsprodukte unsichtbar und sind auch mit einem Mikroskop nicht festzustellen. Aus diesem Grunde ist diese Korrosionsart besonders gefürchtet.

### 12.2.6 Spaltkorrosion

Spaltkorrosion tritt, wie der Name bereits besagt, bevorzugt in unbelüfteten Spalten, wie z. B. in einer Führungsbuche, auf. Aber auch im Werkstoff selbst, z. B. durch Faltungen verursacht, kann Spaltkorrosion auftreten. Hier sind Konzentrationsunterschiede, vor allem was den Sauerstoffgehalt anbetrifft, unvermeidlich und Ursache der Korrosion, da dies die Lokalelementbildung fördert und die Bildung einer schützenden Oxidschicht verhindert.

### 12.2.7 Korrosion-Erosion

Diese Korrosionsart tritt besonders an den Wandungen und Innenteilen eines Stellventils auf und ist daher von großer Bedeutung für die Lebensdauer eines Bauteils. Untersucht man den Korrosionsvorgang genauer, dann stellt man fest, daß an der Oberfläche des dem Medium ausgesetzten Werkstoffes unlösliche Korrosionsprodukte entstehen, die eine Trennung zwischen dem angreifenden Medium und dem Werkstoff bewirken. Diese dünne Lage bezeichnet man als Passivschicht, die eine weitere Korrosion verhindert oder zumindest verzögert. Aus diesem Grunde werden austenitische Edelstähle auch gebeizt, wobei alte Oxidschichten, Zunder und Eisenstaub entfernt und eine neue Passivschicht kontrolliert aufgebracht wird. Es liegt auf der Hand, daß diese Schicht keine Risse aufweisen und nicht über Gebühr beansprucht werden darf, weil sonst die Korrosion ungehindert fortschreiten kann.

Hohe Strömungsgeschwindigkeiten im Inneren des Ventils, feststoffbeladene Medien oder gar Kavitation zerstören aber permanent diese Passivschicht, so daß letztlich eine gleichmäßige Oberflächenkorrosion aller Teile einsetzt, die der Lebensdauer des Stellventils natürliche Grenzen setzt. Wegen der besonderen Bedeutung der Ventilgarnitur für Kennlinienverlauf und Stellverhältnis ist ein gleichmäßiger Abtrag des Kegels oder des Sitzringes natürlich weit schlimmer als ein Materialverlust der Wandungen des Gehäuses. Aus diesem Grunde wird für diese Innenteile eine höhere Korrosionsbeständigkeit und eine gute

Widerstandsfestigkeit gegen Verschleiß gefordert. Eine Übersicht häufig vorkommender Korrosionsarten und Abhilfemaßnahmen zeigt Tabelle 12-2.

## 12.3 Widerstandsfestigkeit gegenüber Verschleiß

Die Widerstandsfähigkeit eines Werkstoffes gegenüber Verschleiß durch das kavitierende oder mit Feststoffen beladene, strömende Medium ist ein anderes wichtiges Kriterium für die Auswahl eines geeigneten Materials. Es gibt zahlreiche, unterschiedliche Verschleißarten, d. h. verschiedene Mechanismen, um einen Materialabtrag hervorzurufen. Genannt werden müssen vor allen Dingen folgende Einflüsse, die für die Lebensdauer eines Ventils von ausschlaggebender Bedeutung sein können:

- Kavitation
- Erosion-Korrosion
- Strahlverschleiß durch Feststoffpartikel
- Tropfenschlag bei Sattdampf
- Thermische Erosion

### 12.3.1 Kavitation

Die größte Bedeutung muß sicherlich der Kavitation beigemessen werden. Sie entsteht, wenn Flüssigkeiten infolge hoher Geschwindigkeit im Inneren des Ventils vorübergehend verdampfen. Die mit Dampf gefüllten Blasen gelangen durch die Fließbewegung des Mediums und den unvermeidlichen Druckrückgewinn hinter der Drosselstelle wieder in eine Zone höheren Druckes, was zu einer Implosion der Blasen führt. Dabei bilden sich Mikrojets mit Strahlgeschwindigkeiten bis zu 500 m/s aus. Beim Auftreffen eines solchen Mikrojets auf einen festen Körper (z. B. Gehäusewand oder Oberfläche des Drosselelementes) entstehen extrem hohe lokale Druckspitzen, die fast jedes Material in kurzer Zeit zerstören. Bei Wasser betragen die örtlich eng begrenzten Druckspitzen bis zu 1500 N/mm², eine Belastung, der Stahl mit Druckfestigkeiten von 500 bis 1000 N/mm² in keiner Weise gewachsen ist [72].

Das Auftreten von Kavitation kann ziemlich genau vorausgesagt werden, wenn die Prozeßdaten und der ventilspezifische Wert $z_y$ bzw. $Xfz_y$ bekannt sind, die nur durch Messungen mit Wasser ermittelt werden können. Einzelheiten können der Norm DIN/IEC 534, Teil 8-2 bzw. der VDMA-Richtlinie 22423 entnommen werden. Als wirksamste Gegenmaßnahme erweist sich stets eine Vermeidung der Ursache, da eine Materialzerstörung bei Kavitation zwar verzögert aber nicht völlig ausgeschlossen werden kann.

Kann Kavitation nicht vermieden werden, so sollten wenigstens die beeinflussenden Parameter bekannt sein, weil durch Kenntnis der Verschleißvorgänge eine symptomatische Bekämpfung der Materialzerstörung möglich ist. Für die Intensität der Kavitation sind folgende Parameter von Bedeutung:

- zy-Wert des Stellgerätes
- Betriebsdruckverhältnis $X_F$
- Differenzdruck p1-p2
- p2-Wert des Druckes
- Geometrie des Stellgerätes hinter der Drosselstelle
- Gasgehalt der Flüssigkeit
- Viskosität der Flüssigkeit
- Oberfächenspannung der Flüssigkeit
- Dichte der Flüssigkeit

Der Differenzdruck zwischen dem niedrigen Druck in der kleinen Blase und dem höheren Druck am Implosionsort ist für den Energieinhalt maßgebend. Darum nimmt die Intensität der Kavitation mit steigendem p2-Druck zu. Beim Überschreiten des kritischen Druckverhältnisses Xfz setzt Kavitation ein, wobei die Kavitationszone bei einer weiteren Erhöhung des Druckverhältnisses ständig wächst, bis Intensität und Schallpegel einen Höchstwert erreichen. In diesem Punkt existiert ein Maximum an Kavitationsblasen, die anschließend in einer Zone höheren Druckes wieder implodieren. Bei einer weiteren Zunahme des Druckverhältnisses Xfz nimmt die Intensität der Kavitation durch den zunehmenden Gasgehalt der Flüssigkeit wieder ab. Dieser Effekt wird bei manchen Anwendungen genutzt, um die Intensität der Kavitation oder den Schallpegel zu reduzieren, indem der Flüssigkeit vor dem Ventileintritt Luft oder ein inertes Gas beigemengt wird. Dies verschiebt allerdings den Kavitationsbeginn hin zu kleineren Druckverhältnissen.

Eine Erhöhung der Viskosität vermindert die Blasenzahl und Blasengröße. Außerdem wird der kinematische Impuls beim Auftreffen des Mikrojets auf die Werkstoffoberfläche geringer als bei niedrigerer Viskosität. Die Oberflächenspannung der Flüssigkeit beeinflußt ebenfalls die Kavitation. Naturgemäß kavitiert eine Flüssigkeit um so früher, je geringer die Oberflächenspannung ist. Allerdings nehmen die treibenden Kräfte bei der Implosion ab. Dies erklärt beispielsweise die relativ hohe Verschleißfestigkeit einer Ventilgarnitur aus (weichem) Edelstahl gegenüber kavitierendem Petroleum. Eine höhere Dichte des Mediums bewirkt unter sonst gleichen Verhältnissen auch eine höhere Intensität der Kavitation. Die auftretenden Drücke sind etwa der Wurzel aus der Dichte proportional. Der Verlauf der Kavitation-Erosion, d. h. der Abtrag des Materials, kann gemäß Bild 12-2 in drei Bereiche unterteilt werden, die jeweils durch einen unterschiedlichen Verschleiß pro Zeiteinheit gekennzeichnet sind.

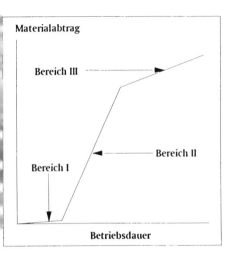

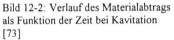

Bild 12-2: Verlauf des Materialabtrags als Funktion der Zeit bei Kavitation [73]

In der ersten Phase erfolgt bei duktilen Werkstoffen im wesentlichen nur eine plastische Verformung der Oberfläche. Ein Materialabtrag ist kaum meßbar. In der zweiten Phase entstehen Risse und Absplitterungen, da das Verformungsvermögen des Materials erschöpft ist. Es erfolgt damit ein fast linearer Materialverlust pro Zeiteinheit. In der dritten Phase bewirkt die zerklüftete Oberfläche eine Verminderung der Einwirkung der Mikrojets. Diese Phase ist daher durch einen deutlich kleineren Materialverlust pro Zeiteinheit gekennzeichnet.

Die Resistenz eines Werkstoffes gegenüber Kavitation ist in vielen, praxisnahen Versuchen getestet worden und kann mit hinreichender Genauigkeit vorhergesagt werden. Diese Kenntnisse werden heute genutzt, um eine höhere Lebensdauer zu erreichen. Ohne auf Details näher einzugehen, wurde festgestellt, daß folgende Parameter die Resistenz gegen Verschleiß beeinflussen:

- Zugfestigkeit des Materials
- Elastizitätsmodul
- Vickershärte
- Korrosionsbeständigkeit

Die Kavitationsresistenz metallischer Werkstoffe steigt naturgemäß mit großer Zugfestigkeit, Härte, guter Korrosionsbeständigkeit und hoher Verformbarkeit an. Paradox erscheint allerdings die Tatsache, daß besonders elastische Werkstoffe wie z. B. Auskleidungen aus Hartgummi, in vielen Fällen eine höhere Resistenz gegen Kavitation aufweisen als wesentliche härtere Metalle. Besonders problematisch erweist sich auch Keramik bei sonst exzellenten Eigenschaften gegen Abrasion. Es entstehen hier durch die örtlich sehr hohe Beanspruchung kleinste Risse ohne plastische Deformation.

Mit zunehmender Betriebszeit erhöht sich die Anzahl der Mikrorisse, bis es schließlich zum Abplatzen kleiner Teile kommt, die zu einer allmählichen Aushöhlung mit sehr starkem Materialabtrag führen.

### 12.3.2 Erosion-Korrosion

Dieser Punkt wurde schon im vorhergehenden Kapitel kurz angesprochen. Die Korrosionsbeständigkeit eines Werkstoffes ist deshalb von Bedeutung, weil bei allen Verschleißvorgängen stets eine Überlagerung durch Korrosionsvorgänge gegeben ist. Bekanntlich schützt eine sehr dünne Passivierungsschicht den Werkstoff vor Korrosion. Wird diese Schicht durch Verschleiß bzw. Erosion aber permanent beschädigt, so korrodieren selbst sonst beständige Werkstoffe in normalem Wasser. Weil die rasche Bildung von Passivierungsschichten und deren Beständigkeit von der Zusammensetzung des Werkstoffes abhängt, wird verständlich, daß die Resistenz von austenitischem Edelstahl (z. B. 1.4571) gegenüber Erosion-Korrosion größer als bei normalem Baustahl ist, trotz ähnlichen Werten für Härte, E-Modul und Zugfestigkeit.

### 12.3.3 Strahlverschleiß

Feststoffbeladene Flüssigkeiten oder Gase können zur völligen Zerstörung einer Armatur in wenigen Wochen führen. Naturgemäß ist der Verschleiß um so größer je höher die Fließgeschwindigkeit, je abrupter die Umlenkungen des Mediums und je härter die Partikel sind. Als wirksamste Maßnahmen haben sich bewährt:

- Geringe Fließgeschwindigkeiten
- Möglichst ungestörter (gerader) Strömungspfad
- Harte (gepanzerte oder keramische) Innenteile der Armatur

### 12.3.4 Tropfenschlag

Die Wirkung des Tropfenschlags, bei dem kondensierende Flüssigkeitströpfchen mit hoher Geschwindigkeit (bis zur Schallgeschwindigkeit bei Sattdampf) gegen die Wandungen der Armatur geschleudert werden, ist mit dem zerstörerischen Effekt bei Kavitation vergleichbar. Gemäß dem Impulssatz entsteht beim Auftreffen der Tropfen örtlich ein sehr hoher Druck, der zu einer Ermüdung bzw. Abtrag des Werkstoffes führen kann. Als Gegenmaßnahmen werden die gleichen Methoden wie bei kavitierenden Flüssigkeiten empfohlen.

### 12.3.5 Thermische Erosion

Dieser Effekt, der bei Armaturen nur eine untergeordnete Rolle spielt, sei nur der Vollständigkeit halber erwähnt. Bekannt ist diese Verschleißart aus der Weltraumfahrt beim Eintauchen in die Atmosphäre mit hoher Geschwindigkeit. Aus diesem Grunde werden auch hier harte und hochtemperaturbeständige Werkstoffe (z. B. Keramik) verwendet. Eine Übersicht der Verschleißarten, Erscheinungsformen und Abhilfemaßnahmen ist in Tabelle 12-3 dargestellt.

## 12.4 Festigkeit bzw. Dauerfestigkeit der Werkstoffe

Als dritter bedeutender Parameter für die Materialauswahl muß die Festigkeit genannt werden. Armaturen sind in der Regel hoch beanspruchte Komponenten der industriellen Automatisierungstechnik. Schon aus sicherheitstechnischen Gründen muß der Festigkeit des Materials besondere Beachtung geschenkt werden. Während die Festigkeit metallischer Werkstoffe bei Raumtemperatur einfach bestimmt werden kann, ist die Ermittlung relevanter Kennwerte bei extremen Umgebungsbedingungen oder Langzeitbelastung schwierig. Hier zählt die Erfahrung der Anwender bei der Auswahl bestimmter Materialien. Alle Parameter aufzählen zu wollen, würde den Rahmen sprengen. Einige besonders wichtige Einflußgrößen sind aber die folgenden:

- Zugfestigkeit des Materials
- 0,2 % Grenze (Festigkeit bei 0,2 % bleibender Verformung)
- Bruchdehnung
- Vickershärte
- Kerbschlagzähigkeit
- Ergebnisse beim U-Biegeversuch
- Einfluß von Spannungsrißkorrosion (interkristalline Korrosion)
- Mögliche Versprödung bei Wasserstoff und hohen Temperaturen

Die Belastbarkeit eines Werkstoffes darf immer nur bis zur *Proportionalitätsgrenze* gehen. Bis zu diesem Punkt verhalten sich die Materialien elastisch, Verformungen unter Streß sind reversibel. Die *0,2% Grenze* wird manchmal noch toleriert, wobei vorausgesetzt wird, daß winzige Verformungen ohne Bedeutung sind. Die Bruchdehnung sagt etwas darüber aus, wie groß die Verformbarkeit eines Werkstoffes im Vergleich zu seinen ursprünglichen Abmessungen ist. Zähe Werkstoffe haben eine hohe, spröde Werkstoffe nur eine geringe Bruchdehnung. Die *Vickershärte* ist ein Maß für die Oberflächenhärte eines Werkstoffes. *Härte* und *Zugfestigkeit* stehen in einem relativ engen Zusammenhang, so daß mittels einer zerstörungsfreien Härtemessung auf die Zugfestigkeit des Materials geschlossen werden kann.

Die *Kerbschlagzähigkeit* wird durch eine spezielle Prüfung ermittelt, bei der eine gekerbte Materialprobe durch einen schneidenförmigen Hammer zerstört wird. Je nach Widerstand der Probe wird die Kerbschlagzähigkeit bestimmt, die eine Aussage über das Verhalten eines Werkstoffes bei schlagartiger Belastung erlaubt. Durch die Versprödung normaler Stähle bei tiefen Temperaturen ist die Kerbschlagzähigkeit hier ein Maß für die Belastbarkeit. Der sogenannte *U-Biegeversuch* wird angwendet, um die Empfindlichkeit eines Werkstoffes gegenüber *Spannungsrißkorrosion* zu testen. Dabei wird die kalt verformte, unter Spannung stehende Materialprobe in eine definierte Säure eingetaucht. Hierbei darf es nicht zur Rißbildung kommen. Ein anderes Phänomen ist die *Versprödung* von unlegiertem Stahl bei hohen Temperaturen und Drücken, wenn das Medium *Wasserstoff* ist. Hier hilft z. B. ein Zulegieren von Chrom und Molybdän. Die wichtigste Einflußgröße in bezug auf die Festigkeit ist die Temperatur. Die maximale Belastbarkeit für ein Ventil PN 40 geht aus DIN 2401 (Bild 12-3) hervor.

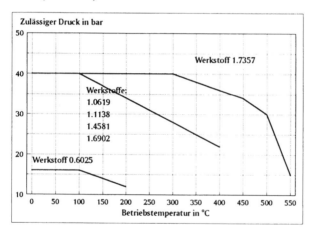

Bild 12-3: Zulässige Belastung in bar für verschiedene Standardwerkstoffe

Tabelle 12-2: Korrosionsarten, Erscheinungsformen, Ursachen und Abhilfemaßnahmen

| Korrosionsart | Erscheinungsformen | Ursachen | Abhilfemaßnahmen |
|---|---|---|---|
| Flächen-korrosion | Gleichmäßiger Abtrag der gesamten Oberfläche | Elektro-chemischer Vorgang bei Anwesenheit eines Elektrolyts = Metallauflösung durch Ionenwanderung | - Veränderung der Potentialdifferenz durch edlere Werkstoffe<br>- Oberflächenpassivierung<br>- Zugabe von Inhibitoren |
| Lokale Korrosion = Lochfraß | Punktförmiger Angriff bei großer Tiefe | - Lokalelementbildung verschiedener Stoffe<br>- Einwirkung von Halogenen (Chlor, Brom, Jod, Fluor) | - Belüftung, Vermeidung enger Spalten<br>- Zulegieren von Molybdän<br>- Zusatz von Inhibitoren |
| Spannungsriß-korrosion | Rißbildung, meist ohne sichtbare Korrosion | Hohe Zug- / Biegespannung + Korrosionseinwirkung | - Spannungsfreiglühen oberhalb 870°C |
| Interkristalline Korrosion | Bruch entlang der Korngrenzen, besonders nahe Schweißzonen | Gefügeveränderung durch Homogenisierung (Glühen) | - Kohlenstoffgehalt < 0,02%<br>- Lösungsglühen (1050°C)<br>- Zulegieren von Niob/Titan |
| Spaltkorrosion | Örtliche Korrosion in Spalten, Rissen usw. | Mangelnde Belüftung verhindert Passivierungsschicht | - Zwangsbelüftung oder Spülung durch Medium |

Tabelle 12-3: Verschleißarten, Erscheinungsformen, Ursachen und Abhilfemaßnahmen

| Verschleißart | Erscheinungsformen | Ursachen | Abhilfemaßnahmen |
|---|---|---|---|
| Kavitation | Stark aufgerauhte Oberfläche mit schwammartigem Aussehen | Örtlich sehr hohe Beanspruchung führt zur Aushöhlung und totalen Zerstörung | - Kleineres Druckverhältnis<br>- Hohe Xfz-Werte wählen<br>- Mehrstufenentspannung<br>- Gehärtete Garnituren<br>- Panzerwerkstoffe einsetzen |
| Erosion-Korrosion | Rauhe Oberfläche mit Wellen und Mulden | Feststoffe und/oder hohe Strömungsgeschwindigkeit zerstören permanent die Passivierungsschicht | - Kleineres Druckverhältnis<br>- Hohe Korrosionsresistenz<br>- Gehärtete Garnituren<br>- Panzerwerkstoffe einsetzen |
| Strahlverschleiß | Glatte Oberfläche, tiefe Mulden bis zur Aushöhlung der Wandstärke | Feststoffpartikel in gasförmigen Medien | - Kleinere Geschwindigkeit wählen (Differenzdruck)<br>- Gehärtete Garnituren<br>- Keramikteile verwenden |
| Tropfenschlag | Rauhe Oberfläche mit Vertiefungen | Örtlich sehr hohe Beanspruchung führt zur Aushöhlung, und Grübchenbildung | - Kleineres Druckverhältnis<br>- Gehärtete Garnituren<br>- Panzerwerkstoffe einsetzen<br>- Prallbleche vorsehen |
| Hydro-abrasiver Verschleiß | Glatte Oberfläche mit Wellen und Mulden | Feststoffe im Medium polieren und schleifen Material ab | - Gehärtete Garnituren<br>- Harte Verschleißteile wählen, z. B. Keramik |
| Thermische Erosion | Versprödung der Oberflächen, Abschmelzen | Sehr hohe Temperaturen durch Reibung | - Hochtemperaturbeständige Werkstoffe verwenden |

## 12.5 Werkstoffe für Ventilgehäuse und Oberteil

In der Praxis haben sich eine Reihe von Werkstoffen bewährt, die nachfolgend kurz besprochen werden. Natürlich können nicht alle in Frage kommenden Materialien erwähnt werden. Vielmehr erfolgt eine Klassifizierung nach Legierungsbestandteilen bzw. Gefüge und Anwendung.

*Gußeisen GG-25, Werkstoff Nr. 0.6025*

Einsatz bei geringer Beanspruchung hinsichtlich Druck, Temperatur, Korrosion und Verschleiß. Der höchste Druck ist auf 16 bar, die höchste Temperatur auf 300°C beschränkt. Aus Sicherheitsgründen darf ferner das Produkt aus dem Betriebsdruck in bar und dem Gehäusevolumen in Liter einen bestimmten Grenzwert nicht überschreiten.

*Sphäroguß GGG-40.3*

Anders als Gußeisen verfügt Sphäroguß über eine ausreichende Zähigkeit, die der von Stahl nahekommt. Bei tiefen Temperaturen verhält sich Sphäroguß sogar günstiger als unlegierter Stahl. Die Anwendung erfolgt bei Temperaturen von -30°C bis 350°C, wenn wärmebeständiger Stahlguß (1.0619) entweder unwirtschaftlich oder - bei Temperaturen < -10°C - ungeeignet ist.

*Warmfester, ferritischer Stahlguß GS-C25, Werkstoff Nr. 1.0619*

Diese Stahlqualität wird am häufigsten für gegossene Gehäuse und Oberteile eingesetzt und gilt in der Industrie als Standardwerkstoff. Die gute Vergießbarkeit und der sehr weite Bereich bis zu den höchsten Betriebsdrücken sichern diesem Werkstoff eine universelle Anwendung bei geringen Anforderungen an die Korrosionsbeständigkeit. Bei höheren Betriebstemperaturen nimmt die Festigkeit rasch ab. Hauptanwendungsbereich: von -10°C bis 450°C

*Warmfester, ferritischer Stahlguß, Werkstoff Nr. 1.1138*

Bei diesem Werkstoff handelt es sich lediglich um eine Modifikation des Materials 1.0619 bei sonst gleicher Zusammensetzung. Durch eine anschließende und gezielte Wärmebehandlung wird die Kerbschlagzähigkeit soweit verbessert, so daß dieser Werkstoff auch noch bei tieferen Betriebstemperaturen eingesetzt werden kann. Hauptanwendungsbereich: von -30°C bis 450°C

*Hochwarmfester, ferritischer Stahlguß, Werkstoff Nr. 1.7357*

Die Domäne dieses Werkstoffes sind hohe Betriebstemperaturen, wie sie bei der Dampferzeugung auftreten. Ein höherer Chromanteil und ein Zusatz von Molybdän sorgen für eine höhere Warmfestigkeit im Vergleich zum Standardwerkstoff 1.0619. So ergibt sich beispielsweise bei 400°C für dieses Material eine rund 60% höhere Belastbarkeit (Bild 12-3). Die oberste Grenze wird mit 530°C angegeben.

*Austenitischer nichtrostender Stahlguß, Werkstoff Nr. 1.4581*

Dieser Werkstoff wird bei Anwendungen bevorzugt, bei denen eine hohe Korrosionsbeständigkeit gefordert ist. Bedeutende Legierungsbestandteile dieses Standardmaterials sind Chrom, Nickel und Molybdän. Sie verleihen dem Werkstoff eine ausgezeichnete Korrosionsbeständigkeit bei mittlerer Festigkeit. Der Anwendungsbereich reicht normalerweise von -100°C bis 450°C.

*Austenitischer kaltzäher Stahlguß, Werkstoff Nr. 1.6902*

Dieses Material ist für Tieftemperaturanwendungen vorgesehen, wie z. B. der Luftzerlegung. Ein sehr niedriger Kohlenstoffgehalt und ein kleinerer Anteil an Molybdän verleihen dem Werkstoff auch bei Temperaturen von -200°C noch eine ausreichende Kerbschlagzähigkeit.

*Austenitischer, hochsäurebeständiger Stahlguß, Werkstoff Nr. 1.4500*

Dieser Werkstoff, auch Durimet 20 oder Alloy 20 genannt, hat einen wesentlich höheren Anteil an Nickel und Chrom und ist daher besonders korosionsbeständig. Sein Hauptanwendungsgebiet ist die Herstellung von Schwefelsäure und Lösungen ihrer Salze.

*Ferritisch-austenitischer Stahlguß*

Ferritisch-autensitische bzw. austenitisch-martensitische Werkstoffe verbinden die hohe Festigkeit der ferritisch bzw. martensitischen Stähle mit der guten Korrosionsbeständigkeit austenitischer Materialien (z. B. Duplex). Sie werden hauptsächlich in der Erdöl- und Erdgasindustrie bei hohen Drücken eingesetzt.

*Bronze*

Bronzeguß wird bevorzugt in Sauerstoffanlagen eingesetzt, weil Bronze sicherer ist und im Gegensatz zu Stahl nicht wie eine Wunderkerze verglüht, wenn das Material unter Zufuhr von reinem Sauerstoff hohen Temperaturen ausgesetzt wird. Durch Zulegieren weiterer Stoffe können ansehnliche Festigkeitswerte erreicht werden.

# 12.6 Häufig angewendete Sonderwerkstoffe

Als Sonderwerkstoffe für Armaturen werden solche bezeichnet, die nicht zum Standard-Programm der meisten Armaturen-Hersteller gehören und in der Regel ganz speziellen Anwendungen vorbehalten sind. Sonderwerkstoffe können meistens einer der folgenden Kategorien zugeordnet werden:

- Legierte Stähle

  - Ferritische Werkstoffe
  - Ferritisch-austenitische Werkstoffe
  - Austenitische Werkstoffe

- Hochkorrosionsbeständige Werkstoffe auf Nickelbasis

- Nickel-Kupfer-Legierungen

- Titan-Werkstoffe

- Tantal-Werkstoffe

- Andere Spezialwerkstoffe

Da die legierten Stähle in ihren zahlreichen Variationen nicht in allen Fällen als Sonderwerkstoffe betrachtet werden, erfolgt eine Konzentration auf die höherwertigen Materialien; z. T. werden firmenspezifische Handelsnamen benutzt.

## 12.6.1 Neuere austenitische Edelstähle

Von den austenitischen Chrom-/Nickelstählen wird eine exzellente Korrosionsbeständigkeit bei guter Verarbeitbarkeit verlangt. Darüber hinaus soll der Widerstand gegen Verschleiß und die Festigkeit möglichst hoch sein. Obwohl dies ein Widerspruch in sich selbst ist, versuchen die Stahlhersteller diese Forderungen unter einen Hut zu bringen. Fortschritte wurden durch Zulegieren bestimmter Elemente und eine entsprechende Wärmebehandlung erreicht. Da austenitische Stähle nicht härtbar sind, bieten sich drei verschiedene Verfahren an, um die Festigkeit zu verbessern:

  - Das Zulegieren von Stickstoff
  - Eine systematische Kaltverfestigung
  - Ausscheidungshärtung

*Mit Stickstoff legierte Austenite*

Ein Stickstoffgehalt von 0,2 bis 0,35 % erhöht nicht nur die Festigkeit und Dauerfestigkeit des Werkstoffes, sondern bewirkt darüber hinaus eine bessere Korrosionsbeständigkeit bei Zuständen, wo Streß und Korrosion zusammentreffen. Die 0,2%-Grenze der stickstofflegierten Stähle wird nahezu verdoppelt. Der Korrosionsmechanismus (Spannungsrißkorrosion) wird verzögert. Dies wird damit erklärt, daß die Passivschicht an der Oberfläche des Materials durch die höhere Festigkeit unverletzt bleibt, wenn es infolge von Streß und hoher Belastung des Materials zu Dehnungen kommt. Viele neu entwickelte Werkstoffe sind noch nicht mit Werkstoff-Nummern nach DIN belegt. Einige typischen Vertreter werden in der alten DIN-Bezeichnung aufgeführt:

Tabelle 12-4: Vergleich der Werkstoffbezeichnungen für stickstofflegierte Stähle

| DIN-Bezeichnung | DIN-Werkstoff-Nr. |
|---|---|
| X 2 CrNiMoN 18 14 | 1.4429 |
| X 3 CrNiMoN 18 18 | --- |
| X 3 CrNiMnMoN 18 12 | --- |

*Kaltverfestigung austenitischer Stähle*

Diese Methode hat in den letzten Jahren an Bedeutung gewonnen. Naturgemäß läßt sie sich nur bei Walzmaterialien (Blech, Stäbe, Profile usw.) und nicht bei Guß anwenden. Vor allem bei Schrauben und Muttern aus Edelstahl, die bei Armaturen zu den am höchsten belasteten Bauteilen zählen, kann die Festigkeit durch eine gezielte Kaltverformung erheblich gesteigert werden. Ein Nachteil ist allerdings, daß durch Wärmebehandlung oder durch Einsatz bei sehr hohen Umgebungstemperaturen der Festigkeitsgewinn z. T. wieder aufgehoben wird. Trotzdem sind diese Werkstoffe im Armaturenbau heute unverzichtbar geworden. Die kaltverfestigten Werkstoffe für Schrauben und Muttern werden von den Herstellern unterschiedlich gekennzeichnet. Deshalb ist bei der Bestellung auf den Begriff "Kaltverfestigung" hinzuweisen.

*Ausscheidungsgehärtete Edelstähle*

Unter ausscheidungshärtbaren Edelstählen versteht man Eisen-Chrom-Nickel-Legierungen, die zum Aushärten weitere Legierungselemente (Kupfer, Niob, Molybdän, Aluminium, usw.) enthalten können. Diese Werkstoffe, die zuerst in den USA entwickelt wurden, werden in zunehmendem Maße auch bei Armaturenteilen (Kegel, Spindel, Sitzring etc.) eingesetzt und können in folgende drei Gruppen eingeteilt werden:

*Martensitische Stähle (z. B. 17-4 PH)*

Diese Stähle haben nach dem Lösungsglühen normalerweise ein martensitisches Gefüge wie ein normaler härtbarer Stahl mit einem Mindestgehalt an Kohlenstoff. Die hohe Härte und Festigkeit wird durch eine einzige Ausscheidungshärtung bei verhältnismäßig niedrigen Temperaturen (480 - 510 °C) erzielt.

**Übungen zur Selbstkontrolle:**

12-1 Was sind die wesentlichen Anforderungen an einen Ventilwerkstoff?

12-2 Wie kann man den Vorgang der Korrosion deuten?

12-3 Warum ist Lochfraß gefährlicher als eine Flächenkorrosion?

12-4 Welche Beanspruchungen lösen Spannungsrißkorrosion aus?

12-5 Was bedeutet Korrosion-Erosion? Wodurch entsteht sie?

12-6 Was ist Kavitation? Was passiert bei Kavitation in Wandnähe?

12-7 Wie können die Auswirkungen der Kavitation gemildert werden?

12-8 Welche Werkstoffe sind bei einem Strahlverschleiß angebracht?

12-9 Warum sind die statischen Drücke einer Armatur bei hohen Temperaturen (>200°C) zu reduzieren?

12-10 Was ist bei Tieftemperaturanwendung (<50°C) zu beachten?

12-11 Warum soll der Garniturwerkstoff korrosionsbeständiger (edler) als der Werkstoff für Gehäuse und Oberteil sein?

12-12 Welche Vorteile haben ausscheidungshärtende Stähle bei Garnituren?

12-13 Welcher Gehäusewerkstoff ist besonders bei Schwefelsäure geeignet?

12-14 Welche Vor- und Nachteile sind bei der Anwendung von Keramik als Garniturwerkstoff gegeben?

12-15 Warum wird bei Ventilauskleidungen vorwiegend FEP, PFA oder TFA anstelle von PTFE verwendet?

Bedingt durch die außerordentliche Komplexität der Korrosionsvorgänge können nur allgemeine Hinweise für die Anwendung dieser Werkstoffe gegeben werden. Eine gezielte Empfehlung verlangt das Nachschlagen in speziellen Tabellen, die von den Herstellern der Sonderwerkstoffe zur Verfügung gestellt werden.

## Hastelloy B

Dieser Werkstoff ist speziell für die Anwendung bei Salzsäure - in allen Konzentrationen und Temperaturbereichen - entwickelt worden. Auch gegenüber anderen oxidierenden Säuren ist Hastelloy B ausreichend beständig.

## Hastelloy C

Hastelloy C gehört zu den korrosionsbeständigsten Werkstoffen überhaupt. Es ist eine "Allzweck-Legierung", die sich bei fast allen aggressiven Medien bewährt hat. Besondere Erwähnung verdient die gute Beständigkeit gegenüber oxidierendem Korrosionsangriff. Vornehmlich wird dieser Werkstoff bei Bleichlösungen, die z. B. Chlor enthalten, Schwefelsäure, Phosphorsäure oder starken organischen Säuren wie Essigsäure, Ameisensäure oder Cyanverbindungen eingesetzt.

## Hastelloy D

Dieser Werkstoff wird seltener angewendet und bietet nur bei wenigen Medien Vorteile gegenüber Hastelloy C. Zu nennen sind: Chromsäuren, spezielle Chlorverbindungen, Flußsäure und bei bestimmten Konzentrationen und Temperaturen von Schwefelsäure.

## Hastelloy F

Was für Hastelloy D gesagt wurde, gilt im Prinzip auch hier. Der Einsatz dieses Sonderwerkstoffes bleibt in der Regel auf Spezialanwendungen beschränkt. Vorteile ergeben sich z. B. bei Salzsäure geringer Konzentration und Ameisensäure.

## Hastelloy X

Dieser Werkstoff beweist seine Überlegenheit bei hohen Temperaturen bis 1200 °C. Auch bei Anwendungen, wo hohe Temperaturen, Streß und chemischer Angriff gleichzeitig auftreten und andere Werkstoffe zur Spannungsrißkorrosion neigen (z. B. bei der Destillation schwefelhaltiger Rohöle), hat sich dieses Material gut bewährt.

*Andere Nickel-Legierungen*

Es gibt eine Reihe weiterer Nickel-Legierungen, die nicht ganz den Be-
kanntheitsgrad von Hastelloy erreicht haben, aber ähnlich gute Eigenschaften
aufweisen. Auch hier sind bestimmte Qualitäten für spezielle Anwendungen
entwickelt worden. Zu nennen sind:

*Nickel 200 und Nickel 201*

Beide Werkstoffe zeigen eine ausgezeichnete Beständigkeit gegenüber Ätzal-
kalien. Für Innenteile von Armaturen werden diese Werkstoffe aber nur in seltenen Fällen verwendet.

*Inconel 600*

Inconel 600 ist besonders zu empfehlen, wenn hohe Temperaturen und angrei-
fende Medien zusammenkommen. Kennzeichnendes Merkmal ist eine hohe
Festigkeit bzw. Dauerfestigkeit bei solchen Betriebsbedingungen. Eine typische Anwendung ist z. B. eine hoch beanspruchte Ventilstange aus diesem
Material.

*Inconel 625*

Die Anwendung ist ähnlich wie für Inconel 600, jedoch hat dieses Material eine noch höherer Festigkeit und Härte. Daneben zeichnet sich Inconel 625
durch eine gute Ermüdungsfestigkeit und Beständigkeit gegenüber Spannungsrißkorrosion aus.

*Incoloy 800*

Dieser Werkstoff wird - ähnlich Inconel 600 - bei hohen Temperaturen eingesetzt. Die Legierung verhindert Verzunderung und versprödet selbst bei Lang-
zeitanwendung nicht.

## 12.6.3 Nickel-Kupferlegierungen [75]

Diese Werkstoffgruppe zeichnet sich durch Homogenität, hohe Festigkeit und
Duktilität (Zähigkeit) aus. Typische Vertreter dieser Gruppe sind Werkstoffe,
die unter der Bezeichnung MONEL bekannt geworden sind.

*Monel 400*

Monel 400 enthält etwa 65% Nickel und 30% Kupfer. Der Rest hat keine allzu
große Bedeutung. Monel 400 ist unter den verschiedensten Korrosionsbedin-
gungen gut beständig. Ein typisches Medium, das in seinem Korrosionsangriff

meistens unterschätzt wird und für das dieser Werkstoff hervorragend geeignet ist, ist Meerwasser. Gleichzeitig weist Monel 400 eine hohe Resistenz gegenüber Verschleiß (Erosion) und Kavitation auf.

*Monel K-500*

Dieses Material verbindet die gute Korrosionsbeständigkeit von Monel 400 mit der Festigkeit und Härte aushärtbarer Chrom-Nickel-Legierungen. Durch Zusätze von Aluminium und Titan wird diese Legierung bei entsprechender Wärmebehandlung ausscheidungshärtbar, wobei sich die Festigkeit praktisch verdoppelt. Diese Eigenschaften machen den Werkstoff gut geeignet für Garnituren, wo es auf Korrosionsbeständigkeit, Verschleißarmut und Festigkeit ankommt.

## 12.6.4 Titan und seine Legierungen [76]

Die Vorzüge von Titan im Vergleich zu anderen korrosionsbeständigen Werkstoffen beruhen auf seinem geringen spezifischen Gewicht bei gleichzeitig hoher Festigkeit. Hauptanwendungsgebiete sind daher der chemische Apparatebau sowie der Flugzeugbau bzw. die Raumfahrt. Titan und seine Legierungen sind gegenüber einer Vielzahl von häufig vorkommenden Betriebsstoffen exzellent beständig. Der hohe Preis und die schwierige Gießbarkeit begrenzen allerdings die Anwendungen auf spezielle Fälle.

## 12.6.5 Tantal-Werkstoffe [77]

Tantal ist ein exotischer Werkstoff, der sich durch einen hohen Schmelzpunkt und gute Korrosionsbeständigkeit auszeichnet. Tantal läßt sich gut kaltverformen und erreicht dadurch eine hohe Festigkeit. Wie der hohe Schmelzpunkt vermuten läßt, behält Tantal die hohe Festigkeit selbst bei hohen Temperaturen bei. Durch Zulegieren von Wolfram kann diese Festigkeit nochmals erheblich gesteigert werden. Aufgrund seiner ausgezeichneten Korrosionsbeständigkeit wird Tantal oft mit Edelmetallen verglichen. Es gibt nur wenige anorganische Substanzen, mit denen Tantal bei Raumtemperatur reagiert. Mit zunehmender Temperatur nimmt allerdings die Beständigkeit ab. Bis zu Temperaturen von 150°C ist Tantal nicht nur gegenüber den meisten organischen Verbindungen beständig, sondern auch gegenüber Salzsäure, Salpetersäure, Schwefelsäure und Phosphorsäure in fast allen Konzentrationen. Nachteilig ist, daß Tantal die Festigkeit bei hohen Temperaturen nur begrenzt nutzen kann, da im Laufe der Zeit meistens eine Versprödung oberhalb bestimmter Grenzwerte einsetzt.

Im Armaturenbau wird Tantal bestenfalls für die hochbeanspruchten Garnituren verwendet. Weil ein Gießen in herkömmlichen Formen ist nicht möglich ist, scheidet Tantal für gegossene Armaturengehäuse daher aus.

## 12.6.6 Andere Sonderwerkstoffe

An dieser Stelle müssen vor allen Dingen die Panzerwerkstoffe genannt werden, die nicht nur eine verschleißmindernde Wirkung, sondern auch eine exzellente Korrosionsbeständigkeit haben müssen. Diese Materialien kann man in zwei Gruppen einteilen: (a) Die hochnickelhaltigen Werkstoffe und (b) Materialien, deren Hauptkomponente das Element Kobalt ist.

*Kobaltbasierende Panzerwerkstoffe*

Der wohl bekannteste Panzerwerkstoff ist *Stellite,* der in zahlreichen Legierungs-Varianten existiert. Stellite ist erhältlich als Rundmaterial zur Herstellung von massiven Kleinteilen, wie z. B. Kegel und Sitzring, als Schweißelektrode zum Auftragsschweißen einer Panzerschicht und schließlich als feines Pulver, das im Flammspritzverfahren auf die zu panzernde Oberfläche aufgebracht wird. Die Kennwerte der verschiedenen Legierungen gehen aus Tabelle 12-6 hervor. Die verschiedenen Sorten unterscheiden sich durch die Art der mechanischen und chemischen Beanspruchung. Die Härte steigt mit dem Gehalt an Wolfram und Kohlenstoff an. Die Korrosionsbeständigkeit hängt weitgehend vom Gehalt an Chrom und Kobalt ab. Auf detaillierte Empfehlungen muß leider verzichtet werden. Ein weiteres Merkmal dieser Werkstoffe sind die ausgezeichneten Gleiteigenschaften und ein relativ geringer Härteverlust bei hohen Temperaturen bis 600°C. Diese Eigenschaften machen Stellite zu einem idealen Werkstoff für Führungsbuchsen oder gepanzerte Ventilteile. Selbst wenn für beide Lagerteile Stellite verwendet wird, ist ein Verschweißen (Fressen) kaum zu befürchten.

Tabelle 12-6: Zusammensetzung in Prozent und Härte von Stellite-Werkstoffen [78]

| Bezeichnung | C | Cr | W | Co | Härte (HRC) |
|---|---|---|---|---|---|
| Stellite Nr. 1 | 2,5 | 33 | 13 | 50 | 51 |
| Stellite Nr. 3 | 2,4 | 30 | 13 | 52 | 51 |
| Stellite Nr. 4 | 1,0 | 31 | 14 | 53 | 45 |
| Stellite Nr. 6 | 1,1 | 28 | 4 | 67 | 37 |
| Stellite Nr. 7 | 0,4 | 26 | 6 | 66 | 39 |
| Stellite Nr. 12 | 1,5 | 29 | 8 | 62 | 40 |
| Stellite Nr. 20 | 2,5 | 33 | 18 | 45 | 55 |
| Stellite Nr. 100 | 2,0 | 34 | 19 | 43 | 61 |

*Nickelbasierende Panzerwerkstoffe*

Harte, verschleißfeste und korrosionsbeständige Panzerwerkstoffe sind auch auf der Basis von Nickel möglich. Einer der bekanntesten Vertreter dieser Gruppe ist *Colmonoy*. Auch hier gibt es zahlreiche Sorten für gezielte Anwendungen. Bei Armaturen steht - wie bei den Stelliten - die Härte und Verschleißfestigkeit im Vordergrund der Überlegungen. Natürlich sollte die Korrosionsbeständigkeit der Garnitur gleich oder besser als die des Gehäuses sein. Dies ist, wenn man einmal von Sonderwerkstoffen für Gehäuse und Oberteil absieht, meistens der Fall. Härte und Zusammensetzung der Colmonoy-Legierungen gehen aus Tabelle 12-7 hervor.

Tabelle 12-7: Zusammensetzung in Prozent und Härte von Colmonoy-Werkstoffen [79]

| Bezeichnung | C | Cr | B | Ni | Härte (HRC) |
|---|---|---|---|---|---|
| Colmonoy Nr. 5 | 0,65 | 11,5 | 2,5 | 77 | 45 |
| Colmonoy Nr. 6 | 0,75 | 13,5 | 3,0 | 74 | 56 |
| Colmonoy Nr. 8 | 0,95 | 26,0 | 3,5 | 65 | 54 |
| Colmonoy Nr. 56 | 0,70 | 12,5 | 2,8 | 76 | 50 |
| Colmonoy Nr. 75 | 0,65 | 11,5 | 2,5 | 77 | 55 |

## 12.7 Werkstoffe für Ventilgarnituren

Um eine bleibende Charakteristik und Regelbarkeit garantieren zu können, werden an den Garniturwerkstoff höchste Anforderungen gestellt. Schon ein ganz geringer Abtrag durch Verschleiß oder Korrosion kann das Stellverhältnis erheblich herabsetzen. Aus diesem Grund wird für die Garnitur in der Regel ein höherwertiger Werkstoff im Vergleich zum Gehäuse oder Oberteil verwendet. Viele der in den vorausgegangenen Kapiteln erwähnten Werkstoffe werden sowohl als Gehäuse- als auch Garniturmaterial eingesetzt. Dies gilt vor allem für die hochlegierten (exotischen) Materialien und die ausscheidungshärtenden Werkstoffe, wie z. B. 17-4 PH. Es gibt allerdings einige wichtige Werkstoffe, die ausschließlich den Garnituren vorbehalten bleiben und die nachfolgend kurz erläutert werden.

### 12.7.1 Chrom-Stähle

Die Familie der Crom-Stähle mit einem Chromgehalt von etwa 12 bis 18% sind als Garniturmaterial hervorragend geeignet. Bei einem Mindestgehalt an Kohlenstoff können diese Materialien sogar vergütet, d. h. gehärtet werden. Dadurch wird die Verschleißfestigkeit erhöht.

Praxisnahe Verschleißversuche in Kraftwerken haben gezeigt, daß vergütete Chromstähle bei Wasser-Einspritzventilen (z. B. 1.4057) sogar eine höhere Lebensdauer aufweisen als das wesentlich teurere Stellite. Mit steigendem C-Gehalt (z. B. 1.4112) kann eine noch wesentlich höhere Härte und längere Lebensdauer erzielt werden [80]. Dies ermöglicht nicht nur eine erhebliche Reduzierung der Herstellkosten, sondern vermeidet auch die fertigungstechnischen Probleme bei der Stellitierung kleiner Garniturteile, wie z. B. die Innenflächen von Käfigen oder Führungsbuchsen.

Ein Nachteil der Chrom-Stähle, die meistens keinen oder nur einen ganz geringen Nickelgehalt aufweisen, ist (a) die begrenzte Korrosionsfestigkeit und (b) die schlechte Schweißbarkeit, die meistens eine nachträgliche Wärmebehandlung der geschweißten Teile notwendig macht.

## 12.7.2 Hartmetalle (Wolframkarbid)

Bei Anwendungen, die durch ihren stark verschleißenden Charakter geprägt sind (z. B. Flüssigkeits-Feststoffgemische), ist im wesentlichen die Härte der Garnitur für die zu erwartende Lebensdauer maßgebend. Hier haben sich Garnituren (Sitzring und Kegel) aus Hartmetall hervorragend bewährt. Während die Herstellung bei einfacher Formgebung heute keine Probleme mehr bereitet, verlangt die richtige Befestigung der Teile mit der Spindel bzw. im Gehäuse viel Erfahrung, um ein Brechen des spröden Materials zu vermeiden. Allerdings stehen hier die Hersteller dieser Werkstoffe mit Rat und Tat zur Verfügung.

## 12.7.3 Keramische Werkstoffe

Einen großen Auftrieb haben im letzten Jahrzehnt die keramischen Werkstoffe erfahren, nachdem es gelang, spezifische Eigenschaften zu erzeugen, die das Material auch für die Anwendung als Ventilgarnitur geeignet machen. Neben einer maßgenauen Herstellung der Teile sind vor allem folgende Merkmale von besonderer Wichtigkeit, um die Anforderungen an ein Garniturmaterial zu erfüllen:

- Ausreichende Biegebruchfestigkeit und Zähigkeit
- Hohe Härte und Verschleißfestigkeit
- Hoher Korrosionswiderstand
- Gute Temperaturwechselbeständigkeit
- Befriedigende Gleitfähigkeit

Diese Eigenschaften waren zu Beginn (z. B. bei Aluminiumoxid =$Al_2O_3$) nicht vorhanden, so daß es Rückschläge gegeben hat. Erst als es gelang die Anwendung von Siliziumnitrid ($Si_3N_4$) voranzutreiben, wurden erste Erfolge durch höheren Standzeiten (z. B. in der Kohleverflüssigung) erzielt. Auf die Aufzählung anderer Keramikwerkstoffe, deren spezielle Eigenschaften und die zahlreichen Herstellungsverfahren wird bewußt verzichtet, da es den Rahmen dieses Buches sprengen würde. Meistens wird heute ein Isostatpressen mit anschließender Rohbearbeitung vorgenommen. Nach dem Gasdrucksintern erfolgt dann die Feinbearbeitung durch Schleifen. Der Einsatz von Keramik als Garnitur verlangt - wie schon bei Hartmetall - eine materialgerechte Konstruktion. Zug-, Biege- und vor allem Kerbspannungen sind unbedingt zu vermeiden. Dies erfordert Kompromisse und beschränkt den Einsatz von Keramik im Prinzip auf folgende Anwendungen:

- Starker Verschleiß durch unvermeidliche Abrasion, wie z. B. bei der Rauchgasentschwefelung, da "Kalkmilch" außerordentlich verschleißend wirkt und metallische Garnituren in kurzer Zeit zerstört.

- Einfache Gestaltung der Garnitur; komplizierte Lösungen, wie z. B. ein Lochkegel scheiden aus.

Was die Befestigung der Garnitur anbetrifft, so bieten sich Einrollen, Einschrumpfen oder Einklemmen an, wobei der unterschiedlichen Wärmedehnung Beachtung zu schenken ist (Bild 12-4).

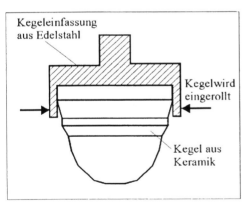

Kegeleinfassung aus Edelstahl

Kegelwird eingerollt

Kegel aus Keramik

Bild 12-4: Eingerolltes Keramikteil (schematisch)

Der Drosselkörper aus Keramik besteht aus zylindrischen und konischen Teilabschnitten, die durch Schleifen leicht herstellbar sind. Da Keramik hohe Druckkräfte verträgt, kann das Keramikteil problemlos eingerollt werden. Der Konus am oberen Teil der Keramik verhindert, daß sich der Kegel aus der metallischen Einfassung lösen kann.

## 12.7.4 Werkstoffe für Führungsbuchsen / Ventilspindeln

Alle Stellventile enthalten eine oder mehrere Führungsbuchsen für die Lagerung der Ventilspindel. Nach den klassischen Regeln des Maschinenbaus sollen Buchse und Spindel aus unterschiedlichen Werkstoffen bestehen, um die Affinität der beiden Teile zum "Fressen" unter Belastung zu verhindern. Leider ist diese Empfehlung nur selten einzuhalten, da z. B. nur Edelstahl die notwendige Korrosionsbeständigkeit aufweist. In solchen Fällen greift eine zweite Grundregel der Maschinenbauer:

Bestehen die beiden gegeneinander gleitenden Teile aus demselben Werkstoff, dann sollte ein Härteunterschied von wenigstens 125 HRB hergestellt werden. Mit anderen Worten, eines der Teile muß gehärtet werden. Dies stößt aber ebenfalls auf Schwierigkeiten, wenn die Führungsbuchse aus autenitischem Material besteht, das bekanntlich nicht härtbar ist. In solchen Fällen hat sich eine Oberflächenhärtung bewährt. Dies kann durch zahlreiche Verfahren bewerkstelligt werden: Einsatzhärten, Flammhärtung, galvanisches oder stromloses Vernickeln bzw. Hartverchromen usw. Die gebräuchlichsten Verfahren einer Oberflächenhärtung bei austenitischen Teilen sind: (a) *Nitrieren* oder (b) *Borieren* der Oberfläche.

Beide Verfahren sind ähnlich. Die zu behandelnden Teile werden einem speziellen Bad bei Temperaturen von 300-500°C (Nitrieren) bzw. 800-1000°C (Borieren) für eine Dauer von 2-3 Stunden ausgesetzt. Dabei diffundiert Stickstoff bzw. Bor in die Oberfläche des Werkstoffes ein und bildet an der Oberfläche eine intermetallische Schicht von sehr hoher Härte, die wesentlich härter und verschleißfester als die Oberfläche martensitischer Werkstoffe ist. Nachteilig ist allerdings die geringe Schichtdicke. Die Eindringtiefe hängt vom Grundwerkstoff und der Behandlungsdauer ab und beträgt im Schnitt nur 10 bis 20 µm. Solche Schichten bieten einen exzellenten Schutz gegen Fressen und Reiboxidation. Vorteilhaft ist die geringe maßliche Veränderung, die im Bereich üblicher Fertigungstoleranzen liegt. Nachteilig ist eine geringe Abnahme der Korrosionsbeständigkeit bei austenitischen Werkstoffen, während die Beständigkeit unlegierter Stähle durch diese Verfahren zunimmt. Liegen außergewöhnliche Beanspruchungen hinsichtlich Korrosion und Temperatur vor, so bleibt entweder als Ausweg ein exotisches Material (Stellite, Monel K-500, Inconel usw.) einzusetzen, oder eine sehr harte, korrosionsbeständige Nickel- bzw. Chromschicht aufzubringen. Dies ist jedoch mit maßlichen Veränderungen der Passungen verbunden und erfordert überdies spezielle Erfahrungen, um ein Abplatzen der Hartschicht zu verhindern.

## 12.8 Werkstoffe für Ventilauskleidungen

Auskleidungen und Beschichtungen sind im chemischen Apparatebau nicht mehr wegzudenken. Während dünnwandige Beschichtungen meistens bei großvolumigen Behältern zur Anwendung kommen, erfolgt bei Armaturen eine Auskleidung, die entweder durch isostatisches Pressen oder durch das sogenannte "Molding"-Verfahren erreicht wird. Als drucktragende Teile der Armatur wird meist Sphäroguß GGG-40.3, in Ausnahmefällen auch Stahlguß (1.0619), verwendet.

Nach der Auskleidung mit dem entsprechenden Werkstoff wird eine Korrosionsbeständigkeit erreicht, die einem exotischen und teuren Werkstoff ebenbürtig ist. Durch die Möglichkeit, die erforderlichen Investitionskosten zu senken, wird diese Technologie ständig weiterentwickelt. Die Vielzahl verschiedener Werkstoffe und Auskleidungstechniken verbietet es, auf Einzelheiten näher einzugehen. Es wird aber dringend empfohlen, vor der Anwendung den Rat eines erfahrenen Herstellers einzuholen, da häufig einflußreiche Parameter übersehen werden, die für Erfolg oder Mißerfolg ausschlaggebend sind.

Die Werkstoffe, die zur Auskleidung verwendet werden, können praktisch in drei Gruppen aufgeteilt werden:

- *Synthetische Kautschuke*
- *Thermoplatische Kunststoffe*
- *Anorganische Stoffe (Email, Borsilikatglas)*

*Synthetische Kautschuke* werden gerne bei Membranventilen verwendet. Die Vorzüge sind: (a) Gute chemische Beständigkeit, (b) sehr gute Haftfähigkeit auf dem Basismaterial (GGG-40.3) und (c) hohe Dauerstandsfestigkeit gegenüber abrasiven Medien und Kavitation. Eine grobe Übersicht gibt Tabelle 12-8.

Tabelle 12-8: Eigenschaften von Elastomer-Auskleidungen und Membranwerkstoffen [81]

| Basismaterial der Gummiauskleidung | Kurz-Bez. | Max. Temp. | Shore Härte A | Besonderheiten |
|---|---|---|---|---|
| Chloropren-Kautschuk | CR | 80°C | 40-85 | Gute chemische Beständigkeit, wetterfest, ölbeständig |
| Nitril-Kautschuk | NBR | 90°C | 20-90 | Sehr gute Öl- und Benzin-beständigkeit |
| Ethylen-Prop. Kautschuk | EPDM | 100°C | 40-80 | Gute Chemikalienbeständigkeit, empfindlich gegenüber Ölen + Fetten |
| Chlorsulfonpolyethylen-Kautschuk | CSM | 110°C | 60-80 | Sehr gute Chemikalienbeständigkeit, Ozon- und Wetterfestigkeit |
| Fluor-Kautschuk | FPM | 150°C | 30-70 | Höchste Chemikalienbeständigkeit auch gegenüber Lösungsmitteln |

*Thermoplastische Kunststoffauskleidungen* - besonders die PTFE-Abkömmlinge FEP, PFA, TFA, PVDF - nehmen jährlich an Bedeutung zu. PTFE selbst ist bekanntlich weder schweißbar, noch kann es wie ein Thermoplast im Spritzgußverfahren verarbeitet werden. Die einzige Möglichkeit einer Auskleidung besteht darin, das Pulver isostatisch an die Wandungen des Gehäuses zu pressen und dann zu sintern. Das größte Problem bei jeder Auskleidung ist eine Diffusion des Mediums, die nicht nur zu einer Korrosion des Grundmaterials führt, sondern die Auskleidung schließlich abhebt und zerstört.

Aus diesem Grund werden Mindestdicken für die Auskleidung empfohlen, die bei PTFE ca. 5 mm betragen sollen. Bei den Fluor-Kunststoffen, die sich thermoplastisch verarbeiten lassen, ist die Gefahr einer Diffusion geringer, was kleinere Schichtdicken ermöglicht. Eine Übersicht der häufig angewendeten Fluor-Kunststoffe gibt Tabelle 12-9. Um einen Vergleich der Gesamteigenschaften verschiedener Auskleidungswerkstoffe zu ermöglichen, wurden auch einige anorganische Materialen sowie Hastelloy C mit aufgeführt.

Tabelle 12-9: Eigenschaften von Auskleidungswerkstoffen / Hastelloy C [82]

| Material | Korrosionsbeständigkeit | Temperaturbereich °C | Temperaturschockfestigkeit | Mechanische Festigkeit | Abrasionsfestigkeit | Schlagfestigkeit |
|---|---|---|---|---|---|---|
| FEP/PFA + TFA | sehr gut, universell einsetzbar | -150 bis 180 | sehr gut | ohne Stützgehäuse schwach | ohne Füllung begrenzt | sehr gut |
| PTFE | sehr gut, universell einsetzbar | -150 bis 180 | sehr gut | ohne Stützgehäuse schwach | ohne Füllung begrenzt | sehr gut |
| PVDF | begrenzt, temperaturabhängig | -40 bis 120 | sehr gut | ohne Stützgehäuse schwach | gut | sehr gut |
| Borsilikatglas | sehr gut, fast universell einsetzbar | -50 bis 200 | begrenzt | Keine Zug- oder Biegespannung | sehr gut | gering, Material ist spröde |
| Email | sehr gut, fast universell einsetzbar | -75 bis 300 | begrenzt | Keine Zug- oder Biegespannung | sehr gut | gering, Material ist spröde |
| Hastelloy C | sehr gut, Anwendung jedoch begrenzt | -200 bis 530 | sehr gut | sehr gut | sehr gut | sehr gut |

Der exzellenten Korrosionsbeständigkeit der Fluorkunststoffe stehen als Nachteil eine begrenzte Temperatur- und Druckfestigkeit gegenüber. Als obere Temperaturgrenze gilt ein Wert von 180°C. Bei Ventilen mit einem Balg aus PTFE müssen die Betriebsdrücke bei erhöhten Temperaturen naturgemäß reduziert werden (Bild 12-5). [83]

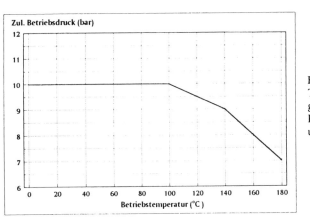

Bild 12-5: Druck-Temperatur-Diagramm für Ventil mit PTFE-Auskleidung und PTFE-Faltenbalg

Als *anorganisches Auskleidungsmaterial* kommt in erster Linie *Email* zur Anwendung. Email ist ein glasartiges Naturprodukt, das aus ca. 60% Quarz und zahlreichen Beimischungen besteht. Aufgrund der Sprödigkeit des Materials sind nur wenige Grundwerkstoffe geeignet, da eine genaue Abstimmung der Ausdehnungskoeffizienten erforderlich ist. Der Emailliervorgang verlangt viel Erfahrung und bleibt einigen wenigen Spezialisten vorbehalten. Das Gehäuse wird zunächst auf die notwendige Betriebstemperatur gebracht und dann mit dem Emailpulver "gepudert", wobei auf eine gleichmäßige Schichtdicke von ca. 1,0 bis 1,5 mm zu achten ist. Email ist gegen die meisten Säuren und Laugen beständig und erlaubt im Vergleich zu thermoplastischen Werkstoffen höhere Betriebstemperaturen. Das gleiche gilt für Quarzglas- und Borsilikatglasbeschichtungen.

## 12.9 Werkstoffe für Hilfsgeräte

Da die sogenannten "Hilfsgeräte" eine immer größere Bedeutung gewinnen, sollen auch die gängigen Werkstoffe dieser Gerätegruppe kurz besprochen werden. An erster Stelle stehen hier Aluminiumlegierungen, die als Druckguß für eine präzise Formgebung wichtiger Komponenten (Stellungsregler, Signalumformer, Magnetventile, pneumatische Verstärker usw.) verarbeitet werden. An zweiter Stelle sind hochwertige thermoplastische Kunststoffe zu nennen, die ebenfalls durch "Spritzgießen" genaue, formstabile Abmessungen erhalten. Häufig werden beide Werkstoffgruppen auch kombiniert eingesetzt.

## 12.9.1 Aluminium-Legierungen

Hilfsgeräte sollen möglichst kompakt sein, ein geringes Eigengewicht haben und den meist schädlichen Umwelteinflüssen (Temperatur, Staub, Feuchtigkeit usw.) gewachsen sein. Vor allem aber hat das Druckgußverfahren, das eine Nacharbeit der Präzisionsteile auf ein Minimum reduziert, für die weite Verbreitung von Aluminium-Legierungen für Hilfsgeräte beigetragen.

Die Festigkeitseigenschaften des relativ weichen Aluminiums können durch Hinzulegieren kleiner Mengen von Kupfer, Silizium, Magnesium und Mangan wesentlich erhöht werden. Die Korrosionsbeständigkeit wird durch Zusätze von Silizium und Magnesium verbessert; durch Kupfer allerdings verschlechtert. Weil der Korrosionswiderstand gegenüber *Industrieatmosphäre* meistens unzureichend ist, erfolgt oft eine zusätzliche Pulverbeschichtung oder es wird eine chemisch und mechanisch widerstandsfähige Schutzschicht durch elektrolytische Oxidation (Eloxalverfahren) aufgebracht.

Typische Aluminiumlegierungen, wie sie für Präzisionsdruckguß verwendet werden, erfordern ein gutes Fließ- und Formfüllungsvermögen, um auch feinste Konturen wiederzugeben und möglichst dünnwandige Teile herstellen zu können. Bewährte Druckgußwerkstoffe für Hilfsgeräte aus Alu-Legierungen sind: GD-AlSi12, GD-AlSi10Mg und GD-AlMg9 [84]. Bei extremer Beanspruchung, wie z. B. auf Nordsee-Plattformen, bei denen alle Hilfsgeräte dem rauhen Meeresklima ausgesetzt sind, verlangen die Anwender allerdings meistens Hilfsgeräte, deren schützende Gehäuse aus Edelstahl bestehen.

## 12.9.2 Thermoplastische Kunststoffe

Die breite Palette der thermoplastischen Kunststoffe wird ständig erweitert, um ganz spezifische Eigenschaften zu erzielen. Bei Hilfsgeräten für Stellventile kommen Kunststoffe hauptsächlich für zwei verschiedene Zwecke zum Einsatz: (a) Für Präzisionskleinteile, wie z. B. für Stellungsregler, Signalumformer, pneumatische Verstärker usw. die keine Nacharbeit mehr erfordern und (b) als Ersatz für korrosionsempfindliche Teile aus Metall, die in erster Linie als Schutzgehäuse der Hilfsgeräte dienen.

Für Kleinteile, die mit der Versorgungsluft in Berührung kommen, spielen folgende Eigenschaften eine besondere Rolle: hohe Formstabilität bei wechselnden Temperaturen, geringe Wasseraufnahme, beständig gegen Öle und andere Agenzien, ausreichende mechanische Festigkeit. Für Gehäuseteile, die in erster Linie vor Korrosion schützen sollen, sind dagegen eine hohe Beständigkeit gegen chemische Agenzien und andere Umwelteinflüsse erforderlich. Vorsicht ist bei drucktragenden Teilen oder hoher mechanischer Belastung geboten, da alle

Kunststoffe bei langanhaltender Belastung einer Alterung und allmählichen Verformung (Kaltverstreckung) unterliegen. Bei Anwesenheit von Chemikalien (vor allem Lösungs- und Emulgiermittel), aber auch durch Sonnenbestrahlung, wechselnde Temperaturen (Frost) und Feuchtigkeit, besteht darüber hinaus die Gefahr einer Spannungsrißkorrosion bzw. äußerer Rißbildung, die durch eine Verstärkung des Kunststoffes mit Glasfasern gemildert werden kann.

**Übungen zur Selbstkontrolle:**

12-1  Was sind die wesentlichen Anforderungen an einen Ventilwerkstoff?

12-2  Wie kann man den Vorgang der Korrosion deuten?

12-3  Warum ist Lochfraß gefährlicher als eine Flächenkorrosion?

12-4  Welche Beanspruchungen lösen Spannungsrißkorrosion aus?

12-5  Was bedeutet Korrosion-Erosion? Wodurch entsteht sie?

12-6  Was ist Kavitation? Was passiert bei Kavitation in Wandnähe?

12-7  Wie können die Auswirkungen der Kavitation gemildert werden?

12-8  Welche Werkstoffe sind bei einem Strahlverschleiß angebracht?

12-9  Warum sind die statischen Drücke einer Armatur bei hohen
      Temperaturen (>200°C) zu reduzieren?

12-10 Was ist bei Tieftemperaturanwendung (<50°C) zu beachten?

12-11 Warum soll der Garniturwerkstoff korrosionsbeständiger (edler) als der
      Werkstoff für Gehäuse und Oberteil sein?

12-12 Welche Vorteile haben ausscheidungshärtende Stähle bei Garnituren?

12-13 Welcher Gehäusewerkstoff ist besonders bei Schwefelsäure geeignet?

12-14 Welche Vor- und Nachteile sind bei der Anwendung von Keramik als
      Garniturwerkstoff gegeben?

12-15 Warum wird bei Ventilauskleidungen vorwiegend FEP, PFA oder TFA
      anstelle von PTFE verwendet?

# 13 Sicherheitstechnische Anforderungen

## 13.1 Sicherheitsstellung bei Energieausfall

Der Begriff Sicherheit gilt nicht nur für das Bedienpersonal selbst, sondern auch für das benachbarte Umfeld eines Betriebes und für die gesamte Anlage. In diesem Zusammenhang spielt die Stellung des Ventils bei Energieausfall eine besonders wichtige Rolle. Abgesehen von feder- oder gewichtsbelasteten Sicherheitsventilen, die keine Hilfsenergie benötigen und hier nicht behandelt werden, ist die Antriebsfunktion entscheidend für das Erreichen der Sicherheitsstellung. Mit Hilfsenergie ist sowohl die Verfügbarkeit von Preßluft als auch elektrischer Spannung bzw. des elektrischen Einheitssignals (4-20 mA) gemeint, das z. B. als Eingangssignal für einen elektro-pneumatischen Stellungsregler dient und in Notsituationen abgeschaltet werden kann.

*Pneumatische Antriebe*

Bei federbelasteten, pneumatischen Membranantrieben kann eine Sicherheitsstellung relativ einfach realisiert werden. Die Vorspannkraft der Feder(n) muß entsprechend ausgelegt werden, um bei Ausfall der Hilfsenergie (Preßluft) ein Öffnen oder Schließen des Ventils zu gewährleisten. In vielen Fällen hat z. B. ein sicherer, dichter Abschluß eine höhere Priorität als eine gute Regelbarkeit, so daß eine seitliche Anströmung des Drosselkörpers gewählt werden kann, die beim Ausfall der Versorgungsluft den Schließvorgang unterstützt. Bei federlosen, doppelt wirkenden Zylinderantrieben kann die erforderliche Sicherheitsstellung durch einen kleinen Speichertank erreicht werden. Druck und Volumen des Druckspeichers sind so bemessen, daß die gespeicherte Luft den Antrieb betätigen und das Ventil in die Sicherheitsstellung fahren kann. Die Auslösung für das Erreichen der Sicherheitsstellung erfolgt meistens elektrisch, in seltenen Fällen auch pneumatisch durch gewolltes oder unbeabsichtigtes Abschalten der Versorgungsluft. Bei elektrischen Signalen ist es ganz wichtig, der Sicherheitsstellung stets den energielosen Zustand eines Schalters (z. B. Magnetventil) zuzuordnen, weil bei einem totalen Ausfall des Stromnetzes kein anderer Signalpegel mehr möglich ist. In manchen Anlagen muß in Notfällen rasch von Hand eingegriffen werden können. Man sieht in einem solchen Fall eine "Override"-Funktion vor, die z. B. den elektro-pneumatischen Stellungsregler durch einen Bypass oder dergleichen außer Kraft setzt und ein schnelles Öffnen oder Schließen des Ventils ermöglicht. In Bild 13-1 wird das Ausgangssignal des Stellungsreglers beim Abschalten des Drei-Wege-Magnetventils abgeblockt, um ein schnelles Schließen des Ventils zu erreichen, was durch einen Volumenverstärker unterstützt wird.

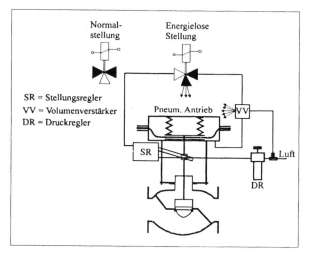

Bild 13-1: Schema
einer Sicherheits-
Funktion mittels Drei-
Wege-Magnetventil

*Elektrische Antriebe*

Elektrische Antriebe haben im Normalfall ein stark untersetztes Getriebe, um
die nötige Stellkraft aufbringen zu können. Dies bereitet u. U. Schwierigkeiten,
die bei Spannungsausfall vorherbestimmte Sicherheitsstellung einzunehmen. In
diesem Fall ist ein mechanischer Speicher, meistens eine Feder, erforderlich.
Wenn das Getriebe allerdings Selbsthemmung aufweist, wie z. B. bei einem
Schneckengetriebe, kann die Sicherheitsstellung nur durch Batteriebetrieb oder
ein Notstromaggregat erreicht werden.

*Elektro-hydraulische Antriebe*

Diese Antriebsart kann die vorgegebene Sicherheitsstellung meistens mit einem
geringen Mehraufwand erfüllen. Entweder wird - wie bei pneumatischen Antrieben - eine Feder vorgesehen, die den Antrieb samt Ventil in die gewünschte
Position bringt, oder man schaltet bei Energieausfall - oder Gefahr - auf einen
Druckspeicher um, der ein ausreichendes, gespeichertes Arbeitsvermögen besitzt, um das Stellgerät in die Sicherheitsstellung zu fahren.

## 13.2 Innere Dichtheit des Stellventils

Hierunter ist die Dichtheit des Ventils im Sitz zu verstehen, die bei besonderen
Anforderungen extrem hoch sein muß. Üblicherweise wird die Dichtheit durch
Angabe der Leckmengenklasse nach DIN/IEC 534, Teil 2-4 spezifiziert.

Diese unterscheidet zwischen zwei verschiedenen Drücken des Testmediums: (a) Druck zwischen 3,0 und 4,0 bar, oder (b) bei maximal auftretendem Differenzdruck (wie vom Besteller angegeben). Die Leckagespezifikation setzt sich aus insgesamt drei verschiedenen Angaben zusammen, wie Bild 13-2 zeigt.

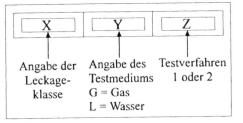

| X | Y | Z |

Angabe der Leckage- klasse    Angabe des Testmediums $G$ = Gas $L$ = Wasser    Testverfahren 1 oder 2

Bild 13-2: Spezifikation der zulässigen Leckmenge nach DIN/IEC 534-2-4

Die Leckmengenklasse schreibt zugleich das Testmedium und das Verfahren vor, wie aus Tabelle 13-1 hervorgeht:

Tabelle 13-1: Maximal zulässige Leckagen jeder Leckmengenklasse

| Leckmengen- klasse | Test- medium | Testver- fahren | Maximale Sitzleckage |
|---|---|---|---|
| I | wie zwischen Besteller und Hersteller vereinbart | wie zwischen Besteller und Hersteller vereinbart | Zulässige Leckage nach Vereinbarung |
| II | L oder G | 1 | 0,5% des $Kv_{100}$-Wertes |
| III | L oder G | 1 | 0,1% des $Kv_{100}$-Wertes |
| IV | L<br>G | 1 oder 2<br>1 | 0,01% des $Kv_{100}$-Wertes |
| IV-S1 | L<br>G | 1 oder 2<br>1 | 0,0005% des $Kv_{100}$-Wertes |
| IV-S2 | G | 1 | $0,0002 \cdot \Delta p \cdot D$ (l/h) siehe Anmerkung |
| V | L | 2 | $1,8 \cdot 10^7 \cdot \Delta p \cdot D$ (l/h) siehe Anmerkung |
| VI | G | 1 | $0,003 \cdot \Delta p \cdot$ Leckage- faktor (Tabelle 13-2) |

*Anmerkung:*

Grundsätzlich kann die Leckmenge entweder auf den maximalen Durchfluß bei 100% Hub und die jeweiligen Testbedingungen (z. B. Differenzdruck 4,0 bar) oder auf den Kvs-Wert, d. h. den im Prospekt angegebenen maximalen Durchflußkoeffizienten, bezogen werden. Da die Prüfeinrichtung meistens nicht in der Lage ist, den Durchfluß bei 100% Hub zu bestimmen, ist es praktischer, die Leckmenge auf den Kvs-Wert zu beziehen.

Bei den Leckmengenklassen für sehr hohe Dichtheitsanforderungen (IV-S2, V
und VI) wird jedoch eine andere Spezifikationsmethode angewendet und die
Leckage in Absolutwerten $l/h$, $ml/min$ bzw. Anzahl der Blasen pro Minute angegeben. Anzumerken ist, daß die Klasse VI nur für Stellventile mit
"Weichsitz" gilt, einem Elastomer- bzw. PTFE-Dichtungsring, der im Kegel
oder Sitz gefaßt ist und für eine perfekte Abdichtung sorgt.

Tabelle 13-2: Leckage-Faktoren für Leckmengenklasse VI

| Sitzdurchmesser (mm) | Faktor für Leckage in ml/min | Anzahl der Blasen pro Minute |
|---|---|---|
| 25 | 0,15 | 1 |
| 40 | 0,30 | 2 |
| 50 | 0,45 | 3 |
| 65 | 0,60 | 4 |
| 80 | 0,90 | 6 |
| 100 | 1,70 | 11 |
| 150 | 4,00 | 27 |
| 200 | 6,75 | 45 |
| 250 | 11,1 | --- |
| 300 | 16,0 | --- |
| 350 | 21,6 | --- |
| 400 | 28,4 | --- |

Die Blasenzählmethode ist eine Alternative, wenn kein geeignetes Meßinstru-
ment zur Messung der Sitzleckage zur Verfügung steht. Dabei wird der Flansch
auf der Eingangsseite des Ventils mit Preßluft und auf der Ausgangsseite mit
einem dünnen Rohr von 6,0 mm Außendurchmesser und 1,0 mm Wandstärke
verbunden. Das Rohr, das auf der freien Seite sauber und ohne Grat sein muß,
taucht rechtwinklig zur Oberfläche mit einer Tiefe von 5 bis 10 mm in Wasser
ein. Wenn der aktuelle Sitzdurchmesser bei der Bestimmung des Leckage-
Faktors mehr als 2,0 mm vom nächstliegenden Tabellenwert abweicht, muß
interpoliert werden, wobei zu berücksichtigen ist, daß der Leckage-Faktor nicht
linear, sondern quadratisch mit dem Sitzdurchmesser zunimmt.

Bei kritischen Anwendungen wird noch eine höhere Dichtheit gefordert als dies
der Klasse VI entspricht. Das gilt z. B. für Ventile für Gas- oder Ölbrenner, die
bei Flammenausfall hohe Dichtheit und kurze Schließzeiten garantieren müssen.
Gemessen wird hier die Leckage im Sitz durch die "Druckabfallmethode", die
in Kapitel 7.3 erwähnt wurde. Die Leckmenge wird in Torr-Liter pro Sekunde
oder Millibar-Liter pro Sekunde (mbar · l/s) angegeben. Manchmal wird für
Stellgeräte auch eine Dichtheitsprüfung gemäß DIN 3230, Teil 3 gefordert.
Dies ist im Grunde unzulässig und kann vom Hersteller abgelehnt werden, da
diese Norm ausschließlich für "Absperrarmaturen" gilt.

## 13.3 Dichtheit nach außen

Diese Forderung erfaßt mögliche Leckagen der Stopfbuchsenpackung, der Dichtungen und der drucktragenden Teile. Hauptursachen von Leckagen sind natürlich in erster Linie die Packung und die Dichtung zwischen Gehäuse und Oberteil. Aber auch die drucktragenden Teile können durchaus undichte Stellen aufweisen. Geprüft wird zunächst mit relativ einfachen Methoden. Meistens wird der obligatorische Drucktest mit einer Dichtheitsprüfung kombiniert. Sichtbare Leckagen dürfen bei einem solchen Test nicht auftreten. Eine andere Möglichkeit besteht darin, das komplett montierte Ventil mit einem Luftdruck von ca. 6 bar zu beaufschlagen und unter Wasser zu tauchen. Aufsteigende Blasen zeigen mögliche Undichtheiten an. Für höhere Dichtheitsanforderungen wird die Druckabfallmethode eingesetzt (Bild 13-3).

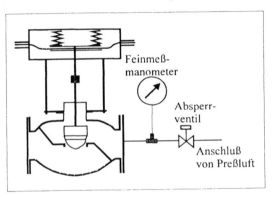

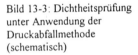

Bild 13-3: Dichtheitsprüfung unter Anwendung der Druckabfallmethode (schematisch)

Das etwas geöffnete Stellventil wird auf einer Seite blindgeflanscht und auf der anderen Seite über ein Absperrventil mit einer Preßluftflasche verbunden. Nach Aufbringung des Prüfdruckes und dem Schließen des Absperrventils wird der Druckabfall am Prüfling als Funktion der Zeit gemessen. Die Prüfanordnung gemäß Bild 13-3 setzt natürlich voraus, daß die Fittings und Hilfsgeräte (Handabsperrventil, Feinmeßmanometer) keine Undichtheiten aufweisen. Bei entsprechendem Prüfaufbau und geeigneten Registriergeräten (Schreiber) kann diese Meßmethode Undichtheiten bis ca. $10^{-5}$ mbar · l/s erfassen.

Eine noch bessere Genauigkeit zur Aufspürung undichter Stellen liefert eine Halogensonde. Dabei wird der Prüfling mit einem Prüfgas beaufschlagt, das Halogene (z. B. Chlor oder Fluor) enthält. Mit einem speziellen Schnüffler (Sonde), der nur auf Halogene anspricht, fährt man die kritischen Stellen des Prüflings ab. Ein mit der Sonde verbundener Meßverstärker zeigt undichte Stellen an. Die Meßgenauigkeit liegt hier bei etwa $10^{-6}$ bis $10^{-7}$ mbar · l/s.

Die größte Empfindlichkeit zeigt ein Helium-Lecktest. Dabei wird die eine Seite des Gehäuses mit einem Blindflansch verschlossen, während die andere auf den Meßtisch des Prüfstandes aufgesetzt wird. Ein spezielles Vakuumfett sorgt für eine perfekte Abdichtung. Nachdem eine Plastikhaube über den Prüfling gestülpt und ein Helium-Luftgemisch eingeblasen wurde, das wegen seiner geringen Dichte unter der Haube verbleibt, wird eine Vakuumpumpe in Betrieb gesetzt, die das Gehäuse des Prüflings evakuiert. Gibt es undichte Stellen, so wird Helium in das Innere des unter Unterdruck stehenden Gehäuses gesaugt. Die Prüfeinrichtung gestattet auf diese Weise eine Bestimmung der Leckmenge bis zu $10^{-10}$ mbar $\cdot$ l/s. Allerdings ist diese Methode nicht unumstritten, weil die Prüfung (a) bei sehr niedrigem Differenzdruck und (b) entgegen der Fließrichtung der tatsächlichen Leckage (von innen nach außen) erfolgt.

## 13.4 Elektrische Sicherheitsanforderungen (Ex-Schutz)

Im Zusammenhang mit dem Einsatz von Stellventilen in chemischen, bzw. petrochemischen Betrieben und Raffinerien spielt der Explosionsschutz der Anlagen eine ganz wichtige Rolle, da bei der Herstellung, Verarbeitung oder Lagerung brennbarer Stoffe immer mit dem Entweichen von Dämpfen gerechnet werden muß, die mit dem Sauerstoff der Luft ein explosionsfähiges Gemisch bilden. Ein kleiner Schaltfunke oder eine unzulässige Erwärmung eines elektrischen Bauteiles können dann eine Explosion mit schweren Sach- und Personenschäden zur Folge haben. Zur Vermeidung einer solchen Gefahr sind internationale Richtlinien und Schutzmaßnahmen erlassen worden, die hier natürlich nicht im Detail erläutert werden können. Zum besseren Verständnis der Gefahren durch elektrische Geräte und Maschinen werden nachfolgend die wesentlichen Möglichkeiten der Vermeidung einer Explosion kurz erläutert. Es erfolgt ferner ein kurzer Hinweis auf die Kennzeichnung der Betriebsmittel und eine Erläuterung der Bezeichnungen.

### 13.4.1 Arten des Explosionsschutzes

Im Rahmen der europäischen Harmonisierung entsprechender Normen, gelten seit den achtziger Jahren im Bereich der EU die in Tabelle 13-3 aufgeführten Explosionsschutzarten. Im Zusammenhang mit Stellventilen interessieren eigentlich nur elektrische Antriebe und Hilfsgeräte, wie z. B. Stellungsregler, Magnetventile, Grenzwertgeber usw. Betriebsmittel, die eine hohe elektrische Leistung erfordern, wie z. B. Antriebsmotoren, werden vorwiegend in den Schutzarten "d", "e" oder "p" ausgeführt. Alle anderen Geräte, die mit dem Einheitssignal 4-20 mA betrieben werden können, werden heute vorwiegend als "eigensichere Betriebsmittel" angeboten. Die europäischen Normen schreiben eine eindeutige Kennzeichnung aller explosionsgeschützten Betriebsmittel vor, die sich, wie in Bild 13-4 gezeigt, folgendermaßen zusammensetzt.

Tabelle 13-3: In Europa (EU) genormte Explosionsschutzarten

| Bezeichnung der Schutzart | Europa Norm | Prinzip der Schutzart | Kurz-zeichen |
|---|---|---|---|
| Ölkapselung | EN 50015 | Elektrische Betriebsmittel werden völlig in Öl eingeschlossen. | "ö" |
| Überdruckkapselung | EN 50016 | Im Inneren des Betriebsmittels wird ein ständiger Überdruck mittels eines inerten Gases (Luft) aufrechterhalten. Explosions-fähige Gemische können nicht eindringen. | "p" |
| Sandkapselung | EN 50017 | Alle elektrischen Teile werden mit Sand bedeckt, so daß ein möglicher Funke nicht zünden kann. | "q" |
| Druckfeste Kapselung | EN 50018 | Elektrische Teile werden von einem stabi-len Gehäuse umschlossen, so daß sich eine innere Explosion nicht ausbreiten kann. | "d" |
| Erhöhte Sicherheit | EN 50019 | Unzulässige Temperaturen oder Funken werden konstruktiv vermieden. | "e" |
| Eigensicherheit | EN 50020 | Spannung und Strom werden so begrenzt, daß weder Funken noch eine übermäßige Erwärmung auftreten können. | "i" |

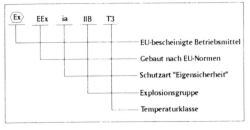

Bild 13-4: Vorschriftsmäßige Be-zeichnung eines ex-geschützten Betriebsmittels

Die Aufsichtsbehörden entscheiden in Verbindung mit der Berufsgenossen-schaft über Notwendigkeit und Umfang von Schutzmaßnahmen, um eine Ex-plosion zu verhindern. Hierbei spielt die Wahrscheinlichkeit des Auftretens explosionsfähiger Gemische in der Atmosphäre eine wichtige Rolle, die zu ei-ner Differenzierung nach Betriebszonen geführt hat.

- *Zone 0* umfaßt Bereiche, in denen eine gefährliche, explosionsfähige Atmo-sphäre *ständig oder langzeitig* vorhanden ist.

- *Zone 1* umfaßt Bereiche, in denen damit zu rechnen ist, daß eine gefährliche, explosionsfähige Atmosphäre *gelegentlich* auftritt.

- *Zone 2* umfaßt Bereiche, in denen eine gefährliche, explosionsfähige Atmosphäre nur *selten,* und dann auch nur *kurzzeitig* auftritt.

So wird beispielsweise für Zone 0, die für die unmittelbare Nähe von Tanks gilt, nur die Schutzart "eigensicher $i_a$" zugelassen, während in den Zonen 1 und 2 alle Explosionsschutzarten anwendbar sind. In der Regel ist auch für Geräte, die in Zone 0 eingesetzt werden sollen, eine spezielle Prüfung und Genehmigung erforderlich. Zur näheren Erläuterung von Bild 13-4 sollen noch folgende kurze Hinweise dienen:

- Bei der Schutzart *"Eigensicherheit"* gibt es zwei Kategorien ($i_a$ und $i_b$), die sich dadurch unterscheiden, ob bereits ein einzelner Fehler ($i_b$) oder die Kombination von zwei gleichzeitig auftretenden Fehlern ($i_a$) eine Zündung bzw. Explosion verursachen können.

- Die *Explosionsgruppe* richtet sich entweder nach der Grenzspaltweite (bei druckfester Kapselung) oder nach dem Mindestzündstromverhältnis bezogen auf Methan bei eigensicheren Stromkreisen. Es gibt drei Klassen (A, B, C), von denen C höherwertiger als A oder B ist.

- Die *Temperaturklasse* (T1 bis T6) hängt von der Oberflächentemperatur irgendeines Bauteils und der *Zündtemperatur* bestimmter Gase und Dämpfe ab. Die Klasse T3 sagt aus, daß unter Berücksichtigung der höchsten zulässigen Umgebungstemperatur noch ein bestimmter Sicherheitsabstand zur entsprechenden Zündtemperatur (>200...300°C) bleiben muß.

### 13.4.2 Vergleich der Ex-Schutz-Standards: Europa / USA

Die zunehmende Verflechtung der Industrien und Globalisierung der Märkte zwingt die deutschen Hersteller von Stellventilen, Antrieben und Hilfsgeräten auch außereuropäische Standards zu beachten. Ein Beispiel dafür sind die unterschiedlichen Normen, Begriffe und Klasseneinteilungen beim Explosionsschutz. Ohne auf Details einzugehen wird nachfolgend versucht, die Unterschiede zwischen den US-Normen, die auch in der dritten Welt häufig Geltung haben, und den Normen der EU deutlich zu machen.

In Europa wird grundsätzlich zwischen "Schlagwetterschutz" (gültig in Bergwerken) und "Explosionsschutz" (gültig in oberirdischen Anlagen) unterschieden. Außerdem gibt es in Europa besondere Vorschriften für den medizinischen Bereich (Zone G und M). In den USA kennt man diese Differenzierung nicht. Europa unterscheidet ferner zwischen (a) Dämpfen und (b) Stäuben, für die es verschiedene Zonen gibt (0, 1, 2 bei Dämpfen, 10, 11 bei Stäuben). In den USA gibt es stattdessen drei Klassen, je nach Art der explosionsfähigen Stoffe:

- Class I:     Gase und Dämpfe
- Class II:    Stäube
- Class III:   Fasern und Schwebestoffe

In Europa gibt es Temperaturklassen (T1 bis T6) für unterschiedliche Zündtemperaturen. In den USA werden Stoffe mit gleichem Gefährlichkeitsgrad sogenannten Gruppen (Groups) zugeordnet:

- Group A:   Atmosphäre, die Azetylen enthält
- Group B:   Atmosphäre, die Wasserstoff enthält
- Group C:   Atmosphäre, die Äthyl öder Äthylen enthält
- Group D:   Benzin, Naphta, Benzol, LNG
- Group E:   Atmosphäre, die Metallstäube enthält
- Group F:   Atmosphäre, die Kohlenstaub enthält
- Group G:   Atmosphäre, die organische Stäube (z. B. Mehl) enthält

Für die Gruppen A, B, C und D gelten folgende Zündtemperaturen:

| Gruppe (Group) | Zündtemperatur |
|:---:|:---:|
| A | 280°C |
| B | 280°C |
| C | 160°C |
| D | 215°C |

Den europäische Zonen 0 und 1 entsprechen in den USA etwa die "Division 1" bzw. der Zone 2 die "Division 2". Dies ist aber nur eine grobe Gegenüberstellung, da für einen genauen Vergleich noch andere Kriterien gelten. Eine Unterscheidung nach Explosionsgruppen (abhängig von der Spaltbreite oder dem Zündstromverhältnis) wird in den USA nicht gemacht. Dafür kennt man dort die Schutzart N (n) *"non-incendive"*, was soviel wie "nicht-entzündend" bedeutet und eine vergleichsweise billige Methode ist, eine Explosion zu vermeiden. Bei einer Gegenüberstellung europäischer und amerikanischer Ex-Schutzvorschriften wird deutlich, daß ein direkter Vergleich der Angaben nicht möglich ist. In den USA erfolgt lediglich eine Beschreibung der *Anlagenbedingungen*, wie beispielsweise "Class I, Group D, Division I", was bedeutet, daß es sich hier um eine Anlage mit hoher Explosionswahrscheinlichkeit handelt (Division I), die Zündtemperatur des Mediums bei 215°C liegt, was etwa der Temperaturklasse T3 entspricht, und der Betriebsstoff Benzin oder ein ähnliches Medium ist. Hinweise auf die für den jeweiligen Anwendungsfall zugelassenen Betriebsmittel fehlen völlig. Die Zulassungen werden geregelt entweder direkt durch den "National Electric Code" (NEC) oder spezielle Stellen, wie z. B. "National Fire Protection Association" (NFPA).

Die Rolle der Prüfstelle (in Deutschland z. B. die PTB in Braunschweig) übernehmen in den USA Organisationen, wie "Underwriter Laboratories" (UL) oder
"Factory Mutual Engineering" (FM), die auch für Prüfungen deutscher Hersteller zuständig sind.

## 13.5 Sicherheitsnachweis drucktragender Bauteile

Bei kritischen Anwendungen werden für Stellventile in zunehmendem Maße
besondere Festigkeitsnachweise und Prüfungen gefordert, um im Schadensfall
Regreßansprüche abwehren zu können. Abnahme und Prüfung müssen bereits
in der Anfrage aufgeführt werden, da sie einen nicht unerheblichen Kostenfaktor darstellen. Es wird unterschieden zwischen:

- amtlichen Prüfvorschriften
- nicht-amtlichen Prüfvorschriften
- technischen Empfehlungen von Normungsgremien + Verbänden
- kundenspezifischen Vorschriften für Abnahme und Prüfung

Je nach Anwendung gelten beispielsweise folgende Normen und "Technische
Regeln" des Gesetzgebers bzw. Vorschriften und Empfehlungen zuständiger
Behörden sowie spezielle Vereinbarungen zwischen Hersteller und Anwender /
Betreiber (Bild 13-5).

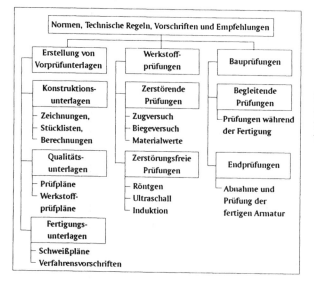

Bild 13-5: Übersicht
des Aufwandes für Ab-
nahme und Prüfung
von Ventilen

Detaillierte Informationen geben die entsprechenden Regelwerke, wie z. B. DIN/IEC 534-4, TRD- und TRG-Vorschriften, AD-Merkblätter, Richtlinie VDMA 24421, VdTÜV, Stahl-Eisen-Werkstoffblätter usw.

### 13.5.1 Interpretation der "Druckbehälterverordnung"

Stellvertretend für viele andere Vorschriften soll hier eine Prüfung behandelt werden, die in den letzten Jahren immer häufiger auch bei Stellventilen gefordert wird: "Prüfung gemäß Druckbehälterverordnung". Es kann an dieser Stelle nicht diskutiert werden, ob das für klassische Druckbehälter (z. B. Kessel) absolut notwendige Verfahren berechtigter Weise oder zu Unrecht auch auf Stellventile angewendet wird, und ob diese als "Ausrüstungsteile" eines Drucksystems zu betrachten sind oder nicht. Vielmehr sollen kurz die typischen Schritte erläutert werden, die notwendig sind, um den Forderungen der Druckbehälterverordnung zu entsprechen. Eine Übersicht der geltenden und tangierten Regelwerke wird in Bild 13-6 gegeben. Ferner wird kurz auf Ausnahmeregelungen der Druckbehälterverordnung (DbV) eingegangen, wenn bestimmte Kriterien erfüllt sind.

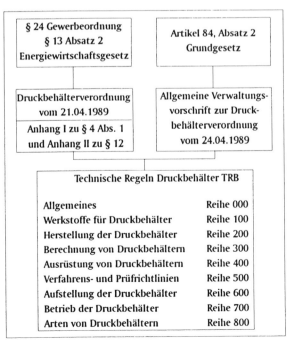

Bild 13-6: Übersicht der Bestimmungen für Druckbehälter

Die Interpretationsmöglichkeit, auch Stellventile der DbV unterzuordnen, liefert
TRB 801-Nr. 45, die sich mit dem "Gehäuse von Ausrüstungsteilen" befaßt.
Hier werden in Absatz 4 *drucktragende Gehäuse von Armaturen* ausdrücklich
hervorgehoben. Eine Armatur entspricht den Anforderungen gemäß DbV, wenn
eine Reihe von Prüfungen durchgeführt und positiv abgeschlossen werden.

*Bedingungen für "höher beanspruchte Armaturen" nach DIN 1690, Teil 10*

Für die Durchführung von Prüfungen wird zwischen 3 Gruppen von Drücken
bzw. Inhaltsvolumen (V) mal Druck (p) unterschieden:

- Gruppe A:     $0,1 < p \leq 1$ bar oder $p > 1$ bar und $p \cdot V \leq 200$     (bar . l)

- Gruppe B:     $p > 1$ bar und 200 bar $\cdot$ l $< p \cdot V \leq 1000$     (bar . l)

- Gruppe C:     $p > 1$ bar und $p \cdot V > 1000$     (bar . l)

Je nach Anwendungsbereich bzw. Gruppenzugehörigkeit wird für Stahlguß eine
bestimmte Qualitätsklasse nach DIN 1690, Teil 10 vorgeschrieben und zwar:

- Gruppe A:        Qualitätsklasse D gemäß DIN 1690, Teil 10
- Gruppe B:        Qualitätsklasse C gemäß DIN 1690, Teil 10
- Gruppe C:        Qualitätsklasse B gemäß DIN 1690, Teil 10

Der erste Schritt verlangt eine Prototyp- und Nullserienprüfung für jede Ventil-
Baureihe pro Modelleinrichtung und Werkstoffgruppe, von der allerdings die
Gruppe A ausgenommen werden kann. Die *Prototypprüfung* umfaßt 1-3 Guß-
rohlinge und erfordert folgende Prüfungen bzw. administrative Vorgänge:

- Oberflächenrißprüfung (z. B. magnetisch oder Farbeindringverfahren)
- Volumenprüfung (z. B. durch Röntgenaufnahmen kritischer Bereiche)
- Maßprüfung (z. B. Wanddicken, Flansche usw.)
- Anlegen einer Prototyp-Akte
- Bescheinigung durch Prüfstempel

An die bestandene Prototypprüfung schließt sich eine *Nullserienprüfung* an, die
etwa 5-10 Gußstücke umfaßt und eine Wiederholung der Oberflächenriß- und
Volumenprüfung beinhaltet und erneut eine Bescheinigung einschließlich Prüfstempel erfordert. Erst danach darf mit der Serienfertigung begonnen werden.
Jede Modelländerung erfordert eine Wiederholung, jede neue Werkstoffgruppe
eine Erweiterung des Prüfumfanges.

*Abnahme gemäß überarbeitetem AD-Merkblatt A4*

Dieses AD-Merkblatt befaßt sich mit der Ausrüstung von Druckbehältern, zu
denen auch die Ventilgehäuse, Oberteile und Verbindungsteile gehören. Es legt
eine andere Einteilung der Armaturengehäuse, die erforderlichen Werkstoffe

und Werkstoffzeugnisse sowie die durchzuführenden Prüfungen fest. Diese umfassen folgende Einzelprüfungen:

- Werkstoffzeugnis (z. B. 2.2 oder 3.1B gemäß DIN 50049)
- Gütenachweis gemäß DIN 1690, Teil 10 (Prototyp und Nullserie)
- Gütenachweis gemäß DIN 1690, Teil 10 (Serienprüfung) wie folgt:
  - Volumenprüfung an kritischen Stellen
  - Oberflächenrißprüfung zu 100%
  - Bescheinigung mit Prüfstempel

*Baumusterprüfung gemäß TRB 801 Nr. 45, Abschnitt 6*

Diese Prüfung orientiert sich weniger an technischen Details als am Qualitätssicherungssystem des Armaturenherstellers, das im wesentlichen folgende Elemente aufweisen muß, um den strengen Anforderungen der Druckbehälterverordnung zu genügen:

- Organisation mit Organigramm, das Verantwortlichkeiten und Befugnisse gemäß EN 29001 bzw. DIN/ISO 9001 festlegt.

- Eine Organisation, die folgende Vorschriften erfüllt: Vertragsüberprüfung, Designlenkung, Werkstoffbeschaffung entsprechend EN 29001, Identifikation und Rückverfolgbarkeit von Vorgängen, Prozeßlenkung mit detaillierten Arbeitsanweisungen, Prüfungen und Prüfaufsicht einschl. Wareneingangs-, Zwischen- und Endprüfungen, Prüfmittelüberwachung, Qualitätsaufzeichnungen, Schulung und Qualifizierung des Personals.

In technischer Hinsicht muß der Hersteller seine Kompetenz durch folgende Unterlagen und Prüfungen nachweisen:

- Einreichung von Vorprüfunterlagen (z. B. Zeichnungen)
- Nachweis zulässiger Spannungen an Gehäusen und Oberteilen
- Bauprüfungen und Druckprüfungen
- Registrierung (z. B. gemäß ZefU)
- Laufende Überprüfungen durch einen Sachverständigen
- Ausstellung von Konformitätsbescheinigungen

Die geschilderten Prüfungen und organisatorischen Anforderungen machen deutlich, daß die Zulassung einer Stellventilbaureihe mit zahlreichen Nennweiten und Werkstoffen einen ganz erheblichen Kostenaufwand erfordert. Außerdem sinkt die Verfügbarkeit, weil die Gußrohlinge, die jeder Hersteller auf Lager hält, nicht zu verwenden sind, obwohl sie - rein technisch gesehen -auch für erhöhte Anforderungen geeignet wären. Da die hohen Kosten solcher Stellventile im Gegensatz zu allgemeinen Forderungen nach Kostensenkungen im Zusammenhang mit dem "Standort Deutschland" stehen, muß die Anwendung der DbV auf allgemeine Stellventile mit einem Fragezeichen versehen werden.

Wahrscheinlich werden die strengen deutschen Vorschriften eines Tages durch eine Harmonisierung europäischer Normen und Regelwerke aufgeweicht. Eine entsprechende Richtlinie "Pressure Systems" ist bereits in Vorbereitung.

## 13.6 Forderungen bei kritischen Stoffen / Verfahren

Es gibt eine Reihe von kritischen Stoffen und Verfahren, die für Menschen und Anlagen eine potentielle Gefahr darstellen und deshalb besondere Aufmerksamkeit bzw. Sicherheitsmaßnahmen erfordern. Da Stellventile Bauelemente von Anlagen sind, gelten die Auflagen für bestimmte Stoffe und Verfahren stets auch für die eingebauten Stellgeräte. Aus der Vielzahl kritischer Stoffe und Verfahren werden nachfolgend einige willkürlich herausgegriffen, um an Beispielen deutlich zu machen welche Forderungen jeweils eingehalten werden müssen. Detaillierte Informationen für die Anwendung von Stellgeräten bei kritischen Stoffen und Verfahren liefern die entsprechende Richtlinien, Werksnormen oder Unfallverhütungsvorschriften (UVV). Entsprechende Handbücher für den "Umgang mit gefährlichen Stoffen" weisen Hersteller und Anwender auf die damit verbundenen Gefahren hin.

### 13.6.1 Stellventile in Anlagen zur Herstellung von Chlor

Chlor gehört zu den wichtigsten Grundchemikalien und ist Ausgangsstoff für mehr als die Hälfte aller Produkte der chemischen Industrie [85]. Ständig werden große Mengen verarbeitet, gelagert oder transportiert. Besonders gefährlich ist Chlorgas, das Schleimhäute und Atmungsorgane verätzt und schon bei einer Konzentration von nur 0,05% nach 2 Stunden Einwirkungsdauer tödlich ist. Ein genereller Verzicht auf Chlor müßte allerdings mit hohen Kosten und Verlust von Arbeitsplätzen erkauft werden. Für Stellventile, die bei Anlagen zur Herstellung von Chlor eingesetzt werden, gibt es zahlreiche Vorschriften, die beachtet werden müssen. Leider kann an dieser Stelle auf Einzelheiten nicht näher eingegangen werden. Die europäischen Chlor-Hersteller haben ihre Erfahrungen und Forderungen in einer speziellen Richtlinie "Code for Vertical Globe Valves for Use with Liquid Chlorine" [86] zusammengefaßt, die alle Besonderheiten aufführt. Diese Empfehlung konzentriert sich naturgemäß auf die Dichtheit des Ventils nach außen, die Verwendung geeigneter Werkstoffe für sämtliche Teile und eine sehr sorgfältige Fertigungsüberwachung. Die Armaturenhersteller müssen beim Verband "B.I.T. Chlor" in Brüssel außerdem eine Zulassung beantragen, der eine Eignungsprüfung vorausgeht. Besonders problematisch ist ein Anlagenstillstand oder der Ausbau eines Ventils. Verflüssigtes Chlor oder trockenes Chlorgas erfordern keine außergewöhnliche Korrosionsbeständigkeit, so daß gewöhnlicher Stahlguß im Prinzip geeignet wäre. Aber schon in Verbindung mit der normalen Luftfeuchtigkeit wird Chlor sehr aggressiv und verursacht Lochfraß, was vor allem schon in kurzer Zeit zur Zerstörung eines dünnwandigen Metallfaltenbalgs aus Edelstahl (Werkstoff 1.4571) führt. Aus diesem Grund werden Metallfaltenbälge aus Hastelloy C bevorzugt.

## 13.6.2 Stellventile für Sauerstoff

So lebenswichtig der Sauerstoff für Mensch und Natur ist, so gefährlich wird dieses Element im reinen Zustand bei Anwesenheit brennbarer Stoffe. Zur Vermeidung solcher Gefahren hat die Berufsgenossenschaft der chemischen Industrie eine besondere Unfallverhütungsvorschrift (UVV) "Sauerstoff" [87] herausgegeben, die für alle Anlagen oder Anlageteile - also auch Stellventile - gilt, die reinen Sauerstoff gewinnen, verdichten, vergasen, fortleiten oder lagern. Besondere Aufmerksamkeit muß jeder Verunreinigung von Rohrleitungen, Armaturen, Pumpen oder anderen Anlageteilen gewidmet werden. Darunter zu verstehen sind: Alle Öle und organischen Fette, Holz, Papier, Schweißperlen, Bearbeitungsspäne usw. Selbst Dichtungen, die aus verschiedenen Materialien zusammengesetzt sind und organische Verbindungen enthalten, können gefährlich werden und müssen der UVV Sauerstoff entsprechen. Um Brandgefahren durch ungeeignete Armaturen vorzubeugen, hat z. B. der *Verein Deutscher Eisenhüttenleute* eine besondere Richtlinie (SEB 384030) herausgegeben [88]. Diese Richtlinie setzt nicht nur eine absolute Fettfreiheit aller Teile voraus, sondern gibt auch Hinweise für die konstruktive Gestaltung des Gehäuses, eine Anordnung der Armaturen in Sauerstoffanlagen, geeignete Mittel für die Reinigung öliger Teile, Wartung und Instandhaltung, zugelassene Gleitmittel (wenn überhaupt erforderlich) usw.

Von besonderer Bedeutung ist auch die Wahl geeigneter Werkstoffe für alle Bauteile eines Stellventils. Da Stähle die unangenehme Eigenschaft haben, bei einer vorausgegangenen Erhitzung unter Anwesenheit von reinem Sauerstoff zu "verbrennen", wie man es bei der "Sauerstofflanze" ausnutzt, um meterdicke Betonwände zu durchbohren, sind für die drucktragenden Teile nur bestimmte Werkstoffe, abhängig vom Betriebsdruck, zugelassen. Nicht zu empfehlen sind deshalb niedriglegierte und unlegierte Stähle als Knet- oder Gußwerkstoffe. Meistens werden heute hochlegierte Cr-Ni-Werkstoffe eingesetzt, wobei der Gehalt an Chrom und Nickel zusammen mindestens 22% betragen muß. Unbegrenzt einsetzbar sind Kupfer und Kupferlegierungen, wenn der Kupferanteil mindestens 55% beträgt, da diese Werkstoffe keine "selbsttragende Verbrennung" zulassen.

Alle nichtmetallischen Werkstoffe, wie z. B. Dichtungen und Stopfbuchsen-packungen müssen von der Bundesanstalt für Materialprüfung (BAM) geprüft und in sicherheitstechnischer Hinsicht bezüglich Druck, Temperatur und Einbauweise zugelassen sein. Eine Ausnahme bilden solche nichtmetallischen Werkstoffe, die keine organischen Bestandteile aufweisen.

### 13.6.3 Stellventile für Sauergas

Sauergas ist meistens ein Begleiter bei der Erschließung von Erdöl. Man spricht von "Sauergas", wenn der Schwefelwasserstoffanteil bestimmte Grenzen überschreitet. Am häufigsten geht man dabei vom Partialdruck Par aus:

$$Par \geq 0,001 = \frac{Vol\,\%\,H_2S}{100} \cdot p1 \qquad (13\text{-}1)$$

Wenn das Produkt aus Konzentration an Schwefelwasserstoff und Betriebs-druck, dividiert durch 100 größer als 0,001 ist, dann handelt es sich um Sauer-gas (Gl. 13-1). Die Erfahrung beim Einsatz von Stellventilen in Sauergas hat gezeigt, daß es nach längerer Zeit häufig zu Spannungsrißkorrosion kommt. Die Wahrscheinlichkeit einer Materialschädigung ist dabei um so größer, je höher der Betriebsdruck und die Konzentration an Schwefelwasserstoff ist. Dieses Phänomen, das mit "Sulfide Stress Cracking" (SSC) bezeichnet wird, hat die amerikanische "National Association of Corrosion Engineers" (NACE) veran-laßt, den Standard MR-01-75 herauszugeben, der in den letzten Jahren mehrere Revisionen erfahren hat [89]. Die Empfehlungen dieser Richtlinie laufen darauf hinaus, daß die Korrosionswirkung im Stahl für Ventilgehäuse, Oberteil oder anderer Komponenten verhindert werden kann, wenn man (a) geeignete Werk-stoffe auswählt und (b) durch eine gezielte Wärmebehandlung die Härte der Bauteile innerhalb bestimmter Grenzen hält. Alles, was zusätzliche Spannungen hervorruft, ist zu unterlassen. Dies gilt vor allem auch für die Kaltverfestigung oder Kaltumformung von Teilen. Typisch für diese Art der Bearbeitung ist z. B. das Rollieren von Ventilstangen und Gewinderollen bei Stiftschrauben.

Alle gehärteten, kaltverfestigten oder vergüteten ferritischen Stähle sind anfällig gegen SSC, umgekehrt kann durch ein Weichglühen des Materials eine zufrie-denstellende Resistenz gegen Spannungsrißkorrosion erreicht werden. Als ge-nerelle Empfehlung für drucktragende Teile gilt eine Härte von maximal 22 RC nach der Rockwell-Skala. Ausnahmen sind nur bei solchen Teilen zulässig, die nicht unmittelbar eine drucktragende Funktion haben, wie z. B. Kolbenring, Führungsbuchse oder Ventilstange. Hier ist nach vorausgegangener Wärmebe-handlung des entsprechenden Werkstoffs ein Härtegrad bis zu 33 HRC erlaubt. Ähnliches gilt für die sogenannten "Duplex-Stähle" mit ferritisch-austenitischem Gefüge. Nicht erlaubt ist das Aufbringen von metallischen Korrosionsschutzschichten (Zink, Cadmium), weil hierdurch die Gefahr von SSC nicht gemindert, sondern vergrößert wird. Einzelheiten sind der amerikanischen Richtlinie zu entnehmen, die für alle wesentlichen Elemente einer Anlage (Pumpen, Ventile, Kompressoren usw.) Empfehlungen gibt.

### 13.6.4 Kunden- bzw. mediumspezifische Anforderungen an Stellventile

Es gibt zahllose Beispiele für spezifische Anforderungen, die entweder auf langjährigen Erfahrungen der Anwender (z. B. in der erdölverarbeitenden Industrie) beruhen oder auf sicherheitstechnischen Konzepten gemäß dem Stand der Technik basieren. Diese Anforderungen finden in der Regel ihren Niederschlag in einer "*Allgemeinen Spezifikation für Stellgeräte*", die dem Hersteller bereits im Angebotsstadium zur Verfügung gestellt wird. Willkürlich werden einige typische Spezifikationen herausgegriffen und kurz erläutert.

- Einen besonders hohen Stellenwert haben Regelventile im Bereich von *Kernkraftwerken*, die durch umfangreiche Spezifikationen bis ins Detail beschrieben werden und exakt den Vorgaben entsprechen müssen. Neben genauen Vorschriften für die zu verwendenden Werkstoffe spielen insbesondere der Nachweis der Unverwechselbarkeit (Stempelung) und das Qualitätssicherungssystem des Herstellers eine wichtige Rolle. Die zahlreichen Prüfungen, Inspektionen und Nachweise machen stets einen Großteil der Gesamtkosten aus.

- Es gibt im Grunde nur wenige großtechnische Prozesse, die gleichzeitig hohe statische Drücke, große Korrosionsbeständigkeit und Verschleißfestigkeit erfordern. Als Beispiel für ein solches Verfahren sei hier die *Harnstoffproduktion* als Zwischenprodukt für Kunstdünger (NPK) genannt. Nur ganz wenige Werkstoffe sind diesen Anforderungen gewachsen und müssen deshalb ihre Gütemerkmale durch entsprechende Versuche nachweisen. Meistens werden Harnstoffventile aus geschmiedeten Blöcken hergestellt und mit Schraubflanschen versehen. Eine Methode, die Spannungsrißkorrosion eines Werkstoffes festzustellen, bietet z. B. der Huey-Test, der bei Stellventilen für diese Anwendung obligatorisch ist.

- In Raffinerien und petro-chemischen Betrieben spielt die *Feuersicherheit* eines Stellgerätes eine besondere Rolle. Hierunter wird die Fähigkeit verstanden, einem Feuer für eine bestimmte Zeit standzuhalten und dicht abzuschließen , ohne daß eine bestimmte Leckmenge überschritten wird. Die Feuersicherheit schließt natürlich auch den Antrieb mit ein, dessen Rückstellfedern das Schließen des Ventils bewirken.

Antriebe mit Aluminium Gehäuse und Joch sind nicht besonders beliebt, weil sie unter Feuereinwirkung sehr früh an Festigkeit verlieren. Zumindest muß der Magnesiumanteil auf ein Minimum reduziert werden. Weichsitze müssen so konstruiert sein, daß der Drosselkörper nach einem Wegschmelzen der PTFE-Einlage auf einen metallischen Sitz trifft. Der Hersteller muß die Feuersicherheit durch einen Eignungstest nachweisen. Entsprechende Richtlinien sind vom "*American Petroleum Institute*" (API) herausgegeben worden, so z. B. API-Standard 607, der sich mit Kugelventilen befaßt. Ähnliche Richtlinien findet man auch in den "Basic Specifications" der großen Erdölverarbeiter (z. B. Exxon).

- Es gibt kaum eine Raffinerie oder petro-chemischen Betrieb, der nicht auf eine Lizenz der amerikanischen "*Universal Oil Products*" *(UOP)* zurückgreifen würde, die viele Verfahren erfunden bzw. verfeinert und umfangreiche Spezifikationen für Regelventile herausgegeben hat. Die Lizenznehmer sind meistens an diese Vorschriften [90] gebunden und geben sie an die Hersteller weiter. In Anbetracht der Tatsache, daß eine Raffinerie Tag und Nacht laufen muß und ein "Shut-Down" im Schnitt nur alle 2 Jahre stattfindet, steht die Zuverlässigkeit des Stellventils im Vordergrund. Ausgehend von bekanntgewordenen Problemen hat UOP alles festgeschrieben, um eine Wiederholung zu vermeiden, wie z. B. das Verbot, bestimmte Ventiltypen einzusetzen, Verdrehsicherungen bei großen Nennweiten, Vorschriften für Werkstoffe, Dichtungen, Packungen usw.

- Andere Sicherheitsforderungen betreffen die *Schließ- bzw. Öffnungszeit* des Stellventils. Ein zu langsames Schließen läßt z. B. noch zu viel Gas in den Brennraum eines Kessels einströmen, nachdem ein Verlöschen der Flamme aufgetreten ist. Dies erhöht die Gefahr einer Explosion beim nächsten Zündvorgang. Ein zu rasches Schließen bei Flüssigkeiten kann durch die rasch verzögerte Flüssigkeitsmasse einen Druckstoß im System bewirken, der zur Überbeanspruchung bestimmter Teile (z. B. Schrauben) führt. Mit Hilfe eines geeigneten Volumenverstärkers bzw. einer einstellbaren Drossel kann die Schließ- oder Öffnungszeit den Forderungen angepaßt werden.

- *Hydrierprozesse* erfordern hohe Drücke und Temperaturen. Dabei werden durch Einwirkung von Wasserstoff Schweröle in leichte Produkte (Mittelöle, Benzin, Gase usw.) gespalten. Die sicherheitstechnischen Forderungen konzentrieren sich in solchen Fällen auf folgende Probleme: (a) Hohe Dichtheit nach außen und (b) Auswahl des entsprechenden Gehäusewerkstoffs. Wasserstoff neigt bei Leckagen und hohen Drücken zur Selbstentzündung. Viele Schäden sind in der Vergangenheit auf diesen Umstand zurückzuführen, zumal die bei Tageslicht kaum sichtbare Flamme des brennenden Wasserstoffs oft lange unentdeckt bleibt. Der sogenannten Wasserstoffversprödung der drucktragenden Teile - einer Art Spannungsrißkorrosion - kann durch Zulegieren von Chrom und Molybdän entgegen gewirkt werden.

- Schließlich erfordern alle Prozesse, die bei sehr hohen Drücken ablaufen, besondere Kenntnisse und Sicherheitsmaßnahmen. Als Beispiel sind hier genannt: Die Ammoniak- und Methanolsynthese, Gaserzeugung und Reinigung, Gewinnung von Polyäthylen durch Polymerisation usw. Die Prozeßdrücke betragen in diesen Fällen 200 bis 4.000 bar, wobei ausschließlich geschmiedete Armaturengehäuse zum Einsatz kommen. Außer umfangreichen Spezifikationen für Herstellung und Montage dieser Hochdruckventile verfügen besonders gefährdete Anlagen über ein Not- bzw. Sicherheitsprogramm für einen kontrollierten Abfahrvorgang.

**Übungen zur Selbstkontrolle:**

13-1 Die meisten Regelventile müssen bei einer Gefahrensituation schließen. Welcher Antriebstyp ist in solchen Fällen besonders geeignet?

13-2 Mit welchen Mitteln kann die Öffnungs- bzw. Schließzeit eines pneumatischen Membranantriebs den Forderungen angepaßt werden?

13-3 Welche prozentuale Leckrate ist bei Leckmengenklasse IV erlaubt?

13-4 Wie wird die erlaubte Leckrate in ml/min für ein Stellventil DN 80 mit Weichsitz (Leckmengenklasse VI) bestimmt?

13-5 Welche Dichtheitsprüfung und Mindestforderung schlagen Sie für ein Stellventil vor, das in einem Nuklearkraftwerk eingesetzt werden soll?

13-6 Welche Explosionsschutzart wird in der Automatisierungstechnik bevorzugt? Wie erreicht man den Schutz vor einer Explosion?

13-7 Nennen Sie einige zerstörungsfreie Prüfungen für ein Ventilgehäuse.

13-8 Was bedeutet für Hersteller und Anwender die Anwendung der "Druckbehälterverordung" bei Stellventilen?

13-9 Wo liegen die besonderen Gefahren bei Stellventilen, die bei (a) Chlor und (b) reinem Sauerstoff eingesetzt werden?

13-10 Nennen Sie einige besonders kritische Anwendungen / Prozesse, die spezielle Herstellungsspezifikationen, Prüfungen und Sicherheitsmaßnahmen erfordern.

# 14 Spezifikation und Auswahl von Stellgeräten

Die endgültige Spezifikation eines Stellgerätes verlangt einen nicht unbeträchtlichen Zeitaufwand und zudem ausgiebiges Fachwissen. Die Auswahl des bestgeeigneten Stellgliedes für einen speziellen Anwendungsfall ist weiterhin ein komplexer Vorgang und erfolgt am besten anhand einer "Checkliste". Als solche ist das international genormte Spezifikationsblatt für Stellgeräte gemäß DIN/IEC 534, Teil 7 sehr gut geeignet, das im Anhang dargestellt ist und zur Aufnahme aller technischen Daten und Auswahlkriterien dient. Der Zweck dieses genormten Datenblattes für Stellgeräte ist eine konsistente Darstellung von Informationen in bezug auf Inhalt und Form. Die generelle Anwendung dieses einheitlichen Datenblattes durch alle in Frage kommenden Benutzergruppen, wie z. B. Anlagenbauer, Ingenieurbüros, Hersteller und Anwender von Stellgeräten, bietet eine Reihe von Vorteilen:

- Das Datenblatt unterstützt eine systematische Spezifikation des Stellgerätes durch eine Auflistung aller wesentlichen Merkmale und reserviert den notwendigen Platz zur Beschreibung der zahlreichen Ausführungsvarianten.

- Das Datenblatt fördert die Verwendung einer einheitlichen Terminologie bei der Beschreibung des Stellgerätes.

- Das Datenblatt erleichtert ferner durch die einheitliche Darstellung von Informationen die Vorgänge bei der Anfrage, dem Einkauf, der Bestellung, dem Wareneingang, der Buchhaltung usw.

- Das Datenblatt liefert eine nützliche und dauerhafte Aufzeichnung von Informationen über das betreffende Stellgerät. Damit wird eine einfache Prüfung wichtiger Details auch nach vielen Jahren ermöglicht.

- Eine einheitliche Darstellung des Stellgeräte-Datenblattes verbessert die Effizienz vom Grundkonzept bis hin zur endgültigen Installation und Wartung des Stellgerätes.

- Das vollständig ausgefüllte und durch viele Berechnungen vervollständigte Daten- bzw. Spezifikationsblatt wird damit zum perfekten "Ausweis" des betreffenden Stellgerätes.

- Die Unterteilung des Datenblattes erleichtert nicht nur die Lesbarkeit der zahlreichen Informationen, sondern weist den verschiedenen Benutzergruppen auch bestimmte Verantwortlichkeiten zu.

## 14.1 Angaben des Bestellers / Anwenders

Der erste Abschnitt des Spezifikationsblattes in Spalte 4 lautet: *Betriebsdaten für die Auswahl des Stellgerätes.* Es ist die Aufgabe des Bestellers bzw. Anwenders, hier die für die Berechnung und Auslegung erforderlichen Angaben zu machen. Auf die Erklärung der einzelnen Zeilen und Felder des Spezifikationsblattes wird bewußt verzichtet, zumal das Computerprogramm VALCAL für jedes Eingabefeld eine kurze Erläuterung bereithält. Auch wird mit der *Online-Hilfe* eine Gewichtung der einzelnen Angaben vorgenommen, so daß sofort ersichtlich wird, welche Informationen unbedingt notwendig sind und welche einen nur ergänzenden Charakter haben. Auf jeden Fall wird empfohlen, alle für eine korrekte Berechnung und Auslegung erforderlichen Angaben bereitzustellen, um Mißverständnisse oder eine unzureichende Berechnung zu vermeiden.

## 14.2 Durchflußkoeffizient und Schallpegel

Der nächste Abschnitt des Spezifikationsblattes ist mit $C/L_{pA}$ bezeichnet und enthält die Berechnungsergebnisse für den Durchflußkoeffizienten $C$ und den Schalldruckpegel $L_{pA}$ in einem Meter Abstand von der Rohrleitung. Ausgehend von den gegebenen Prozeßdaten muß zu Beginn der benötigte Durchflußkoeffizient berechnet werden. Um die Berechnung jederzeit nachvollziehen zu können, soll hinter dem minimalen und maximalen Kv- oder Cv-Wert in Klammern noch der $F_L$- bzw. $X_T$- Wert angegeben werden. Dies setzt im Grunde schon voraus, daß der entsprechende Ventiltyp bereits ausgewählt worden ist. Unter Berücksichtigung weiterer ventilspezifischer Faktoren ist dann auch eine Vorhersage des zu erwartenden Schalldruckpegels möglich.

## 14.3 Spezifikation der Armatur

Die eigentliche Spezifikation des Stellgerätes beginnt mit dem nun folgenden Abschnitt des Datenblattes, der mit *Ventilgehäuse* bezeichnet wird. Hier sind die zahlreichen Ausführungsvarianten der Armatur genau zu beschreiben, auf die nun etwas näher eingegangen werden soll.

Die Begriffe *Hersteller, Typ* und *Bauform* sind selbsterklärend und bedürfen keiner weiteren Erläuterung.

## 14.3.1 Bestimmung der Durchflußrichtung

Die *Durchflußrichtung*, die durch einen Pfeil auf dem Gehäuse angegeben werden muß, ist ein wichtiger Parameter, der sowohl Einfluß auf die Funktion des Stellventils nimmt als auch auf den Durchflußkoeffizienten und den Schalldruckpegel. Weiterhin wird die Auslegung des Ventilantriebs im hohen Maße von der vorgesehenen Durchflußrichtung bestimmt. Von wenigen Ausnahmen abgesehen, ist die Richtung "öffnend" stets zu bevorzugen, da sie eine gute dynamische Stabilität garantiert. Andererseits ist bei einer Durchflußrichtung, die "schließend" auf den Drosselkörper einwirkt, unbedingt eine Stabilitätskontrolle notwendig, um einen permanenten "Hammer-Effekt" nahe der Schließstellung zu vermeiden.

## 14.3.2 Auswahl der erforderlichen Nenndruckstufe

Die Auswahl des *Nenndruckes* hängt von mehreren Einflußgrößen ab. Zur Definition des Nenndruckes heißt es in DIN 2401: "*Der Nenndruck ist die Bezeichnung für eine ausgewählte Druck-Temperatur-Abhängigkeit, die zur Normung von Bauteilen herangezogen wird. Der Nenndruck wird ohne Einheiten angegeben. Der Zahlenwert des Nenndruckes für ein genormtes Bauteil aus dem in der Norm genannten Werkstoff gibt den zulässigen Betriebsüberdruck in bar bei 20 °C an. Die Nenndrücke sind nach Normzahlen gestuft (Tabelle 14-1). Bauteile desselben Nenndruckes haben bei gleicher Nennweite gleiche Anschlußmaße*". Diese scheinbar klare Definition ist in Wirklichkeit außerordentlich kompliziert, wenn man berücksichtigt, daß sie für verschiedene Normen Geltung haben soll.

Wie aus Tabelle 14-1 ersichtlich ist, existieren drei bedeutende Normen nebeneinander. Ohne auf die Bedeutung und Hierarchie der verschiedenen Normungsgremien näher einzugehen, fallen die Unstimmigkeiten sofort ins Auge. Es sind aber nicht nur die Nenndrücke, die keinen direkten Vergleich zulassen, sondern auch die Berechnungsverfahren, die den maximal zulässigen Druck bei gegebener Betriebstemperatur bestimmen. Um die Konfusion noch zu vergrößern, muß erwähnt werden, daß auch die genormten Werkstoffe in ihrer Zusammensetzung nicht unmittelbar miteinander verglichen werden dürfen. Dies alles führt zu erheblichen Abweichungen bei den verschiedenen Druck-/Temperaturdiagrammen, d. h. daß trotz objektiv gleicher Beanspruchung u. U. unterschiedliche Nenndruckstufen gewählt werden müssen, abhängig von der Zugrundelegung der jeweils vorgeschriebenen Norm. Aus deutscher Sicht erscheint die internationale ISO-Norm ungünstig, da sie sich stärker an die amerikanischen ANSI-Normen anlegt.

Eine Überarbeitung der DIN 2401 versucht zwar die Unterschiede zu verringern, trotzdem bleiben aber z. T. erhebliche Abweichungen bestehen, die bei
einer vorschriftsmäßigen Auslegung eines Stellgliedes zu beachten sind.

Tabelle 14-1: Genormte Nenndruckstufen

| ISO-Norm | ANSI-Norm | DIN-Norm |
|----------|-----------|----------|
| ISO PN 2,5 | --- | PN 2,5 |
| ISO PN 6,0 | --- | PN 6,0 |
| ISO PN 10 | --- | PN 10 |
| ISO PN 16 | --- | PN 16 |
| ISO PN 20 | Class 150 | --- |
| ISO PN 25 | --- | PN 25 |
| ISO PN 40 | --- | PN 40 |
| ISO PN 50 | Class 300 | --- |
| --- | --- | PN 63 |
| ISO PN 100 | Class 600 | --- |
| --- | --- | PN 100 |
| ISO PN 150 | Class 900 | --- |
| --- | --- | PN 160 |
| ISO PN 250 | Class 1500 | --- |
| --- | --- | PN 250 |
| --- | --- | PN 320 |
| --- | --- | PN 400 |

Zusammenfassend ist festzuhalten, daß die Hindernisse, die einer einheitlichen,
weltweiten Norm im Wege stehen, zum jetzigen Zeitpunkt - trotz ernsthafter
Bemühungen - als unüberwindlich erscheinen. Das bedeutet für den Anwender,
daß er noch Jahrzehnte mit unterschiedlichen Normen leben muß, die eine
genaue Beachtung unterschiedlicher Grenzwerte erfordert. Siehe hierzu auch:
"*Bedeutung der ANSI-Normen bei Regelarmaturen*" (Anhang).

Die Auswahl des Nenndruckes erfolgt letztendlich unter Zugrundelegung der
wichtigsten Parameter:

> - Betriebstemperatur
> - maximaler Betriebsdruck
> - gewählter Gehäusewerkstoff

Die Grenzwerte sind den jeweils gültigen Diagrammen oder Tabellen zu entnehmen. Erwähnenswert ist ferner die Tatsache, daß die Nenndruckstufe häufig vom Anwender vorgeschrieben wird, so daß der Hersteller von einer entsprechenden Auswahl befreit ist. So werden beispielsweise petro-chemische
Anlagen und Raffinerien meistens entsprechend den gültigen ANSI-Normen
ausgeführt, was dann selbstverständlich auch für Regelventile gilt.

### 14.3.3 Auswahl der erforderlichen Ventilnennweite

## 14.3.3 Auswahl der erforderlichen Ventilnennweite

Die zu wählende Nennweite eines Stellgliedes hängt stets von mehreren Faktoren ab, die bei einer endgültigen Spezifikation zu berücksichtigen sind.

*Berechneter Durchflußkoeffizient*

Zunächst ist sicherzustellen, daß der erforderliche Durchflußkoeffizient für das auszuwählende Stellglied erreicht wird. Üblicherweise kommt noch ein Zuschlag zum Ansatz, um Unsicherheiten bei den Prozeßdaten auszugleichen. Der Sicherheitszuschlag beträgt zwischen 25 und 100%. Aus dem Datenblatt des Ventilherstellers wird dann zunächst die kleinstmögliche Nennweite ausgewählt, die den oben beschriebenen Anforderungen gerecht wird.

*Strömungsgeschwindigkeit*

Für die Festlegung der maximal zulässigen Strömungsgeschwindigkeit gibt es keine genormten Grenzwerte. In der Praxis werden jedoch - abhängig vom Medium und der jeweiligen Installation - bestimmte Maximalwerte für die Geschwindigkeit in der Rohrleitung vorgegeben. Je nach Anwendung und der angestrebten Lebensdauer ergibt sich aber auch hier eine beträchtliche Bandbreite. Als Richtwerte für verschiedene Betriebsstoffe können genannt werden:

- Flüssigkeiten      max. 10 m/s
- Gase               max. 0,3 Mach oder 100 m/s
- trockener Dampf max. 0,3 Mach oder 200 m/s

Bei Gasen und Dämpfen gilt jeweils der kleinere der empfohlenen Grenzwerte. Bei Sattdampf, stark korrosiv bzw. erosiv wirkenden Medien oder extrem langlebigen Anlagen sind entsprechende Abstriche zu machen. So liegen beispielsweise in Kraftwerken, in denen eine Lebensdauer des Systems von mindestens 20 Jahren angestrebt wird, die zulässigen Strömungsgeschwindigkeiten mitunter um eine Zehnerpotenz niedriger als oben angegeben. Auf jeden Fall muß eine Kontrolle der Strömungsgeschwindigkeit erfolgen, nachdem die Nennweite zunächst aufgrund des erforderlichen Durchflußkoeffizienten vorläufig bestimmt wurde. Eine Nichtbeachtung kann dazu führen, daß bei kompressiblen Medien eine frühzeitige Durchflußbegrenzung auftritt, da bei einem hohen Druckverhältnis und die dadurch hervorgerufene Volumenzunahme auf der Ausgangsseite Schallgeschwindigkeit erreicht wird. Bei der Benutzung von VALCAL erfolgt die Wahl der Nennweite auf der Basis eines minimalen Auslaßdurchmessers, der die o. g. Zusammenhänge berücksichtigt. Da die Berechnung des minimal erforderlichen Durchmessers naturgemäß zu ungeraden Werten führt, ergibt sich die empfohlene Nennweite durch Aufrundung auf den nächst höheren Normwert.

Wie bereits erläutert, gibt es für die zulässigen Geschwindigkeiten keine klaren Grenzen. Dies gilt in besonderer Weise für die Geschwindigkeit im Auslauf des Stellgliedes. Es muß daher dem Anwender überlassen werden, ob er die oben aufgeführten Grenzwerte sowohl für die Bestimmung der Rohrnennweite als auch für die Ventilnennweite selbst zugrunde legt, oder ob er im letzteren Fall höhere Austrittsgeschwindigkeiten zuläßt.

*Nennweite wird vorgegeben*

In vielen Fällen hat der Anwender seine Anlage schon entsprechend ausgelegt, so daß er - ähnlich wie beim Neudruck - die benötigte Nennweite vorgibt.

### 14.3.4 Verbindung mit der Rohrleitung

Das zuletzt Gesagte trifft in besonderem Maße auch für die Verbindungsart zu, d. h. der Anwender hat sich in der Regel schon vor der Anfrage oder Bestellung des Stellventils für eine bestimmte Verbindung mit der Rohrleitung entschieden, so daß in diesem Punkt keine Auswahlmöglichkeit mehr besteht. Aufgrund der großen Vielfalt möglicher Verbindungsarten ist der Anwender gehalten, eine detaillierte Spezifikation zur Verfügung zu stellen um spätere Komplikationen beim Einbau des Ventils zu vermeiden.

### 14.3.5 Auswahl des entsprechenden Ventiloberteils

Das Oberteil erfüllt bekanntermaßen mehrere Aufgaben gleichzeitig. Die entsprechende Auswahl erfolgt daher unter dem Gesichtspunkt der gegebenen Anforderungen:

- Aufnahme Stopfbuchsen-Packung/Faltenbalg
- Führung der Ventilspindel
- Aufnahme / Interface für Antrieb
- Anschluß für Kühl- oder Spülmedium
- Anschluß für Beheizung des Oberteils
- Isolation bei extrem heißen oder kalten Medien
- Aufnahme / Halterung des Stellgliedes beim Einbau
- Möglichkeit einer dickwandigen Rohrummantelung
- Einbaulage des Stellventils
- Aggregatzustand und spezifische Wärme des Mediums

Da viele der o. g. Punkte ohnehin vorgegeben und nicht beeinflußbar sind, konzentrieren sich die Bemühungen der Anwender auf eine betriebsgerechte Ausführung. Besonderes Augenmerk gilt dabei folgenden Details:

- Die Wärmeleitung des Oberteils ist zu minimieren.
- Die Konvektion ist weitestgehend zu unterbinden.
- Die Zu- oder Abführung von Energie ist gering zu halten.
- Die Strahlungswärme ist weitestgehend abzuschirmen.

Vergleicht man ältere Konstruktionen mit modernen Stellgeräten, so werden die Unterschiede deutlich. So kann beispielsweise bei überhitztem Dampf eine hängende Einbaulage eine erhebliche Verbesserung bewirken. Zum einen bleibt der Packungsbereich kühler, weil kondensiertes Wasser eine zu starke Aufheizung des Packungsbereichs verhindert. Andererseits wird auch die Antriebsmembran weniger belastet, da die Konvektion der erwärmten Luft stets nach oben gerichtet ist und bei hängendem Antrieb keinen Schaden anrichten kann. Umgekehrt wird bei einem verflüssigten Medium mit tiefer Temperatur (z. B. Stickstoff) ein höheres Wärmegefälle bei normaler Einbaulage erreicht, weil sich im "warmen" Oberteil ein Gaspolster bildet, das verhindert, daß die Wandungen direkt dem kalten Medium ausgesetzt werden. Die Hersteller von Regelventilen empfehlen meistens zulässige Anwendungsbereiche für die verschiedenen Oberteilausführungen, denen nach Möglichkeit Folge zu leisten ist.

### 14.3.6 Auswahl geeigneter Werkstoffe

Dieses Problem wurde ausführlich in Kapitel 12 behandelt, so daß an dieser Stelle nur noch einmal einige grundsätzliche Dinge erwähnt werden sollen.

- Fast alle Hersteller von Stellventilen bieten eine breite Palette von Werkstoffen an. Prüfen Sie zunächst die Verwendbarkeit solcher Standard-Werkstoffe, da andere Materialien mit gleichen oder ähnlichen Eigenschaften nicht nur die Beschaffung verteuern, sondern auch die Lieferzeit erheblich verlängern können.

- Der Garniturwerkstoff soll grundsätzlich höherwertiger als das Material für Gehäuse und Oberteil sein, da sich ein Verschleiß weitaus gravierender auswirkt. Besondere Maßnahmen wie z. B. eine Stellitierung, sind sehr sorgfältig zu prüfen, weil sie preistreibend wirken. Oftmals leisten gehärtete Werkstoffe sogar mehr bei niedrigeren Kosten.

- Ausländische Besteller geben häufig die in ihrem Land geläufigen Werkstoffe an. Prüfen Sie in solchen Fällen, ob die Verwendung eines äquivalenten deutschen Standardmaterials erlaubt ist. Die chemische Zusammensetzung weicht oftmals nur geringfügig ab, was aber meistens nicht von Belang ist. Ein Vergleich amerikanischer und deutscher Standardwerkstoffe ist im Anhang aufgeführt.

- Besteller und Hersteller sollten sich schon im Anfragestadium über Art und Umfang der benötigten Materialzeugnisse im Klaren sein.

### 14.3.7 Dichtheit nach innen und außen

Während für die äußere Dichtheit des Ventilgehäuses bzw. des Oberteils auch ohne spezielle Angaben gewisse Grundregeln gelten, gibt es für die *Sitzleckage* ein sehr breites Toleranzband, je nach Leckmengenklasse, Prüfmedium und Testbedingungen. Grundsätzlich ist bei Stellventilen ein Bezug auf DIN/IEC 534-4 erforderlich. Andere Normen, die z. B. nur für Handabsperrventile Gültigkeit haben, sollten bei Regelventilen nicht angewendet werden. Auch ist es unrealistisch, für Doppelsitzventile oder solche mit Druckausgleich eine Leckmengenklasse zu fordern, die nicht eingehalten werden kann. Typisch sind für Stellventile z. B. folgende Leckmengenklassen:

- Einsitzventile mit metallischem Sitz: Klasse IV　　　　$= 0,01\%$ von Kvs
- Einsitzventile mit Weichsitz:　　　　Klasse IV-S1　　$= 0,0005\%$ von Kvs
- Doppelsitzventile / Druckausgleich: Klasse II　　　　$= 0,5\%$ von Kvs

Bei höheren Dichtheitsanforderungen ist eine genaue Spezifikation notwendig.

Die *äußere Dichtheit* eines Stellventils wird in hohem Maße von der Art der verwendeten *statischen Dichtungen* und der *Stopfbuchsenpackung* bestimmt. Wird z. B. eine Dichtheit gefordert, die der TA-Luft entspricht, dann sollten auch realistische Prüfbedingungen vereinbart werden. Eine Prüfung, die sich nur auf wenige Hübe bei Raumtemperatur beschränkt, ist nutzlos, wenn in der Praxis wechselnde Temperaturen auftreten und eine regelmäßige Wartung bzw. Kontrolle der (federbelasteten) Stopfbuchse nicht garantiert werden kann.

Aber auch die Spezifikation der statischen Dichtungen verdient besondere Beachtung, weil in der Praxis ein nicht unbeträchtlicher Teil der unerwünschten Leckmengen auf unzureichende Dichtungsmaterialien oder unzweckmäßigen Einbau der Dichtung zurückzuführen ist. Besonders problematisch sind häufig wechselnde Betriebstemperaturen.

## 14.4 Spezifikation des Antriebs

Der nun folgende Abschnitt des Spezifikationsblattes ist dem Ventilantrieb gewidmet. Die korrekte Auslegung eines geeigneten Stellantriebes verlangt die Berücksichtigung einer Vielzahl von Parametern. Der Stellantrieb kann nämlich seiner Aufgabe nur dann in optimaler Weise gerecht werden, wenn die Prozeß- und Umgebungsbedingungen als auch das Anforderungsprofil genauestens be-

kannt sind und geeignete Kenngrößen eine Berechnung und Auswahl des Antriebs ermöglichen. Dies gilt in erster Linie für die Hauptauswahlkriterien, wie
z. B. erforderliche Betätigungskraft, Stellgeschwindigkeit, Sicherheitsstellung
usw. Neben diesen Hauptparametern gibt es eine Vielzahl weiterer Einflußgrößen, die bei der Auslegung eines Stellantriebes zu berücksichtigen sind. Hier
werden beispielsweise genannt:

- Wirkungssinn (direkt oder umgekehrt wirkend)
- Stellsignal (elektrisch oder pneumatisch)
- Explosionsschutzvorschriften (elektrische Antriebe und Hilfsgeräte)
- Eingangssignalbereich (z. B. 4-20 mA)
- Nennhub oder Nenndrehwinkel der Armatur
- Erforderliche Hubsteifigkeit für stabilen Regelbetrieb
- Zulässige Hysteresis, Umkehrspanne und Ansprechempfindlichkeit
- Stellzeit für Nennhub bei Be- und Entlüftung
- Größe des erforderlichen Luftanschlusses (z. B. R 1/2")
- Antriebsvolumen (bei pneumatischen Antrieben)
- Schock- und Schwingungsfestigkeit des Antriebes
- Zulässige Umgebungstemperaturen
- Zulässige Schubkraft (Moment), um Beschädigungen zu vermeiden
- Anforderungen hinsichtlich Korrosionsbeständigkeit des Antriebes
- Ist eine Handbetätigung für Notfälle erforderlich?

Nach Möglichkeit sollte sich der Anwender, bevor er mit der Spezifikation des
Antriebs beginnt, eine "Checkliste" nach obigem Muster zusammenstellen, die
alle wichtigen Anforderungen und Randbedingungen aufführt. Auf diese Weise
wird sichergestellt, daß die geforderten Funktionen auch beachtet werden und
ein für die jeweilige Aufgabe optimaler Antriebstyp ausgewählt wird.

Die relativ komplizierte Berechnung der erforderlichen Antriebskraft kann
durch Verwendung eines entsprechenden Computerprogramms außerordentlich
vereinfacht werden. Dies gilt gleichermaßen auch für die Überprüfung der dynamischen Stabilität (bei Anströmung von der Seite) und der maximal zulässigen Betätigungskraft, um Beschädigungen der Armatur zu vermeiden.

## 14.5 Spezifikation des Stellventilzubehörs

Die weiteren Unterteilungen des Spezifikationsblattes gelten den Hilfsgeräten
bzw. dem Ventilzubehör, die für eine ordnungsgemäße Funktion des Ventils
eine sehr wichtige Rolle spielen. Da nicht alle möglichen Hilfsgeräte aufgeführt
werden können, wurden freie Zeilen für Spezialgeräte vorgesehen. Das Datenblatt beschränkt sich auf folgende Geräte:

- Ventilstellungsregler
- Grenzwertgeber
- Magnetventile
- Druckminderer / Filter
- Signalumformer
- Pneumatische Verstärker
- Pneumatische Verblockung
- Verrohrung der pneumatischen Hilfsgeräte

Funktion und Nutzen der Hilfsgeräte wurden bereits in Kapitel 10 behandelt. An dieser Stelle soll aber nochmals auf einige Punkte eingegangen werden, die häufig nicht ausreichend spezifiziert und daher leicht übersehen werden.

### 14.5.1 Explosionsgefährdeter Bereich (Zone) und Schutzart

Trotz unterschiedlicher Bedingungen und Definitionen sind die physikalischen Voraussetzungen für einen wirksamen Explosionsschutz auf der ganzen Welt gleich. Die Bemühungen konzentrieren sich darauf, ein Zusammentreffen der folgenden Bedingungen zu vermeiden: (a) brennbare Gase oder Stäube *plus* (b) Luft bzw. Sauerstoff *plus* (c) Zündquelle. Da Luft im Normalfall immer vorhanden ist und brennbare Gase und Stäube gelegentlich auftreten können, gilt es in explosionsgefährdeten Bereichen Zündquellen jeder Art zu vermeiden. Die Einteilung erfolgt gemäß DIN, EN und IEC in Zonen, die vom Anwender zu definieren sind. Eine Erläuterung erfolgte bereits in Kapitel 13.4. Die in diesen Zonen zu verwendenden Hilfsgeräte müssen von einer autorisierten Prüfstelle (z. B. PTB, Braunschweig) zugelassen sein. Dabei dürfen natürlich Geräte, die eine Zulassung für eine höhere Kategorie (z. B. Zone 0) besitzen, auch in den Zonen 1 und 2 eingesetzt werden, aber nicht umgekehrt!

Auch die Festlegung der *Zündschutzart* fällt in den Verantwortungsbereich des Bestellers. Die in Deutschland übliche Schutzart "Eigensicherheit" verlangt bekanntermaßen Maßnahmen zur Begrenzung von Spannung und Strom, was entweder mit Hilfe sogenannter "Zener-Barrieren" oder galvanisch trennender Stromversorgungeinheiten erreicht wird und außerhalb der Verantwortung des Ventilherstellers bzw. Hilfsgerätelieferanten liegt.

In den Ländern der dritten Welt, aber auch in Südeuropa werden häufig andere Schutzarten bevorzugt, da die Schutzart "Eigensicherheit" einen höheren Aufwand bei der Verkabelung und Installation bedeutet. Wird also z. B. eine "druckfeste Kapselung" (Schutzartkennzeichen "d") verlangt, dann ist ein "eigensicheres" Gerät (z. B. Stellungsregler) ungeeignet! Besonderes Augenmerk ist auch der maximalen Umgebungstemperatur zu schenken, die der Hersteller im Spezifikationsblatt (Zeile 4) angeben muß. Diese Angabe muß stets mit den Angaben des Typenschildes und der Temperaturklasse des Hilfsgerätes korrelieren. Eine Nichtbeachtung der o. g. Vorschriften durch den Geräteliefe-ranten kann daher zu schweren Personen- und/oder Sachschäden führen.

### 14.5.2 Umgebungstemperaturen und spezielle Klimate

Sehr hohe und besonders tiefe *Umgebungstemperaturen* beeinflussen die Zu-verlässigkeit der Antriebe und Hilfsgeräte. Abgesehen vom Explosionsschutz führen hohe Temperaturen oft zum vorzeitigen Ausfall der Geräte, da Teile aus Kunststoffen oder Elastomeren den Beanspruchungen auf Dauer nicht gewach-sen sind. Besonders gefährdet sind Membranen in pneumatischen Hilfsgeräten. Bei sehr tiefen Temperaturen, wie sie in Rußland oder Nordamerika auftreten, verspröden viele Werkstoffe oder führen dazu, daß bestimmte Teile, wie z. B. Antriebsmembranen, ihre Flexibilität verlieren und brechen. Auch elektrische Antriebe mit einem ölgefüllten Getriebe müssen in solchen Fällen den vorherr-schenden Umgebungstemperaturen angepaßt werden.

Eine weitere Störgröße, die Einfluß auf die Zuverlässigkeit und Lebensdauer einer Anlage nimmt, ist das jeweilige *Klima*, das vom Besteller bzw. Anlagen-planer genannt und vom Ventil- bzw. Hilfsgerätelieferanten beachtet werden muß. Hierunter versteht man den physikalischen und chemischen Zustand der Atmosphäre im Freien oder in Räumen einschließlich der tages- und jahres-zeitlichen Veränderungen. Eine Kennzeichnung der Klimabeanspruchung er-folgt gemäß DIN 50010 (Tabelle 14-2). Neben einer ungewöhnlichen Korrosi-onsbeanspruchung bei Meeresluft oder Industrieluft, die entweder spezielle Schutzschichten oder Edelstahl für alle Bauteile erfordert, werden in der ge-nannten Norm auch noch spezielle Umstände erfaßt. So ist z. B. in Gebieten mit Sandstürmen ein besonderer Schutz gleitender Teile erforderlich, da ein Öl-oder Feuchtigkeitsfilm die feinen Sandpartikel bindet und dadurch ein erhöhter Verschleiß auftritt (z. B. an der gefetteten Antriebstange). Eine besondere Ge-fahr besteht für Kabel und elektrische Bauteile bei Termitenbefall, die meistens die Isolation auffressen und Kurzschluß verursachen, oder in Gebieten mit häufigen und schweren Gewittern, da hohe Spannungen oder Streuströme integrierte Bauteile (z. B. Mikroprozessoren) beschädigen können (EMV).

Man könnte viele weitere Beispiele anführen, bei denen durch Nichtbeachtung einer oder mehrerer Einflußgrößen ganze Anlagen lahm gelegt wurden. Da Hilfsgeräte naturgemäß empfindlicher als die Armatur oder der Antrieb sind, sollte die Tabelle 14-2 als "Checkliste" betrachtet und die Hilfsgeräte unter Be-rücksichtigung der jeweiligen Klimakomponenten oder "*elektro-magnetischer Verträglichkeit*" (EMV) sehr sorgfältig ausgewählt werden.

Tabelle 14-2: Wichtige Klimakomponenten und Einflußfaktoren

| Kenn-buchstabe | Benennung der Klima-komponente | Einflußfaktoren |
|---|---|---|
| N | Niederschlag | Regen, Schnee, Hagel, Niederschlags-menge, Häufigkeit in Tagen pro Jahr |
| V | Vereisung | Häufigkeit, Stärke: mäßig oder stark |
| G | Spritz-, Schwall-, oder Strahlwasser, Gischt | Häufigkeit in Stunden pro Tag oder Tagen pro Jahr |
| U | Druckwasser | Wasserdruck in mm WS, Häufigkeit in Stunden/Tag, Bewuchs unter Wasser |
| L | UV-Strahlung | Spektrum, Intensität, Häufigkeit |
| R | Wärmestrahlung | Temperatur der Strahlungsquelle |
| X | Neutronenstrahlung, α- und β-Strahlung | Strahlungsart, Strahlungsdosis (rem) |
| H | Luftdruck (Höhe NN) | mittlerer Druck, Höhenänderungen |
| W | Wind | Windstärke, Richtung, Böigkeit |
| M | Meeresluft | Salzgehalt, Salzstaub |
| J | Industrieluft | Gehalt an $SO_2$, Ruß, Flugasche |
| C | Chemische Einflüsse | Konzentration, Temperatur, Häufigkeit |
| S | Sand- und Staubstürme | Art und Korngröße, Konzentration |
| P | Biologische Einflüsse | Schimmel und Pilze, Zersetzung |
| K | Kleintiere | Kurzschluß durch Nagetiere und Vögel |
| T | Termiten | Zerfressen von Kunststoffen/Elastomeren |
| B | Einflüsse im Erdboden | Bodenart, Leitfähigkeit, Korrosion |
| E | Erdbeben | Häufigkeit und Stärke von Beben |
| F | Feldeinwirkungen | Feldstärken (EMV), Abstand |

### 14.5.3 IP-Schutzarten gemäß DIN 40050

Die o. g. Norm klassifiziert den Schutz von elektrischen Betriebsmitteln ge-genüber Berührung und Eindringen von Fremdkörpern bzw. Wasser. Die An-gabe der entsprechenden Schutzart hat daher große Bedeutung für eine reibunslose Funktion der Hilfsgeräte. Die Schutzart wird durch ein Kurzzei-chen definiert, das sich aus den Kennbuchstaben IP (International Protection) und zwei nachfolgenden Kennziffern - gemäß Bild 14-1 - zusammensetzt.

Bild 14-1: Aufbau des Kurzzeichens nach DIN 40050

Die ungefähre Bedeutung der Kennziffern ist aus Tabelle 14-3 ersichtlich. Für eine exakte Definition ist das entsprechende Normblatt heranzuziehen.

Tabelle 14-3: Kennziffern für Fremdkörper und Wasserschutz

| 1. Kennziffer | Schutzgrad:   Fremdkörperschutz |
|---|---|
| 0 | Kein besonderer Schutz |
| 1 | Schutz gegen Eindringen von Fremdkörpern > 50 mm |
| 2 | Schutz gegen Eindringen von Fremdkörpern > 12 mm |
| 3 | Schutz gegen Eindringen von Fremdkörpern > 2,5 mm |
| 4 | Schutz gegen Eindringen von Fremdkörpern > 1,0 mm |
| 5 | Schutz gegen Eindringen schädlicher Staubablagerungen |
| 6 | Schutz gegen Eindringen von Staub (vollkommen staubdicht) |
| 2. Kennziffer | Schutzgrad:   Wasserschutz |
| 0 | Kein besonderer Schutz gegen Wasser |
| 1 | Schutz gegen senkrecht tropfendes Wasser (normale Lage) |
| 2 | Schutz gegen senkrecht tropfendes Wasser (Schräglage 15°) |
| 3 | Schutz gegen Wasser bis zu 60° bezogen auf Senkrechte |
| 4 | Schutz gegen Spritzwasser aus allen Richtungen |
| 5 | Schutz gegen Wasserstrahl aus einer Düse (alle Richtungen) |
| 6 | Schutz gegen schwere See oder starken Wasserstrahl |
| 7 | Schutz gegen Druckwasser (Druck und Zeit definiert) |
| 8 | Gerät geeignet für dauerndes Untertauchen unter Wasser |

Es ist die Aufgabe des Bestellers, den erforderlichen Schutzgrad zu definieren. Der Hersteller / Lieferant der Hilfsgeräte muß überprüfen, ob sein Gerät den gestellten Anforderungen entspricht. Bei einem Schutzgrad von z. B. IP 65 muß das Gerät im Inneren auf Dauer staubfrei sein, und ein Wasserstrahl aus einer Düse darf weder schädliche Wirkung haben noch darf Wasser eindringen, d. h. das Gerät muß voll funktionstüchtig bleiben. Auf eine Erläuterung des Berührungsschutzes durch Finger, Drähte oder andere Gegenstände wurde bewußt verzichtet, da hier die Spezifikation der Hilfsgeräte in bezug auf Zuverlässigkeit und Lebensdauer im Vordergrund steht.

## 14.5.4 Gehäuse für elektrische Geräte gemäß NEMA

Amerikanische Spezifikation verweisen häufig auf NEMA No. 250-1985, eine Vorschrift, die im Gegensatz zu deutschen oder europäischen Normen zwei verschiedene Forderungen unter einen Hut zu bringen versucht: Den *Explosionsschutz* durch ein geeignetes Gehäuse und den *Schutz vor äußeren Einwirkungen*, wie sie im vorausgehenden Abschnitt beschrieben wurden. [91]

Die folgende Beschreibung erläutert grob die Definitionen gemäß NEMA, die durch die Tabellen 14-4 und 14-5 ergänzt werden.

## *Definitionen für nicht-explosionsgefährdete Bereiche*

- *Typ 1 Gehäuse* sind vorgesehen für Anwendung in geschlossenen Räumen, hauptsächlich zum Schutz gegen Berührung der elektrischen Bauteile.

- *Typ 2 Gehäuse* sind vorgesehen für Anwendung in geschlossenen Räumen, hauptsächlich zum Schutz gegen geringe Mengen von tropfendem Wasser und Schmutz.

- *Typ 3 Gehäuse* sind vorgesehen für Anwendung im Freien, hauptsächlich zum Schutz gegen Staub, Regen, Graupel und externe Eisbildung.

- *Typ 3R Gehäuse* sind vorgesehen für Anwendung im Freien, hauptsächlich zum Schutz gegen fallenden Regen, Graupel und externe Eisbildung.

- *Typ 3S Gehäuse* sind vorgesehen für Anwendung im Freien, hauptsächlich zum Schutz gegen Staub, Regen und Graupel. Es muß außerdem stabil genug sein, um eine Eisbildung mit einfachen Werkzeugen entfernen zu können.

- *Typ 4 Gehäuse* sind vorgesehen für Anwendung in geschlossenen Räumen und im Freien, hauptsächlich zum Schutz gegen Staub, Regen, Spritzwasser und Wasser aus einem gerichteten Düsenstrahl.

- *Typ 4S Gehäuse* sind vorgesehen für Anwendung in geschlossenen Räumen und im Freien, hauptsächlich zum Schutz gegen Staub, Regen, Spritzwasser und Wasser aus einem gerichteten Düsenstrahl sowie Korrosion.

- *Typ 5 Gehäuse* sind vorgesehen für Anwendung in geschlossenen Räumen, hauptsächlich zum Schutz gegen tropfendes Wasser und Schmutz.

- *Typ 6 Gehäuse* sind vorgesehen für Anwendung in geschlossenen Räumen und im Freien, hauptsächlich zum Schutz gegen eindringendes Wasser während einem gelegentlichen Untertauchen bei limitierter Tauchtiefe.

- *Typ 6P Gehäuse* sind vorgesehen für Anwendung in geschlossenen Räumen und im Freien, hauptsächlich zum Schutz gegen eindringendes Wasser während länger dauerndem Untertauchen bei limitierter Tauchtiefe.

- *Typ 11 Gehäuse* sind vorgesehen für Anwendung in geschlossenen Räumen, hauptsächlich - durch Eintauchen in Öl - zum Schutz gegen korrosive Einflüsse von Gasen und Flüssigkeiten.

- *Typ 12 Gehäuse* sind vorgesehen für Anwendung in geschlossenen Räumen, hauptsächlich zum Schutz gegen Staub, fallenden Schmutz und tropfende, nicht-korrosive Flüssigkeiten.

• *Typ 12K Gehäuse mit Ausbrüchen für Kabelverschraubungen* sind vorgesehen für Anwendung in geschlossenen Räumen, hauptsächlich zum Schutz gegen Staub, fallenden Schmutz und tropfende, nicht-korrosive Flüssigkeiten, die nicht genau auf den Ausbruch im Gehäuse treffen.

• *Typ 13 Gehäuse* sind vorgesehen für Anwendung in geschlossenen Räumen, hauptsächlich zum Schutz gegen Staub, Spritzwasser, Öle und nichtkorrosive Kühlflüssigkeiten.

## Definitionen für explosionsgefährdete Bereiche

• *Typ 7* Gehäuse sind vorgesehen für Anwendung in geschlossenen Räumen, klassifiziert als *Class I, Group A, B, C oder D*, wie im *National Electrical Code* (NEC) definiert.

• *Typ 8* Gehäuse sind vorgesehen für Anwendung in geschlossenen Räumen und im Freien, klassifiziert als *Class I, Group A, B, C oder D*, wie im *National Electrical Code* (NEC) definiert.

• *Typ 9* Gehäuse sind vorgesehen für Anwendung in geschlossenen Räumen, klassifiziert als *Class II, Group E oder G*, wie im *National Electrical Code* (NEC) definiert.

• *Typ 10* Gehäuse sind vorgesehen für Anwendung in Bergwerken und müssen so konstruiert sein, daß sie die Anforderungen der *Mine Safety and Health Administration* erfüllen.

Da die zahlreichen Gehäusetypen für unterschiedliche Anwendungen nicht besonders übersichtlich strukturiert sind, soll durch die Auflistung der in Frage kommenden Bedingungen und einer Eignungskennzeichnung (x) die Auswahl eines entsprechenden Gehäusetyps erleichtert werden.

Tabelle 14-4 zeigt die Eignung der verschiedenen Gehäuse-Ausführungen bei verschiedenen Umwelteinflüssen. Sie hat nur Gültigkeit für *nicht-explosionsgefährdete Bereiche* bei der Anwendung in *geschlossenen Räumen*.

Tabelle 14-5 gilt sinngemäß für *nicht-explosionsgefährdete Bereiche* bei der *Anwendung im Freien*.

Tabelle 14-6 vergleicht ganz grob die Vorschriften gemäß NEMA No. 250-1985 mit den Schutzgraden gemäß DIN 40050. Allerdings muß darauf hingewiesen werden, daß ein direkter Vergleich - wegen der unterschiedlichen Anforderungen - nicht immer hergestellt werden kann, da die Konstruktionsmerkmale der Gehäuse nach DIN und NEMA nicht deckungsgleich sind!

Tabelle 14-4:   Schutzwirkung des Gehäuses für Anwendung in geschlossenen Räumen und nicht-explosionsgefährdeten Bereichen bei untenstehenden Gehäusetypen

| Gehäuse bietet Schutz gegen folgende Bedingungen | 1 | 2 | 4 | 4X | 5 | 6 | 6P | 11 | 12 | 12K | 13 |
|---|---|---|---|---|---|---|---|---|---|---|---|
| Zufällige Berührung elektrischer Teile | X | X | X | X | X | X | X | X | X | X | X |
| Fallender Schmutz | X | X | X | X | X | X | X | X | X | X | X |
| Tropfende und leicht spritzende Flüssigkeiten | | X | X | X | | X | X | X | X | X | X |
| Staub, Fasern, Schwebestoffe | | | X | X | X | X | X | | X | X | X |
| Spritzwasser aus einer Düse | | | X | X | | X | X | | | | |
| Öl und Kühlflüssigkeiten | | | | | | | | | X | X | X |
| Spritzendes Öl und/oder Kühlflüssigkeiten | | | | | | | | | | | X |
| Korrosive Chemikalien | | | | X | | | X | X | | | |
| Gelegentliches, kurzzeitiges Untertauchen | | | | | | X | X | | | | |
| Gelegentliches, längerdauerndes Untertauchen | | | | | | | X | | | | |

Tabelle 14-5:   Schutzwirkung des Gehäuses für Anwendung im Freien und nicht-explosionsgefährdeten Bereichen für untenstehende Gehäusetypen

| Gehäuse bietet Schutz gegen folgende Bedingungen | 3 | 3R | 3S | 4 | 4X | 6 | 6P |
|---|---|---|---|---|---|---|---|
| Zufällige Berührung elektrischer Teile | X | X | X | X | X | X | X |
| Regen, Schnee, Graupel | X | X | X | X | X | X | X |
| Eisbildung, Möglichkeit einer mechanischen Entfernung | | | X | | | | |
| Staub durch Windeinfluß | X | | X | X | X | X | X |
| Spritzwasser aus einer Düse | | | | X | X | X | X |
| Korrosive Chemikalien | | | | | X | | X |
| Gelegentliches, kurzzeitiges Untertauchen | | | | | | X | X |
| Gelegentliches, längerdauerndes Untertauchen | | | | | | | X |

Tabelle 14-6: Grober Vergleich zwischen NEMA und DIN/IEC Schutzgraden

| Typ-Nummer der NEMA-Gehäuse | Schutzarten gemäß DIN/IEC |
|---|---|
| 1 | IP 10 |
| 2 | IP 11 |
| 3 | IP 43 |
| 3R | IP 42 |
| 3S | IP 43 |
| 4 und 4X | IP 55 |
| 5 | IP 41 |
| 6 und 6P | IP 67 |
| 12 und 12K | IP 52 |
| 13 | IP 55 |

## 14.6 Verrohrung und Fittings

Da die Mehrzahl der Stellventile in den Prozeßindustrien mit pneumatischen Antrieben ausgerüstet wird, kommt der Auswahl der Verrohrung und der Art der zu verwendenden Fittings besondere Bedeutung zu. Folgende Punkte sind daher bei der Spezifikation zu beachten:

- *Werkstoff* für Rohre und Fittings. Meistens werden gezogene Rohre aus Kupfer aufgrund ihrer guten Korrosionsbeständigkeit und der relativ leichten Montage verwendet. Die Fittings bestehen in der Regel aus Messing. In manchen Fällen sind jedoch Kupferlegierungen ungeeignet (z. B. in Anlagen zur Ammoniakerzeugung). Hier wird dann für Rohre und Fittings meistens Edelstahl vorgeschrieben, weil sonst insbesondere die dünnwandigen Rohre gefährdet sind. Neuerdings werden auch Schlauchverbindungen aus Polyäthylen oder dergl. akzeptiert, die zwar eine gute Korrosionsbeständigkeit aufweisen, aber wegen geringer Festigkeit leicht beschädigt werden und damit die Funktion des Stellgerätes in Frage stellen können.

- Der *freie Rohr- bzw. Fittingquerschnitt* ist ein anderer wichtiger Gesichtspunkt bei der Spezifikation des Stellgerätes (Zeile 102), weil dadurch die Stellzeit des Antriebs bestimmt wird. Stellungsregler oder Volumenverstärker bleiben wirkungslos, wenn der Rohrquerschnitt zu klein gewählt wird.

### 14.6.1 Überschlägliche Berechnung der zu erwartenden Stellzeiten

Die Anlagensicherheit hängt nicht zuletzt von der Stellzeit des Ventils ab, um ein schnelles Öffnen oder Schließen der Armatur bewerkstelligen zu können. Manchmal wird aber auch eine Mindeststellzeit gefordert, um Druckstöße im System zu verhindern oder ein Überschwingen des Regelkreises zu vermeiden.

Bei elektrischen Antrieben mit konstanter Drehzahl ist eine Berechnung der Stellzeit unkompliziert. Anders dagegen bei pneumatischen Antrieben, deren Stellzeit von vielen Parametern abhängt, die nur schwer zu bestimmen sind. Grundsätzlich sind langsame Verstellungen der Armatur einfacher zu realisieren als schnelle. Man sieht in einem solchen Fall ein einfaches, handverstellbares Nadelventil vor, mit dem die Stellzeit experimentell angepaßt wird. Problematisch sind dagegen sehr kurze Stellzeiten, wie z. B. nach DIN 3394 für die Abschaltung der Gaszufuhr gefordert. Mehrere Veröffentlichungen haben sich bereits mit diesem Thema beschäftigt, mit dem Ziel, die Schließ- bzw. Öffnungszeiten eines Stellventils mit pneumatischem Antrieb hinreichend genau zu berechnen [92]. Auch spezielle Computerprogramme sind für diesen Zweck geschrieben worden, ohne jedoch die Anwender in jeder Hinsicht zu befriedigen. In der Praxis zeigen sich nämlich stets gewisse Abweichungen zwischen den berechneten und später gemessenen Stellzeiten. Nachfolgend wird ein sehr einfaches Verfahren beschrieben, das unter Beachtung bestimmter Voraussetzungen eine vergleichsweise einfache Abschätzung der Schließ- bzw. Öffnungszeiten eines Ventils mit einem federbelasteten, pneumatischen Membranantrieb erlaubt.

Wird z. B. ein kleiner Kessel mit konstantem Volumen über eine Drossel an eine Druckluftleitung mit dem Druck p1 angeschlossen, dann wird man feststellen, daß zunächst ein steiler Druckanstieg im Kessel stattfindet, der mit der Zeit immer weiter abflacht. Theoretisch dauert es sogar unendlich lange, bis der Kesseldruck exakt dem Leitungsdruck entspricht. Dieser Versuch gleicht grob dem Laden eines Kondensators mit der Kapazität C über einen Widerstand R bei konstanter Spannung U. Leider ist der pneumatische Vorgang komplizierter als der elektrische, was mit der Eigenart der Materie zusammenhängt. Beim Auffüllen des Kessels herrschen zu Beginn *kritische* Zustände vor, d. h. bei einem Vordruck von beispielsweise 4,0 bar (absolut) strömt die Luft mit Schallgeschwindigkeit ein, bis sich im Kessel ein Druck aufgebaut hat, der zu einem subkritischen Strömungszustand führt. Die ständig kleiner werdende Druckdifferenz zwischen Leitungs- und Kesseldruck läßt den Durchfluß immer weiter absinken, so daß sich der Kesseldruck schließlich asymptotisch dem Leitungsdruck annähert. Die Bestimmung des kritischen Druckverhältnisses wurde bereits im Kapitel 4.7 erläutert.

Beim Beladen des Kessels bleibt der Durchfluß innerhalb des kritischen Strömungszustandes zunächst konstant, was eine Berechnung natürlich vereinfacht. Beim Entlüften ist der Vorgang jedoch komplizierter, da der Druck stetig abnimmt und der Durchfluß deshalb auch im kritischen Bereich variiert. Eine graphische Darstellung der Zusammenhänge zeigt Bild 14-2:

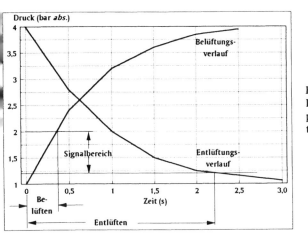

Bild 14-2: Be- und
Entlüftung eines
pneumatischen An-
triebs (schematisch)

Im obigen Beispiel wird ein Signalbereich des Antriebs von 0,2-1,0 bar unterstellt (1,2-2,0 bar$_{abs.}$). Bei einem Zuluftdruck von 3,0 bar Überdruck ergibt
sich bis zu einem Gegendruck von ca. 1,2 bar ein kritisches Druckverhältnis, in
dessen Bereich der Durchfluß konstant und der Druckanstieg fast linear ist.
Unter den dargestellten Verhältnissen würde der Nennhub des Ventils schon
nach ca. 0,4 Sekunden erreicht, was einer ungewöhnlich kurzen Stellzeit entspricht. Bei einer Entlüftung kehren sich allerdings die Verhältnisse um. Zunächst vergeht eine ganze Sekunde bevor überhaupt eine Bewegung des Antriebs erfolgt. Während dieser Zeit fällt der Druck im Antrieb von 3,0 auf 1,0
bar. Erst bei Unterschreitung des oberen Signalbereichs bewegt sich der Antrieb, um bei einem Druck von 0,2 bar wieder seine Ausgangsstellung einzunehmen. Die Gesamtzeit bei der Entlüftung beträgt also ca. 2,2 Sekunden. Hier
ist also zu beachten, daß der Zuluftdruck nicht unnötig hoch gewählt wird. Aus
den grundsätzlichen Kurvenverläufen für die Be- und Entlüftung pneumatischer
Antriebe lassen sich daher für das Erreichen möglichst kurzer Stellzeiten folgende Forderungen ableiten:

• Wählen Sie für die *Belüftung* von Antrieben möglichst kurze Signalbereiche
  (z. B. 0,2-1,0 bar oder 0,2-0,6 bar) und einen Zuluftdruck von wenigstens
  3,0 bar. Dies garantiert konstanten Durchfluß und kurze Stellzeiten.

• Für die *Entlüftung* soll dagegen der Signalbereich möglichst hoch gelegt
  werden (z. B. 1,0-2,0 bar), bei einem möglichst geringen Überschuß des
  Luftdruckes bezogen auf das Signalbereichsende. Dadurch ist eine rasche
  Entlüftung bei Aufrechterhaltung einer kritischer Entspannung möglich.

- Pneumatische Hilfsgeräte, Leitungen und Fittings müssen den Forderungen entsprechen, d. h. möglichst große Querschnitte aufweisen. Die Luftversorgung (Filter-Regler) muß stabil sein und darf unter Last nicht zusammenbrechen.

Für eine überschlägliche Berechnung der Stellzeiten ist ein vereinfachtes Verfahren ausreichend. Dabei genügen einige wenige Angaben, die meistens aus den Datenblättern der Hilfsgerätehersteller ersichtlich sind:

- Das Inhaltsvolumen des pneumatischen Antriebs einschließlich Totraum für das Durchfahren des Nennhubes.

- Die Höhe des erlaubten Zuluftdruckes.

- Der geschätzte Gesamt-Kv-Wert des Hilfsgerätes, der Rohrleitungen und Fittings.

Genau genommen müßte der resultierende Kv-Wert aller Widerstände berechnet und in die Gleichung eingesetzt werden. Dies ist aber nicht empfehlenswert. Stattdessen wird folgende Methode empfohlen:

- Stellen Sie fest, wie groß der Kv-Wert des Hilfsgerätes (z. B. Stellungsregler) ist. Die Werte schwanken in der Regel zwischen 0,08 und 0,60 $m^3/h$. Stellen Sie gleichzeitig sicher, daß der Druckminderer ausreichend bemessen ist, so daß unter Last keine größere Abweichung als -10% auftritt.

- Wählen Sie für Rohrleitungen und Fittings einen Kv-Wert der 2,5-3,0 mal so groß wie der Kv-Wert des Hilfsgerätes (z. B. Stellungsregler) ist. In einem solchen Fall vermindert sich des Gesamt-Kv-Wert um weniger als 10% bezogen auf den Kv-Wert des Hilfsgerätes. Kv-Werte für eine Leitungslänge von 1,5 m gehen aus Tabelle 14-7 hervor.

- Achten Sie darauf, daß die Fittings keine Verengungen aufweisen und der freie Querschnitt mindestens so groß wie die Rohrleitung ist. Wählen Sie im Zweifelsfall größere Fittings mit Reduzierstücken.

- Berechnen Sie die Stellzeit entsprechend den folgenden Gleichungen und studieren Sie zur Kontrolle die Berechnungsbeispiele im Anhang.

Tabelle 14-7: Kv-Werte von gezogenen Rohren bei 1,5 m Länge

| Rohrinnendurchmesser (mm) | Kv-Wert |
|---|---|
| 4 | 0,3 |
| 6 | 0,6 |
| 8 | 1,1 |
| 10 | 1,8 |
| 13 | 3 |

*Durchflußberechnung in Normkubikmeter*

$$Q = 2460 \cdot F_P \cdot Kv \cdot p1 \cdot Y \cdot \sqrt{\frac{X}{M \cdot T_1 \cdot Z}} \qquad (14\text{-}1)$$

Unter der Annahme eines konstanten Durchflusses bei der Belüftung muß der Zuluftdruck stets wesentlich höher als der Signalendbereich sein. Beträgt z. B. der Signalbereich 0,2-1,0 bar, dann ergibt sich für den Mindestluftdruck pz:

$$pz \geq 0,53 \cdot Sig_{100} \qquad (14\text{-}2)$$

Für das obige Beispiel ergibt sich damit ein Mindestzuluftdruck von ca 1,9 bar. In Gl. (14-1) wird Fp = 1,0, Y = 0,67, X = 0,47, M = 29 und Z = 1,0. Variabel sind lediglich der Kv-Wert des Hilfsgerätes, der Zuluftdruck p1 und die Umgebungstemperatur T1. Bei einer Entlüftung des Antriebs wird für p1 einfachheitshalber der Mittelwert zwischen dem Zuluftdruck und dem Signalanfangsbereich eingesetzt. Beträgt z. B. der Luftdruck 4,0 bar$_{abs}$ und der Signalbereich 1,0-2,0 bar (2,0-3,0 bar$_{abs}$), dann wird für p1 = 3,0 bar eingesetzt.

*Erforderliches Luftvolumen für Belüftung des Antriebs*

Entsprechend den Zustandsgleichungen für ideale Gase gilt:

$$\frac{p_0 \cdot V_0}{T_0} = \frac{p \cdot V}{T} \qquad (14\text{-}3)$$

Löst man diese Gleichung nach dem erforderlichen Volumen $V_0$ auf, um den Nennhub des Antriebs zu durchfahren und unterstellt einen Zuluftdruck von mindestens 1,9 bar Überdruck und einen Signalendbereich von 1,0 bar bzw. 2,0 bar$_{abs}$, dann wird das erforderliche Luftvolumen bei 20°C:

$$V_0 = \frac{p \cdot V \cdot T_0}{T \cdot p_0} \qquad (14\text{-}4)$$

*Berechnung der Stellzeit*

Die Stellzeit bei konstantem Durchfluß ergibt sich aus dem Quotienten des benötigten Volumens und der Durchflußmenge pro Zeiteinheit (Gl. 14-5). Dazu berechnet man zunächst das erforderliche Luftvolumen gemäß Gl. (14-4). Nach einer Umrechnung des Durchflusses in l/s ergibt sich für die Stellzeit:

$$t = \frac{V}{Q} \qquad\qquad (14\text{-}5)$$

Zwei Berechnungsbeispiele im Anhang verdeutlichen das erläuterte Verfahren.

## 14.7 Spezielle Forderungen sowie Kopf- und Fußzeilen

Der letzte Abschnitt des Spezifikationsblattes lautet: *Spezielle Forderungen*. Hier können weitere Anforderungen an das Stellglied spezifiziert werden, wie z. B. die Stellzeit zum Öffnen oder Schließen des Ventils. Auch Materialzeugnisse, spezielle Abnahmeprüfungen oder anwendungsspezifische Forderungen sind hier zu vermerken.

Die *Kopfzeilen* des Spezifikationsblattes führen neben der allgemeinen Bezeichnung und dem Namen des Bestellers oder Herstellers noch die Felder "*MSR-Stelle*" und "*Hersteller-Referenz-Nr.*" auf. Besonderes Augenmerk sollte stets der TAG-Nummer oder Meßstellen-Nummer gelten, da die Nummer der MSR-Stelle das Stellgerät identifiziert. Die Organisation und Dokumentation der meisten Anwender ist nämlich so aufgebaut, daß eine Identifikation eines Stellventils einschließlich Betriebsbedingungen, Hersteller, Baureihe, technische Daten usw. nur bei Vorliegen der MSR-Stelle möglich ist. Aus diesem Grund sollte dieses Feld stets ausgefüllt werden.

Auch die *Fußzeilen* des Datenblattes haben oft eine größere Bedeutung als angenommen und sind unverzichtbarer Bestandteil des "Stellventil-Ausweises". Änderungen des Spezifikationsblattes sollten - wie es bei technischen Zeichnungen üblich ist - durch Angabe des Namens und Datums in einem der vorgesehenen Felder vermerkt werden. Eine Revisionsnummer bzw. ein Buchstabe, der auch in der geänderten Zeile (Spalte 3) erscheint, erlaubt eine in der Regel dokumentierte Rückverfolgung des Änderungsgrundes.

Die übrigen Felder, wie Projekt, Betrieb, Bestell-Nr. usw., haben in einem Großbetrieb naturgemäß eine höhere Bedeutung als in einer kleinen Anlage, weil diese Angaben die Suche und Identifikation eines einzelnen Stellgerätes normalerweise wesentlich erleichtern.

Zwischen dem Hauptteil des Spezifikationsblattes und den Fußzeilen ist Raum gelassen für *Bemerkungen*. Hier kann der Projektant zusätzliche Angaben machen, die in keinem direkten Zusammenhang zu einer der zahlreichen Gruppierungen stehen. Beispiele: "Alle Teile vor Montage entfetten", "Dichtungsflächen vor dem Versand schützen", "Stellgerät wird hängend montiert" usw.

Zuletzt soll noch einmal auf das *"Beiblatt für allgemeine Anforderungen"* hingewiesen werden. Dieses Blatt ist vorgesehen für allgemeine oder projektspezifische Angaben, wie z. B. Hinweise auf geltende Normen, Umweltbedingungen am Ort der Anlage, generelle Vorschriften, die Fittings, Verrohrung oder Schutzanstriche betreffend, Vorschriften für die maximal zulässige Geräuschemission usw. Dadurch wird vermieden, daß alle Forderungen, die für das betreffende Projekt gelten, in jedem einzelnen Spezifikationsblatt wiederholt werden müssen. Auch Einzelheiten, für die im Datenblatt kein besonderes Feld reserviert wurde, oder aus Platzmangel nicht ausführlich genug erläutert werden können, sind im Beiblatt zu dokumentieren.

## 14.8 Die Auswahl eines geeigneten Stellgerätes

Nachdem alle Angaben des Bestellers auf Vollständigkeit überprüft, eine Berechnung der wichtigsten Parameter durchgeführt und die relevanten Felder des Datenblattes ergänzt worden sind, kommt der schwierigste und verantwortungsvollste Teil des Projektanten: Die Auswahl eines geeigneten Stellgerätes aus der großen Schar potentieller Anbieter mit jeweils breiter Produktpalette. Die Aufgabe gleicht der eines Arztes, der aufgrund der Krankheitssymptome, der Vorgeschichte des Kranken (Anamnese) und seinen persönlichen Erfahrungen bei ähnlichen Krankheiten eine optimale Therapie einleiten soll. In einer solchen Situation wird deutlich, daß es im Grunde an objektiven Beurteilungsmaßstäben mangelt, um das optimale Stellgerät für einen gegebenen Anwendungsfall auswählen zu können. Dies läßt sich folgendermaßen begründen:

- In den allermeisten Fällen gibt es mehrere Möglichkeiten zur Lösung des Problems. Welche die beste ist, läßt sich durch die große Zahl der zu berücksichtigenden Parameter nicht immer leicht feststellen.

- Das Universalventil, das alle guten Eigenschaften in sich vereint, gibt es nicht. So wie es "keine Rose ohne Dornen" gibt, müssen bei jeder Bauart auch gewisse Nachteile in Kauf genommen werden. Diese Tatsache verlangt eine Gewichtung gewünschter Eigenschaften bei der Auswahl.

- In der Praxis ist es unmöglich, für die Auswahl eines jeden Stellgerätes tiefgehende Studien und Vergleiche anzustellen, zumal es meistens an detaillierten Informationen mangelt.

Wenn man ferner berücksichtigt, daß der Projektant bei der Auswahl des bestgeeigneten Stellgerätes vielen Sachzwängen unterworfen ist, dann darf es nicht verwundern, daß nur ein kleiner Teil der zum Einsatz kommenden Stellgeräte dem Anwendungsfall optimal angepaßt ist.

Bei "Batch-Prozessen" genügt meistens die Ansteuerung des pneumatischen Antriebs durch ein "eigensicheres" Magnetventil, das ebenfalls busfähig sein muß und ein eigenes Interface (Schnittstelle) benötigt. Dieser Sonderfall wird beim Vergleich der Analog- mit der Digitaltechnik aber nicht weiter berücksichtigt.

### 15.7.1 Stellungsregler in konventioneller Analogtechnik

Die folgende Beschreibung von Merkmalen gilt nicht den technischen Daten, sondern vielmehr den für einen Vergleich relevanten kommunikativen und dynamischen Eigenschaften des Regelkreises. Deshalb bleiben wichtige Kenngrößen wie Genauigkeit, Hysteresis, Nullpunktstabilität usw. außer Betracht. Kennzeichnende Merkmale der konventionellen *Analogtechnik* sind folgende:

- *Genormtes Einheitssignal (4-20 mA oder 0-20 mA).* Diese Eigenschaft erlaubt eine weitestgehende Kompatibilität mit anderen Geräten. Der Anwender von Stellgeräten ist frei in der Wahl des Stellungsreglers.

- *Punkt-zu-Punkt Verbindung = fest zugeordnetes Zweileiter-System.* Jeder Stellungsregler ist über ein Zweileiter-System mit dem Einzelregler bzw. dem PLS verbunden. Ein Einfügen weiterer Geräte in den Stromkreis ist möglich (Anzeigegeräte, Schreiber, Grenzwertgeber usw.). Ein Hauptnachteil der Punkt-zu-Punkt Verbindung ist der relativ hohe Verdrahtungsaufwand.

- *Einfache, unproblematische Schnittstelle.* Der Aufwand für den Anschluß des Feldgerätes ist gering. Meistens werden gewöhnliche Klemmen im Inneren des Stellungsreglers, seltener Stecker verwendet.

- *Hohe Verfügbarkeit.* Die individuelle Verbindung jedes Stellungsreglers mit dem Regler oder PLS ergibt eine hohe Verfügbarkeit des Gesamtsystems. Der Ausfall eines Gerätes oder das Kappen einer einzelnen Zuleitung beeinflußt die übrigen Geräte nicht.

- *Einfache Versorgung mit Hilfsenergie.* Die individuelle Anbindung jedes Stellungsreglers an das PLS durch ein separates Zweileiter-System ermöglicht eine problemlose Versorgung mit Hilfsenergie. Dies gilt besonders im Hinblick auf die am meisten bevorzugte Ex-Schutzart "Eigensicherheit".

- *Hohe Dynamik.* Unterstellt man eine geringe Dämpfung des Stellungsreglers, so erlaubt die analoge Übertragung des Stellsignals eine hohe Dynamik, d. h. die Reaktionszeit hängt nur vom Positioner, nicht aber von der Art der Übertragung ab, da die Leitung nicht - wie beim Feldbus - mit anderen Geräten geteilt werden muß.

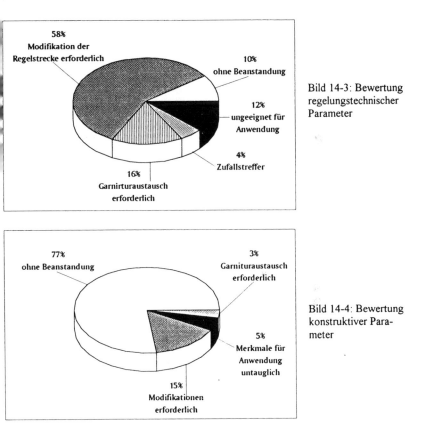

Bild 14-3: Bewertung regelungstechnischer Parameter

Bild 14-4: Bewertung konstruktiver Parameter

Bei der Bewertung konstruktiver Parameter ergibt sich zwar ein günstigeres Bild, trotzdem bleibt die subjektive Bewertung der Kriterien unbefriedigend. Der bei der Untersuchung gemachte Vorschlag, statt einer subjektiven Bewertung der auszuwählenden Parameter die "Theorie unscharfer Mengen" (Fuzzy-Set Theorie) anzuwenden, entbehrt zwar nicht einer gewissen Faszination, hat jedoch auch Mängel. Hauptproblem ist dabei die Umsetzung des realen Problems mit zahlreichen Lösungsalternativen in ein Entscheidungsmodell, das einer objektiven Bearbeitung durch Computer zugänglich ist. Vielversprechender ist da schon ein Expertensystem, das den Auswahlroutinen eines Experten nachgebildet ist und dadurch die Auswahl eines geeigneten Stellgerätes unter Beachtung einer Vielzahl von Gesichtspunkten erleichtert.

Allerdings darf man nicht annehmen, daß Expertensysteme bei der Auswahl eines Stellgerätes unfehlbar sind. Stößt ein solches System auf bisher unbekannte Probleme oder Betriebsbedingungen, so kann es natürlich keine Lösungsvorschläge machen, zumal wir von einer "künstlichen Intelligenz" noch weit entfernt sind. Aus diesem Grunde wird nachfolgend versucht, dem Projektanten - statt akademischer Betrachtungen - einige nützliche Tips bei der Auswahl eines geeigneten Stellgerätes mit auf den Weg zu geben:

- Studieren Sie zunächst die Forderungen des Anwenders oder Kontraktors gewissenhaft Punkt für Punkt. Vergleichen Sie dann nochmal Ihre Spezifikation mit den Anforderungen. Achten Sie vor allem auch auf die "allgemeinen Vorschriften" (Basic Specifications), die einem größeren Projekt bei der Anfrage stets beigefügt werden. Eine Nichtbeachtung eines einzigen Punktes kann bereits zur Disqualifikation führen!

- Setzen Sie Prioritäten bei der Auswahl. Da es aber auch hier die absolute Wahrheit nicht gibt, versuchen Sie nach Möglichkeit, eine Übereinstimmung mit den Prioritäten des Anwenders zu erzielen.

- Absoluten Vorrang haben die *Primäranforderungen* der Spezifikation des Anwenders, um überhaupt die Minimalanforderungen erfüllen zu können:

  - Entspricht das Ventil den Vorschriften: Zone, Temperatur, Schalldruck?

  - Ist das Stellgerät überhaupt kompatibel: Rohrnennweite, Anschlußmaße?

  - Werden der benötigte Durchflußkoeffizient und das Stellverhältnis erreicht?

  - Wie verhält sich der angegebene Betriebsstoff gegenüber dem Stellventil?

  - Kann der Antrieb gegen den genannten Differenzdruck schließen?

  - Wird die geforderte innere Dichtheit (im Sitz) erreicht?

  - Passen Antrieb und Hilfsgeräte zu den Forderungen des Anwenders?

  - Sind alle anderen Forderungen beachtet worden: z. B. Materialzeugnisse?

  - Liegen bereits Erfahrungen bei einen ähnlichen Anwendungsfall vor?

Darüber hinaus gibt es *Sekundäranforderungen*, die der Anwender meistens auflistet, gleichzeitig aber auch Alternativen zuläßt. Dies betrifft beispielsweise die Art der Packung, den Schutzanstrich, oder den Typ des Magnetventils. Üblicherweise erstellt der Anbieter bei Abweichungen von den Forderungen eine Liste (List of Deviations) und bietet alternative Vorschläge an.

Nicht zuletzt sollte der Anbieter die Kriterien des Bestellers kennen, die er einer Kaufentscheidung zugrunde legt. Diese Kriterien können von Projekt zu Projekt unterschiedlich sein. Auch ist es normal, daß verschiedene Anwender unterschiedliche Kriterien bei einer Entscheidung für diesen oder jenen Lieferanten anwenden. Interessant ist aber die Tatsache, daß sich die Prioritäten bei einem Kaufentscheid im letzten Jahrzehnt erheblich geändert haben, wie der Verfasser festgestellt hat. Ohne Anspruch auf Allgemeingültigkeit zu erheben, gelangt häufig folgende *Prioritätenliste* zur Anwendung:

1. *Zuverlässigkeit* des Stellventils für die vorgesehene Anwendung. Hier spielen bereits die eigenen Erfahrungen des Anwenders eine große Rolle

2. Die *Kompetenz* des Herstellers bzw. seiner Verkaufsrepräsentanten. Die immer weitergehende Arbeitsteilung führt beispielsweise dazu, daß sich der Projektant oder Entscheider nur in Ausnahmefällen mit den anwendungstechnischen Problemen beschäftigen kann, so daß eine zunehmende Abhängigkeit vom Fachwissen des Anbieters entsteht.

3. Das *Vertrauen*, daß der Anwender dem Hersteller entgegen bringt. Dieser Punkt reicht von einer schnellen Hilfe beim Auftreten von Problemen bis zur Sicherung des Investments. So muß beispielsweise der Anwender darauf achten, daß auch nach vielen Jahren noch eine Ersatzteillieferung möglich ist, eine Frage, die vor allem die Existenz des Herstellers berührt.

4. Der *Preis* der angebotenen Produkte. Natürlich mag es Ausnahmen geben, bei denen der Preis im Vordergrund steht und bei gleichwertigen Angeboten zum entscheidenden Kriterium (Priorität Nr. 1) wird. In der Regel ist es aber nicht alleine der Preis, der den Kaufentscheid herbeiführt.

5. Die *Serviceleistungen* des Anbieters. In einer Zeit, in der die Großchemie einen Teil ihres Stammpersonals abbaut und immer mehr Leistungen von externen Unternehmen bezieht, gewinnt die Leistungsfähigkeit des Anbieters in Bezug auf Service im Angebotsstadium, bei Inbetriebnahme, Wartung und Instandhaltung immer mehr an Bedeutung, was den allgemeinen Trend zu Dienstleistungen nachdrücklich unterstreicht.

**Übungen zur Selbstkontrolle:**

14-1  Nennen Sie die wesentlichen Vorteile, die eine einheitlich Darstellung der benötigten technischen Daten gemäß DIN/IEC 534, Teil 7 bietet!

14-2  Warum ist der erste Abschnitt des Spezifikationsblatttes "Betriebsdaten für die Auswahl des Stellgliedes" besonders wichtig?

14-3  Wovon hängt die Bestimmung der Nenndruckstufe eines Ventils ab?

14-4  Welche Kriterien gelten für die Bestimmung der Ventilnennweite?

14-5  Nach welchen Gesichtspunkten wählen Sie das Ventiloberteil aus?

14-6  Welche Leckmengenklasse wird üblicherweise für Einsitzventile zugrunde gelegt?

14-7  Nennen Sie einige wichtige Parameter für die Auswahl eines geeigneten Antriebs!

14-8  Warum spielen die Umgebungstemperatur und das jeweilige Klima am Einbauort des Ventils für die Auswahl eine wichtige Rolle?

14-9  Was sagt die Schutzart IP 65 über das Gehäuse eines elektro-pneumatischen Stellungsreglers aus?

14-10 Wie können Sie die Anforderungen gemäß dem amerikanischen NEMA-Standard mit den Schutzarten nach DIN 40050 vergleichen?

14-11 Warum hat die korrekte Spezifikation der Luftanschlüsse, der Fittings und Rohrleitungen eine so große Bedeutung?

14-12 Welche Angaben benötigen Sie für eine überschlägliche Berechnung der Stellzeit eines pneumatischen Membranantriebs?

14-13 Aus welchen Gründen sollte die MSR-Nr. stets angegeben werden?

14-14 Warum erfolgt bis heute eine vorwiegend subjektive Auswahl eines geeigneten Stellgerätes?

# 15 Schnittstellen zum Prozeßleitsystem

## 15.1 Allgemeines

Noch vor etwa 30 Jahren - im Zeitalter der Pneumatik - waren elektrische Meßumformer und Stellungsregler eher eine Ausnahmeerscheinung in der Automatisierungstechnik. Preiswürdigkeit in Verbindung mit einer relativ hohen Zuverlässigkeit, und vor allem der Verzicht auf besondere Maßnahmen des Ex-Schutzes in Anlagen mit explosionsgefährdeten Bereichen gaben der Pneumatik damals erhebliche Kostenvorteile gegenüber der Elektrotechnik. Der Siegeszug von Mikroelektronik und Digitaltechnik, vor allem aber die dominierende Rolle moderner Prozeßleitsysteme (PLS) in allen bedeutenden Industriezweigen hat jedoch im Laufe der Jahre zu einer kaum für möglich gehaltenen Veränderung der Regelungs- und Automatisierungstechnik geführt. Ein extrem hohes Innovationspotential und neue faszinierende Möglichkeiten moderner PLS werden das Hauptaugenmerk der Anwender auch in der Zukunft auf die PLS richten. Allerdings werden höhere Produktqualität, eine bessere Ausbeute, mehr Sicherheit sowie ein verbesserter Umweltschutz nur in Verbindung mit neuen Technologien bei den Feldgeräten zu erreichen sein. Vergleicht man nämlich die Kosten für Wartung und Instandhaltung, so wird deutlich, daß etwa 90 % auf die Feldebene entfallen, und der Schritt zu einer neuen Generation von Feldgeräten eigentlich längst überfällig ist [94].

Geht man davon aus, daß es bei Stellgeräten für die Prozeßautomatisierung auch im nächsten Jahrzehnt kaum eine echte Alternative zum pneumatischen Antrieb geben wird, so kommt der Schnittstelle, d. h. dem Verbindungteil zwischen PLS und pneumatischem Antrieb, dem analogen oder zukünftig digitalen Stellungsregler bzw. Signalumformer, eine besondere Bedeutung zu. Die Verwirklichung eines digitalen, vernetzten Systems setzt aber eine entsprechende Struktur voraus, die eine optimale Kommunikation mit den Feldgeräten ermöglicht. Darum ist die internationale Normung eines "Feldbusses" zu einem der am meisten diskutierten Themen geworden. Die außerordentliche Komplexität des Problems, der Meinungsstreit um das beste Konzept verschiedener Feldbus-Kandidaten und vor allem die vielen noch offenen Fragen lassen eine detaillierte Beschreibung der Standardisierungsbemühungen jedoch nicht zu. Vielmehr wird hier auf die zahlreichen Beiträge zu dieser Thematik verwiesen [95, 96, 97, 98]. Leider wurde die Chance, einen einheitlichen, allseits akzeptierten Feldbus in der Prozeßautomatisierung einzuführen, bisher nicht genutzt, so daß sich nach jahrelangem vergeblichen Bemühen einer Standardisierung, mehrere "De-facto-Standards" etablieren konnten, die nun eine Harmonisierung mit Sicherheit nicht leichter machen werden.

## 15.2 Zweck eines Feldbusses für Stellgeräte

Zunächst erhebt sich aber die Frage nach dem Sinn und Zweck einer digitalen Signalübertragung. Funktionieren die heute im Einsatz befindlichen analogen Geräte nicht zufriedenstellend? Haben nicht die elektro-pneumatischen Stellungsregler eine früher nicht für möglich gehaltene Zuverlässigkeit erreicht? Warum also Bewährtes ändern? Eine Antwort auf diese Fragen fällt nicht leicht, weil hier Grundlagen der Automatisierungsphilosophie berührt werden. Nachfolgend wird deshalb versucht, die Gründe für eine moderne, innerbetriebliche Kommunikationsstruktur zu erläutern.

Ein sehr breites Produktangebot, große Typenvielfalt, unterschiedliche Anforderungen an ein Produkt in multinationalen Märkten und kurze Lieferzeiten verlangen heute ein Höchstmaß an Flexibilität bei der Fertigung. Dies wurde zuerst von den großen Automobilherstellern erkannt, die schon sehr früh auf eine weitgehend automatisierte Produktion setzten. *General Motors* mußte aber damals feststellen, daß die erarbeiteten Lösungen wie "Inseln im Ozean" der Fabrikautomatisierung waren, d. h. die Systeme waren weder genormt, noch war eine Verständigung untereinander möglich. Diese Erkenntnis war die Geburtsstunde von *MAP* (*Manufacturing Automation Protocol*), das den unterschiedlichen Systemen und Kommunikationsstrukturen der "Inseln" ein Ende setzen sollte. Es wurde eine detaillierte Spezifikation erstellt, an die sich alle Anbieter von Automatisierungssystemen zu halten hatten, um einen durchgängigen Informationsfluß von der Konzernspitze bis in die letzte Automatisierungseinheit - in unserem speziellen Fall das Stellgerät - zu ermöglichen. Die Vorteile die mit dieser Vernetzung verbunden sind, können schwerlich alle aufgezählt werden. Einige der wichtigsten sind:

- Größere Flexibilität der Produktion
- Erhebliche Kostensenkungen
- Extrem kurze "Rüstzeiten" beim Umstellen der Produktion
- Extrem schneller Informationsfluß und kurze Lieferzeiten
- Direkte Einflußnahme und Verantwortung des Top-Managements
- Durchgängiger, reibungsloser Informationsaustausch
- Weniger Ausschuß, verringerte Fehlerrate, bessere Qualität
- Rasche Anpassung an spezielle Wünsche der Kunden
- Kommunikationsfähigkeit mit anderen Geräten (z. B. Meßumformer)
- Diagnosemöglichkeiten zur Fehlererkennung im "Feld"
- Exakte Protokollierung beim Auftreten von Störungen
- Verbesserte Alarmierung zum Schutze der Umwelt
- Integration verschiedener Arbeitsabläufe (CIM)

Diese Ziele, deren Verwirklichung in hohem Maße von geeigneten Prozeß-
rechnern und Leitsystemen abhängt, sind aber ohne einen leistungsfähigen
Feldbus, der die Signale der Meßumformer, Sensoren und Signalgeber auf-
nimmt und Informationen an die Stellgeräte sendet, nicht zu realisieren.

## 15.3 Offene Systeme

Ein offenes System bedeutet, daß Geräte, Maschinen oder Stellgeräte verschiedener Hersteller in ein Automatisierungskonzept einbezogen werden können, d. h. kompatibel sind. Dies erfordert - neben dem bereits erwähnten einheitlichen Protokoll - noch viele andere Gemeinsamkeiten, wie z. B. gleiche
physikalische Schnittstellen. Die Anforderungen an die Geräte sind so vielfältig, das eine bloße Beschreibung der notwendigen Gemeinsamkeiten kaum ausreichen würde, um volle Kompatibilität herzustellen. Man hat aus diesem
Grund ein Modell entworfen, daß die einzelnen Aufgaben einer durchgängigen
Kommunikation verschiedenen "Schichten" zuordnet. Ein großes Problem wird
also in mehrere kleinere aufgeteilt, um die Transparenz zu erhöhen und Einzel-
aufgaben von anderen zu trennen. Der gesamte Informationsfluß kann anhand
des ISO/OSI Sieben-Schichten Modells (ISO 7498) beschrieben werden, das
für eine sinnvolle Arbeitsteilung sorgt und mit der Organisation eines Betriebes
verglichen werden kann (Bild 15-1).

| Bezeichnung der sieben Schichten nach ISO/OSI | Deutsche Bezeichnung der sieben Ebenen | Vergleich mit der Organisation eines Betriebes |
|---|---|---|
| (7) Application Layer | (7) Anwendung | (7) Serviceabteilung |
| (6) Presentation Layer · | (6) Darstellung | (6) Übersetzungsbüro |
| (5) Session Layer | (5) Steuerung | (5) Management |
| (4) Transportation Layer | (4) Transport | (4) Qualitätskontrolle |
| (3) Network Layer | (3) Netzwerk | (3) Poststelle |
| (2) Data Link Layer | (2) Sicherung | (2) Arbeitsvorbereitung |
| (1) Physical Layer | (1) Bitübertragung | (1) Technische Abteilung |

Bild 15-1: ISO-/OSI-Sieben-Schichten Modell im Vergleich mit einer Betriebsorganisation

Auf die Wirkungsweise der einzelnen Schichten näher einzugehen, würde den
Rahmen dieses Buches sprengen. Erwähnt sei lediglich, daß für den Feldbus
nur die Schichten 1, 2 und 7 relevant sind. Die unterste Schicht (1) ist z. B. für
die Bitübertragung zuständig. Hier werden die physikalischen Anforderungen
beschrieben, die für eine Übertragung von Nachrichten von einem Gerät zum
anderen notwendig sind:

- Busstruktur (sternförmig, linienförmig, ringförmig)
- Medium (verdrillte Zweidrahtleitung, Koaxkabel, Glasfaserkabel)
- Leitungslänge
- Anzahl der Busteilnehmer
- Art der Ankopplung an den Bus
- Übertragungsgeschwindigkeit (Baud-Rate) usw.

Die Hauptkriterien eines offenen Systems, die man nur unvollkommen ins Deutsche übersetzten kann, sind folgende Eigenschaften: (a) *Interconnectivity*, (b) *Interoperability* und *(c) Interchangeability*. Interconnectivity bedeutet die Möglichkeit der Nutzung "privater" Nachrichten in einem offenen Netzwerk. Interoperability heißt, daß die "privaten" Nachrichten in irgend einer Weise standardisiert sein müssen um sie interpretieren zu können. Man spricht in diesem Zusammenhang auch von "*Companion Standards*" für NC - Maschinen, programmierbaren Steuerungen (PLC) oder auch Nachrichten eines Prozeßleitsystems an einen Stellungsregler. Interchangeability ist die am schwierigsten zu erfüllende Eigenschaft und bedeutet die Möglichkeit eines Gerätetausches innerhalb der gleichen Geräteklasse wie z. B. Stellungsregler oder Meßumformer. Bedingt durch die Verschiedenartigkeit der Feldgeräte ist eine Gruppierung notwendig. Der Nachrichteninhalt der an einen Ventilstellungsregler gesendet wird, sieht naturgemäß anders aus als z. B. für einen drehzahlgeregelten Motor.

Zusammenfassend ist festzustellen, das ein offenes System jedem Anbieter von Automatisierungseinrichtungen die Chance einräumt, sich in ein standardisiertes Konzept einzuordnen, ähnlich wie es heute beim genormten 4-20 mA Signal der Fall ist. Ein offenes System bildet die Grundlage eines hierarchischen Kommunikationskonzeptes, das verschiedene Ebenen eines Betriebes so miteinander verbindet, daß - wie bereits angedeutet - eine durchgängige Kommunikation von der Konzernspitze bis hinunter zu einem einfachen Feldgerät ermöglicht wird (Abb. 15-2).

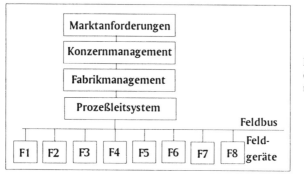

Bild 15-2: Hierarchie eines Automatisierungssystems

## 15.4 Anforderungsprofil an einen internationalen Feldbus

Die allgemeinen Anforderungen an einen Feldbus im Hinblick auf Stellgeräte mit pneumatischem Antrieb und deren "Interface", dem digitalen Stellungsregler oder Signalumformer, wird nachfolgend grob beschrieben:

- Bit-serielle Datenübertragung (bidirektional)
- Multivariabler Informationsaustausch (Mehrfach-Sensoren)
- Parametrierung / Konfiguration der Geräte von der Warte aus
- Diagnosemöglichkeiten der Feldgeräte (Stellungsregler) von der Warte
- Verbesserte Genauigkeit, Einstellbarkeit, Zuverlässigkeit
- Vorzugsweise verdrillte (geschirmte) Zweidrahtleitung
- Einfache, rückwirkungsfreie Ankopplung der Feldgeräte an den Bus
- Galvanische Trennung der einzelnen Bus-Teilnehmer
- Hilfsenergieversorgung über Bus-Kabel bei galvanischer Trennung
- Explosionsschutz durch "eigensichere" Stromkreise
- Maßnahmen zur Erhöhung der Verfügbarkeit (Redundanz)
- Einheitliche (mechanische) Anschlußtechnik
- Elektromagnetische Verträglichkeit (EMV)
- Möglichst hohe Übertragungsraten und kurze Protokolle
- Daten-Transport, Sicherung und Protokoll nach IEC-Norm
- Niedrige Anschlußkosten
- Servicefreundlichkeit

## 15.5 Topologie des Feldbusses

Grundsätzlich unterscheidet man beim Austausch von Daten zwischen seriellen und parallelen Bussystemen. Parallele Busse kommen meistens nur innerhalb geschlossener Systeme oder bei ganz kurzen Verbindungen (z. B. zwischen Personalcomputer und Drucker) vor. Vorteilhaft ist die große Datenmenge, die in kürzester Zeit übertragen werden kann. Nachteilig ist die notwendige, vieladrige Verbindungsleitung zwischen den kommunizierenden Geräten. Aus diesem Grund kommen bei mittleren und großen Entfernungen - wie beim Feldbus - nur serielle Bussysteme zum Einsatz. Hier unterscheidet man zwischen drei verschiedenen Busstrukturen:

- Sternstruktur
- Ringstruktur
- Linienstruktur

Bei einer *Sternstruktur* sind alle Teilnehmer sternförmig mit einer zentralen Einheit verbunden. Bei einer *Ringstruktur* sind die Teilnehmer ringförmig miteinander verbunden. Bei einer Linienstruktur hängen alle Teilnehmer an einem linienförmigen Bus (Bild 15-2). In der Praxis treten die geschilderten Strukturen auch gemischt auf, d. h. eine Ringstruktur zweigt beispielsweise von einem zunächst linienförmigen Bus ab.

## 15.5.1 Übertragungsprinzipien

Wie bereits erwähnt, definiert die physikalische Ebene im wesentlichen das Übertragungsmedium und die damit im Zusammenhang stehenden Parameter. Die nächste Schicht (Data Link Layer) zerlegt die Nachricht in einzelne Blökke, die nacheinander übertragen werden. Eine wichtige Funktion dieser Ebene ist die Fehlererkennung. Eine Übersicht topologischer und funktioneller Varianten geht aus Bild 15-3 hervor.

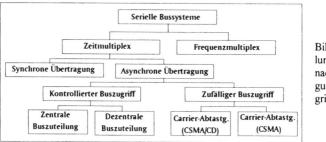

Bild 15-3: Einteilung serieller Busse nach Übertragungs- und Zugriffsverfahren [99]

*Signaldarstellung*

Die zu übertragende Nachricht liegt stets in Form binärer Signale vor. Man unterscheidet dabei zwischen zwei grundsätzlichen Übertragungsverfahren:

- Basisbandübertragung
- Breitbandübertragung (Modulationsverfahren)

Für beide Verfahren gibt es eine Reihe bewährter Signaldarstellungen, die den Nullen und Einsen der binären Signale entsprechen. Bei der Basisbandübertragung werden Rechteckimpulse gesendet, die einfach zu erzeugen und zu empfangen sind. Diesem Vorteil stehen eine Reihe von Nachteilen gegenüber:

- Weites, störendes Frequenzspektrum
- Hohe Anforderungen an die Kabelqualität
- Problematischer Gleichstromanteil
- Schwierig bei großen Buslängen

Die Breitbandübertragung arbeitet mit verschiedenen Modulationsverfahren, wobei einer Trägerschwingung die digitalen Datensignale überlagert werden. Dieses Verfahren vermeidet weitgehend die Nachteile der Basisbandübertragung, ist dafür aber auch wesentlich aufwendiger.

*Signalformatierung*

Die bei der Übertragungsart gewählte Umwandlung der digitalen Signale, wird als Formatierung bezeichnet. Wichtige Kriterien bei der Formatierung sind:

- Gleichstromfreiheit
- Taktfolge

Galvanisch entkoppelte, d. h. gleichstromfreie Formate erlauben auch bei der Basisbandübertragung einen problemlosen Betrieb. Selbsttaktende Formate erlauben es, Dateninformation und Takt zu einem Signal zu verbinden und auf der Empfängerseite wieder zu trennen. Die am häufigsten verwendeten Signalformate sind:

- NRZ-Format (Non-Return-to-Zero)
- RZ-Format (Return-to-Zero)
- Bi-Phase-Format
- Bipolar-Format
- High Density Pipolar (HDB)

*Synchronisierung*

Bei der Übertragung von Nachrichten werden die Daten meist in Blöcken zusammengefaßt. Um diese Blöcke von einander trennen zu können, ist eine zusätzliche Information für Blockanfang und Blockende notwendig. Man unterscheidet dabei zwischen

- Synchroner Übertragung
- Asynchroner Übertragung

Bei der *synchronen Übertragung* ist eine ständige Synchronität zwischen Sender und Empfänger durch selbstaktende Formate Voraussetzung. Der Vorteil ist, daß eine große Menge von Informationen hintereinander übertragen werden kann. Bei der *asynchronen Übertragung* sind jeweils Start- und Stopbits notwendig, um Blockanfang und Blockende erkennen zu können. Meist werden hierfür bestimmte Steuerzeichen des ASCII-Kodes verwendet. Um zu verhindern, daß gleichzeitig zwei Teilnehmer auf den Bus zugreifen, haben sich zwei, in der Praxis erprobte, Verfahren bewährt:

- CSMA und
- CSMA/CD

Beim *CSMA-Verfahren* (Carrier Sense Multiple Access) hört der Teilnehmer, der ein Signal senden will, zunächst den Bus ab. Ist der Bus gerade belegt, dann wartet er einen Moment, wie beim Telefonieren, und versucht es anschließend erneut. Trotzdem kann es passieren, daß zwei Teilnehmer gleichzeitig den Bus abhören, ihn für unbelegt halten und dann mit dem Senden von Informationen beginnen. In einem solchen Fall werden die überlagerten Signale verstümmelt. Deshalb muß der Empfänger jede korrekte Nachricht quittieren, damit der Sender sicher sein kann, daß die Nachricht richtig, und für den Empfänger verständlich, angekommen ist.

Bei stark belegten Bussystemen wird bevorzugt das *CSMA/CD-Verfahren* (Carrier Sense Multiple Access with Collosion Detection) eingesetzt. Dabei hört der Sender den Bus permanent ab. Wenn er eine "Kollosion" mit einer anderen Nachricht bemerkt, bricht er seine Sendung ab und wiederholt sie mit einer zufällig gewählten Verzögerung. Damit wird vermieden, daß die Nachrichten zweier Sender fortlaufend kollidieren. Die Rahmen-Struktur eines einfachen digitalen Protokolls geht aus Bild 15-4 hervor.

| Start-<br>Bit | Kopfteil<br>Adresse+Steuerungsinformation | Daten-<br>Nachricht | Daten-<br>sicherung | Stop-<br>Bit |
|---|---|---|---|---|

Bild 15-4: Rahmenstruktur eines einfachen digitalen Signals

## 15.6 IEC - Anforderungen

Angestrebt wird seit langem eine internationale Norm für einen Feldbus nach den Vorstellungen einer entsprechenden IEC-Arbeitsgruppe. Die Basisanforderungen sind seit vielen Jahren Gegenstand intensiver Verhandlungen. Eine endgültige Spezifikation wird frühestens Ende 1994 erwartet. Die wesentlichen Forderungen werden nachfolgend aufgelistet. [100]

- Bus-Topologie:         Linienförmig, mit Stichleitungen zu den
                          einzelnen Feldgeräten (max. 10 m).

- Bus-Länge :            1.500 m für die Prozeßautomatisierung.

- Leitungsart:           Verdrilltes 2-Leiter Paar, nach Möglichkeit
                          abgeschirmtes Kabel.

- Leitungsan-            Potential-getrennt und rückwirkungsfrei, Ankopplung:               und Abschluß während des Betriebes.

- Hilfsenergie:          Hilfsenergie ist über Buskabel zu übertragen
                          (Zweidrahtleitung muß ausreichend sein).

| | |
|---|---|
| - Schutzart: | EEx i (eigensicher) als Option. |
| - Redundanz: | Als Leitungsredundanz (zwei parallele Busse). |
| - Teilnehmerzahl: | Max. 32 Feldgeräte an einem Bus. |
| - Adressenbereich: | Max. 250 Adressen pro Bus. |
| - Buszugriff: | Zentral und dezentral (wahlweise). |
| - Nachrichtenart: | An eine bestimmte Adresse gerichtet, es wird Quittung verlangt. |
| - Informationsinhalt: | Normal: 2 bis 4 Byte, im Sonderfall max. 16 Byte. |
| - Nachrichtenrate: | Für Prozeßautomatisierung: 9.6 bis 62.5 kBit/s Für Fabrikautomation:  200 bis 1000 kBit/s |
| - Nachrichtensicherheit: | Hammingdistanz > 4 |
| - Reaktionszeit: | Bei 4 % ca. 10 ms für Prozeßautomatisierung. Bei 96 % ca. 100 ms. Bei besonders schnellen Systemen der Fabrikautomation < 5 ms. |
| - Kosten pro Anschluß: | < DM 300,- |

## 15.7 Vergleich der Analog- mit der Digitaltechnik

Nachdem die Grundlagen einer digitalen Signalübertragung kurz erläutert, Sinn und Zweck eines Feldbusses beschrieben und die Anforderungen an einen international genormten Feldbus dargestellt worden sind, soll ein Vergleich der Analog- mit der Digitaltechnik das Thema "Schnittstellen für Stellgeräte" abschließen.

Wie bereits erwähnt wurde, ist in der Regel entweder der elektro-pneumatische Stellungsregler oder der I/P-Signalumformer das Verbindungsglied zwischen dem elektronischen Einzelregler bzw. dem PLS und dem pneumatischen Antrieb. Da heutzutage fast ausschließlich elektronische Regeleinrichtungen verwendet werden, und pneumatische Antriebe in der Prozeßautomatisierung eine dominierende Rolle spielen, kommt diesem wichtigen "Interface" eine besondere Bedeutung zu, während der Anteil pneumatischer Regler und Stellungsregler weiter rückläufig ist. Die in manchen Industrien übliche Praxis, der Kombination eines elektro-pneumatischen Signalumformers mit einem pneumatischen Stellungsregler, wird noch eine Weile Bestand haben bis bessere Lösungen gefunden worden sind.

Bei "Batch-Prozessen" genügt meistens die Ansteuerung des pneumatischen Antriebs durch ein "eigensicheres" Magnetventil, das ebenfalls busfähig sein muß und ein eigenes Interface (Schnittstelle) benötigt. Dieser Sonderfall wird beim Vergleich der Analog- mit der Digitaltechnik aber nicht weiter berücksichtigt.

### 15.7.1 Stellungsregler in konventioneller Analogtechnik

Die folgende Beschreibung von Merkmalen gilt nicht den technischen Daten, sondern vielmehr den für einen Vergleich relevanten kommunikativen und dynamischen Eigenschaften des Regelkreises. Deshalb bleiben wichtige Kenngrößen wie Genauigkeit, Hysteresis, Nullpunktstabilität usw. außer Betracht. Kennzeichnende Merkmale der konventionellen *Analogtechnik* sind folgende:

- *Genormtes Einheitssignal (4-20 mA oder 0-20 mA).* Diese Eigenschaft erlaubt eine weitestgehende Kompatibilität mit anderen Geräten. Der Anwender von Stellgeräten ist frei in der Wahl des Stellungsreglers.

- *Punkt-zu-Punkt Verbindung = fest zugeordnetes Zweileiter-System.* Jeder Stellungsregler ist über ein Zweileiter-System mit dem Einzelregler bzw. dem PLS verbunden. Ein Einfügen weiterer Geräte in den Stromkreis ist möglich (Anzeigegeräte, Schreiber, Grenzwertgeber usw.). Ein Hauptnachteil der Punkt-zu-Punkt Verbindung ist der relativ hohe Verdrahtungsaufwand.

- *Einfache, unproblematische Schnittstelle.* Der Aufwand für den Anschluß des Feldgerätes ist gering. Meistens werden gewöhnliche Klemmen im Inneren des Stellungsreglers, seltener Stecker verwendet.

- *Hohe Verfügbarkeit.* Die individuelle Verbindung jedes Stellungsreglers mit dem Regler oder PLS ergibt eine hohe Verfügbarkeit des Gesamtsystems. Der Ausfall eines Gerätes oder das Kappen einer einzelnen Zuleitung beeinflußt die übrigen Geräte nicht.

- *Einfache Versorgung mit Hilfsenergie.* Die individuelle Anbindung jedes Stellungsreglers an das PLS durch ein separates Zweileiter-System ermöglicht eine problemlose Versorgung mit Hilfsenergie. Dies gilt besonders im Hinblick auf die am meisten bevorzugte Ex-Schutzart "Eigensicherheit".

- *Hohe Dynamik.* Unterstellt man eine geringe Dämpfung des Stellungsreglers, so erlaubt die analoge Übertragung des Stellsignals eine hohe Dynamik, d. h. die Reaktionszeit hängt nur vom Positioner, nicht aber von der Art der Übertragung ab, da die Leitung nicht - wie beim Feldbus - mit anderen Geräten geteilt werden muß.

- *Unidirektionale Kommunikation.* Die Signale fließen in diesem Fall nur in einer Richtung, d. h. vom Regler oder PLS zum Stellungsregler. Eine Rückmeldung findet nicht statt. Ist eine Stellungsrückmeldung erforderlich, so werden zusätzliche Geräte bzw. Komponenten benötigt.

- *Geringer Informationsgehalt des Signals.* Die Stellgröße - als Einheitssignal zum Stellungsregler - dient ausschließlich zum Positionieren des Stellventils. Die Übertragung weiterer Informationen ist nicht möglich.

- *Hoher Aufwand für die Signalwandlung im PLS.* Die individuelle Verbindung jedes analogen Stellungsreglers mit dem PLS erfordert einen hohen Aufwand bei der Konvertierung des Stellsignals. Ferner ist mit der Umwandlung des digitalen Signals des PLS in das Einheitssignal (4-20 mA) ein Verlust an Genauigkeit verbunden.

- *Begrenzte Genauigkeit und Zuverlässigkeit.* Bei analogen Systemen findet keine Selbstüberprüfung des Stellungsreglers oder Signalumformers statt.

### 15.7.2 Digitale, busfähige Stellungsregler

Die korrespondierenden Eigenschaften moderner, digitaler Stellungsregler sind allgemein durch folgende Merkmale gekennzeichnet:

- *Digitale Signalübertragung.* Im Gegensatz zum 4-20 mA Einheitssignal erfolgt hier ein Austausch digitaler Signale, die bis jetzt allerdings noch nicht bis ins letzte Detail genormt sind.

- *Verbindung mehrerer Feldgeräte mit dem PLS über einen Bus.* Anstelle einer individuellen Verdrahtung der Feldgeräte erfolgt hier eine gemeinsame Anbindung an einen "Feldbus". Dies reduziert den Aufwand für Verdrahtung, Kabelkanäle, Anschlußboxen usw. ganz erheblich.

- *Bidirektionale Kommunikation.* Zwischen jedem Feldgerät und dem PLS findet ein bidirektionaler Informationsfluß statt, d. h. der Stellungsregler empfängt nicht nur Signale sondern gibt auch Informationen an das PLS zurück. (Bestätigung der empfangenen Nachricht und augenblickliche Ventilposition). Dies erhöht die Zuverlässigkeit, vereinfacht eine Fehlersuche und verringert den Aufwand für Wartung und Instandhaltung.

- *Hoher Informationsgehalt des Signals.* Bei digitalen Geräten bietet sich eine multivariable Signalübertragung an, d. h. es werden mehr als eine einzige Variable, wie z. B. die Stellgröße übertragen. Typisch findet bei jedem Feldgerät eine Status- und Bitmusterprüfung zur Fehlererkennung statt, wobei der korrekte Empfang des Signals "quittiert", d. h. an das PLS zurück gemeldet wird. Auftretende Fehler können im Klartext angezeigt werden.

- *Kein Aufwand für eine Signalwandlung.* Da die Signale digitaler Natur sind, ist für jeden Bus nur eine einzige Schnittstelle notwendig. Der Fortfall des Analog-/Digital-Konverters reduziert Kosten, erhöht die Zuverlässigkeit und ermöglicht eine höhere Stellgenauigkeit des Ventils.

- *Begrenzte Dynamik.* Bei voller Ausnutzung der Anzahl möglicher Busteilnehmer (32), ergibt sich zwangsläufig eine höhere Reaktionszeit beim Zugriff auf das einzelne Stellgerät, was aber bei gewöhnlichen Anwendungen meistens ohne Bedeutung ist.

- *Theoretisch geringere Verfügbarkeit.* Die Konzentration des Informationsflusses auf einen "Bus", anstelle separater Leitungspaare, vermindert zumindest theoretisch die Verfügbarkeit. Der Ausfall des "Busses" legt alle angeschlossenen Feldgeräte lahm, wenn auf eine Redundanz verzichtet wird.

- *Schwierige Hilfsenergieversorgung.* Geht man davon aus, daß die Versorgung mit Hilfsenergie ebenfalls über das Bus-Leiterpaar erfolgt, ergeben sich bei der Schutzart "eigensicher" naturgemäß Probleme, da Strom und Spannung auf bestimmte zulässige Höchstwerte begrenzt werden müssen. Dadurch wird die Anzahl möglicher Busteilnehmer begrenzt.

- *Hoher Aufwand für die Schnittstelle.* Da die Schnittstelle einen unterbrechungsfreien Betrieb beim Anschluß oder Abschluß anderer Busteilnehmer garantieren muß, ist ein relativ hoher Aufwand erforderlich.

Zusammenfassend ist festzustellen, daß die Vorteile eines digitalen Systems die Nachteile bei weitem überwiegen, so daß man vorhersagen kann, daß sich diese Technologie unaufhaltsam durchsetzen wird.

## 15.8 Tendenzen der Stellgeräte-Technik

Durch die Normung aller wesentlichen Qualitätsmerkmale von Stellventilen (Werkstoffe, Nennweiten, Nenndrücke, Kennlinien, Einbaumaße usw.) wird das Innovationspotential auf dem mechanischen Sektor auch in Zukunft auf einem geringen Niveau verharren. Obwohl Voraussagen immer schwierig sind und der Trend von vielen Faktoren bestimmt wird, zeichnet sich aber für das nächste Jahrzehnt folgende technische und kommerzielle Entwicklung ab:

- *Kostspielige Neuentwicklungen* rechnen sich nicht. Praktisch sind alle Möglichkeiten, einen Querschnitt stetig zu verändern, schon ausprobiert worden. Es wird daher bei den bewährten Ventiltypen bleiben, wobei allerdings der Trend zu *Drehstellgeräten* weiter anhalten wird.

- *Neue Werkstoffe* gewinnen weiter an Bedeutung. Dies gilt besonders für Auskleidungen von Stellventilen, um exotische und teure Werkstoffe zu ersetzen. Technische Keramik mit neuen, speziellen Eigenschaften wird herkömmliche Werkstoffe in zunehmendem Maße ablösen.

- Stellventile werden in absehbarer Zeit "*intelligent*", d. h. es werden nicht nur digitale Stellungsregler mit neuen Eigenschaften zum Einsatz kommen, sondern die Stellventile selbst werden mit entsprechenden Sensoren versehen und regelungstechnisch "autark" werden. Die Warte übernimmt in Verbindung mit dem Feldbus lediglich das "Monitoring". Eine klassische Druck- oder Durchflußregelung wird alleine durch das Ventil in Verbindung mit eingebauten Sensoren und einem PID-Regler realisiert werden können. Eine Änderung des Sollwertes geschieht bei Bedarf von der Warte aus.

- Die *Selbstüberwachung* der Feldgeräte wird weiter ausgebaut. Dadurch werden nicht nur Funktionsstörungen beim laufenden Betrieb sofort erkannt, sondern die Geräte werden künftig auch in der Lage sein, einen Instandhaltungsbedarf rechtzeitig zu melden, ohne daß es plötzlich zu einem Totalausfall kommt. Damit wird dem Anwender ermöglicht, Ersatzteile rechtzeitig zu beschaffen und eine Wartung einzuplanen.

- Statt einer Modifikation der "*Hardware*" werden notwendige Änderungen der Regelparameter künftig mittels "*Software*" erfolgen. Muß heute beispielsweise der $Kv_{100}$-Wert verringert oder die inhärente Kennlinie des Ventils geändert werden, so ist meistens ein Ausbau des Ventils und ein Anlagenstillstand unvermeidlich. Künftig wird von der Warte ein Signal an den digitalen Stellungsregler gesendet, der die Änderung ohne Unterbrechung des Betriebs in Sekundenschnelle realisiert.

- Es werden strengere *gesetzliche Auflagen* erlassen um Anlagen weitgehend "narrensicher" zu machen und Personen- oder Umweltschäden zu verhüten (z. B. Druckbehälterverordnung oder äquivalente Vorschriften). Die Gesetze zum Schutz der Umwelt werden verschärft, besonders was die Dichtheit von Anlagen (TA-Luft) und den Gewässerschutz betrifft.

- *Kompetenz und Erfahrung* der Hersteller gewinnen weiter an Bedeutung, da sie mehr Dienstleistungen übernehmen müssen. Dies mündet u. U. in eine *Zweiklassengesellschaft der Hersteller*, wie z. B. in Japan. Die Anwender versuchen nämlich z. Zt. zwei gegensätzliche Forderungen unter einen Hut zu bringen: (a) Kostensenkungen um Wettbewerbsfähigkeit zu sichern, und (b) eine höhere Zuverlässigkeit der Anlagen zu erreichen, um die zahlreichen Pannen der letzten Jahre - die z. B. das Vertrauen in die chemische Industrie schwer erschüttert haben - vergessen zu machen.

- Die *Qualitätssicherung* der Stellgerätelieferanten wird einen sehr hohen Stellenwert erhalten. Die daraus resultierenden Forderungen können von vielen kleinen Firmen weder technisch noch organisatorisch bewältigt werden. Dies gilt in besonderer Weise für das einheitliche Qualitätssicherungssystem gemäß DIN/ISO 9000.

Die ersten Schritte zu einer weitergehenden Automatisierung führen über einen "intelligenten", busfähigen Stellungsregler. Dieser Stellungsregler enthält einen leistungsfähigen Mikroprozessor, der nicht nur für eine hohe Stellgenauigkeit sorgt, sondern Zeit genug hat, auch noch weitere, zusätzliche Aufgaben zu bewältigen. Das Leistungsprofil eines solchen Stellungsreglers sollte zumindest folgende Merkmale beinhalten:

- *Analoge und/oder digitale Hubrückmeldung.* Bei kritischen Verfahren möchte der Anlagenfahrer stets wissen, welche Position das Stellventil gerade einnimmt. Heute ist dazu ein separates Gerät erforderlich. Oft scheitert der Einsatz aber einfach daran, daß keine Leitungen des mehradrigen Signalkabels mehr frei sind. Für einen Feldbus ist eine erweiterte Funktion kein Problem. Der Stellungsregler sendet periodisch ein Signal an die Warte und übermittelt jeweils seinen Status (OK oder Störung) sowie die exakte Hubstellung, so daß eine permanente Aufzeichnung ermöglicht wird.

- *Einfache Justage des Nullpunktes* bei geschlossenem Ventil. Heute ist die Justage von Nullpunkt und Bereich eine zeitaufwendige Angelegenheit, da sich beide Parameter gegenseitig beeinflussen. Digitale Stellungsregler erlauben ein vereinfachtes Verfahren per Knopfdruck, wobei sich das Gerät den Nullpunkt merkt, wenn der Kegel den Sitz berührt.

- *Bereich in weiten Grenzen einstellbar.* Diese Möglichkeit gestattet eine willkürliche Begrenzung des Ventilhubes, wodurch der maximale Kv-Wert - abhängig von der Ventilcharakteristik - gewählt werden kann. Natürlich ist eine Bereichsänderung von der Warte aus möglich, ohne daß eine Unterbrechung des Betriebes oder eine Einstellung vor Ort notwendig ist.

- *Veränderbare Charakteristik.* Auf diese Weise kann die Betriebskennlinie den jeweiligen Forderungen leicht angepaßt werden. Neben den bekannten inhärenten Kennlinien (linear und gleichprozentig) kann dadurch eine individuelle Übertragungscharakteristik - zusammengesetzt aus 10 bis 16 frei wählbaren Punkten - realisiert werden. Dadurch wird auf jeden Fall eine weitgehend lineare Betriebskennlinie ermöglicht.

- *Verbesserte dynamische Stabilität.* Stellungsregler sollen eine möglichst hohe Genauigkeit garantieren (Verstärkung > 100) und gleichzeitig unter allen Bedingungen stabil arbeiten. Diese Forderung ist bei Stellungsreglern mit Proportionalverhalten unrealistisch und verlangt Kompromisse.

Moderne, digital arbeitende Stellungsregler verfügen über verbesserte Regelalgorithmen (z. B. PID-Verhalten) und sind dynamisch weitaus stabiler. Gleichzeitig wird dadurch eine höhere Stellgenauigkeit und Reproduzierbarkeit erzielt.

- *Größere Unempfindlichkeit gegen Schock und Vibrationen.* Herkömmliche I/P-Stellungsregler arbeiten meistens nach dem Kraftvergleichsprinzip unter Anwendung einer beweglichen Spule in einem Permanentmagnetfeld. Die nicht unbeträchtliche Masse der Spule macht das Gerät empfindlich gegen Schwingungen jeder Art. Digitale Stellungsregler ermöglichen einen Verzicht auf einen Kraft- bzw. Wegevergleich und damit eine relativ hohe Unempfindlichkeit gegen Vibrationen.

- *Kommunikationsfähigkeit mit der Warte.* Diese Eigenschaft erlaubt nicht nur alle wesentlichen Einstellungen direkt von der Warte aus vorzunehmen, sondern bietet darüber hinaus weitere Möglichkeiten, die vielleicht erst in einigen Jahren nutzbringend angewendet werden können. Zu nennen sind beispielsweise: Automatische Umstellung auf andere Kv-Werte oder Kennlinien bei Rezeptfahrweise des PLS, Signalisierung mehrerer Prozeß- oder Umweltparameter (z. B. Umgebungstemperatur am Einbauort), vorbeugende Wartung und Instandhaltung, Fehlerdiagnose im Klartext, gezielte Überwachung bestimmter Funktionen usw..

**Übungen zur Selbstkontrolle:**

15-1  Warum sind neue Technologien bei Feldgeräten, wie z. B. Stellventile oder Meßumformer, dringend erforderlich?

15-2  Was sind die generellen Vorteile eines international genormten Bussystems anstelle der herkömmlichen Punkt-zu-Punkt Verdrahtung?

15-3  Wieso kann bei Anwendung eines Feldbusses in Verbindung mit einem modernen PLS eine größere Flexibilität der Produktion erreicht werden?

15-4  Was sind die Vorteile eines "offenen Systems"?

15-5  Welche Busstrukturen (Topologien) gibt es?

15-6  Wie wird ein gleichzeitiger Zugriff zweier Feldgeräte auf den Feldbus erkannt und gegebenenfalls verhindert?

15-7  Nennen Sie einige Vor- und Nachteile der analogen Signalverarbeitung.

15-8  Was sind die wesentlichen Vorteile der Digitaltechnik bei modernen Feldgeräten?

15-9  Welche Tendenzen zeichnen sich für die Zukunft bei Stellventilen ab?

15-10 Nennen Sie einige Eigenschaften, die ein moderner, digital arbeitender Ventilstellungsregler haben sollte.

# 16 Qualitätsprüfungen an Stellgeräten

Qualitätsprüfung und Qualitätssicherung nehmen heute einen immer größeren Raum ein. Die Gründe sind vielfältig und können nicht im Detail erläutert werden. Unübersehbar sind aber folgende Ereignisse, die in den letzten Jahren einen starken Einfluß auf das Thema "Qualität" ausgeübt haben:

- Ein einheitliches europäisches Produkthaftpflichtrecht zwingt die Hersteller zu verschärften Kontrollen ihrer Erzeugnisse, obwohl die einseitige Schadensüberwälzung auf den Hersteller und eine verschuldensunabhängige Haftung fragwürdig sind. Die Haftung schließt folgende Fehler mit ein:

  - Konstruktionsfehler, die eine ganze Baureihe betreffen.
  - Fabrikationsfehler, die nur bei Einzelstücken auftreten.
  - Instruktionsfehler, die durch eine unzureichende Bedienungsanleitung verursacht werden.
  - Entwicklungsfehler, die zum Zeitpunkt der Produkteinführung nicht erkannt werden konnten.

- Im europäischen Binnenmarkt hat sich bereits ein Qualitätsnachweis gemäß DIN/ISO 9000 bzw. EN 29000 durchgesetzt. Dieses Regelwerk sieht vor, daß die Hersteller einschließlich ihrer Zulieferer über ein entsprechendes Qualitätssicherungssystem verfügen müssen, das von einer unabhängigen Stelle zertifiziert worden ist. Wer ein solches Zertifikat als Konformitätsbescheinigung nicht besitzt, dem drohen gravierende Nachteile und Folgekosten.

- Der dritte Grund für eine einheitliche, produktübergreifende Kontrolle der Qualität ist der verschärfte Wettbewerb aus Ländern außerhalb der EU, vor allen Dingen aus Fernost und den ehemaligen Ostblockstaaten. Hersteller mit einer unzureichenden Produktqualität werden gnadenlos aussortiert und werden künftig im freien Wettbewerb - trotz eines niedrigeren Preises - keine Chancen mehr haben.

In der Praxis sieht das in der Regel so aus, daß die Hersteller für jede Baureihe oder Produktgruppe einen *"Qualitätsplan"* bzw. ein *"Qualitätshandbuch"* erstellen, das alle notwendigen Schritte für eine fehlerfreie Produktion beschreibt. Beispiele für den Inhalt sind: Beschreibung technischer Unterlagen, Kennzeichnung, Revision, Materialbestellung, Eingangskontrolle, Kontrolle der Werkstoffe, Terminplan für die Fertigung, Fertigungsinspektion, Funktionsprüfung usw.

# 16.1 Abnahme und Prüfung von Stellgeräten (DIN 534-4)

Zweck und Anwendungsbereich werden in der entsprechenden Norm DIN/IEC 534, Teil 4 beschrieben, die sich im Moment in der Überarbeitung befindet. Die Prüfungen orientieren sich - mit Ausnahme der obligatorischen Tests - im wesentlichen an den Vereinbarungen, die bei der Bestellung zwischen Anwender und Hersteller erzielt wurden. Dabei muß der Käufer den Hersteller vor allem über folgendes informieren:

- Ob eine Abnahme durch Käufer beim Hersteller durchgeführt werden soll.

- Ob irgendwelche Funktionsprüfungen verlangt werden.

- Ob irgendwelche Materialprüfungen verlangt werden und in welcher Art der Nachweis erbracht werden soll.

- Welche zusätzlichen Abnahmeforderungen verlangt werden: z. B. Prüfzeugnisse für bestimmte Teile, Schrauben, Muttern usw.

- Ob ein Ausbessern von Materialfehlern untersagt ist und/oder ob ein Beleg solcher Ausbesserungen (z. B. Schweißen von Lunkern) verlangt wird.

- Welche Prüfflüssigkeit für den Drucktest vorgeschrieben ist usw.

Der Hersteller stellt auf Verlangen und gegen Bezahlung ein Prüfzeugnis aus, daß - je nach Vereinbarung - die gewünschten Informationen enthält.

## 16.1.1 Gehäuseprüfung (hydrostatisch)

Jedes Stellventil muß einer Gehäusedruckprüfung bei erhöhtem Prüfdruck unterzogen werden. Die Gehäuseenden müssen bei diesem obligatorischen Test so abgedichtet sein, daß auch alle Hohlräume, die bei Betrieb unter Druck stehen, dem Prüfdruck für eine bestimmte Zeitspanne ausgesetzt sind. Dies erfordert zunächst ein Evakuieren und ein teilweises Öffnen des Drosselkörpers, bevor die Prüfflüssigkeit - im Normalfall Wasser bei Raumtemperatur - eingeleitet wird. Das Wasser darf aus Gründen des Korrosionschutzes emulgiertes Öl oder ein spezielles Rostschutzmittel enthalten. Differenziert wird zwischen einer statischen Prüfung des Gehäuses und einer Druckprüfung bei geschlossenem Drosselkörper (Tabelle 16-1). Der Meßbereich der anzeigenden oder schreibenden Druckmeßgeräte darf nicht weniger als das 1,25-fache und nicht mehr als das 4-fache des Prüfdruckes betragen.

Die ungefähren Prüfdrücke gemäß Tabelle 16-1 haben für folgende Werkstoffgruppen Gültigkeit:

Gruppe 1: unlegierte Stähle
Gruppe 2: Nickelstähle, Molybdänstähle
Gruppe 3: niedriglegierte Stähle, Cr-Mo-Stähle
Gruppe 4: Hochlegierte, nichtrostende Stähle
Gruppe 5: Gußeisen mit Mindestzugfestigkeit von 214 MPa
Gruppe 6: Kupferlegierungen

Tabelle 16-1: Hydrostatische Prüfdrücke in bar bei Stellventilen

| Werkstoffe | Gruppe 1 | | Gruppe 2 | | Gruppe 3 | | Gruppe 4 | | Gruppe 5 | | Gruppe 6 | |
|---|---|---|---|---|---|---|---|---|---|---|---|---|
| Nenndruck | Geh. | Sitz | Geh. | Sitz | Geh. | Sitz | Geh. | Sitz | Geh. | Sitz | Geh. | Sitz |
| 10 | 15 | 10 | 15 | 10 | 15 | 10 | 15 | 10 | 15 | 10 | 15 | 10 |
| 16 | 24 | 16 | 24 | 16 | 24 | 16 | 24 | 16 | 24 | 16 | 24 | 16 |
| 20 | 30 | 21,5 | 28 | 20 | 30 | 22 | 29 | 18 | 24 | 14 | 24 | 15 |
| 25 | 38 | 25 | 38 | 25 | 38 | 25 | 38 | 25 | 38 | 25 | 38 | 25 |
| 40 | 60 | 40 | 60 | 40 | 60 | 40 | 60 | 40 | 60 | 40 | 60 | 40 |
| 50 | 77 | 56 | 72 | 53 | 78 | 57 | 75 | 47 | 52 | 35 | 52 | 34 |
| 64 | 96 | 64 | 96 | 64 | 96 | 64 | 96 | 64 | --- | --- | --- | --- |
| 100 | 154 | 113 | 144 | 106 | 156 | 114 | 149 | 94 | --- | --- | --- | --- |

Da auch Ventile mit Nenndrücken nach ANSI erfaßt werden, sind die ungewöhnlichen Druckstufen PN 20 und PN 50 aufgeführt. Die Dauer der hydrostatischen Gehäuseprüfung geht aus Tabelle 16-2 hervor.

Tabelle 16-2: Dauer der hydrostatischen Gehäuseprüfung

| Nennweite des Ventils | Prüfdauer (s) |
|---|---|
| Ventile bis DN 50 einschließlich | 15-60 |
| Ventile ab DN 65 bis DN 200 | 60-120 |
| Ventile ab DN 250 und größer | 180-420 |

## 16.1.2 Prüfung der Sitzleckmenge

Die Sitzleckage wird bei geschlossenem Ventil mit sauberem Gas (z. B. Luft) oder einer sauberen Flüssigkeit (meistens Wasser 5-40°C) gemessen, die ein Korrosionsschutzmittel enthalten darf. Die Antriebskraft und die Durchflußrichtung müssen dem späteren Betrieb entsprechen. Wenn sich der Leckdurchfluß stabilisiert hat, kann mit der Messung begonnen werden. Die zulässigen Leckmengen sind - abhängig vom Testmedium und dem Differenzdruck bei der Prüfung - gemäß Kapitel 13.2 zu berechnen.

## 16.1.3 Funktionsprüfungen

Funktionsprüfungen am kompletten Stellgerät werden nur nach Vereinbarung zwischen Käufer und Hersteller durchgeführt. Die Ergebnisse werden in einem besonderen Protokoll vermerkt. Typische Prüfungen eines Funktionstests sind:

- Überprüfung des *Nennhubes* und *Nennsignalbereichs* (bench range). Das Ventil muß dabei 100% Hub erreichen, wenn der Nennsignalbereich durchfahren wird.

- Funktionsprüfung, bei der das Stellventil langsam und ohne Überschwingen auf und wieder zu gefahren wird. Dabei werden *Ansprechempfindlichkeit*, *Umkehrspanne* und *Hysteresis* ermittelt.

- Bei Ventilen mit angebautem Stellungsregler muß eine Hubbewegung erfolgen, wenn das Eingangssignal 0 bis 2% der Signalspanne beträgt. Der Nennhub muß erreicht werden, wenn das Eingangssignal zwischen 98% und 100% des Signalbereichs liegt. Außerdem können *Ansprechempfindlichkeit*, *Umkehrspanne* und *Hysteresis* überprüft werden (Bild 16-1).

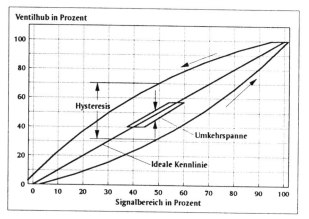

Bild 16-1: Hysteresis und Umkehrspanne eines Stellventils (schematisch)

Bild 16-1 zeigt den Verlauf des Hubes als Funktion des steigenden und fallenden Eingangssignals (übertrieben dargestellt). Mit *Hysteresis* wird die größte Abweichung - bezogen auf den Nennhub - bezeichnet. Die *Umkehrspanne* (dead band) wird etwa in Hubmitte bestimmt und ergibt sich aus der Hubdifferenz bei steigendem und fallendem Eingangssignal.

Die *Ansprechempfindlichkeit* wird gemessen, indem man die Signalspanne notiert, bei der eine Bewegung des Hubes in der gleichen Richtung wie zuvor erfolgt. Alle Funktionswerte hängen stark von der verwendeten Packung, der Nennweite (Spindeldurchmesser), dem Nenndruck des Ventils und natürlich vom Antrieb ab. Überdimensionierte Antriebe mit großer Hubsteifigkeit ergeben naturgemäß günstigere Werte als kleine Antriebe mit einem Standardsignalbereich von 0,2-1,0 bar. Tabelle 16-3 zeigt typische Funktionswerte eines Stellventils DN 50, PN 40 mit und ohne Stellungsregler.

Tabelle 16-3: Typische Funktionswerte von Stellventilen bezogen auf Nennhub

| Funktionswerte | ohne Stellungs-regler | mit Stellungs-regler |
|---|---|---|
| Ansprechempfindlichkeit (PTFE-Packung) | < 1% | < 0,1% |
| Umkehrspanne (PTFE-Packung) | < 2% | < 0,5% |
| Hysteresis (PTFE-Packung) | 4-6% | < 1,0% |
| Ansprechempfindlichkeit (Graphit-Packung) | 2-4% | < 0,3% |
| Umkehrspanne (Graphit-Packung) | 5-7% | <1,0% |
| Hysteresis (Graphit-Packung) | > 10% | < 2,0% |

### 16.1.4 Zusätzliche Prüfungen und Fertigungsinspektion

Häufig finden zusätzliche Prüfungen beim Hersteller im Beisein des Bestellers oder einer autorisierten Person statt, die die Interessen des Käufers wahrnimmt. Der Besteller / Inspektor hat in einem solchen Fall das Recht, alle im Zusammenhang mit der Bestellung stehenden Unterlagen, Meß- und Prüfeinrichtungen, Werkszeugnisse usw. einzusehen bzw. zu überprüfen. Zum gewöhnlichen Prüfumfang gehören:

- Visuelle Überprüfung aller Teile vor dem Zusammenbau
- Überprüfung aller Teile von Unterlieferanten
- Visuelle Überprüfung des komplett montierten Stellventils
- Alle Druck-, Dichtheits- und Funktionsprüfungen wie vereinbart

Der Hersteller bescheinigt auf Anforderung, daß das Stellventil einschließlich aller Hilfsgeräte genau der Bestellung entspricht (*Certificate of Compliance*). Er stellt ferner ein Testzertifikat aus, das die Ergebnisse der Prüfung enthält. Ein Protokoll für einen pneumatischen Membranantrieb zeigt Bild 9-10. Falls besonders vereinbart, erstellen Hersteller und Inspektor gemeinsam einen Inspektions- und Prüfungsreport, der die Richtigkeit des Testzerifikats und aller durchgeführten Prüfungen bescheinigt.

## 16.2 Materialzeugnisse gemäß DIN 50049

Die Bundesrepublik war mit der ersten Ausgabe dieser Norm (Dezember 1951) Vorreiter eines nunmehr international einheitlichen Standards für Materialprüfbescheinigungen. Seit dem 1. Januar 1993 werden von der EU für den grenzüberschreitenden Verkehr von Waren einheitliche Inhalte und Aussagen von Lieferungen gefordert. Dazu zählen auch Prüfbescheinigungen von Werkstoffen. Wegen des außerordentlich hohen Bekanntsheitsgrades der Norm DIN 50049, und ihrer Zitierung in vielen anderen technischen Regelwerken, bleibt die alte Nummer vorläufig erhalten.

Später wird dann - ohne den Inhalt wesentlich zu verändern - eine EN-Normnummer (EN 10 204) vergeben. War die Norm DIN 50049 ursprünglich nur für Stahl- und Eisenerzeugnisse vorgesehen, so erfolgt mit EN 10 204 eine Erweiterung auf alle metallische Werkstoffe. Diese Norm ist in Verbindung mit ergänzenden Richtlinien und Vorschriften anzuwenden, in denen die allgemeinen technischen Lieferbedingungen festgelegt sind.

Ein Faktum, auf das immer wieder hingewiesen werden muß, ist die Tatsache, daß weder die alte noch die neue Norm den Umfang der Materialprüfungen festlegen. Vielmehr muß der Käufer spätestens bei der Bestellung folgendes angeben:

- Die Art der gewünschten Bescheinigung

- Die zu prüfenden Einzelwerte oder Eigenschaften, z. B. Zugfestigkeit, Härte, Bruchdehnung, geforderte Legierungsbestanteile usw.

- Die gewünschten Prüfverfahren für die geforderten Werte, soweit sie nicht durch Hinweise auf bestimmte Normen bereits festliegen. Bei alternativen Prüfverfahren ist eine unmißverständliche Vereinbarung zu treffen.

- Der Prüfumfang für die einzelnen Prüfungen und die Anzahl der durchzuführenden Prüfungen ist vom Besteller genau zu fixieren. Es ist ferner von ihm festzulegen, ob Einzel- oder Mittelwerte gelten sollen und welche Toleranzen (Streubereich) zulässig sind.

Tabelle 16-4: Zusammenstellung der genormten Materialprüfbescheinigungen

| Normbe-zeichnung | Materialbe-scheinigung | Art der Prüfung | Lieferbedingungen | Bestätigung der Bescheinigung durch |
|---|---|---|---|---|
| 2.1 | Werksbeschei-nigung | Nicht-spezifisch | Keine Angabe von Prüfergebnissen | Hersteller oder autorisierten Beauftragten |
| 2.2 | Werkszeugnis | Nicht-spezifisch | Ergebnisse auf Grundlage nichtspezifischer Prüfungen | Hersteller oder autorisierten Beauftragten |
| 2.3 | Werksprüf-zeugnis | Spezifisch | Ergebnisse auf Grundlage spezifischer Prüfungen | Hersteller oder autorisierten Beauftragten |
| 3.1.A | Abnahmeprüf-zeugnis 3.1.A | Spezifisch | Ergebnisse auf Grundlage spezifischer Prüfungen | Amtlichen Sachverständigen gemäß Vorschriften |
| 3.1.B | Abnahmeprüf-zeugnis 3.1.B | Spezifisch | Ergebnisse auf Grundlage spezifischer Prüfungen | Unabhängigen Sachverstän-digen, vom Hersteller beauf-tragt (z. B. von der Gießerei) |
| 3.1.C | Abnahmeprüf-zeugnis 3.1.C | Spezifisch | Ergebnisse auf Grundlage spezifischer Prüfungen | Sachverständigen vom Besteller beauftragt |
| 3.2 | Abnahmeprüf-protokoll 3.2 | Spezifisch | Ergebnisse auf Grundlage spezifischer Prüfungen | Unabhängigen Sachverstän-digen, vom Hersteller beauf-tragt (z. B. von der Gießerei) und einen vom Besteller be-auftragten Sachverständigen |

In Übereinstimmung mit EN 10 021 und Tabelle 16-4 wird unterschieden zwischen:

- Nichtspezifischen Prüfungen

- Spezifischen Prüfungen

*Nichtspezifische Prüfungen* sind folgende:

*Werksbescheinigung "2.1"*

Bescheinigung, in welcher der Hersteller bestätigt, daß die gelieferten Erzeugnisse den Vereinbarungen bei der Bestellung entsprechen, ohne Angabe von Prüfergebnissen.

*Werkszeugnis "2.2"*

Bescheinigung, in welcher der Hersteller bestätigt, daß die gelieferten Erzeugnisse den Vereinbarungen bei der Bestellung entsprechen, mit Angabe von Prüfergebnissen auf der Grundlage nichtspezifischer Prüfungen. Die im Werkszeugnis 2.2 enthaltenen Werte brauchen weder denen der Lieferung zu entsprechen, noch können sie zur Kontrolle an der Lieferung selbst herangezogen werden. Sie sind also im Zweifelsfall technisch nicht aussagefähig.

*Werkprüfzeunis "2.3"*

Bescheinigung, in welcher der Hersteller bestätigt, daß die gelieferten Erzeugnisse den Vereinbarungen bei der Bestellung entsprechen, mit Angabe von Prüfergebnissen auf der Grundlage spezifischer Prüfungen. In solchen Fällen verfügt der Hersteller nicht über einen fertigungsunabhängigen Prüfer. Wenn der Hersteller jedoch über einen fertigungsunabhängigen Prüfer bzw. eine Prüfabteilung verfügt, dann muß er an Stelle des Werkprüfzeugnisses 2.3 ein Abnahmeprüfzeugnis gemäß "3.1.B" herausgeben. Das Werkprüfzeugnis ist also eine beschränkte Prüfbescheinigung für Unternehmen, die noch nicht die notwendige organisatorische Trennung von Fertigung und Qualitätsorganisation vollzogen haben.

*Spezifische Prüfungen*

Das Ausstellen von entsprechenden Bescheinigungen setzt voraus, daß die Prüfungen von autorisiertem Personal durchgeführt oder zumindest beaufsichtigt werden. Die damit beauftragten Personen müssen von der Fertigungsabteilung unabhängig sein. Zu unterscheiden ist zwischen einem *Abnahmeprüfzeugnis* und einem *Abnahmeprüfprotokoll*.

*Abnahmeprüfzeugnis 3.1*

Bescheinigung, herausgegeben auf der Grundlage von Prüfungen, die entsprechend der in der Bestellung angegebenen technischen Lieferbedingungen und/oder nach amtlichen Vorschriften durchgeführt werden. Die Unterscheidungen gemäß A, B oder C betreffen den unabhängigen Sachverständigen, der die Richtigkeit der Prüfergebnisse bescheinigt (Tabelle 16-4).

*Abnahmeprüfprotokoll 3.2*

Das Abnahmeprüfprotokoll ist auf Grund einer besonderen Vereinbarung, sowohl von dem vom Hersteller beauftragten Sachverständigen als auch von dem vom Besteller beauftragten Sachverständigen zu unterschreiben. Eine Unterscheidung nach A, B oder C entfällt.

## 16.2.1 Rechtliche Konsequenzen

Über die wirtschaftliche Bedeutung und rechtlichen Auswirkungen von Materialprüfbescheinigungen bestehen häufig nur vage Vorstellungen. Eine kurze Erläuterung soll sie darum ins rechte Licht rücken.

- Prüfbescheinigungen sind als Nebenleistungen aufzufassen und sind Bestandteil des Vertrages zwischen Besteller und Hersteller. Der Besteller oder Abnehmer bestimmt in eigener Verantwortung:

  - die Art der von ihm gewünschten Bescheinigung, spezifisch oder unspezifisch.

  - Art, Inhalt und Umfang der Prüfungen, die in den Prüfbescheinigungen ihren Niederschlag finden.

  - Umfang und statistische Qualität der Prüfungen.

- Der Besteller / Anforderer einer Prüfbescheinigung trägt die Verantwortung für die technische Aussagekraft der Prüfungen, da nur er die Bedingungen kennt, denen das Stellgerät später ausgesetzt ist. Nur er kann beurteilen, in welchem Maß und unter welchen Bedingungen die vom Hersteller oder Zulieferer durchzuführenden Prüfungen sinnvoll und realistisch und damit technisch aussagefähig sind. Diese Verantwortung gilt auch für den Umfang der Prüfungen. Nicht angemessene Prüfungen oder fehlende Langzeiterfahrungen sind - bezogen auf den jeweiligen Anwendungsfall - in technischer Hinsicht nicht aussagefähig und rechtlich ohne Bedeutung.

- Eine Materialprüfbescheinigung nach EN 10 204 kann eine nach ordnungsgemäßem Geschäftsgang tunliche, unverzügliche Wareneingangskontrolle nicht ersetzen. Unterbleibt eine Wareneingangsprüfung, aus welchen Gründen auch immer, so ist handels- und vertragsrechtlich jede spätere Beanstandung ausgeschlossen.

- Mit der EU-Richtlinie zur Produkthaftung ist eine verschuldensunabhängige Produkthaftung eingeführt worden. Ein Geschädigter muß nur beweisen:

    - seinen Schaden
    - den Fehler des Produktes (z. B. Materialfehler)
    - die Ursächlichkeit des Fehlers für den Schaden

    Kann er diese drei Tatsachen eindeutig beweisen, so ist der Hersteller oder Materiallieferant zum Schadenersatz verpflichtet. Prüfbescheinigungen gewinnen in einem solchen Fall an Bedeutung. Dies setzt allerdings voraus:

    - Die Prüfbescheinigungen sind aussagefähig.
    - Umfang und Art der Prüfungen sind statistisch angemessen.
    - Der Empfänger hat sich durch eine Gegenprüfung von der Richtigkeit der Prüfbescheinigung überzeugt.

- Der Hersteller von Stellventilen muß bei der Auswahl geeigneter Unterlieferanten besondere Sorgfalt walten lassen. Je nach Risikoträchtigkeit der Anwendung ist der Hersteller zu weitergehenden Maßnahmen verpflichtet, um die Kompetenz des Unterlieferanten beurteilen zu können.

## Übungen zur Selbstkontrolle:

16-1  Welche Fehler schließt eine verschuldensunabhängige Produkthaftung
      mit ein?

16-2  Welche Ursachen / Fakten sprechen für eine sehr sorgfältige
      Qualitätssicherung?

16-3  Wer ist für die genaue Spezifikation von Prüfungen zuständig?

16-4  Welcher hydrostatische Gehäuseprüfdruck ist bei einem Stellventil aus
      Gußeisen bei Nenndruck ANSI 125 = PN 20 erforderlich?

16-5  Welche Prüfdauer ist mindestens einzuhalten bei DN 150?

16-6  Wie werden Ansprechempfindlichkeit und Umkehrspanne ermittelt?

16-7  Wer bestimmt Art und Umfang eines Materialzeugnisses?

16-8  Was besagt ein "Werkszeugnis 2.2" und wer stellt es aus?

16-9  Wer beauftragt den Sachverständigen, der die wesentlichen Prüfungen
      beaufsichtigt und die Ergebnisse bestätigt, wenn in der Bestellung eine
      Abnahmeprüfung gemäß 3.1.C verlangt wird?

16-10 In welchen Fällen stellt der Hersteller von Stellventilen ein
      "Werksprüfzeugnis" gemäß 2.3 aus?

# 17 Literaturverzeichnis und Bildquellen

[1] *Becks, H.:* "Stellgeräte für strömende Stoffe", VDI-Bildungswerk, Verein Deutscher Ingenieure, Düsseldorf

[2] "Control Valve Handbook", 2. Edition, Fisher Controls Company, Marshalltown, Iowa, S. 72-73

[3] Baureihe 140, ARCA-Regler, Tönisvorst

[4] Baureihe 250, ARCA-Regler, Tönisvorst

[5] Baureihe 602, Honeywell Regelsysteme GmbH, Maintal

[6] Baureihe 9000, Honeywell Regelsysteme GmbH, Maintal

[7] Baureihe 2000, Honeywell Regelsysteme GmbH, Maintal

[8] Baureihe 258-1, Samson AG, Frankfurt

[9] Baureihe 2003/2013, Honeywell Regelsysteme GmbH, Maintal

[10] Baureihe 245-1, Samson AG, Frankfurt

[11] Baureihe M 7421, Honeywell Regelsysteme GmbH, Maintal

[12] Schlauch-Quetschventil, Dürholdt GmbH, Wuppertal

[13] Baureihe KFO 5001/1136F, Burgmann Armaturentechnik GmbH & Co., Wolfratshausen

[14] Baureihe CFO 8410/780, Burgmann Armaturentechnik GmbH & Co., Wolfratshausen

[15] Baureihe Design V150, Fisher Controls International, Ludwigshafen

[16] Baureihe BT-M3, B-Tec GmbH, Düsseldorf

[17] Baureihe 227 G, XOMOX International GmbH & Co., Lindau

[18] Baureihe 2100, Honeywell Regelsysteme GmbH, Maintal

[19] Baureihe 241-1, Samson AG, Frankfurt

[20] Baureihe 247-1, Samson AG, Frankfurt

[21] Baureihe 3341, Samson AG, Frankfurt

[22] Baureihe 258-1, Samson AG, Frankfurt

[23] Baureihe 258-1, Samson AG, Frankfurt

[24] Dampfumformung, Samson AG, Frankfurt

[25] Baureihe 286-1, Samson AG, Frankfurt

[26] Baureihe LAM/LBM, Ohl Gutermuth GmbH, Altenstadt

[27] HD-Dampfumformventil, Werkbild Sulzer AG, Winterthur

[28] *Junker, G., Blume, D.:* "Neue Wege einer systematischen Schraubenberechnung", Ingenieur-Dienst, Bauer & Schaurte, Ausgabe Nr. 14, 15, 16, Oktober 1964

[29]   Baureihe 43-190 181, 2000, Honeywell Regelsysteme GmbH, Maintal

[30]   Baureihe RSS, Richter Chemie-Technik GmbH, Kempen

[31]   Baureihe NK/NKP, Richter Chemie-Technik GmbH, Kempen

[32]   Baureihe 2000, Honeywell Regelsysteme GmbH, Maintal

[33]   Baureihe 2000, Honeywell Regelsysteme GmbH, Maintal

[34]   Baureihe 2000, Honeywell Regelsysteme GmbH, Maintal

[35]   *Bierl, A., Stoeckel, A., Kremer, H., Sinn, R.*: "Leckraten von Dichtelementen",
       Chemie Ingenieur Technik, 2/1979, S. 89-95

[36]   Baureihe 2000, Honeywell Regelsysteme GmbH, Maintal

[37]   *Rohe, E.*: "Armaturen in Anlehnung an TA-Luft", Industriearmaturen: Bauelemente
       der Rohrleutungstecnik, VDMA Handbuch, 3. Ausgabe, S. 6-7

[38]   Baureihe 2100, Honeywell Regelsysteme GmbH, Maintal

[39]   *Engel, H. O.*: Entwicklungsbericht Stopfbuchsen-Packungen für Industrieventile,
       Juni 1973, Firmendruckschrift

[40]   *Engel, H. O.*: Untersuchungen an Stopfbuchsen-Packungen für Industrieventile,
       September 1973, basierend auf Empfehlungen der DIN 3780, Sept. 1954

[41]   *Abt, W.*: "Dichtungen nach TA-Luft?", Chemie Anlagen Verfahren.
       Oktober 1993, S. 106-108

[42]   *Alexander, W.*: "Dichtungen und Packungen", KEM, Dezember 1971,
       und neuere Empfehlungen (Mittelwerte) bekannter Dichtungshersteller

[43]   *Krauth R., Smolen, H.*: Interne Untersuchung der Erdölchemie Köln, 1973

[44]   *Lighthill, M. J.*: "Sound Generated Aerodynamically", The Bakerian Lecture 1961,
       Proc. Roy. Soc., A 267, S. 147-183

[45]   *Powell, A.*: "On the Mechanism of Choked Jet Noise"
       Proc. Phys. Soc., B 67, (1954), S. 313-327

[46]   *Baumann, H. D.*: "On the Prediction of Aerodynamically Created Sound Pressure
       Level of Control Valves", ASME-Publication WA/FE-28, December 1070

[47]   *Bender, H., Engel, H. O.*: "Geräuschberechnung bei der Drosselung kompressibler
       Medien", atp 31, 1989, S. 57-63

[48]   *Becks, H.*: "Lärm und Lärmbekämpfung an Stellgliedern bei der Gasentspannung",
       RTP, Heft 7, 1978, S. 57-63

[49]   Als Beispiel sind hier die Untersuchungen von *CONCAWE* genannt, einer nieder-
       ländischen Forschungsgruppe, die von der *Royal Dutch Shell* gesponsert werden.

[50]   Baureihe 2000 NRE1, Honeywell Regelsysteme GmbH, Maintal

[51]   Baureihe 241/St III, Samson AG, Frankfurt

[52]   Baureihe 255-1, Samson AG, Frankfurt

[53]   Baureihe 9000 NRC, Honeywell Regelsysteme GmbH, Maintal

[54]   Antriebsschema Hydraulikantrieb, Reinecke GmbH, Bochum

[55]  Baureihe AAM, Ohl Gutermuth GmbH, Altenstadt

[56]  Baureihe 40R, Norbro GmbH, Mönchengladbach

[57]  Baureihe RDF 10-160, Rotadisk Apparatebau GmbH, Rastatt

[58]  Baureihe 2000, Honeywell Regelsysteme GmbH, Maintal

[59]  Baureihe 271, Samson AG, Frankfurt

[60]  Baureihe EP 2201, Honeywell Regelsysteme GmbH, Maintal

[61]  Baureihe HP, Honeywell Regelsysteme GmbH, Maintal

[62]  Baureihe EP 2251, Honeywell Regelsysteme GmbH, Maintal

[63]  Baureihe EP 2301, Honeywell Regelsysteme GmbH, Maintal

[64]  Baureihe RD/F 2.5-640, Rotadisk Apparatebau GmbH, Rastatt

[65]  Baureihe EP 2251, Honeywell Regelsysteme GmbH, Maintal

[66]  Baureihe 708, (Air Lock) Samson AG, Frankfurt

[67]  Baureihe 708, Samson AG, Frankfurt

[68]  Baureihe LFR, Honeywell Regelsysteme GmbH, Maintal

[69]  *Driskell, L.*: "Control-Valve Selection and Sizing", ISA Publication: Instrument Society of America (1983), S. 272

[70]  *van Oeteren, K.-A.*: Korrosion und Korrosionsschutz, Chemie-Anlagen-Verfahren, 8/1983, S. 12-16

[71]  *Wiederholt, W.*: Korrosion und Korrosionsschutz, Konstruktion und Fertigung, VDI-Zeitschrift (1969), S. 1153-1159

[72]  *Dobben, T.*: Kavitation in Stellgeräten, VDI-Bildungswerk (1991), Verein Deutscher Ingenieure, S. BW 328-1 bis BW328-43

[73]  siehe [72]

[74]  "Corrosion Resistance of Hastelloy Alloys", Comparative Field Test and Laboratory Corrosion Data, Stellite Division of the Cabot Corporation, USA

[75]  "Eigenschaften uns Anwendungsgebiete von Monel Alloy 400", Publikation 3362, Nickel Alloys International S. A., Brüssel

[76]  *Sachs, W. G.*: "Eigenschaften des Werkstoffes Titan", KEM, Oktober 1969 S. 42-49 und KEM, November 1969, S. 33-39

[77]  "Tantal", Firmenprospekt des Metallwerks Plansee GmbH, Teutte/Tirol

[78]  "Stellite - Wear Resistant Alloys", Prospekt der Stellite Division of the Cabot Corporation, USA

[79]  siehe [74]

[80]  *Bischof, H., Scheer, D., Willmes, O.*: "Praxisnahe Verschleißversuche an Werkstoffen für wasserführende Hochdruck-Regelarmaturen im Kraftwerksbereich", VGB Kraftwerkstechnik, Heft 3, 1984, S. 248-253

[81]   "Richtwerte und Eigenschaften von Elastomeren", Firmenprospekt der Veritas Gummiwerke AG, Gelnhausen

[82]   *Nöckel, D.*: Betriebssicherer Einsatz von Pumpen, Armaturen und MSR-Geräten aus den Fluorkunststoffen PTFE, PFA, TFA, FEP und PVDF", Sonderdruck SWISS CHEM, 5 (1983) Nr. 10a

[83]   siehe [82]

[84]   "Druckguß aus NE-Metallen", Technische Richtlinien, Broschüre des Verbandes Deutscher Druckgießereien, Düsseldorf

[85]   *Ludewitz, H.*: "Mit Chlorchemie zwischen allen Stühlen", VDI-Nachrichten, Nr. 5, 1994

[86]   "Code for Vertical Globe Valves for Use with Liquid Chlorine", Recommendation of the B.I.T. Chlore, 7th. Edition, December 1980, 1050 Brussels

[87]   "Unfallverhütungsvorschrift Abschnitt 28 - SAUERSTOFF", Berufsgenossenschaft der chemischen Industrie, vom 1. April 1989

[88]   "Richtlinien für Sauerstoffarmaturen und -meßgeräte", Stahl-Eisen-Betriebsblätter des Vereins Deutscher Eisenhüttenleute, Nr. SEB 384030, 2. Ausgabe

[89]   "Sulfide Stress Cracking Resistant Metallic Material for Oil Field Equipment", Material Requirement, National Association of Corrosion Engineers (NACE), Standard MR-01-75 (1980 Revision), Houston, Texas

[90]   Standard Specification 6-14-0: "Control Valves", Process Division UOP Inc., Des Plaines, Illinois, USA

[91]   "Enclosures for Electrical Equipment", Standards Publication No. 250-1985, National Electrical Manufacturers Association (NEMA), Washington D. C., USA

[92]   *Dannemann, W., Vogel, G.*: "Stellgeräte für die Anlagensicherung und deren vorausbestimmbares Zeitverhalten", rtp Heft 1 1980, S. 1-6 und rtp Heft 2, 1980, S. 60-64

[93]   *Leutritz, U.*: Diplomarbeit 1992: "Auswahlkriterien von Stellgeräten", Hochschule für Technik, Wirtschaft und Kultur, Leipzig

[94]   *Wüchner, W.*: "Intelligenz im Feld", atp 29 (1987) Heft 5, S. 199

[95]   *Engel, H. O.*: "Digitale Meßumformer in der Verfahrenstechnik", MP (1989) Heft 9, S. 268-270

[96]   *Pfleger, J.*: "Kommunikationssystem Feldbus", atp 28, (1986) Heft 5, S. 223-227

[97]   *Borst, W., Lindner, K.-P., Ziesemer, M.*: "Der EUREKA-Feldbus der Instrumentierungstechnik der 90er Jahre", atp 30 (1988), Heft 9, S. 430-435

[98]   *Rathje, J.*: "Der Feldbus in der Verfahrenstechnik", atp 35 (1993), Heft 3, S. 135-137

[99]   *Färber, G.*: "Bussysteme", Oldenbourg Verlag (1984), S. 88

[100]  *Pfleger, J.*: "Feldbus für die Verfahrenstechnik", atp 31 (1989), S. 164-166

# 18 Sachwortverzeichnis

# Anhang

## A.1 Das Normenwerk DIN/IEC 534 für Stellventile

Das stetige Anwachsen des internationalen Warenaustausches zwingt alle Beteiligten aus politischen und wirtschaftlichen Gründen, technische Handelshemmnisse abzubauen. Dies setzt eine Harmonisierung der Normen und gegenseitige Anerkennung von Prüfergebnissen voraus. Deshalb verlagert sich der technische Teil der Normenarbeit immer mehr auf die internationale Ebene. Der folgende Beitrag befaßt sich mit der Einführung in das Standard-Regelwerk DIN/IEC 534, das ausschließlich für "Stellventile für die Prozeßregelung" gilt. Zweck und Anwendungsbereich der verschiedenen Teile dieser Norm werden kurz beschrieben. Ferner wird die hierarchische Organisation der Normungsgremien kurz dargestellt.

### A1.1 Hierarchie der Normungsgremien

Die Hierarchie der verschiedenen Gremien ist in Bild A.1-1 dargestellt. Verwirrend ist die geteilte Zuständigkeit der ISO und der IEC in bezug auf die verschiedenen Gebiete der Technik, auf die in diesem Beitrag allerdings nicht im Detail eingegangen werden kann. Auch ist der Ablauf des Normungsverfahrens, die Organisation und die Verbindung zu den europäischen Gremien CEN und CENELEC unterschiedlich.

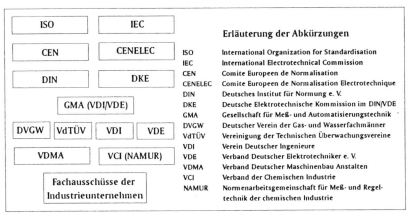

| Erläuterung der Abkürzungen | |
|---|---|
| ISO | International Organization for Standardisation |
| IEC | International Electrotechnical Commission |
| CEN | Comite Europeen de Normalisation |
| CENELEC | Comite Europeen de Normalisation Electrotechnique |
| DIN | Deutsches Institut für Normung e. V. |
| DKE | Deutsche Elektrotechnische Kommission im DIN/VDE |
| GMA | Gesellschaft für Meß- und Automatisierungstechnik |
| DVGW | Deutscher Verein der Gas- und Wasserfachmänner |
| VdTÜV | Vereinigung der Technischen Überwachungsvereine |
| VDI | Verein Deutscher Ingenieure |
| VDE | Verband Deutscher Elektrotechniker e. V. |
| VDMA | Verband Deutscher Maschinenbau Anstalten |
| VCI | Verband der Chemischen Industrie |
| NAMUR | Normarbeitsgemeinschaft für Meß- und Regeltechnik der chemischen Industrie |

Bild A.1-1: Hierarchie bedeutender Normungsgremien

Nachfolgend werden nur die Aufgaben der wichtigsten Gremien kurz erläutert, soweit es zum Verständnis der Standardisierung auf dem Gebiet der "Stellventile für die Prozeßautomatisierung" notwendig erscheint.

## Internationale Normung in der IEC

Der Sitz der IEC, die nahezu 50 Mitgliedsländer zählt, ist Genf. Die Sprachen der Kommission sind Englisch und Französisch, in Sonderfällen auch Russisch. Mitglieder sind die *Nationalen Komitees*, die statutenmäßig alle interessierten Fachkreise des betreffenden Landes vertreten. Die nationalen Komitees entsenden fachlich geeignete Mitarbeiter, deren Tätigkeit ehrenamtlich ist. Zu den Pflichten der *Nationalen Komitees* gehört die Umsetzung der IEC-Ergebnisse in das nationale Normenwerk. Der Annahme einer IEC-Norm folgt in der Regel eine ungeänderte Übernahme in die nationale Norm. In Ausnahmefällen sind aufgrund von Unterschieden im technischen Entwicklungsstand der Mitgliedsländer Abweichungen erlaubt. Allerdings bedeutet die Zustimmung zu einem IEC-Schriftstück, daß dieses Land das Ergebnis als eine weltweite Anerkennung des Standes der Technik ansieht.

## Europäische Normung in CENELEC

Die europäische Normung stellt in zunehmendem Maße ein Bindeglied zwischen der internationalen Zusammenarbeit innerhalb der IEC und der nationalen Normung dar. Grundsätzlich werden in CENELEC eigene Arbeiten nur dann aufgenommen, wenn geeignete internationale Normen nicht in angemessener Zeit bereitgestellt werden können. In der Regel konzentrieren sich daher die Bemühungen auf die Überführung der IEC-Standards in nationale Normen der CENELEC-Mitgliedsländer, wie zuvor erläutert. Eine mit Mehrheit angenommene Europäische Norm oder ein Harmonisierungsdokument ist, ebenso wie im Falle der einstimmigen Beschlußfassung, für alle Länder bindend.

## Aufgaben der DKE

Die DKE hat die Interessen der Elektrotechnik auf dem Gebiet der internationalen Normungsarbeit wahrzunehmen. Sie ist infolgedessen zuständig für alle Normungsarbeiten, die in den entsprechenden internationalen Gremien (IEC, CENELEC) behandelt werden. Die DKE hat die sachliche Übereinstimmung der deutschen Normen mit den einschlägigen internationalen Standards anzustreben. Die DKE ist ferner, im Zusammenhang mit der Trägerschaft des VDE, an der Erhaltung eines geschlossenen VDE-Vorschriftenwerks im Sinne elektrotechnischer Sicherheitsbestimmungen interessiert.

## A1.2 Stellventile als Bestandteil industrieller Prozeßautomatisierung

Die Zuordnung der genormten technischen Produkte zu den jeweiligen Organisationen erscheint nicht immer logisch. Während die ISO vorwiegend eine Standardisierung "nicht-elektrischer" Komponenten betreibt, widmet sich die IEC den elektrischen Geräten und Elementen. "Stellventile für die Prozeßregelung" sind eine Teilmenge des technischen Komitees Nr. 65: "Industrielle Prozeßautomatisierung" und werden in einem besonderen Unterkomitee 65B "Systemelemente" behandelt. Da aber die Regelungs- und Automatisierungstechnik heute im wesentlichen elektrotechnischer Natur ist, wird die Zuordnung der "Stellventile" zur IEC verständlich. Das Normenwerk DIN/IEC 534 wurde von der international besetzten Arbeitsgruppe IEC-SC65B/WG9 erarbeitet, die sich ausschließlich mit "Stellventilen für die Prozeßregelung" befaßt. Bis heute sieht diese Norm acht verschiedene Teile vor, die z. T. in verschiedene Normen unterteilt sind. Die Arbeiten an diesem Normenwerk sind außerordentlich aufwendig und langwierig, um den verschiedenenen nationalen Standards und Interessen gerecht zu werden. In der Regel werden die Arbeiten in bestimmte Aufgabenpakete unterteilt. Weil eine detaillierte Beschreibung der Teilaufgaben den Rahmen dieses Beitrages sprengen würde, erfolgt eine zusammenfassende, abschnittsweise Erläuterung der einzelnen Normenteile.

### *DIN/IEC 534, Teil 1: "Begriffe und allgemeine Betrachtungen"*

Wie bereits eingangs erläutert, dient eine Norm letztlich der Beseitigung von Handelshemmnissen und zur Einhaltung eines bestimmten Qualitätsstandards, unabhängig davon, in welchem Land die Ware hergestellt wird. Je komplizierter das Erzeugnis ist, um so aufwendiger wird in aller Regel die Normung, da sehr viele Parameter exakt zu definieren und die Randbedingungen genau zu beschreiben sind. Um Mißverständnisse zu vermeiden, empfiehlt sich bei allen größeren Normungsvorhaben eine Definition der Begriffe. Dieser Aufgabe wird der erste Teil von DIN/IEC 534 gerecht. In Teil 1 werden auch die verschiedenen Ausführungsformen der Regelarmaturen kurz beschrieben, häufig gebrauchte Begriffe erläutert, die typischen Bauteile erklärt und schließlich Gleichungen zur Bestimmung des Durchflußkoeffizienten (Kv, Cv, Av) angegeben. Ferner erfolgt eine Übersicht der relevanten Normen für Stellventile. Bei unterschiedlicher Interpretation oder Streitfragen zwischen Hersteller und Anwender sollte stets auf diesen Teil der Norm Bezug genommen werden.

### DIN/IEC 534, Teil 2: Durchflußkapazität

Der Teil 2 der Norm DIN/IEC 534 befaßt sich mit den Bemessungsgleichungen zur Bestimmung der Durchflußkapazität, den Prüfverfahren, um die Durchflußkapazität zu bestimmmen, und der Kennlinie bzw. dem Stellverhältnis der zu betrachtenden Armatur. Wegen des unterschiedlichen Charakters der Fluide gelten naturgemäß auch verschiedene Gleichungen. Um die Übersichtlichkeit zu wahren, wurde DIN/IEC 534 - Teil 2 in insgesamt 4 verschiedene Abschnitte unterteilt:

DIN/IEC 534, Teil 2-1:  Bemessungsgleichungen für inkompressible
                        Fluide unter Einbaubedingungen

DIN/IEC 534, Teil 2-2:  Bemessungsgleichungen für kompressible
                        Fluide unter Einbaubedingungen

DIN/IEC 534, Teil 2-3:  Prüfverfahren

DIN/IEC 534, Teil 2-4:  Inhärente Durchflußkennlinie und Stellverhältnis

### DIN/IEC 534, Teil 3: Einbaulängen

Die Einbaumaße von Armaturen werden in diesem Normenteil beschrieben. Aufgrund der großen Unterschiede üblicher Stellventile (Globe Valves) gegenüber flanschlosen Ventilen in Kurzbauform wurde die Norm zweigeteilt:

DIN/IEC 534, Teil 3-1:  Standard-Hubventile (Globe Valves)

DIN/IEC 534, Teil 3-2:  Flanschlose Stellventile mit Ausnahme von Klappen

Beide Normenteile stellen die Austauschbarkeit verschiedener Fabrikate sicher und legen die zulässigen Toleranzen fest.

### DIN/IEC 534, Teil 4: Qualitätsprüfung

Dieser Normenteil spezifiziert die Anforderungen für die Abnahme und Prüfung von Stellventilen. Wegen der außerordentlichen Vielfalt bei Armaturen und deren Anwendungen mußten auch hier Einschränkungen gemacht werden, weil sonst zu viele spezielle Prüfungen zu definieren wären. Die Norm gilt deshalb nicht für folgende Arten von Stellventilen:

- Ventile in Nuklearanlagen
- Ventile, die "feuersicher" sein müssen
- Ventile mit Druckstufen oberhalb PN 160

In solchen Fällen ist Art und Umfang der Prüfungen zwischen Besteller und Hersteller besonders zu vereinbaren. Die Norm beschreibt u. a. folgendes:

- Anwendungsbereich
- Vom Besteller zu liefernde Informationen

- Abnahme beim Hersteller
- Umfang der Inspektion durch den Besteller
- Abnahme von gekauften Komponenten
- Prüfzeugnisse des Herstellers
- Abnahme und Zertifikate von Werkstoffen
- Vorschriften bei Reparaturen
- Druck- und Leckprüfungen
- Definition der verschiedenen Leckmengen-Klassen
- Zulässige Sitzleckmengen
- Prüfverfahren bei der Leckmengenbestimmung
- Funktionsprüfungen
- Zusätzliche Prüfungen
- Prüfeinrichtungen

Die einzelnen Prüfverfahren nehmen häufig Bezug auf andere Teile der Norm DIN/IEC 534, so daß Sinn und Zweck bestimmter Prüfungen nur im Zusammenhang mit dem gesamten Standard-Regelwerk verständlich sind.

## DIN/IEC 534, Teil 5: Kennzeichnung

Dieser Normenteil dient der richtigen Kennzeichnung von Regelarmaturen und legt die vorgeschriebenen Angaben fest. Aus vielen Gründen muß eine Identifikation des Stellventils in eingebautem Zustand möglich sein. Gefordert wird, daß die wichtigsten Informationen bzw. die wichtigsten Kenndaten auf dem Ventilgehäuse eingeprägt bzw. eingegossen werden. Die erforderlichen Mindestangaben sind:

- Ventilnennweite
- Nenndruckstufe
- Gehäusewerkstoff
- Herstellername oder Warenzeichen
- Typ oder Serien-Nummer
- Schmelz- bzw. Chargen-Nummer der Gießerei

In besonderen Fällen sind weitere Angaben erforderlich:

- Abnahmestempel des Werkstoff-Sachverständigen
- Flanschkennzeichnungen
- Maximal zulässiger Druck und Temperatur

Bei eingeschränktem Platzbedarf kann bei Ventilen < DN 50 ein Schild aus Edelstahl mit den notwendigen Angaben versehen werden, das unverlierbar am Ventil angebracht sein muß.

*DIN/IEC 534, Teil 6:*    *Befestigung von Stellungsreglern an Stellantrieben, Montageeinzelheiten*

Dieser Teil wurde aus der bereits seit 1970 in der Bundesrepublik eingeführten NAMUR - Empfehlung für den "Einheitsanbau von Stellungsreglern an Stellantrieben" - abgeleitet und enthält praktisch die gleichen Festlegungen. Neu hinzu gekommen ist allerdings eine weitere Anbaumöglichkeit, die den im Ausland praktizierten Gepflogenheiten gerecht wird. Die Norm enthält detaillierte Zeichnungen, die es jedem Antriebs- oder Stellungsregler-Hersteller ermöglichen, die Regeln, die eine Austauschbarkeit des Stellungsreglers ermöglichen, einzuhalten. Ferner werden Hinweise zur Konstruktion der Montageplatte und zur Befestigung am Antrieb gegeben.

*DIN/IEC 534, Teil 7: Spezifikationsblatt für Stellgeräte*

Die Erstellung einer umfassenden Stellgeräte-Spezifikation ist eine der wichtigsten Aufgaben. Alle weiteren Arbeitsabläufe bei der Bestellung, Fertigung, Abnahme und Prüfung und der endgültigen Montage basieren letztlich auf den Angaben des Spezifikationsblattes. Eine falsche oder ungenügende Spezifikation kann ernste Konsequenzen zur Folge haben, sei es, daß die Sicherheit des Betriebes gefährdet ist, die Funktion nicht den Anforderungen entspricht oder einfach eine Verzögerung bei der Inbetriebnahme der Anlage auftritt. Der Wichtigkeit einer exakten Spezifikation wird seit langem Rechnung getragen, indem die Besteller individuelle Formblätter entwickeln und alle relevanten Bestellangaben auf diesen Blättern vermerken. Die unterschiedlichen Formen dieser Spezifikationen bereiten den Herstellern allerdings seit langem Kopfzerbrechen. Sinn und Zweck eines standardisierten Blattes ist:

- Auflistung aller wichtigen Parameter
- Einheitliche Positionierung relevanter Angaben
- Verwendung einheitlicher Termini und Begriffe
- Verbesserte Effizienz der Arbeitsabläufe
- Saubere Dokumentation, dauerhafte Aufzeichnung
- Modernes, EDV-gerechtes Kommunikationsmittel
- Verwendung eines einheitlichen Formblattes für:

Anfrage, Einkauf, Bestellung, Fabrikation, Kontrolle, Abnahme und Prüfung, Versand, Wareneingang bzw. -ausgang, Buchhaltung und Rechnungswesen. Das Spezifikationsblatt nach DIN/IEC 534-Teil 7 ist am Schluß dieses Abschnittes dargestellt. Es kann für verschiedene Aufgaben mit unterschiedlichem Informationsgehalt verwendet werden:

*Vorläufige Anfrage / Angebot*

In diesem Fall vereinbaren Besteller und Anbieter nur eine Mindestanzahl von notwendigen Informationen. Diese Methode reduziert den Aufwand des Bestellers auf ein Minimum und erspart dem Anbieter zu einem frühem Zeitpunkt mit nachfolgenden Änderungen eine detaillierte Berechnung.

*Normale Spezifikation*

Bei einer traditionellen Spezifikation wird in der Regel bereits eine Berechnung des Durchflußkoeffizienten, eine Bestimmung der erforderlichen Ventilnennweite und die Auswahl eines geeigneten Stellantriebes vorgenommen. Der Anwender spezifiziert natürlich auch das benötigte Zubehör, wie z. B. Stellungsregler, Endschalter, Magnetventil usw. Als Bestellunterlage ist das so ausgefüllte Blatt in den meisten Fällen ausreichend. Die Unterlage ist aber meistens noch nicht komplett. Andere Aufzeichnungen sind häufig notwendig, um den genauen Umfang der Ventilausführung zu dokumentieren.

*Umfassende Spezifikation*

Die umfassende Spezifikation enthält alle notwendigen Angaben. Das so spezifizierte Ventil ist jederzeit reproduzierbar, d. h. das Blatt wird zu einer Art "Ausweis" für das Stellventil und erlaubt eine präzise Identifikation aller wichtigen Parameter. Die Norm enthält zur Unterstützung der Anwender eine Liste mit Kurzbeschreibung aller in der Spezifikation vorkommenden Begriffe. Die Nummerierung der Zeilen erlaubt eine eindeutige Bezugnahme auf bestimmte Termini. Anmerkungen im Text geben erläuternde Hinweise. Spezielle Angaben sind im Fußteil des Blattes möglich.

*Allgemeine Anforderungen*

Ein zusätzliches Beiblatt ist für besondere Fälle, z. B. bei einem größeren Projekt vorgesehen. Allgemeine oder spezielle Anforderungen können hier detailliert beschrieben und müssen deshalb in den individuellen Blättern nicht jedesmal wiederholt werden.

**DIN/IEC 534, Teil 8:    *Geräuschemission von Stellventilen***

Dieser Teil befaßt sich mit einer außerordentlich komplizierten Thematik. Deshalb wurde auch hier wieder eine Unterteilung in vier verschiedene Abschnitte vorgenommen:

*DIN/IEC 534, Teil 8-1:    Laboratoriumsmessungen bei gasdurchströmten*
*Stellventilen*

*DIN/IEC 534, Teil 8-2:*   *Laboratoriumsmessungen bei*
                           *flüssigkeitsdurchströmten Stellventilen*

*DIN/IEC 534, Teil 8-3:*   *Geräuschberechnung bei Gasen und Dämpfen*

*DIN/IEC 534, Teil 8-4:*   *Geräuschberechnung bei Flüssigkeiten*

Die Teile 8-1, 8-2 und 8-4 liegen inzwischen als Norm vor. Teil 8-3 befindet
sich immer noch in Bearbeitung.

*DIN/IEC 534, Teil 8-1:*   *Laboratoriumsmessungen bei gasdurch-*
                           *strömten Stellventilen*

Dieser Normenteil orientiert sich am Standard-Regelwerk DIN 45 635, Teil 50:
"Geräuschmessungen an Maschinen; Luftschallemission, Hüllflächen-Verfah-
ren; Armaturen". Zweck dieser Norm ist es, eine standardisierte Methode bereitzustellen, um die wesentlichen geräuscherzeugenden Einflußgrößen bei
Stellventilen zu ermitteln. Die zu bestimmenden Geräuschkennwerte sind nützlich aus folgenden Gründen:

- Vergleich verschiedener Ventiltypen
- Abschätzung des zu erwartenden Schallpegels bei anderen Betriebs-
  bedingungen
- Planung von Geräuschminderungsmaßnahmen

Der Normentwurf beschreibt vor allem sehr detailliert das Prüfsystem einschließlich der angeschlossenen Rohrleitung, die notwendige Instrumentierung,
die Position des Mikrophones, den Prüfablauf und die Darstellung bzw. Auswertung der Prüfergebnisse.

*DIN/IEC 534, Teil 8-2:*   *Laboratoriumsmessungen bei flüssigkeits-*
                           *durchströmten Stellventilen*

Sinn und Zweck dieses Normenteiles sind den Vorschriften bei gasdurchströmten Ventilen sehr ähnlich. Da Geräuschentstehung und Ausbreitung bei kompressiblen und inkompressiblen Medien jedoch unterschiedlicher Natur sind,
ist es nur konsequent, zwei verschiedene Meßmethoden anzuwenden. Auch
hier beschreibt der Normentwurf sehr detailliert das Prüfsystem einschließlich
der angeschlossenen Rohrleitung, die notwendige Instrumentierung, die Position des Mikrophones, den Prüfablauf und die Darstellung bzw. Auswertung der
Prüfergebnisse.

*DIN/IEC 534, Teil 8-3:*   *Geräuschberechnung bei Gasen und Dämpfen*

Auf diesem komplexen Gebiet ist eine endgültige Norm noch nicht absehbar.
Da keine absolut verläßlichen theoretischen Grundlagen existieren, basieren
die vorgeschlagenen Berechnungsmethoden vorwiegend auf empirischen Er-

kenntnissen. Als deutscher Vorschlag dient die völlig überarbeitete Richtlinie VDMA 24422. Diese Methode erlaubt eine zuverlässige Voraussage des zu erwartenden Schalldruckpegels, ist relativ einfach zu handhaben und baut auf einer soliden theoretischen Basis auf. Dazu konkurrierend ist der amerikanische Standard ISA-S75.17-1989, der im Anhang erläutert wird.

*DIN/IEC 534 Teil 8-4: Geräuschberechnung bei Flüssigkeiten*

Was zum vorausgegangenen Punkt gesagt wurde, gilt im Prinzip auch hier. Die Akustik der Strömungsdynamik ist ein relativ neues Gebiet, das erst durch strenge Auflagen des Umweltschutzes ins Rampenlicht gerückt wurde. Die Erfahrungen der deutschen VDMA-Arbeitsgruppe kann sich bei dieser Thematik auf jahrelange Erfahrungen und Tausende von aktuellen Meßwerten abstützen. Aus diesem Grunde wurde der deutsche Vorschlag für eine DIN/IEC-Norm (identisch mit VDMA 24422, Ausgabe Januar 1989) von der Mehrzahl der IEC-Mitgliedsländer Mitte 1994 als weltweiter Standard akzeptiert.

## A.1.3 Europäische Normung von Industriearmaturen durch CEN/TC65

Die Normung allgemeiner Industriearmaturen - ausgenommen Stellventile - oblag bisher dem ISO Technical Committee TC 153 bzw. TC 185. Durch das stetige Zusammenwachsen der europäischen Märkte haben die Länder der EU nun die Initiative ergriffen und alle Normungsaktivitäten bei Armaturen unter die Verantwortlichkeit des CEN/TC65 gestellt. Das Normungskonzept wird auch in diesem Fall mit den verschiedenen Etagen des europäischen Hauses verglichen (Bild A.1-2).

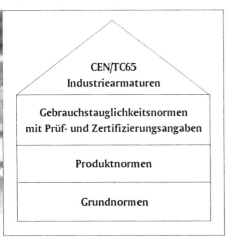

Bild A.1-2: Normungskonzept des CEN/TC65

Das Technische Komitee TC65 hat die Aufgabe, die verschiedenen europäischen Normen zu harmonisieren und soll verhindern, daß die Industriearmatur "neu erfunden" wird. Von der Definition der Begriffe bis hin zur Auslegung für spezielle Einsatzgebiete stellt künftig das TC65 entsprechende Normen und Richtlinien zur Verfügung, die in ganz Europa Gültigkeit haben werden.

Unter *Grundnormen* sind für alle Armaturen zutreffende Festlegungen zu verstehen, auf die durch Zitat in anderen Normen Bezug genommen wird. Dies gilt z. B. für die Definition der Begriffe, Berechnungen, Abmessungen, Werkstoffe usw. Dabei werden selbstverständlich bestehende Normen übernommen.

*Produktnormen* beschreiben anwendungsneutral verschiedene normungswürdige Ausführungsformen von Armaturen. Dazu gehören z. B. die Normen über Ventile, Schieber, Klappen, Kugelhähne und Stellventile. Die speziellen Eigenarten der verschiedenen Konstruktionen ergeben zusammen mit den Grundnormen dann die Grundlage für den Aufbau der Gebrauchstauglichkeitsnorm.

*Gebrauchstauglichkeitsnormen* sind anwendungsbezogene Normen, die die Anforderungen und Prüfungen für einen bestimmten Anwendungsbereich beschreiben. Sie beziehen sich nicht notwendigerweise auf eine einzelne Bauart, sondern sie sind produktübergreifend. Prüf- und Zertifizierungsfestlegungen sind Bestandteil der Gebrauchstauglichkeitsnormen, die für erstmalige oder periodisch zu wiederholende Prüfungen einzuhalten sind.

Bedingt durch den weiten Arbeitsbereich des CEN/TC 69 ist die Gliederung so abgestimmt worden, daß Doppelarbeiten möglichst vermieden werden. Die Arbeitsgremien sind sogenannte "working groups" (WG's), die möglicherweise in "sub groups" (SG's) oder "ad hoc groups" (AH's) aufgeteilt werden. Das oberste CEN-Gremium hat als Zielsetzung für die Normung folgende Forderungen genannt:

- Die Zahl der erforderlichen Normen ist möglichst gering zu halten.

- Die einzelnen Normen sind in ihrem Umfang auf das absolut Notwendige zu begrenzen.

- Um erforderliche armaturenspezifische Revisionen zu erleichtern, sind die Änderungen und Erweiterungen nur jeweils bei der Armaturennorm, nicht aber bei der Vielzahl der Gebrauchstauglichkeitsnormen zu vollziehen.

- Die Zusammenarbeit der Experten mit den potentiellen Anwendern von Armaturen muß wirksamer als bisher organisiert werden. Dies gilt gleichermaßen auch für andere Normungsgremien wie ISO, IEC und den zahlreichen nationalen Normungskomitees.

- Alle Gremien und Gruppen sind angewiesen, daß armaturenrelevante Festlegungen nur in Zusammenarbeit mit CEN/TC 69 getroffen werden können.

ie Struktur des CEN/TC 69 und die Unterteilung der verschiedenen Aktivitä-
n geht aus Bild A.1-3 hervor. Darüber hinaus gibt es zahlreiche CEN-Gre-
ien, die sich mit anderen Themen befassen, aber Armaturen als Komponenten
enötigen und künftig bei ihren Arbeiten die Normen des CEN/TC 69 zitieren
erden. Als Beispiele werden genannt: Wasserversorgung, Abwassertechnik,
älteanlagen, Heizungssysteme in Gebäuden usw.

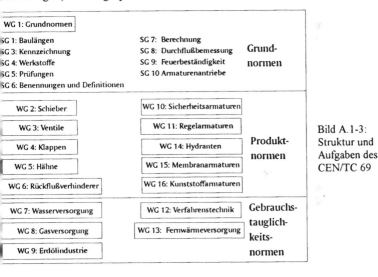

Bild A.1-3:
Struktur und
Aufgaben des
CEN/TC 69

## A.1.4 Begleitende deutsche Normen für Armaturen

*Baulängen*

DIN 3202, Teil 1   Baulängen von Flanscharmaturen
DIN 3202, Teil 2   Baulängen von Einschweißarmaturen
DIN 3202, Teil 3   Baulängen von Einklemmarmaturen
DIN 3202, Teil 4   Baulängen von Armaturen mit Innengewinde
DIN 3202, Teil 5   Baulängen von Armaturen mit Rohrverschraubungsanschluß

*Technische Lieferbedingungen für Armaturen*

DIN 3230, Teil 1   Anfrage, Bestellung und Lieferung
DIN 3230, Teil 2   Allgemeine Anforderungen
DIN 3230, Teil 3   Zusammenstellung möglicher Prüfungen
DIN 3230, Teil 4   Armaturen für Trinkwasser: Anforderungen, Prüfung
DIN 3230, Teil 5   Absperrarmaturen für Gasleitungen
DIN 3230, Teil 6   Absperrarmaturen für brennbare Flüssigkeiten

*Eignungsnachweis von Armaturen*

DIN 3537, Teil 1   Gasarmaturen: Anforderungen und Anerkennungsprüfung
DIN 3547, Teil 1   Armaturen für Trinkwasser: Anerkennungsprüfung

*Werkstoffe für Armaturengehäuse*

DIN 3399          Armaturen: Werkstoffe für Gehäuseteile

*Begriffe*

DIN 3212          Rohrarmaturen: Begriffe
DIN 3320          Sicherheitsventile: Begriffe
DIN 3680          Kondensatableiter: Begriffe

*Kennzeichnung*

DIN/EN 19         Kennzeichnung von Industriearmaturen

*Berechnung*

DIN 3840          Armaturengehäuse: Festigkeitsberechnung auf Innendruck

*Schweißanschlüsse*

DIN 3239, Teil 1   Anschweißenden an Armaturen
DIN 3239, Teil 2   Schweißmuffen an Armaturen

*Anschlüsse für Stellantriebe*

DIN 3210          Anschlußformen für Elektroantriebe: Baugrößen, Momente
DIN 5211          Anschlüsse für Schwenkantriebe: Kupplung, Flansche
DIN 3358          Anschlüsse für Schubantriebe: Maße, Flanschverbindung

*Drosselklappen*

DIN 3354, Teil 1   Allgemeine Angaben
DIN 3354, Teil 2   Absperrklappen aus GG dichtschließend, weichdichtend
DIN 3354, Teil 3   Absperrklappen aus Stahl dichtschließend, weichdichtend
DIN 3354, Teil 4   Absperrklappen aus Stahl dichtschließend, mit Flansch
DIN 3354, Teil 5   Absperrklappen aus Stahl dichtschließend, eingeklemmt

*Ventile*

DIN 3356, Teil 1   Allgemeine Angaben
DIN 3356, Teil 2   Absperrventile aus GG
DIN 3356, Teil 3   Absperrventile aus unlegierten Stählen

DIN 3356, Teil 4    Absperrventile aus warmfesten Stählen
DIN 3356, Teil 5    Absperrventile aus nichtrostenden Stählen
DIN 3356, Teil 6    Absperrventile aus kaltzähen Stählen

*Allgemeine Themen*

Ohne Anspruch auf Vollständigkeit zu erheben, erfolgt nachstehend eine Auflistung begleitender Normen, die häufig im Zusammenhang mit Stellventilen genannt werden. Bei Überschneidungen mit internationalen Normen gilt deren neueste Ausgabe, wobei diese die bisher gültigen nationalen Normen ersetzen.

DIN 820, Teil 15    Übernahme von internationalen Normen der ISO und IEC
DIN 1320           Akustik: Grundbegriffe
DIN 1342           Viskosität bei Newton'schen Flüssigkeiten
DIN 1690           Technische Lieferbedingungen für Gußstücke
DIN 1693           Gußeisen mit Kugelgraphit
DIN 2401           Nenndruckstufen: Druck- und Temperaturangaben
DIN 2402           Nennweiten: Begriffe, Stufungen
DIN 2429           Sinnbilder für Rohrleitungsanlagen
DIN 3300           Absperr- und Rückschlagventile
DIN 3334           Heizungsmischer mit Flanschanschluß
DIN 3391           Stellglieder für Gasverbrauchseinrichtungen
DIN 3394           Sicherheitsabsperreinrichtungen mit Hilfsenergie
DIN 4754           Anlagen für flüssige Wärmeträger
DIN 17245          Warmfester ferritischer Stahlguß
DIN 17445          Nichtrostender Stahlguß
DIN 19226          Regelungstechnik und Steuerungstechnik: Begriffe
DIN 28002          Drücke und Temperaturen für Behälter und Apparate
DIN 32730          Stellgeräte für Wasser/Wasserdampf: Sicherheitsfunktion

## A.1.5 VDI/VDE-Richtlinien im Zusammenhang mit Stellventilen

2040 Bl. 1    Durchfluß- und Expansionszahlen genormter Drosselgeräte
2040 Bl. 2    Gleichungen und Gebrauchsformeln
2040 Bl. 3    Berechnungsbeispiele .
2040 Bl. 4    Stoffwerte technischer Gase
2040 Bl. 5    Meßunsicherheiten bei der Durchflußmessung
2058 Bl. 3    Beurteilung von Lärm am Arbeitsplatz
2173          Strömungstechnische Kenngrößen von Stellventilen [1]
2174          Mechanische Kenngrößen von Stellgeräten [1]
2176          Strömungstechnische Kenngrößen von Stellklappen [1]
2177          Beschreibung und Untersuchung von Stellungsreglern

| 2178 | Benennung von Regelgeräten und Regeleinrichtungen |
| 2179 | Beschreibung und Untersuchung von pneumat. Geräten |
| 2567 | Schallschutz durch Schalldämpfer |
| 2713 | Lärmminderung bei Wärmekraftanlagen |
| 3733 | Geräusche bei Rohrleitungen |
| 3844 Bl. 1 | Kenngrößen pneumatischer Stellantriebe |
| 3844 Bl. 2 | Kenngrößen elektro-hydraulischer Stellantriebe |
| 3845 | Schnittstellen von Ventilen: Antriebe und Hilfsgeräte |

[1]) Eine neue gemeinsame Richtlinie VDI/VDE 3843 "Kenngrößen von Hubstellventilen, Drehstellventilen, Stellklappen und Kugelhähne" soll künftig die markierten [1]) ersetzen.

## A.2 Andere Richtlinien und Vorschriften

Es kann nicht erwartet werden, daß an dieser Stelle alle bedeutenden Normen, Richtlinien und Vorschriften im Zusammenhang mit Stellventilen namentlich erwähnt werden. Die Anwendung bestimmter Regeln und Vorschriften ist letztlich auch eine Ermessensfrage. So haben z. B. die IG-Farben Nachfolger zahlreiche Werksnormen veröffentlicht, die teils identisch mit bestehenden Normen sind, z. T aber auch erheblich davon abweichen. Auch die amerikanischen Erdölfirmen, wie z. B. Exxon, verfügen über zahlreiche Werksnormen speziell für Stellgeräte, die als sogenannte *"Basic Practice"* veröffentlicht werden. Hinzu kommen unzählige Vorschriften, die nur für ein bestimmtes Projekt Gültigkeit haben oder nur bei spezifischen Medien anzuwenden sind. Aus diesen Gründen werden nur einige allgemeingültigen Richtlinien kurz erwähnt.

### TRD- und TRB-Richtlinien

Wie bereits in Kapitel 11.5.1 erwähnt, werden die "Technischen Regeln Dampfkessel" (TRD) und "Technische Regeln Druckbehälter" (TRB) neuerdings auch für Regelventile herangezogen. Das Normenwerk wird künftig ergänzt durch "Technische Regeln Rohrleitungen" (TRR). Dabei geht es in erster Linie um allgemeine Anforderungen und die Güteeigenschaften von Werkstoffen. Damit soll sichergestellt werden, daß für alle Komponenten eines Drucksystems die gleichen Regeln und Sicherheitsstandards gelten.

### AD-Merkblätter

Die umfangreichen Vorschriften wurden von der "Arbeitsgemeinschaft Druckbehälter" erstellt. Sie enthalten Richtlinien für Werkstoffe, Herstellung, Berechnung und Ausrüstung von Druckbehältern und sind als "Regeln der Technik" im Sinne der Unfallverhütungsvorschriften des Hauptverbandes der gewerblichen Berufsgenossenschaften e. V. auch für den Bereich "Armaturen" anerkannt.

Von besonderer Bedeutung ist das Merkblatt A 4, das die Anforderungen für die drucktragenden Teile eines Ventils (Gehäuse, Oberteil, Verbindungsteile usw.) beschreibt, die als Ausrüstungsteile gemäß § 3, Absatz 2 und 11 der Druckbehälterverordnung verwendet werden.

*Werksnormen*

Als Beispiel wird hier die Werksnorm 8480 der Bayer AG herausgegriffen, die den Titel *"Technische Lieferbedingungen für Armaturen"* trägt. Diese interne Vorschrift wurde von den Firmen Bayer AG, Hüls AG, Degussa AG, Hoechst AG und Wacker Chemie GmbH unter Federführung der BASF AG erarbeitet. Sie beschreibt die Anforderungen für Armaturen aus metallischen Werkstoffen, die in der Großchemie eingesetzt werden und berücksichtigt bereits die strengen Vorschriften der Druckbehälterverordnung. Ferner werden detailliert die verschiedenen Prüfungen nach DIN 3230, Teil 3 aufgeführt.

*VDMA-Richtlinien*

Der "Verband Deutscher Maschinen- und Anlagenbau e.V.", Fachgemeinschaft Armaturen, hat sich besonders auf zwei Arbeitsfeldern engagiert: Abnahme und Prüfung von Armaturen, einschließlich der besonderen Problematik in bezug auf die Druckbehälterverordnung, und die Geräuschemission von Ventilen. Auf beiden Gebieten sind richtungsweisende Empfehlungen (Richtlinien) entstanden, die möglicherweise in der Normenhierarchie weiter aufrücken, d. h. europaweit oder sogar weltweit Anerkennung finden werden.

# A.3 Bedeutung der ANSI-Normen

*Allgemeines*

ANSI-Normen haben in den USA die gleiche Bedeutung wie in der Bundesrepublik die DIN-Normen. Leider sind beide Normen inhaltlich verschieden. Alle bisherigen Bemühungen, die beiden Normenwerke anzugleichen, sind bis heute fehlgeschlagen. Die Industrie richtet sich darauf ein, daß es noch Jahrzehnte dauern wird, bis ein einziger Weltstandard akzeptiert werden wird.

|        |                                           |
|--------|-------------------------------------------|
| ANSI   | = American National Standardization Institute |
| DIN    | = Deutsches Institut für Normung          |

Nachfolgend wird die Bedeutung der ANSI-Normen für das Gebiet der "Stellgeräte" kurz erläutert.

*Einbaulängen von Regelventilen*

Ein bedeutender Unterschied besteht zunächst bei den Einbaulängen der Ventile, was einen Austausch unmöglich macht. Auch die Flansche selbst sind bei DIN und ANSI verschieden. ANSI Flansche sind größer im Durchmesser, dikker und haben andere Lochkreis-Durchmesser. Auch die Anzahl der Flanschbohrungen ist häufig unterschiedlich. Seit Jahren sind internationale Normungsgremien bemüht, eine Vereinheitlichung zu erreichen. Dies ist bisher, aufgrund der Bedeutung der jeweiligen Norm in Amerika und Europa, gescheitert. Sollte es eines Tages eine Vereinheitlichung geben, dann spricht vieles dafür, daß die amerikanischen ANSI-Normen für die Dimensionierung der Flansche übernommen werden. Dafür gibt es einige sehr plausible Gründe:

- Rechnerische Nachprüfungen zeigen, daß DIN-Flansche nicht immer der maximal zulässigen Beanspruchung gewachsen sind.

- Flansche nach ANSI zeigen auch bei praktischen Versuchen eine höhere Festigkeit und Belastbarkeit als DIN-Flansche.

- Ein gestiegenes Sicherheitsbedürfnis - im Hinblick auf Umweltschutz und Sicherheit für den Menschen - wird die amerikanischen Argumente deshalb kaum mehr entkräften können.

Eine fragwürdige Angelegenheit sind allerdings die unterschiedlichen Berechnungsmethoden zur Bestimmung der erforderlichen Wandstärke und der zulässigen Belastung (0,2%-Grenze) der Standard-Werkstoffe bei erhöhten Temperaturen. Der zuletzt genannte Punkt drückt sich beispielsweise durch unterschiedliche Druck-/Temperaturgrenzwerte - trotz gleichen Materials für Gehäuse und Oberteil - aus. Diese Diskrepanz muß mittelfristig beseitigt werden. Die Unterschiede bei den Einbaulängen von Regelventilen nach DIN bzw. ANSI gehen aus Tabelle A.3-1 hervor.

Tabelle A.3-1: Vergleich der Einbaulängen von Stellventilen

| Nenndrücke PN 10, 16, 25, 40 | | | Nenndrücke PN 64, 100, 160 | | |
|---|---|---|---|---|---|
| Nennweite | DIN/IEC | ANSI 300 | DIN/IEC | ANSI 600 | Toleranz (mm) |
| 25 | 160 | 197 | 230 | 210 | ± 1,5 |
| 40 | 200 | 235 | 260 | 251 | ± 1,5 |
| 50 | 230 | 267 | 300 | 286 | ± 1,5 |
| 80 | 310 | 318 | 380 | 336 | ± 1,5 |
| 100 | 350 | 368 | 430 | 394 | ± 2,5 |
| 150 | 480 | 473 | 550 | 508 | ± 2,5 |
| 200 | 600 | 568 | 650 | 610 | ± 2,5 |
| 250 | 730 | 708 | 775 | 752 | ± 3,5 |
| 300 | 850 | 775 | 900 | 819 | ± 3,5 |

Weiterhin muß erwähnt werden, daß der IEC Standard 534, Teil 3 zwei verschiedene Tabellen mit unterschiedlichen Abmessungen aufführt. Bei Bezug auf diese IEC-Norm muß also stets die entsprechende Tabelle angegeben werden. Für die genaue Fertigung der Flansche ist das entsprechende Normblatt unverzichtbar.

*Referenzen:* DIN 3202 T1, IEC 534-3, ANSI B16.5-1977, ANSI B16.10, ANSI B16.11

*Zulässige Druckbeanspruchung bei Temperaturen > 120°C*

Wie bereits erwähnt, gibt es auch erhebliche Unterschiede in bezug auf die zulässige Beanspruchung zwischen DIN 2401 und ANSI B16.5-1977. Bei Ventilen nach ANSI sind also die dort angegebenen Grenzwerte zu beachten. Dies ist auch der Grund, warum man in der Literatur der Ventilhersteller, die Geräte nach DIN und ANSI fertigen, unterschiedliche Grenzwerte in den Diagrammen - trotz identischer Ventil-Baureihe - findet.

*Werkstoffe und Werkstoffbezeichnungen*

Grundsätzlich kann gesagt werden, daß die in den USA für Armaturen verwendeten Materialien den in der Bundesrepublik gebräuchlichen Werkstoffen sehr ähnlich sind. Dies ist auch nicht anders zu erwarten, da man überall bemüht ist, eine Aufgabe mit möglichst wirtschaftlichen Mitteln zu lösen. Was den Handel mit den angelsächsischen Ländern jedoch erschwert, die im wesentlichen die ANSI-Normen zur Grundlage machen, ist die Tatsache, daß die standardisierten Materialien nicht völlig mit den DIN-Werkstoffen übereinstimmen. Dies führt häufig zu der absurden Forderung mancher Anwender, daß alle in einem Regelventil verwendeten Werkstoffe genau den amerikanischen ASTM-Standards entsprechen sollen. Heute zeigen sich die Stahlhersteller meistens bereit, diesen Forderungen der Verbraucher zu entsprechen. Trotzdem ist in solchen Fällen ein erhöhter Aufwand erforderlich, weil diese Werkstoffe beim Hersteller in der Regel nicht bevorratet werden und gesondert bestellt werden müssen. Den in der Tabelle A.3-2 aufgeführten Standardwerkstoffen für Gehäuse und Oberteil nach DIN wird das amerikanische Äquivalent gegenübergestellt.

*Temperaturgrenzen für Werkstoffe nach ASTM*

Seltsamerweise werden bei den Werkstoffen nach ASTM nicht nur andere Beanspruchungen (Druck-/Temperaturbelastung) zugelassen, sondern auch völlig andere Temperaturgrenzen angegeben, die zum Teil unseren Erfahrungen widersprechen. Molybdänlegierter Edelstahl sollte z. B. auf Dauer nicht höher als 450 °C belastet werden. Eine Gegenüberstellung der Maximalwerte erfolgt in Tabelle A.3-3.

Tabelle A.3-2: Gegenüberstellung häufig verwendeter Gehäusewerkstoffe

| Werkstoff | DIN-Werkstoff Nr. | ASTM-Spezifikation | ASTM-Grade |
|---|---|---|---|
| Gußeisen | GG-25, 0.6025 | A-48 | 30B |
| Normaler Stahlguß | GS-C25, 1.0619 | A-126 | WCB |
| Kaltzäher Stahlguß | 1.1138 | A-352 | LCB |
| Hitzebeständ. Stahlguß | 1.7357 | A-217 | WC6 |
| Normaler Edelstahlguß | 1.4581 | --- | --- |
| Tieftemp. Edelstahlguß | 1.4308, 1.4552 | A-351 | CF8 |
| Spezial Edelstahlguß | 1.4404, 1.4435 | A-351 | CF3M, CF3MA |
| Spezial Edelstahlguß | 1.4500 | A-351 | CN7M |
| Edelstahl (geschmiedet) | 1.4571 | A-276 | 316 |
| Edelstahl (geschmiedet) | 1.4301 | A-276 | 304 |
| Härtbarer Edelstahl | 1.4540, 1.4542 | A-564 | 630 |
| Hastelloy B | 2.4882 | A-494 | N12M-1 |
| Hastelloy C | 2.4607 | A-494 | CW-12M-1 |
| Monel 400 | --- | A-494 | M-35 |
| Stellite No. 6 | 1.8877 | --- | --- |

Tabelle A.3-3: Empfohlene Temperaturgrenzwerte nach DIN und ASTM

| Werkstoff | Empfohlene Höchstgrenze nach DIN | Zulässige Höchstgrenze nach ASTM |
|---|---|---|
| Gußeisen | -10 bis 300 °C | -29 bis 210 °C |
| Stahlguß 1.0619 | -10 bis 450 °C | -29 bis 537 °C |
| Stahlguß 1.1138 | -45 bis 450 °C | -46 bis 343 °C |
| Stahlguß 1.7357 | -10 bis 530 °C | -29 bis 537 °C |
| Edelstahlguß 1.4581 | -100 bis 450 °C | -254 bis 815 °C |
| Edelstahlguß 1.4308 | -200 bis 450 °C | -254 bis 815 °C |

## Empfohlene Werkstoffe für Schrauben und Muttern nach ANSI

Bei Berstversuchen an komplett montierten Standardventilen wird immer wieder bestätigt, daß die Schrauben, die Gehäuse und Oberteil zusammenhalten, das schwächste Glied in der Kette sind. Das bedeutet, daß bevor ein Gehäuse bersten kann, zunächst Undichtheit an der Oberteildichtung auftritt, so daß eine weitere Drucksteigerung in der Regel nicht mehr möglich ist. Aus diesem Grunde kommt den Schrauben und Muttern eine besondere Bedeutung zu. Typische Werkstoffe für Schrauben und Muttern sind in Tabelle A.3-4 aufgeführt und werden den bei uns üblichen Materialien gegenübergestellt.

Tabelle A.3-4: Gegenüberstellung empfohlener Werkstoffe für Schrauben und Muttern

| Gehäuse-werkstoff nach DIN | Schrauben-werkstoff nach DIN | Schrauben-werkstoff nach ASTM | ASTM Grade | Muttern-werkstoff nach DIN | Muttern-werkstoff nach ASTM | ASTM Grade |
|---|---|---|---|---|---|---|
| 0.6025 | 1.7258 | A-307 | B | 8 | A-307 | B |
| 1.0619 | 1.7258 | A-193 | B7 | 8 | A-194 | 2H |
| 1.1138 | 1.7219 | A-193 | B7 | 1.7219 | A-194 | 2H |
| 1.7357 | 1.7709 | A-193 | B7 | 1.7258 | A-194 | 2H |
| 1.4581 | 1.4571 KVF | A-320 | B8 | 1.4571 KVF | A-194 | 8 |
| 1.4308 | 1.4541 KVF | A-320 | B8 | 1.4541 KVF | A-194 | 8 |

*Rohrwandstärken*

Ein anderer bedeutsamer Unterschied zwischen amerikanischen und deutschen Normen drückt sich in den Wandstärken handelsüblicher Stahlrohre aus. Eine genormte Druckstufe gibt es bekanntlich bei Rohren nicht. Statt dessen werden Außendurchmesser, Innendurchmesser und Wandstärke angegeben. Der gewählte Innendurchmesser soll bei der Auswahl der Nennweite entsprechen. In den USA werden nur Nennweite (Nominal Pipe Size) und *Schedule* angegeben. Der Begriff *Schedule* entspricht einer "Klasse" mit definierten Wandstärken, die meist dicker als die bei uns üblichen Werte sind. Wandstärken und Vorzugsnennweiten bis DN 300 sind in Tabelle A.3-5 aufgeführt. Gebräuchlich sind in erster Linie Schedule 40 und Schedule 80. Aus diesem Grunde beschränkt sich Tabelle A.3-5 auf diese Druckklassen.

Tabelle A.3-5: Rohrwandstärken gemäß Schedule 40 und Schedule 80

| Rohr-<br>nennweite | Wandstärke für<br>Schedule 40 in mm | Wandstärke für<br>Schedule 80 in mm |
|---|---|---|
| 25 | 3,4 | 4,5 |
| 40 | 3,.7 | 5,1 |
| 50 | 3,9 | 5,5 |
| 80 | 5,5 | 7,6 |
| 100 | 6,0 | 8,6 |
| 150 | 7,1 | 11,0 |
| 200 | 8,4 | 12,7 |
| 250 | 9,3 | 15,0 |
| 300 | 10,3 | 17,4 |

# A.4 Geräuschberechnung nach ISA-S75.17-1989

Der wesentliche Unterschied zum Verfahren gemäß VDMA 24422 ist die Bestimmung des akustischen Umwandlungsgrades $\eta_G$. Die VDMA-Methode macht die Ermittlung von vorausgegangenen Messungen auf einem genormten Geräuschprüfstand abhängig. Die Vertreter des amerikanischen Vorschlages (ISA-S75.17-1989) bestimmen den Umwandlungsgrad theoretisch anhand der geometrischen Abmessungen der Drosselgarnitur. Sie können damit auf Prüfstandsversuche gänzlich verzichten. Sollte das wirklich möglich sein - im Moment spricht allerdings einiges dagegen -, dann ist diese Methode natürlich zu bevorzugen, da sie weder experimentelle Untersuchungen benötigt, noch kostspielige Investitionen - in einen meistens wenig genutzten Prüfstand - erfordert. Da die Methode sehr aufwendig ist, werden nicht alle Gleichungen aufgeführt, sondern es erfolgt eine Beschränkung auf das Wesentliche. Zunächst müssen aber speziell definierte Drücke und Druckverhältnisse erklärt werden. Der Druck in der "vena contracta" wird wie folgt berechnet:

$$p_{vc} = p1 - \left[\frac{p1 - p2}{F_L^2}\right] \qquad (A.4\text{-}1)$$

Bei kritischem Druckgefälle beträgt der Druck in der "vena contracta":

$$p_{vc} = p1 \cdot \left(\frac{2}{\kappa + 1}\right)^{\frac{\kappa}{\kappa - 1}} \qquad (A.4\text{-}2)$$

Der Druck hinter dem Ventil - wo Schallgeschwindigkeit auftritt - ist:

$$p2_c = p1 - F_L^2 \cdot (p1 - p_{vc}) \qquad (A.4\text{-}3)$$

Der Korrekturfaktor $\alpha$ definiert das Verhältnis zwischen dem externen und internen Druckverhältnis bei kritischem Differenzdruck am Ventil:

$$\alpha' = \left[\frac{\dfrac{p1}{p2_c}}{\dfrac{p1}{p_{vc}}}\right] = \frac{p_{vc}}{p2_c} \qquad (A.4\text{-}4)$$

Der p2-Druck, bei dem sich der Geräuschmechanismus ändert ergibt sich zu:

$$p2_B = \frac{p1}{\alpha'} \cdot \left(\frac{1}{\kappa}\right)^{\frac{\kappa}{\kappa - 1}} \qquad (A.4\text{-}5)$$

Schließlich wird noch der Druck hinter dem Ventil definiert, bei dem sich der akustischer Umwandlungsgrad nicht mehr ändert:

$$p2_E = \frac{p1}{22 \cdot \alpha'} \qquad (A.4\text{-}6)$$

Die Schallerzeugung, als Abfallprodukt der Drosselung mit einhergehender Energieumwandlung, geht auf unterschiedliche Vorgänge - abhängig vom Druckverhältnis - zurück. Man unterscheidet dabei - abhängig von den verschiedenen Drücken - zwischen 5 Bereichen (Regime):

Regime I:   Wenn $p1 > p2 \geq p2_c$
Regime II:  Wenn $p2_c > p2 \geq p_{vc}$
Regime III: Wenn $p_{vc} > p2 \geq p2_B$
Regime IV:  Wenn $p2_B > p2 \geq p2_E$
Regime V:   Wenn $p2_E > p2 \geq 0$

Im *Bereich I* tritt noch keine Schallgeschwindigkeit auf, und es findet ein Druckrückgewinn statt, dessen Höhe vom Faktor $F_L$ bestimmt wird.

Im *Bereich II* herrschen kritische Zustände (Schallgeschwindigkeit) vor. Dabei mischen sich Schockzellen mit der turbulenten Strömung des Mediums. Der Druckrückgewinn nimmt dabei im Vergleich zum *Bereich I* ab.

Der *Bereich III* ist dadurch gekennzeichnet, daß kein Druckrückgewinn mehr auftritt und Turbulenzgeräusche dominieren.

Im *Bereich IV* nehmen die Schockzellen ab. Der Hauptmechanismus der Schallentstehung beruht hier auf Wechselwirkungen zwischen Schockzellen und Turbulenz.

Der *Bereich V* ist durch einen konstanten akustischen Umwandlungsgrad gekennzeichnet. Eine weitere Absenkung des p2-Druckes führt nicht mehr zu einer Schallpegelzunahme.

Als weiterer Parameter wird der *Ventilformfaktor Fd* benötigt, der wie folgt berechnet wird:

$$Fd = \frac{dH}{d_{0'}} \cdot \frac{1}{\sqrt{No}} \qquad\qquad \text{(A.4-7)}$$

Der Faktor No stellt hierbei die Anzahl der Einzeldurchflußöffnungen - wie beispielsweise 4 bei Käfigventilen mit 4 Fenstern - dar.

Der *hydraulische Durchmesser dH* wird aus der Querschnittsfläche A und der benetzten Umfangsfläche $p_W$ wie folgt berechnet:

$$dH = \frac{4 \cdot A}{p_W} \qquad\qquad \text{(A.4-8)}$$

Der *äquivalente Kreisdurchmesser $d_{0'}$* der Querschnittsfläche A ist dann:

$$d_{0'} = \sqrt{\frac{4 \cdot A}{\pi}} \qquad\qquad \text{(A.4-9)}$$

Der Fd-Wert hängt, wie andere Faktoren auch, von der Auslastung $\Phi$ ab. Typische Werte für Fd gehen aus Tabelle A.4-1 hervor.

Der *Strahldurchmesser Dj* ergibt sich aus Gleichung A.4-10:

$$Dj = 0,0049 \cdot Fd \cdot \sqrt{Kv \cdot F_L} \qquad\qquad \text{(A.4-10)}$$

Der Wert für Kv in Gl. (A.4-10) ist hier der berechnete Durchflußkoeffizient und nicht der $Kv_{100}$-Wert!

Die für eine Geräuschvorhersage relevanten Gleichungen sind vergleichsweise kompliziert und in der Praxis nur mit einem entsprechenden Computerprogramm zu bewältigen. Dabei stellt der Bereich I einen Sonderfall dar, während der Rechnungsgang für die Bereiche II bis V sehr ähnlich ist.

Tabelle A.4-1: Fd-Werte verschiedener Ventilbauarten und Auslastungen

| Ventilbauart | Durchfluß-richtung | $\Phi = 0,1$ | $\Phi = 0,2$ | $\Phi = 0,4$ | $\Phi = 0,6$ | $\Phi = 0,8$ | $\Phi = 1,0$ |
|---|---|---|---|---|---|---|---|
| Standard, mit Konturkegel | öffnend | 0,1 | 0,15 | 0,25 | 0,31 | 0,39 | 0,46 |
| Standard, mit 4-Schlitzkegel | beliebig | 0,25 | 0,35 | 0,36 | 0,37 | 0,39 | 0,41 |
| Geräuscharmes Ventil, Lochkegel, 60 Löcher | beliebig | 0,4 | 0,29 | 0,20 | 0,17 | 0,14 | 0,13 |
| Käfigventil, Käfig mit 120 Bohrungen | beliebig | 0,29 | 0,20 | 0,14 | 0,12 | 0,10 | 0,09 |
| Zentrische Drossel-klappe (max. 70°) | beliebig | 0,26 | 0,34 | 0,42 | 0,50 | 0,53 | 0,57 |
| Drehkegelventil | beliebig | 0,12 | 0,18 | 0,22 | 0,30 | 0,36 | 0,42 |
| Segment-Kugelhahn | beliebig | 0,60 | 0,65 | 0,70 | 0,75 | 0,78 | 0,80 |

## *Subkritischer Bereich I*

Berechnung der Geschwindigkeit:

$$U_{VC} = \sqrt{2 \cdot \left(\frac{\kappa}{\kappa-1}\right) \cdot \left[1 - \left(\frac{p_{VC}}{p1}\right)^{\frac{\kappa-1}{\kappa}}\right] \cdot \frac{p1}{\rho1}} \qquad (A.4\text{-}11)$$

Berechnung der Strahlleistung des Massendurchflusses pro Zeit:

$$Wm = \frac{\dot{m} \cdot U_{VC}^{\,2}}{2} \qquad (A.4\text{-}12)$$

Berechnung der Temperatur in der *vena contracta*:

$$T_{VC} = T1 \cdot \left(\frac{p_{VC}}{p1}\right)^{\frac{\kappa-1}{\kappa}} \qquad (A.4\text{-}13)$$

Berechnung der Schallgeschwindigkeit in der *vena conracta*:

$$c_{VC} = \sqrt{\frac{\kappa \cdot R \cdot T_{VC}}{M}} \qquad (A.4\text{-}14)$$

Berechnung der Machzahl Ma in der vena contracta:

$$Ma_{VC} = \frac{U_{VC}}{c_{VC}} \tag{A.4-15}$$

Berechnung des akustischen Wirkungsgrades $\eta$ für den Bereich 1:

$$\eta_1 = 1 \cdot 10^{-4} \cdot Ma_{VC}{}^{3,6} \tag{A.4-16}$$

Damit ergibt sich für die im Bereich I erzeugte Schalleistung Wa in Watt:

$$Wa = \eta_1 \cdot Wm \cdot F_L{}^2 \tag{A.4-17}$$

### Bereiche II bis V (gemeinsame Berechnungen)

Berechnung der Temperatur bei Schallgeschwindigkeit in der vena contracta:

$$T_{VC} = \frac{2 \cdot T1}{\kappa + 1} \tag{A.4-18}$$

Die Schallgeschwindigkeit wird durch Einsetzen der Temperatur $T_{VC}$ in Gleichung A.4-14 bestimmt. Gleiches gilt für die Bestimmung der Strahlleistung gemäß Gleichung A.4-12, wobei in diesem Falle statt $U_{VC}$ die Schallgeschwindigkeit $c_{VC}$ einzusetzen ist. Die Machzahl Ma in der *vena contracta* wird für die Bereiche II bis V wie folgt berechnet:

$$Mj = \sqrt{\frac{2}{\kappa - 1} \cdot \left[\frac{p1}{\alpha \cdot p2}\right]^{\frac{\kappa - 1}{\kappa}} - 1} \tag{A.4-19}$$

### Akustische Kennwerte für Bereich II

Akustischer Wirkungsgrad $\eta$:

$$\eta_2 = 1 \cdot 10^{-4} \cdot Mj^{6,6} \cdot FL^2 \tag{A.4-20}$$

Erzeugte Schalleistung Wa in Watt:

$$Wa = \eta_2 \cdot Wm \cdot \left[\frac{p1 - p2}{p1 - p_{VC}}\right] \tag{A.4-21}$$

Die Spitzen- oder Peakfrequenz kann wie folgt berechnet werden:

$$fp = \frac{0,2 \cdot Mj_{VC}}{Dj} \qquad (A.4\text{-}22)$$

### Akustische Kennwerte für Bereich III

Akustischer Wirkungsgrad η: Wie bei Bereich II (Gl. A.4-20)

Erzeugte Schalleistung Wa in Watt:

$$Wa = \eta_3 \cdot Wm \qquad (A.4\text{-}23)$$

Spitzenfrequenz fp: Gemäß Gl. A.4-22

### Akustische Kennwerte für Bereich IV

Akustischer Wirkungsgrad η:

$$\eta_4 = 1 \cdot 10^{-4} \cdot \left[ \frac{Mj^2}{2} \right] \cdot \left( \sqrt{2} \right)^{6,6} \cdot FL^2 \qquad (A.4\text{-}24)$$

Erzeugte Schalleistung Wa in Watt:

$$Wa = \eta_4 \cdot Wm \qquad (A.4\text{-}25)$$

Frequenz fp:

$$fp = \frac{0,35 \cdot c_{VC}}{1,25 \cdot Dj \cdot \sqrt{Mj^2 - 1}} \qquad (A.4\text{-}26)$$

### Akustische Kennwerte für Bereich IV

Machzahl des Freistrahls:

$$Mj_5 = \sqrt{ \frac{2}{\kappa - 1} \cdot \left[ 22^{\frac{\kappa - 1}{\kappa}} - 1 \right] } \qquad (A.4\text{-}27)$$

Der nunmehr konstante akustische Wirkungsgrad wird wie folgt berechnet:

$$\eta_5 = 1 \cdot 10^{-4} \cdot \left[ \frac{Mj_5^2}{2} \right] \cdot \left( \sqrt{2} \right)^{6,6} \cdot FL^2 \qquad \text{(A.4-28)}$$

Schalleistung Wa und Spitzenfrequenz fp werden durch Einsetzen von $\eta_5$ in Gleichung A.4-25 bzw. $Mj_5$ statt $Mj$ in Gleichung A.4-26 berechnet.

**Berechnung des inneren und äußeren Schalldruckpegels**

Die Massendichte hinter dem Ventil wird wie folgt berechnet:

$$\rho_2 = \rho_1 \cdot \left( \frac{p2}{p1} \right) \qquad \text{(A.4-29)}$$

Die Temperatur am Ein- und Ausgang des Ventils wird näherungsweise als konstant angenommen. Damit wird die Schallgeschwindigkeit:

$$c_2 = \sqrt{\frac{\kappa \cdot R \cdot T2}{M}} \qquad \text{(A.4-30)}$$

Daraus ergibt sich die Machzahl $Ma_2$ am Ventilauslaß zu:

$$Ma_2 = \frac{4 \cdot \dot{m}}{\pi \cdot D^2 \cdot p2 \cdot c2} \qquad \text{(A.4-31)}$$

Der innere Schalldruckpegel Lpi, bezogen auf die Querschnittsfläche der Rohrleitung hinter dem Ventil, wird unter Berücksichtigung der Tatsache, daß ca. 25% der Schalleistung in die Rohrleitung abstrahlen, wie folgt ausgedrückt:

$$Lpi = 10 \cdot \lg \left( \frac{8,0 \cdot 10^8 \cdot Wa \cdot \rho2 \cdot c2}{Di} \right) \qquad \text{(A.4-32)}$$

Das Schalldämmaß der Rohrleitung wird entsprechend den Empfehlungen von ISA-75.17-1989 wie folgt berechnet:

$$TL_{fr} = 10 \cdot \lg \left[ \left( 3,0 \cdot 10^{-13} \right) \cdot c2 \left( \frac{Di}{s} \right) \cdot \frac{1}{\frac{\rho2 \cdot c2}{415} + 1} \cdot \left( \frac{pa}{ps} \right) \right] \qquad \text{(A.4-33)}$$

Die Schalldämmung der Rohrleitung weist bekanntlich Bereiche auf, in denen die Dämmung vermindert ist.

Dies wirkt sich besonders gravierend aus, wenn die Spitzenfrequenz des Stell-
ventils mit einer dieser Koinzidenzfrequenzen der Rohrleitung zusammenfällt.
Für andere Frequenzen als die der Ringdehnfrequenz muß deshalb eine
Korrektur vorgenommen werden. Die Dämmung TL beträgt in diesen Fällen:

$$TL = TL_{fr} - \Delta TL_{fp} \qquad \text{(A.4-34)}$$

Die Korrekturwerte bei der Spitzenfrequenz fp können wie folgt berechnet
werden:

$$\Delta TL_{fp} = 20 \cdot \lg\left(\frac{fo}{fp}\right) + 13 \cdot \lg\left(\frac{343}{4 \cdot c2}\right) \; wenn \; fp < fo$$

$$\Delta TL_{fp} = 13 \cdot \lg\left(\frac{fp}{fr}\right) wenn \qquad\qquad fo \leq fp \leq fr \qquad \text{(A.4-35)}$$

$$\Delta TL_{fp} = 20 \cdot \lg\left(\frac{fp}{fr}\right) wenn \qquad\qquad fp > fr$$

In den oben genannten Gleichungen wird unterstellt, daß die Schallgeschwindigkeit in der Rohrleitung (Stahl) 5.000 m/s und in Luft 343 m/s beträgt.

Für die Korrektur der Strömungsgeschwindigkeit in der Rohrleitung hinter dem
Ventil wird folgende Gleichung angegeben:

$$L_{KOR} = 16 \cdot \lg\frac{1}{1 - Ma2} \qquad \text{(A.4-36)}$$

Für Ma2 ergibt sich:

$$Ma2 = \frac{1,5 \cdot 10^{-5} \cdot p1 \cdot Kv \cdot F_L}{Di^2 \cdot p2} \qquad \text{(A.4-37)}$$

Der A-bewertete Schalldruckpegel, der über die Rohrleitung hinter dem Ventil
abgestrahlt wird, kann mit Hilfe folgender Gleichung bestimmt werden:

$$LpA = 5 + Lpi + TL + L_{KOR} \qquad \text{(A.4-38)}$$

Der Summand 5 in Gleichung A.4-38 ist ein Korrekturwert, der alle Frequenz-
spitzen berücksichtigt.

Zuletzt muß schließlich eine Umrechnung des A-bewerteten Schalldruckpegels
erfolgen, der in einer Entfernung von 1,0 m von der Rohroberfläche und 1,0 m
hinter dem Ventil - gemessen vom Auslaßflansch - auftritt:

$$Lpa_{(1m)} = Lpa - 10 \cdot \lg\left(\frac{Di + 2}{Di}\right) \qquad \text{(A.4-39)}$$

**Besonderheiten für Ventile mit geräuschmindernden Garnituren**

Zwar werden auch bei geräuscharmen Ventilen größtenteils die zuvor genannten Gleichungen angewendet, doch müssen Spezialgarnituren unter den folgenden Aspekten betrachtet werden.

*a) Einstufige Garnitur mit mehreren Öffnungen (z. B. Lochkegel)*

Hier kann das Standardberechnungsverfahren angewendet werden. Voraussetzung ist, daß die Durchflußkanäle den gleichen hydraulischen Durchmesser haben und der Abstand zwischen den Bohrungen genügend groß ist, um eine gegenseitige Beeinflussung der Strahlen zu vermeiden.

*b) Mehrstufige Drosselgarnitur*

Auch bei Mehrstufengarnituren kann das geschilderte Berechnungsverfahren benutzt werden, allerdings mit einer Einschränkung:

Statt des Gesamt-Kv-Wertes der Garnitur ist der Kv-Wert der letzten Stufe einzusetzen. Bei Mehrstufen-Garnituren muß bekanntlich der Kv-Wert von Stufe zu Stufe zunehmen, um einen gleichprozentigen Abbau des Druckgefälles zu bewirken. Deshalb ist die letzte Stufe einer Garnitur stets größer als der resultierende Gesamtwert des Durchflußkoeffizienten. Wenn nur der Gesamt-Kv-Wert vorliegt, kann der Wert der letzten Stufe überschläglich berechnet werden:

$$Kv_n = 0,000423 \cdot A_n \qquad \text{(A.4-40)}$$

In Gl. (A.4-40) bedeutet $Kv_n$ der Kv-Wert und $A_n$ die freie Fläche der letzten Stufe. Ferner muß statt p1 der Restdruck $p_n$ beim Eintritt in die letzte Stufe und statt der Dichte am Eintritt die entsprechende Dichte vor der letzten Stufe eingesetzt werden. Diese Werte können wie folgt berechnet werden.

Wenn die Druckverhältnisse p1/p2 $\geq$ 2 und $p_n$/p2 < 2 sind:

$$p_n = \sqrt{\left(\frac{p1 \cdot Kv}{1,155 \cdot Kv_n}\right)^2 + p2^2} \qquad \text{(A.4-41)}$$

Wenn die Druckverhältnisse p1/p2 $\geq$ 2 und $p_n$/p2 $\geq$ 2 sind:

$$p_n = p1 \cdot \left( \frac{Kv}{Kv_n} \right) \tag{A.4-42}$$

Wenn das Druckverhältnis p1/p2 < 2 ist:

$$p_n = \sqrt{\left( \frac{Kv}{Kv_n} \right)^2 \cdot \left( p1^2 - p2^2 \right) + p2^2} \tag{A.4-43}$$

Die Spitzenfrequenz $fp$ hängt vom Strahldurchmesser der letzten Stufe ab:

$$Dj = 0,0049 \cdot Fd \cdot \sqrt{Kv \cdot F_L} \tag{A.4-44}$$

Der A-bewertete Schalldruckpegel wird damit:

$$LpA = 5 + Lpi + 10 \cdot \lg\left( \frac{p1}{p_n} \right) + TL + L_{KOR} \tag{A.4-45}$$

Der Gesamtpegel setzt sich aus dem Geräuschbeitrag der letzten Stufe Lpi und dem Pegel der anderen Stufen (10 $\cdot$ lg (p1/$p_n$) zusammen.

### c) Mehrstufige Garnituren mit mehreren Öffnungen

Die Berechnung ist im Grunde eine Kombination der Verfahren a) und b) und wird hier nicht näher behandelt. Der amerikanische Vorschlag enthält außerdem den Hinweis, daß patentierte oder spezielle Garniturkonstruktionen von den beschriebenen Berechnungsmethoden ausgeschlossen bleiben müssen.

# Berechnungsbeispiele

## B.1 Berechnung und Auswahl eines Ventils für Flüssigkeit

*Aufgabe:* *Berechnung des Kv-Wertes und Schalldruckpegels, Spezifikation und Auswahl eines geeigneten Stellventils (Einsitzausführung) mit pneumatischem Membranantrieb. Medium: Wasser. Die Prozeßdaten gehen aus folgender Tabelle hervor:*

| Durchfluß | minimal 10000 | normal 30000 | maximal 40000 | kg/h |
|-----------|---------------|--------------|---------------|------|
| Eingangsdruck | 35 | 28 | 20 | bar |
| Ausgangsdruck | 16 | 16 | 16 | bar |
| Temperatur | 90 | 90 | 90 | °C |
| Eingangsdichte | 962 | 962 | 962 | kg/m³ |
| Dampfdruck | 0,71 | 0,71 | 0,71 | bar |
| Therm.-krit. Druck | 221 | 221 | 221 | bar |
| Viskosität | 1 | 1 | 1 | cSt |

Der pneumatische Membranantrieb soll gegen 40 bar schließen. Außerdem ist eine Handbetätigung vorzusehen. Die Wirkungsweise ist DIREKT (Ventil drucklos offen). Zu prüfen ist, ob Kavitation auftritt. Evtl. ist eine gehärtete oder gepanzerte Garnitur zu wählen. Als Ventilhilfsgeräte werden benötigt: I/P-Stellungsregler und Druckminderer. Ferner ist ein Materialzeugnis gemäß 3.1B notwendig. Zulässiger Schalldruckpegel: 85 dB(A).

*Lösung:*

*a) Berechnung des Kv-Wertes, Wahl der Kennlinie und Nennweite*

Zunächst werden die drei verschiedenen Kv-Werte berechnet. Zugrunde gelegt werden dabei folgende Ventilkennwerte bei 75% Auslastung: $F_L = 0,90$, $z = 0,4$

$$Kv = \frac{W}{31,6 \cdot F_P \cdot F_Y \cdot F_R \cdot \sqrt{\Delta p \cdot \rho}}$$

Der Faktor $F_p$ wird 1,0, da Rohrnennweite = Ventilnennweite. Dies gilt auch für den Faktor $F_R$, weil das Medium Wasser mit der Viskosität $v = 1,0$ ist. Der Faktor $F_Y$ erfordert zunächst die Bestimmung von $F_F$:

$$F_F = 0,96 - 0,28 \cdot \sqrt{\frac{pv}{pc}} = 0,96 - 0,28 \cdot \sqrt{\frac{0,71}{221}} = 0,96 - 0,0159 \cong 0,94$$

Setzt man diesen Wert in die Gleichung (5-9) ein, so ergibt sich:

$$Fy = F_L \cdot \sqrt{\frac{p1 - F_F \cdot pv}{p1 - p2}} = 0,9 \cdot \sqrt{\frac{28 - 0,94 \cdot 0,71}{28 - 16}} = 1,35 < 1,0$$

Der Wert für $F_Y$ muß stets kleiner als 1,0 sein! Ergibt sich ein höherer Wert, so wird $F_Y = 1,0$ gesetzt. Dies ist zugleich ein Beweis dafür, daß keine Durchfluß-begrenzung auftritt und der volle Wert des Differenzdruckes eingesetzt werden darf. Damit wird der Kv-Wert bei Normaldurchfluß:

$$Kv = \frac{W}{31,6 \cdot F_P \cdot F_Y \cdot F_R \cdot \sqrt{\Delta p \cdot \rho}} = \frac{30000}{31,6 \cdot 1 \cdot 1 \cdot 1 \cdot \sqrt{12 \cdot 962}} \cong 8,4$$

Unter Anwendung der oben genannten Gleichungen ergeben sich für den minimalen und maximalen Durchfluß folgende Werte:

$$Kv_{min} = 2,3 \quad \text{bzw.} \quad Kv_{max} = 20,6$$

Bei einem üblichen Zuschlagfaktor von mindestens 1,25 ergibt sich ein erforderlicher Kvs-Wert von mindestens:

$$20,6 \cdot 1,25 = 25,75$$

Der nächst höhere $Kv_{100}$-Wert des Datenblattes beträgt 40, was einer Nennweite von DN 50 entspricht. Gewählt wird also ein Standardventil DN 50, $Kv_{100} = 40$. Grundsätzlich sollte immer das Stellverhältnis $Kv_{max}/Kv_{min}$, das Verhältnis $Kv_{100}/Kv_{min}$ sowie die Strömungsgeschwindigkeit überprüft werden. Dies ergibt folgende Werte:

$$Kv_{max}/Kv_{min} \approx 9$$
$$Kv_{100}/Kv_{min} \approx 17,4 \approx 27\% \text{ Hub bei } Kv_{min}$$

Entsprechend den Empfehlungen in Kapitel 11.3.2 wird eine gleichprozentige Kennlinie gewählt. Bei Minimaldurchfluß ergibt sich eine Hubstellung von ca. 27% und bei Maximaldurchfluß ein Hub von ca. 83%, also durchaus akzeptable Werte. Die Strömungsgeschwindigkeit wird:

$$Q = A \cdot w, \quad w = \frac{Q}{A} = \frac{40000 \cdot 4}{962 \cdot 3600 \cdot 0,05^2 \cdot \pi} = 5,9 \ m/s$$

*b) Überprüfung auf Kavitation und Abschätzung des Geräuschpegels*

Eine schädigende Kavitation liegt immer dann vor, wenn das Druckverhältnis Xf den z-Wert bzw. Xfz-Wert der Armatur wesentlich übersteigt. Das größte Druckverhältnis ergibt sich aus:

$$Xfz = \frac{p1 - p2}{p1 - pv} = \frac{35 - 16}{35 - 0,71} \cong 0,55$$

Die Garnitur würde im Laufe der Zeit Schaden nehmen, wenn der Xfz-Wert des Ventils bei Minimaldurchfluß nur etwa 0,35 oder weniger betragen würde. Bei einer Auslastung von $\Phi \approx 6\%$ beträgt der tatsächliche Xfz-Wert aber ca. 0,65, d. h. daß selbst beim höchsten Differenzdruck keine Kavitationsschäden zu befürchten sind (siehe auch Bild 8-7 für die Bestimmung des Xfz-Wertes bei einem Parabolkegel). Generell kann man annehmen, daß Ventile < DN 100 bei flüssigen Medien keine höheren Schalldruckpegel als 85 dB(A) erzeugen, wenn ein kavitationsfreier Betrieb gegeben ist. Diese Voraussetzung ist in diesem Beispiel erfüllt, so daß auf eine detaillierte Berechnung des zu erwartenden Schalldruckpegels verzichtet werden kann (siehe Vergleich mit VALCAL).

*c) Antriebsberechnung*

Ausgehend vom zuvor gewählten Ventil (DN 50, Kvs 40) kann die erforderliche Antriebskraft berechnet werden, wenn Sitz- und Stangendurchmesser bekannt sind, die in diesem Beispiel mit 43 bzw. 12 mm angenommen werden. Zu beachten ist, daß mit dem max. möglichen Differenzdruck zu rechnen ist:

*Verschlußkraft Fv:*

$$F_V = 10 \, (A_S \cdot (p1-p2) + A_{St} \cdot p2) = 14,5 \cdot (40-1) + 1,13 \cdot 1 \cong 5670 \, N$$

*Schließkraft Fs:*

$$F_S = K \cdot Ds = 20 \cdot 43 \cong 860 \, N$$

*Packungsreibung Fp bei einer PTFE-Schnurpackung:*

$$F_p = Kr \cdot d_{St} \cdot p1 \quad = 0,25 \cdot 12 \cdot 40 \cong 120 \, N$$

*Erforderliche Antriebskraft $F_A$:*

$$F_A = Fv + Fs + Fp + G = 5670 + 860 + 120 \cong 6650 \, N$$

*Erforderliche Membranfläche und Antriebsgröße:*

Bei einem gewählten Signalbereich von 0,2-1,0 bar (Wirkungsweise DIREKT) und einem verfügbaren Zuluftdruck von 3,0 bar wird die Membranfläche $A_M$:

$$A_M = F_A \cdot 1.1 \, / \, 10 \cdot (S_{max} - S_{100}) = 6650 \cdot 1,1 \, /10 \cdot (3-1) \cong 366 \, cm^2$$

Gewählt wird der nächst größere Antrieb aus der Produktpalette des Herstellers mit 575 cm$^2$, der einen Nennhub von 30 mm gegenüber einem Nennhub des Ventils von 20 mm hat.

## Vergleich mit VALCAL

Wenn man die Betriebsdaten in das entsprechende Menü eingibt und eine Berechnung durchführt, präsentiert VALCAL folgende Ergebnisse:

```
═══════════════Ventilberechnung für flüssige Medien═══════════
Betriebsstoff : Speisewasser                    Zustand : flüssig
Durchfluss ......................... 10000.00    30000.00    40000.00 kg/h
Eingangsdr. P1 .....................    35.00       28.00       20.00 bar
Ausgangsdr. P2 .....................    16.00       16.00       16.00 bar
Temperatur T1 ......................    90.00       90.00       90.00 °C
Eingangsdichte .....................   962.00      962.00      962.00 kg/m3
Dampfdruck Pv ......................     0.71        0.71        0.71 bar
Therm.dyn.krit.Druck Pc ............               221.00 bar
Viskosität .........................                 1.00 cSt

Berechn.Durchfl.Koeff. Kv ......... 2.3407152   8.8360062   20.4058823
Berechneter Schalldruckpegel ......      57          60          57 dB(A)
Berechn.min.Ventilauslass ..........                  38 mm
Gewählter Durchflusskoeff. Kv ......                40.0
Gewähltes Ventil ........Honeywell Serie 2000 Standard
Gew.Ventilnennweite ...   50    Druckverh.  Xf      0.55    0.44    0.21
Rohrnennweite .........   50    Rohrgeschw. m/s      1.5     4.4     5.9
Auslastung ............   51%   Kavitation  ???     Nein    Nein    Nein
Hubstellung gl-%   ......  83%   Ausdampfung ???     Nein    Nein    Nein
```

Bild B.1-1: Berechnungsmenü von VALCAL für Flüssigkeiten (Beispiel 1)

VALCAL bestätigt die vorherigen Ergebnisse. Die aktuellen Schalldruckpegel betragen 57, 60 und 57 dB(A), liegen also weit unter dem zulässigen Wert von 85 dB(A). Kavitation oder Ausdampfung (Flashing) treten nicht auf. Die Auslastung bei Maximaldurchfluß beträgt 51%, bietet also noch ausreichende Sicherheitsreserven bei einer möglichen Erhöhung der Durchflußmenge. Die Ergebnisse von VALCAL für die Antriebsberechnung gehen aus Bild B.1-2 hervor. Auch hier werden die Ergebnisse der manuellen Berechnung bestätigt. Der effektive Signalbereich beträgt 0,2-0,7 bar, bedingt durch die unterschiedlichen Nennhübe von Ventil (20 mm) und Antrieb (30 mm).

```
═══════════════Ventilberechnung für flüssige Medien═══════════
Betriebsstoff : Speisewasser                    Zustand : flüssig
Durchfluss ......................... 10000.00    30000.00    40000.00 kg/h
Eingangsdr. P1 .....................    35.00       28.00       20.00 bar
Ausgangsdr. P2 ...┌═══════Berechnung Stellantrieb═══════┐  16.00 bar
Temperatur T1 ....│ Erforderliche Antriebskraft:  6700 N │  90.00 °C
Eingangsdichte ...│ Antrieb                              │ 962.00 kg/m3
Dampfdruck Pv ....│  - Hersteller ....... Honeywell      │   0.71 bar
Therm.dyn.krit.Dru│  - Typ .............. 2012       │bar
Viskosität .......│  - Fläche ........... 580        │cSt
                  │  - Hub .............. 30             │
Berechn.Durchfl.Ko│  - Nenn-Signalber. .. 0.2 - 1.0 bar  │ 20.4058823
Berechneter Schall│  - Eff. Signalber. .. 0.2 - 0.7 bar  │     57 dB(A)
Berechn.min.Ventil│ Antrieb OK ? [J]                     │ mm
Gewähltes Durchflu└═════════════════════════════════════┘
Gewähltes Ventil .
Gew.Ventilnennweite ...   50    Druckverh.  Xf      0.55    0.44    0.21
Rohrnennweite .........   50    Rohrgeschw. m/s      1.5     4.4     5.9
Auslastung ............   51%   Kavitation  ???     Nein    Nein    Nein
Hubstellung gl-%   ......  83%   Ausdampfung ???     Nein    Nein    Nein
```

Bild B.1-2: Fenster mit eingeblendeter Antriebsberechnung

Das komplett ausgefüllte Spezifikationsblatt (MSR-Stelle PIC-4711) ist am Schluß dieses Kapitels beigefügt.

## B.2 Berechnung und Auswahl eines Ventils für Dampf

*Aufgabe:*  *Berechnung des Kv-Wertes und Schalldruckpegels, Spezifikation und Auswahl eines geeigneten Stellventils (Doppelsitzausführung) mit pneumatischem Membranantrieb . Medium: Heißdampf. Die Prozeßdaten gehen aus folgender Tabelle hervor.*

| Durchfluß | minimal 8000 | normal 15000 | maximal 20000 | kg/h |
|---|---|---|---|---|
| Eingangsdruck | 30,0 | 22,0 | 16,0 | bar |
| Ausgangsdruck | 6,0 | 6,0 | 6,0 | bar |
| Temperatur | 275 | 275 | 275 | °C |
| Verhältnis cp/cv | 1,3 | 1,3 | 1,3 | --- |

Der pneumatische Membranantrieb muß gegen 35 bar schließen. Die Wirkungsweise ist UMGEKEHRT (Ventil drucklos geschlossen). Hilfsgeräte sind: I/P-Stellungsregler, Magnetventil und Druckminderer. Der maximal zulässige Schalldruckpegel - unter Berücksichtigung wärmeisolierender Rohrleitungen (80 mm dick) - beträgt 85 dB(A). Mittels einer "Override"-Funktion, die durch ein Magnetventil realisiert werden soll, soll das Ventil in weniger als 1 Sekunde 75% des maximalen Kv-Wertes erreichen. Ferner ist ein Materialzeugnis gemäß 3.1B notwendig. Die Rohrleitungsflansche sind für PN 40 ausgelegt. Zu prüfen ist, ob der Standardwerkstoff GS-C25 (1.0619) noch verwendet werden kann, oder ob ein höherwertiges Material notwendig ist.

*Lösung:*

*a) Berechnung des Kv-Wertes, Wahl der Kennlinie und Nennweite*

Zunächst werden die drei verschiedenen Kv-Werte gemäß Gl. (101) berechnet. Zugrunde gelegt werden dabei folgende Ventilkennwerte: $X_T = 0,72$, $F_L = 0,9$. Die jeweilige Eingangsdichte kann aus einer Dampftafel abgelesen werden. Bei den Drücken p1 = 30, 22 und 16 bar ergeben sich folgende Werte: $\rho 1 \cong 12,6$, 9,0 und 6,4 kg/m³. Der Wert für Fp wird einfachheitshalber aus Bild 5-2 abgelesen. Bei einem Verhältnis DN/D = 150/200 = 0,75 und einem Verhältnis von Kv/DN² ≈ 0,016 für Standardventile ergibt sich ein Wert von ca. 0,96. Für die Berechnung von Y muß zunächst $F_y$ bestimmt werden:

$$F_y = \frac{\kappa}{1,4} = \frac{1,3}{1,4} = 0,93$$

Das Druckverhältnis X ergibt sich aus:

$$X = \frac{p1 - p2}{p1} = \frac{22 - 6}{22} = 0,73$$

Wie bereits erwähnt, muß bei der Berechnung von Y der Wert für X auf den Maximalwert von $X_T$ begrenzt werden, auch wenn X größer ist:

$$Y = 1 - \frac{X}{3 \cdot F_y \cdot X_T} = 1 - \frac{0,72}{3 \cdot 0,93 \cdot 0,72} = 1 - 0,36 = 0,64 \geq 0,667$$

Da Y in diesem Falle 0,64, d. h. kleiner als 0,667 ist, muß der Wert von Y auf 0,667 gesetzt werden. Dies bedeutet, daß ein kritisches Druckverhältnis (Schallgeschwindigkeit) vorliegt. Damit kann der Kv-Wert berechnet werden:

$$Kv = \frac{W}{31,6 \cdot F_P \cdot Y \sqrt{X \cdot p1 \cdot \rho_1}} =$$

$$\frac{15000}{31,6 \cdot 0,96 \cdot 0,667 \sqrt{0,72 \cdot 22 \cdot 9,0}} \cong 62$$

Wenn das zuvor erläuterte Verfahren für den Minimal- und Maximaldurchfluß wiederholt wird ergibt sich: Kv ≅ 24 für $Q_{min}$ und Kv ≅ 113 für $Q_{max}$. Bei einem Sicherheitszuschlag von 25% ergibt sich für den Kvs-Wert:

Kvs = 113 · 1,25 ≥ 141

Gewählt wird ein Wert von Kvs = 214, was einer Nennweite von DN 150 mit Strömungsteiler entspricht, da sich absehen läßt, daß unter den gegebenen Bedingungen geräuschmindernde Maßnahmen notwendig sind. Daraus ergibt sich für das Verhältnis $Kv_{max}/Kv_{min}$ bzw. $Kvs/Kv_{min}$:

$Kv_{max}/Kv_{min}$     ≅ 4,8
$Kvs/Kv_{min}$          ≅ 9,1

Dies entspricht bei $Kv_{min}$ einem Hub von ≅ 11% (lineare Kennlinie) bzw. 44% bei einer gleichprozentigen Kennlinie. Da in diesem Fall das Druckverhältnis meistens kritisch und das Stellverhältnis vergleichsweise gering ist, kann mit beiden Grundkennlinien eine zufriedenstellende Regelung erzielt werden.

Die Strömungsgeschwindigkeit im Ventilauslaß und in der Rohrleitung hinter dem Ventil kann überschläglich wie folgt berechnet werden, wenn man die Dichte von Dampf bei 275°C und 6 bar mit 2,32 kg/m3 annimmt, was einem maximalen Volumen von ca. 8.620 m³/h bei Maximaldurchfluß entspricht.

$$w \cong 350 \cdot \frac{Q_2}{D^2} \cong 350 \cdot \frac{8620}{150^2} \cong 134 \; m \, / \, s \; bzw. \; 350 \cdot \frac{8620}{200^2} \cong 75 \, m \, / \, s$$

Diese Geschwindigkeiten sind eher konservativ und durchaus zu vertreten.

*b) Berechnung des Schalldruckpegels bei Normaldurchfluß*

Der Faktor Xcr wird gemäß VDMA 24422 wie folgt berechnet:

$$Xcr = 1 - \left( \frac{2}{\kappa+1} \right)^{\frac{\kappa}{\kappa-1} \cdot 1,9 \cdot Fk \cdot XT} =$$

$$1 - \left( \frac{2}{1,3+1} \right)^{\frac{1,3}{1,3-1} \cdot 1,9 \cdot 0,93 \cdot 0,72} \cong 0,54$$

Die vorgesehene Baureihe mit Strömungsteiler weist folgende Exponenten G1 und G2 auf, die für die Berechnung des akustischen Umwandlungsgrades benötigt werden: G1 = -4,9, G2 = 0,70. Dabei ist zuvor noch eine Überprüfung der folgenden Bedingung erforderlich, die aber in der Regel (wie auch in diesem Beispiel) erfüllt ist:

$$\frac{\lg(1-X)}{\lg(1-Xcr)} \le \frac{\kappa+1}{\kappa-1} = \frac{\lg(1-0,73)}{\lg(1-0,54)} = 1,69$$

Damit wird der akustische Wirkungsgrad $\eta_G$:

$$\eta_G = 10^{G1} \left[ \frac{\lg(1-X)}{\lg(1-X_{CR})} \right]^{G2} = 10^{-4,9} \left[ \frac{\lg(1-0,73)}{\lg(1-0,54)} \right]^{0,70} \cong 0,000022$$

Mit dem akustischen Wirkungsgrad und den gegebenen Betriebsdaten kann die innere Schalleistung berechnet werden:

$$L_{wi} = 134,4 + 10 \cdot \lg W + 10 \cdot \lg \frac{\kappa}{\kappa+1} + 10 \cdot \lg \frac{p1}{\rho_1} + 10 \cdot \lg \frac{\lg(1-X)}{\lg(1-X_{cr})}$$

$$+10 \cdot \lg \eta_G$$

$$L_{wi} = 134,4 + 10 \cdot \lg 15000 + 10 \cdot \lg \frac{1,3}{1,3+1} + 10 \cdot \lg \frac{22}{9} + 10 \cdot \lg \frac{\lg(1-X)}{\lg(1-Xcr)}$$

$$+10 \cdot \lg 0,000021 \cong 134 + 41 - 3 + 4 + 2 - 47 \cong 131 \; dB$$

Aus der ermittelten Schalleistung Lwi kann das "normierte Schalleistungsspektrum" bei den relevanten Frequenzen berechnet werden:

$$L_{wi}(f) = L_{wi} + 10 \cdot \lg \frac{f}{500} - 14,9$$

Setzt man die relevanten Frequenzen 500, 1.000, 2.000, 4.000 und 8.000 Hz in die Gleichung ein, so ergeben sich aufgerundet folgende innere Schalleistungspegel und Dämmwerte:

| Frequenz f: | 500 | 1000 | 2000 | 4000 | 8000 |
|---|---|---|---|---|---|
| Innere Schallleistung Lwi bei Frequenz: | 116 | 119 | 122 | 125 | 128 |
| Rohrschalldämmaß $R_R$ | 55 | 46 | 42 | 44 | 46 |

Die Schalldämmaße der Rohrleitung basieren hierbei auf folgenden Annahmen: Rohrleitung DN 200 aus Stahl, Wandstärke 6,3 mm, Schallgeschwindigkeit in der Rohrleitung ca. 5.100 m/s, Dichte 7.800 kg/m³.

Aus der Dichte bzw. Temperatur des Dampfes kann die Schallgeschwindigkeit berechnet werden:

$$c = \sqrt{\frac{\kappa \cdot p2 \cdot 10^5}{\rho_2}} = \sqrt{\frac{1,3 \cdot 6 \cdot 10^5}{2,32}} \cong 575 \, m/s$$

Die Ringdehnfrequenz der Rohrleitung DN 200 wird wie folgt berechnet:

$$fr = \frac{c_R}{\pi \cdot d_i} = \frac{5100}{\pi \cdot 0,2} \cong 8120 \, Hz$$

Mit den nun vorliegenden Parametern kann die Rohrschalldämmung $R_R$ berechnet werden:

$$R_R(f) = 10 + 10 \cdot \lg \frac{c_R \cdot \rho_R \cdot s}{c_F \cdot \rho_F \cdot d_i} + 10 \cdot \lg \left[ \left( \frac{fr}{5f} \right)^3 + \frac{5 \cdot f}{fr} \right]$$

$$R_R(f) = 10 + 10 \cdot \lg \frac{5100 \cdot 7800 \cdot 0,0063}{575 \cdot 2,32 \cdot 0,2} \cong 10 + 30 + 10 \cdot \lg \left[ \left( \frac{fr}{5f} \right)^3 + \frac{5 \cdot f}{fr} \right]$$

Setzt man für f die relevanten Frequenzen ein so ergeben sich die in obiger Tabelle aufgeführten Dämmwerte. Die äußere Schalleistung Lwa ergibt sich aus folgender Gleichung:

$$Lwa(f) = Lwi(f) - R_R(f) + 10 \cdot \lg \frac{4 \cdot l}{di}$$

Mit der betrachteten Rohrlänge l = 2,0 m ergeben sich die frequenzabhängigen Werte für Lwa, die in folgender Tabelle aufgeführt sind. Man darf also nicht einfach die Rohrschalldämmung von der inneren Schalleistung subtrahieren, sondern muß noch das Glied 10 · lg (4 · l / di) berücksichtigen!

| Frequenz f: | 500 | 1000 | 2000 | 4000 | 8000 |
|---|---|---|---|---|---|
| Äußere Schallleistung Lwa | 77 | 89 | 96 | 98 | 98 |

Der äußere A-bewertete Schalleistungspegel wird aus den einzelnen unbewerteten Pegeln berechnet, indem man die folgenden *Korrekturwerte* addiert.

| Frequenz f (Hz) | 500 | 1000 | 2000 | 4000 | 8000 |
|---|---|---|---|---|---|
| Äußere Schallleistung Lwa (dB) | 77 | 89 | 96 | 98 | 98 |
| Korrekturwert | -3,2 | 0 | +1,2 | +1,0 | -1,1 |
| Äußere Schalleistung bewertet Lwa, a (dB) | 73,8 | 89 | 97,2 | 99 | 96,9 |

Nun muß aus den einzelnen bewerteten Schalleistungen der Summenpegel berechnet werden, der naturgemäß höher als der größte Einzelpegel sein muß. Die spezielle Addition erfolgt in der Weise, indem die logarithmierte Summe mit der Basis 10 und einem Exponent 0,1 · Lwa,a gebildet wird, wie aus folgender Gleichung hervorgeht:

$$Lwa\,(A) = 10 \cdot \lg\left[10^{7,7} + 10^{8,9} + 10^{9,6} + 10^{9,8} + 10^{9,8}\right] \cong 102\,dB(A)$$

Der äußere A-bewertete Schalldruckpegel gemessen 1,0 m seitlich vom Austrittsflansch und im Abstand von 1,0 m von der Rohroberfläche, ergibt sich näherungsweise bei zylindrischer Abstrahlung aus der folgenden Gleichung:

$$Lpa \cong Lwa - 10 \cdot \lg\left[\frac{\pi \cdot l}{l_0} \cdot \left(\frac{d_i}{d_0} + 2\right)\right]$$

$$Lpa \cong Lwa - 10 \cdot \lg\left[\frac{\pi \cdot 2}{1} \cdot \left(\frac{0,2}{1} + 2\right)\right] \cong Lwa - 11$$

Subtrahiert man nun das Meßflächenmaß von ca. 11 db(A) vom bewerteten Schalleistungspegel Lwa(A), so erhält man den Schalldruckpegel Lpa(A):

$$102\ dB(A) - 11\ dB(A) \cong 91\ dB(A)$$

Da die Rohrleitung mit einer 80 mm starken Wärmeisolierung versehen wird und die Austrittsgeschwindigkeit des Mediums moderat ist, kann eine Korrektur des berechneten Schalldruckpegels gemäß Gl. (8-16) und Gl. (8-18) durchgeführt werden.

Damit ergibt sich als Korrekturmaß für die Geschwindigkeit:

$$\text{Lpa'} \cong \text{Lpa} - (5,5 + \ln w/ws) \cong 91\text{-}(5,5 + \ln 0,1/1) \cong 3 \text{ dB(A)}$$

Unter Berücksichtigung einer 80 mm starken Isolierung ergibt sich das Korrekturmaß für die Rohrisolierung:

$$\text{Lpa'} \cong \text{Lpa} - (4,5 \cdot \lg \text{Isolierdicke}) \cong 4,5 \cdot \lg 80 \cong 8 \text{ dB(A)}$$

Der Gesamtkorrekturwert wird damit $3 + 8$ dB(A) $\cong 11$ dB(A), der vom zuvor berechneten Schalldruckpegel subtrahiert werden kann. Damit ergibt sich für den Schalldruckpegel in 1,0 m Abstand bei Normaldurchfluß:

$$\text{Lpa'} \cong 91\text{-} (3+8) \cong 80 \text{ dB(A)}$$

Das Toleranzband, bedingt durch Unsicherheiten bei der Berechnung und besonderen Einflüssen beträgt $\pm 5$ dB(A). Damit wird auf jeden Fall die Forderung nach einem maximalen Pegel von 85 dB(A) bei Normaldurchfluß erfüllt.

*Vergleich mit VALCAL*

Wenn man die Betriebsdaten in das entsprechende Menü eingibt und eine Berechnung durchführt, präsentiert VALCAL folgendes Ergebnis und schlägt ein Stellventil der Standardbaureihe 2000 mit Strömungsteiler (NRE-1) vor. Dazu bedarf es allerdings eines kleinen Tricks: Würde man von vornherein einen maximalen Schallpegel von 85 dB(A) vorgeben, dann würde der automatische Vorschlag auf einen Schalldämpfer (Typ NRE-3) lauten, was hier weder notwendig noch erlaubt ist. Man setzt den Schallpegel deshalb etwas höher an, beispielsweise 95 dB(A), damit VALCAL die billigste Lösung wählt.

```
═══════════════Ventilberechnung Wasserdampf═══════════════
Betriebsstoff : überhitzter Dampf              Zustand : Dampf
Durchfluss ........................    8000.00    15000.00    20000.00 kg/h
Eingangsdr. P1 ....................      30.00       22.00       16.00 bar
Ausgangsdr. P2 ....................     6.0000      6.0000      6.0000 bar
Temperatur T1 .....................     275.00      275.00      275.00 °C
Verhältnis d.spez.Wärmen gamma ....................  1.30

Eingangsdichte ....................      12.57        8.95        6.38 kg/m3

Berechn.Durchfl.Koeff. Kv ......... 23.6718223  61.4434239  113.2764240
Berechneter Schalldruckpegel ......       90         91          91 dB(A)
Berechn.min.Ventilauslass .............................   88 mm
Gewählter Durchflusskoeff. Kv .....................   214
Gewähltes Ventil .......... Honeywell Serie 2000 NRE1
Gew. Ventilnennweite ..   150   Druckverh.    X      0.80    0.73    0.63
Rohrnennweite .........   200   Rohrgeschw. m/s     29.9    56.0    74.7
Auslastung ............ 53 X    Mach-Zahl           0.05    0.10    0.13
Hubstellung gl-X ...... 84 X
```

Bild B.2-1: Ventilberechnung bei Wasserdampf mit VALCAL

Wie man sieht, ergibt sich auch hier wieder eine sehr gute Übereinstimmung mit den manuell berechneten Werten. VALCAL 3.8 gibt ferner detaillierte Informationen in bezug auf die Geräuschemission und das Spektrum:

```
╓═══════════Geräuschberechnung für Gase und Dämpfe nach VDMA 24422 neu═══════════╖
║Innendurchm.d.Rohrleitung im Auslauf .. 200  mm                                 ║
║Wanddicke der Rohrleitung im Auslauf .. 6.3 mm                                  ║
║Schallgeschwindigkeit des Fluids ...... 574 m/s                                 ║
║Betrachtete Rohrlänge .................. 2.0 m                                  ║
║Dicke der Rohrisolierung .............. 80 mm                                   ║
║                                                                                ║
║Ergebnisse bei normalem Durchfluss              SPEKTRALE BERECHNUNG            ║
║Kritisches Druckverhältnis ........... 0.70     Oktav-Mittenfrequenzen          ║
║Maximales Druckverhältnis Xmax ....... 0.73              (Hz)                   ║
║Umwandlungsgrad eta ......... 0.00002119161      500│1000│2000│4000│8000        ║
║Ringdehnfrequenz der Rohrleitung...... 8121 Hz                                  ║
║Innere Schalleistung Lwi ............. 131 dB ... 116│ 119│ 122│ 125│ 128       ║
║Rohr-Schalldämm-Maß RR ................... dB ...  55│  46│  42│  44│  46       ║
║Äußere Schalleistung Lwa ................. dB ...  77│  89│  96│  98│  98       ║
║Äußere A-bewertete Schalleistung Lw(A)  103 dB(A)                               ║
║Meßflächenmaß Ls ..................... 11.4 dB(A)                               ║
║Äuß. A-bewert. Schalldruckpegel Lp(A)  91 dB(A)                                 ║
║Korrigierter Schalldruckpegel Lp(A) .. 83 dB(A)                                ║
╙════════════════════════════════════════════════════════════════════════════════╜
```

Bild B.2-2: Detaillierte Geräuschberechnung mit Angabe der wichtigsten Kennwerte

Hier werden nicht nur alle wichtigen Werte explizit ausgegeben, sondern es wird auch das normierte Spektrum graphisch dargestellt (unten).

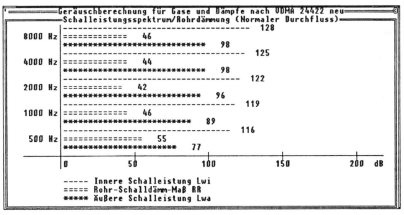

Bild B.2-3: Schallspektrum des Berechnungsbeispiels (graphisch dargestellt)

*Berechnung und Auswahl eines geeigneten Antriebs*

Da die Dichtheit des Ventils beim vorliegenden Anwendungsfall offenbar keine besondere Rolle spielt, wird ein Druckausgleich vorgesehen, um die Antriebskräfte in vertretbaren Grenzen zu halten. Unter Annahme eines Sitz- bzw. Führungsdurchmessers von 140 mm und einer Ventilstange von 16 mm Durchmesser ergibt sich die Antriebskraft $F_A$ zu:

$$F_A = 10 \cdot F_{v1} + F_s + F_p + F_r + G_k$$

Die Größe $F_{v1}$ ist eine resultierende Kraft, wenn Sitz- und Führungsdurchmesser ungleich sind. In unserem Falle trifft dies nicht zu, so daß $F_{v1}$ Null wird. Es wird damit:

$$F_A = F_s + F_p + F_r + G_k$$

Schließkraft $F_s$:

$$F_s = K \cdot Ds = 20 \cdot 140 = 2800 \text{ N}$$

Packungsreibung $F_p$:

$$F_p = Kr \cdot d_{St} \cdot p1 = 0,25 \cdot 16 \cdot 35 = 140 \text{ N}$$

Reibungskräfte in der Führung $F_r$:

$$F_r = K_K \cdot D_s \cdot (p1\text{-}p2) = 1,0 \cdot 140 \cdot 35 = 4900 \text{ N}$$

Das Eigengewicht $G_k$ kann auch hier vernachlässigt werden. Damit ergibt sich:

$$F_A = F_s + F_p + F_r = 7840 \text{ N}$$

Unter Berücksichtigung eines 10%igen Sicherheitszuschlages wird die erforderliche Membranfläche $A_M$ gemäß Gl. (163):

$$A_M = F_A \cdot 1.1 / 10 \cdot S_0 = 7840 \cdot 1.1 / 10 \cdot 0,8 \cong 1080 \text{ cm}^2$$

Unterstellt man einen Signalbereichsanfang von 0,8 bar so muß die wirksame Membranfläche mindestens 1080 cm$^2$ betragen. Gewählt wird aus Sicherheitsgründen ein Antrieb mit ca. 1300 cm$^2$ wirksamer Fläche, Typ 2016. Ein Vergleich mit VALCAL 3.8, das über eine spezielle Antriebsberechnung verfügt, zeigt Bild B.2-4:

```
╔══════════════════════════Antrieb-Berechnung══════════════════════════╗
║ Wirkungsweise des Antriebes bei Luftausfall ........ Ventil schliesst ║
║ Max.Eingangsdruck / min.Ausgangsdruck ......  36.00 /   1.00 bar      ║
║ Ventilsitz- / Ventilstangen-Durchmesser ...........  140 /  16  mm    ║
║ Nennhub des Ventils ...............................          50  mm    ║
║ Abdichtung der Stangendurchführung ......... PTFE-Packung oder Faltenbalg ║
║ Min.Zuluftdruck der Anlage ........................         3.00 bar   ║
║ Max. zulässige Betätigungskraft ...................        30720 N     ║
║                                                                       ║
║ Erforderliche Antriebskraft ......................         8037 N      ║
║ Erforderliche Antriebsfläche .....................          536 cm²    ║
║ Effektiver Signalbereich .................... 1.50  -    2.20 bar      ║
║ Gewählter Antriebstyp: Honeywell 2016       , 1300 cm², 100 mm        ║
║ Startpunkt max/min ....................... 2.36 /   0.62 bar          ║
╚═══════════════════════════════════════════════════════════════════════╝
```

Bild B.2-4: Ergebnisse der speziellen Antriebsberechnung von VALCAL 3.8

Auch hier gibt es eine gute Übereinstimmung, was die erforderliche Antriebskraft anbetrifft. Da der gewählte Antrieb einen Nennhub von 100 mm hat, das Ventil jedoch nur einen Hub von 50 mm benötigt, ergibt sich ein effektiver Signalbereich von 1,5-2,2 bar statt 0,8-2,2 bar.

*Werkstoffauswahl*

Die Festigkeit der Werkstoffe nimmt bekanntlich bei Betriebstemperaturen über 120°C mehr oder weniger schnell ab. Grundlage für die zulässige Belastbarkeit ist DIN 2401, Blatt 2. Beim Werkstoff GS-C25 (1.0619) beträgt der max. zulässige Druck für ein Ventil PN 40 schon bei 250°C nur noch 32 bar. Dem gegenüber ist das Gehäusematerial GS-17 CrMo 55 (1.7357) selbst bei einer Temperatur von 425 °C noch mit einem Druck von 35 bar belastbar. Für den vorliegenden Anwendungsfall wird also das zuletzt genannte Material gewählt.

**B.3 Berechnung des Kv-Wertes bei nicht-turbulenter Strömung**

*Aufgabe:* *Berechnung des Kv-Wertes für ein Mikroventil (low flow) für die Regelung von Argon. Das Ventil hat einen konischen, nadelförmigen Drosselkörper mit folgenden Abmessungen/Faktoren: Sitzdurchmesser = 5,0 mm, $F_L = 0,98$, $X_T = 0,8$*

| Durchfluß | normal 0,46 | $m^3 n/h$ |
|---|---|---|
| Eingangsdruck p1 | 2,8 | $bar_{abs}$ |
| Ausgangsdruck p2 | 1,3 | $bar_{abs}$ |
| Molekülmasse M | 39,95 | - |
| Viskosität υ | 13,38 | $m^2/s$ |
| Temperatur | 320 | K |
| Verhältnis cp/cv | 1,67 | - |

*Lösung:*

Der erste Schritt verlangt eine Überprüfung der Ventil-Reynolds-Zahl $Re_v$:

$$Re_v = \frac{70700 \cdot Fd \cdot Q}{v \cdot \sqrt{C_R \cdot F_L}}$$

Der Faktor $C_R$ ist gemäß Gl. (5-22) 1,3 mal Kv-Wert, der aber die gesuchte Größe darstellt und zunächst unbekannt ist. Deshalb wird zunächst der Kv-Wert unter der Annahme berechnet, daß die Strömung turbulent ist:

$$Kv = \frac{Q}{2460 \cdot F_P \cdot p1 \cdot Y}\sqrt{\frac{M \cdot T_1 \cdot Z}{X}} = \frac{0,46}{2460 \cdot 2,8 \cdot 0,81}\sqrt{\frac{39,95 \cdot 320 \cdot 1}{0,54}} \cong 0,0127$$

Damit wird die Hilfsgröße $C_R$:  $C_R = 1,3 \cdot Kv = 0,0165$

Als nächstes Muß der Fd-Wert gemäß Gl. (98) berechnet werden, wobei hier statt des Kv-Wertes die Hilfsgröße CR eingesetzt wird:

$$Fd = 2,7 \cdot \frac{\sqrt{Kv \cdot F_L}}{D_0} \cong 0,069$$

Nun kann die Ventil-Reynolds-Zahl berechnet werden:

$$Re_v = \frac{70700 \cdot Fd \cdot Q}{v \cdot \sqrt{C_R \cdot F_L}} = \frac{70700 \cdot 0,069 \cdot 0,46}{13,38 \cdot \sqrt{0,0165 \cdot 0,98}} = 1319$$

$Re_v$ liegt weit unterhalb eines Wertes (ca. 10.000), bei dem eine voll ausgebildete turbulente Strömung garantiert ist. Deshalb sind die konventionellen Berechnungsverfahren für die Bestimmung des Durchflußkoeffizienten gemäß Tabelle 5-3 nicht mehr gültig. Stattdessen muß nach Gl. (5-39) gerechnet werden. Zunächst ist aber eine erneute Berechnung von $F_R$ nach Gl. (5-24) erforderlich, was wiederum zunächst die Kenntnis des Wurzelexponenten $n$ voraussetzt:

$$n = 1 + \frac{0,0016}{\left[\dfrac{C_R}{DN^2}\right]^2} + \log Re_V = 1 + \frac{0,0016}{0,0018} + \log 1319 \cong 4,98$$

Der Wert für ($C_R/DN^2$) wurde in diesem Fall dem Bild 5-6 (unterste Linie = 0,043) entnommen. Setzt man den Exponenten n in Gl (5-24) ein, so wird:

$$F_R = \sqrt[n]{\frac{Re_V}{10000}} = \sqrt[4,98]{\frac{1319}{10000}} \cong 0,67$$

Zur Kontrolle des Strömungszustandes muß nun noch der Wert für $F_R$ nach der Gl. (5-26) berechnet werden und der kleinere der beiden ist letztlich für die Berechnung des Kv-Wertes zugrunde zu legen:

$$F_R = \frac{0,00105 \cdot \sqrt{Re_V}}{\left(C_R / DN^2\right)} = \frac{0,00105 \cdot \sqrt{1319}}{0,043} \cong 0,89$$

Zu rechnen ist also mit einem Wert für $F_R = 0,67$, der in Gl. (5-39) eingesetzt wird:

$$Kv = \frac{Q}{1730 \cdot F_R} \sqrt{\frac{M \cdot T_1}{\Delta p \cdot (p1 + p2)}} = \frac{0,46}{1730 \cdot 0,67} \sqrt{\frac{39,95 \cdot 320}{\Delta p \cdot (2,8 + 1,3)}} \cong 0,0181$$

Zuletzt muß stets eine Prüfung durchgeführt werden, ob folgende Bedingung erfüllt ist:

$$\frac{Kv}{F_R} < C_R = \frac{0,0181}{0,67} < 0,027$$

Da dies nicht der Fall ist, muß der Iterationsprozeß wiederholt werden, wobei der Wert für $C_R$ erneut um 30% erhöht wird. Damit wird der neue Wert 0,0215, der nun wiederum für die Berechnung von Fd herangezogen wird:

$$Fd = 2,7 \cdot \frac{\sqrt{Kv \cdot F_L}}{D_0} = 2,7 \cdot \frac{\sqrt{0,0215 \cdot 0,98}}{5} \cong 0,0784$$

Mit dem neuen Fd-Wert ändert sich normalerweise auch die Ventil-Reynolds-Zahl wesentlich:

$$\mathrm{Re}_v = \frac{70700 \cdot Fd \cdot Q}{v \cdot \sqrt{C_R \cdot F_L}} = \frac{70700 \cdot 0,0784 \cdot 0,46}{13,38 \cdot \sqrt{0,0215 \cdot 0,98}} = 1312$$

Dies ist aber in diesem Beispiel nicht der Fall, d. h. da dieser Wert praktisch konstant bleibt, ändert sich auch der $F_R$-Wert nicht, und der zuvor berechnete Kv-Wert von 0,0181 ist realistisch. Gewählt wird in diesem Beispiel ein Ventil DN 15 mit einem $Kv_{100}$-Wert von 0,025 mit einer linearen Kennlinie. Erwähnenswert ist noch die Tatsache, das der korrekt berechnete Durchflußkoeffizient bei nicht-turbulentem Durchfluß (0,0181) immerhin 43% höher ist, als der berechnete Wert für turbulenten Durchfluß (0,0127)!

## B.4 Berechnung der Stellzeiten für pneumatische Antriebe

*Aufgabe:*   *Es ist eine überschlägliche Berechnung der Stellzeiten durchzuführen. Die technischen Daten gehen aus folgender Tabelle hervor. Der erforderliche Querschnitt des Magnetventils, der Fittings und der Rohrleitungen ist zu bestimmen.*

| Membran-fläche (cm2) | Ventil-Nennhub (mm) | Antrieb-Nennhub (mm) | Hubvolu-men (l) | Totvolu-men (l) | Signal-bereich (bar) | Luft-druck (bar) | Stell-zeit (s) |
|---|---|---|---|---|---|---|---|
| 1300 | 50 | 100 | 12.8 | 5,8 | 1,5-2,2 | 5 | 1,0 |

Wie bereits in Kapitel 14.6 erläutert wurde, darf die vorgeschlagene Methode, die vergleichsweise einfach ist, nur bei kritischen Druckverhältnissen angewendet werden.

Denn nur unter dieser Bedingung ergibt sich ein konstanter Durchfluß, was die Berechnung stark vereinfacht. Es ist daher angebracht, diesen Zustand jedesmal zu überprüfen.

*Lösung:*

Das bei Luftausfall geschlossene Ventil soll bei einer Ansteuerung durch ein Magnetventil (Override-Funktion) innerhalb einer Sekunde mindestens 75% des berechneten maximalen Kv-Wertes (113) erreichen.

*Bestimmung des erforderlichen Luftvolumens in Normliter*

Das Totvolumen von 5,8 l bleibt unverändert, doch Hubvolumen wird halbiert, da der Antrieb in vorliegenden Anwendungsfall nur den halben Hub bei einem Signalbereich von 1,5-2,2 bar fährt.

Dies ergibt ein Gesamtvolumen von 5,8+12,8/2 = 12,2 Liter. Bei einer linearen Ventilkennlinie und der Forderung nach 75% statt 100% Hub innerhalb einer Sekunde wird das Volumen: 5,8+12,8/2 · 0,75 ≅ 10,6 l. Der erforderliche Hub (75%) wird bei einem Druck von 1,5 + (2,2-1,5) · 0,75 ≅ 2 bar (3 bar$_{abs.}$) erreicht. Bei einer Umgebungstemperatur von 25°C (298 K) kann das Normvolumen wie folgt berechnet werden:

$$V_0 = \frac{p \cdot V \cdot T_0}{T \cdot p_0} = \frac{3 \cdot 10,6 \cdot 273}{298 \cdot 1,013} \cong 29 \, l$$

Bei einem für die Öffnungszeit relevanten Signalendbereich von ≅ 3,0 bar$_{abs.}$ muß der Zuluftdruck mindestens 3,0 / 0,53 = 5,6$_{abs.}$ bar betragen, damit stets kritische Strömungsverhältnisse gewährleistet sind. Der Druckregler wird deshalb auf 5,0 bar Überdruck eingestellt.

*Berechnung des erforderlichen Kv-Wertes*

Als nächstes muß der benötigte Kv-Wert berechnet werden, der bei einem Absolutdruck von 6 bar eine Luftlieferung von ca. 30 l/s garantiert. Rechnet man diese Menge in Normkubikmeter pro Stunde um, so ergibt sich ein Wert von 108 m³/h. Setzt man diese Zahl in Gl. (90) ein, so wird:

$$Kv = \frac{Q}{2460 \cdot F_P \cdot p1 \cdot Y} \sqrt{\frac{M \cdot T_1 \cdot Z}{X}} = \frac{108}{2460 \cdot 6 \cdot 0,667} \sqrt{\frac{29 \cdot 298 \cdot 1}{0,5}} \cong 1,5$$

Der Faktor Fp braucht natürlich nicht berücksichtigt zu werden. Der Wert für Y wird immer mit 0,667 angenommen, da stets ein kritisches Druckverhältnis auftritt. Das kleinste Druckverhältnis ergibt sich, wenn das Signalbereichsende

(3 bar$_{abs.}$) erreicht ist. Damit ergibt sich für das Magnetventil ein benötigter Kv-Wert von wenigstens 1,5. Um den Widerstand der Fittings und Rohrleitungen vernachlässigen zu können, soll deren Kv-Wert mindestens 2,5 mal so groß wie der des Magnetventils sein, d. h. ca. 2,25. Gemäß Tabelle 12-5 erfordert dies eine Rohrleitung von mindestens 13 mm Innendurchmesser.

*Berechnung des freien Querschnitts für das Magnetventil*

Wenn die Kv-Werte der Magnetventile im Prospekt angegeben werden, fällt die Auswahl leicht. Wenn dagegen nur die freien Querschnitte bekannt sind, ist eine weitere Berechnung notwendig:

$$A = \frac{Kv}{5,04 \cdot \beta} \cong \frac{1,5}{5,04 \cdot 0,7} \cong 0,43 \; cm^2$$

Aus der benötigten Fläche kann der freie Innendurchmesser berechnet werden:

$$d_i = \sqrt{\frac{4 \cdot A}{\pi}} = \sqrt{\frac{4 \cdot 0,43}{\pi}} \cong 0,55 \, cm \cong 6 \; mm$$

Gewählt wird also ein Magnetventil mit einem lichten Durchmesser von wenigstens 6 mm. Das komplett ausgefüllte Spezifikationsblatt mit der MSR-Nummer TIC-999 ist am Schluß dieses Abschnittes beigefügt.

Losgelöst von den vorgehenden Berechnungen werden zwei weitere Beispiele für eine überschlägliche Berechnung der Stellzeit aufgeführt.

*Aufgabe:*     *Das bei Luftausfall geöffnete Ventil soll bei einer Ansteuerung durch ein Magnetventil mit einem freien Querschnitt von 5 mm Durchmesser in möglichst kurzer Zeit schließen. Wie groß ist die Stellzeit des Ventils in Sekunden?*

| Membran-fläche (cm2) | Ventil-Nennhub (mm) | Antrieb-Nennhub (mm) | Hubvolumen (l) | Totvolumen (l) | Signal-bereich (bar) | Luft-druck (bar) | Stell-zeit (s) |
|---|---|---|---|---|---|---|---|
| 575 | 30 | 30 | 1,95 | 2,4 | 0,2-1,0 | 3 | ??? |

*Lösung*

Bei einem Signalendbereich von 2,0 bar$_{abs.}$ und einem gegebenen Zuluftdruck von 4,0 bar$_{abs.}$, liegen kritische Verhältnisse liegen vor, d. h. daß die Bedingung p2 ≤ 0,53 · p1 erfüllt ist.

Zunächst muß der Kv-Wert des Magnetventils berechnet werden, da diese Angabe fehlt. Bei einem freien Querschnitt entsprechend 5 mm Durchmesser ergibt sich etwa:

$$Kv = 5,04 \cdot A \cdot \beta = 5,04 \cdot \frac{0,5^2 \cdot \pi}{4} \cdot 0,7 \cong 0,69$$

Um nennenswerte Reibungsverluste bei Rohrleitung und Fittings auszuschließen, ist hier mindestens der zweieinhalbfache Kv-Wert erforderlich, d. h. etwa 1,72. Aus Tabelle 14-7 ergibt sich ein Wert von 1,8, der einem Rohr von 10 mm Innendurchmesser entspricht. Selbstverständlich müssen auch die notwendigen Verschraubungen und Fittings diesen Mindestquerschnitt aufweisen. Der Durchfluß wird unter diesen Bedingungen:

$$Q = 2460 \cdot F_P \cdot Kv \cdot p1 \cdot Y \cdot \sqrt{\frac{X}{M \cdot T_1 \cdot Z}} \cong 2460 \cdot 0,69 \cdot 4 \cdot 0,67 \cdot 0,0074$$

$$Q \cong 34 \ \frac{m^3}{h} \cong 12,2 \ \frac{l}{s}$$

Die nächste Frage gilt der Anzahl der Normliter, die notwendig sind, um den Antrieb bei einem Druck von 2 bar$_{abs}$ zu füllen. Das Gesamtvolumen ergibt sich aus Hubvolumen + Totvolumen $\cong$ 4,68 Liter. Unter Berücksichtigung einer Umgebungstemperatur von 30°C ergibt sich:

$$V_0 = \frac{p \cdot V \cdot T_0}{T \cdot p_0} = \frac{2 \cdot 4,68 \cdot 273}{303 \cdot 1,013} \cong 8,3 \, l$$

Die Stellzeit ergibt sich schließlich aus der Luftlieferung pro Zeiteinheit und dem erforderlichen Füllvolumen:

$$t = \frac{V_0}{Q} = \frac{8,3}{12,2} = 0,68 \, s$$

*Aufgabe:*     *Als nächstes Beispiel soll untersucht werden, wie lange es dauert ein Ventil zu schließen, wenn das elektrische Signal des Stellungsreglers ausfällt oder absichtlich unterbrochen wird. Gegeben sind folgende untenstehenden Daten des Antriebs. Wie groß ist die Stellzeit, wenn der verwendete Stellungsregler einen Kv-Wert von 0,35 besitzt und die Temperatur 30°C beträgt?*

| Membran-<br>fläche<br>(cm2) | Ventil-<br>Nennhub<br>(mm) | Antrieb-<br>Nennhub<br>(mm) | Hubvolu-<br>men<br>(l) | Totvolu-<br>men<br>(l) | Signal-<br>bereich<br>(bar) | Luft-<br>druck<br>(bar) | Stell-<br>zeit<br>(s) |
|---|---|---|---|---|---|---|---|
| 1150 | 50 | 50 | 6,3 | 3,4 | 1,0-2,4 | 3 | ??? |

*Lösung:*

Bei einem Ausströmen ins Freie (Absolutdruck = 1,0 bar) ergibt sich für das kritische Druckverhältnis: p1 $\geq$ $p_{abs}$./ 0,53 = 1,89 $bar_{abs}$.. Das bedeutet, daß der Signalbereichsanfang mindestens 0,89 bar betragen muß. Dies ist bei diesem Beispiel gewährleistet, d. h. die Strömungsverhältnis sind selbst beim niedrigsten Wert des Signalbereichs (1,0 bar) noch kritisch.

Was jedoch eine genaue Berechnung der Stellzeit in diesem Fall erschwert, ist die Tatsache, daß der Vordruck nicht wie im vorhergehenden Beispiel konstant bleibt, sondern ausgehend von 3,0 bar allmählich abfällt. Damit ändert sich auch der Durchfluß, für dessen Bestimmung ein vereinfachtes Verfahren angewendet und für p1 der Mittelwert zwischen dem Ausgangswert (3,0 bar) und dem Signalbereichsanfang von 1,0 bar angenommen wird. Damit ergibt sich für die mittlere Durchflußmenge pro Zeiteinheit:

$$Q = 2460 \cdot F_P \cdot Kv \cdot p1 \cdot Y \cdot \sqrt{\frac{X}{M \cdot T_1 \cdot Z}} \cong 2460 \cdot 0,35 \cdot 3 \cdot 0,67 \cdot 0,0074$$

$$Q \cong 12,8 \; \frac{m^3}{h} \cong 4,6 \; \frac{l}{s}$$

Bei der Berechnung des im Antrieb eingeschlossenen Luftvolumens ist zu beachten, daß in diesem Fall das Totvolumen keine Rolle spielt, da nach dem Entlüften des Hubvolumens bereits die Schließstellung erreicht wird. Aus diesem Grund darf in der folgenden Gleichung für p auch nur die Differenz zwischen dem höchsten Druck 4,0 $bar_{abs}$. und dem Druck bei Erreichen der Geschlossen-Stellung (2,0 $bar_{abs}$.) eingesetzt werden. Damit ergibt sich das Hubvolumen in Normliter wie folgt:

$$V_0 = \frac{p \cdot V \cdot T_0}{T \cdot p_0} = \frac{(4-2) \cdot 6,3 \cdot 273}{303 \cdot 1,013} \cong 11,2 \, l$$

Die Stellzeit bis zum Erreichen der Schließstellung - ohne die wirksamen Kräfte des Mediums auf das Ventil zu berücksichtigen - wird damit:

$$t = \frac{V_0}{Q} = \frac{11,2}{4,6} \cong 2,4 \; s$$

Leider ist eine Nachprüfung der Schließzeit bei der Abnahme des Stellgerätes nicht immer aussagefähig, weil die statischen Kräfte bei normaler Strömungsrichtung meistens unberücksichtigt bleiben. Benötigt der Antrieb nämlich die volle Federvorspannung - entsprechend einem Startpunkt von 1,0 bar -, dann muß das Antriebsgehäuse vollständig entlüftet werden. Da eine exakte Berechnung nur mit großem Aufwand möglich ist, soll auch hier ein pragmatischer Tip weiterhelfen: Ausgehend von der überschläglichen Berechnung der Schließzeit unter kritischen Strömungsverhältnissen beträgt die Gesamtzeit für das vollständige Entlüften des Antriebs das 4 bis 5-fache der berechneten Zeit, im Beispiel also etwa 10 bis 12 Sekunden (siehe auch Bild 14-3).

# C Lösung der Übungsaufgaben

Die folgenden Nummern beziehen sich auf die Fragen am Ende des jeweiligen Kapitels. Aus redaktionellen Gründen muß die Beantwortung so kurz wie möglich gehalten werden. Eine ausführlichere Diskussion der Themen befindet sich zusammen mit dem Computerprogramm VALCAL auf einer Diskette, die vom Autor bezogen werden kann. Die Datei "Loesung" kann mit Hilfe eines ASCII-Texteditors, der heute Bestandteil des Betriebssystems ist, bequem eingesehen und bei Bedarf ausgedruckt werden.

**Kapitel 3: Hydrodynamik**

3-1    Querschnitt der Rohrleitung und Geschwindigkeit des fließenden Mediums.

3-2    Das Produkt aus Querschnittsfläche und Geschwindigkeit bleibt konstant: $Q = A \cdot w$

3-3    Bei einer reibungsfreien Strömung bleibt die Summe aus Druckenergie, Geschwindigkeitsenergie und potentieller Energie (Energie der Lage) konstant.

3-4    Die Ausflußgeschwindigkeit hängt von der Höhe h des Behälterstandes ab. Damit ergibt sich für die Fließgeschwindigkeit:  $w = \sqrt{2 \cdot g \cdot h}$

3-5    Die Viskosität eines Mediums wird in der Praxis meistens durch die Einheit cP (Centi-Poise) oder cSt (Centi-Stokes) ausgedrückt. Andere Einheiten sind: *Englergrad, Redwood*-Viskosität oder *Saybold-Universal* Viskosität.

3-6    Die Reynolds-Zahl beschreibt den Strömungszustand eines Mediums. Unterhalb eines bestimmten Wertes herrschen laminare Strömungsverhältnisse vor. Mittlere Werte bedeuten transitionale, hohe Reynolds-Zahlen turbulente Strömungszustände.

3-7    Die Industrie bevorzugt kompakte Abmessungen der Anlagen mit minimalen Rohrnennweiten und mittleren Strömungsgeschwindigkeiten. Daraus resultiert bei meist geringer Viskosität des Betriebsstoffes ein turbulenter Strömungszustand.

3-8    Der Druckverlust bei Turbulenz nimmt quadratisch mit der Fließgeschwindigkeit zu. Maßgebliche Parameter sind: Geschwindigkeit, Länge, Durchmesser und Reynolds-Zahl, die durch die Widerstandsziffer $\lambda$ ausgedrückt wird. Die Verlusthöhe hv ist:

$$hv = \lambda \cdot \frac{l}{d} \cdot \frac{w^2}{2 \cdot g}$$

3-9    Querschnittssprünge bedeuten außergewöhnliche Widerstände mit hohem Druckverlust und sind tunlichst zu vermeiden.

3-10   Der Druckverlust in einem Regelventil entsteht durch Energieumwandlung. Dabei wird das Medium in der Drosselstelle zunächst stark beschleunigt und danach abrupt verzögert. Dabei wird die Geschwindigkeitsenergie hauptsächlich durch heftige Turbulenz in Wärme, und nur zu einem geringen Teil wieder in Druckenergie zurückverwandelt.

## Kapitel 4: Gasdynamik

4-1 Bei idealen Gasen bleibt das Produkt aus Druck und Volumen konstant (Bild 4-1). Bei realen Gasen dagegen, berücksichtigt der Realgasfaktor Z Unproportionalitäten.

4-2 Zustandsdiagramme zeigen die Beziehungen eines idealen Gases zwischen Druck p und Volumen V. Dabei ist jeweils ein beeinflussender Parameter konstant. Man unterscheidet zwischen: konstantem Volumen (*Isochore*), konstantem Druck (*Isobare*), konstanter Temperatur (*Isotherme*) und konstanter Wärme (*Adiabate*).

4-3 Die Enthalpie ist die Summe aus innerer Energie (Wärme) und geleisteter Arbeit. Die Enthalpie stellt sich in einem Zustandsdiagramm (p-V Diagramm) als Fläche dar.

4-4 Durch die Schallgeschwindigkeit des betreffenden Mediums.

4-5 Die Schallgeschwindigkeit wird bestimmt durch: den Isentropenexponent, die Dichte und die Temperatur des strömenden Gases.

4-6 Durch Verwendung einer speziellen Düsenform (Laval-Düse), die eine gezielte Expansion des Gases gewährleistet.

4-7 Überschallgeschwindigkeit des fließenden Mediums ist äußerst geräuschintensiv und darum tunlichst zu vermeiden.

4-8 Löst man Gl. 4-24 entsprechend auf und nimmt man Luft ($\kappa = 1{,}4$) mit einem Druck von 10 bar bei Raumtemperatur (20°C) an, so ergibt sich ein Druckverhältnis (p2/p1) von 0,2319 bzw. ein Ausgangsdruck von ca. 2,3 bar, um eine theoretische Abkühlung des Gases auf (293-100) = 193 K oder -80°C zu erreichen.

4-9 Der Koeffizient $X_T$ kennzeichnet das Drosselvermögens eines Ventils bei der Entspannung von kompressiblen Medien, d. h. der Differenzdruck unmittelbar hinter der Drosselstelle kann nicht größer werden als das Produkt $X_T$ mal Eingangsdruck. Eine Durchflußbegrenzung tritt aber niemals schlagartig sondern schleichend auf. Der Beginn einer Durchflußbegrenzung wird durch den Koeffizienten $X_{cr}$ angezeigt.

4-10 Da der Höchstwert des akustischen Umwandlungsgrades etwa 0,01 beträgt, kann die innere Schalleistung maximal 15 Watt werden.

## Kapitel 5: Bemessungsgleichungen

5-1 Die Messung der Kennlinie und des maximalen Durchflußkoeffizienten erfordern eine Anordnung, die reproduzierbare Meßwerte ergibt. Während der Durchfluß relativ genau bestimmt werden kann, ist eine exakte Messung des Differenzdruckes - insbesondere bei kleinem Δp - schwierig. Aus diesem Grund sind die Lage der Druckentnahmestellen sowie die vorgeschriebenen Ein- und Auslauflängen von großer Bedeutung.

5-2 Mindestens sind folgende Parameter für die Bemessung eines Stellgerätes erforderlich: Zustand, maximaler Durchfluß, Eingangsdruck, Ausgangsdruck, Dichte am Eingang des Ventils bzw. Molekülmasse bei Gasen, Temperatur und Viskosität.

5-3 Vorteilhaft ist die relativ einfache Handhabung, die den Gebrauch primitiver Hilfsmittel, wie z. B. Rechenschieber oder Nomogramme erlaubt. Nachteilig ist die begrenzte Genauigkeit (Verdampfung, Durchflußbegrenzung, hohe Viskosität usw.).

5-4    Der Faktor Fp berücksichtigt den zusätzlichen Druckabfall von Reduzierstücken im
       Vergleich zur standardisierten Meßanordnung (Ventilnennweite = Rohrnennweite).

5-5    Durchflußbegrenzung bei Flüssigkeiten entsteht durch Verdampfung des Mediums
       in der "vena contracta". (hohe Geschwindigkeit und Absenkung des Druckes).

5-6    Eine Nichtberücksichtigung der Viskosität (Faktor $F_R$) kann zu einer erheblichen
       Unterdimensionierung führen. Im Extremfall muß der Kv-Wert das Hundertfache
       betragen, um den Betriebsverhältnissen gerecht zu werden. Die Fehler durch fehlen-
       de oder durch falsche $F_L$- bzw. Fp-Werte halten sich dagegen in Grenzen.

5-7    Der Ventilformfaktor berücksichtigt die konstruktive Gestaltung des Drosselelemen-
       tes und wird für die Bemessung bei nicht-turbulenten Strömungsverhältnissen benö-
       tigt.

5-8    Der Minimalwert darf nicht weniger als 0,667, der Maximalwert nicht größer als 1,0
       sein. Sind die rechnerischen Werte kleiner oder größer, so ist eine Begrenzung er-
       forderlich.

5-9    Die Reynolds-Zahl. Bei kreisrunden Rohren beträgt der kritische Wert 2320.

5-10   Die Faktoren $F_{LP}$ und $X_{TP}$ kennzeichnen das maximal mögliche Druckverhältnis bei
       der Verwendung von Reduzierstücken für Flüssigkeiten ($F_{LP}$) und Gase ($X_{TP}$).

5-11   Eine Zwei-Phasenströmung besteht aus einer Mischung von Flüssigkeit und Gas.

5-12   Es gibt zahlreiche empirische Berechnungsmethoden. Am einfachsten berechnet man
       den Flüssigkeits- und Gasanteil getrennt, addiert beide Kv-Werte und multipliziert
       die Summe mit 2. Dieses Verfahren erübrigt einen weiteren Sicherheitszuschlag.

5-13   Nichtnewton'sche Stoffe sind durch eine veränderliche Zähigkeit, abhängig vom
       Differenzdruck bzw. der Fließgeschwindigkeit, gekennzeichnet.

5-14   Man bestimmt zunächst den Durchfluß bei bekanntem Kv-Wert für verschiedene
       Differenzdrücke durch Messungen. Unter Berücksichtigung der Dichte des Medi-
       ums wird dann die scheinbare Viskosität des Mediums anhand der $F_R$-Werte für die
       verschiedenen Betriebsbedingungen berechnet. Bei ähnlichen Differenzdrücken wird
       dann mit den zuvor bestimmten $F_R$-Werten gerechnet.

5-15   Pseudoplastische Medien zeichnen sich durch eine abnehmende Viskosität bei stei-
       gendem Differenzdruck bzw. steigender Fließgeschwindigkeit aus.

## Kapitel 6: Arten und Bauformen von Stellgeräten

6-1    Einsitzventile ermöglichen einen dichten Abschluß (Leckmengenklasse IV oder bes-
       ser) und stellen meistens die kostengünstigste Lösung dar.

6-2    Vorteilhaft sind: robuste Bauweise, einfache Instandhaltung, gute Charakteristik
       durch lange Hübe, Reversierungsmöglichkeit im Ventil. Nachteilig sind: sehr teure
       Bauweise, ungünstige ζ-Werte, mangelnde dynamische Stabilität bei Doppelsitz-
       ventilen, Funktionsstörungen bei Ablagerung im Bodenflansch, zu viele Dichtungen
       erforderlich.

6-3    Sie erfüllen in der Mehrzahl aller Fälle die Anforderungen und sind bei kleinen
       Nennweiten (≤ DN 50) zudem die ökonomischste Lösung.

6-4 Eckventile werden vorwiegend dann eingesetzt, wenn das Ventil entweder aus einem Block geschmiedet, oder wenn unvermeidlicher Verschleiß verringert werden soll.

6-5 Die Anordnung der beiden Drosselkörper sollte stets eine Anströmung in Schließrichtung vermeiden, um in Verbindung mit pneumatischen Antrieben eine hohe dynamische Stabilität gewährleisten zu können.

6-6 Membranventile sind unempfindlich gegenüber feststoffbeladenen Medien, verschleißarm bei der Wahl geeigneter Membranwerkstoffe und sehr preiswert bei geringen Drücken und Temperaturen.

6-7 Die wesentlichen Vorteile von Drehstellgeräten sind: hohe bis sehr hohe $Kv_{100}$-Werte, ausgezeichnete Regelbarkeit, kostengünstiger bei Nennweiten $\geq$ DN 100.

6-8 Nachteilig sind bei Drehstellgeräten: Beschränkung auf wenige Ausführungsvarianten, geringeres Drosselvermögen, frühe Kavitation, hohe Schallpegel, häufig eingeschränkter zulässiger Differenzdruck.

6-9 Wegen ihres vergleichsweise geringen Betätigungsmomentes.

6-10 Drosselklappen unterscheiden sich - abgesehen von der Druckstufe bzw. dem zulässigen Differenzdruck - durch die Art der Abdichtung und die Höhe der Restleckmenge in der Geschlossen-Stellung (durchschlagend, schräganschlagend, Anschlagleiste, mit Dichtelement in der Klappenscheibe oder im Gehäuse usw).

6-11 Vorteilhaft sind die hohe chemische Beständigkeit, geringe Reibung, hohe $Kv_{100}$-Werte und niedrige Kosten in Verbindung mit Stützgehäusen aus GG oder GGG.

6-12 Die Nachteile der Drehstellgeräte lassen sich weitgehend vermeiden, wenn die dynamischen Differenzdrücke auf ein Minimum begrenzt werden. Dies erfordert allerdings eine genaue Kenntnis und/oder Berechnung aller Systemwiderstände. Dadurch können Kavitation und hohe Schallpegel vermieden und zusätzlich kostbare Energie eingespart werden.

6-13 Kugelventile sind bei keinen Nennweiten sehr preiswert und zeichnen sich durch hohe Dichtheit in der Geschlossen-Stellung und geringsten Druckabfall in der Offen-Stellung aus. In Verbindung mit kompakten Schwenkantrieben werden sie zunehmend für die Prozeßautomatisierung bei Batch-Prozessen eingesetzt.

6-14 Batch-Prozesse nehmen ständig zu, weil z. B. die großen Chemiekonzerne mehr und mehr Feinchemikalien statt Basisstoffe produzieren, die auch heute noch meist kontinuierlich hergestellt werden.

6-15 In den Verfahrensindustrien beträgt der Anteil der ferritischen Gehäusewerkstoffe im Durchschnitt etwa 2/3 aller verwendeten Materialien.

**Kapitel 7: Ausführungsvarianten von Stellgeräten**

7-1 Um ein Brechen oder Verbiegen der Flansche bei sehr spröden oder weichen Werkstoffen zu vermeiden.

7-2 Wenn ein Herauspressen der Dichtung mit schweren Folgen für die Umwelt unter allen Umständen vermieden werden muß. Flansche mit Nut und Feder werden daher meist nur bei hohen Dichtheitsforderungen eingesetzt.

7-3      Eine ordnungsgemäße Schweißverbindung garantiert eine bleibende Dichtheit.

7-4      Isolieroberteile sollen das das Oberteil und vor allem die Packung vom Medium iso-lieren, d. h. bei hohen Temperaturen des Mediums muß die Packung vergleichsweise kühl bleiben, bei sehr tiefen Temperaturen muß dagegen der Packungsbereich auf das Niveau der Umgebungstemperatur angehoben werden..

7-5      Bei tiefen Temperaturen kann es im Packungsbereich zur Eisbildung kommen, weil die Luftfeuchtigkeit sofort kondensiert und gefriert. Dadurch können sich mit der Zeit Eisschichten von mehreren Zentimetern Dicke bilden, die eine ordnungsgemäße Funktion des Ventils in Frage stellen.

7-6      Heute werden vorwiegend Packungen aus PTFE oder Graphit verwendet. Auch werden sogenannte "Compounds", d. h. Mischungen aus beiden Werkstoffen einge-setzt. Dadurch wird die Verschleißfestigkeit gegenüber reinem PTFE erhöht und die Ausdehnung bei steigenden Temperaturen gemindert.

7-7      Wenn es auf höchste Dichtheit nach außen bei wartungsfreiem Betrieb ankommt. Dies gilt vor allem bei toxischen Betriebsstoffen, wie z. B. Chlor.

7-8      Der zulässige Druckabfall pro Zeiteinheit hängt vom Volumen des Ventilgehäuses ab. Als Richtwert gilt ein Druckabfall von $1 \cdot 10^{-4}$ mbar · Liter pro Sekunde.

7-9      Aus Tabelle 7-4 geht hervor, daß für die genannten Betriebsbedingungen nur eine Dichtung mit Metalleinlage (z. B. Graphit), eine Spiraldichtung mit Graphitfolie, ei-ne Kammprofildichtung (Graphit) oder eine metallische Dichtung in Frage kommt.

7-10     Bei metallischen Dichtungen ist besonders eine präzise Passung und Ebenheit der zu verbindenden Teile, eine vorgeschriebene Oberflächenrauhigkeit und eine richtige Härte der Dichtung zu beachten, wobei die Dichtung weicher als die zu verbinden-den Teile sein sollte.

7-11     Besonders wichtige Forderungen sind: ausreichende Elastizität um Druckspitzen auffangen zu können, hohe Dauer- und Warmfestigkeit, gute Korrosionsbeständig-keit und hohe Kerbschlagzähigkeit, wenn die Schrauben/Muttern sehr tiefen Tempe-raturen ausgesetzt werden.

7-12     Parabolkegel lassen sich einfach und präzise auf Drehautomaten herstellen.

7-13     Schlitzkegel neigen weniger zum Drehen bei hohen Differenzdrücken und erlauben eine zusätzliche Führung im Sitzring. Bei sogenannten "Low-Flow"-Ventilen erfolgt die Führung ausschließlich im Sitzring, weil eine hundertprozentige Zentrizität von Oberteil und Sitzbohrung nicht garantiert werden kann.

7-14     Das Stellverhältnis ergibt sich aus dem Verhältnis des größten zum kleinsten Kv-Wert, die beide auf der inhärenten Durchflußkennlinie liegen und innerhalb der zu-lässigen Toleranzen bleiben müssen. Das Stellverhältnis wird einmal begrenzt durch den üblicherweise steilen Anfangsverlauf der Kennlinie und das Abflachen der Cha-rakteristik bei großen Hüben (Drehwinkeln).

7-15     Die Grenzen der Regelbarkeit hängen einmal von der Herstellgenauigkeit der "Garnitur" und zum anderen von der Reproduzierbarkeit des Stellantriebs ab.

## Kapitel 8: Geräuschemission von Stellgeräten

8-1      Der A-bewertete Schalldruckpegel wird mittels eines Schallpegelmessers mit elektrischem Filter bestimmt und dadurch dem Hörempfinden des Menschen angepaßt. Man unterscheidet zwischen den Bewertungskurven A, B und C. In der Technik bietet der A-bewertete Schallpegel Lp(A) meistens ein hinreichend genaues Maß für einen Lautstärkevergleich.

8-2      Die Unfallverhütungsvorschrift Lärm (UVV Lärm) und die Arbeitsstättenverordnung des Bundesministeriums für Arbeit und Soziales. Man unterscheidet zwischen dem Lärm am Arbeitsplatz und der Geräuschimmision in der Nachbarschaft.

8-3      Wechseldrücke, die Rohrleitungen zu Schwingungen anregen, heftige Turbulenz und Schockwellen bei überkritischem Druckgefälle sind bei kompressiblen Medien für die Geräuschentstehung maßgebend. Bei inkompressiblen Medien entstehen Geräusche durch Turbulenz und vor allem durch Kavitation der Flüssigkeit.

8-4      Der Umsetzungs- bzw. Umwandlungsgrad drückt das Verhältnis von akustischer zu mechanischer Energie aus, die bei der Drosselung in einem Stellgerät in erster Linie in Wärme umgewandelt wird.

8-5      Eine Rohrleitung ist ein außerordentlich komplexes schwingfähiges Gebilde, das die inneren Fluidwechseldrücke je nach Frequenz unterschiedlich dämmt und wieder in sekundären Luftschall umformt. Neben dem Fluidschall wird auch Körperschall von der Rohrleitung übertragen und nach außen abgestrahlt.

8-6      Nach Möglichkeit sollte immer die Schallentstehung durch geeignete Ventile bzw. Garnituren positiv beeinflußt werden. Sekundäre Maßnahmen (Behandlung der Symptome) verteuern nicht nur die Anlage, sondern setzen in manchen Fällen auch die Zuverlässigkeit herab.

8-7      Ein Strömungsteiler reduziert die Geschwindigkeit und verkleinert die energiereiche Vermischungszone hinter der Drosselstelle.

8-8      Absorptionsschalldämpfer rufen im Gegensatz zu Drosselschalldämpfern keinen wesentlichen Druckabfall hervor und neigen weitaus weniger zu Verschmutzung bzw. Verstopfung. Sie werden bevorzugt bei großen Durchflüssen und niedrigen Drücken eingesetzt.

8-9      Bei Fackelleitungen, die oft aus sicherheitstechnischen Gründen keine Schalldämpfer enthalten dürfen, kann durch eine Abschirmung und die Ausnutzung der Richtwirkung (nach oben) eine wirkungsvolle Geräuschminderung erreicht werden. Die Abschirmung ist vergleichbar mit den Schallschutzwänden an Autobahnen.

8-10     Da eine wirkungsvolle Schallisolation von Rohrleitungen nicht auf kurze Strecken begrenzt bleiben darf, ist eine solche Maßnahme nur in solchen Fällen zu rechtfertigen, wo ohnehin aus wärmetechnischen Gründen eine Isolation angebracht ist.

## Kapitel 9: Antriebe für Stellgeräte

9-1      Hauptsächlich werden pneumatische und elektrische Antriebe, in besonderen Fällen auch elektro-hydraulische Antriebe verwendet.

9-2      Vorteilhaft sind die hohe Betätigungskraft bei entsprechender Auslegung des Getriebes, kompakte Bauweise, Zuverlässigkeit und vor allen Dingen die überall verfügbare Hilfsenergie, wenn der Antrieb für Netzbetrieb (220 V) ausgelegt ist.

9-3    Pneumatische Membranantriebe weisen entscheidende Vorteile gegenüber den meisten Antriebsarten auf: hohe Stellkräfte bei niedrigen Luftdrücken, Proportionalverhalten durch Rückstellfeder(n), Sicherheitsstellung bei Ausfall der Hilfsenergie, einfache Umkehr der Wirkungsweise, unempfindlich gegen Schock und Vibrationen, keine Explosionsschutzmaßnahmen erforderlich, sehr günstiges Kosten-/Nutzenverhältnis.

9-4    Zylinderantriebe können für beliebig lange Hübe ausgelegt werden. Durch den Verzicht auf eine Membrane sind sie auch für hohe Versorgungsdrücke und Umgebungstemperaturen ($\geq 100°C$) geeignet.

9-5    Die Regelgenauigkeit und die Güte des erzeugten Produktes hängen nicht zuletzt von der Stellgenauigkeit und Reproduzierbarkeit des Antriebs ab, was eine gute Ansprechempfindlichkeit und geringe Hysteresis voraussetzt.

9-6    Ohne eine entsprechende Berücksichtigung der Schließkraft $F_s$ kann die geforderte Dichtheit von Einsitzventilen (Klasse IV) nicht erreicht werden.

9-7    Die statische Gesamtantriebskraft sollte zumindest folgende Einflußgrößen berücksichtigen: Verschlußkraft (gegeben durch Sitzringquerschnitt und Differenzdruck), Schließkraft (um geforderte Leckmengenklasse einhalten zu können), Reibungskraft (hervorgerufen durch Stopfbuchsenpackung) und evtl. bei Ventilen mit Druckausgleich die Reibungskraft in der Führung des Drosselkörpers.

9-8    Dynamische Kräfte entstehen durch das fließende Medium. Ihre Größe hängt vom Differenzdruck, Durchfluß, Dichte des Mediums und von der Konstruktion des Ventils ab. Sie sind meistens gering im Verhältnis zu den statischen Kräften. Sie treten jedoch besonders dann in Erscheinung, wenn die statischen Kräfte durch Doppelsitzkonstruktion oder Druckausgleich weitgehend kompensiert werden. Sie müssen in solchen Fällen durch Sicherheitszuschläge bzw. eine größere Hubsteifigkeit des Antriebs berücksichtigt werden.

9-9    Bei seitlicher Anströmung mit hohem Differenzdruck kommt es in Verbindung mit pneumatischen Antrieben geringer Hubsteifigkeit nahe der Geschlossen-Stellung zu Unstabilität. Dies führt zu dem gefürchteten und andauernden "Hammereffekt", bei dem der Drosselkörper vom Differenzdruck ständig in den Sitz gepreßt und anschließend wieder freigegeben wird.

9-10    Hauptkriterium ist die vorhandene Hubsteifigkeit des Antriebs. Bei Regelbetrieb soll die erforderliche Antriebskraft nicht größer als das zweieinhalbfache der Membranfläche ($cm^2$) mal der Signalspanne des Antriebs (z. B. 0,8 bar bei einem Bereich von 0,2-1,0 bar) sein. Andernfalls ist ein größerer Signalbereich zu wählen.

## Kapitel 10: Hilfsgeräte für pneumatische Stellventile

10-1    Ventilstellungsregler sorgen in erster Linie für eine exakte Zuordung des Hubes (Drehwinkels) zur vorgegebenen Führungsgröße (Stellsignal). Dadurch werden Hysteresis und Totband - hervorgerufen durch Reibung - auf ein Minimum reduziert

10-2    Elektro-pneumatische Stellungsregler dienen - neben den oben genannten Eigenschaften - außerdem zur Konvertierung des elektrischen Eingangssignals in einen Druck zur Betätigung des pneumatischen Antriebs. Die weite Verbreitung elektrischer Regler erklärt die Vorliebe für I/P-Stellungsregler.

10-3 Der Ausdruck besagt, daß das Reglerausgangssignal geteilt (split) und gleichzeitig mehreren Stellungsreglern zugeführt wird. Bei I/P-Stellungsreglern werden die Geräte in Reihe geschaltet, wobei jedem Gerät ein bestimmter Bereich zugewiesen wird (z. B. Gerät 1: 4-12 mA; Gerät 2: 12-20 mA).

10-4 Kritisch wird die Anwendung von Stellungsreglern bei sehr schnellen Regelstrecken, wie z. B. bei Flüssigkeitsdruckregelungen. Hier kann oftmals kein stabiler Betrieb erreicht werden.

10-5 I/P-Signalumformer bieten sich an, wenn eine genaue Positionierung des Hubes nicht erforderlich ist, oder extreme Bedingungen am Stellgerät vorherrschen (Temperatur, Schwingungen usw.), die eine zuverlässige Funktion in Frage stellen. In solchen Fällen erfolgt eine Wandmontage des I/P-Umformers und gegebenenfalls die Verwendung eines pneumatischen Stellungsreglers.

10-6 Kontinuierliche Rückführeinrichtungen liefern ein Strom- oder Spannungssignal zur Schaltwarte, so daß das Bedienpersonal jederzeit die genaue Position des Stellgerätes ablesen kann. Grenzwertgeber liefern ein binäres Signal und werden eingesetzt, wenn nur der eingestellte Grenzwert signalisiert werden soll.

10-7 Es gibt viele verschiedene Möglichkeiten für die Anwendung eines Magnetventils. Um Mißverständnisse auszuschließen wird empfohlen, stets einen Verrohrungsplan beizufügen, aus dem die vorgesehene Installationsweise hervorgeht.

10-8 Volumenverstärker bei unzureichender Luftlieferung des Stellungsreglers bzw. Signalumformers. Druckverstärker bei Anwendungen, bei denen eine proportionale Änderung des Eingangssignals für den Antrieb erforderlich ist, wie beispielsweise bei einem I/P-Signalumformer, dessen Ausgangssignal (0,2-1,0 bar) in einen Druck von 0,4-2,0 bar umzuwandeln ist.

10-9 Um das Stellgerät bei Luftausfall für eine bestimmte Zeit in der zuletzt eingenommenen Position zu halten.

10-10 Feinfilter werden grundsätzlich bei allen pneumatischen Geräten empfohlen, die das bekannte Düse-Prallplatte-System anwenden, um Funktionsstörungen zu vermeiden. Druckminderer sind deshalb empfehlenswert, weil Schwankungen des Versorgungsdruckes in der Regel eine Nullpunktdrift des Stellungsreglers hervorrufen, was im Interesse einer genauen Regelung unerwünscht ist.

### Kapitel 11: Anwendung und Auswahlkriterien

11-1 Entweder durch Erhöhung des Differenzdruckes (ohne Berücksichtigung einer Durchflußbegrenzung) oder durch Vergrößerung des Durchflußkoeffizienten.

11-2 Stellventile ermöglichen einen dichten Abschluß und eine vorgegebene Sicherheitsstellung, haben ein größeres Stellverhältnis, erfordern keinen aufwendigen Explosionsschutz (Druckkapselung), sind auch für kleinste Durchflüsse geeignet und gestatten beliebige Kennlinienformen

11-3 Drehzahlgeregelte Pumpen sind meistens teurer und erfüllen nicht die zuvor genannten Anforderungen.

11-4 Vorteilhaft ist die Vermeidung von Kavitation oder exzessiver Geräuschentwicklung und der ökologische Aspekt (geringe Energieaufnahme der Pumpe). Nachteilig sind die Verzerrung der Betriebskennlinie, schlechtere Regelbarkeit und die geringe Reserve bei einer späteren Erhöhung des Durchsatzes.

11-5 Die Kurzschlußleistung eines Systems ist dadurch gekennzeichnet, daß der gesamte Pumpendruck bereits vom Rohrleitungssystem einschließlich eingebauter Komponenten verbraucht wird, so daß für das Stellgerät kein Differenzdruck mehr übrig bleibt.

11-6 Durch den meist abnehmenden Differenzdruck bei zunehmendem Durchfluß. Bei konstantem Differenzdruck ist der Verlauf der inhärenten und der Betriebskennlinie identisch.

11-7 Eine gleichprozentige Kennlinie.

11-8 Die gleichprozentige Kennlinie bietet in der Regel ein höheres Stellverhältnis, hat einen sehr weichen Anlauf bei geringem Hub und ist weniger empfindlich bei einer Überdimensionierung des Stellgerätes.

11-9 Eine lineare Kennlinie ist angebracht bei ganz geringen Kv-Werten, bei gleichbleibendem Differenzdruck und bei Regelungen, die ein rasches Öffnen des Ventils erfordern.

11-10 Empfohlen wird ein Zuschlagfaktor von etwa 1,1 bis 1,25 bei linearer Kennlinie und 1,3 bis 2,0 bei einer gleichprozentigen Kennlinie.

11.11 Das erforderliche Stellverhältnis ergibt sich aus dem Verhältnis von maximalem zu minimalem Kv-Wert. Die natürlichen Grenzen - bedingt durch die üblichen Sicherheitszuschläge und den tatsächlichen Kennlinienverlauf - liegen etwa bei 20:1 für Ventile mit linearer und etwa 40:1 für Ventile mit gleichprozentiger Grundkennlinie.

11.12 Vorteilhaft ist ein guter "Durchgriff" und hohe Regelgenauigkeit, d. h. schon geringe Abweichungen der Regelgröße bewirken eine Änderung des Hubes bzw. Drehwinkels. Nachteilig ist die mangelnde Stabilität des Regelkreises, besonders dann, wenn die Betriebskennlinie nicht linear verläuft und bei geringen Hüben eine große Steilheit aufweist.

**Kapitel 12: Die Auswahl geeigneter Werkstoffe**

12-1 Gute Korrosionsbeständigkeit, hohe Dauerfestigkeit, große Widerstandsfestigkeit gegen Verschleiß.

12-2 Die Zurückführung des Werkstoffes auf ein niedrigeres Energiepotential.

12-3 Weil Lochfraß im Gegensatz zur Flächenkorrosion in die Tiefe geht und dadurch Undichtheit des Faltenbalges oder des Gehäuses hervorrufen werden kann.

12-4 Streß des Werkstoffes plus Anwesenheit einer korrodierenden chemischen Agenzie.

12-5 Korrosion-Erosion ist die Überlagerung beider Einflußgrößen, bei der die schützende Oxidschicht durch Erosion ständig zerstört wird, so daß das Medium den Werkstoff angreifen kann.

12-6 Kavitation ist die Implosion kleiner Gasblasen mit außerordentlicher Intensität. Wenn eine Implosion in unmittelbarer Wandnähe auftritt, entstehen extrem hohe Druckspitzen, denen auf Dauer kaum ein Werkstoff gewachsen ist. Es kommt zu einer Zerstörung des Materials mit schwammartigen Aussehen.

12-7 Durch Einsatz geeigneter Ventile bzw. Drosselgarnituren, die zumindest die Kavitation örtlich einengen und Implosionen in Nähe der Gehäusewandungen vermeiden. Durch Beimengen von Luft oder Gas wird der Beginn der Kavitation zwar gefördert, die Auswirkungen jedoch - den Materialverschleiß betreffend - gemildert.

12-8 Sehr harte verschleißfeste Werkstoffe, wie z. B. Keramik.

12-9 Weil die Festigkeit aller metallischen Werkstoffe bei Temperaturen oberhalb eines Grenzwertes von etwa 120°C stetig abnimmt.

12-10 Bei sehr tiefen Temperaturen nimmt die Zähigkeit der meisten Werkstoffe schlagartig ab. Darum ist darauf zu achten, daß bei der vorgegebenen Betriebstemperatur noch eine ausreichende Duktilität vorhanden ist. Kennzeichnendes Merkmal ist eine Mindestkerbschagzähigkeit, die nachgewiesen werden muß.

12-11 Weil schon ein geringer Abtrag durch Korrosion am Drosselkörper oder Sitzring die Dichtheit und den Kennlinienverlauf nachteilig beeinflußt.

12-12 Ausscheidungshärtende Stähle verbinden die gute Korrosionsbeständigkeit der austenitischen Werkstoffe mit der hohen Härte und Verschleißfestigkeit martensitischer Stähle.

12-13 Hochlegierte Stähle, wie z. B. Hastelloy C oder Alloy 20.

12-14 Vorteilhaft sind die hohe Härte und Korrosionsbeständigkeit sowie die exzellente Verschleißfestigkeit von Keramik. Nachteilig sind die Sprödigkeit des Materials, die Schwierigkeit bei der Einfassung in die metallischen Teile, wie z. B. Sitz oder Kegel sowie die Empfindlichkeit gegen Temperaturschocks.

12-15 Weil diese PTFE-Abkömmlinge mit thermoplatischem Verhalten leichter zu handhaben sind als reines PTFE.

## Kapitel 13: Sicherheitstechnische Anforderungen

13-1 Der pneumatische Membranantrieb mit Rückstellfeder(n).

13-2 Die Be- und Entlüftung des Antriebs erfordert u. U. einen zusätzlichen Volumenverstärker, wenn es darum geht die Stellzeit zu verkürzen. Längere Stellzeiten können einfach durch ein kleines von Hand einstellbares Nadelventil erreicht werden, das in die Leitung zwischen Stellungsregler und Antrieb eingebaut wird.

13-3 Die zulässige Leckmenge beträgt 0,01% des $Kv_{100}$-Wertes.

13-4 Die zulässige Leckmenge muß zunächst berechnet werden. Maßgebliche Parameter sind: Differenzdruck und Sitzdurchmesser. Bei einem Differenzdruck von 10 bar und einem Sitzdurchmesser von 80 mm beträgt die zulässige Leckmenge für die Leckmengenklasse V: 0,0144 l/h oder 0,24 ml/min. Legt man die Blasenzählmethode gemäß DIN/IEC 534-4 zugrunde, so entspricht dies etwa 3 Blasen bei 2 Minuten Testdauer.

13-5 Die äußere Dichtheit eines Ventils, das in einem Nuklearkreislauf eingesetzt wird muß gleich oder besser als $1 \cdot 10^{-8}$ mbar $\cdot$ l pro Sekunde sein. Für diesen Fall ist nur ein Helium-Lecktest geeignet.

13-6 Die Schutzart "Eigensicherheit", bei der Strom und Spannung durch spezielle, galvanisch trennende Versorgungseinheiten auf bestimmte Höchstwerte begrenzt werden.

13-7     Ultraschallprüfung, Farbeindringverfahren, magnetische Rißprüfung, Röntgen.

13-8     Konsequenzen für den Hersteller: Beachtung aller geltenden Bestimmungen, Proto-
         typ- und Nullserienprüfung für jede Modelleinrichtung (Nennweite) und jede Werk-
         stoffgruppe einschließlich aller vorgeschriebenen Prüfungen und administrativer
         Vorgänge. Beginn der Serienfertigung nach Vorliegen der TÜV-Bescheinigungen.
         Konsequenzen für den Anwender: Mehraufwand für Administration bei der Bestel-
         lung und Verwahrung der Dokumente, höhere Kosten für Stellgeräte entsprechend
         der Druckbehälterverordnung.

13-9     Ventile für gasförmiges Chlor erfordern höchste Dichtheit nach außen wegen der
         starken Toxizität des Mediums, was besondere Gehäusedichtungen, Faltenbalgen für
         die Stangendurchführung und eine abschließende Dichtheitsprüfung erforderlich
         macht. Außerdem wird eine entsprechende Genehmigung zur Herstellung solcher
         Ventile vorausgesetzt. Ventile für reinen Sauerstoff erfordern eine spezielle Entfet-
         tung aller Teile, um eine Entzündung zu vermeiden sowie die Verwendung geeigne-
         ter Werkstoffe für Gehäuse und Innenteile einschließlich Dichtungen und Packung

13-10    Alle Prozesse, die hohe bis sehr hohe Drücke erfordern (z. B. Ammoniak- und Me-
         thanolsynthese, Herstellung von Hochdruckpolyäthylen usw.), Prozesse, die zu
         Spannungsrißkorrosion führen können (Sauergasanwendungen, Harnstoffprodukti-
         on, Hydrierprozesse usw.), Anwendungen in petro-chemischen Anlagen, bei denen
         die Feuersicherheit eine besondere Rolle spielt, Anwendungen in konventionellen
         und nuklearen Kraftwerken usw.

**Kapitel 14: Spezifikation und Auswahl von Stellgeräten**

14-1     Systematische Spezifikation, einheitliche Terminologie, einheitliche Darstellung der
         wesentlichen Angaben, dauerhafte Aufzeichnung aller technischer Daten, als Doku-
         ment für alle beteiligten Stellen (Einkauf, Wareneingang, Produktion, Qualitätssi-
         cherung usw.) nutzbar, Datenblatt wird dadurch zum "Ausweis" des Stellgerätes.

14-2     Der erste Abschnitt enthält alle relevanten Betriebsdaten, die nur der Anwender lie-
         fern kann. Eine komplette Beschreibung erspart Rückfragen des Herstellers und
         vermeidet Falschauslegungen.

14-3     Vom höchsten Betriebsdruck, der maximalen Temperatur und vom verwendeten
         Gehäusewerkstoff.

14-4     Die gewählte Ventilnennweite muß folgendes berücksichtigen: Angaben des Bestel-
         lers (z. B. vorgegebene Nennweite), berechneter $Kv_{100}$-Wert und zulässige Strö-
         mungsgeschwindigkeit im Auslaß des Ventils.

14-5     Das gewählte Ventiloberteil muß vor allem folgenden Anforderungen gerecht wer-
         den: moderate Temperaturen im Packungsbereich, Aufnahme des vorgesehenen
         Antriebs, evtl. ein Anschluß für ein Spülmedium oder für eine Dichtheitskontrolle
         des Faltenbalgs, betriebsgerechte Einbaulage des Stellgerätes, Möglichkeit einer
         späteren Isolierung der Rohrleitung einschließlich Ventilgehäuse usw.

14-6     Leckmengenklasse IV, in Ausnahmefällen Klasse V oder VI (Weichsitz).

14-7    Hilfsenergie (pneumatisch oder elektrisch), erforderliche Betätigungskraft, Explosionsschutzvorschriften, Nennhub bzw. Drehwinkel, erforderliche Stellzeit, Umgebungstemperaturen, Einbaulage, Schutzart und Klima, Wirkungssinn und Sicherheitsstellung, geforderte Stellgenauigkeit (Ansprechempfindlichkeit, Hysteresis, Reproduzierbarkeit), Signalbereich, Handverstellung usw.

14-8    Die Umgebungstemperatur hat Einfluß auf die zu verwendenden Werkstoffe und Hilfsgeräte (z. B. bei -50°C, wie in Sibirien). Das Klima erfordert u. U. besondere Maßnahmen des Korrosionsschutzes oder der Abwehr von Termiten.

14-9    Die Schutzart IP 65 sagt folgendes aus: IP steht für "International Protection", die erste Ziffer (6) verlangt ein staubdichtes Gehäuse, was natürlich auch einen Fremdkörperschutz mit einschließt. Die zweite Ziffer (5) kennzeichnet den Schutz gegen eindringendes Wasser, was in diesem Fall bedeutet, daß das Gerät einem Wasserstrahl aus einer Düse (aus allen Richtungen) standhalten muß.

14-10   Ein direkter Vergleich ist nicht möglich, auch wenn die Anforderungsprofile ähnlich sind. NEMA kombiniert im Gegensatz zu DIN 40050 den Schutz elektrischer Betriebsmittel vor äußeren Einwirkungen mit dem Explosionschutz, wobei allerdings zwischen nicht-explosionsgefährdeten und explosionsgefährdeten Bereichen sowie dem Anwendungsort (im Freien oder in geschlossenen Räumen) unterschieden wird.

14-11   Zum einen müssen diese Teile den Umwelteinflüssen angepaßt sein. Kupferrohre und Messingfittings sind beispielsweise in Anlagen zur Erzeugung von Ammoniak ungeeignet. Zum anderen hängt die Stellzeit für das Durchfahren des Nennhubes (Nenndrehwinkels) in hohem Maße von der Dimensionierung der Anschlüsse, Rohrleitungen und Fittings ab.

14-12   Eine überschlägliche Berechnung der Stellzeit eines Ventils mit pneumatischem Antrieb erfordert zumindest folgende Angaben: Luftleistung des vorgeschalteten Filters bzw. Druckminderers, freier Querschnitt der Rohrleitungen und Fittings, Wirkungsweise, Signalbereich und relevante Volumina des Antriebs. Optimale Stellzeiten für Be- und Entlüftung verlangen eine Anpassung des Versorgungsdruckes.

14-13   Große Anlagen mit Tausende von MSR-Geräten verlangen eine geordnete Erfassung sämtlicher Instrumente in Zeichnungen, Wirkschaltbildern, Stromlaufplänen, Ersatzteillisten usw. Die Referenz ist in allen Fällen die MSR-Nummer des Gerätes. Dies gilt auch für Stellgeräte und erfordert die Angabe dieser Bezeichnung, die meistens kodiert ist und Rückschlüsse auf die Funktion erlaubt.

14-14   Die Auswahl des bestgeigneten Ventiltyps für eine spezielle Anwendung ist eine schwierige Aufgabe, weil es bis heute keine konkreten, objektiven Auswahlkriterien gibt. Deshalb überläßt man diese Aufgabe meistens dem Spezialisten, der seine Entscheidung in der Regel von subjektiven Erfahrungen ableitet. Die Praxis zeigt allerdings, daß die Mehrzahl aller eingesetzten Stellglieder zumindest in einigen Punkten verbesserungswürdig ist.

## Kapitel 15: Schnittstellen zum Prozeßleitsystem

15-1 Weil die Gesamtfunktionalität, Zuverlässigkeit, Genauigkeit, Flexibilität usw. einer Anlage vom "schwächsten Glied der Kette" bestimmt wird. Dies ist heute in vielen Fällen das Stellgerät (manchmal auch der Meßumformer), die im Vergleich zu anderen Komponenten (z. B. Prozeßleitsystem oder softwaregesteuerten Analysegeräten) z. T. einen erheblichen Entwicklungsrückstand aufweisen.

15-2 Die Anwendung eines international genormten Feldbusses bedeutet einen Quantensprung in der Prozeßautomatisierung, weil dadurch die Produktivität erheblich gesteigert werden kann. Hauptvorteile sind: durchgängiger und reibungsloser Informationsaustausch, hohe Flexibilität, kurze Rüstzeiten, Integration von Arbeitsabläufen (CIM), bessere Qualität und weniger Ausschuß, rasche Fehlererkennung und Diagnose, rechtzeitige Alarmierung bei Umweltproblemen usw.

15-3 Moderne Prozeßleitsysteme erlauben heute eine sogenannte Rezeptfahrweise, d. h. eine bestimmte Rezeptur wird als Programm gespeichert und läuft automatisch ab, wenn die vorgegebenen Kriterien (Menge, Temperatur, Zeit usw.) erfüllt sind. Dabei wird die Anlage auf das neue Rezept umgestellt, Meßbereiche verändert, angefahren usw. ohne daß das Bedienpersonal von Hand eingreifen muß. Damit wird die "Rüstzeit" der Anlage entscheidend verkürzt.

15-4 Offene Systeme ermöglichen die Kombination vieler Einzelgeräte zu einem komplexen Regelsystem. Dies setzt viele Gemeinsamkeiten voraus, die durch detaillierte Spezifikationen beschrieben werden. Grundlage ist das ISO-/OSI-Sieben-Schichten Modell, das die Kommunikation zwischen den einzelnen Geräten definiert. Damit erhält jeder Hersteller die Möglichkeit, seine Geräte diesem Standard anzupassen und mit offenen Systemen kompatibel zu machen.

15-5 Man unterscheidet zwischen: Sternstruktur, Ringstruktur und Linienstruktur. Allerdings sind auch gemischte Strukturen möglich.

15-6 Die beiden praxiserprobten Verfahren sind: CSMA und CSMA/CD. Beim CSMA Verfahren wird der Bus von jedem Teilnehmer zunächst abgehört. Bei belegtem Bus erfolgt nach kurzer Zeit ein neuer Versuch. Die CSMA/CD Methode hat sich besonders bei einem Bus mit vielen Teilnehmern bewährt. Um zu verhindern, daß zwei Nachrichten dauernd kollidieren, wird eine zufällig gewählte Verzögerung beim Zugriff auf den Bus gewählt.

15-7 Vorteilhaft sind: populäres Einheitssignal (4-20 mA), einfache Schnittstelle und Hilfsenergieversorgung, hohe Dynamik und Verfügbarkeit. Nachteilig sind: Begrenzte Genauigkeit und Zuverlässigkeit, geringer Informationsgehalt, hoher Aufwand für Verkabelung und Signalwandlung bei der Nutzung von Prozeßleitsystemen oder digitalen Komponenten.

15-8 Die wesentlichen Vorteile moderner Digitaltechnik bei Feldgeräten sind: hochgenaue, digitale Signalübertragung, Nutzung eines genormten Feldbusses mit bidirektionaler Kommunikation, hoher Informationsgehalt des Signals (fortlaufende Statusprüfung, Grenzwert- und Fehlermeldungen, Möglichkeit der Nutzung mehrerer Sensoren, Diagnose usw.), kein zusätzlicher Aufwand für Signalwandlung.

15-9    Die Entwicklung wird auf Dauer nicht haltmachen bei Stellgeräten. Zu erwarten sind folgende Tendenzen: stärkere Nutzung neuer Werkstoffe, Integration mehrerer Sensoren im oder in unmittelbarer Nähe des Ventils, Integration eines Reglers (PID) im Stellungsregler oder Signalumformer, so daß ein autarker Regelkreis im Feld entsteht, Selbstüberwachung und Diagnose bei Betriebsstörungen, Änderungen der Einstellparameter mittels Software (Hub, Kennlinie, Verstärkung usw.). Darüber hinaus werden Qualitätssicherung, Prüfbescheinigungen und Kompetenz des Herstellers einen höheren Stellenwert erhalten.

15-10   Moderne Stellungsregler sollten folgende Eigenschaften aufweisen: Einfache Justage von Bereich und Nullpunkt, integrierte Grenzwertmelder bzw. Hubrückführung, veränderbare Charakteristik, gute dynamische Stabilität, Schock- und Vibrationsfestigkeit, Möglichkeit der Kommunikation mit der Warte.

**Kapitel 16: Qualitätsprüfungen an Stellgeräten**

16-1    Konstruktions-, Fabrikations-, Entwicklungs- und Instruktionsfehler.

16-2    Produkthaftpflichtrecht, Forderungen der potentiellen Anwender von MSR-Geräten (DIN/ISO 9000) und der verschärfte Wettbewerb aus Ländern außerhalb der EU.

16-3    Der Besteller von Stellgeräten muß den Hersteller spätestens bei der Bestellung über Art und Umfang der erforderlichen Prüfungen informieren.

16-4    Gemäß Tabelle 16-1: 21 bar

16-5    Gemäß Tabelle 16-2 beträgt die Mindestprüfdauer 60 Sekunden.

16-6    Die Ansprechempfindlichkeit ergibt sich aus der Signalspanne, die notwendig ist, um das komplette Stellgerät aus dem Ruhezustand heraus in die gleiche Richtung wie zuvor zu bewegen. Das Verhältnis der erforderlichen Spanne (z. B. 0,05 bar) zum Signalbereich des pneumatischen Antrieb (z. B. 0,2-1,0 bar) definiert die Ansprechempfindlichkeit. Die Umkehrspanne wird bestimmt, indem bei Hubmitte zunächst der Antriebsdruck erhöht und dann wieder abgesenkt wird. Die zugehörigen Hübe werden bei steigendem und fallendem Druck gemessen und die größte Differenz notiert. Die Umkehrspanne ergibt sich aus dem Verhältnis der Differenz und dem Nennhub des Stellgerätes und darf bestimmte Werte nicht überschreiten. Häufig wird verlangt, daß die Prüfung der Umkehrspanne nicht nur bei Hubmitte, sondern auch bei Hüben von 25 und 75% durchgeführt wird.

16-7    Der Besteller bestimmt Art und Umfang der Materialzeugnisse.

16-8    Ein "Werkszeugnis 2.2" bescheinigt, daß das gelieferte Produkt den Vereinbarungen bei der Bestellung entspricht. Es wird vom Hersteller ausgestellt.

16-9    Der Sachverständige, der die wesentlichen Prüfungen für eine Abnahme gemäß 3.1.C beaufsichtigt, wird vom Besteller beauftragt.

16-10   Ein "Werksprüfzeugnis 2.3" wird vom Hersteller in solchen Fällen ausgestellt, wenn die Organisation nicht über einen fertigungsunabhängigen Prüfer verfügt, d. h. wenn der mit der Prüfung beauftragte Angestellte dem Fertigungsleiter unterstellt ist. Ein Werksprüfzeugnis ist deshalb nur eine beschränkte Prüfbescheinigung.